Springer-Lehrbuch

W0258805

Springer-Verlag Berlin Heidelberg GmbH

Wolfgang Scobel Gunnar Lindström
Rudolf Langkau

Physik kompakt 1

Mechanik, Fluiddynamik und Wärmelehre

Zweite Auflage
Mit 248 Abbildungen

Springer

Professor Dr. Wolfgang Scobel
Professor Dr. Dr. h.c. Gunnar Lindström
Professor Dr. Rudolf Langkau
Universität Hamburg
Institut für Experimentalphysik
Luruper Chaussee 149
22761 Hamburg, Deutschland
e-mail: wolfgang.scobel@desy.de
gunnar.lindstroem@desy.de

Die erste Auflage erschien in zwei Teilbänden in dem 6teiligen Werk *Physik kompakt* in der Reihe: Vieweg Studium – Grundkurs Physik, herausgegeben von Hanns Ruder, bei Friedr. Vieweg & Sohn Verlagsgesellschaft mbH

Die Deutsche Bibliothek – CIP-Einheitsaufnahme:
Physik kompakt. –
Berlin ; Heidelberg ; New York ; Barcelona ; Hongkong ; London ; Mailand ; Paris ; Tokio : Springer
(Springer-Lehrbuch)
Bd. 1. Mechanik, Fluiddynamik und Wärmelehre / Wolfgang Scobel ... – 2. Aufl. – 2002

ISBN 978-3-540-43141-1 ISBN 978-3-642-56015-6 (eBook)
DOI 10.1007/978-3-642-56015-6

Dieses Werk ist urheberrechtlich geschützt. Die dadurch begründeten Rechte, insbesondere die der Übersetzung, des Nachdrucks, des Vortrags, der Entnahme von Abbildungen und Tabellen, der Funksendung, der Mikroverfilmung oder der Vervielfältigung auf anderen Wegen und der Speicherung in Datenverarbeitungsanlagen, bleiben, auch bei nur auszugsweiser Verwertung, vorbehalten. Eine Vervielfältigung dieses Werkes oder von Teilen dieses Werkes ist auch im Einzelfall nur in den Grenzen der gesetzlichen Bestimmungen des Urheberrechtsgesetzes der Bundesrepublik Deutschland vom 9. September 1965 in der jeweils geltenden Fassung zulässig. Sie ist grundsätzlich vergütungspflichtig. Zuwiderhandlungen unterliegen den Strafbestimmungen des Urheberrechtsgesetzes.

http://www.springer.de

© Springer-Verlag Berlin Heidelberg 2002

Die Wiedergabe von Gebrauchsnamen, Handelsnamen, Warenbezeichnungen usw. in diesem Werk berechtigt auch ohne besondere Kennzeichnung nicht zu der Annahme, daß solche Namen im Sinne der Warenzeichen- und Markenschutz-Gesetzgebung als frei zu betrachten wären und daher von jedermann benutzt werden dürften.

Datenkonvertierung von Fa. LE-TeX, Leipzig
Einbandgestaltung: *design & production* GmbH, Heidelberg

Gedruckt auf säurefreiem Papier

SPIN: 10860363 56/3141/ba - 5 4 3 2 1 0

Allgemeines Vorwort

Die vorliegende Einführung in die Experimentalphysik entstand aus den Kursvorlesungen Physik I-III an der Universität Hamburg, die sich an Studierende der Physik, Geowissenschaften und Mathematik mit dem Studienziel Diplom oder Höheres Lehramt richten und in den ersten drei Studiensemestern gehört werden sollen. Diese Vorlesungen wurden von den drei Autoren über mehr als zwei Jahrzehnte regelmäßig gehalten und fortlaufend den Bedürfnissen dieses Hörerkreises angepasst. Der Stoff wurde in Vorlesungen von 2×2 Semesterwochenstunden angeboten; die typischerweise ca. 10 Demonstrationsversuche je Doppelstunde dienten dem qualitativen Verständnis der Phänomene. Die Studierenden erhielten vorlesungsbegleitende Skripten, die die Autoren aufeinander abstimmten, ihnen aber ansonsten ihre individuellen Stile beließen. Mathematische Herleitungen wurden nur dann geboten, wenn sie kurz und prägnant waren; ansonsten haben wir für längere Herleitungen auf die Skripten verwiesen.

Mit dem Abschluss der Lehrtätigkeiten von zwei der drei Autoren (G.Li., R.La.) wurde auch ein gewisser Abschluss in der Entwicklung der Skripten erreicht. Wir haben diesen Zeitpunkt zum Anlass genommen, die Skripten noch einmal zu überarbeiten und textlich etwas zu erweitern, so dass sie sich auch für eine Veröffentlichung in kompakter Buchform eignen, wobei jedoch der ursprüngliche Charakter nicht geleugnet werden kann und soll. Die Aufteilung des Stoffes erfolgt pragmatisch in jeweils einem Band pro Semester mit der in Hamburg - und an den meisten anderen deutschen Universitäten - üblichen Aufteilung des Stoffes.

Der Titel der drei Bände, **Physik kompakt**, ist Programm. Es ist nicht unsere Absicht, in Konkurrenz mit bewährten, umfangreicheren Lehrbüchern der Experimentalphysik zu treten. Vielmehr sollen die Studierenden ein Buch an die Hand bekommen, das sie durch seine kompakte Form und vorlesungsorientierte Stoffauswahl ermutigt, es vorlesungsbegleitend durchzuarbeiten. Das Mitschreiben in der Vorlesung kann dadurch erheblich reduziert werden, so dass dem mündlichen Vortrag und der Vermittlung von Phänomenen in Demonstrationsversuchen größere Aufmerksamkeit zuteil werden.

Die Autoren danken allen Studierenden und Kollegen für Fehlerhinweise, Anregungen und Kommentare. Unser Lektor, Herr Dr. Kölsch, hat uns unterstützt und ermutigt, die Skripten in der vorgelegten Form zu veröffentlichen.

Frau M. Berghaus danken wir für die Ausfertigung vieler Skizzen und die Übertragung der Skripten in das LaTeX-Layout. Allen zukünftigen Benutzern der **Physik kompakt** sind wir dankbar für Verbesserungshinweise.

Hamburg, im September 2001

R. Langkau
G. Lindström
W. Scobel

Vorwort Band 1

Der vorliegende Band 1: **Mechanik, Fluiddynamik und Wärmelehre** der dreibändigen Serie **Physik kompakt** deckt den Stoff der Experimentalphysik des ersten Semesters für Studierende der Physik, Geowissenschaften und Mathematik mit der im allgemeinen Vorwort dargelegten Zielsetzung ab. Nach dem Studienplan der Universität Hamburg umfasst dieses die klassische Mechanik von Massenpunkten und starren Körpern in Vorbereitung auf die im dritten Semester zu hörende Theoretische Mechanik, eine Einführung in die relativistische Mechanik, die Schwingungslehre und die Mechanik von Kontinua. Den Abschluss bildet eine Einführung in die Phänomene der Wärmelehre idealer und realer Gase mit einigen Beispielen für deren statistische Behandlung.

Inhaltsverzeichnis

Teil I Mechanik

1 Einleitung ... 3
1.1 Die Arbeitsmethode der Physik ... 3
1.2 Physikalische Größen, Maßsystem ... 3
1.3 Vektorielle Größen ... 8
1.4 Darstellung physikalischer Zusammenhänge ... 11

2 Kinematik des Massenpunktes ... 15
2.1 Massenpunkt und Bahnkurve ... 15
2.2 Geradlinige Bewegung; Geschwindigkeit und Beschleunigung ... 15
2.3 Allgemeine krummlinige Bewegung ... 19
2.4 Kreisbewegung ... 22
2.5 GALILEI-Transformation ... 25

3 Dynamik des Massenpunktes ... 29
3.1 Die NEWTONschen Axiome ... 29
3.2 Kraft und Masse ... 32
3.3 Anwendung der NEWTONschen Bewegungsgleichung ... 36
3.4 Trägheitskräfte in beschleunigten Bezugssystemen ... 39

4 Erhaltungsgrößen der Mechanik ... 51
4.1 Kraft und Linearimpuls. Allgemeine Formulierung der NEWTONschen Bewegungsgleichung ... 51
4.2 Drehmoment und Drehimpuls ... 54
4.3 Arbeit und Leistung ... 60
4.4 Kinetische und potentielle Energie ... 64
4.5 Energieerhaltung ... 70

5 Massenpunktsysteme ... 77
5.1 Die NEWTONsche Bewegungsgleichung ... 77
5.2 Erhaltungssätze ... 82
5.3 Wechselwirkungen mit kurzer Reichweite; Stoßgesetze ... 88

6 Starrer Körper ... 93
6.1 Starrer Körper als System von Massenpunkten ... 93
6.2 Statik des starren Körpers ... 97
6.3 Dynamik des starren Körpers; Rotation um feste Achse ... 102
6.3.1 Berechnung von Trägheitsmomenten ... 106
6.3.2 Beispiele für Drehbewegungen um eine feste Achse ... 109
6.3.3 Arbeit, Leistung und kinetische Energie bei Drehbewegungen um eine feste Achse ... 112
6.3.4 Drehimpulserhaltung bei raumfester Achse ... 113
6.4 Rotation um freie Achsen; Kreisel ... 114

7 Relativistische Mechanik ... 123
7.1 Relativitätsprinzip ... 123
7.2 LORENTZ-Transformation ... 124
7.3 Relativistische Dynamik ... 127
7.4 Ergänzung: Graphiken zur speziellen Relativitätstheorie ... 131
7.4.1 Voraussetzungen ... 131
7.4.2 Koordinaten-Transformation im nichtrelativistischen Fall (GALILEI-Transformation) ... 132
7.4.3 Koordinaten-Transformation im relativistischen Fall (LORENTZ-Transformation) ... 132
7.4.4 Masse und Impuls im relativistischen Fall ... 136
7.4.5 Kinetische Energie im relativistischen Fall ... 137
7.4.6 DE-BROGLIE-Wellenlänge im relativistischen Fall ... 140

8 Anhang: Differentialgleichungen zu Grunderscheinungen der Physik ... 147
8.1 Einleitung ... 147
8.2 Bewegungsgleichungen ... 148
8.2.1 Das 2. NEWTONsche Axiom ... 148
8.2.2 Die Kraft ist konstant ... 150
8.2.3 Die Kraft ist konstant und bremsend ... 152
8.2.4 Die Kraft ist konstant; die Masse wächst linear mit der Zeit ... 154
8.2.5 Die Kraft ist konstant; der Massenverlust ist proportional zur Geschwindigkeit ... 156
8.2.6 Die Kraft ist proportional zum Ort ... 158
8.2.7 Die Kraft ist proportional zum Ort, aber rücktreibend 162
8.2.8 Die Kraft ist harmonisch ... 167
8.2.9 Die Kraft ist proportional zur Geschwindigkeit und bremsend ... 170
8.2.10 Die Kraft ist proportional zum Quadrat der Geschwindigkeit und bremsend ... 179
8.2.11 Die Kraft ist die Summe aus elastischer Bindungskraft und geschwindigkeitsproportionaler Bremskraft ... 186

8.2.12 Die Kraft ist die Summe aus elastischer Bindungskraft, Bremskraft und einer äusseren zeitabhängigen Kraft 192
8.2.13 Die Kraft ist umgekehrt proportional zum Quadrat des Abstandes vom Koordinatenursprung 212
8.2.14 Gekoppelte Bewegungsgleichungen (Gekoppelte Schwingungen) 216

Teil II Fluiddynamik und Wärmelehre

1 Mechanische Schwingungen 225
1.1 Allgemeines 225
1.2 Harmonische Schwingungen 225
1.3 Gedämpfte harmonische Schwingungen 229
1.4 Mathematische Ergänzung: Allgemeine Behandlung der Differentialgleichung für gedämpfte Schwingungen 231
1.5 Erzwungene harmonische Schwingungen; Resonanz 233
1.6 Überlagerung harmonischer Schwingungen 237
1.7 Mathematische Ergänzung: FOURIER-Analyse 241
1.8 Gekoppelte harmonische Schwingungen 246
1.9 Molekülschwingungen als Beispiel anharmonischer Schwingungen 249

2 Harmonische Wellen in stabförmigen elastischen Medien .. 253
2.1 Grundlagen 253
2.2 Stehende harmonische Wellen 255
2.3 Eigenschwingungen stabförmiger Medien 257
2.4 Energietransport durch harmonische Wellen 259

3 Mechanik fester Körper 261
3.1 Verformung und mechanische Spannung 261
3.2 Grundtypen der elastischen Verformung 262
3.3 Abgeleitete elastische Verformungen 265
3.4 Überschreitung des Elastizitätsbereichs 268

4 Mechanik ruhender Flüssigkeiten und Gase 269
4.1 Druck in Flüssigkeiten und Gasen 269
4.2 Kompressibilität 270
4.3 Schweredruck 272
4.4 Ergänzung: Druck und Dichte in der Erdatmosphäre 278
4.5 Auftrieb und messtechnische Anwendungen 281
4.6 Oberflächen von Flüssigkeiten 285
4.7 Harmonische Druckwellen in Flüssigkeiten und Gasen 292
4.8 Ergänzung: Lösung der Wellengleichung 296

5 Mechanik strömender Flüssigkeiten und Gase ... 301
5.1 Einleitung ... 301
5.2 Stationäre Strömung idealer Fluide ... 301
5.3 Druckmessung in Strömungen ... 304
5.4 Anwendungen der BERNOULLIschen Gleichung ... 305
5.5 Stationäre Strömung realer Fluide ... 310
5.6 Turbulente Strömung realer Fluide ... 316

6 Wärmelehre ... 321
6.1 Vorbemerkungen und Begriffserläuterungen ... 321
6.1.1 Stoffmenge und Teilchenzahl ... 322
6.2 Temperatur und Thermometer ... 323
6.2.1 Nicht-absolute Temperaturskala (nach CELSIUS) ... 324
6.2.2 Absolute (thermodynamische) Temperaturskala ... 324
6.2.3 Thermische Ausdehnung fester und flüssiger Körper ... 325
6.2.4 Thermische Ausdehnung von Gasen ... 326
6.2.5 Das Gasthermometer ... 328
6.3 Zustandsgleichung idealer Gase ... 328
6.4 Grundzüge der kinetischen Gastheorie ... 329
6.4.1 Druck des Modellgases ... 329
6.4.2 Temperatur und kinetische Energie ... 331
6.4.3 Innere Energie idealer Gase ... 332
6.5 Wärme, eine Form der Energieübertragung ... 333
6.5.1 Wärmemenge und Wärmekapazität ... 335
6.5.2 Kalorimetrie ... 335
6.6 Barometrische Höhenformel und BOLTZMANN-Verteilung ... 339
6.6.1 MAXWELL-BOLTZMANNsche Geschwindigkeitsverteilung ... 341
6.7 Der I. Hauptsatz der Wärmelehre ... 342
6.7.1 Zustandsänderungen am idealen Gas ... 343
6.7.2 Reversible und irreversible Zustandsänderungen ... 348
6.7.3 Spezielle Kreisprozesse ... 349
6.7.4 Wärmepumpe und Kältemaschine ... 353
6.8 Der II. Hauptsatz der Wärmelehre ... 354
6.8.1 Die thermodynamische Temperaturskala ... 355
6.8.2 Die Entropie ... 356
6.8.3 Entropieänderungen am idealen Gas ... 357
6.8.4 Entropieänderung bei irreversiblen Prozessen ... 359
6.9 Aggregatzustände und Phasen ... 360
6.9.1 Koexistenz von Flüssigkeit und Dampf ... 361
6.9.2 Koexistenz von Festkörpern und Flüssigkeit oder Gas ... 364
6.9.3 Zustandsgleichung realer Gase ... 365
6.9.4 Gasverflüssigung: JOULE-THOMSON-Effekt ... 368
6.10 Transportphänomene ... 369
6.10.1 Molekulardiffusion (= Massentransport) ... 370

6.10.2 Wärmeleitung (= Energietransport) ... 373
6.10.3 Viskosität (= Impulstransport) ... 375
6.11 Gaskinetische Betrachtung der Transportphänomene ... 377
6.11.1 Wirkungsquerschnitt, mittlere freie Weglänge ... 377
6.11.2 Gaskinetische Herleitung der Transportkoeffizienten D, λ, η ... 379
6.11.3 BROWNsche Bewegung ... 382

7 Anhang: Differentialgleichungen zu Grunderscheinungen der Physik ... 385
7.1 Die Wellengleichung ... 385
7.1.1 Aufstellung der Wellengleichung für den Fall von Schallwellen ... 385
7.1.2 Lösungen der Wellengleichung ... 387
7.1.3 Harmonische Wellen ... 393
7.1.4 Berücksichtigung von Reibungskräften und anderen Einflüssen ... 395
7.2 Die Transportgleichung ... 400
7.2.1 Physikalische Grunderscheinungen ... 400
7.2.2 Lösungen der Transportgleichung ... 405
7.2.3 Eine "Transportgleichung" ohne Transportlösung ... 430

Sachwortverzeichnis ... 433

Teil I

Mechanik

1 Einleitung

1.1 Die Arbeitsmethode der Physik

Die Physik befaßt sich mit der Untersuchung der allgemeinen **Eigenschaften** und gegenseitigen **Wechselwirkungen** der Bestandteile der Materie.
Die Physik ist eine **Erfahrungswissenschaft**. Alle Kenntnisse beruhen auf Beobachtungen. Es sind nur **objektive Beobachtungen**, die also unabhängig vom individuellen Beobachter sind, brauchbar.
Zur Beschreibung der Beobachtungsergebnisse werden allgemein verbindliche **physikalische Größen**, also quantitativ erfassbare, d.h. messbare Begriffe definiert.
Experimente sind gezielt eingeleitete planmäßige Beobachtungen. Die überwiegende Anzahl physikalischer Beobachtungen geschieht durch Experimente.
Theorien sind mathematisch formulierte Modellvorstellungen, die einen bestimmten Teilbereich physikalischer Beobachtungen quantitativ richtig beschreiben bzw. vorhersagen.
Die Wechselbeziehung zwischen Experiment und Theorie ist wesentliches Merkmal der auf die Erweiterung physikalischer Kenntnis abzielenden Arbeitsmethode.
Naturgesetze (Grundgesetze) sind unbeschränkt gültige Gesetzmäßigkeiten.

1.2 Physikalische Größen, Maßsystem

Die Definition einer physikalischen Größe beinhaltet stets die Angabe eines Messverfahrens. Beispiel: Geschwindigkeit = Weg/Zeit.
Messung: Quantitativer Vergleich der zu messenden Größe mit einer bestimmten Größe derselben Art.
Skalare Größen sind ungerichtete Größen. Beispiele: Länge, Masse, Zeit, Energie.
Darstellung:

$$\boxed{g = (g) \cdot [g]} \tag{1.1}$$

[g] = **Maßeinheit**, Einheit
(g) = **Maßzahl**

Vektorielle Größen sind Größen mit bestimmter räumlicher Richtung. Beispiele: Geschwindigkeit, Kraft, Impuls, Drehmoment.
Darstellung:

$$\boxed{\begin{array}{l} \boldsymbol{g} = (g) \cdot [g] \cdot \boldsymbol{u} \\ g = |\boldsymbol{g}| = (g) \cdot [g] \end{array}} \tag{1.2}$$

$g = |\boldsymbol{g}|$ = Betrag von $\boldsymbol{g}$,
$[g], (g)$ wie oben.
$\boldsymbol{u} = \boldsymbol{g}/g$ heißt **Einheitsvektor** und charakterisiert die Richtung von $\boldsymbol{g}$.

Invarianz einer Größe gegenüber dem Wechsel der Einheit

Bei Verwendung zweier verschiedener Maßeinheiten $[g]_1$ und $[g]_2$ gilt für eine bestimmte Größe g:

$$g = (g)_1 \cdot [g]_1 = (g)_2 \cdot [g]_2$$

Beispiel:

$$5\ \frac{\mathrm{m}}{\mathrm{s}} = 5 \cdot \frac{10^{-3}\ \mathrm{km}}{1/3600\ \mathrm{h}} = 18\ \frac{\mathrm{km}}{\mathrm{h}}$$

Grundgrößen oder Basisgrößen sind voneinander unabhängige Größen, auf die sich alle anderen zurückführen lassen. Beispiele: Länge, Masse, Zeit, Stromstärke.
Abgeleitete Größen sind aus Grundgrößen zusammengesetzte Grössen in Form von rationalen Ausdrücken, d.h. Potenzprodukten von Grundgrößen. Beispiele: Geschwindigkeit = Länge/Zeit, Volumen = (Länge)^3, Ladung = Stromstärke · Zeit.
Dimension: Ausdruck, der angibt, wie die abgeleitete Größe aus Grundgrößen zusammengesetzt ist. Beispiele (Länge = L, Masse = M, Zeit = T):

Größe	Fläche	Volumen	Geschwindigk.	Beschleunig.
Dimension	L^2	L^3	L/T	L/T^2
Größe	Dichte	Impuls	Kraft	Energie
Dimension	M/L^3	$M \cdot L/T$	$M \cdot L/T^2$	$M \cdot L^2/T^2$

Maßsystem: Das Maßsystem wird durch Wahl der Grundgrößen – statt Stromstärke könnte auch Ladung, statt Masse auch Kraft benutzt werden – und durch die Wahl der Einheiten für die Grundgrößen bestimmt.
Beispiele:
cgs-System: [Länge] = cm, [Masse] = g, [Zeit] = s.
mks-System: [Länge] = m, [Masse] = kg, [Zeit] = s.

In Deutschland ist ab 1.1.78 gesetzlich das **Internationale Einheitensystem** "SI" (Système Internationale d'Unités) vorgeschrieben.

Grundgröße	Name der Einheit	Symbol der Einheit
Länge	Meter	m
Masse	Kilogramm	kg
Zeit	Sekunde	s
elektrische Stromstärke	Ampere	A
Stoffmenge	Mol	mol
thermodyn. Temperatur	Kelvin	K
Lichtstärke	Candela	cd

Festlegung:

Meter: 1 m $= c_0 \cdot (1/299729458$ s). c_0 ist die Lichtgeschwindigkeit im Vakuum, deren Wert $c_0 = 299729458$ m/s gesetzlich festgelegt ist.

Kilogramm: 1 kg ist die Masse eines Referenz-Platinblocks im Internationalen Büro für Maße und Gewichte in Sèvres, Paris.

Sekunde: 1 s $= 9192631770 \cdot T_0$.
T_0 ist die Schwingungsdauer der Hochfrequenzstrahlung, mit der der Übergang zwischen den beiden Hyperfeinstrukturniveaus des ^{133}Cs-Grundzustandes bewirkt werden kann (vorläufig als SI-Einheit festgelegt). Sie ist rund gleich dem 1/86400-ten Teil des mittleren Sonnentages.

Gebräuchliche Abkürzungen für Zehnerpotenzen als Faktoren für Einheiten des SI-Systems:

Zehnerpotenz	Name	Zehnerpotenz	Name
10^{12}	Tera (T)	10^{-15}	femto (f)
10^{9}	Giga (G)	10^{-12}	piko (p)
10^{6}	Mega (M)	10^{-9}	nano (n)
10^{3}	Kilo (k)	10^{-6}	mikro (μ)
10^{2}	Hekto (h)	10^{-3}	milli (m)
10^{1}	Deka (da)	10^{-2}	centi (c)
		10^{-1}	dezi (d)

Beispiele: 1 km $= 10^3$ m, 1 ms $= 10^{-3}$ s.

Zusätzlich zu den SI-Einheiten benutzte Einheiten für Länge, Masse und Zeit:

Länge:

1 Lj $= 9.460 \cdot 10^{15}$ m (Lichtjahr)
1 in $= 2.540 \cdot 10^{-2}$ m (USA-inch)
1Å $= 10^{-10}$ m (Ångström)
1 fm $= 10^{-15}$ m (Fermi, häufig auch Fm abgekürzt).

Masse:

1 T $= 10^3$ kg (Tonne)
1 u $= 1.6604 \cdot 10^{-27}$ kg (atomare Masseneinheit $= 1/12$ m [^{12}C])

Zeit:

1 min = 60 s (Minute)
1 h = 3600 s (Stunde)
1 d = 86400 s (Tag)
1 a = 365.24... d = 31556925.9747 s (Jahr, genauer: Länge des tropischen Jahres 1900).

Längenmessung:

Messinstrument	Genauigkeit
Maßstab mit mm-Teilung	$\simeq 2 \cdot 10^{-4}$ m
Schublehre	$\simeq 5 \cdot 10^{-5}$ m
Mikrometerschraube	$\simeq 10^{-5}$ m
Mikroskop	$\simeq 5 \cdot 10^{-7}$ m (Auflösungsvermögen)
Interferometer	$\simeq 5 \cdot 10^{-9}$ m

Zeitmessung:

Messinstrument	Genauigkeit
Stoppuhr	$\simeq 10^{-2}$ s (Reizdauer 10^{-1} s!)
mechanische Uhr	$\simeq 10^{-1}$ s/d (Gangunsicherheit)
astronom. Uhr (Pendeluhr)	$\simeq 10^{-4}$ s/d (Gangunsicherheit)
Quarzuhr	$\simeq 10^{-4}$ s/d (Gangunsicherheit)
Atomuhr	$\simeq 10^{-8}$ s/d (Gangunsicherheit)

Größenordnungen von Längenausdehnungen:

Kernradius (Proton)	$1.2 \cdot 10^{-15}$ m
Atomradius (Wasserstoff, Grundzustand)	$5 \cdot 10^{-11}$ m
Atomabstand in Kristallen	10^{-10} m
Durchmesser Eiweissmolekül	10^{-8} m
Wellenlänge sichtbares Licht	$5 \cdot 10^{-7}$ m
Durchmesser der Erde	$1.3 \cdot 10^{7}$ m
Durchmesser der Sonne	$1.4 \cdot 10^{9}$ m
Abstand Sonne–Erde	$1.5 \cdot 10^{11}$ m
Durchmesser der Milchstraße	10^{21}m
Abstand zum Andromedanebel (nächste Galaxis)	$2 \cdot 10^{22}$m

Größenordnungen von Zeitintervallen:

Durchflugszeit eines schnellen Elementarteilchens (Lichtgeschwindigkeit) durch Atomkern	$5 \cdot 10^{-23}$ s
Schwingungsperiode für 100 keV Röntgenstrahlung	$4 \cdot 10^{-20}$ s
typische Periode Molekülrotation	10^{-12} s
Schwingungsperiode Radiowellen	$10^{-8} - 10^{-5}$ s
Licht Sonne–Erde	$5 \cdot 10^{2}$ s
Periode der Erdrotation (1 Tag)	$8.64 \cdot 10^{4}$ s
Periode der Rotation der Erde um die Sonne (1 Jahr)	$3.2 \cdot 10^{7}$ s
Alter der Erde	10^{17} s

Einige abgeleitete Größen

Dichte ϱ: Für homogene Körper ($m \sim V$) wird definiert:

$$\varrho = \frac{m}{V}; \qquad [\varrho] = \frac{\text{kg}}{\text{m}^3} \tag{1.3}$$

Außerdem ist gebräuchlich:

$$[\varrho] = \frac{\text{g}}{\text{cm}^3}$$

$$1\ \frac{\text{g}}{\text{cm}^3} = \frac{10^{-3}\ \text{kg}}{10^{-6}\ \text{m}} = 10^3\ \frac{\text{kg}}{\text{m}^3}$$

Ebener Winkel α, φ:
Gradmaß: Vollkreis: 360°

$$1° = 60' \ (' = \text{Minute}),\ 1' = 60'' \ ('' = \text{Sekunde})$$

Bogenmaß:

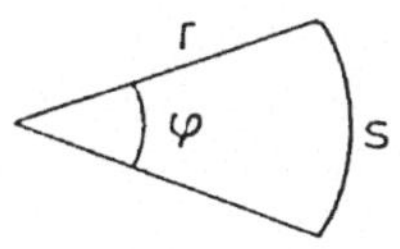

$$\varphi = \frac{s}{r}; \quad [\varphi] = \text{rad (Radiant)}$$
$$1\ \text{rad}\ \widehat{=}\ \frac{360°}{2\pi} = 57.295° \tag{1.4}$$

Raumwinkel ω, Ω:

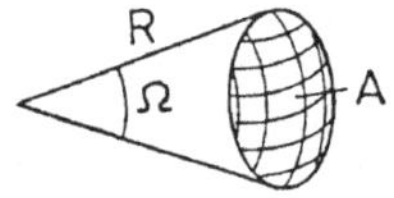

$$\boxed{\Omega = \frac{A}{R^2}; \qquad [\Omega] = \text{sr (Steradiant)}} \tag{1.5}$$

Frequenz ν:
Für periodische Vorgänge (Anzahl der Schwingungen $n \sim t$, $n \gg 1$) wird definiert:

$$\boxed{\nu = \frac{n}{t}; \quad [\nu] = \text{s}^{-1} = \frac{1}{\text{s}}; \quad 1\,\text{Hz} = 1\,\text{s}^{-1}} \tag{1.6}$$

1.3 Vektorielle Größen

$$\boldsymbol{a} = |\boldsymbol{a}|\boldsymbol{u}_a = a\boldsymbol{u}_a$$

$|\boldsymbol{a}| = a$ heißt Betrag des Vektors. $\boldsymbol{u}_a$ ist der Einheitsvektor in Richtung $\boldsymbol{a}$, nur bezüglich vorgegebener Richtungen im Raum (etwa x-, y-, z-Koordinatensystem) festgelegt.

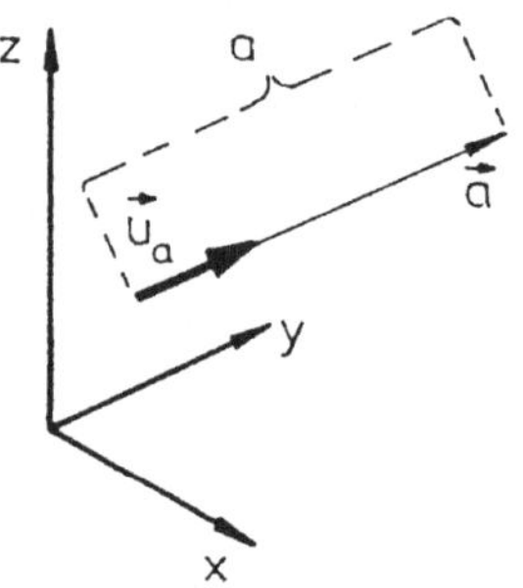

$$\boxed{\boldsymbol{b} = \lambda\boldsymbol{a}, \quad \boldsymbol{a} = a\boldsymbol{u}_a} \tag{1.7}$$

$\boldsymbol{b}$ ist ein Vektor mit dem Betrag λa und der Richtung $\boldsymbol{u}_a$ (parallel, d.h. gleichgerichtet), wenn λ positiv ist und ein Vektor mit dem Betrag $|\lambda|a$ und der Richtung $-\boldsymbol{u}_a$ (antiparallel), wenn λ negativ ist. Es ist $\boldsymbol{b} = \boldsymbol{a}$, wenn $b = a$ und $\boldsymbol{u}_b = \boldsymbol{u}_a$ ist.

Vektoraddition:

$$\boxed{\boldsymbol{a} + \boldsymbol{b} = \boldsymbol{b} + \boldsymbol{a} = \boldsymbol{c}} \tag{1.8}$$

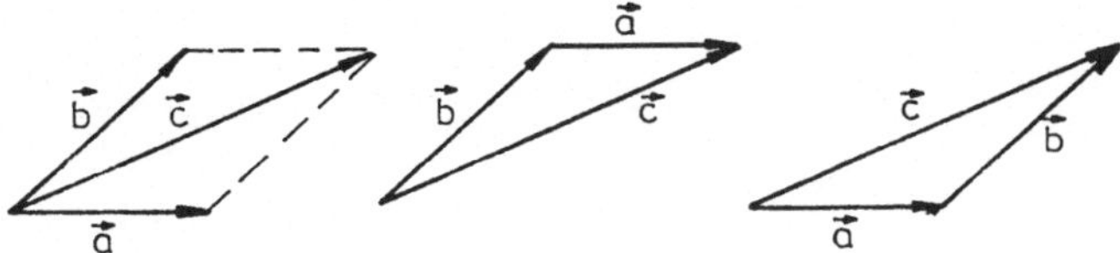

Beispiele:

1. Verschiebungsvektor: Verschiebung eines Teilchens vom Punkt A nach B ist durch Vektor charakterisiert (Addition von Verschiebungsvektoren).
2. Kräfteparallelogramm: Addition von Kräften, die an einem Punkt angreifen.

Subtraktion von Vektoren:

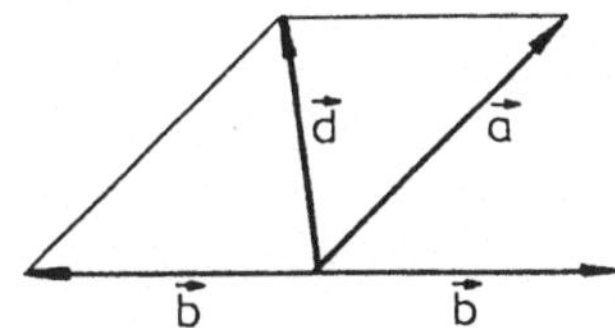

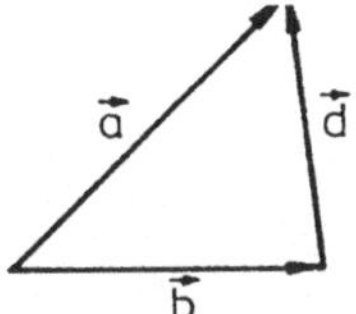

$$\boxed{\boldsymbol{a} - \boldsymbol{b} = \boldsymbol{a} + (-\boldsymbol{b}) = \boldsymbol{d}} \tag{1.9}$$

Komponentenzerlegung:

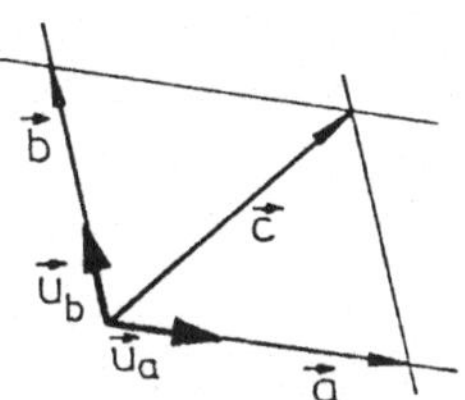

$$\boxed{\boldsymbol{c} = \boldsymbol{a} + \boldsymbol{b}} \tag{1.10}$$

Beispiel: Komponentenzerlegung der Schwerkraft auf einer schiefen Ebene.
Koordinatendarstellung:

$$\boxed{\begin{aligned} \boldsymbol{a} &= \boldsymbol{a}_x + \boldsymbol{a}_y + \boldsymbol{a}_z \\ &= a_x \boldsymbol{u}_x + a_y \boldsymbol{u}_y + a_z \boldsymbol{u}_z \\ &= (a_x,\ a_y,\ a_z) \end{aligned}} \tag{1.11}$$

$\boldsymbol{a}_x, \boldsymbol{a}_y, \boldsymbol{a}_z$ heißen Komponenten von $\boldsymbol{a}$ in x-, y-, z-Richtung. $|\boldsymbol{a}| = \sqrt{a_x^2 + a_y^2 + a_z^2}$.

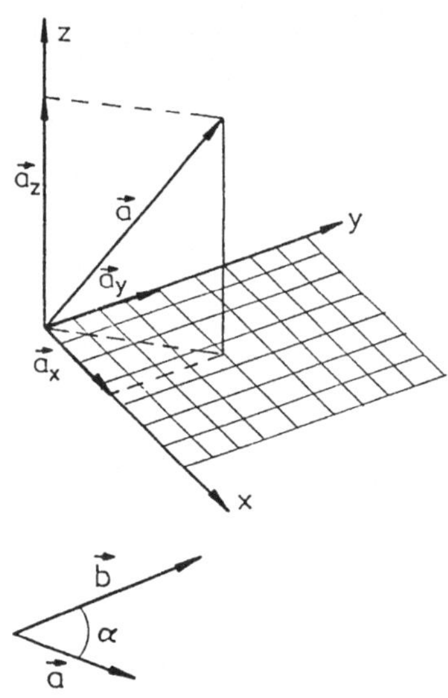

Skalarprodukt zweier Vektoren:

$$\boxed{\boldsymbol{a} \cdot \boldsymbol{b} = ab\cos\alpha} \tag{1.12}$$

$$\alpha = 90^\circ \leftrightarrow \boldsymbol{a} \cdot \boldsymbol{b} = 0$$

Es gilt:

$$\boldsymbol{a} \cdot \boldsymbol{b} = \boldsymbol{b} \cdot \boldsymbol{a}$$

$$\boldsymbol{a} \cdot (\boldsymbol{b} + \boldsymbol{c}) = \boldsymbol{a} \cdot \boldsymbol{b} + \boldsymbol{a} \cdot \boldsymbol{c}$$

Beispiel: Arbeit als Skalarprodukt von Kraft und Weg.
Vektorprodukt zweier Vektoren:

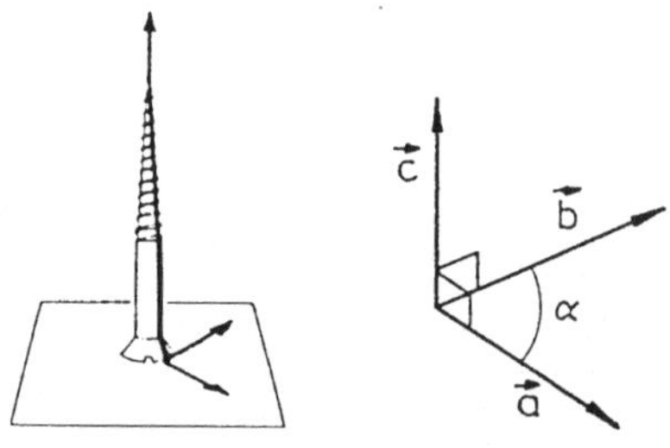

$$\boxed{\begin{array}{c} \boldsymbol{a} \times \boldsymbol{b} = \boldsymbol{c} \\ c = ab\sin\alpha \\ \boldsymbol{a}, \boldsymbol{b}, \boldsymbol{c} = \text{Rechtssystem} \\ \boldsymbol{c} \perp \boldsymbol{a},\ \boldsymbol{c} \perp \boldsymbol{b} \end{array}} \tag{1.13}$$

$\alpha = 0° \leftrightarrow \boldsymbol{a} \times \boldsymbol{b} = 0$

Es gilt:

$$\boldsymbol{a} \times \boldsymbol{b} = -\boldsymbol{b} \times \boldsymbol{a}$$
$$\boldsymbol{a} \times (\boldsymbol{b} + \boldsymbol{c}) = \boldsymbol{a} \times \boldsymbol{b} + \boldsymbol{a} \times \boldsymbol{c}$$

Beispiel: Drehmoment als Vektorprodukt aus Kraftarm und Kraft.
Häufig gebrauchte Regeln für Vektormultiplikation, herleitbar aus den Definitionen:

$$\boxed{\boldsymbol{a} \cdot (\boldsymbol{b} \times \boldsymbol{c}) = \boldsymbol{b}(\boldsymbol{c} \times \boldsymbol{a}) = \boldsymbol{c}(\boldsymbol{a} \times \boldsymbol{b})} \qquad (1.14)$$

$$\boxed{\boldsymbol{a} \times (\boldsymbol{b} \times \boldsymbol{c}) = \boldsymbol{b}(\boldsymbol{a} \cdot \boldsymbol{c}) - \boldsymbol{c}(\boldsymbol{a} \cdot \boldsymbol{b})} \qquad (1.15)$$

1.4 Darstellung physikalischer Zusammenhänge

Die Beschreibung physikalischer Zusammenhänge, d.h. der Abhängigkeit verschiedener physikalischer Grössen voneinander, ist i.a. nur nach Festlegung eines bestimmten, frei wählbaren, dann aber für die Beschreibung festgehaltenen Bezugssystems möglich.
Beispiele: Räumliches Koordinatensystem für die Beschreibung der Bahn, auf der sich ein Körper im Raum bewegt; Zeitskala mit Festlegung des zeitlichen Nullpunkts für Zeitabhängigkeit von Vorgängen; Temperaturskala für die Beschreibung von Vorgängen in der Wärmelehre. Häufig lässt sich die Beschreibung durch Wahl eines ausgezeichneten Bezugssystems vereinfachen (Polarkoordinaten für Bewegung auf der Kreisbahn, absolute Temperatur, etc.).

Ebene Polarkoordinaten:

$$\boxed{\begin{aligned} P &: r, \varphi \\ x &= r\cos\varphi \\ y &= r\sin\varphi \end{aligned}} \qquad (1.16)$$

Kugelkoordinaten:

$$\boxed{\begin{aligned} P &: r, \varphi, \vartheta \\ x &= r\sin\vartheta \cdot \cos\varphi \\ y &= r\sin\vartheta \cdot \sin\varphi \\ z &= r\cos\vartheta \end{aligned}} \qquad (1.17)$$

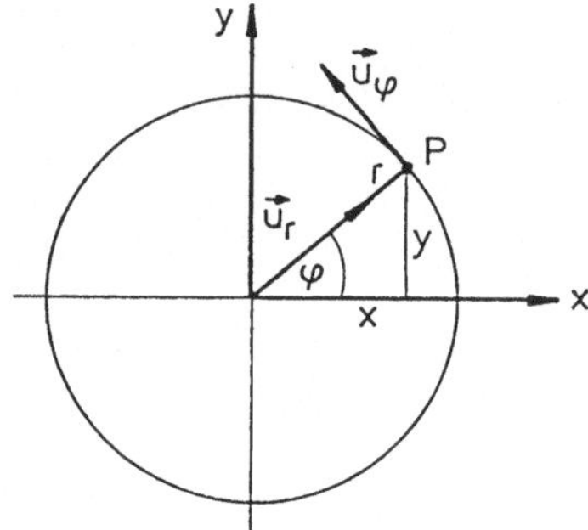

Abb. 1.1. Polarkoordinaten

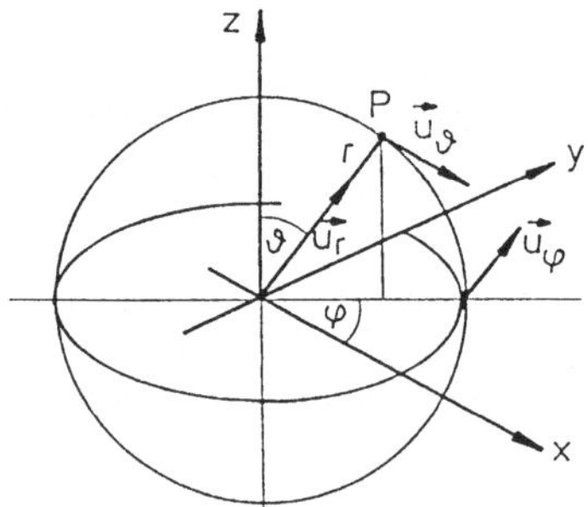

Abb. 1.2. Kugelkoordinaten

Zylinderkoordinaten:

$$
\boxed{\begin{aligned} P &: r, \varphi, z \\ x &= r\cos\varphi \\ y &= r\sin\varphi \\ z &= z \end{aligned}} \tag{1.18}
$$

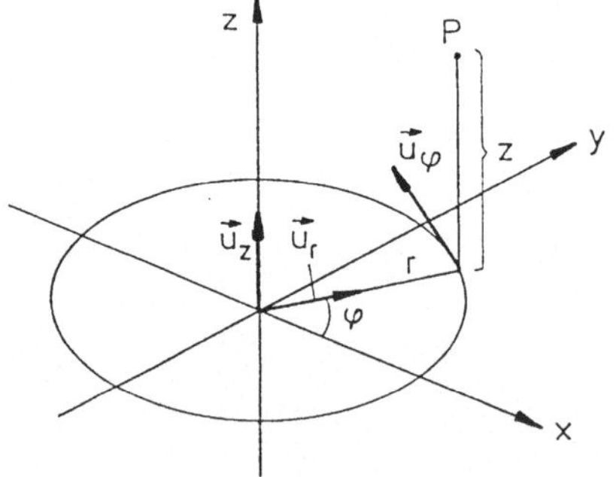

Abb. 1.3. Zylinderkoordinaten

Die Darstellung funktioneller Zusammenhänge kann erfolgen durch Wertetabellen, Diagramme, Kurvenformen, analytische Funktionen.

Analytische Funktion:

$$s = \frac{g}{2}\,t^2$$

$$g = 9.81 \text{ m s}^{-2}$$

Beispiel: Freier Fall (Falldauer t, Fallweg s):

Wertetabelle:

t [s]	s [m]
0	0
1	4.9
2	19.6
3	44.1
4	78.5
5	122.6

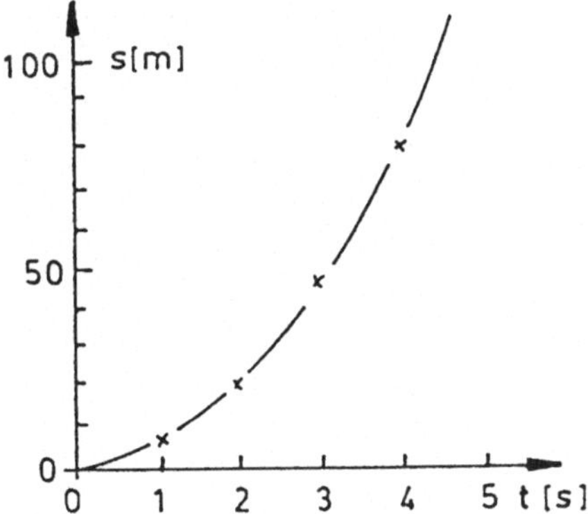

Abb. 1.4. Kurvendarstellung

2 Kinematik des Massenpunktes

2.1 Massenpunkt und Bahnkurve

Jeder **reale Körper** hat eine bestimmte **Ausdehnung** und **Masse**. Er ist i.a. **deformierbar**, d.h. die Abstände zwischen den einzelnen Volumenelementen und entsprechend die äußere Gestalt sind von äußeren Kräften abhängig.
Ein **starrer** Körper ist diejenige Realisierung des realen Körpers, bei der diese Deformierbarkeit vernachlässigt wird. Alle Abstände zwischen beliebig herausgegriffenen Volumenelementen sind zeitlich konstant. Der starre Körper hat eine feste äußere Gestalt.
Ein **Massenpunkt** ist eine Idealisierung des realen Körpers, bei der die Ausdehnung des Körpers vernachlässigt wird. In vielen Fällen läßt sich die Bewegung eines Körpers als diejenige eines einzelnen, den Körper repräsentierenden "Massenpunktes" (Schwerpunkt) beschreiben.
$\boldsymbol{r}$ = **Ortsvektor**
$\boldsymbol{r}(t)$ = **Bahnkurve**, z.B. in Parameterdarstellung: $x = f_1(t), y = f_2(t), z = f_3(t)$
$\Delta\boldsymbol{r} = \boldsymbol{r}(t + \Delta t) - \boldsymbol{r}(t)$ = **Verschiebungsvektor**
$\boldsymbol{u}_T$ = **Einheitsvektor in Richtung der Tangenten**
s(t) = **Bahnlänge, Weg**

2.2 Geradlinige Bewegung; Geschwindigkeit und Beschleunigung

Die Bahnkurve ist eine **gerade Linie**. Wählt man die x-Achse des Koordinatensystems als Bahnkurve bei beliebig, aber fest gewähltem Koordinatenursprung (Nullpunkt der x-Achse), dann ist

$$\boldsymbol{r}(t) = x \cdot \boldsymbol{u}_x, \ \Delta\boldsymbol{r} = \Delta x \cdot \boldsymbol{u}_x, \quad \text{Bahnkurve} \quad x = f(t)$$

Mittlere Geschwindigkeit:

$$\boldsymbol{v}_m = \frac{\Delta x}{\Delta t} \cdot \boldsymbol{u}_x, \quad v_m = \frac{\Delta x}{\Delta t}$$

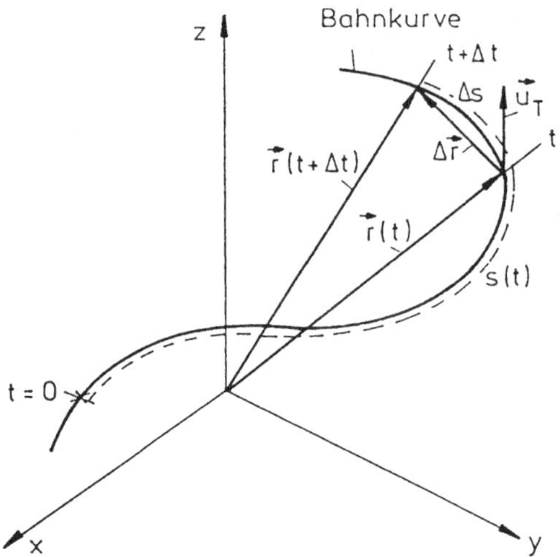

Abb. 2.1. Krummlinige Bewegung.

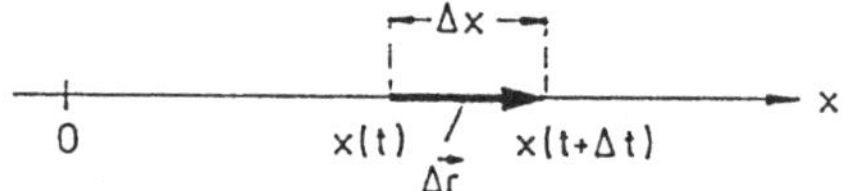

Δt ist ein endliches Zeitintervall, v_m eine messbare Größe. Allerdings ist $\boldsymbol{v}_m$ **keine** die Bewegung zur Zeit t eindeutig charakterisierende Größe, da sie abhängig von der Größe des Zeitintervalls Δt ist (s. Bild 2.2).

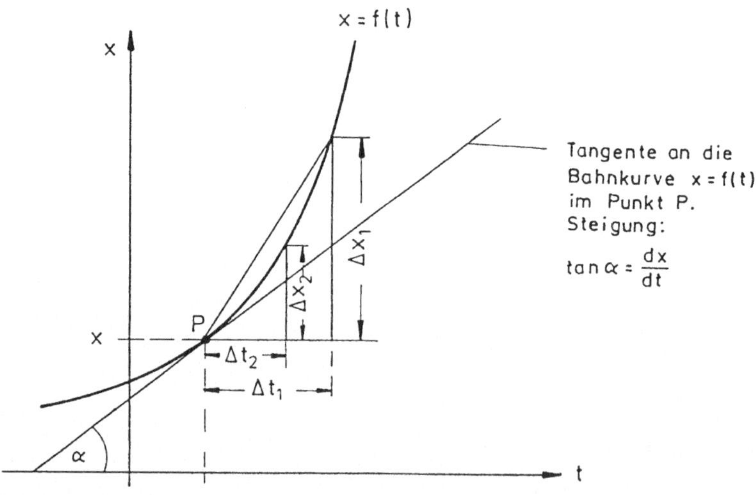

Abb. 2.2. Geschwindigkeit bei geradliniger Bewegung.

Momentangeschwindigkeit:

$$\boldsymbol{v} = \lim_{\Delta t \to 0} \boldsymbol{v}_m, \qquad \text{also}$$

$$\boxed{\boldsymbol{v} = \frac{\mathrm{d}x}{\mathrm{d}t}\boldsymbol{u}_x, \quad v = \frac{\mathrm{d}x}{\mathrm{d}t}} \tag{2.1}$$

Die Geschwindigkeit ist eine vektorielle Größe. Die Richtung von $\boldsymbol{v}$ ist $+\boldsymbol{u}_x$ oder $-\boldsymbol{u}_x$, je nachdem, ob $\mathrm{d}x/\mathrm{d}t$ positiv oder negativ ist. Es ist

$$\boxed{[v] = \frac{\mathrm{m}}{\mathrm{s}}} \tag{2.2}$$

Ist v als Funktion der Zeit bekannt und gilt die Anfangsbedingung $x = x_0$ für $t = t_0$, dann erhält man $x(t)$ aus $v(t)$ durch Integration:

$$\boxed{x = x_0 + \int_{t_0}^{t} v \cdot \mathrm{d}t} \tag{2.3}$$

Beispiel: Geradlinig gleichförmige Bewegung, d.h. $\boldsymbol{v} = \text{const}$. Dann ist:

$$x = v(t - t_0) + x_0$$

$$\frac{\Delta x}{\Delta t} = \frac{\mathrm{d}x}{\mathrm{d}t} = v$$

Mittlere Beschleunigung:

$$\boldsymbol{a}_m = \frac{\Delta v}{\Delta t}\boldsymbol{u}_x, \quad a_m = \frac{\Delta v}{\Delta t}$$

Momentanbeschleunigung:

$$\boldsymbol{a} = \lim_{\Delta t \to 0} \boldsymbol{a}_m, \qquad \text{also}$$

$$\boxed{\boldsymbol{a} = \frac{\mathrm{d}v}{\mathrm{d}t}\boldsymbol{u}_x, \quad a = \frac{\mathrm{d}v}{\mathrm{d}t} = \frac{\mathrm{d}^2x}{\mathrm{d}t^2}} \tag{2.4}$$

Die Beschleunigung ist ebenfalls eine vektorielle Größe. Es ist:

$$\boxed{[a] = \frac{\mathrm{m}}{\mathrm{s}^2}}$$

Ist a als Funktion der Zeit bekannt und gilt die Anfangsbedingung $v = v_0$ für $t = t_0$, dann erhält man $v(t)$ aus $a(t)$ durch Integration:

$$\boxed{v = v_0 + \int_{t_0}^{t} a \cdot \mathrm{d}t} \tag{2.5}$$

Ist a als Funktion von x bekannt und gilt die Anfangsbedingung $v = v_0$ für $x = x_0$, dann erhält man $v(x)$ aus $a(x)$ durch:

$$\left.\begin{array}{lcl} a & = & \dfrac{\mathrm{d}v}{\mathrm{d}t} \Rightarrow \mathrm{d}v = a \cdot \mathrm{d}t \\ v & = & \dfrac{\mathrm{d}x}{\mathrm{d}t} \end{array}\right\} \Rightarrow v \cdot \mathrm{d}v = a \cdot \mathrm{d}t \cdot \frac{\mathrm{d}x}{\mathrm{d}t} = a \cdot \mathrm{d}x$$

Integration ergibt:

$$\int_{v_0}^{v} v \cdot \mathrm{d}v = \int_{x_0}^{x} a \cdot \mathrm{d}x, \qquad \text{oder}$$

$$\boxed{\frac{1}{2} \cdot (v^2 - v_0^2) = \int_{x_0}^{x} a \cdot \mathrm{d}x} \tag{2.6}$$

Beschleunigte Bewegung:
$\boldsymbol{a}$ ist eine echte Beschleunigung, wenn $\boldsymbol{a}$ parallel zu $\boldsymbol{v}$ ist:

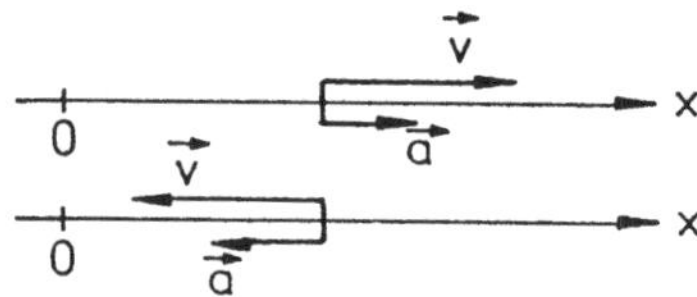

Verzögerte Bewegung:
$\boldsymbol{a}$ ist eine negative Beschleunigung (Verzögerung), wenn $\boldsymbol{a}$ antiparallel zu $\boldsymbol{v}$ ist:

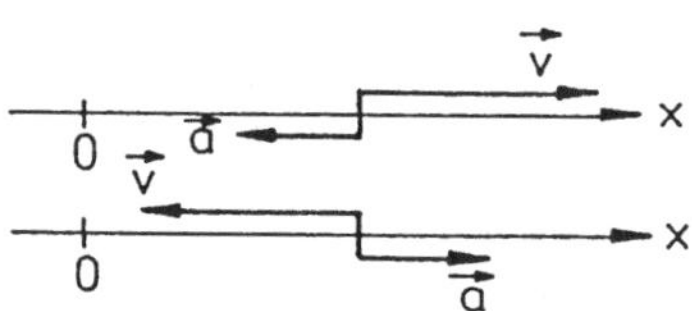

Beispiel: **Geradlinig gleichförmig beschleunigte Bewegung**, d.h. $\boldsymbol{a} = \mathit{const}$. Dann folgt mit $\boldsymbol{a} = \mathit{const}$, d.h. a = const, (2.3), (2.5):

$$\boxed{\begin{array}{l} v = v_0 + a(t - t_0) \\ x = x_0 + v_0(t - t_0) + \dfrac{a}{2}(t - t_0)^2 \end{array}} \tag{2.7}$$

Graphische Darstellung: Für den Spezialfall mit den Anfangsbedingungen $t_0 = 0, x_0 = 0, v_0 = 0$ folgt:

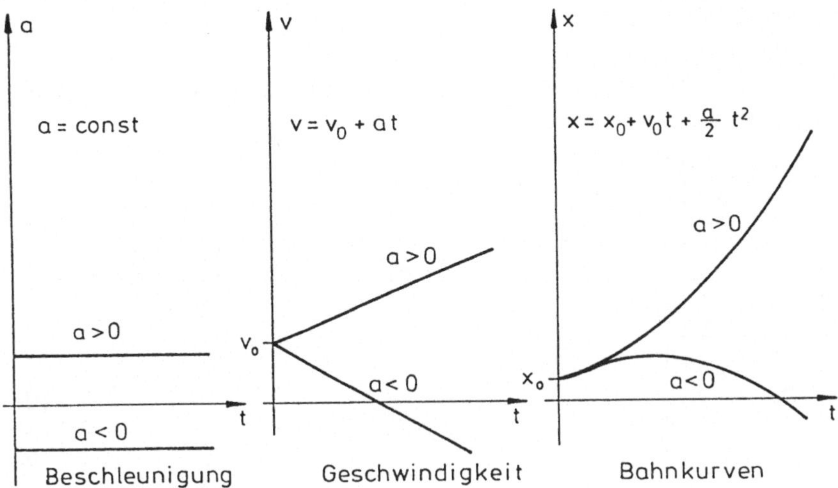

Abb. 2.3. Geradlinige Bewegung bei konstanter Beschleunigung.

$$\boxed{\begin{array}{ll} v = at, \quad x = \frac{1}{2}\,at^2 & (2.7) \\ v^2 = 2ax & (2.6) \end{array}} \tag{2.8}$$

Freier Fall: Im Vakuum fallen alle Körper an einem Punkt der Erdoberfläche mit gleicher, konstanter und zum Erdmittelpunkt hin gerichteter Beschleunigung. Diese Beschleunigung heißt **Fallbeschleunigung** $\boldsymbol{g}$. Es gelten (2.7) bzw. (2.8). Für den Fallweg s als Funktion der Fallzeit t ergibt sich also z.B.

$$s = \frac{g}{2}t^2$$

$g = 9.81\ \mathrm{m/s^2}$ ist wenig abhängig von der geographischen Breite.

2.3 Allgemeine krummlinige Bewegung

Entsprechend den Aussagen von Abschnitt 2.2 wird mit den Bezeichnungen von Bild. 2.1 allgemein definiert:

Mittlere Geschwindigkeit:

$$\boldsymbol{v}_m = \frac{\Delta \boldsymbol{r}}{\Delta t}$$

Momentangeschwindigkeit:

$$\boxed{\boldsymbol{v} = \lim_{\Delta t \to 0} \frac{\Delta \boldsymbol{r}}{\Delta t} = \frac{\mathrm{d}\boldsymbol{r}}{\mathrm{d}t}} \tag{2.9}$$

Es gilt:

$$\frac{d\boldsymbol{r}}{dt} = \frac{d\boldsymbol{r}}{ds}\frac{ds}{dt}$$

Dabei ist ds ein differentielles Bahnelement, in Bild. 2.1 als Δs eingezeichnet. Ferner ist

$$\left|\frac{d\boldsymbol{r}}{ds}\right| = \lim_{\Delta t \to 0} \frac{|\Delta \boldsymbol{r}|}{\Delta s} = 1 \qquad \text{s. Bild. 2.1}$$

Die Richtung von $\Delta \boldsymbol{r}$ ist die Richtung der Tangente an die Bahnkurve am Ort $\boldsymbol{r}(t)$. Der Einheitsvektor in Tangentenrichtung wird mit $\boldsymbol{u}_T$ bezeichnet. Es folgt:

$$\boxed{\begin{aligned} \boldsymbol{v} &= \frac{d\boldsymbol{r}}{dt} = v\boldsymbol{u}_T \\ v &= \frac{ds}{dt} \end{aligned}} \tag{2.10}$$

(2.10) ist die Bestätigung dafür, dass (2.9) eine vernünftige Definition der Geschwindigkeit ist.

Mittlere Beschleunigung:

$$\boldsymbol{a}_m = \frac{\Delta \boldsymbol{v}}{\Delta t}$$

Momentanbeschleunigung:

$$\boxed{\boldsymbol{a} = \lim_{\Delta t \to 0} \frac{\Delta \boldsymbol{v}}{\Delta t} = \frac{d\boldsymbol{v}}{dt} = \frac{d^2\boldsymbol{r}}{dt^2}} \tag{2.11}$$

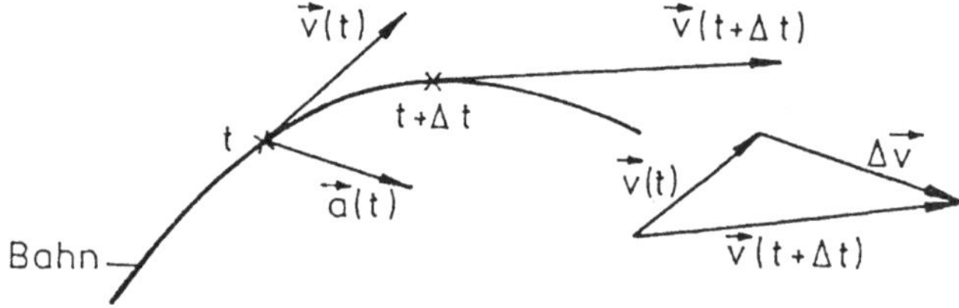

Abb. 2.4. Geschwindigkeit bei krummliniger Bewegung.

Da sich die Richtung der Geschwindigkeit stets entsprechend der Bahnkrümmung ändert, zeigt $\boldsymbol{a}$ immer zur konkaven Seite der Bahn. In jedem Punkt der Bahnkurve kann $\boldsymbol{a}$ in eine **Normalkomponente** $\boldsymbol{a}_N$ **(Normalbeschleunigung)** und in eine **Tangentialkomponente** $\boldsymbol{a}_T$ **(Bahnbeschleunigung)** zerlegt werden. Die Normale steht senkrecht zur Richtung der Tangente. Sie zeigt zum Mittelpunkt des Krümmungskreises an die Bahn im Punkt $\boldsymbol{r}(t)$.

Damit ist:

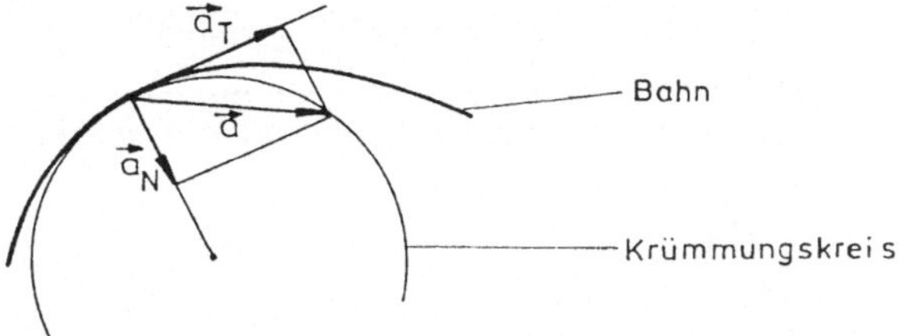

Abb. 2.5. Beschleunigung bei krummliniger Bewegung.

$$\boldsymbol{a} = \boldsymbol{a}_T + \boldsymbol{a}_N = \frac{\mathrm{d}\boldsymbol{v}}{\mathrm{d}t} = \frac{\mathrm{d}}{\mathrm{d}t}(v\boldsymbol{u}_T) = \frac{\mathrm{d}v}{\mathrm{d}t}\boldsymbol{u}_T + v\frac{\mathrm{d}\boldsymbol{u}_T}{\mathrm{d}t}$$

Für hinreichend kleine Δt kann die Bahnkurve durch ihren Krümmungskreis ersetzt werden. Der Radius des Krümmungskreises im betrachteten Bahnpunkt sei R.

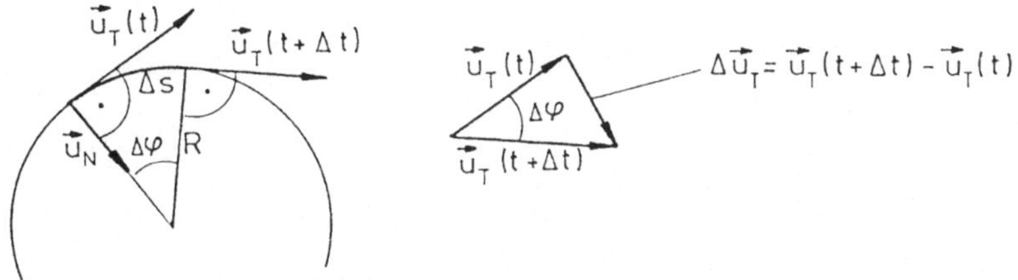

Abb. 2.6. Einheitsvektoren bei krummliniger Bewegung.

Nach (1.4) ist wegen $|\boldsymbol{u}_T(t)| = |\boldsymbol{u}_T(t+\Delta t)| = 1$ (Einheitsvektoren):

$$\Delta|\boldsymbol{u}_T| = 1 \cdot \Delta\varphi = \frac{\Delta s}{R}$$

Also folgt:

$$\left|\lim_{\Delta t \to 0} \frac{\Delta \boldsymbol{u}_T}{\Delta t}\right| = \frac{1}{R}\lim_{\Delta t \to 0}\frac{\Delta s}{\Delta t} = \frac{v}{R}, \quad \text{oder} \quad \frac{\mathrm{d}\boldsymbol{u}_T}{\mathrm{d}t} = \frac{v}{R}\boldsymbol{u}_N$$

Insgesamt erhält man aus der Beziehung für $\boldsymbol{a}$:

$$\boxed{\begin{aligned} &\boldsymbol{a} = \boldsymbol{a}_T + \boldsymbol{a}_N \\ &\boldsymbol{a}_T = \frac{\mathrm{d}v}{\mathrm{d}t}\boldsymbol{u}_T; \qquad \boldsymbol{a}_N = \frac{v^2}{R}\boldsymbol{u}_N \end{aligned}} \tag{2.12}$$

Dies ist eine brauchbare Darstellung der Beschleunigung für den Fall einer bekannten Bahnkurve. Dann ist für jeden Punkt der Bahn auch $\boldsymbol{u}_T, \boldsymbol{u}_N$ und R bekannt, so dass die Angabe der Bahngeschwindigkeit v als Funktion der Zeit zur vollständigen Beschreibung der Bewegung genügt.

Beispiel: Schiefer Wurf im Vakuum. Der Luftwiderstand wird vernachlässigt. $\boldsymbol{a} = \text{const} = \boldsymbol{g}$, d.h. es wirkt ausschließlich die Fallbeschleunigung.
Aus (2.11) erhält man mit den Anfangsbedingungen $\boldsymbol{r} = \boldsymbol{r}_0$ und $\boldsymbol{v} = \boldsymbol{v}_0$ für $t = t_0$ entsprechend zu (2.7):

$$\boxed{\begin{aligned} \boldsymbol{v} &= \boldsymbol{v}_0 + \boldsymbol{a}(t - t_0) \\ \boldsymbol{r} &= \boldsymbol{r}_0 + \boldsymbol{v}_0(t - t_0) + \frac{1}{2}\boldsymbol{a}(t - t_0)^2 \end{aligned}} \tag{2.13}$$

Mit den Anfangsbedingungen $t_0 = 0, \boldsymbol{r}_0 = 0$ erhält man nach (2.13) eine Parabel als Bahn, die abhängig von Größe und Richtung der Anfangsgeschwindigkeit $\boldsymbol{v}_0$ ist und die folgende Form hat:

$$\begin{aligned} \boldsymbol{r}(t) = \boldsymbol{r}(x, y) &= \boldsymbol{v}_0 t - \frac{\boldsymbol{g}}{2} t^2 \\ x &= v_{0x} t \\ y &= v_{0y} t - \frac{1}{2} g t^2 \end{aligned}$$

Damit folgt:

$$y = \frac{v_{0y}}{v_{0x}} x - \frac{g}{2 v_{0x}^2} x^2$$

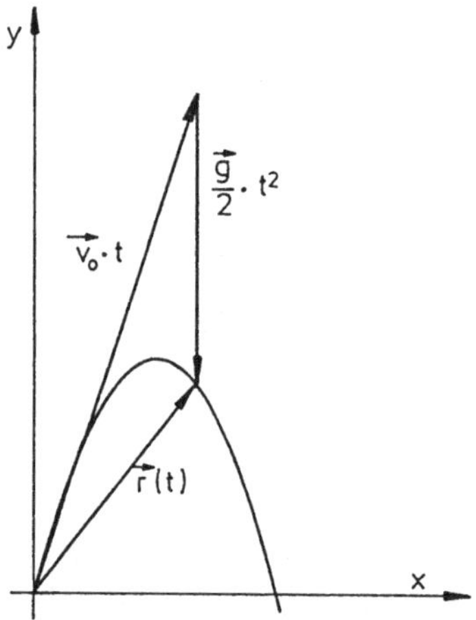

Abb. 2.7. Wurfparabel.

2.4 Kreisbewegung

Die Bahnkurve sei ein Kreis mit dem Radius R. Zur Beschreibung der Bewegung wählen wir ein Koordinatensystem (x, y, z), dessen z-Achse durch den

Kreismittelpunkt und senkrecht zur Kreisebene verläuft. Dann wird die Bahn beschrieben durch:

$$x^2 + y^2 = R^2, \quad z = \text{const}$$

Entsprechend lautet die Beschreibung in Kugelkoordinaten (r, φ, ϑ):

$$r = \text{const} = R, \quad \vartheta = \text{const}$$

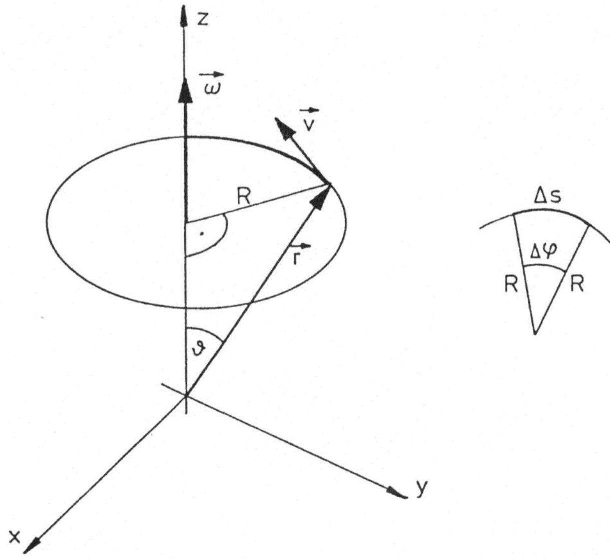

Abb. 2.8. Zur Kreisbewegung.

Nach (2.10) gilt $\boldsymbol{v} = (\mathrm{d}s/\mathrm{d}t)\boldsymbol{u}_T$. Da ferner $\Delta s = R \cdot \Delta\varphi$ ist (Bild 2.8), wird

$$\boldsymbol{v} = R\frac{\mathrm{d}\varphi}{\mathrm{d}t}\boldsymbol{u}_T = r\frac{\mathrm{d}\varphi}{\mathrm{d}t}\sin\vartheta\boldsymbol{u}_T; \ \boldsymbol{u}_T = \boldsymbol{u}_\vartheta$$

Winkelgeschwindigkeit $\boldsymbol{\omega}$: Sie ist definiert durch

$$\boxed{\boldsymbol{\omega} = \omega\boldsymbol{u}_Z, \quad \omega = \frac{\mathrm{d}\varphi}{\mathrm{d}t}, \quad [\omega] = \mathrm{s}^{-1}} \tag{2.14}$$

Die Richtung von $\boldsymbol{\omega}$ steht also senkrecht zur Kreisbahnebene, und zwar so, dass Bahnbewegung und $\boldsymbol{\omega}$ eine Rechtsschraube darstellen (Bild 2.9).

Mit (2.14) erhält man aus obiger Gleichung für $\boldsymbol{v}$:

$$\boxed{\boldsymbol{v} = \boldsymbol{\omega} \times \boldsymbol{r}; \quad v = \omega R} \tag{2.15}$$

Man vergleiche hierzu die Definition des Vektorprodukts (1.13)!

Winkelbeschleunigung $\boldsymbol{\alpha}$:

Abb. 2.9. Winkelgeschwindigkeit als Vektor.

$$\boldsymbol{\alpha} = \lim_{\Delta t \to 0} \frac{\Delta \boldsymbol{\omega}}{\Delta t} = \frac{\mathrm{d}\boldsymbol{\omega}}{\mathrm{d}t} \tag{2.16}$$

Da $\boldsymbol{\omega} = \omega \boldsymbol{u}_Z$ gilt und $\boldsymbol{u}_Z$ zeitlich konstant ist, wird

$$\boldsymbol{\alpha} = \frac{\mathrm{d}^2\varphi}{\mathrm{d}t^2}\boldsymbol{u}_Z; \; \alpha = \frac{\mathrm{d}^2\varphi}{\mathrm{d}t^2}; \; [\alpha] = \mathrm{s}^{-2} \tag{2.17}$$

Nach (2.12) erhalten wir für die Bahnbeschleunigung:

$$\boldsymbol{a}_T = \frac{\mathrm{d}v}{\mathrm{d}t}\boldsymbol{u}_T = r\frac{\mathrm{d}^2\varphi}{\mathrm{d}t^2}\sin\vartheta \cdot \boldsymbol{u}_T = \boldsymbol{\alpha} \times \boldsymbol{r}$$

und für die Normalbeschleunigung mit (2.15):

$$\boldsymbol{a}_N = \frac{v^2}{R}\boldsymbol{u}_N = \frac{v}{R}v\boldsymbol{u}_N = \omega \cdot v \cdot \boldsymbol{u}_N = \boldsymbol{\omega} \times \boldsymbol{v}$$

Insgesamt folgt also:

$$\begin{aligned} \boldsymbol{a}_T &= \boldsymbol{\alpha} \times \boldsymbol{r} \\ \boldsymbol{a}_N &= \boldsymbol{\omega} \times \boldsymbol{v} = \boldsymbol{\omega} \times (\boldsymbol{\omega} \times \boldsymbol{r}) \end{aligned} \tag{2.18}$$

$\boldsymbol{a}_N$ ist stets zum Mittelpunkt des Kreises hin gerichtet und heißt deshalb auch **Radial-** oder **Zentripetalbeschleunigung**. Ihre Größe ist nach (2.18) und (2.15), vgl. auch (2.12):

$$a_N = \omega^2 R = \frac{v^2}{R} \tag{2.19}$$

Beispiel: **Gleichförmige Kreisbewegung**: Es sei $\omega = \text{const.}$ Dann gilt:

$$\omega = \frac{\mathrm{d}\varphi}{\mathrm{d}t} = \frac{2\pi}{T} \tag{2.14a}$$

(ω = Winkelgeschwindigkeit; T = Umdrehungszeit oder Periode).
Mit der Darstellung in ebenen Polarkoordinaten folgt aus (2.14a) allgemein:

$$\varphi = \varphi_0 + \omega(t - t_0)$$

und mit der Anfangsbedingung $\varphi_0 = 0$ für $t_0 = 0$:

$$\varphi = \omega t$$

Also ist:

$$x = R\cos\omega t = R\cos(2\pi t/T)$$
$$y = R\sin\omega t = R\sin(2\pi t/T)$$

2.5 Galilei-Transformation

Wir betrachten zwei Koordinatensysteme $S(x, y, z)$ mit dem Koordinatenursprung 0 und $S'(x', y', z')$ mit dem Koordinatenursprung $0'$, die sich relativ zueinander bewegen und denken uns die beiden Koordinatensysteme fest mit verschiedenen Beobachtern verknüpft, z.B. das eine mit einem Beobachter an einem festen Punkt an der Erdoberfläche, das andere mit einem solchen in einem fahrenden Zug. Ferner betrachten wir im folgenden nur den Fall einer **gleichförmigen Translationsbewegung** der beiden Bezugssysteme gegeneinander, d.h. der Koordinatenursprung des einen Bezugssystems bewegt sich relativ zum anderen Bezugssystem geradlinig gleichförmig, also mit konstanter Geschwindigkeit, und die einmal vorhandene Anfangsorientierung (Richtung der x'-, y'-, z'-Achsen im Koordinatensystem x, y, z) bleibt konstant. Es findet also keine Drehung der Koordinatensysteme gegeneinander statt.
Wir gehen von der Annahme aus, dass das von den Beobachtern in beiden Bezugssystemen benutzte Zeitmaß dasselbe ist, d.h. dass das Resultat von Zeitmessungen unabhängig vom Bewegungszustand des Beobachters ist. Diese Annahme ist keinesfalls selbstverständlich, jedoch für Relativgeschwindigkeiten, die klein gegen die Lichtgeschwindigkeit sind, gerechtfertigt (nichtrelativistischer Fall).
Der Einfachheit halber seien folgende zusätzliche Voraussetzungen gemacht: Die Relativbewegung verlaufe in Richtung der Geraden $00'$. Zum Zeitpunkt $t = 0$ fallen die Koordinatenursprungspunkte 0 und $0'$ zusammen (Anfangsbedingung). Die Koordinatensysteme seien so gewählt, dass die x- und x'-, y- und y'- sowie z- und z'-Achsen jeweils parallel zueinander sind. Nach Bild 2.10 erhalten wir

$$\boxed{\boldsymbol{r} = \boldsymbol{R} + \boldsymbol{r}'} \tag{2.20}$$

Laut Voraussetzung ist die Relativgeschwindigkeit $\boldsymbol{V}$ konstant, so dass mit der Anfangsbedingung $\boldsymbol{R} = 0$ für t = 0 folgt: $\boldsymbol{R}(t) = \boldsymbol{V}t$. Durch Einsetzen dieser Beziehung in (2.20) erhalten wir zusammen mit der grundlegenden Annahme $t' = t$ (s.o.), die **Galilei-Transformation**:

$$\boxed{\begin{aligned} \boldsymbol{r}' &= \boldsymbol{r} - \boldsymbol{V}t \\ t' &= t \end{aligned}} \tag{2.21}$$

Für die Transformation von Geschwindigkeit und Beschleunigung ergibt sich aus (2.21) wegen $V = \text{const}$

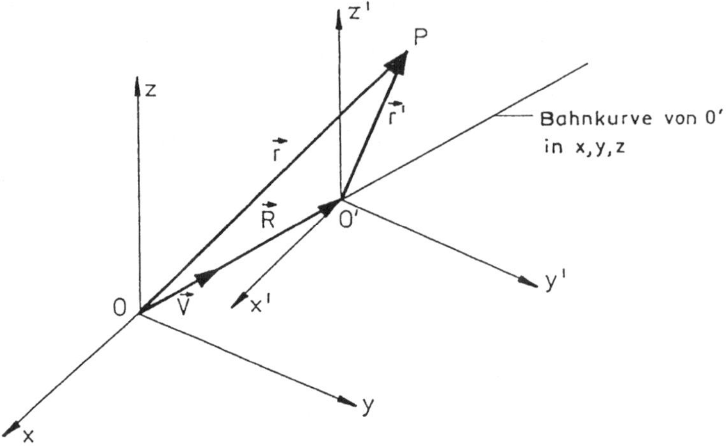

Abb. 2.10. Zur GALILEI-Transformation.

$$\boxed{\begin{aligned} \boldsymbol{v}' &= \boldsymbol{v} - \boldsymbol{V} \\ \boldsymbol{a}' &= \boldsymbol{a} \end{aligned}} \tag{2.22}$$

Die Beschleunigung ist also "**invariant**" gegenüber einer geradlinig gleichförmigen Bewegung des Bezugssystems!

Beispiel: Dopplereffekt beim Schall Wir betrachten eine mit bestimmter Frequenz ν schwingende Schallquelle Q, z.B. eine Lautsprechermembran. Diese regt die angrenzende Luft (Medium) zu Dichteschwingungen entsprechender Frequenz an. Die Dichteschwingungen breiten sich allseitig wellenartig mit der Schallgeschwindigkeit v ($v \simeq 360$ m/s in der als ruhend angenommenen Luft) aus. Der Abstand zwischen je zwei Schwingungsmaxima längs der Ausbreitungsrichtung wird als Wellenlänge λ bezeichnet. Zwischen der die Schallquelle charakterisierenden Frequenz ν und der die Wellenausbreitung charakterisierenden Schallgeschwindigkeit v und der Wellenlänge λ besteht folgender Zusammenhang:

$$v = \lambda\nu$$

Ein Beobachter 0 befindet sich relativ zur Schallquelle Q in Ruhe. Im Zeitintervall Δt wird sein Ohr von

$$n = \frac{v \cdot \Delta t}{\lambda}$$

Schwingungsmaxima getroffen. Die von ihm registrierte Frequenz ν_0 ist mithin (vgl. (1.6)):

$$\nu_0 = \frac{n}{\Delta t} = \frac{v}{\lambda}$$

also gleich der Frequenz der Schallwelle: $\nu_0 = \nu$.
Ein Beobachter 0′ bewege sich mit der konstanten Relativgeschwindigkeit V

geradlinig von der Schallquelle weg ($V > 0$) bzw. zu ihr hin ($V < 0$). Die von ihm registrierte Zahl von Schwingungen pro Zeiteinheit ist dann:

$$\nu_0' = \frac{v'}{\lambda} = \frac{v - V}{\lambda}$$

Durch Einsetzen von $\lambda = v/\nu$ erhalten wir als Beziehung zwischen ν und ν_0:

$$\boxed{\nu_0' = \nu \left(1 - \frac{V}{v}\right)} \tag{2.23}$$

Die von $0'$ registrierte Frequenz ist also größer als diejenige der Schallquelle, wenn er sich auf sie zu bewegt und kleiner im umgekehrten Fall.

Anmerkung: Von dem hier diskutierten Fall des Dopplereffekts (Schallquelle relativ zum Ausbreitungsmedium Luft in Ruhe, Beobachter bewegt) ist der umgekehrte Fall (Schallquelle relativ zum Ausbreitungsmedium Luft bewegt, Beobachter in Ruhe) zu unterscheiden. Der in Ruhe befindliche Beobachter $0'$ registriert in diesem Fall als Wellenlänge $\lambda' = (v + V)/\nu$. Daraus folgt:

$$\nu_0' = \frac{v}{\lambda'} \frac{\nu}{1 + \dfrac{V}{v}}$$

Dabei ist V die Geschwindigkeit der Quelle relativ zum Beobachter $0'$. Für kleine Relativgeschwindigkeiten ($V/v \ll 1$) führen beide Formeln näherungsweise zum gleichen Ergebnis. Die Erläuterung hierzu folgt im Kapitel "Schwingungen und Wellen".

3 Dynamik des Massenpunktes

3.1 Die Newtonschen Axiome

Kinematik: Sie behandelt ausschließlich quantitative Beschreibungen eines gegebenen Bewegungsablaufs. Bei bekannter Bahnfunktion $\boldsymbol{r}(t)$ können etwa $\boldsymbol{v}(t)$ und $\boldsymbol{a}(t)$ berechnet werden. Bei bekannter Funktion $\boldsymbol{a}(t)$ können unter Voraussetzung entsprechender Anfangsbedingungen $\boldsymbol{v}(t)$ und $\boldsymbol{r}(t)$ berechnet werden.
Dynamik: Sie behandelt quantitative Beschreibungen des Zusammenhangs zwischen einer Bewegungsänderung und der ihr zugrunde liegenden Ursache. Die Dynamik gestattet also die Vorhersage eines Bewegungsablaufs bei bekannter Ursache unter Voraussetzung entsprechender Anfangsbedingungen. Die Ursache von Bewegungsänderungen sind **Wechselwirkungen** des betrachteten **Teilchens** ($\equiv$ Massenpunkt) mit einem oder mehreren anderen Teilchen.
Beispiele: Elektrische Wechselwirkungen eines geladenen Teilchens mit einem anderen, etwa die eines Elektrons in der Atomhülle mit dem positiv geladenen Kern bzw. den anderen Elektronen der Hülle. Magnetische Wechselwirkungen eines Permanentmagneten mit einem zweiten. Gravitationswechselwirkung eines Teilchens mit einem zweiten aufgrund ihrer Massen.
Wechselwirkungen werden im folgenden durch die physikalische Größe **Kraft** beschrieben. Der Name "Kraft" drückt allerdings – im Gegensatz zum allgemeineren Begriff der "Wechselwirkung" – nicht aus, dass es sich hierbei stets um die Wirkung von mindestens zwei Teilchen aufeinander handelt (vgl. 3. NEWTONsches Gesetz). Die Stärke aller bekannten Wechselwirkungen, etwa gemessen durch die Größe der dem Teilchen erteilten Beschleunigung, wird mit zunehmendem Abstand geringer und verschwindet für den Grenzfall $r \to \infty$. Die Art der Abstandsabhängigkeit hängt dabei durchaus noch von der Art der Wechselwirkung ab. Ein Teilchen, welches im idealisierten Grenzfall als ein völlig wechselwirkungsfreies Teilchen beschrieben werden kann – Abstände gegen alle anderen Teilchen (Index k) $r_k \to \infty$! – heißt **freies Teilchen**. Ein Teilchen kann auch dann als freies Teilchen beschrieben werden, wenn sich die Wechselwirkungen mit anderen im endlichen Abstand vorhandenen Teilchen gerade aufheben.
Ergebnis der Wechselwirkung: Das Resultat der Wechselwirkung, d.h. die Bewegungsänderung, wird zunächst durch die Beschleunigung a beschrieben,

die dem Teilchen einer bestimmten Masse m erteilt wird (2. NEWTONsches Gesetz). Im Abschnitt 4 werden die Erhaltungsgrößen der Mechanik behandelt. Dann wird das Ergebnis einer Wechselwirkung allgemeiner durch die Änderung des Linearimpulses beschrieben.

Bedeutung der NEWTONschen Gesetze: Alle bekannten Erfahrungen der (klassischen Mechanik) lassen sich auf drei Grundgesetze zurückführen, die in dieser Allgemeinheit erstmalig von NEWTON (1642 – 1727) formuliert wurden. Sie sind aus anderen Gesetzmäßigkeiten nicht weiter ableitbar. Ihre Gültigkeit ergibt sich daraus, dass man durch logisch mathematische Ableitung aus ihnen bei vorgegebener Wechselwirkung eine zutreffende Beschreibung der resultierenden Bewegung erhält.

Im folgenden werden zunächst die NEWTONschen Gesetze formuliert und dann im einzelnen erläutert.

1. NEWTONsches Gesetz (Trägheitsprinzip):
   Die Bewegung eines Teilchens (Massenpunkt) verläuft geradlinig gleichförmig, solange keine Kraft auf das Teilchen wirkt. (3.1)

2. NEWTONsches Gesetz (Aktionsprinzip):
   Zwischen der die Wechselwirkung beschreibenden Kraft $\boldsymbol{F}$ einerseits und der Masse m sowie der Beschleunigung $\boldsymbol{a}$ des Teilchens andererseits besteht die Beziehung

$$\boxed{\boldsymbol{F} = m\boldsymbol{a}} \tag{3.2}$$

3. NEWTONsches Gesetz (Reaktionsprinzip):
   Bei der Wechselwirkung zwischen zwei Teilchen werden entgegengesetzt gleich große Kräfte aufeinander ausgeübt:

$$\boxed{\boldsymbol{F} = -\boldsymbol{F}'} \tag{3.3}$$

Erläuterungen **Trägheitsprinzip**: Mit dem oben definierten Begriff "freies Teilchen" kann das 1. NEWTONsche Gesetz auch etwa so formuliert werden: Die Beschleunigung eines freien Teilchens ist gleich Null, oder: Die Geschwindigkeit eines freien Teilchens ist nach Größe und Richtung konstant. In dieser Formulierung kommt sehr gut der axiomatische Charakter dieser Aussage zum Ausdruck. Ein freies Teilchen ist eine Fiktion, da es beliebig weit von allen anderen Teilchen entfernt sein müsste, d.h. das einzige existierende Teilchen überhaupt wäre. Dann wäre es aber nicht beobachtbar (von wem auch?) und daher jede physikalische Aussage sinnlos. Ein freies Teilchen ist daher nur näherungsweise zu realisieren, nämlich dann, wenn die Wechselwirkung mit anderen Teilchen hinreichend klein ist. Ferner beinhaltet die Aussage, dass die Geschwindigkeit eines freien Teilchens konstant ist, die Festlegung eines bestimmten Bezugssystems, relativ zu dem die Geschwindigkeit gemessen wird. Das Bezugssystem muss offenbar so geartet sein, dass es mit einem Beobachter verknüpft ist, der selbst keiner Wechselwirkung mit dem beobachteten Teilchen unterliegt (sogenannter Inertial-Beobachter). Das mit ihm

verknüpfte Bezugssystem heißt **Inertialsystem**. Ein Inertialbeobachter ist ebenfalls nur ein näherungsweise zu realisierender Begriff, da Beobachtungen, d.h. Messungen, nur aufgrund von Wechselwirkungen möglich sind. Nach dem 1. NEWTONschen Gesetz wird also die Existenz eines Inertialsystems vorausgesetzt. Es gilt dann offenbar:
Ist S ein Inertialsystem, so sind auch alle gleichförmig translatorisch gegen S bewegten Bezugssysteme S' wiederum Inertialsysteme. Im einzelnen ist es nicht immer ganz einfach, ein Bezugssystem zu definieren, welches für die zu beschreibende Bewegung als hinreichende Näherung eines Inertialsystems zu bezeichnen ist. Das Kriterium hierfür ist stets das folgende: Die Beschleunigung des gewählten Bezugssystems S' gegenüber einem Inertialsystem S muss im Vergleich zu der in S' beobachteten Beschleunigung des Teilchens zu vernachlässigen sein. Beispielsweise ist ein fest mit der Erdoberfläche verbundenes Bezugssystem sicherlich kein Inertialsystem, da eine Radialbeschleunigung infolge der Erdrotation auftritt. Es kann aber für viele Fälle auf der Erdoberfläche ablaufender Bewegungsvorgänge als ein solches betrachtet werden (Näheres folgt in Abschnitt 3.4).
Aktionsprinzip: Da nach dem Trägheitsprinzip (3.1) als Ursache für die Bewegungsänderung, d.h. für die Beschleunigung, die neue physikalische Größe "Kraft" eingeführt wird, muss diese genauso wie die Beschleunigung eine vektorielle Größe sein (Bezeichnung: $\boldsymbol{F}$). Die Aussage des 2. NEWTONschen Gesetzes (3.2) kann auch folgendermaßen formuliert werden: Bei Wirkung einer bestimmten Kraft auf verschiedene Massen bleibt das Produkt aus Masse und Beschleunigung erhalten. Massen können also außer mit einer Waage (**Schwere Masse**) auch durch Vergleich der ihnen durch eine bestimmte Kraft erteilten Beschleunigung (Dynamische Bestimmung: **Träge Masse**) bestimmt werden:
Mit $\boldsymbol{F}_1 = \boldsymbol{F}_2$ ist

$$\boxed{\frac{m_2}{m_1} = \frac{a_1}{a_2}} \tag{3.4}$$

Läßt man statt einer Kraft $\boldsymbol{F}$ zwei Kräfte gleicher Größe und Richtung auf die Masse m wirken, so ist die Beschleunigung nach (3.2) doppelt so hoch. Dieses ist bereits ohne eine Messmethode für die Kraft zu realisieren. Ist $\boldsymbol{G}_0$ die Schwerkraft auf die Masse m_0, dann wirkt auf die Masse $m_0 + m_0 = 2m_0$ die Schwerkraft $\boldsymbol{G}_0 + \boldsymbol{G}_0 = 2\boldsymbol{G}_0$. Das diesen Sachverhalten zugrunde liegende Gesetz ergibt also zunächst:

$$\boldsymbol{F} \sim m\boldsymbol{a}$$

Zweckmäßigerweise wird dann zur quantitativen Definition der Kraft als neue Grösse der Proportionalitätsfaktor $= 1$ gesetzt. Damit ist die Einheit der Kraft:

$$\boxed{[F] = \text{kg} \cdot \frac{\text{m}}{\text{s}^2} = N} \tag{3.5}$$

Diese Einheit heißt **Newton**.

Reaktionsprinzip: Nach dem Reaktionsprinzip treten Kräfte in der Natur stets paarweise auf. Es bildet damit die Grundlage der Erweiterung der Mechanik eines Massenpunktes auf ein System von Massenpunkten, also auch auf ausgedehnte Körper. Hierbei wird häufig die schärfere Formulierung vorausgesetzt, dass die Kraftrichtungen zweier wechselwirkender Teilchen auf der gemeinsamen Verbindungslinie liegen (Näheres im Abschnitt 5). In dieser Form gilt das Axiom jedoch nur eingeschränkt, z.B. nicht für elektromagnetische Wechselwirkungen).

Superpositionsprinzip der Kräfte: Das Superpositionsprinzip, von NEWTON als Zusatz ("Korrolar") zu seinen drei Axiomen formuliert, besagt, dass die Wirkung einer Kraft auf einen Massenpunkt stets unabhängig von der gleichzeitigen Wirkung anderer Kräfte ist. Die Gesamtbeschleunigung wird also nach (3.2) erhalten, wenn man die auf den Massenpunkt wirkenden Kräfte wie Vektoren addiert ("Parallelogramm der Kräfte"):

$$\boldsymbol{F}_{\text{ges}} = \sum_i \boldsymbol{F}_i \tag{3.6}$$

Dies erscheint selbstverständlich, hat aber unabhängig von den anderen NEWTONschen Axiomen ebenfalls axiomatische Bedeutung.

3.2 Kraft und Masse

Gravitationskraft: Zwischen zwei Massen m_1 und m_2 existiert eine nur von ihrer Größe und ihrem Abstand r abhängige Kraft, die man **Massenanziehungs-** oder **Gravitationskraft** nennt. Dabei übt m_1 eine Kraft $\boldsymbol{F}_{12}$ auf m_2 aus, die auf m_1 hin gerichtet ist, und m_2 übt eine entgegengesetzt gleiche Kraft $\boldsymbol{F}_{21} = -\boldsymbol{F}_{12}$ auf m_1 aus (3. NEWTONsches Gesetz). Es gilt das Gravitationsgesetz:

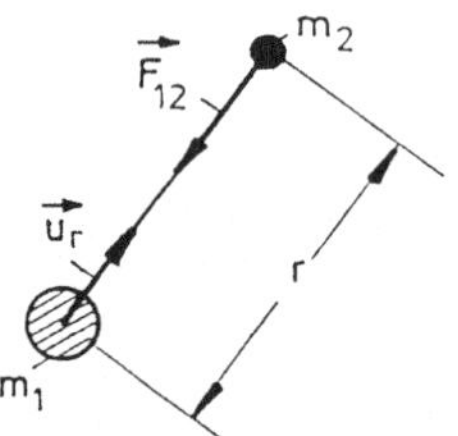

$$\boldsymbol{F}_{12} = -\boldsymbol{u}_r \gamma \frac{m_1 \cdot m_2}{r^2} \tag{3.7}$$

Die Proportionalitätskonstante γ heißt **Gravitationskonstante**. Sie beträgt

$$\boxed{\gamma = 6.667 \cdot 10^{-11}\ \frac{\mathrm{m}^3}{\mathrm{kg\ s}^2}} \tag{3.8}$$

Obwohl diese Anziehungskraft zwischen zwei "normalen" Massen der Grössenordnung 1 kg sehr klein ist, läßt sich das Gravitationsgesetz auch im Labor durch Messung der auftretenden Beschleunigungen nachprüfen, z.B. mit der **Gravitations-Drehwaage nach** CAVENDISH.

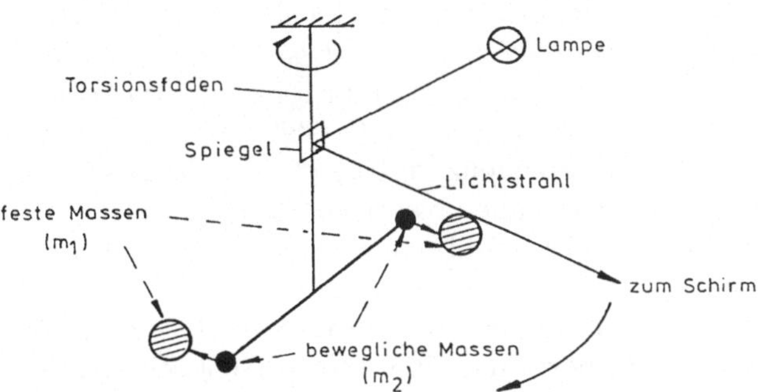

Abb. 3.1. Prinzip der Gravitationswaage.

Bekannt ist die Bedeutung der Gravitationskraft als **Schwerkraft $\boldsymbol{G}$**, **Gewichtskraft** oder einfach **Gewicht**. Dies ist die auf einen an der Erdoberfläche befindlichen Körper der Masse m wirkenden Massenanziehungskraft der Erde:

$$\boxed{\boldsymbol{G} = m\boldsymbol{g}} \tag{3.9}$$

Der Proportionalitätsfaktor $\boldsymbol{g}$ ergibt sich nicht einfach entsprechend dem Gravitationsgesetz aus der Gesamtmasse und dem Radius der Erde sowie der Gravitationskonstanten nach (3.7), da die Erde eine inhomogene Massenverteilung hat und nicht ganz kugelförmig, sondern an den Polen abgeplattet ist. Außerdem sind für die effektive, an der Erdoberfläche zu messende Gewichtskraft noch Komplikationen zu berücksichtigen, die sich durch die Erdrotation ergeben (s. Abschnitt 3.4).

Träge Masse = Schwere Masse: Bisher haben wir Massen aufgrund der dynamischen Wirkung einer bestimmten Kraft nach (3.4) gemessen. Die so bestimmte Masse eines Körpers heißt **träge Masse** m_T. Andererseits bietet das Gravitationsgesetz eine andere Möglichkeit des Massenvergleichs aufgrund eines Vergleichs der Kräfte, die auf verschiedene Massen von einer bestimmten Probemasse ausgeübt werden. Dabei können die Kräfte durch ihre dynamische Wirkung oder mit statischen Methoden, etwa einer Federwaage, bestimmt werden. Die so bestimmte Masse heißt **schwere Masse** m_G oder **Gravitationsmasse**. Sehr genaue Messungen von EÖTVÖS in den Jahren 1890–1915 ergaben, dass das Verhältnis zwischen träger und schwerer Masse

innerhalb einer Genauigkeit von 10^{-8} unabhängig von der Art des Körpers ist. Neuere Messungen ergeben dies sogar mit einer Präzision von 10^{-10}. Wir nehmen i.f. stets an, dass das Verhältnis m_T/m_G für alle Körper exakt gleich ist und setzen daher $m_T = m_G$.
Dieses Ergebnis ist keinesfalls selbstverständlich. Beispielsweise hat elektromagnetische Strahlung nicht nur den bereits erwähnten Wellen-, sondern auch einen bestimmten Quantencharakter. (Energiequanten der Größe $h\nu$; ν = Frequenz; h = PLANCKsche Konstante). Aufgrund der relativistischen Energiebeziehung (s. Abschnitt 7) muss jedem Photon oder Lichtquant der Energie $h\nu$ eine träge Masse m gemäß der Beziehung $h\nu = mc^2$ zugeordnet werden. Aufgrund der postulierten Gleichheit von träger und schwerer Masse hat das Photon also auch eine schwere Masse gleicher Größe! Bei einer Gravitationswechselwirkung muss also die Frequenz verändert werden. Trotz des sehr geringen Effektes wird tatsächlich in allen bisherigen Beobachtungen die richtige, d.h. aus der Gleichheit von träger und schwerer Masse folgende Frequenzverschiebung festgestellt.
Eine unmittelbare Konsequenz der Gleichheit von schwerer und träger Masse ist, dass der in (3.9) aufgeführte Proportionalitätsvektor $\boldsymbol{g}$ identisch mit der in Abschn. 2.2 aufgeführten Fallbeschleunigung ist. Aus $\boldsymbol{G} = m_G\boldsymbol{g}$ gemäß (3.2) und $\boldsymbol{G} = m_T\boldsymbol{a}$ folgt mit $m_T = m_G$:

$$\boldsymbol{a} = \boldsymbol{g}$$

Statische Messmethode für Kraft: Eine zusammengedrückte Schraubenfeder kann bei Entspannung einen Körper, etwa einen Wagen auf der Luftkissenschiene, beschleunigen. Eine Feder kann also eine Kraft ausüben, die **Federkraft**. Diese durch elastische Verformung bewirkte Kraft wird später noch ausführlicher besprochen. Hier wird zunächst nur die wichtigste Gesetzmäßigkeit angegeben, die die Abhängigkeit der Federkraft von der Längenänderung der Schraubenfeder beschreibt. Es gilt:

$$\boxed{\boldsymbol{F} = -D\boldsymbol{x}} \tag{3.10}$$

Eine Schraubenfeder (Bild 3.2) hat ohne Wirkung einer äußeren Kraft eine bestimmte Ausgangslänge ℓ_0 (entspannter Zustand). Es werden die beiden Endpunkte P_1 und P_2 der Schraubenfeder betrachtet (P_1 festes Ende, P_2 loses Ende).

Greift im Punkt P_2 eine äußere Kraft $\boldsymbol{F}_a$ an, so wird die Feder gedehnt. P_2 wird um $\boldsymbol{x}$ in die neue Ruhelage verschoben. Außer der festen äußeren Kraft $\boldsymbol{F}_a$ übt die Feder selbst noch eine von $\boldsymbol{x}$ abhängige Kraft $\boldsymbol{F}$ auf P_2 aus. Die neue Ruhelage muss nach (3.2) dadurch charakterisiert sein, dass $\boldsymbol{F}+\boldsymbol{F}_a = 0$, d.h. $\boldsymbol{F} = -\boldsymbol{F}_a$ ist. Kennt man für eine bestimmte Schraubenfeder die Proportionalitätskonstante D (**Federkonstante**), so kann man also nach (3.10) mit einer Feder Kräfte messen. Das ist das Prinzip des **Dynamometers** oder der **Federwaage**.
Dynamische und statische Wirkung von Kräften: Kräfte sind definitionsgemäß durch ihre dynamische Wirkung charakterisiert (1. und 2. NEW-

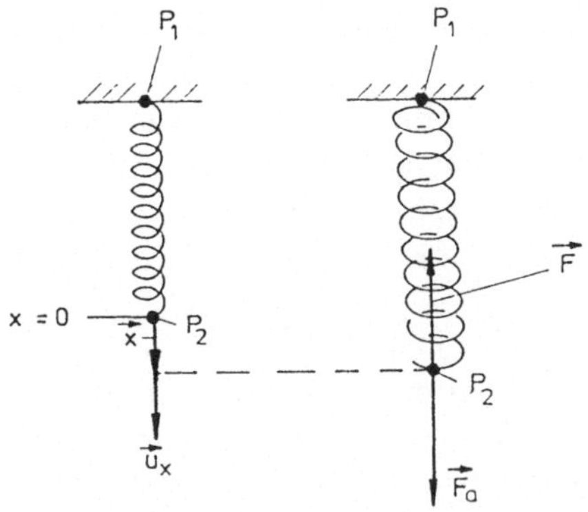

Abb. 3.2. Dehnung einer Schraubenfeder.

TONsches Gesetz). Die allgemeine Erfahrung zeigt, dass die so definierten Kräfte aber auch statische Wirkungen ausüben. Kräfte können reale Körper mechanisch verformen. Dies ist bereits an der elastischen Verformung der Schraubenfeder demonstriert worden. Durch die Verformung wird allgemein eine der äußeren Kraft entgegengesetzte Kraft hervorgerufen, deren Größe mit zunehmender Verformung wächst. Die neue Ruhelage des verformten Körpers ergibt sich dann aus der Bedingung $\boldsymbol{F}_a + \boldsymbol{F}_{\text{Verf.}} = 0$.

Reibungskräfte: Beim Kontakt zweier Körper längs einer Berührungsfläche wirken Kräfte zwischen den Atomen oder Molekülen der beiden Körper aufeinander. Diese hängen in komplexer Weise von der Art der Körper, der Beschaffenheit der Oberflächen, der Relativgeschwindigkeit der Körper gegeneinander und der Normalkraft ab, mit der die Körper aufeinander gepresst werden. Stets ist die entstehende **Reibungskraft** der die Relativbewegung hervorrufenden äußeren Kraft entgegengesetzt gerichtet. Man unterscheidet **Haftreibung** (Relativgeschwindigkeit $= 0$) und **Gleitreibung** (Relativgeschwindigkeit > 0).

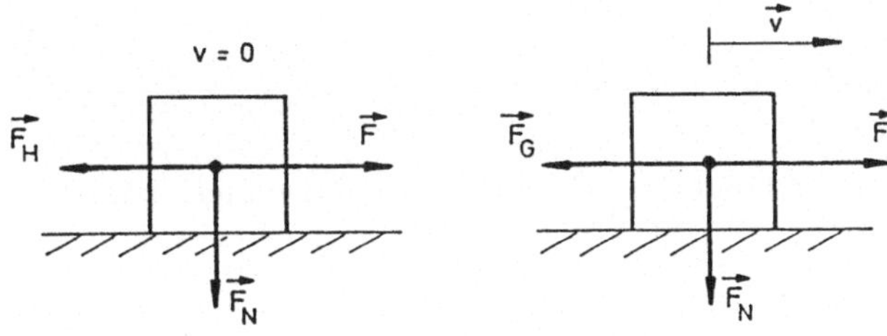

Abb. 3.3. Haft- und Gleitreibung.

In den meisten praktischen Fällen ist die Normalkraft $\boldsymbol{F}_N$ durch das Gewicht gegeben, mit der der Körper auf die horizontale Unterlage gepresst

wird, bzw. durch die entsprechende Gewichtskomponente bei einer schiefen Ebene.
Haftreibung: Erst bei überschreitung einer bestimmten äußeren Kraft fängt ein Körper an, auf der Unterlage zu gleiten. Es existiert also eine bestimmte maximale Haftreibungskraft $F_H^{\max}$. Für diese gilt:

$$\boxed{F_H^{\max} = f_H F_N} \tag{3.11}$$

f_H heißt **Haftreibungskoeffizient**. f_H ist i.a. kleiner als 1, kann aber auch Werte größer als 1 annehmen. Die Haftreibung hat eine große Bedeutung im täglichen Leben: Ein Buch bleibt fest auf der Tischplatte liegen, obwohl diese eine nie zu vermeidende leichte Neigung hat. Ein Kugelschreiber rutscht beim Schreiben nicht durch die Finger. Wir rutschen beim Gehen nicht ständig aus, können uns überhaupt vorwärts bewegen, etc.
Gleitreibung: Für die Gleitreibungskraft gilt im Bereich kleiner Geschwindigkeiten (Richtung von $\boldsymbol{F}_G$, s. Bild 3.3):

$$\boxed{F_G = f_G F_N} \tag{3.12}$$

f_G heißt **Gleitreibungskoeffizient**. Für alle untersuchten Fälle ergibt sich:

$$\boxed{f_G \leq f_H} \tag{3.13}$$

3.3 Anwendung der Newtonschen Bewegungsgleichung

Aus dem 2. NEWTONschen Gesetz $\boldsymbol{F} = m\boldsymbol{a}$ kann bei Kenntnis der auf den Massenpunkt wirkenden und i.a. vom Ort $\boldsymbol{r}$ abhängigen Kraft die Beschleunigung in jedem Punkt der Bewegung errechnet werden: $\boldsymbol{a} = \boldsymbol{F}/m$. Entsprechend der in der Kinematik erarbeiteten Zusammenhänge zwischen $\boldsymbol{a}, \boldsymbol{v}$ und $\boldsymbol{r}$ erhält man dann die gesuchte Funktion $\boldsymbol{r}(t)$ durch Integration von $\boldsymbol{a}$ bei Einsetzung entsprechender Anfangsbedingungen für $\boldsymbol{r}$ und $\boldsymbol{v}$. Das 2. NEWTONsche Gesetz heißt deshalb auch die **Newtonsche Bewegungsgleichung**. Die beschriebene Aufgabe ist gleichbedeutend mit der Auflösung der Differentialgleichung:

$$\boldsymbol{F}(\boldsymbol{r}) = m\frac{\mathrm{d}^2\boldsymbol{r}}{\mathrm{d}t^2}$$

die aus (3.2) mit $\boldsymbol{a} = \mathrm{d}^2\boldsymbol{r}/\mathrm{d}t^2$ folgt. Anschließend werden einige einfache Beispiele betrachtet.

a.) **Die Kraft ist Null**. Mit $\boldsymbol{F} = 0$ folgt aus (3.2):

$$\frac{\mathrm{d}\boldsymbol{v}}{\mathrm{d}t} = \boldsymbol{a} = \frac{\boldsymbol{F}}{m} = 0 \qquad \text{oder} \qquad \boldsymbol{v} = \text{const}$$

Die Geschwindigkeit ist konstant in Größe und Richtung. Die Masse vollführt eine geradlinig gleichförmige Bewegung. Dies ist die Aussage des 1. NEWTONschen Gesetzes.

b.) **Die Kraft ist konstant in Größe und Richtung**. Mit $\boldsymbol{F} = \text{const}$ folgt aus (3.2):

$$\boldsymbol{F} = m\boldsymbol{a} = \text{const} \qquad \text{oder} \qquad \boldsymbol{a} = \text{const}$$

Die Beschleunigung ist konstant in Größe und Richtung. Die Masse vollführt eine geradlinig gleichförmig beschleunigte Bewegung. Speziell beim freien Fall (Schwerkraft: $\boldsymbol{G}$) ist:

$$\boldsymbol{F} = \boldsymbol{G}; \quad \boldsymbol{G} = m\boldsymbol{g}; \quad \boldsymbol{a} = \boldsymbol{g}$$

c.) **Die Kraft ist eine Normalkraft mit konstantem Betrag**, d.h. sie steht stets senkrecht zur Geschwindigkeit. Mit

$$\boldsymbol{F} = F_N\boldsymbol{u}_N \qquad \text{ist} \qquad \boldsymbol{a} = \frac{F_N}{m}\boldsymbol{u}_N$$

Andererseits gilt allgemein für krummlinige Bewegungen gemäß (2.12):

$$\boldsymbol{a} = \frac{\mathrm{d}v}{\mathrm{d}t}\boldsymbol{u}_T + \frac{v^2}{r}\boldsymbol{u}_N$$

Daraus folgt:

$$\frac{dv}{dt} = 0 \qquad \text{oder} \qquad v = \text{const}$$

und

$$\frac{v^2}{r} = \frac{F_N}{m} \qquad \text{oder} \qquad r = \frac{mv^2}{F_N} = \text{const}$$

Bahngeschwindigkeit v und Krümmungsradius r sind konstant. Die Masse vollführt eine gleichförmige Kreisbewegung. Die Kraft

$$\boxed{F = m\frac{v^2}{r} = m\omega^2 r} \tag{3.14}$$

heißt **Radial-** oder **Zentripetalkraft.**

d.) **Die Kraft ist die Gravitationskraft**. Es ist

$$\boldsymbol{F} = -F_r\boldsymbol{u}_r \qquad \text{mit} \qquad F_r = \gamma\frac{mM}{r^2}$$

Allgemein heißt eine Kraft, die stets auf ein Zentrum gerichtet ist, **Zentralkraft**. Die Gravitationskraft ist ein Beispiel einer derartigen Kraft. Im allgemeinen Fall der **Planetenbewegung** stehen $\boldsymbol{v}$ und $\boldsymbol{u}_r$ nicht senkrecht aufeinander. Nach wie vor gilt aber, wie auch bei c.):

$$\boldsymbol{r} \times \boldsymbol{F} = 0$$

Die allgemeine Integration der Bewegungsgleichung in diesem Fall läßt sich besser nach Einführung des Drehimpulses durchführen und wird später behandelt.

e.) **Die Kraft ist die Federkraft**, d.h. sie wirkt der Auslenkung der Masse aus ihrer Ruhelage entgegen und ist der Auslenkung proportional. Mit $\boldsymbol{F} = -D\boldsymbol{x} = -Dx\boldsymbol{u}_x$ folgt aus (3.2):

$$\frac{\mathrm{d}^2x}{\mathrm{d}t^2}\boldsymbol{u}_x = \boldsymbol{a} = \frac{\boldsymbol{F}}{m} = \frac{-D}{m}x\boldsymbol{u}_x$$

oder

$$\boxed{\frac{\mathrm{d}^2x}{\mathrm{d}t^2} + \frac{D}{m}x = 0}$$

Als allgemeine Lösung dieser Differentialgleichung erhält man:

$$\boxed{x(t) = A\sin(\omega t + \alpha)}$$

Diese Bewegung heißt **lineare harmonische Schwingung** (A= Amplitude; ω = Kreisfrequenz; α = Phasenverschiebung). Die Eigenschaften solcher Schwingungen werden später bei der allgemeinen Behandlung von Schwingungen diskutiert.

f.) **Die Kraft ist eine Reibungskraft**. Die NEWTONsche Bewegungsgleichung (3.2) ergibt:

$$\boldsymbol{F} + \boldsymbol{F}_G = m\boldsymbol{a}$$

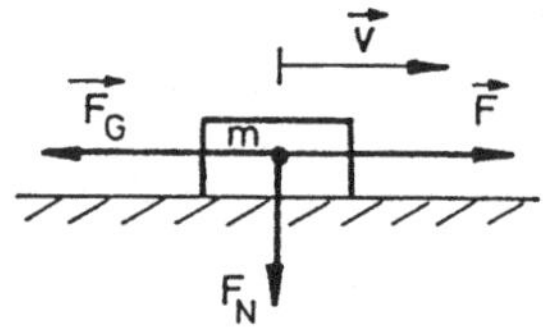

Abb. 3.4. Gleitreibung.

Die Bewegung verlaufe geradlinig in x-Richtung (Einheitsvektor: $\boldsymbol{u}_x$). Dann ist

$$\boldsymbol{F} = F\boldsymbol{u}_x, \quad \boldsymbol{F}_G = -F_G\boldsymbol{u}_x, \quad \boldsymbol{a} = \frac{\mathrm{d}^2x}{\mathrm{d}t^2}\boldsymbol{u}_x, \quad \boldsymbol{v} = \frac{\mathrm{d}x}{\mathrm{d}t}\boldsymbol{u}_x$$

$\mathrm{d}x/\mathrm{d}t = v$ sei positiv, also in Richtung von $\boldsymbol{F}$. Man erhält:

$$F - F_G = \begin{cases} < 0 & \text{Abbremsung} \\ \phantom{<}\, 0 & v = \text{const} \\ > 0 & \text{Beschleunigung} \end{cases}$$

Bei Abbremsung ist $\boldsymbol{a}$ entgegengesetzt zu $\boldsymbol{v}$ gerichtet, bei Beschleunigung sind $\boldsymbol{a}$ und $\boldsymbol{v}$ gleichgerichtet.

3.4 Trägheitskräfte in beschleunigten Bezugssystemen

Die NEWTONsche Bewegungsgleichung $\boldsymbol{F} = m\boldsymbol{a}$ ist nur bezüglich der Beschreibung der Bewegung in einem Inertialsystem richtig. Aus der Invarianz der Beschleunigung, s. (2.22), folgt die Invarianz der NEWTONschen Gesetze gegenüber GALILEI-Transformationen. Dies ist eine andere Formulierung des bereits erwähnten Sachverhalts: Ist S ein Inertialsystem, so sind auch alle gleichförmig translatorisch gegen S bewegten Bezugssysteme Inertialsysteme. Im folgenden wird diskutiert, welche Änderungen auftreten, wenn die Bewegung nicht in einem Inertialsystem S, sondern in einem gegen S beschleunigten Bezugssystem S' beobachtet wird. Es werden zwei Fälle betrachtet: Eine rein translatorisch geradlinige Bewegung von S' gegen S und eine reine Rotationsbewegung von S'.

Geradlinige Translationsbewegung von S' gegen S

Bei einer reinen Translationsbewegung werden per Definition alle Koordinatenachsen parallel zu sich verschoben. Die Orientierung der Koordinatenachsen von S' bleibt also bezüglich derjenigen von S erhalten. Man kann also ohne Einschränkung der Allgemeinheit die Koordinatenachsen von S so wählen, dass sie denjenigen von S' jeweils parallel sind (Bild 3.5).

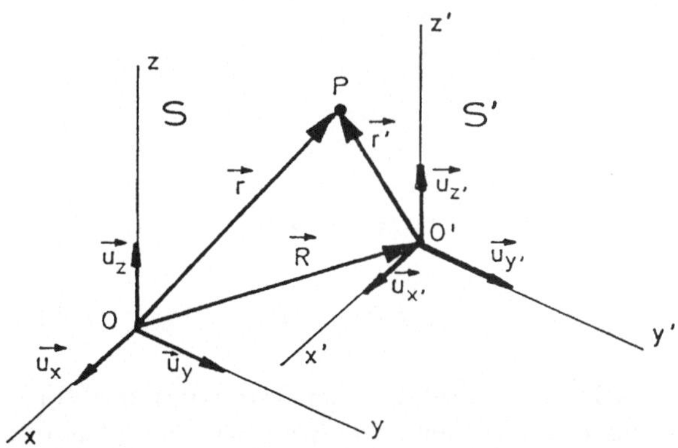

Abb. 3.5. Koordinaten-Transformation bei Translation.

Es gilt also:

$$\boxed{\boldsymbol{u}_{x'} = \boldsymbol{u}_x; \quad \boldsymbol{u}_{y'} = \boldsymbol{u}_y; \quad \boldsymbol{u}_{z'} = \boldsymbol{u}_z} \tag{3.15}$$

und, siehe (2.20):

$$\boxed{\boldsymbol{r}' = \boldsymbol{r} - \boldsymbol{R}} \tag{3.16}$$

Ganz genau so wie in S ist die in S' gemessene Geschwindigkeit $\boldsymbol{v}'$ bzw. Beschleunigung $\boldsymbol{a}'$ des Punktes P aus dem in S' gemessenen Ortsvektor $\boldsymbol{r}'$ in folgender Weise zu erhalten (Definitionen aus der Kinematik):

$$\boxed{\begin{aligned} \boldsymbol{r}' &= x'\boldsymbol{u}_{x'} + y'\boldsymbol{u}_{y'} + z'\boldsymbol{u}_{z'} \\ \boldsymbol{v}' &= \frac{\mathrm{d}x'}{\mathrm{d}t}\boldsymbol{u}_{x'} + \frac{\mathrm{d}y'}{\mathrm{d}t}\boldsymbol{u}_{y'} + \frac{\mathrm{d}z'}{\mathrm{d}t}\boldsymbol{u}_{z'} \\ \boldsymbol{a}' &= \frac{\mathrm{d}^2x'}{\mathrm{d}t^2}\boldsymbol{u}_{x'} + \frac{\mathrm{d}^2y'}{\mathrm{d}t^2}\boldsymbol{u}_{y'} + \frac{\mathrm{d}^2z'}{\mathrm{d}t^2}\boldsymbol{u}_{z'} \end{aligned}} \tag{3.17}$$

Andererseits ist $\boldsymbol{r}'$ mit $\boldsymbol{r}$ und $\boldsymbol{R}$ durch (3.16) verknüpft. Es gilt also:

$$\left[\frac{\mathrm{d}\boldsymbol{r}'}{\mathrm{d}t}\right]_s = \left[\frac{\mathrm{d}\boldsymbol{r}}{\mathrm{d}t}\right]_s - \left[\frac{\mathrm{d}\boldsymbol{R}}{\mathrm{d}t}\right]_s = \boldsymbol{v} - \boldsymbol{V}$$

Nun ist zunächst allgemein:

$$\left[\frac{\mathrm{d}}{\mathrm{d}t}(x'\boldsymbol{u}_{x'})\right]_s = \frac{\mathrm{d}x'}{\mathrm{d}t}\boldsymbol{u}_{x'} + x'\frac{\mathrm{d}\boldsymbol{u}_{x'}}{\mathrm{d}t}$$

Entsprechende Beziehungen folgen für die y- und z-Koordinaten. Nach (3.15) ist aber bei einer translatorischen Bewegung:

$$\frac{\mathrm{d}\boldsymbol{u}_{x'}}{\mathrm{d}t} = \frac{\mathrm{d}\boldsymbol{u}_{y'}}{\mathrm{d}t} = \frac{\mathrm{d}\boldsymbol{u}_{z'}}{\mathrm{d}t} = 0$$

so dass man mit (3.17) erhält:

$$\boldsymbol{v}' = \left[\frac{\mathrm{d}\boldsymbol{r}}{\mathrm{d}t}\right]_{s'} = \left[\frac{\mathrm{d}\boldsymbol{r}}{\mathrm{d}t}\right]_s ; \quad \boldsymbol{a}' = \left[\frac{\mathrm{d}^2\boldsymbol{r}'}{\mathrm{d}t^2}\right]_{s'} = \left[\frac{\mathrm{d}^2\boldsymbol{r}'}{\mathrm{d}t^2}\right]_s$$

Damit folgt aus (3.16) mit den obigen Zwischenrechnungen:

$$\boxed{\begin{aligned} \boldsymbol{v}' &= \boldsymbol{v} - \boldsymbol{V} \\ \boldsymbol{a}' &= \boldsymbol{a} - \boldsymbol{A} \end{aligned}} \tag{3.18}$$

Es sei darauf hingewiesen, dass (3.18) unter wesentlicher Benutzung der Voraussetzung abgeleitet wurde, dass das beschleunigte Bezugssystem S' **rein translatorisch** gegen S bewegt wird. In (3.18) ist $\boldsymbol{V}$ die in S gemessene Geschwindigkeit des Koordinatenursprungs $0'$ von S'. $\boldsymbol{A}$ ist entsprechend seine Beschleunigung. Da S ein Inertialsystem sein soll, gilt in S die NEWTONsche Bewegungsgleichung, und man kann nach (3.18) die in S gemessene Beschleunigung $\boldsymbol{a}$ eines Massenpunktes durch die in S' gemessene $\boldsymbol{a}'$ ersetzen:

$$\boldsymbol{F} = m\boldsymbol{a} = m(\boldsymbol{a}' + \boldsymbol{A})$$

Es gilt also nicht: $\boldsymbol{F} = m\boldsymbol{a}'$. Will man nun trotzdem im beschleunigten Bezugssystem die Beschleunigung eines Massenpunktes aus der auf ihn wirkenden Kraft berechnen, wie dies im Inertialsystem durch Anwendung der

NEWTONschen Bewegungsgleichung möglich ist, so können wir die oben erhaltene Gleichung auch umschreiben in die Form:

$$\boxed{\begin{aligned} \boldsymbol{F} + \boldsymbol{F}' &= m\boldsymbol{a}' \\ \boldsymbol{F}' &= -m\boldsymbol{A} \end{aligned}} \tag{3.19}$$

$\boldsymbol{F}' = -m\boldsymbol{A}$ heißt **Trägheits-** oder **Scheinkraft**. Die Bedeutung von (3.19) liegt darin, dass ein Massenpunkt im beschleunigten Bezugssystem auch dann eine Beschleunigung erfährt, wenn die tatsächliche Kraft $\boldsymbol{F} = 0$ ist. Dies wird von dem im beschleunigten Bezugssystem S' befindlichen Beobachter der Wirkung der Kraft zugeschrieben, eben der Scheinkraft. Scheinkraft ist die Ausdrucksweise des Inertialbeobachters. Für den beschleunigten Beobachter ist dies eine ganz real fühlbare Kraft.

Beispiele:

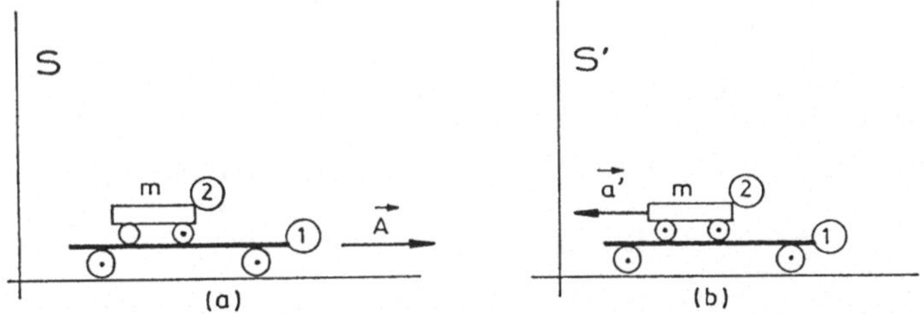

Abb. 3.6. Zur Trägheitskraft bei geradlinig beschleunigter Bewegung.
(a) Inertialsystem S: Ein Wagen (1) wird mit der Beschleunigung $\boldsymbol{A}$ nach rechts bewegt. Auf (1) steht ein zweiter Wagen (2). Reibungskräfte seien zu vernachlässigen. Es ist also die auf m wirkende Kraft $\boldsymbol{F} = 0$ und damit $\boldsymbol{a} = 0$. Wagen (2) bleibt in Ruhe. Wagen (1) wird unter ihm wegbewegt. (b) Beschleunigtes System S': Wagen (2) erhält eine Beschleunigung $\boldsymbol{a}'$. Es wirkt eine Kraft $\boldsymbol{F}_{\text{ges}} = m\boldsymbol{a}'$. Aus dem Vergleich $S - S'$ erhält man $\boldsymbol{a}' = -\boldsymbol{A}$, also $\boldsymbol{F}_{\text{ges}} = -m\boldsymbol{A} = \boldsymbol{F}'$.

Als weiteres Beispiel werde die scheinbare Gewichtsverringerung bzw. -erhöhung aufgrund einer vertikalen Beschleunigung des Bezugssystems behandelt.

Das durch die Feder gemessene scheinbare Gewicht ist also kleiner, wenn $\boldsymbol{A}$ gleichgerichtet mit $\boldsymbol{g}$ und größer, wenn $\boldsymbol{A}$ entgegengesetzt zu $\boldsymbol{g}$ gerichtet ist. Für $\boldsymbol{A} = \boldsymbol{g}$ wird $\boldsymbol{F}_F$, also das in S' ermittelte scheinbare Gewicht, gleich Null! (Schwereloser Zustand innerhalb eines im freien Fall beschleunigten Bezugssystems).

Gleichförmige Rotationsbewegung von S' um 0

Als Relativbewegung von S' gegen S sei eine reine Rotationsbewegung betrachtet. Der von $0'$ nach 0 führende Vektor $\boldsymbol{R}$ sei also zeitlich konstant.

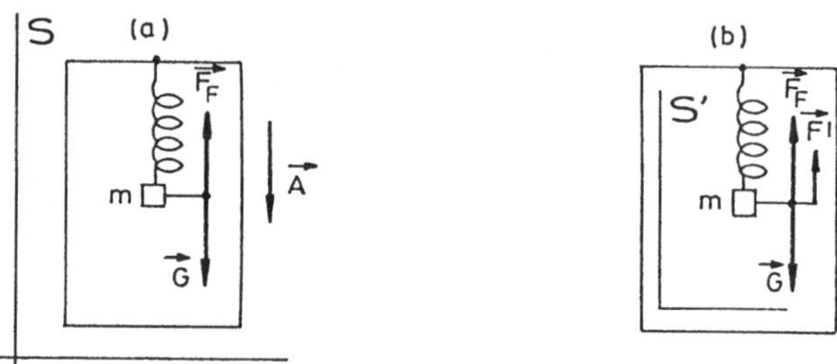

Abb. 3.7. (a) Trägheitskräfte im Fahrstuhl. (a) Inertialsystem S: Fahrstuhl: Feder und Masse m werden mit der Beschleunigung $\boldsymbol{A}$ bewegt. Die allein auf m wirkenden Kräfte sind Schwerkraft $\boldsymbol{G}$ und Federkraft $\boldsymbol{F}_F$. Daher folgt: $\boldsymbol{G} + \boldsymbol{F}_F = m\boldsymbol{A}$ oder $\boldsymbol{F}_F = -\boldsymbol{G} + m\boldsymbol{A}$ anstatt $\boldsymbol{F}_F = -\boldsymbol{G}$ für $\boldsymbol{A} = 0$. (b) Beschleunigtes System S': m ruht in S', also ist $\boldsymbol{a}' = 0$, d.h. $\boldsymbol{F}_{\text{ges}} = 0$. Nun wird aber $\boldsymbol{F}_F + \boldsymbol{G} \neq 0$ beobachtet. Es muss also eine zusätzliche Kraft (Scheinkraft) $\boldsymbol{F}'$ eingeführt werden, so dass gilt: $\boldsymbol{G} + \boldsymbol{F}_F + \boldsymbol{F}' = 0$ oder $\boldsymbol{F}_F = -\boldsymbol{G} - \boldsymbol{F}' = -\boldsymbol{G} + m\boldsymbol{A}$. $\boldsymbol{F}' = -m\boldsymbol{A}$ folgt aus dem Vergleich $S - S'$.

Dann kann ohne Beschränkung der Allgemeinheit S so gewählt werden, dass die Koordinatenursprungspunkte 0 von S und $0'$ von S' zusammenfallen (s. Bild 3.8).

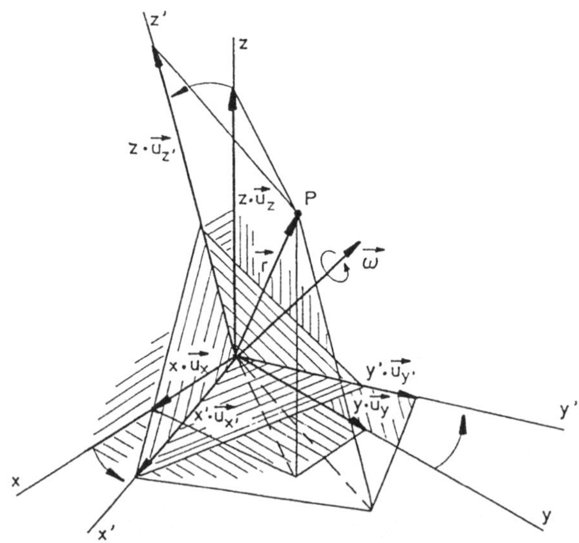

Abb. 3.8. Koordinaten-Transformation bei Rotationsbewegung.

Betrachtet werde ausschließlich der Fall, dass S' von S aus gesehen mit konstanter Winkelgeschwindigkeit $\boldsymbol{\omega}$ um $0 \equiv 0'$ rotiert. Da dann alle fest mit S' verbundenen Punkte, also auch die Endpunkte der in 0 angetragenen Einheitsvektoren $\boldsymbol{u}_{x'}; \boldsymbol{u}_{y'}; \boldsymbol{u}_{z'}$ in S Kreisbewegungen mit der konstanten Winkelgeschwindigkeit ω um die durch $\boldsymbol{\omega}$ festgelegte Achse beschreiben, kann man für die benötigten Differentialquotienten

$$\frac{\mathrm{d}\boldsymbol{u}_{x'}}{\mathrm{d}t}; \frac{\mathrm{d}\boldsymbol{u}_{y'}}{\mathrm{d}t}; \frac{\mathrm{d}\boldsymbol{u}_{z'}}{\mathrm{d}t}$$

die hier im Gegensatz zur translatorischen Relativbewegung von Null verschieden sind, (2.15) anwenden. Damit erhält man:

$$\boxed{\begin{aligned} \frac{\mathrm{d}\boldsymbol{u}_{x'}}{\mathrm{d}t} &= \boldsymbol{\omega} \times \boldsymbol{u}_{x'} \\ \frac{\mathrm{d}\boldsymbol{u}_{y'}}{\mathrm{d}t} &= \boldsymbol{\omega} \times \boldsymbol{u}_{y'} \\ \frac{\mathrm{d}\boldsymbol{u}_{z'}}{\mathrm{d}t} &= \boldsymbol{\omega} \times \boldsymbol{u}_{z'} \end{aligned}} \tag{3.20}$$

Weiterhin ist $\boldsymbol{R} = 0$ (Bild 3.8):

$$\boxed{\begin{aligned} \boldsymbol{r}' &\equiv \boldsymbol{r} \\ \boldsymbol{r}' &= x'\boldsymbol{u}_{x'} + y'\boldsymbol{u}_{y'} + z'\boldsymbol{u}_{z'} \\ \boldsymbol{r} &= x\boldsymbol{u}_x + y\boldsymbol{u}_y + z\boldsymbol{u}_z \end{aligned}} \tag{3.21}$$

$\boldsymbol{v}'$ und $\boldsymbol{a}'$ sind in S' wieder genauso definiert, wie dies in (3.17) geschehen ist. Nach (3.21) erhält man unter Verwendung von (3.17) und (3.20):

$$\begin{aligned} \boldsymbol{v} = \frac{\mathrm{d}\boldsymbol{r}}{\mathrm{d}t} = \left[\frac{\mathrm{d}\boldsymbol{r}'}{\mathrm{d}t}\right]_s &= \frac{\mathrm{d}x'}{\mathrm{d}t}\boldsymbol{u}_{x'} + \frac{\mathrm{d}y'}{\mathrm{d}t}\boldsymbol{u}_{y'} + \frac{\mathrm{d}z'}{\mathrm{d}t}\boldsymbol{u}_{z'} \\ &+ x'\frac{\mathrm{d}\boldsymbol{u}_{x'}}{\mathrm{d}t} + y'\frac{\mathrm{d}\boldsymbol{u}_{y'}}{\mathrm{d}t} + z'\frac{\mathrm{d}\boldsymbol{u}_{z'}}{\mathrm{d}t} \\ &= \boldsymbol{v}' + x'(\boldsymbol{\omega} \times \boldsymbol{u}_{x'}) + y'(\boldsymbol{\omega} \times \boldsymbol{u}_{y'}) + z'(\boldsymbol{\omega} \times \boldsymbol{u}_{z'}) \\ &= \boldsymbol{v}' + \boldsymbol{\omega} \times \boldsymbol{r}' = \boldsymbol{v}' + \boldsymbol{\omega} \times \boldsymbol{r} \end{aligned}$$

Analog ergibt sich für $\boldsymbol{a}$:

$$\boldsymbol{a} = \frac{\mathrm{d}\boldsymbol{v}}{\mathrm{d}t} = \frac{\mathrm{d}\boldsymbol{v}'}{\mathrm{d}t} + \boldsymbol{\omega} \times \frac{\mathrm{d}\boldsymbol{r}}{\mathrm{d}t} = \frac{\mathrm{d}\boldsymbol{v}'}{\mathrm{d}t} + \boldsymbol{\omega} \times \boldsymbol{v}$$

Mit

$$\frac{\mathrm{d}\boldsymbol{v}'}{\mathrm{d}t} = \frac{\mathrm{d}}{\mathrm{d}t}(v'_{x'}u_{x'} + v'_{y'}u_{y'} + v'_{z'}u_{z'}) = \boldsymbol{a}' + \boldsymbol{\omega} \times \boldsymbol{v}'$$

folgt dann

$$\boldsymbol{a} = \boldsymbol{a}' + 2\boldsymbol{\omega} \times \boldsymbol{v}' + \boldsymbol{\omega} \times (\boldsymbol{\omega} \times \boldsymbol{r})$$

Die Transformationsgleichungen für $\boldsymbol{v}$ und $\boldsymbol{a}$ lauten also:

$$\boxed{\begin{aligned} \boldsymbol{v}' &= \boldsymbol{v} - \boldsymbol{\omega} \times \boldsymbol{r} \\ \boldsymbol{a}' &= \boldsymbol{a} - 2\boldsymbol{\omega} \times \boldsymbol{v}' - \boldsymbol{\omega} \times (\boldsymbol{\omega} \times \boldsymbol{r}) \end{aligned}} \tag{3.22}$$

Durch Anwendung der NEWTONschen Bewegungsgleichung im Inertialsystem S erhält man:

$$\boldsymbol{F} = m\boldsymbol{a} = m\boldsymbol{a}' + 2m\boldsymbol{\omega} \times \boldsymbol{v}' + m\boldsymbol{\omega} \times (\boldsymbol{\omega} \times \boldsymbol{r})$$

Man kann also auch in S' eine der NEWTONschen Bewegungsgleichung formal gleiche Beziehung zwischen Kraft und Beschleunigung aufstellen, wenn man zusätzlich zu der in S wirksamen realen Kraft $\boldsymbol{F}$ zwei Scheinkräfte $\boldsymbol{F}'_z$ und $\boldsymbol{F}'_c$ definiert, deren Grössen sich aus der obigen Gleichung ergeben:

$$\boxed{\begin{aligned} \boldsymbol{F} + \boldsymbol{F}'_z + \boldsymbol{F}'_c &= m\boldsymbol{a}' \\ \boldsymbol{F}'_z &= -m\boldsymbol{\omega} \times (\boldsymbol{\omega} \times \boldsymbol{r}) \\ \boldsymbol{F}'_c &= -2m\boldsymbol{\omega} \times \boldsymbol{v}' \end{aligned}} \tag{3.23}$$

Die Scheinkraft $\boldsymbol{F}'_z$ heißt **Zentrifugalkraft**, die Scheinkraft $\boldsymbol{F}'_c$ **Coriolis-Kraft**.

Zentrifugalkraft und Zentrifugalbeschleunigung: Es werde ein Massenpunkt betrachtet, der durch eine Feder mit der Peripherie eines Rades verbunden ist. Rad, Feder und Massenpunkt bewegen sich mit einer konstanten Winkelgeschwindigkeit um die gemeinsame Radachse.

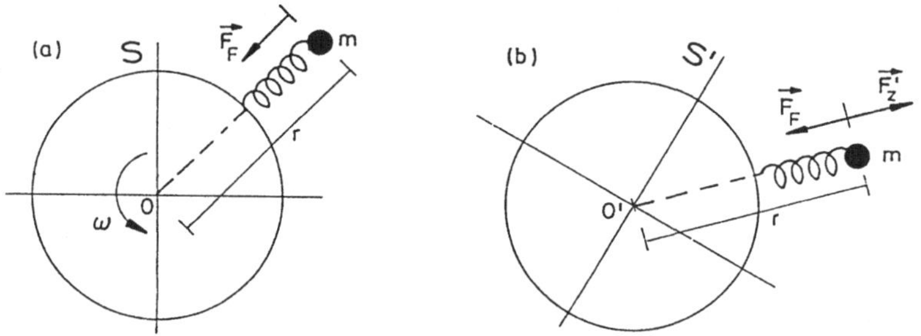

Abb. 3.9. Zentrifugalkraft. (a) Inertialsystem S: m bewegt sich auf einer Kreisbahn mit dem Radius r um 0 mit der Winkelgeschwindigkeit ω. Dazu muss eine Radialkraft $\boldsymbol{F}_r$ (gemäß (3.14)) wirken. Da die Federkraft die allein auf m wirkende Kraft ist, gilt: $\boldsymbol{F}_F = \boldsymbol{F}_r = -m\omega^2 r\boldsymbol{u}_r$. (b) Beschleunigtes System S': m befindet sich im Abstand r von $0'$ in Ruhe ($\boldsymbol{a}' = 0$). Also ist die resultierende Gesamtkraft auf m gleich 0. Da $\boldsymbol{F}_F \neq 0$, existiert offenbar eine zusätzliche Kraft $\boldsymbol{F}'_z$, so dass gilt: $\boldsymbol{F}_F + \boldsymbol{F}'_z = 0$ oder $\boldsymbol{F}_F = -\boldsymbol{F}'_z = -m\omega^2 r\boldsymbol{u}_r$.

Würde die Feder zu irgendeinem Zeitpunkt t_0 durchtrennt, d.h. ist $\boldsymbol{F}_F = 0$ für $t \geq t_0$, so gilt für den Beobachter in S: Für $t \geq t_0$ führt m eine geradlinig gleichförmige Bewegung mit $\boldsymbol{v} = \boldsymbol{v}(t_0)$ aus. m fliegt tangential zur Kreisbahn ab, da $\boldsymbol{F} = 0$ für $t \geq t_0$ ist. Für den Beobachter in S' ergibt sich eine beschleunigte Bewegung von m mit der Anfangsbeschleunigung (**Zentrifugalbeschleunigung**):

$$\boxed{\boldsymbol{a}_z = -\boldsymbol{\omega} \times (\boldsymbol{\omega} \times \boldsymbol{r})} \tag{3.24}$$

oder

$$\boxed{\boldsymbol{a}_z = \omega^2 r \boldsymbol{u}_r} \qquad (3.24a)$$

(3.24a) ergibt sich aus (3.24) für den auch hier im Beispiel vorausgesetzten häufigen Fall, dass der Koordinatenursprung Mittelpunkt der Kreisbahn ist.

Zentrifugalkraft auf der rotierenden Erde: Es werde ein Massenpunkt m auf einem Punkt der Erdoberfläche mit der geographischen Breite φ betrachtet. $\boldsymbol{G}_0 = m\boldsymbol{g}_0$ sei die auf m wirkende Schwerkraft für den Fall, dass die Erde nicht rotieren würde.

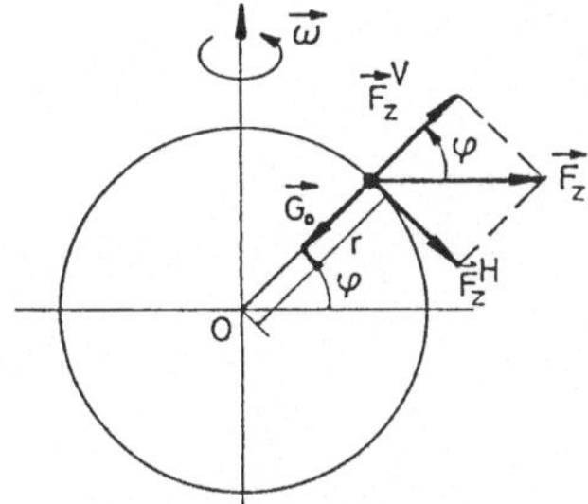

Abb. 3.10. Zentrifugalkraft auf der Erde.

Die insgesamt in vertikaler Richtung wirkende Kraft, also das scheinbare Gewicht $\boldsymbol{G}'$, ist dann:

$$\boldsymbol{G}' = \boldsymbol{G}_0 + \boldsymbol{F}_z^V = -(mg_0 - F_z^V)\boldsymbol{u}_r$$

Es gilt (s. Bild 3.10):

$$F_z^V = F_z \cos\varphi$$

Nach (3.23) erhält man für den Betrag von $\boldsymbol{F}_z$:

$$F_z = m|\boldsymbol{\omega}||\boldsymbol{\omega} \times \boldsymbol{r}| = m\omega^2 r \sin\left[\frac{\pi}{2} - \varphi\right] = m\omega^2 r \cos\varphi$$

also insgesamt für den Betrag von $\boldsymbol{G}'$:

$$\boxed{G' = m(g_0 - \omega^2 r \cos^2\varphi)} \tag{3.25}$$

Es ist $g_0 = 9.8321\ \mathrm{m/s^2}$. Die Horizontalkomponente $\boldsymbol{F}_z^H$ mit $F_z^H = m\omega^2 r \sin\varphi \cdot \cos\varphi$ ist auf der Nordhalbkugel nach Süden, auf der Südhalbkugel nach Norden gerichtet. Sie ist für die Abplattung der Erde verantwortlich. Infolge der Erdabplattung ist der $\cos^2\varphi$-Term in (3.25) noch ein wenig größer.

Corioliskraft und Coriolisbeschleunigung: Betrachtet werde folgendes Beispiel: Auf einem rotierenden Tisch bewegt sich ein Massenpunkt m mit konstanter Geschwindigkeit. Der Einfachheit halber werde angenommen, dass seine Bahn eine Gerade durch 0 (Bild 3.11) und dass die Bewegung auf dem Tisch reibungsfrei ist. Für den Beobachter im ruhenden Inertialsystem S ist also die Beschreibung der Bewegung trivial. Es ist

$$x = vt$$

Für den Beobachter im rotierenden System S' ergibt sich eine kompliziertere Bahn.

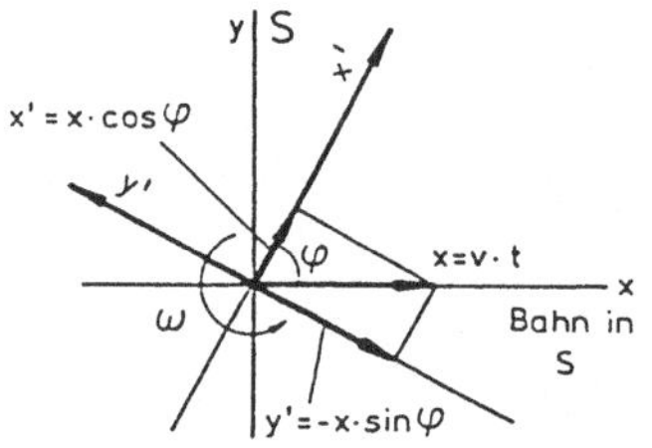

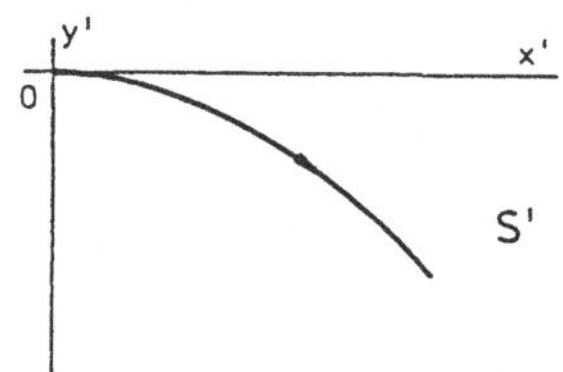

Abb. 3.11. Zur CORIOLIS-Kraft.

Für den Beobachter in S ergibt sich die Bahn $x = vt$ relativ zum System S', das sich unter der geradlinigen Bahn mit der konstanten Winkelgeschwindigkeit ω wegdreht, zu:

$$x' = x \cos\varphi = vt \cos\omega t;$$
$$y' = -x \sin\varphi = -vt \sin\omega t$$

Der Beobachter in S' beobachtet eine gekrümmte Bahn, also auch eine Beschleunigung. Er macht hierfür eine Kraft, die CORIOLIS-Kraft, verantwortlich. Die mit der CORIOLIS-Kraft verbundene Beschleunigung im rotierenden Bezugssystem heißt **Coriolisbeschleunigung**. Sie beträgt:

$$\boxed{\boldsymbol{a}_c = -2\boldsymbol{\omega} \times \boldsymbol{v}'} \qquad (3.26)$$

Corioliskraft auf der rotierenden Erde:
Während sich der Einfluss der Zentrifugalkraft bereits auf einem relativ zur Erdoberfläche ruhenden Massenpunkt bemerkbar macht, z.B. auf die effektive Schwerkraft, tritt die CORIOLIS-Kraft erst bei bewegten Massenpunkten, also für $\boldsymbol{v}' \neq 0$ auf. Um die Verhältnisse für einen fest mit der Erdoberfläche verbundenen, d.h. mit der Erde mitrotierenden Beobachter übersichtlich darstellen zu können, ist die Winkelgeschwindigkeit ω der Erde in Bild 3.12 zunächst in ihre vertikale und ihre horizontale Komponente zerlegt worden. Während die Horizontalkomponente $\boldsymbol{\omega}_H$ in der jeweiligen Horizontalebene eine S-N-Richtung hat, ist die Vertikalkomponente auf der Nordhalbkugel

gleich-, auf der Südhalbkugel entgegengesetzt zu $\boldsymbol{r}$, dem Ortsvektor vom Mittelpunkt der Erde aus, gerichtet. Also folgt:

$$\boldsymbol{\omega}_V = \begin{cases} \omega \sin\varphi \boldsymbol{u}_r & \text{für die N-Halbkugel} \\ -\omega \sin\varphi \boldsymbol{u}_r & \text{für die S-Halbkugel} \end{cases}$$

$$\boldsymbol{\omega}_H = \omega \cos\varphi \boldsymbol{u}_T$$

$\boldsymbol{u}_T$ ist der Einheitsvektor in S-N-Richtung.

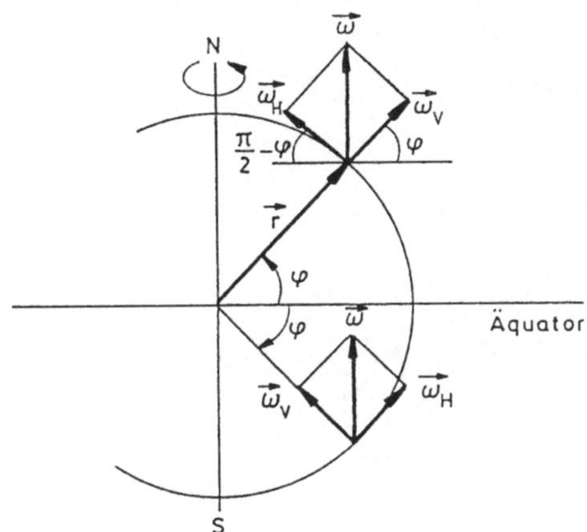

Abb. 3.12. Winkelgeschwindigkeiten auf der Erde.

Wirkung der Vertikalkomponenten ω_V*:* Betrachtet werde ein Massenpunkt, der sich in der Horizontalebene, d.h. auf der Erdoberfläche, bewegt. Seine Geschwindigkeit sei $\boldsymbol{v}'$. Dann ist die Coriolisbeschleunigung ebenfalls in eine Horizontalkomponente $\boldsymbol{a}_{c,H}$ und eine Vertikalkomponente $\boldsymbol{a}_{c,V}$ zerlegbar. Es gilt mit (3.26):

$$\boldsymbol{a}_{c,H} = \begin{cases} -2\omega \sin\varphi(\boldsymbol{u}_r \times \boldsymbol{v}') & \text{für die N-Halbkugel} \\ +2\omega \sin\varphi(\boldsymbol{u}_r \times \boldsymbol{v}') & \text{für die S-Halbkugel} \end{cases}$$

Man bekommt also auf der N-Halbkugel stets eine Ablenkung nach rechts von der Richtung der Momentangeschwindigkeit $\boldsymbol{v}'$ aus betrachtet, auf der S-Halbkugel eine solche nach links (Bild 3.13).

Bekannte Beispiele für diese Tatsache sind die Windrichtungen bei der durch ein Tiefdruck- oder Hochdruckgebiet bewirkten Vorzugsrichtung der Luftströmung zum Tiefdruckzentrum hin bzw. vom Hochdruckzentrum weg (Bild 3.14) bzw. die entsprechende Beeinflussung der Passat-Winde. Auch die vorzugsweise stattfindende Erosion der rechten (N-Halbkugel) bzw. linken (S-Halbkugel) Flussufer gehören dazu.

Eine berühmte Demonstration der Erdrotation wurde erstmalig von FOUCAULT (1851) durchgeführt. Hierzu wurde ein langes Pendel benutzt, wobei

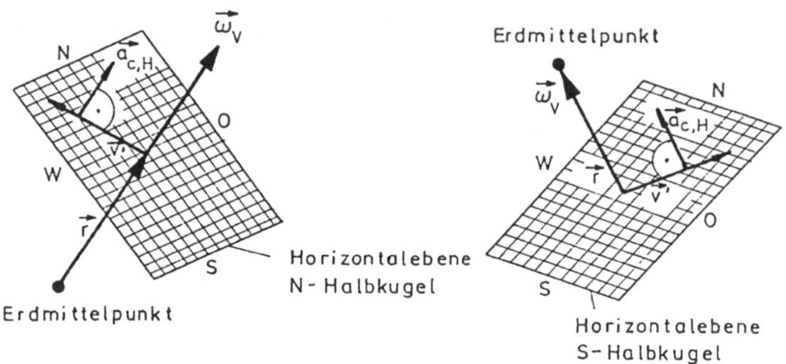

Abb. 3.13. CORIOLIS-Beschleunigung auf der Erde.

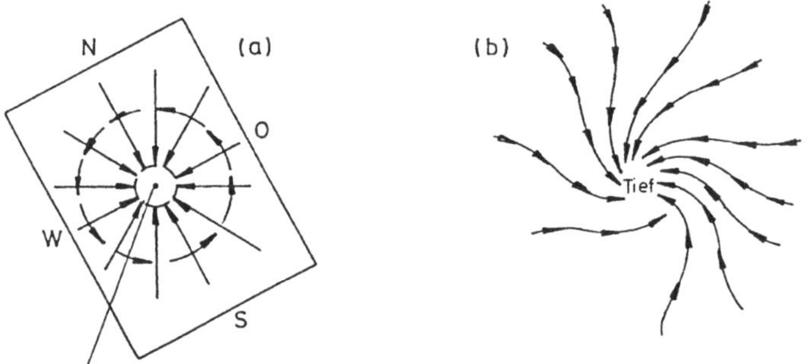

Abb. 3.14. (a) Radiale Luftströmung (Tiefdruckzentrum) und Ablenkung durch die CORIOLIS-Kraft (N-Halbkugel). (b) Kombinierte Wirkung von Tiefdruckzentrum und CORIOLIS-Kraft (N-Halbkugel).

dessen Aufhängung durch ein Doppelspitzenlager oder ähnliches so erfolgte, dass die Pendelebene frei rotieren konnte. Wird ein solches Pendel in Schwingungen versetzt, so lässt sich die Erdrotation (Vertikalkomponente der Winkelgeschwindigkeit) direkt durch die entsprechende gegenläufige Drehung der Schwingungsebene beobachten (Bild 3.15).

Zur Erläuterung werde die Wirkung der CORIOLIS-Kraft auf die Drehung der Schwingungsebene berechnet: Das Pendel sei hinreichend lang, so dass die Bewegung des Pendelkörpers nahezu in der Horizontalebene (x, y-Ebene) verläuft und als lineare harmonische Schwingung längs der x-Achse dargestellt werden kann. Also ist

$$x = x_0 \sin \omega_0 t$$

($\omega_0 = 2\pi/T_0$, T_0= Schwingungsdauer des Pendels).
Es werde vorausgesetzt, dass die Ablenkung Θ in jeder Halbperiode so klein ist, dass die gekrümmte Bahn (Bild 3.11) als geradlinig betrachtet werden kann. Dann ist:

$$\frac{\mathrm{d}^2 y}{\mathrm{d}t^2} = a_{c,H} = a_{c,y} = -2\omega_V \frac{\mathrm{d}x}{\mathrm{d}t}$$

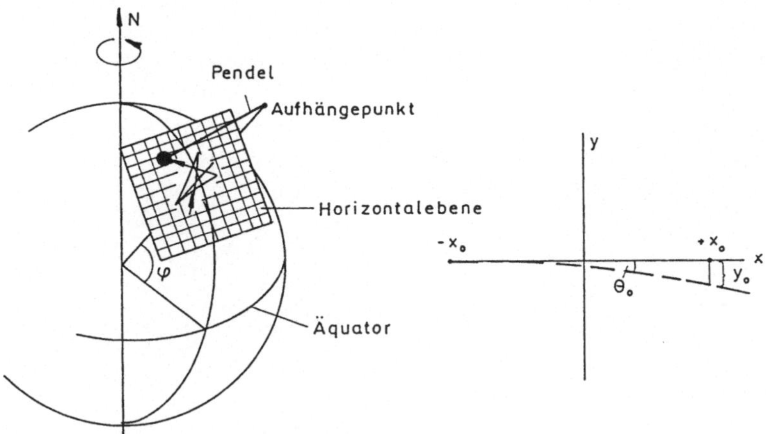

Abb. 3.15. FOUCAULT-Pendel.

$$\frac{\mathrm{d}y}{\mathrm{d}t} = -2\omega_V x \Big|_{x_0}^{x} = -2\omega_V (x - x_0)$$

$$y_0 = -\int_{-T_0/4}^{+T_0/4} 2\omega_V (x - x_0) \cdot \mathrm{d}t$$

$$= -\int_{-T_0/4}^{+T_0/4} 2\omega_V x_0 (\sin \omega t - 1)\mathrm{d}t = \omega_V 2x_0 \frac{T_0}{2}$$

$$\Theta_0 = \frac{y_0}{2x_0} = \omega_V \frac{T_0}{2}$$

$$\Theta = \Theta_0 \frac{t}{T_0/2} = \omega_V t = \omega \sin \varphi \cdot t$$

4 Erhaltungsgrößen der Mechanik

4.1 Kraft und Linearimpuls. Allgemeine Formulierung der Newtonschen Bewegungsgleichung

In den bisherigen Betrachtungen ist davon ausgegangen worden, dass Masse (Träge Masse = Schwere Masse) eine den Körper eindeutig charakterisierende Größe und daher unabhängig vom Bewegungszustand des Körpers ist. Dies ist tatsächlich nur für Geschwindigkeiten der Fall, die klein sind gegen die Lichtgeschwindigkeit. Man nennt die Masse im **nichtrelativistischen Grenzfall** ($v \Rightarrow 0$) daher auch Ruhemasse. Im Abschnitt 7 werden die Aspekte behandelt, die sich ergeben, wenn man relativistische Geschwindigkeiten zulässt. Auch im nichtrelativistischen, d.h. **klassischen** Fall, kann ein Körper seine Masse während der Bewegung verändern, etwa eine Rakete durch Ausstoß von Verbrennungsgasen. In all diesen Fällen benutzt man zur Beschreibung des Bewegungszustandes eines Teilchens statt der Geschwindigkeit das Produkt aus Geschwindigkeit und Masse. Diese Größe $\boldsymbol{p}$ – sie ist eine vektorielle Größe mit gleicher Richtung wie die Geschwindigkeit – heißt **Linearimpuls** oder auch allgemein **Impuls** des Teilchens:

$$\boxed{\boldsymbol{p} = m\boldsymbol{v}, \quad [p] = \mathrm{kg}\frac{\mathrm{m}}{\mathrm{s}}} \tag{4.1}$$

Die allgemeine Formulierung des 1. NEWTONschen Gesetzes (3.1) (Trägheitsprinzip; $\boldsymbol{F} = 0$) lautet unter Verwendung dieses Begriffs:

$$\boxed{\boldsymbol{p} = \text{const}} \tag{4.2}$$

Der Impuls eines freien Teilchens ist also stets konstant. Dies ist ein grundlegendes Gesetz der Mechanik. Es tritt in seiner allgemeinen, d.h. auch für Teilchen veränderlicher Masse, gültigen Formulierung (4.2) an die Stelle des ursprünglich auf Teilchen konstanter Masse beschränkten Satzes (3.1).
Entsprechend läßt sich der allgemeine, d.h. der nicht nur für $\boldsymbol{F} = 0$ gemäß (4.2) richtige Zusammenhang zwischen der die Wechselwirkung beschreibenden Größe Kraft und der dynamischen, das Resultat der Wechselwirkung beschreibenden Größe Impuls formulieren. An die Stelle des ursprünglich auf Teilchen konstanter Masse beschränkten Satzes (3.2) tritt die NEWTONsche Bewegungsgleichung in ihrer allgemeinen Fassung:

$$\boxed{\boldsymbol{F} = \frac{\mathrm{d}\boldsymbol{p}}{\mathrm{d}t}} \tag{4.3}$$

Es ist unmittelbar klar, dass sich (3.2) aus (4.3) für den Fall konstanter Masse ergibt. Dann ist nämlich:

$$\boldsymbol{F} = \frac{\mathrm{d}\boldsymbol{p}}{\mathrm{d}t} = \frac{\mathrm{d}}{\mathrm{d}t}(m\boldsymbol{v}) = \frac{\mathrm{d}m}{\mathrm{d}t}\boldsymbol{v} + m\frac{\mathrm{d}\boldsymbol{v}}{\mathrm{d}t} = m\boldsymbol{a} \quad \text{für} \quad \frac{\mathrm{d}m}{\mathrm{d}t} = 0$$

Die Integration von (4.3) führt zu der auch **Kraftstoß** genannten Größe:

$$\boxed{\int_{t_1}^{t_2} \boldsymbol{F} \cdot \mathrm{d}t = \boldsymbol{p}(t_2) - \boldsymbol{p}(t_1)} \tag{4.4}$$

Es gibt Fälle, in denen die Kraft als Funktion der Zeit bekannt ist. Dann ist auch das obige Integral als Funktion der Zeit bekannt. Unter Verwendung von (4.4) kann man dann die NEWTONsche Bewegungsgleichung folgendermaßen integrieren:

$$\boxed{\boldsymbol{p}(t) = \boldsymbol{p}(t_0) + \mathrm{d}\int_{t_0}^{t} \boldsymbol{F} \cdot \mathrm{d}t} \tag{4.4a}$$

Im allgemeinen Fall ist in Gl. (4.1):

$$\boldsymbol{p}(t) = m(t)\frac{\mathrm{d}\boldsymbol{r}}{\mathrm{d}t}$$

Ist also die Masse des Teilchens als Funktion der Zeit bekannt – im einfachsten Fall konstant – dann erhält man:

$$\boxed{\boldsymbol{r}(t) = \boldsymbol{r}(t_0)\int_{t_0}^{t} \frac{\mathrm{d}r}{\mathrm{d}t} \cdot \mathrm{d}t = \boldsymbol{r}(t_0) + \int_{t_0}^{t} \frac{\boldsymbol{p}(t)}{m(t)} \cdot \mathrm{d}t} \tag{4.5}$$

Beispiele:

a.) Ein Körper bewegt sich unter der Wirkung einer konstanten Kraft reibungsfrei entlang der x-Achse. Es ist also:

$$\boldsymbol{x} = x\boldsymbol{u}_x; \ \boldsymbol{v} = v\boldsymbol{u}_x; \ \boldsymbol{p} = p\boldsymbol{u}_x = mv\boldsymbol{u}_x \quad \text{und} \quad \boldsymbol{F} = F\boldsymbol{u}_x$$

mit $F = \text{const.}$

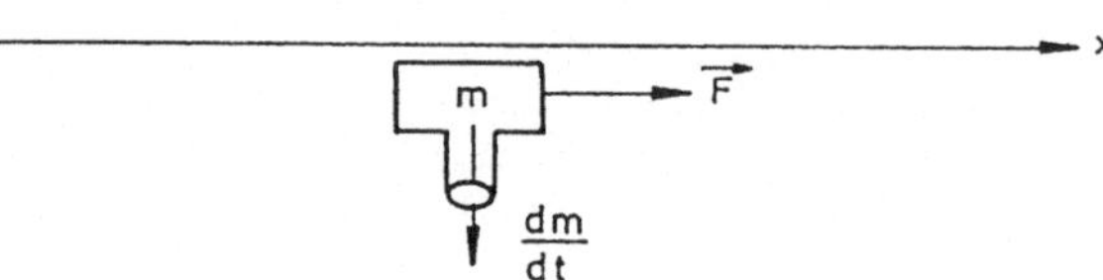

Die Anfangsbedingungen für $t = 0$ sind:

$$x(0) = 0; \; v(0) = 0 \quad \text{und damit} \quad p(0) = 0; \; m(0) = m_0$$

Er verliert Materie, und zwar so, dass seine Masse vom Anfangswert m_0 linear mit der Zeit abnimmt:

$$m(t) = m_0(1 - Kt); \qquad 0 \le t \le 1/K$$

Der Massenschwund ist also zeitunabhängig und proportional zu m_0:

$$-\frac{\mathrm{d}m}{\mathrm{d}t} = Km_0$$

Aus (4.4a) folgt:

$$p(t) = mv = p(0) + \int_0^t F \cdot \mathrm{d}t = F \int_0^t \mathrm{d}t = Ft$$

Damit ist:

$$v(t) = F\frac{t}{m} = \frac{F}{m_0}\frac{t}{(1 - Kt)}$$

$v(t)$ nimmt also überproportional mit der Zeit zu. Im Fall **konstanter** Masse ($K = 0$) wächst v bekanntlich proportional mit der Zeit:

$$v(t) = \frac{F}{m_0}t = at$$

Die Integration über $v(t)$ liefert:

$$x(t) = \int_0^t v(t) \cdot \mathrm{d}t = \frac{F}{m_0K^2} \cdot \Big[- \ln(1 - Kt) - Kt \Big]$$

b.) Ein Körper bewegt sich unter der Wirkung einer konstanten Radialkraft reibungsfrei auf einer Kreisbahn. Es ist also:

$$\boldsymbol{F} = -F\boldsymbol{u}_r \qquad \text{mit} \qquad F = \text{const}$$

Mit (4.3) folgt:

$$\boldsymbol{F} = -F\boldsymbol{u}_r = \frac{\mathrm{d}\boldsymbol{p}}{\mathrm{d}t} = \frac{\mathrm{d}}{\mathrm{d}t}(m\boldsymbol{v}) = m\frac{\mathrm{d}\boldsymbol{v}}{\mathrm{d}t} + \frac{\mathrm{d}m}{\mathrm{d}t}\boldsymbol{v}$$

Für $\mathrm{d}\boldsymbol{v}/\mathrm{d}t$ und $\boldsymbol{v}$ ergeben die Beziehungen (2.14) bis (2.19) für die Kinematik bei Kreisbewegungen:

$$\boldsymbol{v} = \omega r\boldsymbol{u}_T \quad \text{und} \quad \frac{\mathrm{d}\boldsymbol{v}}{\mathrm{d}t} = -\omega^2 r\boldsymbol{u}_r + \frac{\mathrm{d}\omega}{\mathrm{d}t}r\boldsymbol{u}_T$$

Damit ist:

$$-F\boldsymbol{u}_r = -m\omega^2 r\boldsymbol{u}_r + \left[m\frac{\mathrm{d}\omega}{\mathrm{d}t} + \omega\frac{\mathrm{d}m}{\mathrm{d}t}\right] r\boldsymbol{u}_T$$

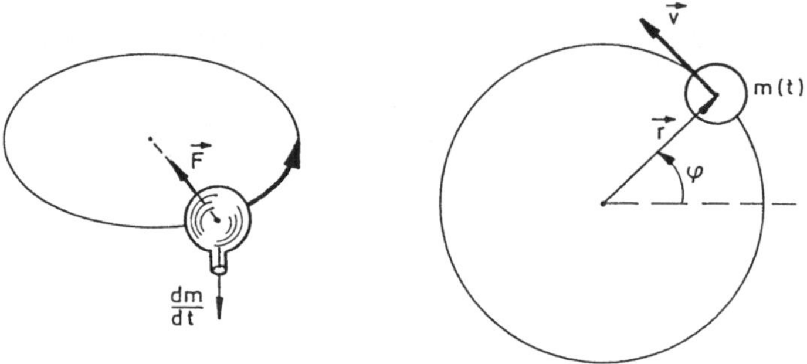

Abb. 4.1. Kreisbewegung bei veränderlicher Masse.

Hieraus folgt:

$$m\frac{\mathrm{d}\omega}{\mathrm{d}t} + \omega\frac{\mathrm{d}m}{\mathrm{d}t} = \frac{\mathrm{d}}{\mathrm{d}t}(m\omega) = 0$$

oder

$$m\omega = \mathrm{const} = m(0)\omega(0) = m_0\omega_0$$

Die Massenänderung verläuft wie im Beispiel a.):

$$m(t) = m_0(1 - Kt); \qquad 0 \leq t \leq 1/K$$

Also ist:

$$\omega(t) = \frac{\omega_0}{1 - Kt} = \frac{\mathrm{d}\varphi}{\mathrm{d}t}$$

Hieraus erhält man durch Integration:

$$\varphi(t) = -\frac{\omega_0}{K}\ln(1 - Kt)$$

4.2 Drehmoment und Drehimpuls

Die Einführung der physikalischen Größe **Linearimpuls** erwies sich als notwendig, um die NEWTONsche Bewegungsgleichung in voller Allgemeinheit formulieren zu können (Abschn. 4.1). Bei der Integration der NEWTONschen Bewegungsgleichung, d.h. bei der Berechnung der Bahnkurve des Teilchens, ist es daneben in vielen Fällen sinnvoll, die im folgenden definierte Größe **Drehimpuls** $\boldsymbol{L}$ zu benutzen:

$$\boxed{\boldsymbol{L} = \boldsymbol{r} \times \boldsymbol{p}; \qquad [L] = \mathrm{kg}\frac{\mathrm{m}^2}{\mathrm{s}}} \tag{4.6}$$

Hierin ist $\boldsymbol{r}$ der Ortsvektor und $\boldsymbol{p}$ der Impuls des betrachteten Teilchens. $\boldsymbol{L}$ ist also ein Vektor, der senkrecht auf der durch Ortsvektor und Geschwindigkeit ($\boldsymbol{p} = m\boldsymbol{v}$) aufgespannten Ebene steht. Im allgemeinen ändert sich $\boldsymbol{L}$

in Größe und Richtung mit der Bewegung des Teilchens auf der i.a. krummlinigen Bahnkurve. Im Spezialfall einer ganz in einer Ebene verlaufenden Bahnkurve und bei der Wahl des Koordinatenursprungs ebenfalls in dieser Ebene ist die Richtung von $\boldsymbol{L}$ bis auf das Vorzeichen durch die Normale zur Bahnebene bestimmt. Zerlegt man die Bahngeschwindigkeit $\boldsymbol{v}$ in einen radialen Anteil (Einheitsvektor: $\boldsymbol{u}_r$) und in einen solchen senkrecht zum Ortsvektor (Einheitsvektor: $\boldsymbol{u}_L \times \boldsymbol{u}_r$; $\boldsymbol{u}_L$: Einheitsvektor zu $\boldsymbol{L}$), dann folgt:

$$\boldsymbol{v} = \lim_{\Delta t \to 0} \frac{\Delta \boldsymbol{r}}{\Delta t} = \left[r \lim_{\Delta t \to 0} \frac{\Delta \varphi}{\Delta t} \right] \boldsymbol{u}_L \times \boldsymbol{u}_r + \left[\lim_{\Delta t \to 0} \frac{\Delta r}{\Delta t} \right] \boldsymbol{u}_r$$

also:

$$\boxed{\boldsymbol{v} = \frac{\mathrm{d}r}{\mathrm{d}t} \boldsymbol{u}_r + r \frac{\mathrm{d}\varphi}{\mathrm{d}t} (\boldsymbol{u}_L \times \boldsymbol{u}_r)} \tag{4.7}$$

(4.7) ist die Verallgemeinerung des für die Kreisbewegung hergeleiteten Zusammenhangs zwischen $\boldsymbol{v}, \omega$ und $\boldsymbol{r}$. Für die Kreisbewegung ist $r = \text{const}$, also $\mathrm{d}r/\mathrm{d}t = 0$. Im allgemeinen Fall der krummlinigen Bewegung ist $\mathrm{d}r/\mathrm{d}t \neq 0$. Mit $\boldsymbol{r} = r\boldsymbol{u}_r$ und $\boldsymbol{p} = m\boldsymbol{v}$ ergibt (4.6) zusammen mit (4.7):

$$\begin{aligned} \boldsymbol{L} &= \boldsymbol{r} \times \boldsymbol{p} = mr(\boldsymbol{u}_r \times \boldsymbol{v}) \\ &= mr\boldsymbol{u}_r \times \left[\frac{\mathrm{d}r}{\mathrm{d}t} \boldsymbol{u}_r + r \frac{\mathrm{d}\varphi}{\mathrm{d}t} (\boldsymbol{u}_L \times \boldsymbol{u}_r) \right] \\ &= mr \frac{\mathrm{d}r}{\mathrm{d}t} (\boldsymbol{u}_r \times \boldsymbol{u}_r) + mr^2 \frac{\mathrm{d}\varphi}{\mathrm{d}t} \left[\boldsymbol{u}_r \times (\boldsymbol{u}_L \times \boldsymbol{u}_r) \right] \end{aligned}$$

Die Vektorbeziehung (1.15) liefert:

$$\boldsymbol{u}_r \times (\boldsymbol{u}_L \times \boldsymbol{u}_r) = (\boldsymbol{u}_r \cdot \boldsymbol{u}_r) \cdot \boldsymbol{u}_L - (\boldsymbol{u}_r \cdot \boldsymbol{u}_L) \cdot \boldsymbol{u}_r$$

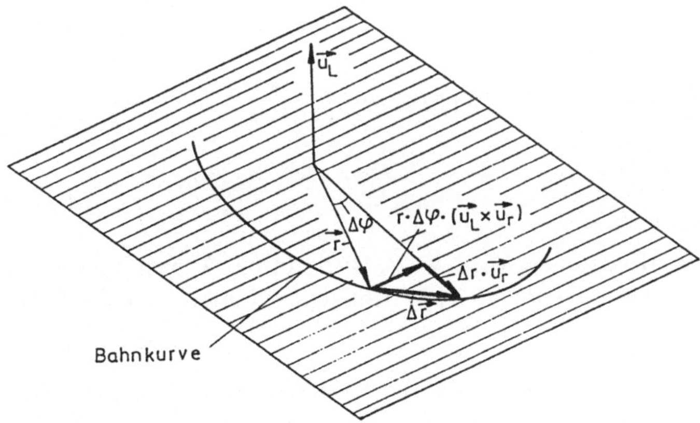

Abb. 4.2. Drehimpuls und Bahnkurve.

Wegen $(\boldsymbol{u}_r \times \boldsymbol{u}_r) = 0$, $(\boldsymbol{u}_r \cdot \boldsymbol{u}_r) = 1$ und $(\boldsymbol{u}_r \cdot \boldsymbol{u}_L) = 0$ ist dann:

$$\boxed{\boldsymbol{L} = mr^2 \frac{\mathrm{d}\varphi}{\mathrm{d}t} \boldsymbol{u}_L} \tag{4.8}$$

Für die Kreisbewegung ist $\boldsymbol{\omega} = (\mathrm{d}\varphi/\mathrm{d}t)\boldsymbol{u}_L$ und damit:

$$\boxed{\boldsymbol{L} = mr^2\boldsymbol{\omega} = I\boldsymbol{\omega}} \tag{4.8a}$$

Man kann auch für die krummlinige Bewegung eine Winkelgeschwindigkeit durch $\boldsymbol{\omega} = (\mathrm{d}\varphi/\mathrm{d}t)\boldsymbol{u}_L$ definieren. (4.8) gibt dann den nicht auf den Spezialfall der Kreisbewegung beschränkten Zusammenhang zwischen Drehimpuls und Winkelgeschwindigkeit an. Die Größe I heißt **Trägheitsmoment** des Teilchens um den Koordinatenursprung:

$$\boxed{I = mr^2; \quad [I] = \text{kg m}^2} \tag{4.9}$$

Für die Kreisbewegung eines Teilchens konstanter Masse ist das Trägheitsmoment des Teilchens um den Kreismittelpunkt (= Koordinatenursprung) konstant.
Aus der Definitionsgleichung (4.6) ergibt sich durch Differenzieren nach der Zeit:

$$\frac{\mathrm{d}\boldsymbol{L}}{\mathrm{d}t} = \frac{\mathrm{d}\boldsymbol{r}}{\mathrm{d}t} \times \boldsymbol{p} + \boldsymbol{r} \times \frac{\mathrm{d}\boldsymbol{p}}{\mathrm{d}t}$$

Nun ist $\mathrm{d}\boldsymbol{r}/\mathrm{d}t = \boldsymbol{v}$, $\boldsymbol{p} = m\boldsymbol{v}$ und $\boldsymbol{v} \times \boldsymbol{v} = 0$. Daher folgt mit (4.3) (NEWTONsche Bewegungsgleichung!):

$$\frac{\mathrm{d}\boldsymbol{L}}{\mathrm{d}t} = \boldsymbol{r} \times \frac{\mathrm{d}\boldsymbol{p}}{\mathrm{d}t} = \boldsymbol{r} \times \boldsymbol{F}$$

Das Vektorprodukt von Ortsvektor $\boldsymbol{r}$ und Kraft $\boldsymbol{F}$ heißt **Drehmoment** von $\boldsymbol{F}$ um den Koordinatenursprung:

$$\boxed{\boldsymbol{M} = \boldsymbol{r} \times \boldsymbol{F}; \quad [M] = \text{kg}\frac{\text{m}^2}{\text{s}^2}} \tag{4.10}$$

Damit erhält man schließlich als **Folgerung** aus der NEWTONschen Bewegungsgleichung:

$$\boxed{\boldsymbol{M} = \frac{\mathrm{d}\boldsymbol{L}}{\mathrm{d}t}} \tag{4.11}$$

Die Beschreibung von Rotationen wird wesentlich durch Anwendung von (4.11) vereinfacht, wie das folgende Beispiel und insbesondere Abschnitt 6 zeigen werden.

Beispiel: Bewegung eines Teilchens unter dem Einfluss einer Zentralkraft: Eine **Zentralkraft** ist definitionsgemäss stets auf einen festen Punkt eines Inertialsystems gerichtet. Wählt man diesen Punkt als Koordinatenursprung, so gilt also:

$$\boxed{\boldsymbol{F} = -F\boldsymbol{u}_r \quad \text{und} \quad \boldsymbol{r} \times \boldsymbol{F} = \boldsymbol{M} = 0} \tag{4.12}$$

Hieraus erhält man durch Integration von (4.11) und mit (4.8):

$$\boxed{\boldsymbol{L} = \text{const} = L\boldsymbol{u}_L \quad \text{und} \quad L = mr^2\omega} \tag{4.13}$$

Für Zentralkräfte ist also $\boldsymbol{L}$ eine Konstante der Bewegung (**Drehimpulserhaltung**). Damit ist auch die Richtung von $\boldsymbol{L}$, d.h. der Einheitsvektor $\boldsymbol{u}_L$ zeitlich konstant. Die Bewegung verläuft in einer Ebene senkrecht zu $\boldsymbol{u}_L$.
Im allgemeinen ist sowohl r als auch ω eine Funktion der Zeit. Beide sind aber durch (4.13) miteinander verknüpft. Wegen $L = \text{const}$ und $m = \text{const}$, was im folgenden vorausgesetzt wird, erhält man aus (4.13):

$$r^2\omega = \frac{L}{m} = \text{const}$$

Der Differentialquotient $\mathrm{d}A/\mathrm{d}t = \lim_{\Delta t \to 0} \Delta A/\Delta t$, wobei ΔA die vom Ortsvektor im Zeitintervall Δt überstrichene Fläche bedeutet, wird auch als **Flächengeschwindigkeit** bezeichnet. Für diese Größe ergibt sich nach Bild 4.3 und mit der obigen Formel:

$$\mathrm{d}A = \frac{1}{2} r r \mathrm{d}\varphi = \frac{1}{2} r^2 \mathrm{d}\varphi$$

$$\frac{\mathrm{d}A}{\mathrm{d}t} = \frac{1}{2} r^2 \frac{\mathrm{d}\varphi}{\mathrm{d}t} = \frac{1}{2} r^2 \omega$$

$$\boxed{\frac{\mathrm{d}A}{\mathrm{d}t} = \frac{1}{2} r^2 \omega = \frac{L}{2m} = \text{const}} \tag{4.14}$$

(4.14) ist identisch mit dem **2. Keplerschen Gesetz**:

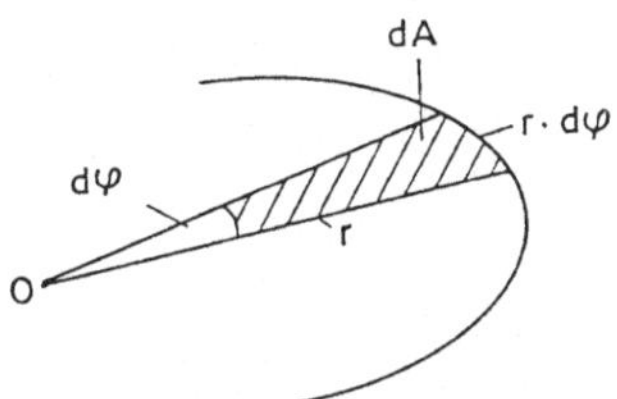

Abb. 4.3. Zur Flächengeschwindigkeit.

Korollar 4.1 *Bei der Bewegung eines Planeten um die Sonne überstreicht der Ortsvektor von der Sonne zum Planeten in gleichen Zeiten gleiche Flächen.*

Das zweite Keplersche Gesetz folgt, wie man sieht, direkt aus der Drehimpulserhaltung (4.13) und gilt mithin für **jede** Zentralkraft.
(4.14) reicht allein nicht aus, um tatsächlich die Bewegung des Teilchens vollständig zu beschreiben. Dazu müssten die Funktionen $r(t)$ und $\varphi(t)$ berechnet werden. (4.14) stellt aber **nur eine** Differentialgleichung für diese

beiden unbekannten Funktionen dar. Hieran sieht man sehr deutlich, dass (4.14) nur eine Folgerung aus der NEWTONschen Bewegungsgleichung darstellt, keinesfalls aber diese vollständig ersetzt.
Zur Ergänzung des bisher Gesagten sei die gesuchte zweite Differentialgleichung für $r(t)$ und $\varphi(t)$ i.f. noch hergeleitet. Bisher wurde mit $\boldsymbol{r} \times \boldsymbol{p} = \boldsymbol{L}$ unter Verwendung der Kraftkomponente senkrecht zu $\boldsymbol{r}$ aus der NEWTONschen Bewegungsgleichung für eine Zentralkraft die Drehimpulserhaltung (4.13) errechnet. Völlig analog wird nun unter Verwendung der radialen Kraftkomponente parallel zu $\boldsymbol{r}$ mit Hilfe der Größe $\boldsymbol{r} \cdot \boldsymbol{p}$ aus der NEWTONschen Bewegungsgleichung die gesuchte zweite Gleichung gewonnen. Es ist mit (4.3):

$$\frac{\mathrm{d}}{\mathrm{d}t}(\boldsymbol{r} \cdot \boldsymbol{p}) = \frac{\mathrm{d}\boldsymbol{r}}{\mathrm{d}t}\boldsymbol{p} + \boldsymbol{r}\frac{\mathrm{d}\boldsymbol{p}}{\mathrm{d}t} = m\boldsymbol{v} \cdot \boldsymbol{v} + \boldsymbol{r}\frac{\mathrm{d}\boldsymbol{p}}{\mathrm{d}t} = m\boldsymbol{v} \cdot \boldsymbol{v} + \boldsymbol{r} \cdot \boldsymbol{F}$$

Für eine Zentralkraft folgt mit (4.12) und $\boldsymbol{r} = r\boldsymbol{u}_r$:

$$\boldsymbol{r} \cdot \boldsymbol{F} = r\boldsymbol{u}_r(-F\boldsymbol{u}_r) = -rF$$

Damit ist:

$$rF = m\boldsymbol{v} \cdot \boldsymbol{v} - \frac{\mathrm{d}}{\mathrm{d}t}(\boldsymbol{r} \cdot \boldsymbol{p})$$

Die Skalarprodukte $\boldsymbol{v} \cdot \boldsymbol{v}$ und $\boldsymbol{r} \cdot \boldsymbol{p} = m\boldsymbol{r} \cdot \boldsymbol{v}$ ergeben sich mit (4.7) zu:

$$\boldsymbol{v} \cdot \boldsymbol{v} = \left[\frac{\mathrm{d}r}{\mathrm{d}t}\right]^2 + r^2\left[\frac{\mathrm{d}\varphi}{\mathrm{d}t}\right]^2$$

$$\begin{aligned}\boldsymbol{r} \cdot \boldsymbol{p} = m\boldsymbol{r} \cdot \boldsymbol{v} &= mr \cdot \boldsymbol{u}_r\left[\frac{\mathrm{d}r}{\mathrm{d}t}\boldsymbol{u}_r + r\frac{\mathrm{d}\varphi}{\mathrm{d}t}(\boldsymbol{u}_L \times \boldsymbol{u}_r)\right] \\ &= mr\frac{\mathrm{d}r}{\mathrm{d}t}\boldsymbol{u}_r \cdot \boldsymbol{u}_r + mr^2\frac{\mathrm{d}\varphi}{\mathrm{d}t}\boldsymbol{u}_r(\boldsymbol{u}_L \times \boldsymbol{u}_r) \\ &= mr\frac{\mathrm{d}r}{\mathrm{d}t}\end{aligned}$$

Das ergibt:

$$\begin{aligned}rF &= m\left[\frac{\mathrm{d}r}{\mathrm{d}t}\right]^2 + mr^2\left[\frac{\mathrm{d}\varphi}{\mathrm{d}t}\right]^2 - \frac{\mathrm{d}}{\mathrm{d}t}\left[mr\frac{\mathrm{d}r}{\mathrm{d}t}\right] \\ &= -mr\frac{\mathrm{d}^2r}{\mathrm{d}t^2} + mr^2\left[\frac{\mathrm{d}\varphi}{\mathrm{d}t}\right]^2\end{aligned}$$

Hieraus folgt mit $\mathrm{d}\varphi/\mathrm{d}t = \omega$:

$$\boxed{m\frac{\mathrm{d}^2r}{\mathrm{d}t^2} = mr\omega^2 - F} \tag{4.15}$$

(4.13) und (4.15) sind die beiden Differentialgleichungen für die Funktionen $r(t)$ und $\varphi(t)$, die allgemein für jede Zentralkraft gültig sind und die bei Kenntnis von $F(r)$ gelöst werden können. Die Lösung muss nicht immer in

analytischer Form, d.h. als mathematischer Ausdruck hinschreibbar, möglich sein, wie dies im Beispiel der Gravitationskraft der Fall ist.
In jedem Fall läßt sich aber durch numerische Verfahren z.B. mittels Computern eine Lösung berechnen, bei der dann $r(t)$ und $\varphi(t)$ in Form von Wertetabellen vorliegen. Derartige numerische Lösungen sind zwar nicht so elegant darzustellen, haben aber physikalisch den gleichen Wert wie eine analytisch darstellbar Lösung. Sie beschreiben die Bewegung des Teilchens richtig.

Zwischenbemerkung: Die Differentialgleichungen (4.13) und (4.15) hätte man auch aus der im beschleunigten Bezugssystem S' gültigen NEWTONschen Bewegungsgleichung herleiten können. S' würde dabei mit $\boldsymbol{\omega}$ um den Koordinatenursprung (Kraftzentrum) rotieren, also fest mit dem Ortsvektor verbunden sein. Da $\boldsymbol{\omega}$ nicht konstant ist, muss dann (3.23) modifiziert werden. Man erhält einen zusätzlichen Term $m\ (\mathrm{d}\boldsymbol{\omega}/\mathrm{d}t)\times\boldsymbol{r}$. Die radiale Komponente in (3.23) bleibt aber erhalten, so dass man auf relativ einfache Weise (4.15) gewinnt. Die hier auftretende Größe $mr\omega^2$ ist also die wohlbekannte Zentrifugalkraft. Die Komponenten senkrecht zu $\boldsymbol{r}$ der modifizierten Gleichung (3.23) liefern dann in relativ unübersichtlicher Weise die Drehimpulserhaltung (4.13).
Die Herleitung der Lösung der Differentialgleichungen (4.13) und (4.15) etwa für das Beispiel der Gravitationskraft unterbleibt hier aus Platzmangel. Eine vollständige Behandlung findet man etwa im *Berkeley Physics Course, Vol. 1; McGraw Hill Co., 1965, S. 280 ff.* Die Ergebnisse sind Bahnkurven, die sich in jedem Fall als Kegelschnitt (Hyperbel, Parabel, Ellipse) darstellen lassen. Geschlossene Bahnkurven sind also Ellipsen (**1. Keplersches Gesetz**). Für diesen Fall erhält man die Aussage: Die Quadrate der Umlaufzeiten verschiedener Planeten verhalten sich wie die dritte Potenz der großen Achse ihrer Ellipsenbahnen (**3. Keplersches Gesetz**).

Zusatzbemerkung: Gravitationswechselwirkung als **Zweikörperproblem**. Bisher wurde von der Annahme ausgegangen, dass die Zentralkraft auf den betrachteten Körper, im Beispiel der Gravitationskraft etwa ein Planet der Masse m, von einem zweiten Körper, zum Beispiel der Sonne mit der Masse M, ausgeübt wird, wobei dieser zweite Körper relativ zum Inertialsystem in Ruhe ist. Diese Annahme ist nicht streng haltbar, da es zu jeder Kraft von M auf m eine entgegengesetzt gleiche von m auf M gibt (**3. Newtonsches Gesetz**), so dass sich auch M in einem Inertialsystem beschleunigt bewegt. Im Falle der Planetenbewegung ist allerdings M (Sonnenmasse) sehr groß gegen m (Planetenmasse). Dann ist die Beschleunigung von M näherungsweise zu vernachlässigen:

$$\boldsymbol{F}_M = -\boldsymbol{F}_m;\ M\boldsymbol{a}_M = -m\boldsymbol{a}_m;\ \boldsymbol{a}_M = -\frac{m}{M}\boldsymbol{a}_m;\ M \gg m;\ |\boldsymbol{a}_M| \ll |\boldsymbol{a}_m|$$

Wichtig ist der allgemeine Sachverhalt: Eine Kraft kann auf ein Teilchen nur aufgrund der Wechselwirkung mit einem anderen Teilchen ausgeübt werden. Man hat es im realen Fall also stets mit der gleichzeitigen Lösung der

NEWTONschen Bewegungsgleichung für mindestens 2 Teilchen (**Zweikörperproblem**) zu tun. In Abschnitt 5 wird gezeigt, dass man ein solches Zweikörperproblem auf ein Einkörperproblem zurückführen kann, wenn als Koordinatenursprung der sogenannte **Schwerpunkt** von m und M gewählt wird. Mit geringfügigen Modifikationen bleiben dann die Gleichungen (4.13) und (4.15) richtig.

4.3 Arbeit und Leistung

Die Aufgabe der Dynamik besteht darin, die NEWTONsche Bewegungsgleichung zu integrieren, d.h. aus der Kenntnis der Kraft die Bewegung des Teilchens als Funktion der Zeit zu beschreiben. Ist die Kraft als Funktion der Zeit bekannt, so kann man diese Aufgabe in der durch (4.4) und (4.5) beschriebenen Weise lösen. Im allgemeinen ist die Kraft nicht als Funktion der Zeit, sondern als Funktion des Ortes bekannt. Die Lösung der NEWTONschen Bewegungsgleichung läßt sich in diesem Fall durch Einführung der fundamentalen Größe **Energie** bewältigen.

Arbeit: Ein Teilchen bewege sich unter dem Einfluss einer Kraft $\boldsymbol{F}$ längs einer Bahnkurve $\boldsymbol{r}(t)$ im Zeitintervall $\mathrm{d}t$ um den differentiellen Verschiebungsvektor $\mathrm{d}\boldsymbol{r} = \boldsymbol{r}(t+\mathrm{d}t) - \boldsymbol{r}(t)$ (Bild 4.4). Man definiert als **Arbeit** $\mathrm{d}W$, die von der Kraft $\boldsymbol{F}$ längs der Verschiebung $\mathrm{d}\boldsymbol{r}$ geleistet wird, das Skalarprodukt:

$$\boxed{\mathrm{d}W = \boldsymbol{F} \cdot \mathrm{d}\boldsymbol{r}} \tag{4.16}$$

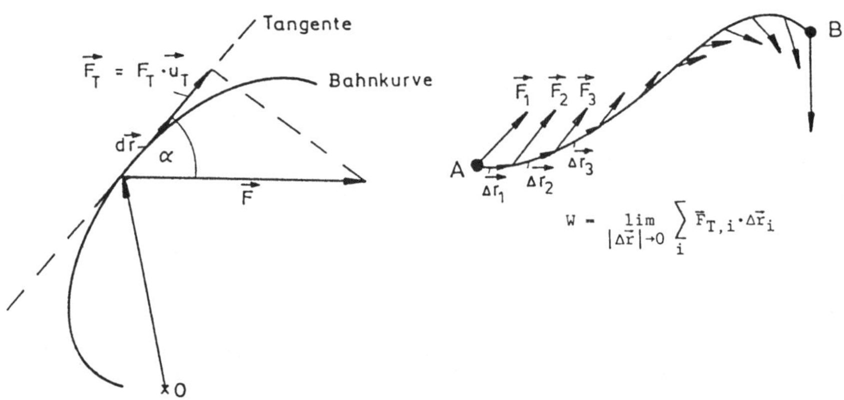

Abb. 4.4. Zur Arbeit entlang eines Weges.

Mit $\mathrm{d}\boldsymbol{r} = \mathrm{d}s \cdot \boldsymbol{u}_T$, wobei $\boldsymbol{u}_T$ der Einheitsvektor in Richtung der Tangente an die Bahnkurve ist, und unter Einführung des Betrages der tangentialen Kraftkomponente:

$$F_T = \boldsymbol{F} \cdot \boldsymbol{u}_T = F \cos\alpha$$

erhält man aus (4.16):

$$\boxed{\mathrm{d}W = F_T \cdot \mathrm{d}s} \tag{4.17}$$

Bei bekannter Bahnkurve und bekannter Funktion $\boldsymbol{F}(\boldsymbol{r})$ kann man die Gesamtarbeit ausrechnen, die die Kraft längs eines endlichen Weges von A nach B leistet. Sie beträgt:

$$\boxed{W = \int_A^B \mathrm{d}W = \int_A^B \boldsymbol{F} \cdot \mathrm{d}\boldsymbol{r} = \int_A^B F_T \cdot \mathrm{d}s} \tag{4.18}$$

Es ist:

$$\boxed{[W] = [F] \cdot [s] = \mathrm{kg}\frac{\mathrm{m}^2}{\mathrm{s}^2} = \mathrm{N\ m} = \mathrm{W\ s} = \mathrm{J}} \tag{4.19}$$

Im SI-System sind die Einheiten für die Arbeitsgröße der Mechanik (N m = Newtonmeter), Elektrizität (W s = Wattsekunde) und Wärmelehre (J = Joule) so definiert, dass es keiner besonderen Umrechnungsfaktoren bedarf.

Trägt man den Betrag der tangentialen Kraftkomponente als Funktion des Weges längs der Bahnkurve auf (Bild 4.5), so ergibt sich die Arbeit W nach (4.18) als Fläche unter der Kurve $F_T(s)$ zwischen den beiden Punkten A und B der Bahn.

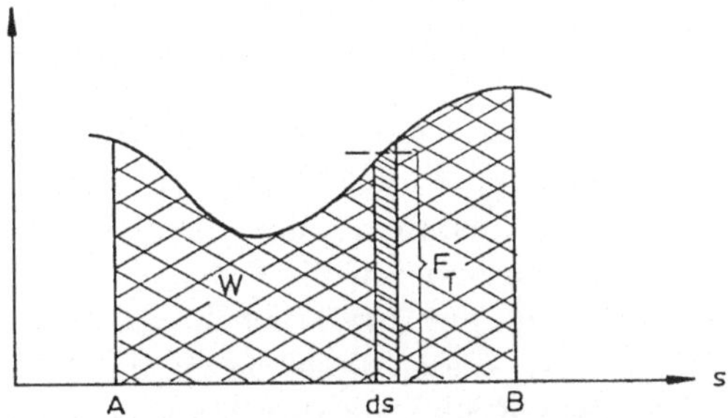

Abb. 4.5. Arbeit bei veränderlicher Kraft.

Arbeit als Linienintegral: Ein Integral der Form (4.18) heißt Linienintegral. In ihm wird $\boldsymbol{F}$ als Funktion des Ortes als bekannt vorausgesetzt. Also sind auch die Kraftkomponenten in x-, y- und z-Richtung eines passend gewählten Koordinatensystems bekannt. Mit

$$\mathrm{d}\boldsymbol{r} = (\mathrm{d}x, \mathrm{d}y, \mathrm{d}z) \qquad \text{und} \qquad \boldsymbol{F} = (F_x, F_y, F_z)$$

ist somit:

$$W = \int_A^B \boldsymbol{F} \cdot \mathrm{d}\boldsymbol{r} = \int_A^B F_x \cdot \mathrm{d}x + \int_A^B F_y \cdot \mathrm{d}y + \int_A^B F_z \cdot \mathrm{d}z \tag{4.20}$$

Beispiele zum Arbeitsbegriff:

a.) **Normalkraft**: Nach (2.12) läßt sich für eine beliebige Bewegung eines Teilchens die Beschleunigung in eine Tangential- und eine Normalkomponente aufteilen. Entsprechend ist auch die auf ein Teilchen wirkende Kraft im allgemeinen Fall in eine Tangential- und eine Normalkomponente zerlegbar. Nach (4.18) führt nur die Tangentialkomponente zu einer von Null verschiedenen Arbeit W. Für die Normalkomponente gilt wegen $\boldsymbol{F}_N \perp \mathrm{d}\boldsymbol{r}$ stets $W = 0$. Beispielsweise leistet die für eine Kreisbewegung konstanter Bahngeschwindigkeit verantwortliche Zentripetalkraft keine Arbeit.

b.) **Bewegung unter Einfluss einer Reibungskraft**: Die Bewegung des Körpers verlaufe unter Einfluss der Gleitreibungskraft $\boldsymbol{F}_g$. Außer $\boldsymbol{F}_g$ mögen noch andere Kräfte auf den Körper wirken, die zu einer komplizierten Bewegung führen können. Hier interessiert im Moment nur der durch die Reibungskraft bewirkte Arbeitsanteil. Ist $\boldsymbol{u}_T$ der Einheitsvektor in Richtung der Momentangeschwindigkeit, so gilt:

$$\boldsymbol{F}_g = -F_g \boldsymbol{u}_T; \quad F_g = \text{const}$$

Daher wird:

$$W = -F_g \int_A^B \mathrm{d}s = -F_g s \tag{4.21}$$

Die durch die Reibungskraft bewirkte Arbeit ist negativ und von der Länge des Weges zwischen Anfangs- und Endpunkt der Bahnkurve abhängig. Man suche sich also den kürzesten Weg aus, wenn man einen Körper gegen die Reibungskraft von A nach B verschieben will!

c.) **Konstante Kraft, z.B. Scheinkraft**: Die auf das Teilchen wirkende Kraft sei in Größe und Richtung konstant. Ausser dieser Kraft, im Beispiel die Schwerkraft, mögen noch andere Kräfte auf das Teilchen wirken, die zu einer mehr oder weniger komplizierten Bahnkurve führen. Von Interesse sei hier nur die durch die Schwerkraft bewirkte Arbeit (Bild 4.6).

$$\boldsymbol{G} = -mg\boldsymbol{u}_z$$
$$\boldsymbol{r}_1 = x_1\boldsymbol{u}_x + y_1\boldsymbol{u}_y + z_1\boldsymbol{u}_z$$
$$\boldsymbol{r}_2 = x_2\boldsymbol{u}_x + y_2\boldsymbol{u}_y + z_2\boldsymbol{u}_z s$$

Mit den in Bild 4.6 gegebenen Bezeichnungen erhält man für die durch $\boldsymbol{F} = \boldsymbol{G}$ bewirkte Arbeit mit $\boldsymbol{G} = \text{const}$ aus (4.18):

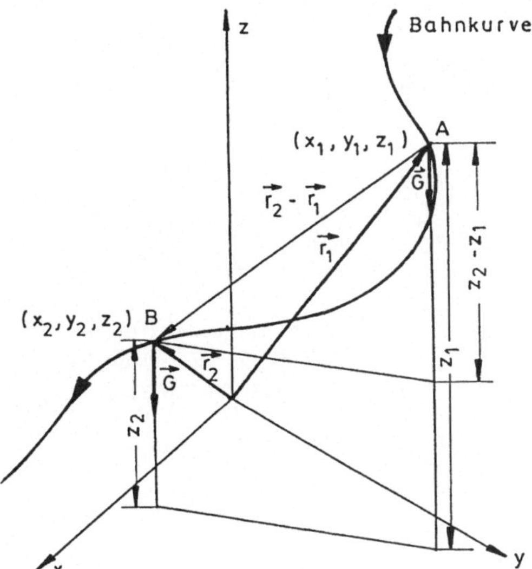

Abb. 4.6. Arbeit im Schwerefeld.

$$W = \int_A^B \boldsymbol{G} \cdot \mathrm{d}\boldsymbol{r} = \boldsymbol{G} \int_A^B \mathrm{d}\boldsymbol{r} = \boldsymbol{G} \cdot (\boldsymbol{r}_2 - \boldsymbol{r}_1) = \boldsymbol{G} \cdot \boldsymbol{r}_2 - \boldsymbol{G} \cdot \boldsymbol{r}_1$$

oder

$$\boxed{W = -mg(z_2 - z_1) = mg(z_1 - z_2)} \tag{4.22}$$

Die durch die Schwerkraft bewirkte Arbeit ist also unabhängig vom Weg. Sie hängt nur von der Höhendifferenz zwischen Anfangs- und Endpunkt der Bahn ab.

d.) **Federkraft**: Auf ein am Ende einer Feder befindliches Teilchen wirke allein die Federkraft $\boldsymbol{F} = -D\boldsymbol{x}$. Unter der Wirkung dieser Kraft werde das Teilchen von $\boldsymbol{r}_1 = \boldsymbol{x}_1 = x_1\boldsymbol{u}_x$ nach $\boldsymbol{r}_2 = \boldsymbol{x}_2 = x_2\boldsymbol{u}_x$ bewegt (Bild 4.7).
Dann ist:

$$W = \int_A^B \boldsymbol{F} \cdot \mathrm{d}\boldsymbol{r} = -D \int_A^B \boldsymbol{x} \cdot \mathrm{d}\boldsymbol{x} = -D \int_A^B x \cdot \mathrm{d}x = -D \frac{x^2}{2}\Big|_A^B$$

oder

$$\boxed{W = \frac{D}{2}(x_1^2 - x_2^2)} \tag{4.23}$$

Leistung: Für manche Anwendungen ist die physikalische Größe **Leistung** von Interesse. Sie dient zur Charakterisierung der Geschwindigkeit, mit der eine bestimmte Arbeit bewirkt wird. Als Momentan-Leistung wird definiert:

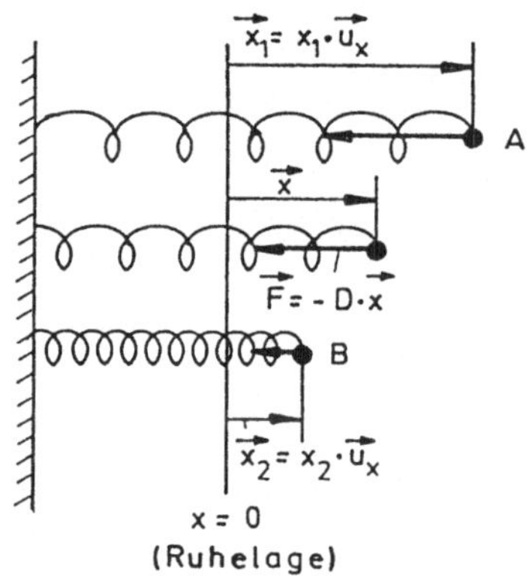

Abb. 4.7. Arbeit bei Dehnung einer Feder.

$$\boxed{P = \frac{\mathrm{d}W}{\mathrm{d}t}; \quad [P] = \mathrm{N}\frac{\mathrm{m}}{\mathrm{s}} = \mathrm{W} = \frac{\mathrm{J}}{\mathrm{s}}} \tag{4.24}$$

Unter Verwendung der Definition (4.16) für die Arbeit kann man auch schreiben:

$$\boxed{P = \boldsymbol{F} \cdot \frac{\mathrm{d}\boldsymbol{r}}{\mathrm{d}t} = \boldsymbol{F} \cdot \boldsymbol{v}} \tag{4.25}$$

Häufig wird auch der Begriff **mittlere Leistung** benutzt. Ist ΔW die in einem endlichen Zeitintervall Δt geleistete Arbeit, so ist die mittlere Leistung:

$$\overline{P} = \frac{\Delta W}{\Delta t}$$

4.4 Kinetische und potentielle Energie

Kinetische Energie: $\boldsymbol{F}$ sei die einzige auf das Teilchen wirkende Kraft. Die Bewegung des Teilchens sei beliebig krummlinig. Seine Masse sei i.a. eine Funktion der Zeit. Nach der NEWTONschen Bewegungsgleichung (4.3) gilt:

$$\boldsymbol{F} = \frac{\mathrm{d}\boldsymbol{p}}{\mathrm{d}t} = \frac{\mathrm{d}}{\mathrm{d}t}(m\boldsymbol{v}) = \frac{\mathrm{d}m}{\mathrm{d}t}\boldsymbol{v} + m\frac{\mathrm{d}\boldsymbol{v}}{\mathrm{d}t}$$

Aus der Kinematik folgt für eine allgemein krummlinige Bewegung bekanntlich:

$$\boldsymbol{v} = v\boldsymbol{u}_T; \quad \frac{\mathrm{d}\boldsymbol{v}}{\mathrm{d}t} = \frac{\mathrm{d}v}{\mathrm{d}t}\boldsymbol{u}_T + \frac{v^2}{R}\boldsymbol{u}_N$$

Teilt man $\boldsymbol{F}$ entsprechend in eine Tangentialkomponente $\boldsymbol{F}_T$ und eine Normalkomponente $\boldsymbol{F}_N$ auf, dann ergibt sich aus der NEWTONschen Bewegungsgleichung:

$$\boxed{\begin{aligned}\boldsymbol{F}_T &= \left[\frac{\mathrm{d}m}{\mathrm{d}t}v + m\frac{\mathrm{d}v}{\mathrm{d}t}\right]\boldsymbol{u}_T = \frac{\mathrm{d}(mv)}{\mathrm{d}t}\boldsymbol{u}_T \\ \boldsymbol{F}_N &= m\frac{v^2}{R}\boldsymbol{u}_N\end{aligned}} \tag{4.26}$$

Für die durch $\boldsymbol{F}$ geleistete Arbeit erhält man nach (4.16):

$$W = \int_A^B \boldsymbol{F}\cdot\mathrm{d}\boldsymbol{r} = \int_A^B \boldsymbol{F}_T\cdot\mathrm{d}\boldsymbol{r} = \int_A^B \mathrm{d}(mv)\boldsymbol{u}_T\cdot\frac{\mathrm{d}\boldsymbol{r}}{\mathrm{d}t}$$

oder mit $mv = p$ und $\mathrm{d}\boldsymbol{r}/\mathrm{d}t = \boldsymbol{v} = v\boldsymbol{u}_T$:

$$\boxed{W = \int_A^B \frac{p\cdot\mathrm{d}p}{m}} \tag{4.27}$$

Ist die Masse des Teilchens konstant, dann folgt durch Integration von (4.27):

$$W = \frac{p_B^2}{2m} - \frac{p_A^2}{2m} = \frac{1}{2}mv_B^2 - \frac{1}{2}mv_A^2$$

Die Arbeit, die aufgewendet werden muss, um das Teilchen von der Anfangsgeschwindigkeit v_A auf die Endgeschwindigkeit v_B zu beschleunigen, ist somit unabhängig von der Bahnkurve zwischen A und B und unabhängig von der Art der Kraft. Sie ist stets durch die obige Gleichung gegeben. Daher definiert man als neue Größe die **kinetische Energie** W_k eines Teilchens durch:

$$\boxed{W_k = \frac{1}{2}mv^2 = \frac{p^2}{2m}} \tag{4.28}$$

Damit wird:

$$\boxed{W = W_{k,B} - W_{k,A}} \tag{4.29}$$

Die an einem Teilchen geleistete Beschleunigungsarbeit ist gleich der Änderung seiner kinetischen Energie. Nach Definition haben kinetische Energie und Arbeit die **gleiche Einheit**.

Potentielle Energie: Allgemein wird erwartet, dass die von einer Kraft $\boldsymbol{F}$ geleistete Arbeit W bei der Verschiebung eines Teilchens von einem Anfangspunkt A zu einem Endpunkt B abhängig von dem zwischen A und B eingeschlagenen Weg ist. Die von einer Reibungskraft geleistete Arbeit ist ein deutliches Beispiel dafür, wie im Abschnitt 4.3 gezeigt wurde.
Es gibt jedoch eine wichtige Klasse von Kräften, für die das nicht der Fall ist, bei denen also

$$W = \int_A^B \boldsymbol{F}\cdot\mathrm{d}\boldsymbol{r}$$

unabhängig davon ist, auf welchem Wege das Teilchen von A nach B gelangt. Solche Kräfte heißen **konservative Kräfte**. Die Schwerkraft ist beispielsweise eine derartige Kraft, wie ebenfalls im Abschnitt 4.3 erläutert wurde.

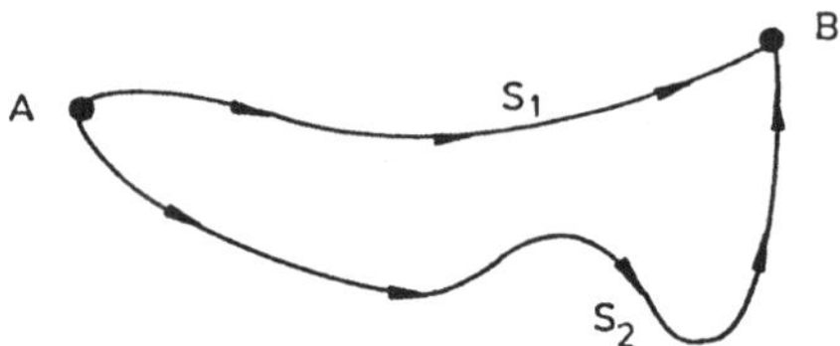

Abb. 4.8. Arbeit entlang unterschiedlicher Wege.

Sind S_1 und S_2 zwei beliebige und voneinander verschiedene Wege zwischen A und B (Bild 4.8), dann gilt also für **konservative** Kräfte:

$$(S_1)\int_A^B \boldsymbol{F}\cdot \mathrm{d}\boldsymbol{r} = (S_2)\int_A^B \boldsymbol{F}\cdot \mathrm{d}\boldsymbol{r}$$

Hieraus folgt unmittelbar:

$$(S_1)\int_A^B \boldsymbol{F}\cdot \mathrm{d}\boldsymbol{r} - (S_2)\int_A^B \boldsymbol{F}\cdot \mathrm{d}\boldsymbol{r} = (S_1)\int_A^B \boldsymbol{F}\cdot \mathrm{d}\boldsymbol{r} + (S_2)\int_B^A \boldsymbol{F}\cdot \mathrm{d}\boldsymbol{r} = 0$$

Das bedeutet: Die insgesamt geleistete Arbeit bei der Bewegung des Teilchens von A über S_1 nach B und zurück von B über S_2 nach A ist gleich Null. Der Weg $A \to S_1 \to B \to S_2 \to A$ ist ein **geschlossener** Weg im Raum. Die Verallgemeinerung dieser Aussage lautet:

Korollar 4.2 *Die von konservativen Kräften entlang eines geschlossenen Weges geleistete Arbeit ist stets Null:*

$$\boxed{\oint \boldsymbol{F}\cdot \mathrm{d}\boldsymbol{r} = 0} \tag{4.30}$$

Das Zeichen $\oint$ bedeutet Integration über einen geschlossenen Weg.
Im folgenden werde vorausgesetzt:

a.) $\boldsymbol{F}$ ist eine **konservative** Kraft.
b.) Die Bewegung von A nach B erfolgt mit **konstanter** Geschwindigkeit, also ohne Beschleunigung.
c.) Der Anfangspunkt A (Ortsvektor: $\boldsymbol{r}_0$) wird als **Bezugspunkt** festgelegt; der Endpunkt B (Ortsvektor: $\boldsymbol{r}$) ist frei im Raum wählbar.

Die Bedingung b.) bedeutet, dass sich bei der Verschiebung des Teilchens dessen kinetische Energie nicht ändert. Das ist durch eine äußere Kraft $\boldsymbol{F}_a$ erreichbar, die in jedem Punkt des Weges der Kraft $\boldsymbol{F}$ das Gleichgewicht hält: $\boldsymbol{F}_a = -\boldsymbol{F}$. Die von $\boldsymbol{F}_a$ geleistete Arbeit ist dann:

$$\boxed{W(B) = W(\boldsymbol{r}) = \int_A^{B(\boldsymbol{r})} \boldsymbol{F}_a \cdot \mathrm{d}\boldsymbol{r} = -\int_A^{B(\boldsymbol{r})} \boldsymbol{F} \cdot \mathrm{d}\boldsymbol{r}} \tag{4.31}$$

Sie ist bei festgelegtem A (Bedingung c.)) eine eindeutige Funktion von B bzw. $\boldsymbol{r}$. Auch für sie gilt (4.30). Die Größe

$$\boxed{W_p(\boldsymbol{r}) = W(\boldsymbol{r}) + W_0} \tag{4.32}$$

wobei W_0 eine in ihrer Größe willkürlich wählbare, konstante Energie ist, nennt man die **potentielle Energie** des Teilchens am Ort $\boldsymbol{r}$. Die Bedeutung der additiven Konstante W_0 erkennt man aus dem Spezialfall, dass A und B identisch sind, dass also die Bewegung zum Anfangspunkt zurückführt. Dann folgt aus (4.31) mit $B = A$ bzw. $\boldsymbol{r} = \boldsymbol{r}_0$ und wegen (4.30):

$$W(A) = W(\boldsymbol{r}_0) = 0$$

und aus (4.32)

$$W_0 = W_p(\boldsymbol{r}_0) - W(\boldsymbol{r}_0) = W_p(\boldsymbol{r}_0) = W_p(A)$$

W_0 ist also die frei vorgebbare potentielle Energie im Bezugspunkt A.
Jede potentielle Energie W_p ist also stets nur bis auf eine willkürliche additive Konstante festgelegt. Die absolute Größe von W_p hat somit keine physikalische Bedeutung. Physikalische Aussagen liefern nur die **Differenzen** von W_p. Die Angabe eines konkreten Wertes für die potentielle Energie setzt stets voraus, dass der Bezugspunkt A und $W_p(A)$ bereits festgelegt sind.
Potentielle Energien lassen sich nur für den Fall konservativer Kräfte angeben. Kinetische Energien gemäß (4.28) dagegen lassen sich in jedem Fall definieren.
In vielen Fällen, wie noch gezeigt wird, ist es zweckmäßig, den Anfangspunkt A ins Unendliche zu verlegen ($\boldsymbol{r}_0 \to \infty$) und dort $W_p(A) = 0$ zu setzen. Dann folgt aus (4.32) mit (4.31):

$$\boxed{W_p(\boldsymbol{r}) = \int_\infty^{\boldsymbol{r}} \boldsymbol{F}_a \cdot \mathrm{d}\boldsymbol{r} = \int_{\boldsymbol{r}}^{\infty} \boldsymbol{F} \cdot \mathrm{d}\boldsymbol{r}} \tag{4.33}$$

Beispiele:

a.) **Anheben einer Masse** vom Erdboden (Bezugspunkt A; $z = 0$) auf die Höhe h (Endpunkt B; $z = h$).
Mit $\boldsymbol{F} = m\boldsymbol{g} = -mg\boldsymbol{u}_z$ und der Festlegung $W_p(A) = 0$ folgt aus (4.31):

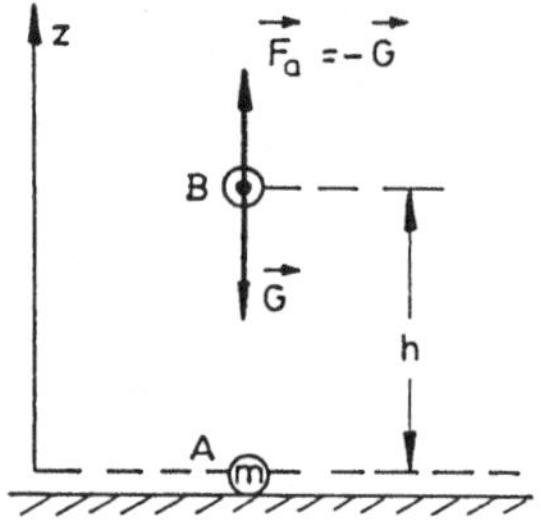

Abb. 4.9. Potentielle Energie beim Anheben einer Masse.

$$W_p(B) = W_p(h) = -\int_A^B \boldsymbol{F} \cdot \mathrm{d}\boldsymbol{z} = \int_0^h mg \cdot \mathrm{d}z$$

oder

$$W_p(h) = mgh$$

b.) **Fadenpendel**: Ist die Ruhelage der Pendelmasse m der Bezugspunkt A und ihre Lage bei maximaler Auslenkung der Endpunkt B, dann ergibt (4.31):

$$W_p(B) = -\int_A^B \boldsymbol{G} \cdot \mathrm{d}\boldsymbol{r}$$

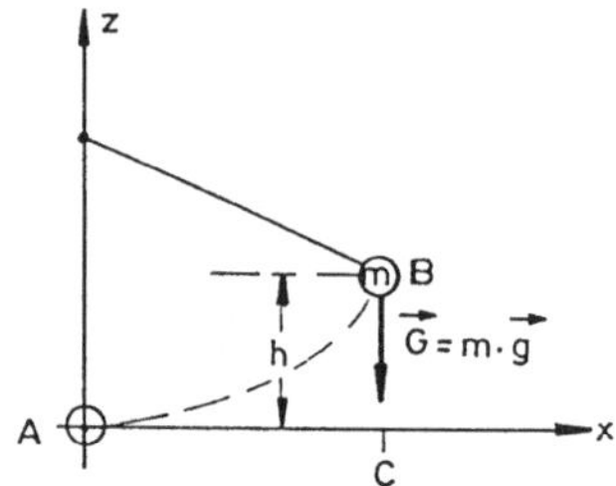

Abb. 4.10. Potentielle Energie beim Fadenpendel.

Da $\boldsymbol{G} = m\boldsymbol{g}$ eine konservative Kraft ist, folgt mit $\boldsymbol{g} = -g\boldsymbol{u}_z$:

$$W_p(B) = mg \int_A^B \boldsymbol{u}_z \cdot \mathrm{d}\boldsymbol{r} = mg \int_A^C \boldsymbol{u}_z \cdot \mathrm{d}\boldsymbol{x} + mg \int_C^B \boldsymbol{u}_z \cdot \mathrm{d}\boldsymbol{z}$$

$$= 0 + mg \int_0^h \mathrm{d}z = mgh$$

c.) **Gravitationskraft**: Verlegt man den Bezugspunkt A ins Unendliche und setzt $W_p(A) = 0$, dann folgt mit

$$\boldsymbol{F} = -\gamma \frac{m_1 m_2}{r^2} \boldsymbol{u}_r$$

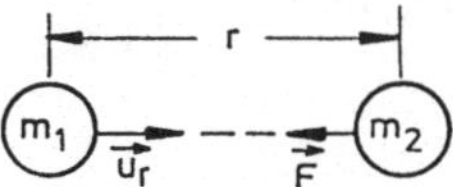

aus (4.33):

$$W_p(r) = -\int_r^\infty \gamma \frac{m_1 m_2}{r^2} \boldsymbol{u}_r \cdot \mathrm{d}\boldsymbol{r} = \gamma \frac{m_1 m_2}{r} \bigg|_r^\infty$$

oder

$$\boxed{W_p(r) = -\gamma \frac{m_1 m_2}{r}} \tag{4.34}$$

Berechnung der Kraft aus der potentiellen Energie

Bisher wurde unter Voraussetzung einer konservativen Kraft $\boldsymbol{F}(\boldsymbol{r})$ die jedem Punkt des Raumes zugeordnete potentielle Energie $W_p(\boldsymbol{r})$ gemäß (4.31) und (4.32) ausgerechnet. Umgekehrt kann bei bekannter potentieller Energie $W_p(\boldsymbol{r})$ für jeden Punkt des Raumes die ihr zugrunde liegende Kraft $\boldsymbol{F}(\boldsymbol{r})$ bestimmt werden.
Da $W_0 = W_p(A)$ eine willkürlich vorgegebene Konstante ist, folgt aus (4.31) und (4.32) für eine differentielle Änderung der potentiellen Energie:

$$\mathrm{d}W_p = -\boldsymbol{F} \cdot \mathrm{d}\boldsymbol{r}$$

Mit

$$\begin{aligned} \mathrm{d}W_p &= \frac{\partial W_p}{\partial x}\mathrm{d}x + \frac{\partial W_p}{\partial y}\mathrm{d}y + \frac{\partial W_p}{\partial z}\mathrm{d}z \\ &= \left[\frac{\partial W_p}{\partial x}\boldsymbol{u}_x + \frac{\partial W_p}{\partial y}\boldsymbol{u}_y + \frac{\partial W_p}{\partial z}\boldsymbol{u}_z\right]\mathrm{d}\boldsymbol{r} \end{aligned}$$

ergibt sich daraus:

$$\boldsymbol{F} = -\left[\frac{\partial W_p}{\partial x}\boldsymbol{u}_x + \frac{\partial W_p}{\partial y}\boldsymbol{u}_y + \frac{\partial W_p}{\partial z}\boldsymbol{u}_z\right]$$

$\boldsymbol{F}$ hat also die Komponenten:

$$\boxed{F_x = -\frac{\partial W_p}{\partial x}; \quad F_y = -\frac{\partial W_p}{\partial y}; \quad F_z = -\frac{\partial W_p}{\partial z}} \tag{4.35}$$

Allgemein nennt man den aus einer **skalaren** Größe $A(\boldsymbol{r})$ abgeleiteten **Vektor**

$$\text{grad } A = \frac{\partial A}{\partial x}\boldsymbol{u}_x + \frac{\partial A}{\partial y}\boldsymbol{u}_y + \frac{\partial A}{\partial z}\boldsymbol{u}_z$$

den **Gradienten** von A. Damit ist:

$$\boxed{\boldsymbol{F} = -\text{grad } W_p} \tag{4.36}$$

Beispiele:

a.) **Schwerkraft** in z-Richtung: Hier ist $W_p(\boldsymbol{r}) = W_p(z) = mgz$. Das ergibt gemäß (4.36):

$$\boldsymbol{F} = -mg\left[\frac{\partial z}{\partial x}\boldsymbol{u}_x + \frac{\partial z}{\partial y}\boldsymbol{u}_y + \frac{\partial z}{\partial z}\boldsymbol{u}_z\right] = -mg\boldsymbol{u}_z = m\boldsymbol{g}$$

b.) **Federkraft** in x-Richtung: Hier ist nach (4.23): $W_p(\boldsymbol{r}) = W_p(x) = (D/2)x^2$. Das ergibt gemäß (4.36):

$$\boldsymbol{F} = -\frac{D}{2}\left[\frac{\partial x^2}{\partial x}\boldsymbol{u}_x + \frac{\partial x^2}{\partial y}\boldsymbol{u}_y + \frac{\partial x^2}{\partial z}\boldsymbol{u}_z\right] = -\frac{D}{2}2x\boldsymbol{u}_x = -Dx\boldsymbol{u}_x$$

4.5 Energieerhaltung

Nach (4.29) gilt für die Änderung der kinetischen Energie, die ein Teilchen unter Wirkung einer Kraft $\boldsymbol{F}$ erfährt, wenn es sich von einem Punkt A zu einem Punkt B bewegt:

$$\boxed{\int_A^B \boldsymbol{F} \cdot \mathrm{d}\boldsymbol{r} = W_k(B) - W_k(A)} \tag{4.37}$$

Diese Gleichung gilt stets, unabhängig von der Art der Kraft. Ist $\boldsymbol{F}$ eine **konservative** Kraft, so ist die Arbeit, die von einer äußeren Kraft $\boldsymbol{F}_a = -\boldsymbol{F}$ geleistet werden muss, um das Teilchen mit konstanter Geschwindigkeit von A nach B zu verschieben (Verschiebungsarbeit) nach (4.32) durch die Differenz der potentiellen Energie bestimmt:

$$\boxed{-\int_A^B \boldsymbol{F} \cdot \mathrm{d}\boldsymbol{r} = W_p(B) - W_p(A)} \tag{4.38}$$

Die Addition von (4.37) und (4.38) ergibt:

$$W_k(B) + W_p(B) - W_k(A) - W_p(A) = 0$$

oder:

$$W_k(A) + W_p(A) = W_k(B) + W_p(B)$$

Unter der Wirkung konservativer Kräfte bleibt also bei der Bewegung der Summe aus der kinetischen Energie W_k und der potentiellen Energie W_p, also die **Gesamtenergie** W_g, erhalten; daher der Name: **Konservative Kraft**. Es gilt also:

$$\boxed{W_g = W_k + W_p = \frac{m}{2}v^2 + W_p = \text{const}} \tag{4.39}$$

Dieser Zusammenhang heißt der Satz von der **Erhaltung der Gesamtenergie**.

Energieerhaltung bei Wirkung einer konstanten konservativen Kraft

Die auf das Teilchen wirkende konservative Kraft sei in Betrag und Richtung konstant. Das Koordinatensystem werde so gewählt, dass gilt:

$$\boldsymbol{F} = -F\boldsymbol{u}_z$$

Da die potentielle Energie nur bis auf eine Konstante eindeutig bestimmt ist, ergibt (4.32) mit $W_p(0) = 0$:

$$W_p = Fz$$

Für die Gesamtenergie folgt:

$$W_g = \frac{m}{2}v^2 + Fz \tag{4.40}$$

Bewegt sich das Teilchen auf einer vorgegebenen Bahn, so läßt sich die Bewegung des Teilchens aus (4.40) ausrechnen. In den folgenden Beispielen wird als konstante Kraft häufig die Schwerkraft $F = mg$ betrachtet.

a.) **Freier Fall**: Ein Teilchen der Masse m wird im Punkt A in der Höhe $z = h$ über dem Erdboden losgelassen. Wegen $v(h) = 0$ ist die kinetische Energie $W_k(h) = 0$ und damit die Gesamtenergie:

$$W_g(h) = W_p(h) = mgh$$

mit der Festlegung $W_p(0) = 0$.

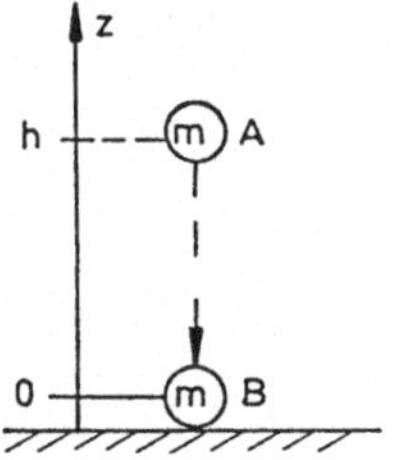

Beim Auftreffen auf den Erdboden (Punkt B; $z = 0$) ist:

$$W_g(0) = W_k(0) + W_p(0) = \frac{m}{2}v(0)^2 = \frac{m}{2}v_0^2$$

Aus der Erhaltung der Gesamtenergie folgt:

$$W_g(0) = W_g(h) \qquad \text{oder} \qquad \frac{m}{2}v_0^2 = mgh$$

Das ergibt für die **Auftreffgeschwindigkeit**:

$$\boxed{v_0 = \sqrt{2gh}}$$

Für jede Höhe z zwischen 0 und h ist unter Berücksichtigung der Energieerhaltung:

$$W_g(z) = W_k(z) + W_p(z) = \frac{m}{2}v^2 + mgz = W_g(h) = mgh$$

Daraus folgt für die **Fallgeschwindigkeit**:

$$\boldsymbol{v}(z) = -\sqrt{2g(h-z)}\boldsymbol{u}_z$$

Mit $v = \mathrm{d}z/\mathrm{d}t$ ist:

$$\mathrm{d}t = -\frac{\mathrm{d}z}{\sqrt{2g(h-z)}}$$

Die Integration:

$$\int\limits_0^t \mathrm{d}t = -\int\limits_h^z \frac{\mathrm{d}z}{\sqrt{2g(h-z)}}$$

liefert:

$$t = \sqrt{\frac{2(h-z)}{g}} \qquad \text{oder} \qquad \boxed{s = \frac{1}{2}gt^2}$$

wobei $s = h - z$ der in der Fallzeit t zurückgelegte Fallweg ist.

b.) **Fadenpendel**: Eine Masse m an einem Faden der Länge ℓ schwingt unter der Wirkung der Schwerkraft mit einem maximalen Auslenkwinkel φ_0 zur z-Achse. Die Bezugsebene $z = 0$ ist die Horizontalebene durch die Ruhelage der Pendelmasse ($\varphi = 0$). Der Abstand der Umkehrpunkte von der Ebene beträgt $z(\varphi_0) = h$.
Wegen $v(\varphi_0) = 0$ ist $W_k(\varphi_0) = 0$ und $W_g(\varphi_0) = W_p(\varphi_0) = mgh$ mit der Festlegung $W_p(0) = 0$. Auf die zum Beispiel a.) analoge Weise erhält man für die Geschwindigkeit, mit der die Masse durch die Ruhelage schwingt:

$$v_0 = \sqrt{2gh}$$

oder allgemein für jeden Winkel φ zwischen 0 und φ_0:

$$v = \sqrt{2g(h-z)}$$

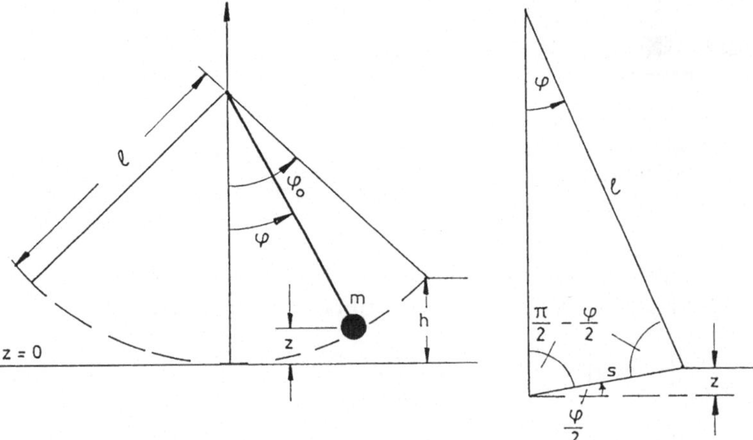

Abb. 4.11. Fadenpendel.

Für **kleine** Winkel φ ergibt sich gemäß folgender Skizze:

$$s \approx \ell \cdot \varphi \qquad \text{und} \qquad z \approx s\frac{\varphi}{2}$$

Daraus folgt:

$$z = \frac{\ell}{2}\varphi^2 \qquad \text{und} \qquad h = \frac{\ell}{2}\varphi_0^2$$

Damit ist:

$$v(t) = \frac{\mathrm{d}s}{\mathrm{d}t} = \ell\frac{\mathrm{d}\varphi}{\mathrm{d}t} = \sqrt{2g(h-z)} = \sqrt{g\ell(\varphi_0^2 - \varphi^2)}$$

oder

$$\mathrm{d}t = \frac{\mathrm{d}\varphi}{\sqrt{\frac{g}{\ell}(\varphi_0^2 - \varphi^2)}}$$

Die Integration ergibt:

$$t = \sqrt{\frac{\ell}{g}} \arcsin\frac{\varphi}{\varphi_0} \quad \text{oder} \quad \varphi(t) = \varphi_0 \sin\left(\sqrt{\frac{g}{\ell}}t\right)$$

c.) **Federpendel**: Eine Masse m an einer Schraubenfeder mit der Federkonstanten D schwingt in x-Richtung mit der maximalen Auslenkung x_0. In den Umkehrpunkten ist $v(x_0) = 0$ und damit $W_k(x_0) = 0$ oder:

$$W_g(x_0) = W_p(x_0) = \frac{D}{2}x_0^2$$

Beim Durchgang durch die Ruhelage ist:

$$W_g(0) = W_k(0) + W_p(0) = \frac{m}{2}v(0)^2$$

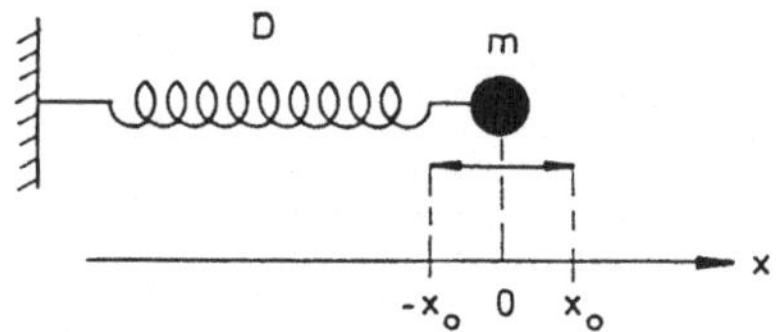

Abb. 4.12. Federpendel.

Die Energieerhaltung verlangt: $W_g(x_0) = W_g(0)$. Das ergibt für die Geschwindigkeit $v(0) = v_0$, mit der die Ruhelage durchlaufen wird:

$$\frac{D}{2}x_0^2 = \frac{m}{2}v_0^2 \qquad \text{oder} \qquad v_0 = \sqrt{\frac{D}{m}}x_0$$

Für jede Auslenkung x zwischen 0 und x_0 gilt:

$$W_g(x) = W_k(x) + W_p(x) = \frac{m}{2}v^2 + \frac{D}{2}x^2 = W_g(x_0) = \frac{D}{2}x_0^2$$

Das ergibt:

$$v(t) = \frac{\mathrm{d}x}{\mathrm{d}t} = \sqrt{\frac{D}{m}(x_0^2 - x^2)}$$

oder:

$$\mathrm{d}t = \frac{\mathrm{d}x}{\sqrt{\frac{D}{m}}\sqrt{x_0^2 - x^2}}$$

Die Integration liefert wie im Beispiel b.):

$$x(t) = x_0 \sin\left(\sqrt{\frac{D}{m}}t\right)$$

Energieerhaltung bei konservativer Zentralkraft

In diesem Fall ist W_p allein eine Funktion des Abstandes vom Koordinatenursprung: $W_p = W_p(r)$. Für das Quadrat der Bahngeschwindigkeit folgt aus (4.7), wie bereits vorangehend abgeleitet worden ist:

$$\boldsymbol{v} \cdot \boldsymbol{v} = v^2 = \left[\frac{\mathrm{d}r}{\mathrm{d}t}\right]^2 + r^2\left[\frac{\mathrm{d}\varphi}{\mathrm{d}t}\right]^2$$

Der Energieerhaltungssatz liefert also:

$$W_g = \frac{m}{2}v^2 + W_p(r) = \frac{m}{2}\left[\frac{\mathrm{d}r}{\mathrm{d}t}\right]^2 + \frac{m}{2}r^2\left[\frac{\mathrm{d}\varphi}{\mathrm{d}t}\right]^2 + W_p(r) = \text{const}$$

Aus der Drehimpulserhaltung bei Zentralkräften gemäß (4.13), nämlich

$$L = mr^2\omega = \text{const}$$

folgt:

$$\omega = \frac{\mathrm{d}\varphi}{\mathrm{d}t} = \frac{L}{mr^2}$$

Damit ist:

$$\boxed{W_g = \frac{m}{2}\left[\frac{\mathrm{d}r}{\mathrm{d}t}\right]^2 + \frac{L^2}{2mr^2} + W_p(r)} \qquad (4.41)$$

Der mit der Drehung $\mathrm{d}\varphi/\mathrm{d}t$ verbundene Term der kinetischen Energie hängt hier nicht mehr explizit von der Zeit ab. Daher führt man zweckmäßigerweise eine effektive potentielle Energie $W_{p,eff}(r)$ ein:

$$\boxed{W_{p,eff}(r) = \frac{L^2}{2mr^2} + W_p(r)} \qquad (4.42)$$

$L^2/(2mr^2)$ wird auch als **Zentrifugalanteil der potentiellen Energie** bezeichnet. Eine sinnvolle Bezeichnung ist dies nur für einen mit $\boldsymbol{u}_r$ rotierenden Beobachter. Für die Scheinkraft, die mit diesem Zentrifugalanteil verknüpft ist, erhält man nach (4.36):

$$\boldsymbol{F} = -\frac{\partial}{\partial r}\left[\frac{L^2}{2mr^2}\right]\boldsymbol{u}_r = \frac{L^2}{mr^3}\boldsymbol{u}_r = \frac{m^2r^4\omega^2}{mr^3}\boldsymbol{u}_r = mr\omega^2\boldsymbol{u}_r$$

also die bekannte Zentrifugalkraft.
Aus (4.41) und (4.42) folgt:

$$\frac{\mathrm{d}r}{\mathrm{d}t} = \sqrt{\frac{2}{m}\left[W_g - W_{p,eff}(r)\right]}$$

oder:

$$t = \int_0^t \mathrm{d}t = \int_{r_0}^{r} \frac{\mathrm{d}r}{\sqrt{\frac{2}{m}\left[W_g - W_{p,eff}(r)\right]}}$$

Ist $W_p(r)$ bekannt, so ist es auch $W_{p,eff}(r)$, und das Integral läßt sich berechnen. Aus $t = t(r)$ erhält man schließlich die gesuchte Funktion $r(t)$. Mit $\mathrm{d}\varphi/\mathrm{d}t = L/(mr^2)$ und der bekannten Funktion $r(t)$ kann man schließlich auch $\varphi(t)$ ausrechnen. Aus den Gleichungen für $\mathrm{d}\varphi/\mathrm{d}t$ und $\mathrm{d}r/\mathrm{d}t$ kann man andererseits auch direkt die Bahnkurve $r(\varphi)$ ermitteln. Es ist:

$$\frac{\mathrm{d}r}{\mathrm{d}\varphi} = \frac{\mathrm{d}r}{\mathrm{d}t}\frac{\mathrm{d}t}{\mathrm{d}\varphi} = \frac{\mathrm{d}r/\mathrm{d}t}{\mathrm{d}\varphi/\mathrm{d}t} = \frac{\sqrt{\frac{2}{m}(W_g - W_{p,eff})}}{L/(mr^2)}$$

oder:

$$\int_{\varphi_0}^{\varphi} \mathrm{d}\varphi = \varphi - \varphi_0 = \int_{r_0}^{r} \frac{\mathrm{d}r}{(m/L)r^2\sqrt{\frac{2}{m}\left[W_g - W_{p,eff}(r)\right]}}$$

Im Fall der Gravitationskraft oder jeder anderen, mit $1/r^2$ variierenden Kraft ist $W_p(r) \sim -1/r$. Man kann dann die Integration ausführen. Das Resultat $r(\varphi)$ ergibt die Bahnkurven, die für diesen Fall stets **Kegelschnitte** sind, wie sich zeigen läßt.

Nichtkonservative Kräfte: Wie deutlich aus der Gleichung (4.21) hervorgeht, ist die von einer Reibungskraft bei der Bewegung eines Teilchens von A nach B geleistete Arbeit **abhängig** vom Weg. Die Reibungskraft ist also ein Beispiel für eine nichtkonservative Kraft. Existiert allgemein zusätzlich zu einer konservativen Kraft (potentielle Energie W_p) noch eine nichtkonservative Kraft, so gilt in Abwandlung des Energiesatzes bei der Bewegung des Teilchens von A nach B:

$$W_k(B) - W_k(A) = W_p(A) - W_p(B) + W'_{AB}$$

Hierin ist W'_{AB} die von der nichtkonservativen Kraft geleistete Arbeit. Sie ist i.a. **negativ**. Die zur Verfügung stehende Summe aus kinetischer und potentieller Energie wird also laufend geringer:

$$\boxed{W_k(B) + W_p(B) = W_k(A) + W_p(A) + W'_{AB}} \tag{4.43}$$

Es sei schon hier darauf hingewiesen, dass die Sprechweise "Nichtkonservative Kraft" den Gesichtskreis auf makroskopische, mechanische Phänomene beschränkt. Die Ungültigkeit des Energieerhaltungssatzes kommt in diesem Fall allein dadurch zustande, dass die Vorgänge wegen der großen Zahl der Wechselwirkungspartner (Moleküle, Atome) nicht reversibel sind. Die Wechselwirkung zwischen je zwei mikroskopischen Partnern wird dabei sehr wohl durch eine konservative Kraft beschrieben.

5 Massenpunktsysteme

5.1 Die Newtonsche Bewegungsgleichung

Bisher wurde stets nur ein einziges Teilchen unter der Wirkung einer Kraft betrachtet. Im folgenden wird die Beschreibung auf eine Zahl miteinander in Wechselwirkung stehender Teilchen ausgedehnt, z.B. auf den Kern und die Elektronen in einem Atom, auf die Atome eines festen Körpers, auf die Sonne und die Planeten unseres Sonnensystems, etc. Die jeweils interessierenden Teilchen (Anzahl: n, Massen: $m_1, \ldots, m_n$) werden zu einem System S von Massenpunkten zusammengefasst. Die Wechselwirkung der Teilchen von S untereinander wird durch **innere Kräfte** beschrieben, die Wechselwirkung mit der Welt außerhalb von S (System S') durch **äußere Kräfte**. Im folgenden bedeutet:

- F_{ij}: Die Kraft, die vom Teilchen j auf das Teilchen i in S ausgeübt wird (innere Kräfte) und
- F_i: die resultierende äußere Kraft auf das Teilchen i, verursacht durch dessen Wechselwirkungen mit Teilchen aus S', d.h. außerhalb von S.

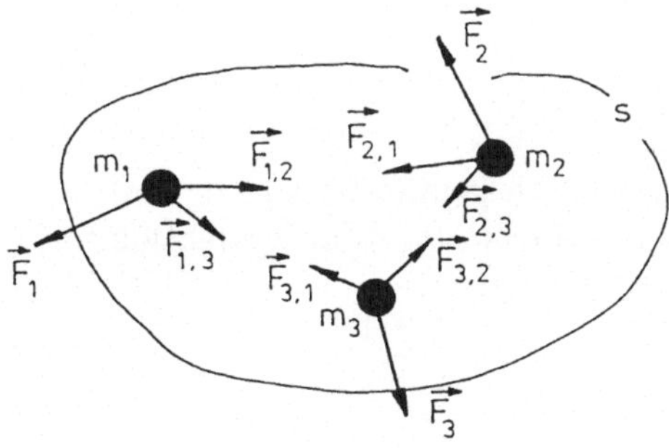

Abb. 5.1. Beispiel eines Systems aus drei Massenpunkten.

Bezeichnet p_i den Linearimpuls des Teilchens i, dann liefert die Anwendung der NEWTONschen Bewegungsgleichung auf jedes der n Teilchen die n Gleichungen:

$$\boldsymbol{F}_1 + \sum_{j=2}^{n} \boldsymbol{F}_{1j} = \frac{\mathrm{d}\boldsymbol{p}_1}{\mathrm{d}t}, \quad \boldsymbol{F}_2 + \sum_{j=1,3}^{n} \boldsymbol{F}_{2j} = \frac{\mathrm{d}\boldsymbol{p}_2}{\mathrm{d}t}, \quad \ldots,$$

$$F_n + \sum_{j=1}^{n-1} \boldsymbol{F}_{nj} = \frac{\mathrm{d}\boldsymbol{p}_n}{\mathrm{d}t}$$

also allgemein für das Teilchen i:

$$\boxed{\boldsymbol{F}_i + \sum_{\substack{j=1\\ j\neq i}}^{n} \boldsymbol{F}_{ij} = \frac{\mathrm{d}\boldsymbol{p}_i}{\mathrm{d}t}; \quad i = 1, \ldots, n} \tag{5.1}$$

Falls für jedes Teilchen i alle wirkenden inneren Kräfte $\boldsymbol{F}_{ij}$ und die äußere Kraft $\boldsymbol{F}_i$ bekannt sind, läßt sich genauso verfahren wie bisher für ein einzelnes Teilchen. Im anderen Fall läßt sich aber zumindest die Wirkung der Summe aller äußeren Kräfte, der resultierenden äußeren Gesamtkraft $\boldsymbol{F}_{ext}$, auf das System von Massenpunkten beschreiben. Nach (5.1) erhält man:

$$\sum_{i=1}^{n} \boldsymbol{F}_i + \sum_{i=1}^{n} \sum_{\substack{j=1\\ j\neq i}}^{n} \boldsymbol{F}_{ij} = \sum_{i=1}^{n} \frac{\mathrm{d}\boldsymbol{p}_i}{\mathrm{d}t}$$

Nun ist aber:

$$\sum_{\substack{i,j=1\\ j\neq i}}^{n} \boldsymbol{F}_{ij} = \sum_{\substack{i,j=1\\ j<i}}^{n} (\boldsymbol{F}_{ij} + \boldsymbol{F}_{ji})$$

Nach dem 3. NEWTONschen Gesetz gilt für zwei Massenpunkte i, j:

$$\boxed{\boldsymbol{F}_{ij} = -\boldsymbol{F}_{ij} \qquad \text{oder} \qquad \boldsymbol{F}_{ij} + \boldsymbol{F}_{ji} = 0} \tag{5.2}$$

Man erhält also:

$$\boxed{\boldsymbol{F}_{ext} = \sum_{i=1}^{n} \boldsymbol{F}_i = \sum_{i=1}^{n} \frac{\mathrm{d}\boldsymbol{p}_i}{\mathrm{d}t}} \tag{5.3}$$

Für die Wirkung der resultierenden äußeren Gesamtkraft spielen somit die inneren Kräfte des Systems keine Rolle. Vertauschung von Summation und Differentiation ergibt:

$$\sum_{i=1}^{n} \frac{\mathrm{d}\boldsymbol{p}_i}{\mathrm{d}t} = \frac{\mathrm{d}}{\mathrm{d}t} \sum_{i=1}^{n} \boldsymbol{p}_i = \frac{\mathrm{d}\boldsymbol{P}}{\mathrm{d}t}$$

Dabei ist $\boldsymbol{P}$ der **Gesamtimpuls** (Linearimpuls) des Systems:

$$\boxed{\boldsymbol{P} = \sum_{i=1}^{n} \boldsymbol{p}_i} \tag{5.4}$$

Aus (5.3) und (5.4) folgt also:

$$\boxed{\boldsymbol{F}_{ext} = \frac{\mathrm{d}\boldsymbol{P}}{\mathrm{d}t}} \tag{5.5}$$

(5.5) hat dieselbe Form wie die NEWTONsche Bewegungsgleichung für ein **einzelnes** Teilchen. Hinsichtlich der Reaktion des Massenpunktsystems auf äußere Kräfte muss es also möglich sein, einen für das System repräsentativen, fiktiven Massenpunkt anzugeben, der die Gesamtmasse

$$M = \sum_{i=1}^{n} m_i$$

in sich vereint und sich mit dem Impuls $\boldsymbol{P} = M\boldsymbol{V}$ bewegt. Dieser Punkt heißt **Massenmittelpunkt** (Abkürzung: MMP). Seine Geschwindigkeit $\boldsymbol{V}$ und sein Ort bzw. Ortsvektor $\boldsymbol{R}$ ergeben sich in folgender Weise. Es ist:

$$\begin{aligned}\boldsymbol{P} = M\boldsymbol{V} = M\frac{\mathrm{d}\boldsymbol{R}}{\mathrm{d}t} &= \sum_{i=1}^{n} \boldsymbol{p}_i = \sum_{i=1}^{n} m_i \boldsymbol{v}_i \\ &= \sum_{i=1}^{n} m_i \frac{\mathrm{d}\boldsymbol{r}_i}{\mathrm{d}t} = \frac{\mathrm{d}}{\mathrm{d}t}\left(\sum_{i=1}^{n} m_i \boldsymbol{r}_i\right)\end{aligned}$$

Das ergibt:

$$\boxed{\begin{aligned}\boldsymbol{V} &= \frac{1}{M}\sum_{i=1}^{n} m_i \boldsymbol{v}_i \\ \boldsymbol{R} &= \frac{1}{M}\sum_{i=1}^{n} m_i \boldsymbol{r}_i\end{aligned}} \tag{5.6}$$

Massenmittelpunkt zweier Massenpunkte:
Es ist:

$$\boldsymbol{R} = \frac{m_1 \boldsymbol{r}_1 + m_2 \boldsymbol{r}_2}{m_1 + m_2}$$

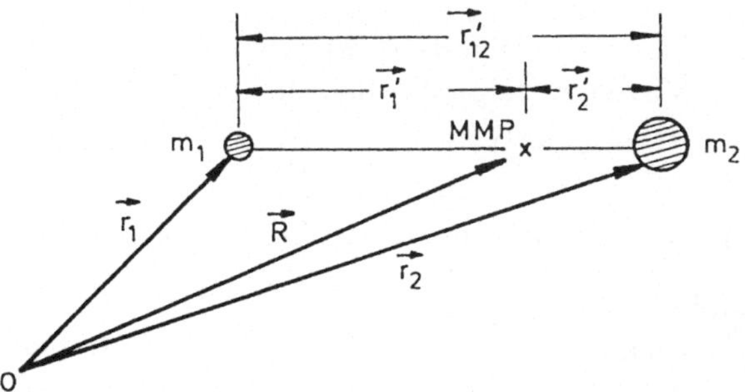

Abb. 5.2. Massenmittelpunkt bei zwei Massen.

Vom MMP als Koordinatenursprung aus betrachtet ist:

$$\boldsymbol{R}' = \frac{m_1\boldsymbol{r'}_1 + m_2\boldsymbol{r'}_2}{m_1 + m_2} = 0$$

Daraus folgt:

$$m_1 r_1' = m_2 r_2'$$

oder mit $r_1' + r_2' = r_{12}'$:

$$\boxed{r_1' = \frac{m_2}{m_1 + m_2} r_{12}'} \tag{5.7}$$

Für $m_1 = m_2$ beispielsweise ist dann:

$$r_1' = r_2' = \frac{1}{2} r_{12}'$$

Massenmittelpunkt dreier Massenpunkte:
Es ist:

$$\boldsymbol{R} = \frac{m_1\boldsymbol{r}_1 + m_2\boldsymbol{r}_2 + m_3\boldsymbol{r}_3}{m_1 + m_2 + m_3} = \frac{\left[\frac{m_1\boldsymbol{r}_1 + m_2\boldsymbol{r}_2}{m_1 + m_2}\right](m_1 + m_2) + m_3\boldsymbol{r}_3}{m_1 + m_2 + m_3}$$

$$= \frac{(m_1 + m_2)\boldsymbol{R}_{12} + m_3\boldsymbol{r}_3}{(m_1 + m_2) + m_3} \quad \text{mit} \quad \boldsymbol{R}_{12} = \frac{m_1\boldsymbol{r}_1 + m_2\boldsymbol{r}_2}{m_1 + m_2}$$

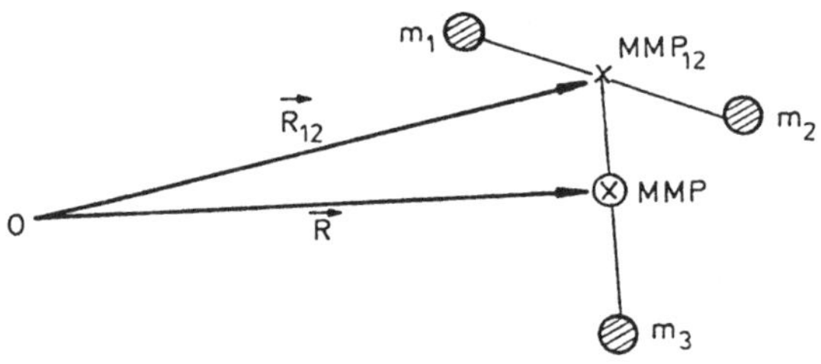

Abb. 5.3. Massenmittelpunkt bei drei Massen.

R_{12} ist der Ortsvektor des Massenmittelpunktes MMP_{12} für das Zwei-Teilchen-System m_1, m_2. Der Massenmittelpunkt für ein Mehr-Teilchen-System kann also **sukzessive** berechnet werden.

Reduzierung des Zweikörperproblems auf ein Einkörperproblem

Das betrachtete System S bestehe aus nur zwei Massenpunkten. Die externen Kräfte auf diese Massenpunkte seien zu vernachlässigen ($\boldsymbol{F}_1 = \boldsymbol{F}_2 = 0$). Die Wechselwirkung zwischen m_1 und m_2, beschrieben durch die inneren Kräfte

$\boldsymbol{F}_{12}, \boldsymbol{F}_{21}$ ist dann **allein** für die Einzelbeschleunigungen maßgeblich, d.h. es gilt:

$$\boldsymbol{F}_{12} = m_1 \boldsymbol{a}_1, \quad \boldsymbol{F}_{21} = m_2 \boldsymbol{a}_2 \quad \text{und} \quad \boldsymbol{a}_2 - \boldsymbol{a}_1 = \frac{\boldsymbol{F}_{21}}{m_2} - \frac{\boldsymbol{F}_{12}}{m_1}$$

Gemäß (5.2) ist:

$$\boldsymbol{F}_{12} = -\boldsymbol{F}_{21}$$

Daraus folgt:

$$\boldsymbol{a}_2 - \boldsymbol{a}_1 = \left[\frac{1}{m_1} + \frac{1}{m_2}\right] \boldsymbol{F}_{21}$$

Für die Behandlung von Zwei-Teilchen-Systemen ist es zweckmäßig, **Relativ-Vektoren** für Ort, Geschwindigkeit und Beschleunigung einzuführen:

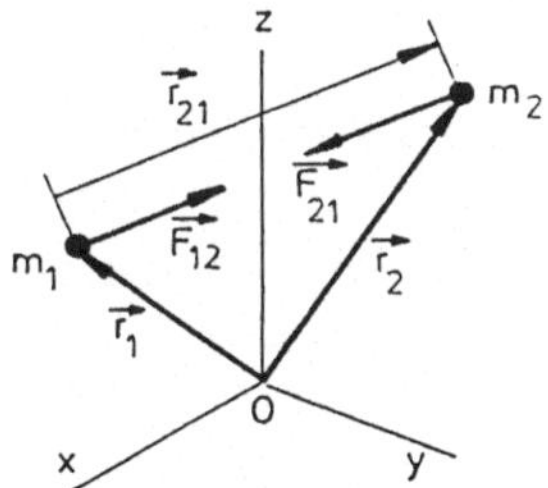

Abb. 5.4. Zur reduzierten Masse.

$$\boxed{\begin{aligned} \boldsymbol{r}_{21} &= \boldsymbol{r}_2 - \boldsymbol{r}_1 \\ \boldsymbol{v}_{21} &= \boldsymbol{v}_2 - \boldsymbol{v}_1 = \frac{\mathrm{d}\boldsymbol{r}_{21}}{\mathrm{d}t} \\ \boldsymbol{a}_{21} &= \boldsymbol{a}_2 - \boldsymbol{a}_1 = \frac{\mathrm{d}\boldsymbol{v}_{21}}{\mathrm{d}t} \end{aligned}} \tag{5.8}$$

Verwendet man die über die Beziehungen:

$$\boxed{\mu = \frac{m_1 m_2}{m_1 + m_2} \quad \text{bzw.} \quad \frac{1}{\mu} = \frac{1}{m_1} + \frac{1}{m_2}} \tag{5.9}$$

definierte sogenannte **reduzierte Masse** μ, dann erhält man die NEWTONsche Bewegungsgleichung für die Relativbewegung von m_2 gegen m_1:

$$\boxed{\boldsymbol{F}_{21} = \mu \boldsymbol{a}_{21}} \tag{5.10}$$

Die Relativbewegung zweier Teilchen, die allein ihrer gegenseitigen Wechselwirkung unterliegen, läßt sich also als Bewegung **eines** Teilchens der reduzierten Masse μ infolge der jeweiligen Wechselwirkungskraft beschreiben.

Labor- und Schwerpunktsystem

Das in Bild 5.4 gewählte Koordinatensystem sei fest mit dem Labor verknüpft, in dem oder von dem aus die beiden Teilchen beobachtet werden (**Laborsystem**). Es wurde vorausgesetzt, dass es mit hinreichender Näherung ein Inertialsystem ist. Da weiterhin angenommen wurde, dass die auf m_1 und m_2 wirkenden äußeren Kräfte gleich Null sind, bewegt sich der Massenmittelpunkt, auch **Schwerpunkt** genannt, gemäß (5.5) geradlinig gleichförmig. Ein fest mit dem MMP verbundenes Bezugssystem ist also ebenfalls ein Inertialsystem (**Schwerpunktsystem**). Bezeichnet man die im Schwerpunktsystem berechneten Größen entsprechend mit $\boldsymbol{r}', \boldsymbol{v}', \boldsymbol{p}', \boldsymbol{a}'$, dann gilt nach (2.22) für die Umrechnung vom Labor- ins Schwerpunktsystem:

$$\boxed{\begin{aligned} &\boldsymbol{r}'_1 = \boldsymbol{r}_1 - \boldsymbol{R}; \quad \boldsymbol{r}'_2 = \boldsymbol{r}_2 - \boldsymbol{R};\\ &\boldsymbol{v}'_1 = \boldsymbol{v}_1 - \boldsymbol{V}; \quad \boldsymbol{v}'_2 = \boldsymbol{v}_2 - \boldsymbol{V};\\ &\boldsymbol{a}'_1 = \boldsymbol{a}_1; \quad \boldsymbol{a}'_2 = \boldsymbol{a}_2 \end{aligned}} \tag{5.11}$$

wobei sich die Orts- und Geschwindigkeitsvektoren $\boldsymbol{R}$ und $\boldsymbol{V}$ für den Schwerpunkt aus (5.6) ergeben. Damit wird:

$$\boldsymbol{v}'_1 = \frac{m_2}{m_1 + m_2}\boldsymbol{v}_{12} \qquad \text{und} \qquad \boldsymbol{v}'_2 = \frac{m_1}{m_1 + m_2}\boldsymbol{v}_{21}$$

wobei gemäß (5.8) gilt:

$$\boldsymbol{v}_{12} = \boldsymbol{v}_1 - \boldsymbol{v}_2; \qquad \boldsymbol{v}_{21} = \boldsymbol{v}_2 - \boldsymbol{v}_1 = -\boldsymbol{v}_{12}$$

Damit ergibt sich:

$$\boldsymbol{p}'_1 = \frac{m_1 m_2}{m_1 + m_2}\boldsymbol{v}_{12} = \mu\boldsymbol{v}_{12}; \qquad \boldsymbol{p}'_2 = \mu\boldsymbol{v}_{21}$$

Im Schwerpunktsystem ist also:

$$\boxed{\begin{aligned} &\boldsymbol{p}'_1 = \mu\boldsymbol{v}_{12}; \quad \boldsymbol{p}'_2 = -\boldsymbol{p}'_1, \quad \text{d.h.}\\ &\boldsymbol{p}'_2 = \mu\boldsymbol{v}_{21}; \quad \boldsymbol{p}'_1 + \boldsymbol{p}'_2 = 0 \end{aligned}} \tag{5.12}$$

Ein Beispiel für diesen Sachverhalt ist in Bild 5.5 dargestellt.

5.2 Erhaltungssätze

Per Definition heißt ein System **abgeschlossen** oder **isoliert**, wenn auf seine Massenpunkte keine äußeren Kräfte wirken. Nach (5.3), (5.4) und (5.5) gilt dann: In einem abgeschlossenen System bleibt der gesamte Linearimpuls erhalten, denn aus $\boldsymbol{F}_{\text{ext}} = 0$ folgt:

$$\boxed{\boldsymbol{P} = \sum_{i=1}^{n} \boldsymbol{p}_i = \text{const}} \tag{5.13}$$

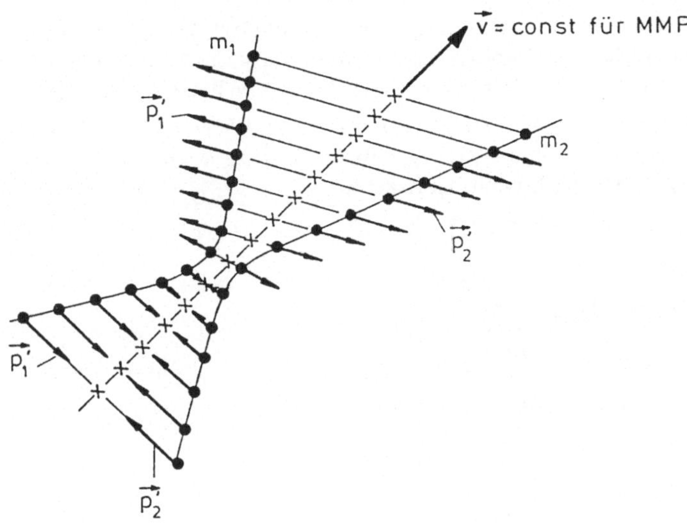

Abb. 5.5. Bewegung des Massenmittelpunktes.

Beispiele:

a.) Äußere Kraft als Wechselwirkung zwischen zwei Systemen:
Ausser dem interessierenden System S werde noch ein zweites System S' betrachtet, mit dessen Teilchen diejenigen von S in Wechselwirkung stehen. S' werde so umfassend gewählt – notfalls der gesamte Rest des Universums –, dass für die Bewegung der Teilchen von S ausschließlich die inneren Kräfte aufgrund der Wechselwirkung der Teilchen von S untereinander und die durch die Wechselwirkung mit den Teilchen von S' bewirkten äußeren Kräfte maßgeblich sind. Das aus allen Teilchen von S und S' bestehende Gesamtsystem ist also **abgeschlossen**. Bezeichnet man mit P den gesamten Linearimpuls von S, mit $\boldsymbol{P}'$ denjenigen von S', so gilt nach (5.13):

$$\boldsymbol{P} + \boldsymbol{P}' = 0 \qquad \text{oder} \qquad \boldsymbol{P} = -\boldsymbol{P}'$$

Es folgt also nach (5.5):

$$\boxed{\boldsymbol{F}_{\text{ext}} = \frac{\mathrm{d}\boldsymbol{P}}{\mathrm{d}t} = -\frac{\mathrm{d}\boldsymbol{P}'}{\mathrm{d}t} = -\boldsymbol{F}'_{\text{ext}}} \tag{5.14}$$

Die äußere auf S wirkende Kraft $\boldsymbol{F}_{\text{ext}}$ wird also durch eine entsprechende Impulsänderung desjenigen Systems bewirkt, mit dem S in Wechselwirkung steht.

b.) System mit veränderlicher Masse (Rakete):
Betrachtet werde die Bewegung einer Rakete. Sie bildet das System S_1, beschrieben durch die zugehörige Geschwindigkeit des Massenmittelpunkts $\boldsymbol{v}_1$. Einbezogen in die Betrachtungen werde das aus den pro

Zeiteinheit ausgestoßenen Treibstoffgasen bestehende System S_2, beschrieben durch die zugehörige Geschwindigkeit des Massenmittelpunkts $\boldsymbol{v}_2$. Die Gesamtmasse von $S_1 + S_2$ bleibt also erhalten. Allerdings soll laufend eine bestimmte Masse von S_1 auf S_2 mit einer Relativgeschwindigkeit $\boldsymbol{v}_{\mathrm{rel}} = \boldsymbol{v}_2 - \boldsymbol{v}_1$ übertragen werden. Auf S_1 und S_2 wirke jeweils die äußere Kraft $\boldsymbol{F}_{\mathrm{ext}}$, z.B. die Gravitationskraft.

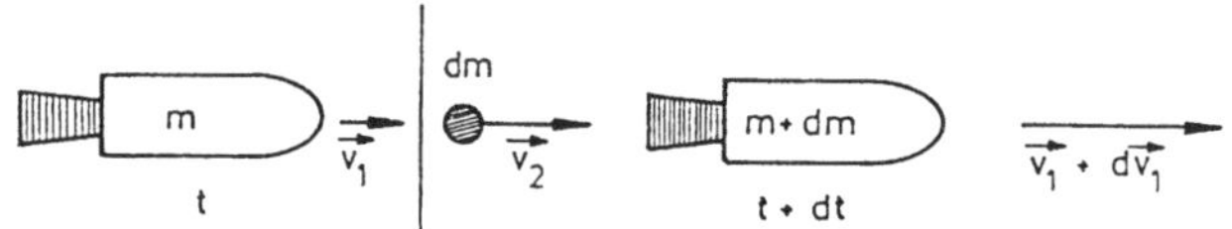

Abb. 5.6. System mit veränderlicher Masse (Rakete).

Es ist $\boldsymbol{P}(t) = m\boldsymbol{v}_1$ und

$$\begin{aligned}\boldsymbol{P}(t + \mathrm{d}t) &= (m + \mathrm{d}m)(\boldsymbol{v}_1 + d\boldsymbol{v}_1) - \mathrm{d}m \cdot \boldsymbol{v}_2 \\ &= m\boldsymbol{v}_1 + m \cdot \mathrm{d}\boldsymbol{v}_1 + \mathrm{d}m \cdot \boldsymbol{v}_1 + \mathrm{d}m \cdot \mathrm{d}\boldsymbol{v}_1 - \mathrm{d}m \cdot \boldsymbol{v}_2\end{aligned}$$

Das Produkt $\mathrm{d}m\cdot$ $\mathrm{d}\boldsymbol{v}_1$ ist klein gegen alle anderen Terme und kann im Grenzübergang $\mathrm{d}m \to 0$, $d\boldsymbol{v}_1 \to 0$ vernachlässigt werden. Damit folgt für die Impulsänderung:

$$\begin{aligned}\boldsymbol{F}_{\mathrm{ext}} &= \frac{\mathrm{d}\boldsymbol{P}}{\mathrm{d}t} = \frac{\boldsymbol{P}(t + \mathrm{d}t) - \boldsymbol{P}(t)}{\mathrm{d}t} = m\frac{\mathrm{d}\boldsymbol{v}_1}{\mathrm{d}t} + \frac{\mathrm{d}m}{\mathrm{d}t}\boldsymbol{v}_1 - \frac{\mathrm{d}m}{\mathrm{d}t}\boldsymbol{v}_2 \\ &= \frac{\mathrm{d}}{\mathrm{d}t}(m\boldsymbol{v}_1) - \frac{\mathrm{d}m}{\mathrm{d}t}\boldsymbol{v}_2\end{aligned}$$

oder

$$\boxed{\boldsymbol{F}_{\mathrm{ext}} = \frac{\mathrm{d}\boldsymbol{P}_1}{\mathrm{d}t} - \frac{\mathrm{d}m}{\mathrm{d}t}\boldsymbol{v}_2} \tag{5.15}$$

$\boldsymbol{P}_1 = m\boldsymbol{v}_1$ ist der Impuls der Rakete. $(\mathrm{d}m/\mathrm{d}t)$ ist **negativ**, also $(-\mathrm{d}m)$ **positiv**. Mit $\boldsymbol{v}_2 - \boldsymbol{v}_1 = \boldsymbol{v}_{\mathrm{rel}}$ erhält man:

$$\boxed{\boldsymbol{F}_{\mathrm{ext}} = m\frac{\mathrm{d}\boldsymbol{v}_1}{\mathrm{d}t} - \frac{\mathrm{d}m}{\mathrm{d}t}\boldsymbol{v}_{\mathrm{rel}}} \tag{5.16}$$

oder

$$\boldsymbol{F}_{\mathrm{ext}} + \boldsymbol{F}_s = m\frac{\mathrm{d}\boldsymbol{v}_1}{\mathrm{d}t}$$

Dabei ist

$$\boldsymbol{F}_s = \frac{\mathrm{d}m}{\mathrm{d}t}\boldsymbol{v}_{\mathrm{rel}}$$

die **Schubkraft**. Für den Fall $\boldsymbol{F}_{\mathrm{ext}} = 0$ folgt aus (5.15):

$$\frac{\mathrm{d}\boldsymbol{P}_1}{\mathrm{d}t} = \frac{\mathrm{d}m}{\mathrm{d}t}\boldsymbol{v}_2$$

Die vorangegangenen Betrachtungen zum Gesamtlinearimpuls $\boldsymbol{P}$ eines Massenpunktsystems lassen sich entsprechend auf den **Gesamtdrehimpuls** $\boldsymbol{L}$ des Systems übertragen. Als Gesamtdrehimpuls $\boldsymbol{L}$ definiert man analog zu (5.4):

$$\boxed{\boldsymbol{L} = \sum_{i=1}^{n} \boldsymbol{L}_i = \sum_{i=1}^{n} \boldsymbol{r}_i \times \boldsymbol{p}_i} \tag{5.17}$$

Daraus folgt mit (5.1):

$$\begin{aligned}\frac{\mathrm{d}\boldsymbol{L}}{\mathrm{d}t} &= \sum_{i=1}^{n} \frac{\mathrm{d}\boldsymbol{L}_i}{\mathrm{d}t} = \sum_{i=1}^{n} \boldsymbol{r}_i \times \frac{\mathrm{d}\boldsymbol{p}_i}{\mathrm{d}t} = \sum_{i=1}^{n} \left[\boldsymbol{r}_i \times \left(\boldsymbol{F}_i + \sum_{\substack{j=1\\ j\neq i}}^{n} \boldsymbol{F}_{ij}\right)\right] \\ &= \sum_{i=1}^{n} \left[(\boldsymbol{r}_i \times \boldsymbol{F}_i) + \sum_{\substack{j=1\\ j\neq i}}^{n} (\boldsymbol{r}_i \times \boldsymbol{F}_{ij})\right] \\ &= \sum_{i=1}^{n} (\boldsymbol{r}_i \times \boldsymbol{F}_i) + \sum_{\substack{i,j=1\\ j\neq i}}^{n} (\boldsymbol{r}_i \times \boldsymbol{F}_{ij})\end{aligned}$$

Ferner ist:

$$\sum_{\substack{i,j=1\\ j\neq i}}^{n} (\boldsymbol{r}_i \times \boldsymbol{F}_{ij}) = \sum_{\substack{i,j=1\\ j<i}}^{n} \left[(\boldsymbol{r}_i \times \boldsymbol{F}_{ij}) + (\boldsymbol{r}_j \times \boldsymbol{F}_{ji})\right]$$

Unter Verwendung des 3. NEWTONschen Gesetzes $\boldsymbol{F}_{ij} = -\boldsymbol{F}_{ji}$ erhält man daraus:

$$\sum_{\substack{i,j=1\\ j\neq i}}^{n} (\boldsymbol{r}_i \times \boldsymbol{F}_{ij}) = \sum_{\substack{i,j=1\\ j<i}}^{n} (\boldsymbol{r}_i - \boldsymbol{r}_j) \times \boldsymbol{F}_{ij}$$

Setzt man zusätzlich voraus, dass die inneren Kräfte des Systems **Zentralkräfte** sind, dass also stets

$$\boldsymbol{F}_{ij} \qquad \text{parallel zu} \qquad \boldsymbol{r}_i - \boldsymbol{r}_j$$

ist, dann gilt:

$$(\boldsymbol{r}_i - \boldsymbol{r}_j) \times \boldsymbol{F}_{ij} = 0$$

und man erhält:

$$\boxed{\frac{\mathrm{d}\boldsymbol{L}}{\mathrm{d}t} = \sum_{i=1}^{n} (\boldsymbol{r}_i \times \boldsymbol{F}_i) = \boldsymbol{M}_{\text{ext}}} \tag{5.18}$$

Wirkt also kein äußeres Drehmoment, dann folgt:

$$\boxed{\boldsymbol{L} = \text{const} \qquad \text{für} \qquad \boldsymbol{M}_{\text{ext}} = 0} \tag{5.19}$$

(5.19) ist der Satz von der Erhaltung des Gesamt-Drehimpulses. Er besagt: In einem abgeschlossenen System bleibt der Gesamtdrehimpuls erhalten. Trotz der zusätzlichen Voraussetzung $\boldsymbol{F}_{ij} \parallel \boldsymbol{r}_i - \boldsymbol{r}_j$, unter der der Satz von der Erhaltung des Gesamtdrehimpulses abgeleitet wurde, sind bisher keine Ausnahmen beobachtet worden, d.h. für $\boldsymbol{M}_{\text{ext}} = 0$ ist **stets** $\boldsymbol{L} = \text{const}$. Die Kräfte zwischen zwei Massenpunkten m_1 und m_2 wirken also wie es Bild 5.7 illustriert.

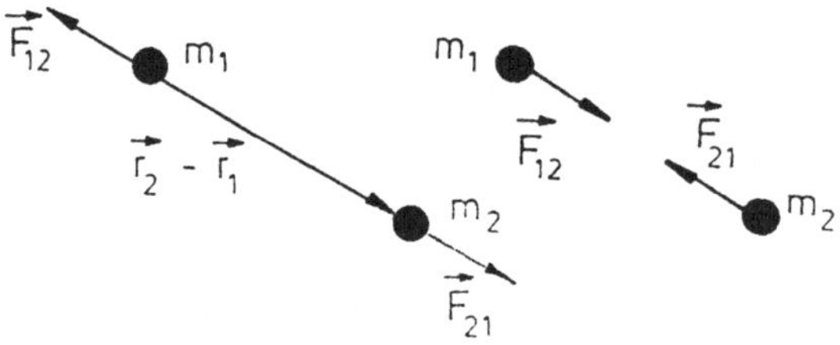

Abb. 5.7. Kräfte zwischen zwei Massen.

Anwendungen von (5.18) und (5.19) werden ausgiebig bei der Rotationsbewegung starrer Körper besprochen.

Gesamtenergie: Aus dem System S der n Teilchen seien willkürlich die Teilchen i, j herausgegriffen. Für sie gilt:

$$\boldsymbol{F}_i + \boldsymbol{F}_{ij} = m_i \frac{\mathrm{d}\boldsymbol{v}_i}{\mathrm{d}t} \qquad \text{und} \qquad \boldsymbol{F}_j + \boldsymbol{F}_{ji} = m_j \frac{\mathrm{d}\boldsymbol{v}_j}{\mathrm{d}t}$$

Im Zeitintervall $\mathrm{d}t$ bewege sich m_i um $\mathrm{d}\boldsymbol{r}_i$ und m_j um $\mathrm{d}\boldsymbol{r}_j$. Für die durch die jeweils auf m_i und m_j wirkenden Kräfte geleistete Arbeit erhält man dann:

$$\begin{aligned} \mathrm{d}W_i &= \boldsymbol{F}_i \cdot \mathrm{d}\boldsymbol{r}_i + \boldsymbol{F}_{ij} \cdot \mathrm{d}\boldsymbol{r}_i = m_i \frac{\mathrm{d}\boldsymbol{v}_i}{\mathrm{d}t} \cdot \mathrm{d}\boldsymbol{r}_i \\ &= m_i \boldsymbol{v}_i \cdot \mathrm{d}\boldsymbol{v}_i = \mathrm{d}\left(\frac{m_i}{2} v_i^2\right) = \mathrm{d}W_{k,i} \end{aligned}$$

Entsprechend folgt:

$$\mathrm{d}W_j = \boldsymbol{F}_j \cdot \mathrm{d}\boldsymbol{r}_j + \boldsymbol{F}_{ji} \cdot \mathrm{d}\boldsymbol{r}_j = \mathrm{d}\left(\frac{m_j}{2} v_j^2\right) = \mathrm{d}W_{k,j}$$

Da $\boldsymbol{F}_{ji} = -\boldsymbol{F}_{ij}$ ist, ergibt sich somit:

$$\mathrm{d}W_i + \mathrm{d}W_j = \boldsymbol{F}_i \cdot \mathrm{d}\boldsymbol{r}_i + \boldsymbol{F}_j \cdot \mathrm{d}\boldsymbol{r}_j + \boldsymbol{F}_{ij} \cdot (\mathrm{d}\boldsymbol{r}_i - \mathrm{d}\boldsymbol{r}_j) = \mathrm{d}W_{k,i} + \mathrm{d}W_{k,j}$$

Nun ist:

$$\mathrm{d}\boldsymbol{r}_i - \mathrm{d}\boldsymbol{r}_j = \mathrm{d}(\boldsymbol{r}_i - \boldsymbol{r}_j) = \mathrm{d}\boldsymbol{r}_{ij}$$

und damit:

$$\mathrm{d}W_i + \mathrm{d}W_j = \boldsymbol{F}_i \cdot \mathrm{d}\boldsymbol{r}_i + \boldsymbol{F}_j \cdot \mathrm{d}\boldsymbol{r}_j + \boldsymbol{F}_{ij} \cdot \mathrm{d}\boldsymbol{r}_{ij} = \mathrm{d}W_{k,i} + \mathrm{d}W_{k,j}$$

Der **Anfangszustand** A des Systems werde durch Position und Geschwindigkeit jedes einzelnen Teilchens beschrieben, ebenso sein **Endzustand** B. Dann erhält man für die von A nach B insgesamt geleistete Arbeit:

$$W = \sum_{i=1}^{n} \left(\int_A^B \boldsymbol{F}_i \cdot \mathrm{d}\boldsymbol{r}_i \right) + \sum_{\substack{i,j=1 \\ j<i}}^{n} \left(\int_A^B \boldsymbol{F}_{ij} \cdot \mathrm{d}\boldsymbol{r}_{ij} \right) = \sum_{i=1}^{n} \left(\int_A^B dW_{k,i} \right)$$

Es ist:

$$W_{\mathrm{ext}} = \sum_{i=1}^{n} \left(\int_A^B \boldsymbol{F}_i \cdot \mathrm{d}\boldsymbol{r}_i \right)$$

die **Gesamtarbeit der äußeren Kräfte**. Summiert wird über alle **Teilchen** von S;

$$W_{int} = \sum_{\substack{i,j=1 \\ j<i}}^{n} \left(\int_A^B \boldsymbol{F}_{ij} \cdot \mathrm{d}\boldsymbol{r}_{ij} \right)$$

die **Gesamtarbeit der inneren Kräfte**. Summiert wird über alle **Teilchenpaare** von S;

$$W_k = \sum_{i=1}^{n} \frac{m_i}{2} v_i^2$$

die **gesamte kinetische Energie**. Summiert wird über alle **Teilchen** von S. Damit läßt sich obige Gleichung auch schreiben:

$$\boxed{W_{\mathrm{ext}} + W_{\mathrm{int}} = W_{k,B} - W_{k,A}} \tag{5.20}$$

Zusätzlich werde angenommen: **Die inneren Kräfte sind konservativ**. Dann ist das Integral:

$$\int_A^B \boldsymbol{F}_{ij} \cdot \mathrm{d}\boldsymbol{r}_{ij}$$

unabhängig vom Wege zwischen A und B. Es läßt sich also durch eine nur vom relativen Ortsvektor $\boldsymbol{r}_{ij} = \boldsymbol{r}_i - \boldsymbol{r}_j$ abhängige potentielle Energie $W_{p,ij}$ beschreiben. Genauso wie für **ein** Teilchen definiert man:

$$-\int_A^B \boldsymbol{F}_{ij} \cdot \mathrm{d}\boldsymbol{r}_{ij} = E_{p,ij,B} - E_{p,ij,A}$$

Damit beträgt die **gesamte, innere potentielle Energie**:

$$W_{p,\mathrm{int}} = \sum_{\substack{i,j=1 \\ j<i}}^{n} E_{p,ij}$$

Summiert wird über alle **Teilchenpaare** von S. Die **gesamte Eigen-Energie** des Systems ist dann:

$$\boxed{U = W_k + W_{p,\text{int}}} \tag{5.21}$$

Folglich erhält man aus (5.20):

$$\boxed{W_{\text{ext}} = U_B - U_A} \tag{5.22}$$

und schließlich für $\boldsymbol{F}_i = 0$ $(i = 1, \ldots, n)$, d.h. für $W_{\text{ext}} = 0$, den **Energieerhaltungssatz**:

$$\boxed{W_k + W_{p,\text{int}} = \text{const}} \tag{5.23}$$

In einem abgeschlossenen System bleibt also die gesamte Eigen-Energie U erhalten.
Sind die externen Kräfte ebenfalls konservativ, so kann man auch hierfür eine potentielle Energie definieren. Für diese **äußere potentielle Energie** $W_{p,\text{ext}}$ gilt dann entsprechend:

$$-W_{\text{ext}} = W_{p,\text{ext},B} - W_{p,\text{ext},A}$$

Damit erhält man die Aussage: Unter Wirkung konservativer innerer und äußerer Kräfte bleibt die Gesamtenergie W_g des Systems erhalten:

$$\boxed{W_g = W_k + W_{p,\text{int}} + W_{p,\text{ext}} = \text{const}} \tag{5.24}$$

Schließlich sei darauf hingewiesen, dass die Größe der kinetischen Energie von den Geschwindigkeiten der einzelnen Teilchen, mithin vom gewählten Koordinatensystem abhängen. Wählt man ein fest mit dem Massenmittelpunkt MMP des Systems verbundenes Koordinatensystem (Schwerpunktsystem), so bezeichnet man die gesamte kinetische Energie bezüglich dieses Koordinatensystems als innere kinetische Energie $W_{k,\text{int}} = W_{k,\text{MMP}}$ und als **innere Energie** des Systems den Ausdruck:

$$\boxed{U_{\text{int}} = W_{k,\text{int}} + W_{p,\text{int}}} \tag{5.25}$$

5.3 Wechselwirkungen mit kurzer Reichweite; Stoßgesetze

Alle Wechselwirkungen haben die gemeinsame Eigenschaft, dass ihre Stärke, d.h. der Betrag der sie beschreibenden Kräfte, mit zunehmendem Abstand der Teilchen voneinander abnimmt. Die folgenden Betrachtungen seien auf zwei

Teilchen bzw. zwei durch ihre Massenmittelpunkte beschriebenen Teilchensysteme beschränkt. Als Stoß bezeichnet man eine Relativbewegung der beiden Teilchen gegeneinander dann, wenn die Zeitdauer, in der die Wechselwirkung zu einer messbaren Änderung der Geschwindigkeiten beider Teilchen führt, klein ist gegen die gesamte Beobachtungsdauer. Bei den meisten makroskopischen Phänomenen sind die Stoßpartner vor und nach dem Stoß identisch, z.B. beim Stoß zweier Kugeln aufeinander. Auf diesen Fall beziehen sich die folgenden Formeln. Mit geringfügigen Modifikationen läßt sich aber auch der Fall behandeln, bei dem die Teilchen des Systems nach dem Stoß verschiedenen sind von denjenigen vor dem Stoß, wobei sich die innere potentielle Energie des Teilchenpaares und die Einzelmassen der beiden Teilchen geändert haben können. Beispielsweise sind im allgemeinen bei einer Kernreaktion die Teilchen vor dem Stoß (Targetkern und Geschoßteilchen) verschieden von denjenigen nach dem Stoß (Restkern und emittiertes Teilchen).
Die im folgenden behandelte Situation ist unten skizziert. Stets wird angenommen, dass ausschließlich innere Kräfte $\boldsymbol{F}_{12} = -\boldsymbol{F}_{21}$ wirken, dass also die äußeren Kräfte gleich Null sind.

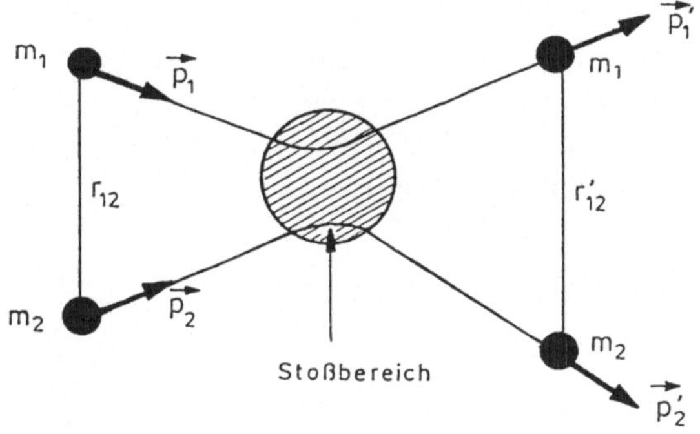

Abb. 5.8. Zur Stoßkraft.

Im einzelnen gelten nachfolgende Bedingungen:
Vor dem Stoß (Anfangszustand): r_{12} ist hinreichend groß, so dass $\boldsymbol{F}_{12} = 0$ gesetzt werden kann;

$$\boldsymbol{p}_1 = \text{const}; \quad W_{k,1} = \frac{m_1}{2} v_1^2 = \frac{p_1^2}{2m_1} = \text{const}$$

$$\boldsymbol{p}_2 = \text{const}; \quad W_{k,2} = \frac{m_2}{2} v_2^2 = \frac{p_2^2}{2m_2} = \text{const}$$

Im Stoßbereich:

$$\boldsymbol{F}_{12} \neq 0;$$

$$\int \boldsymbol{F}_{12} \cdot \mathrm{d}t = \Delta \boldsymbol{p}_1; \quad \int \boldsymbol{F}_{12} \cdot \mathrm{d}\boldsymbol{r}_1 = \Delta W_{k,1};$$

$$\int \boldsymbol{F}_{21} \cdot \mathrm{d}t = \Delta \boldsymbol{p}_2; \qquad \int \boldsymbol{F}_{21} \cdot \mathrm{d}\boldsymbol{r}_2 = \Delta W_{k,2}$$

Nach dem Stoß (Endzustand): r'_{12} ist hinreichend groß, so dass $\boldsymbol{F}_{12} = 0$ gesetzt werden kann;

$$\boldsymbol{p'}_1 = \text{const}; \quad W'_{k,1} = \frac{m_1}{2} v_1'^2 = \frac{p_1'^2}{2m_1} = \text{const};$$

$$\boldsymbol{p'}_2 = \text{const}; \quad W'_{k,2} = \frac{m_2}{2} v_2'^2 = \frac{p_2'^2}{2m_2} = \text{const}$$

Da das System abgeschlossen ist – die äußeren Kräfte sind Null – gilt in jedem Fall der Impulserhaltungssatz (5.13):

$$\boxed{\boldsymbol{p}_1 + \boldsymbol{p}_2 = \boldsymbol{p'}_1 + \boldsymbol{p'}_2} \tag{5.26}$$

Der Drehimpulserhaltungssatz gilt natürlich ebenfalls unter denselben Voraussetzungen. Seine Anwendung mag in vielen Fällen nützlich sein, kann aber beim Stoß von Massenpunkten im allgemeinen unterbleiben. Sind die inneren Kräfte überdies konservativ, so gilt der Energieerhaltungssatz:

$$W_{k,1} + W_{k,2} + W_{p,\text{int}} = W'_{k,1} + W'_{k,2} + W'_{p,\text{int}}$$

Für ein vor und nach dem Stoß gleiches Teilchenpaar wird die innere potentielle Energie während der gesamten Bewegung durch eine nur vom relativen Ortsvektor abhängige Funktion beschrieben. Es gilt also: $W_{p,\text{int}}(r_{12} \to \infty) = W'_{p,\text{int}}(r'_{12} \to \infty)$. r_{12} bzw. $r'_{12} \to \infty$ bezeichnet gerade die Bereiche vor bzw. nach dem Stoß. Damit wird:

$$\boxed{W_{k,1} + W_{k,2} = W'_{k,1} + W'_{k,2}} \tag{5.27}$$

Beispiele:

a.) Vollkommen elastischer zentraler Stoß:
Als zentral bezeichnet man einen Stoß dann, wenn sich die stoßenden Teilchen vor dem Stoß auf einer gemeinsamen Geraden g bewegen. Wählt man den Koordinatenursprung 0 auf dieser Geraden, dann ist sie durch den Einheitsvektor $\boldsymbol{u}_r$ eindeutig gekennzeichnet. Da die innere Kraft, die zu Impuls- und Energieänderungen von m_1 und m_2 führt, ebenfalls parallel zu g ist, verläuft die Bewegung auch nach dem Stoß auf g.

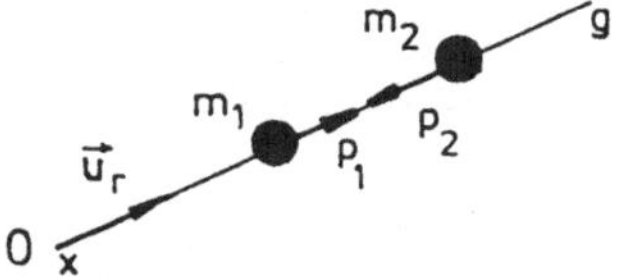

Es gilt:

$$\boldsymbol{p}_1 = p_1 \boldsymbol{u}_r; \quad \boldsymbol{p}_2 = p_2 \boldsymbol{u}_r; \quad W_{k,1} = \frac{p_1^2}{2m_1}; \quad W_{k,2} = \frac{p_2^2}{2m_2};$$

$$\boldsymbol{p'}_1 = p'_1 \boldsymbol{u}_r; \quad \boldsymbol{p'}_2 = p'_2 \boldsymbol{u}_r; \quad W'_{k,1} = \frac{p_1'^2}{2m_1}; \quad W'_{k,2} = \frac{p_2'^2}{2m_2}$$

- (5.26) und (5.27) ergeben:

$$\boxed{\begin{aligned} p'_1 + p'_2 &= p_1 + p_2 \qquad \text{und} \\ \frac{p_1'^2}{2m_1} + \frac{p_2'^2}{2m_2} &= \frac{p_1^2}{2m_1} + \frac{p_2^2}{2m_2} \end{aligned}} \tag{5.28}$$

Sind etwa die Impulse p_1, p_2 oder kinetischen Energien $p_1^2/(2m_1)$, $p_2^2/(2m_2)$ vor dem Stoß bekannt, so kann man die entsprechenden Werte nach dem Stoß aus (5.28) **ohne Kenntnis der Wechselwirkungskraft** zwischen m_1 und m_2 ausrechnen.

b.) Vollkommen elastischer schiefer Stoß:
Betrachtet werde der spezielle Fall, dass die Teilchen sich vor dem Stoß auf Geraden bewegen, die in einer gemeinsamen Ebene liegen, also nicht windschief zueinander sind. Für die Wechselwirkung zwischen m_1 und m_2 wird, wie stets, Drehimpulserhaltung vorausgesetzt. Dann müssen sich die Teilchen auch nach dem Stoß auf Geraden in derselben Ebene bewegen! Behandelt werde der häufig auftretende Fall $\boldsymbol{p}_2 = 0$:

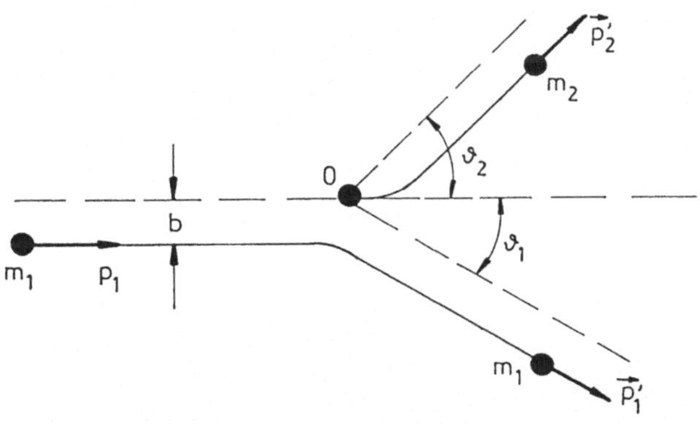

Abb. 5.9. Elastischer schiefer Stoß.

Der Abstand b wird auch **Stoßparameter** genannt. Er beschreibt die Schiefe des Stoßes. Impulserhaltung in den Komponenten parallel und senkrecht zu $\boldsymbol{p}_1$ und Energieerhaltung liefern:

$$\boxed{\begin{aligned} p'_1 \cos\vartheta_1 + p'_2 \cos\vartheta_2 &= p_1; \\ p'_1 \sin\vartheta_1 + p'_2 \sin\vartheta_2 &= 0; \\ \frac{p_1'^2}{2m_1} + \frac{p_2'^2}{2m_2} &= \frac{p_1^2}{2m_1} \end{aligned}} \tag{5.29}$$

Dieses sind die drei Gleichungen für die vier Unbekannten $p'_1, p'_2, \vartheta_1, \vartheta_2$, falls p_1 bekannt ist. Es muss also eine der vier Größen zusätzlich vorgegeben werden. Daher können alle anderen berechnet werden.

c.) Vollkommen unelastischer zentraler Stoß:
Als vollkommen unelastisch bezeichnet man einen Stoß dann, wenn die kinetische Energie der Relativbewegung nach dem Stoß Null ist, wenn also m_1 und m_2 nach dem Stoß als gemeinsames Teilchen weiterfliegen (Zusammenstoß von Autos, die sich ineinander verkeilen; Kernreaktionen, bei denen das Geschoßteilchen im Targetkern eingefangen wird, etc.). Derartige Wechselwirkungen sind nicht konservativ. Die Verformungsarbeit wird nicht wieder in kinetische Energie zurückverwandelt. Die Impulserhaltung liefert:

$$\boxed{p' = p_1 + p_2; \quad p' = (m_1 + m_2)v'} \tag{5.30}$$

6 Starrer Körper

6.1 Starrer Körper als System von Massenpunkten

Definition: Ein starrer Körper ist ein System von Massenpunkten m_i, wobei alle Abstände r_{ij} der Massenpunkte untereinander konstant bleiben:

$$r_{ij} = \text{const} \qquad \text{für alle } i, j \tag{6.1}$$

Ein starrer Körper behält also insbesondere seine äußere Form bei beliebigen Bewegungen und unter Einfluss beliebiger Kräfte bei.
Gesamtmasse: Die Dichte der Massenpunkte, d.h. der Anzahl pro Volumeneinheit, sei innerhalb des Volumens V des starren Körpers so groß, dass man die Summation

$$M = \sum_{i=1}^{n} m_i$$

über die diskreten Massenpunkte m_i durch eine Integration ersetzen kann:

$$\boxed{M = \int_V \mathrm{d}m = \int_V \frac{\mathrm{d}m}{\mathrm{d}V} \cdot \mathrm{d}V = \int_V \varrho \cdot \mathrm{d}V} \tag{6.2}$$

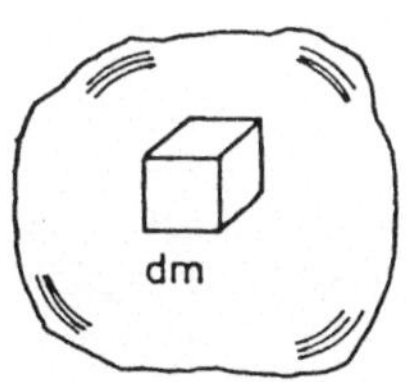

Dabei ist $\varrho = \mathrm{d}m/\mathrm{d}V$ die **Dichte**. Für **homogene** Körper ist ϱ innerhalb des starren Körpers konstant. Dann wird:

$$\boxed{M = \varrho \int_V \mathrm{d}V = \varrho V} \tag{6.2a}$$

Bei inhomogenen Körpern ist ϱ vom Ort abhängig. Das Integral in (6.2) ist ein **Volumenintegral** mit dV =d$x\cdot$ d$y\cdot$ dz.
Massenmittelpunkt: Entsprechend (5.6) hat der MMP den Ortsvektor:

$$\boldsymbol{R} = \frac{\sum m_i \boldsymbol{r}_i}{\sum m_i} = \frac{\int\limits_V \boldsymbol{r} \cdot \mathrm{d}m}{\int\limits_V \mathrm{d}m}$$

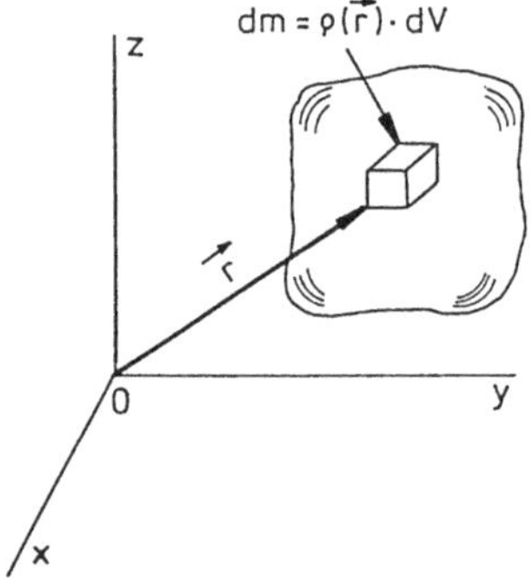

Abb. 6.1. Volumenelement eines Körpers.

Mit (6.2) erhält man im beliebig gewählten Koordinatensystem:

$$\boxed{\boldsymbol{R} = \frac{1}{M} \int\limits_V \boldsymbol{r} \cdot \mathrm{d}m = \frac{1}{M} \int\limits_V \boldsymbol{r} \varrho(\boldsymbol{r}) \cdot \mathrm{d}V} \tag{6.3}$$

Für homogene Körper (ϱ =const) folgt:

$$\boxed{R = \frac{\varrho}{M} \int\limits_V \boldsymbol{r} \cdot \mathrm{d}V} \qquad (6.3a)$$

Beispiel zur Berechnung des MMP für einen Quader:
Nach (6.3a) wird mit $\boldsymbol{R} = (X, Y, Z)$:

$$X = \frac{\varrho}{M} \int\limits_0^a x \cdot \mathrm{d}V \qquad \text{mit} \qquad \mathrm{d}V = bc \cdot \mathrm{d}x;$$

$$Y = \frac{\varrho}{M} \int\limits_0^b y \cdot \mathrm{d}V \qquad \text{mit} \qquad \mathrm{d}V = ac \cdot \mathrm{d}y;$$

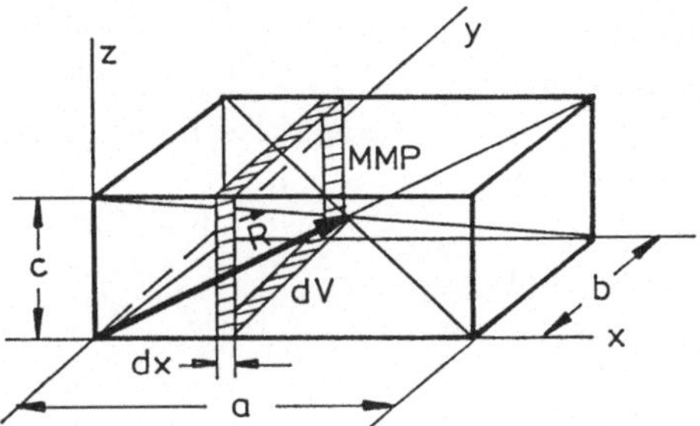

Abb. 6.2. Massenmittelpunkt eines Quaders.

$$Z = \frac{\varrho}{M} \int_0^c z \cdot \mathrm{d}V \qquad \text{mit} \qquad \mathrm{d}V = ab \cdot \mathrm{d}z$$

Man erhält:

$$\boldsymbol{R} = (X, Y, Z) = \left(\frac{a}{2}, \frac{b}{2}, \frac{c}{2}\right)$$

Der MMP ist also der Schnittpunkt der Raumdiagonalen. Allgemein gilt bei **homogenen Körpern**: Der Massenmittelpunkt ist gleichzeitig **Symmetriezentrum**.
Der Massenmittelpunkt als Schwerpunkt: Für ein Massenpunkt-System gilt: Der Massenmittelpunkt bewegt sich unter dem Einfluss der äußeren Gesamtkraft $\boldsymbol{F}_{ext}$ so, als ob in ihm die Gesamtmasse des Systems vereinigt ist. Entsprechendes gilt natürlich auch für die starren Körper. Sind die auf die m_i wirkenden äußeren Kräfte jeweils durch die Schwerkraft $F_i = m_i g$ gegeben, so erhält man:

$$\boldsymbol{F}_{\mathrm{ext}} = \sum_{i=1}^{n} m_i \boldsymbol{g} = \int_V \boldsymbol{g} \cdot \mathrm{d}m = \boldsymbol{g} \int_V \mathrm{d}m = M\boldsymbol{g}$$

also: $\boldsymbol{F}_{\mathrm{ext}} = \boldsymbol{G}$, wobei $\boldsymbol{G} = M\boldsymbol{g}$ das Gesamtgewicht des Körpers ist. Es greift also im Massenmittelpunkt an. Der Massenmittelpunkt wird daher auch als **Schwerpunkt** bezeichnet.

Kraft und Angriffspunkt: Greift eine äußere Kraft ausschließlich an einem **Massenpunkt** eines starren Körpers an (**Angriffspunkt**), so werden hierdurch im Gegensatz zum Verhalten eines realen Körpers, bei dem elastische und inelastische Verformungen auftreten können, die Abstände des Massenpunktes zu allen anderen nicht geändert. Offenbar ist also der starre Körper der idealisierte Grenzfall eines realen Körpers, bei dem bereits eine beliebig kleine Abstandsänderung Δr benachbarter Massenpunkte ausreicht, um eine innere Gegenkraft zu bewirken, die – wie bei einer gespannten Feder – der äußeren Kraft das Gleichgewicht hält. Die für die inneren Bindungskräfte maßgebliche Federkonstante ist also im Grenzfall des starren Körpers beliebig groß ($D \to \infty$). Die direkte Folgerung hiervon ist, dass der Angriffspunkt einer äußeren Kraft innerhalb des starren Körpers in gewissen Grenzen verschoben werden kann, ohne dass die Wirkung der Kraft auf den starren Körper, d.h. auf jeden Massenpunkt des starren Körpers, hierdurch geändert wird. Dies wird im folgenden stichwortartig erläutert:

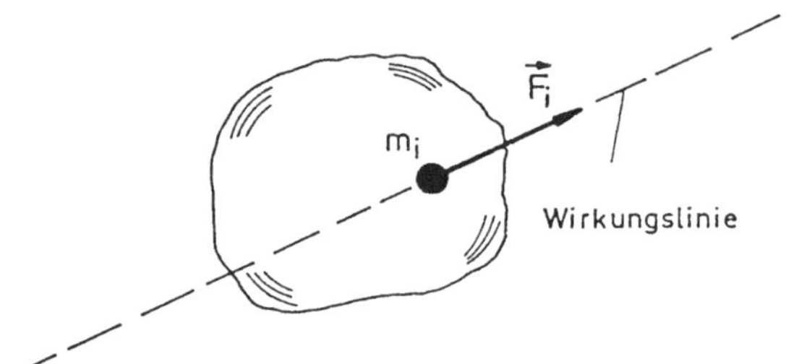

Abb. 6.3. Kraft und Wirkungslinie.

Als **Wirkungslinie** oder Angriffslinie einer auf m_i wirkenden äußeren Kraft $\boldsymbol{F}_i$ bezeichnet man diejenige Gerade, die in Richtung von $\boldsymbol{F}_i$ durch m_i verläuft.
In einem starren Körper seien die Punkte A, B herausgegriffen. In A und B wirken die äußeren Kräfte $\boldsymbol{F}_A$ und $\boldsymbol{F}_B$. Es sei: $\boldsymbol{F}_B = -\boldsymbol{F}_A$ und $\boldsymbol{F}_A$ parallel zu $(\boldsymbol{r}_A - \boldsymbol{r}_B)$, d.h. B liegt auf der Wirkungslinie von $\boldsymbol{F}_A$.

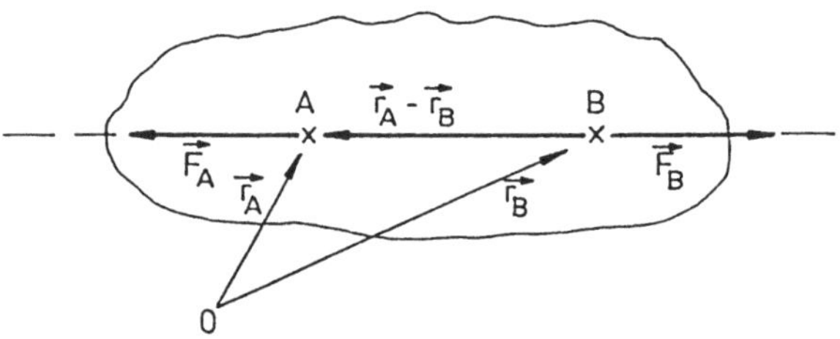

Abb. 6.4. Kräfte und Wirkungslinie.

Das so definierte Kräftepaar $\boldsymbol{F}_A, \boldsymbol{F}_B$ übt **keine** Wirkung auf den starren Körper aus, da sich höchstens $r_{AB} = |\boldsymbol{r}_A - \boldsymbol{r}_B|$ ändern würde, im starren Körper aber laut Definition (6.1) und den Erläuterungen über Kraft und Angriffspunkt r_{AB} konstant bleibt.
Es folgt die Aussage:

Korollar 6.1 *Der Angriffspunkt einer äußeren Kraft ist auf der Wirkungslinie beliebig verschiebbar, ohne dass sich die Wirkung auf den starren Körper dadurch ändert.*

(6.4)

Der Beweis ergibt sich aus dem obigen Sachverhalt unmittelbar anhand der nachstehenden Figuren-Serie. Die Situation:

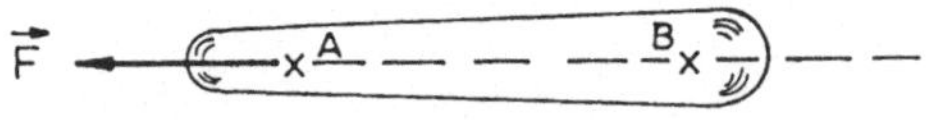

$\vec{F}$ A B

ist gleich der Situation:

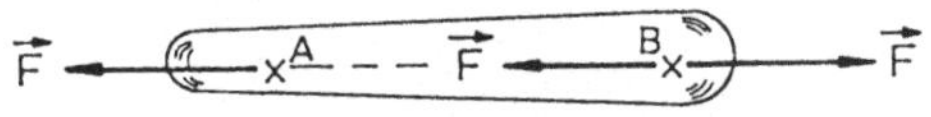

$\vec{F}$ A $\vec{F}$ B $\vec{F}$

und gleich der Situation:

A $\vec{F}$ B

da sich in der Situation:

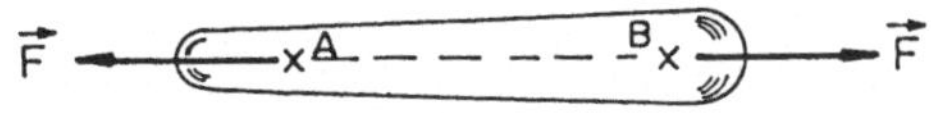

$\vec{F}$ A B $\vec{F}$

die Wirkung beider Kräfte aufhebt.

6.2 Statik des starren Körpers

Die Statik behandelt diejenigen Bedingungen, die erfüllt sein müssen, damit ein starrer Körper in Ruhe ist (**Gleichgewichtsbedingungen**). Greifen einzelne äußere Kräfte $\boldsymbol{F}_i$ in den Massenpunkten m_i an, so lautet die Frage: Welche Bedingungen müssen diese äußeren Kräfte erfüllen, damit der starre Körper, d.h. alle seine Massenpunkte, in Ruhe bleibt. Wie bei einem Massenpunkt-System lassen sich alle äußeren Kräfte zu einer resultierenden Gesamtkraft $\boldsymbol{F}_{\text{ext}}$ zusammenfassen. Bei Wahl eines bestimmten Koordinatenursprungs läßt sich ebenfalls ein resultierendes Gesamtdrehmoment

$\boldsymbol{M}_{\text{ext}}$ bilden. Insbesondere kann der Massenmittelpunkt als Koordinatenursprung zur Berechnung des resultierenden Gesamtdrehmoments benutzt werden. Dann gilt mit (5.5) und (5.18):
Die Bewegung eines starren Körpers unter dem Einfluss äußerer Kräfte kann vollständig durch eine Translationsbewegung des Massenmittelpunktes infolge der resultierenden Gesamtkraft $\boldsymbol{F}_{\text{ext}}$ und eine Rotationsbewegung um den Massenmittelpunkt infolge des bezüglich des MMP berechneten Gesamtdrehmoments $\boldsymbol{M}_{\text{ext}}$ beschrieben werden.

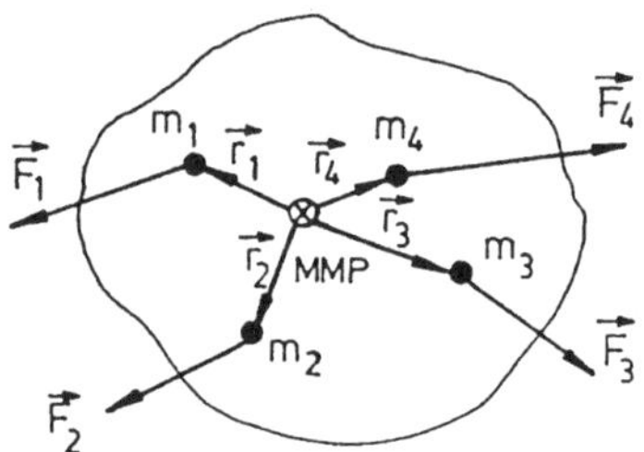

Abb. 6.5. Zur Bewegung eines starren Körpers.

$$\boldsymbol{F}_{\text{ext}} = \sum_{i=1}^{n} \boldsymbol{F}_i$$
$$\boldsymbol{M}_{\text{ext}} = \sum_{i=1}^{n} \boldsymbol{r}_i \times \boldsymbol{F}_i$$

Die Bewegung des starren Körpers, d.h. die Bewegung eines jeden seiner Massenpunkte, wird vollständig durch Translation und Rotation beschrieben. Im Gegensatz hierzu können bei der Bewegung eines Massenpunkt-Systems bzw. im konkreten Fall eines realen Körpers Änderungen der Massenpunkt-Abstände bzw. Deformationen auftreten. Die Gleichgewichtsbedingungen für den starren Körper lauten also (Keine Translation! Keine Rotation!):

$$\boxed{\begin{aligned} \boldsymbol{F}_{\text{ext}} &= \sum_{i=1}^{n} \boldsymbol{F}_i = 0; \\ \boldsymbol{M}_{\text{ext}} &= \sum_{i=1}^{n} \boldsymbol{r}_i \times \boldsymbol{F}_i = 0 \end{aligned}} \tag{6.5}$$

Ist der starre Körper völlig frei beweglich, so sind diese Gleichgewichtsbedingungen direkt anwendbar. Das resultierende Gesamtdrehmoment ist bezüglich des MMP zu berechnen. Wird der starre Körper dagegen in einem raumfesten Punkt festgehalten oder ist er nur um eine raumfeste Achse drehbar, so läßt sich die Bewegung in jedem Zeitpunkt als Rotation infolge des auf den raumfesten Punkt bzw. die Achse bezogenen Drehmoments beschreiben. Die letztgenannten Fälle sind häufig und sollen in Beispielen behandelt werden:

a.) **Einarmiger Hebel**:
Die Gleichgewichtsbedingung lautet mit den obigen Bezeichnungen:

$$\boldsymbol{M}_1 = M_1\boldsymbol{u}_z = r_1F_1\boldsymbol{u}_z;$$
$$\boldsymbol{M}_2 = M_2\boldsymbol{u}_z = -r_2F_2\boldsymbol{u}_z;$$
$$\boldsymbol{M}_1 + \boldsymbol{M}_2 = 0, \quad \text{also:} \quad r_1F_1 = r_2F_2$$

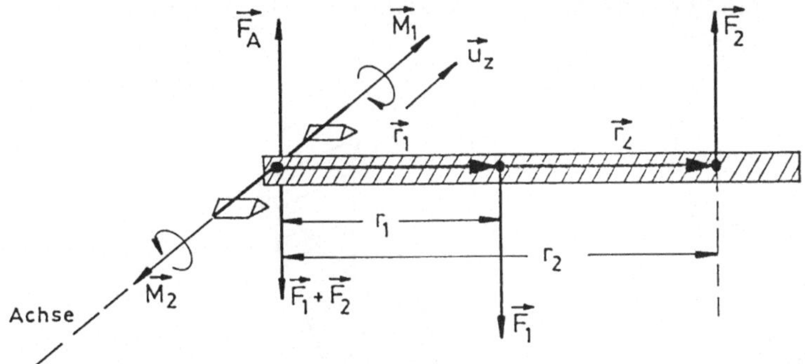

Abb. 6.6. Einarmiger Hebel.

b.) **Zweiarmiger Hebel**:

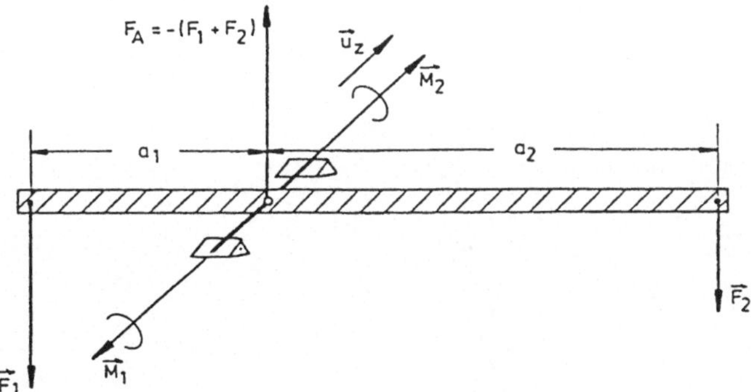

Abb. 6.7. Zweiarmiger Hebel.

Aus den Gleichgewichtsbedingungen $\boldsymbol{F} = 0$ und $\boldsymbol{M} = 0$ folgt:

$$F_A = -(F_1 + F_2)$$
$$a_1F_1 = a_2F_2$$

Bemerkung: Im allgemeinen Fall wird nicht, wie der Einfachheit halber angenommen wurde, gelten:

$$\boldsymbol{F}_i \perp \boldsymbol{r}_i \qquad \text{und} \qquad \boldsymbol{r}_i \times \boldsymbol{F}_i \parallel \boldsymbol{u}_z$$

Es ist dann jeweils die z-Komponente des Drehmoments zu bilden:

$$\boldsymbol{M}_{i,z} = \boldsymbol{u}_z(\boldsymbol{r}_i \times \boldsymbol{F}_i) = \boldsymbol{F}_i(\boldsymbol{u}_z \times \boldsymbol{r}_i)$$

c.) **Gleichgewicht unter dem Einfluss der Schwerkraft**:
Hängt man einen starren Körper nacheinander in verschiedenen Punkten auf, so ergibt sich der Schwerpunkt als Schnittpunkt der **Schwerelinien**. Eine Schwerelinie ist dabei die Wirkungslinie des im Schwerpunkt S angreifenden Gesamtgewichts $\boldsymbol{G}$, falls der Körper sich im Gleichgewicht befindet:

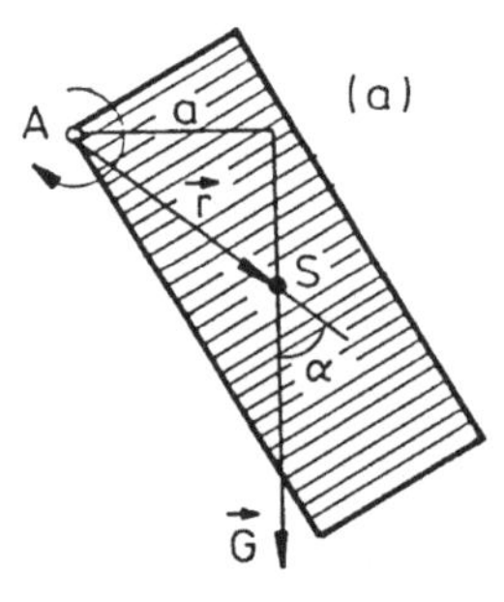

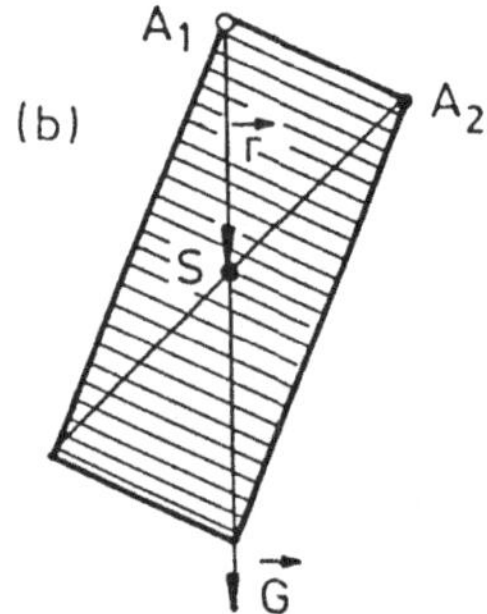

Abb. 6.8. Schwerkraft und Gleichgewicht. a) Drehung um A in angegebener Richtung. b) Gleichgewicht.

Der Schwerpunkt kann im allgemeinen innerhalb oder außerhalb des starren Körpers liegen, wie folgende Figuren zeigen:

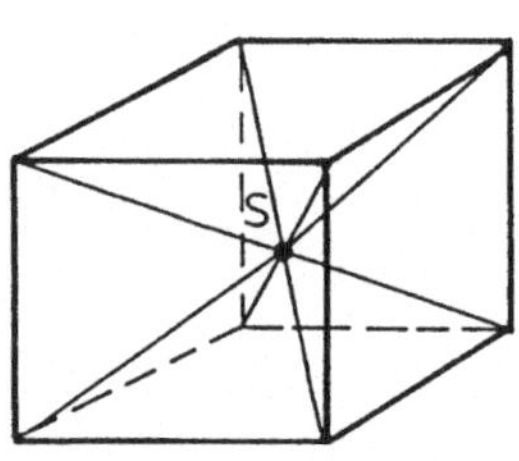

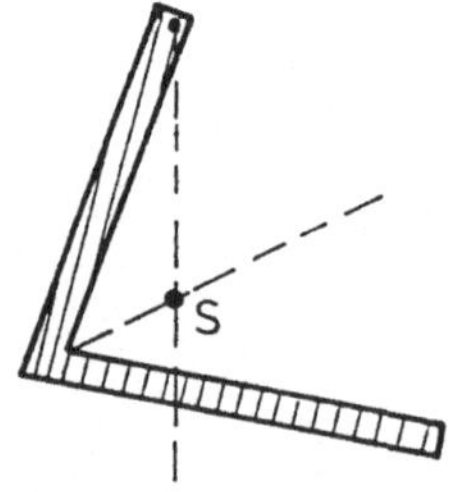

Gleichgewichtslagen:

a.) **Stabiles Gleichgewicht**: Das stabile Gleichgewicht ist dadurch gekennzeichnet, dass bei einer kleinen Lageänderung des Schwerpunktes das Gewicht $\boldsymbol{G}$ des Körpers eine Bewegung in die ursprüngliche Lage zurück bewirkt. Das stabile Gleichgewicht ist die Lage jeweils geringster potentieller Energie. Beispiele:

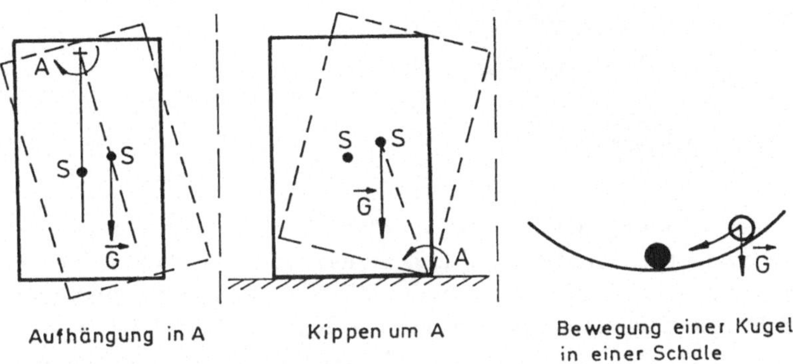

Abb. 6.9. Stabiles Gleichgewicht.

Bei Abweichung von der skizzierten Lage des stabilen Gleichgewichts ($m = m_0$) bewirkt das im Schwerpunkt S angreifende Gewicht des Waagebalkens ein zusätzliches Drehmoment.

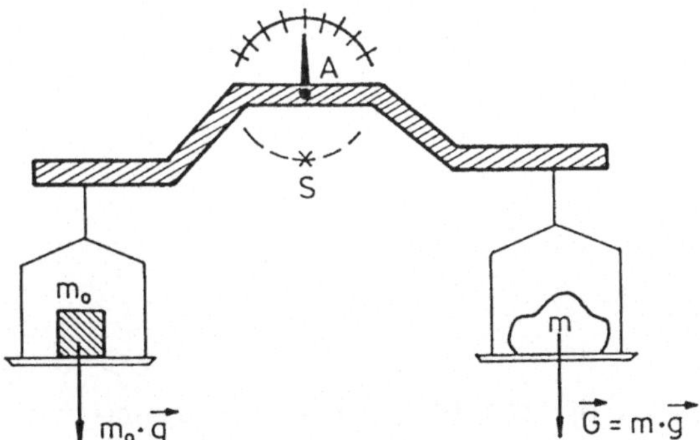

Abb. 6.10. Prinzip der gleichnamigen Balkenwaage.

b.) **Labiles Gleichgewicht**: Dieses ist dadurch gekennzeichnet, dass eine kleine Lageänderung eine Bewegung aus der ursprünglichen Gleichgewichtslage heraus verursacht. Das labile Gleichgewicht ist die Lage jeweils grösster potentieller Energie. Beispiele:

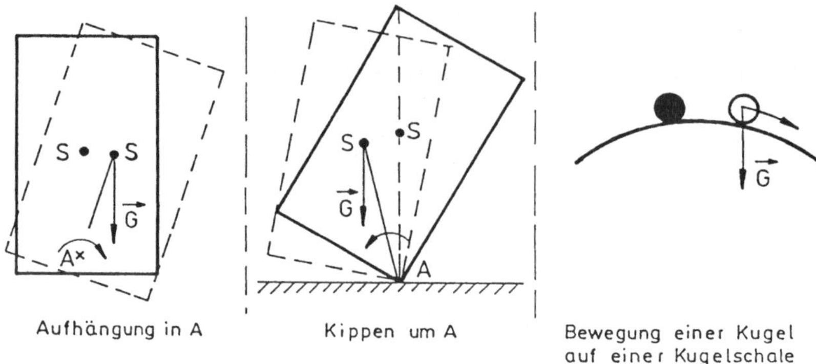

Abb. 6.11. Labiles Gleichgewicht.

c.) **Indifferentes Gleichgewicht**: Das indifferente Gleichgewicht ist dadurch gekennzeichnet, dass bei einer Lageänderung das Gewicht keinerlei Bewegung verursacht. Dies ist etwa dann der Fall, wenn Drehpunkt und Schwerpunkt zusammenfallen oder wenn eine Kugel auf einer horizontalen Unterlage liegt. Bei Lageänderung ändert sich die potentielle Energie nicht.

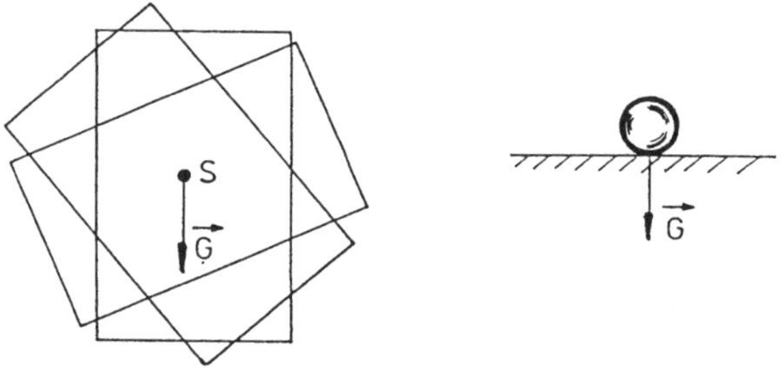

Abb. 6.12. Indifferentes Gleichgewicht.

6.3 Dynamik des starren Körpers; Rotation um feste Achsen

Im Abschnitt 6.2 war bereits darauf hingewiesen worden, dass die allgemeine Bewegung des starren Körpers stets aus einer reinen Translationsbewegung des Massenmittelpunktes und einer reinen Rotationsbewegung um den Massenmittelpunkt zusammengesetzt werden kann. Dies soll zunächst näher erläutert werden (vgl. auch Abschnitt 3.4): Die Beschreibung der Bewegung des starren Körpers geschehe in einem Inertialsystem S. Außerdem denke man sich ein fest mit dem starren Körper verbundenes "körpereigenes" Koordinatensystem S', dessen Koordinatenursprung mit dem Massenmittelpunkt des starren Körpers zusammenfällt. Da alle Massenpunkte des starren Körpers im System S' gemäß (6.1) feste Koordinatenwerte haben, ist die Beschreibung der allgemeinen Bewegung identisch mit der Beschreibung der Bewegung von S' in S. Im allgemeinen Fall kann sich sowohl der Koordinatenursprung von S' (Massenmittelpunkt des starren Körpers) als auch seine Achsenorientierung gegenüber S bewegen. Eine reine **Translationsbewegung** ist dadurch gekennzeichnet, dass sich zwar der Massenmittelpunkt auf einer beliebigen, auch krummlinigen Bahnkurve bewegt, hingegen die Achsenrichtungen des körpereigenen Koordinatensystem S' gegenüber S zeitlich konstant bleiben:

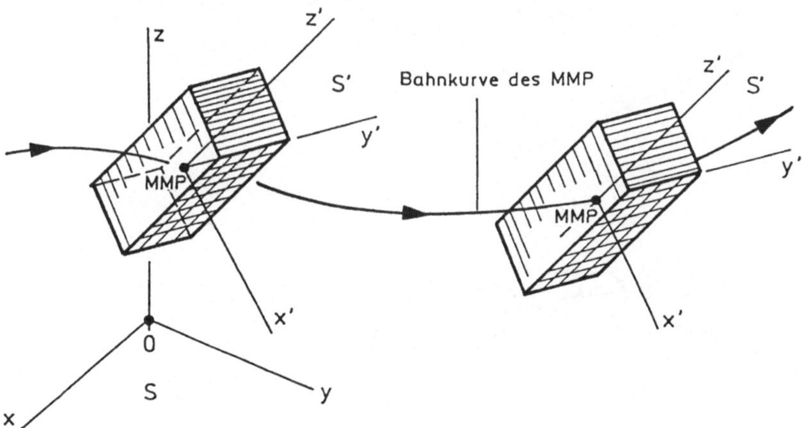

Abb. 6.13. Bahn des Massenmittelpunktes.

Die zeitliche Änderung der Achsenorientierung von S' gegenüber S bei ruhendem Koordinatenursprung (Massenmittelpunkt des starren Körpers) wird durch eine **Rotation** mit im allgemeinen zeitlich variabler Winkelgeschwindigkeit $\boldsymbol{\omega}$ beschrieben. Man sieht dies leicht auf folgende Weise ein: Im herausgegriffenen Zeitintervall $(t, t + \Delta t)$ sei etwa die z'-Achse raumfest gegenüber S. Dann können sich die x'- und y'-Achse nur in der Ebene senkrecht zur z'-Achse um den gemeinsamen Winkel $\Delta\alpha$ drehen. $\Delta\alpha$ muss für beide Achsen derselbe Winkel sein, da sonst $\boldsymbol{u}_{x'} \perp \boldsymbol{u}_{y'}$ nicht erhalten bleibt. Allgemein gelten die Gleichungen (3.20), wobei allerdings $\boldsymbol{\omega}$ im allgemeinen in Betrag und Richtung variabel ist. Der Versuch einer Momentaufnahme zweier im kleinen Zeitintervall Δt aufeinander folgender Stellungen eines Würfels bei reiner Rotation ist in Bild 6.14 dargestellt.

Ein Beispiel für die Gesamtbewegung, d.h. die Translation des Schwerpunktes und die Rotation um den Schwerpunkt zeigt ebenfalls Bild 6.14. Die Bewegungsgleichungen ergeben sich für den starren Körper allein aus (5.5)

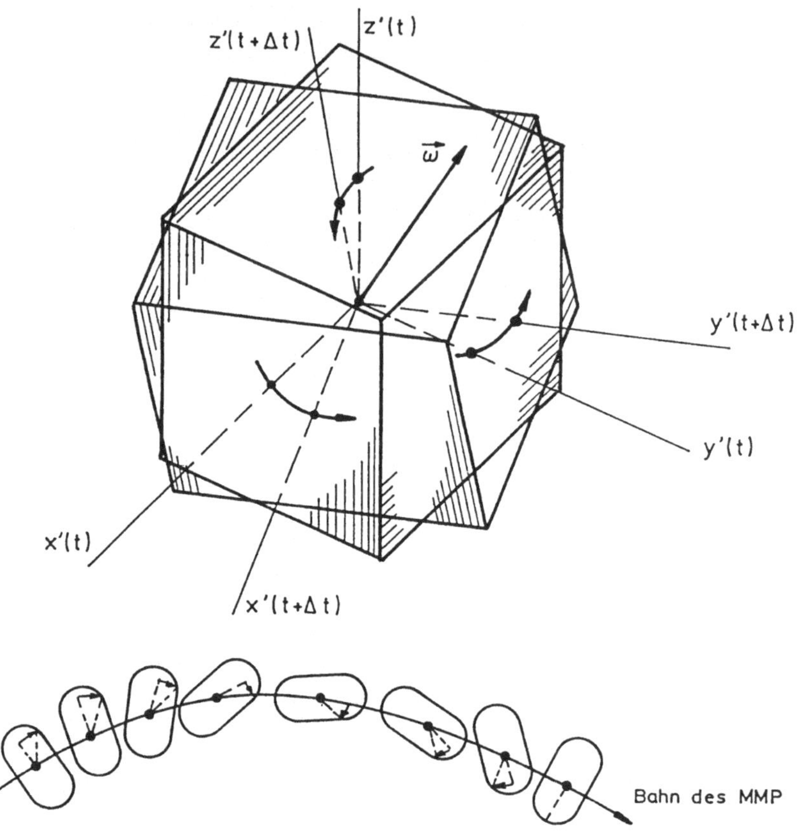

Abb. 6.14. Massenmittelpunkt und Rotation.

und (5.18). Aus ihnen sind die Translationsbewegung des Schwerpunktes bzw. die Rotationsbewegung um den Schwerpunkt allein abzuleiten:

$$\boxed{\begin{aligned} \boldsymbol{F}_{\text{ext}} &= \sum_{i=1}^{n} \boldsymbol{F}_i = M\boldsymbol{A}; \\ \boldsymbol{M}_{\text{ext,MMP}} &= \sum_{i=1}^{n} \boldsymbol{r}_i \times \boldsymbol{F}_i = \frac{\mathrm{d}\boldsymbol{L}_{\text{MMP}}}{\mathrm{d}t} \end{aligned}} \tag{6.6}$$

$\boldsymbol{A}$ ist die Translationsbeschleunigung des starren Körpers.

Die Gleichungen (6.6) sind uneingeschränkt anzuwenden, $\boldsymbol{M}_{\text{ext}}$ und $\boldsymbol{L}$ also bezüglich des MMP zu berechnen, wenn der Körper vollkommen frei beweglich ist. Sie gelten natürlich auch, wenn er in einem raumfesten Punkt P festgehalten wird, wie dies etwa bei der Rotation um eine Achse der Fall ist. Jedoch ist es dann einfacher, $\boldsymbol{M}_{\text{ext}}$ und $\boldsymbol{L}$ bezüglich dieses Punktes P zu berechnen. Der Körper kann dann nur eine Rotationsbewegung um P durchführen, die durch

$$\boxed{\boldsymbol{M}_{\text{ext},P} = \frac{\mathrm{d}\boldsymbol{L}_P}{\mathrm{d}t}} \tag{6.7}$$

beschrieben wird.

Beispiele: Da die Translationsbewegung des starren Körpers gemäß (6.6) genauso zu behandeln ist wie die allgemeine Bewegung eines Massenpunktes, werden im folgenden ausschließlich Rotationsbewegungen betrachtet. Zunächst werden die Zusammenhänge für **Rotationen um eine feste Achse**, die als z-Achse gewählt wird, dargestellt.

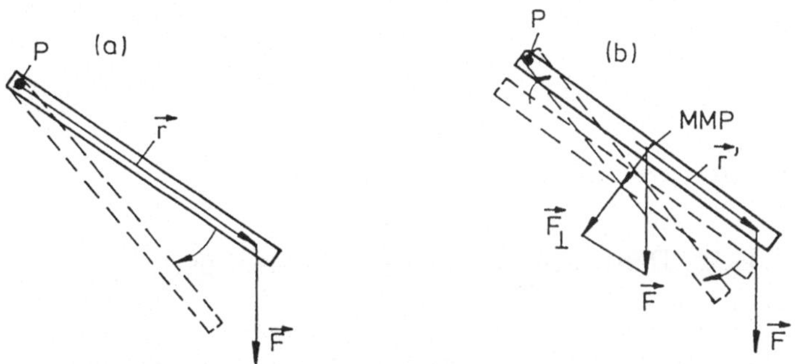

Abb. 6.15. Massenmittelpunkt bei Rotation um eine feste Achse. a) $\boldsymbol{M}_P = \boldsymbol{r} \times \boldsymbol{F}$ bewirkt eine Rotation um P. Einfache Beschreibungsweise entsprechend (6.7). b) Randbedingung: MMP kann sich nur auf einer Kreisbahn um P bewegen. $\boldsymbol{F}_\perp$ bewirkt die entsprechende Translationsbewegung. $M_{\text{MMP}} = \boldsymbol{r}' \times \boldsymbol{F}$ bewirkt die Rotation um MMP. Komplizierte Beschreibungsweise entsprechend (6.6).

Bei fester Drehachse läßt sich die dann allein um die z-Achse mögliche Drehbewegung des starren Körpers durch (6.7) beschreiben, wobei der Koordinatenursprung auf der Achse liegen soll. Dann ist:

$$\boldsymbol{\omega}_i = \boldsymbol{\omega} = \omega \boldsymbol{u}_z$$

Alle Massenpunkte m_i des starren Körpers bewegen sich mit gleicher Winkelgeschwindigkeit, da sonst die Abstände zwischen den Massenpunkten nicht konstant bleiben würden. Ferner ist:

$$\boldsymbol{r}_i = \boldsymbol{r}_{iz} + \boldsymbol{R}_i$$

Für den Drehimpuls von m_i ergibt sich also nach (4.6):

$$\begin{aligned} \boldsymbol{L}_i &= \boldsymbol{r}_i \times m_i \boldsymbol{v}_i = (\boldsymbol{r}_{iz} + \boldsymbol{R}_i) \times m_i \boldsymbol{v}_i \\ &= \boldsymbol{r}_{iz} \times m_i \boldsymbol{v}_i + \boldsymbol{R}_i \times m_i \boldsymbol{v}_i \end{aligned}$$

Nun ist $\boldsymbol{r}_{iz} \times \boldsymbol{v}_i$ parallel zu $-\boldsymbol{R}_i$, also senkrecht zu $\boldsymbol{u}_z$. Von Interesse ist bei Drehung um die feste z-Achse jedoch nur die z-Komponente:

$$\boldsymbol{L}_{iz} = m_i(\boldsymbol{R}_i \times \boldsymbol{v}_i) = m_i \boldsymbol{R}_i \times (\boldsymbol{\omega} \times \boldsymbol{R}_i)$$

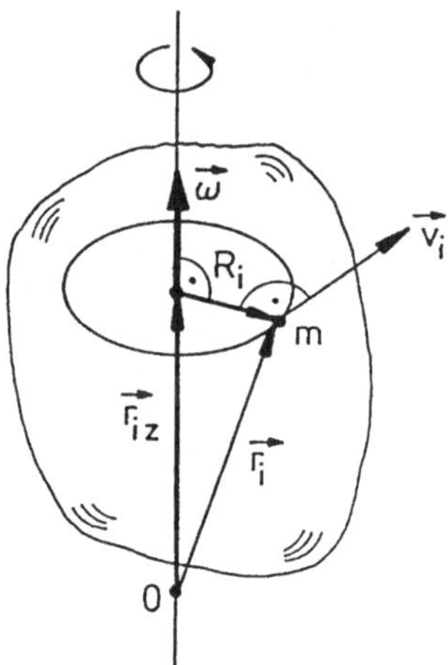

Abb. 6.16. Rotation eines starren Körpers um eine feste Achse.

Nun ist $\boldsymbol{\omega}$ senkrecht zu $\boldsymbol{R}_i$. Daher geht dieser Ausdruck über in

$$\boldsymbol{L}_{iz} = m_i R_i^2 \boldsymbol{\omega} = I_i \boldsymbol{\omega}$$

entsprechend den Erläuterungen für einen einzelnen Massenpunkt. Schließlich ergibt sich für die z-Komponente des gesamten Drehimpulses des starren Körpers mit dem Volumen V:

$$\boldsymbol{L}_z = \boldsymbol{\omega} \int_V R^2 \cdot \mathrm{d}m = \boldsymbol{\omega} \int_V R^2 \frac{\mathrm{d}m}{\mathrm{d}V} \cdot \mathrm{d}V = \boldsymbol{\omega} \int_V R^2 \varrho \cdot \mathrm{d}V$$

Folglich ist:

$$\boxed{\boldsymbol{L}_z = I_z \boldsymbol{\omega}} \tag{6.8}$$

$$\boxed{I_z = \int_V R^2 \cdot \mathrm{d}m = \int_V R^2 \varrho \cdot \mathrm{d}V} \tag{6.9}$$

I_z ist das **Trägheitsmoment** des Körpers bezüglich der z-Achse. Nach (6.7) wird also die Rotationsbewegung des starren Körpers um die z-Achse beschrieben durch:

$$\boldsymbol{M}_z = \frac{\mathrm{d}\boldsymbol{L}_z}{\mathrm{d}t} = I_z \frac{\mathrm{d}\boldsymbol{\omega}}{\mathrm{d}t} = I_z \frac{\mathrm{d}^2\varphi}{\mathrm{d}t^2} \boldsymbol{u}_z = I_z \boldsymbol{\alpha} \tag{6.10}$$

φ ist der Drehwinkel, $\boldsymbol{\alpha}$ die Winkelbeschleunigung.

6.3.1 Berechnung von Trägheitsmomenten

Bei der Behandlung von Rotationsbewegungen entsprechend (6.10) ist eine der wichtigsten Aufgaben die Berechnung des Trägheitsmoments bezüglich der Drehachse.

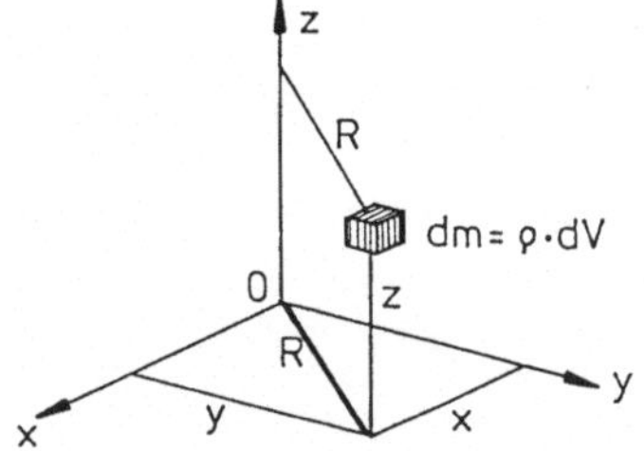

Mit $R^2 = x^2 + y^2$ folgt aus (6.9):

$$\boxed{I_z = \int\limits_V R^2 \varrho \cdot \mathrm{d}V = \int\limits_V \varrho(x^2 + y^2) \cdot \mathrm{d}V} \tag{6.11}$$

Für homogene Körper, d.h. für $\varrho = \text{const}$, vereinfacht sich dieser Ausdruck weiter zu:

$$\boxed{I_z = \varrho \int\limits_V R^2 \cdot \mathrm{d}V = \varrho \int\limits_V (x^2 + y^2) \cdot \mathrm{d}V} \tag{6.11a}$$

Je nach Symmetrie des Körpers relativ zur Rotationsachse ist es leichter, das Trägheitsmoment entweder in rechtwinkligen Koordinaten (x, y) oder in Polarkoordinaten (R, φ) zu berechnen.

Beispiele:

a.) **Trägheitsmoment eines dünnen Stabes** mit ϱ =const:

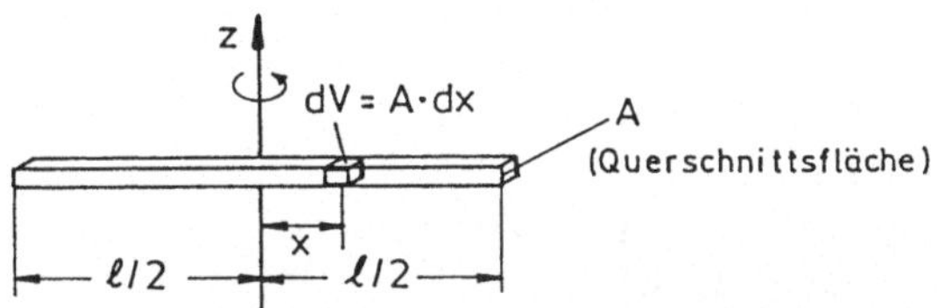

Die Ausdehnung in y-Richtung sei zu vernachlässigen. Dann gilt nach (6.11a):

$$I_z = \varrho \int\limits_V x^2 A \cdot \mathrm{d}x = \varrho A \int\limits_{-\ell/2}^{+\ell/2} x^2 \cdot \mathrm{d}x = \varrho A \frac{x^3}{3}\Big|_{-\ell/2}^{+\ell/2}$$

oder mit $\varrho A \ell = \varrho V = m$:

$$\boxed{I_z = m \frac{\ell^2}{12}}$$

m ist die Gesamtmasse des Stabes.

b.) **Trägheitsmoment einer Kreisscheibe** mit $\varrho = \text{const}$:

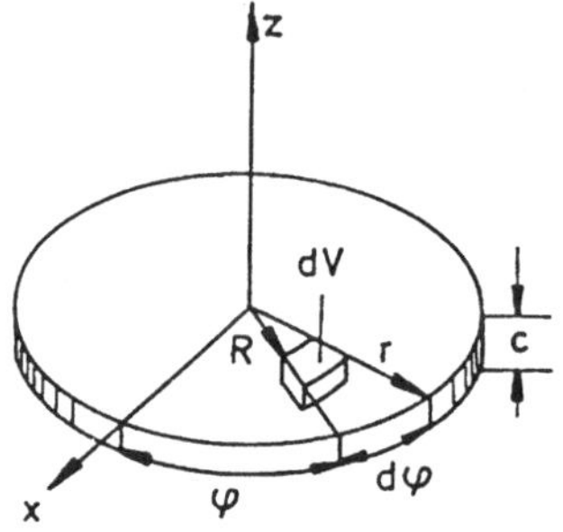

Nach (6.11a) erhält man:

$$I_z = \varrho \int_V R^2 \cdot \mathrm{d}V$$

also mit $\mathrm{d}V = R \cdot \mathrm{d}\varphi \cdot \mathrm{d}R \cdot c$:

$$I_z = \varrho c \int_V R^3 \cdot \mathrm{d}\varphi \cdot \mathrm{d}R = \varrho c \int_0^{2\pi} \left(\int_0^r R^3 \cdot \mathrm{d}R \right) \cdot \mathrm{d}\varphi$$

$$= \varrho c 2\pi \frac{R^4}{4} \Big|_0^r = \varrho c r^2 \pi \frac{r^2}{2}$$

oder

$$\boxed{I_z = m \frac{r^2}{2}}$$

m ist die Gesamtmasse der Kreisscheibe.
Eine Liste der am häufigsten gebrauchten Trägheitsmomente regelmäßiger Körper findet man in den meisten Lehrbüchern.

Sehr häufig ist das Trägheitsmoment bezüglich einer bestimmten Achse durch den Massenmittelpunkt MMP bekannt, z.B. bei regelmäßigen, homogenen Körpern, die Rotation findet aber um eine hierzu parallele Achse (Achsenabstand: a) statt. Die Trägheitsmomente bezüglich der Achse durch den MMP ($I_{z,\mathrm{MMP}}$) und der hierzu parallelen beliebigen Achse (I_z) sind durch den **Steinerschen Satz** miteinander verknüpft:

$$\boxed{I_z = I_{z,\mathrm{MMP}} + Ma^2} \tag{6.12}$$

Der Satz gilt gleichermaßen für **homogene** und **inhomogene** Körper und läßt sich wie folgt beweisen:

Es ist:

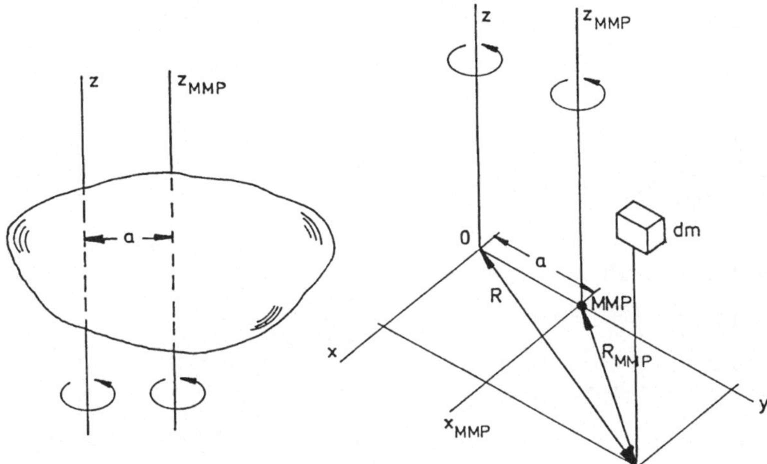

Abb. 6.17. Zum STEINERschen Satz.

$$R^2_{\text{MMP}} = x^2 + y^2$$

und

$$\begin{aligned} R^2 &= x^2 + (y + a)^2 = x^2 + y^2 + 2ay + a^2 \\ &= R^2_{\text{MMP}} + 2ay + a^2 \end{aligned}$$

Damit folgt:

$$I_z = \int_V (R^2_{\text{MMP}} + 2ay + a^2) \cdot dm = \int_V R^2_{\text{MMP}} \cdot \text{d}m + \int_V 2ay \cdot \text{d}m + \int_V a^2 \cdot \text{d}m$$

Nun ist:

$$\int_V R^2_{\text{MMP}} \cdot \text{d}m = I_{z,\text{MMP}} \qquad \text{und} \qquad \int_V a^2 \cdot \text{d}m = a^2 \int_V \text{d}m = Ma^2$$

und gemäß (6.3):

$$\int_V 2ay \cdot \text{d}m = 2a \int_V y \cdot \text{d}m = 2aMY_{\text{MMP}} = 0$$

Also erhält man:

$$I_z = I_{z,\text{MMP}} + Ma^2$$

6.3.2 Beispiele für Drehbewegungen um eine feste Achse

a.) **Gleichmäßig beschleunigte Drehbewegung** mit $\boldsymbol{M}_z = \text{const}$: Eine Masse m hängt an einem masselos gedachten Faden, der über den Umfang des Rades gelegt ist. Es ist:

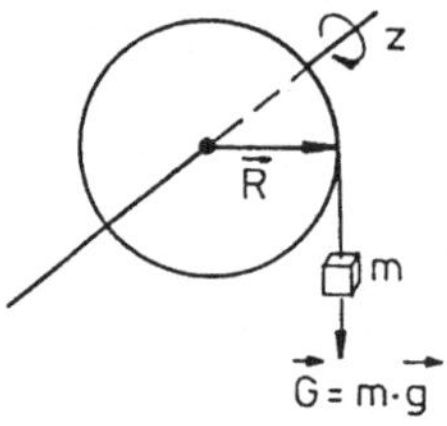

$$\boldsymbol{M}_z = \boldsymbol{R} \times \boldsymbol{G} = RG\boldsymbol{u}_z = \text{const}$$

Mit (6.10) folgt:

$$\frac{\mathrm{d}^2\varphi}{\mathrm{d}t^2} = \frac{|M_z|}{I_z} = \text{const}$$

Die weitere Behandlung erfolgt analog zur gleichmäßig beschleunigten geradlinigen Bewegung.

b.) **Harmonische Drehschwingung** mit $\boldsymbol{M}_z = -D^*\varphi\boldsymbol{u}_z$:

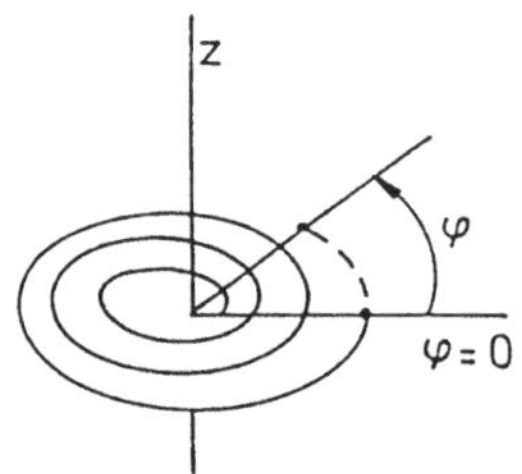

Für eine schneckenförmig aufgewickelte Feder, deren eines Ende raumfest ist, ergibt sich bei Verdrehung des anderen Endes um den Winkel φ gegen die Ruhelage $\varphi = 0$ analog den Verhältnissen bei einer gestreckten Schraubenfeder ein rücktreibendes Drehmoment:

$$\boxed{\boldsymbol{M}_z = -D^*\varphi\boldsymbol{u}_z} \tag{6.13}$$

Wird mit dem losen Ende ein um die z-Achse drehbarer starrer Körper verbunden, so gilt bei Auslenkung aus der Ruhelage nach (6.10):

$$-D^*\varphi\boldsymbol{u}_z = I_z\frac{\mathrm{d}^2\varphi}{\mathrm{d}t^2}\boldsymbol{u}_z$$

Daraus folgt:

$$\boxed{\frac{\mathrm{d}^2\varphi}{\mathrm{d}t^2} + \frac{D^*}{I_z}\varphi = 0} \tag{6.14}$$

Dies ist eine Differentialgleichung einer harmonischen Drehschwingung

$$\varphi = \varphi_0 \sin(\omega t) \qquad \text{mit} \qquad \omega^2 = \frac{D^*}{I_z}$$

Ihre Behandlung erfolgt analog zur harmonischen linearen Schwingung. D^* heißt **Winkelrichtgröße** der Feder. Bei bekanntem D^* kann aus ω das Trägheitsmoment I_z ermittelt werden.

c.) **Anwendung des Steinerschen Satzes**: Betrachtet werde die Rollbewegung auf einer schiefen Ebene unter dem Einfluss der Schwerkraft. Die Drehung findet jeweils um die momentane Drehachse A statt. Das hierfür maßgebliche Drehmoment hat den Betrag:

$$|\boldsymbol{M}_A| = mgR \sin \Theta$$

Andererseits gilt für die Geschwindigkeit $\boldsymbol{V}$ des Massenmittelpunktes MMP in Richtung der schiefen Ebene:

$$V = R\frac{\mathrm{d}\varphi}{\mathrm{d}t}$$

und für die Beschleunigung:

$$a = R\frac{\mathrm{d}^2\varphi}{\mathrm{d}t^2}$$

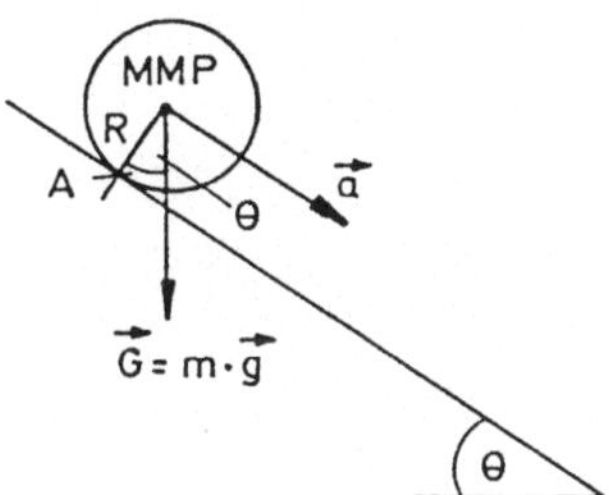

Abb. 6.18. Rollen auf einer schiefen Ebene.

(6.10) liefert also:

$$mgR \sin \Theta = I_A \frac{\mathrm{d}^2\varphi}{\mathrm{d}t^2} = I_A \frac{a}{R}$$

Für die Beschleunigung a längs der schiefen Ebene erhält man also:

$$a = \frac{mR^2}{I_A} g \sin \Theta = \frac{mR^2}{mR^2 + I_{\mathrm{MMP}}} g \sin \Theta$$

Vergleicht man die Rollbewegung eines Hohlzylinders (Radius R; Wandstärke $\ll R$) und eines Vollzylinders gleicher Masse und mit gleichem Radius, dann gilt:

$$I_{\mathrm{MMP}} = mR^2 \qquad \text{und} \qquad a = \frac{g}{2} \sin \Theta$$

bzw.

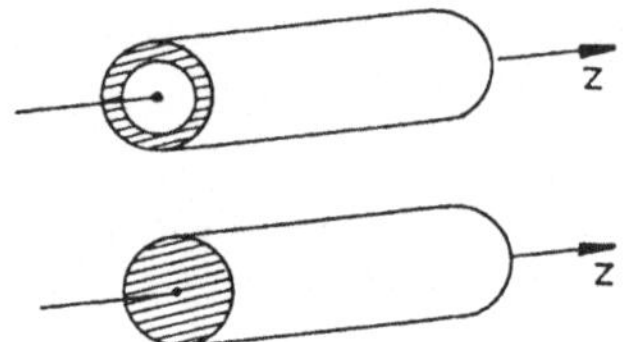

$$I_{\mathrm{MMP}} = m\frac{R^2}{2} \qquad \text{und} \qquad a = \frac{2}{3} g \sin\Theta$$

Die Beschleunigungen infolge der Schwerkraft längs der schiefen Ebene sind also verschieden.

6.3.3 Arbeit, Leistung und kinetische Energie bei Drehbewegungen um eine feste Achse

Es gilt für jeden Massenpunkt des starren Körpers:

$$\mathrm{d}W_i = \boldsymbol{F}_i \cdot \mathrm{d}\boldsymbol{r}_i = \boldsymbol{F}_i \cdot \boldsymbol{v}_i \cdot \mathrm{d}t$$

also:

$$P_i = \frac{\mathrm{d}W_i}{\mathrm{d}t} = \boldsymbol{F}_i \cdot \boldsymbol{v}_i = \boldsymbol{F}_i \cdot (\boldsymbol{\omega} \times \boldsymbol{R}_i)$$

Für Vektoren $\boldsymbol{a}, \boldsymbol{b}, \boldsymbol{c}$ gilt allgemein:

$$\boldsymbol{a} \cdot (\boldsymbol{b} \times \boldsymbol{c}) = \boldsymbol{b} \cdot (\boldsymbol{c} \times \boldsymbol{a}) = \boldsymbol{c} \cdot (\boldsymbol{a} \times \boldsymbol{b})$$

Daher folgt:

$$P_i = \boldsymbol{\omega} \cdot (\boldsymbol{R}_i \times \boldsymbol{F}_i) = \boldsymbol{\omega} \cdot \boldsymbol{M}_i$$

Für die insgesamt durch das externe resultierende Drehmoment M bewirkte Leistung P ergibt sich also mit:

$$P = \sum_{i=1}^{n} P_i \qquad \text{und} \qquad \boldsymbol{M} = \sum_{i=1}^{n} \boldsymbol{M}_i$$

$$\boxed{P = \boldsymbol{\omega} \cdot \boldsymbol{M} = \omega M_z} \tag{6.15}$$

Durch Integration erhält man für die bei einer Drehung von 0 bis φ geleistete Arbeit W:

$$\boxed{W = \int_0^{\varphi} M_z \cdot \mathrm{d}\varphi} \tag{6.16}$$

Für die kinetische Energie ergibt sich ebenso mit:

$$\boldsymbol{v}_i = \boldsymbol{\omega} \times \boldsymbol{R}_i \quad \text{und wegen} \quad \boldsymbol{R}_i \perp \boldsymbol{\omega} \quad \text{und} \quad v_i^2 = \omega^2 R_i^2 :$$

$$W_k = \sum_i \frac{m_i}{2} v_i^2 = \sum_i \frac{m_i}{2} \omega^2 R_i^2$$

$$\Rightarrow W_k = \int_V \frac{\omega^2}{2} R^2 \cdot \mathrm{d}m = \frac{\omega^2}{2} \int_V R^2 \cdot \mathrm{d}m = \frac{I_z}{2} \omega^2$$

also:

$$\boxed{W_k = \frac{I_z}{2} \omega^2} \tag{6.17}$$

6.3.4 Drehimpulserhaltung bei raumfester Achse

Wirkt kein äusseres Drehmoment, so gilt gemäß (6.10) und (6.8) Drehimpulserhaltung bezüglich der festen Achse, völlig analog zu der entsprechenden Beziehung (5.19) für ein System von Massenpunkten. Für $\boldsymbol{M}_z = 0$ folgt also:

$$\boxed{\boldsymbol{L}_z = I_z \boldsymbol{\omega} = \text{const}} \tag{6.18}$$

Die eindrucksvollsten Anwendungen der Drehimpulserhaltung lassen sich für ein System von Massenpunkten demonstrieren, dessen Trägheitsmoment jeweils wohl definiert ist, sich aber durch Massenverlagerung verändern läßt.

Versuche auf einem Drehstuhl (stichwortartig):

a.) Person auf Drehstuhl. Drehstuhl wird in Rotation um die vertikale Achse (z-Achse) versetzt. Winkelgeschwindigkeit: ω_1. Gesamtes Trägheitsmoment bezüglich der z-Achse: $I_{z,1}$. Drehimpuls: $L_{z,1} = I_{z,1}\omega_1$. Durch Massenverlagerung (ausgestreckte Arme → angezogene Arme, etc.) wird $I_{z,1}$ geändert in $I_{z,2}$. Hierbei sind nur innere Kräfte wirksam. Also muss gelten:

$$L_{z,2} = L_{z,1} \qquad \text{oder} \qquad I_{z,2}\omega_2 = I_{z,1}\omega_1$$

Zum Beispiel: $I_{z,2} < I_{z,1}$, dann ist $\omega_2 > \omega_1$.

b.) Person auf Drehstuhl. Drehstuhl ruht: $L_z = 0$. Person hält ruhendes Fahrrad-Rad mit ebenfalls vertikaler Achse. Person setzt dieses Rad durch innere Kräfte des Systems in Rotation um die z-Achse und erzeugt dadurch einen Drehimpuls des Rades $L_{z,2}$ und des Drehstuhls $L_{z,1} = -L_{z,2}$, so dass nach wie vor der gesamte Drehimpuls erhalten bleibt:

$$L_z = L_{z,1} + L_{z,2} = 0$$

Wird das Rad angehalten (durch die Person auf dem Drehstuhl) oder die Rotationsachse horizontal gestellt, so wird mit $L_{z,2} = 0$ auch wieder $L_{z,1} = 0$.

6.4 Rotation um freie Achsen; Kreisel

Bisher wurden nur Rotationsbewegungen des starren Körpers um eine in einem Inertialsystem feste Achse betrachtet. Diese Einschränkung soll nun fallengelassen werden. Zunächst muss man sich klarmachen, dass im Normalfall Winkelgeschwindigkeit und Drehimpuls des starren Körpers keineswegs gleichgerichtet sein müssen, wie es Bild 6.19 für die Rotation einer Hantel verdeutlicht.

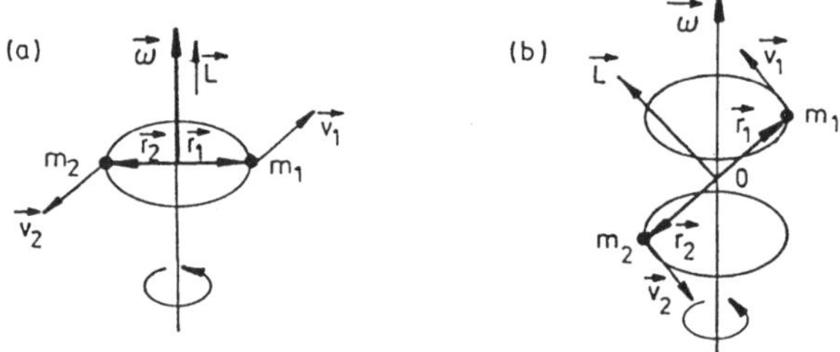

Abb. 6.19. Rotation der Hantel (a) um eine Hauptträgheitsachse ($\boldsymbol{L}$ parallel zu $\boldsymbol{\omega}$ und (b) um eine beliebige Achse ($\boldsymbol{L}$ nicht parallel zu $\boldsymbol{\omega}$).

Bei beliebiger Orientierung zwischen $\boldsymbol{L}$ und $\boldsymbol{\omega}$ ergibt sich allgemein:

$$\boldsymbol{L}_i = \boldsymbol{r}_i \times m_i \boldsymbol{v}_i = m_i \boldsymbol{r}_i \times (\boldsymbol{\omega} \times \boldsymbol{r}_i)$$

Nun gilt allgemein für beliebige Vektoren $\boldsymbol{a}, \boldsymbol{b}, \boldsymbol{c}$:

$$\boldsymbol{a} \times (\boldsymbol{b} \times \boldsymbol{c}) = \boldsymbol{b} \cdot (\boldsymbol{a} \cdot \boldsymbol{c}) - \boldsymbol{c} \cdot (\boldsymbol{a} \cdot \boldsymbol{b})$$

Damit ist:

$$\boldsymbol{L}_i = m_i \Big[\boldsymbol{\omega} r_i^2 - \boldsymbol{r}_i (\boldsymbol{\omega} \cdot \boldsymbol{r}_i) \Big]$$

Für den Gesamtdrehimpuls erhält man in Integralschreibweise:

$$\boldsymbol{L} = \boldsymbol{\omega} \int_V r^2 \cdot \mathrm{d}m - \int_V \boldsymbol{r}(\boldsymbol{\omega} \cdot \boldsymbol{r}) \cdot \mathrm{d}m$$

Mit

$$\begin{aligned} \boldsymbol{L} &= L_x \boldsymbol{u}_x + L_y \boldsymbol{u}_y + L_z \boldsymbol{u}_z, \\ \boldsymbol{\omega} &= \omega_x \boldsymbol{u}_x + \omega_y \boldsymbol{u}_y + \omega_z \boldsymbol{u}_z, \\ \boldsymbol{r} &= x \boldsymbol{u}_x + y \boldsymbol{u}_y + z \boldsymbol{u}_z \end{aligned}$$

erhält man:

$$\begin{aligned}
L_x &= \omega_x \int_V (y^2 + z^2) \cdot \mathrm{d}m - \omega_y \int_V xy \cdot \mathrm{d}m - \omega_z \int_V xz \cdot \mathrm{d}m \\
L_y &= \omega_y \int_V (z^2 + x^2) \cdot \mathrm{d}m - \omega_z \int_V yz \cdot \mathrm{d}m - \omega_x \int_V yx \cdot \mathrm{d}m \\
L_z &= \omega_z \int_V (x^2 + y^2) \cdot \mathrm{d}m - \omega_x \int_V zx \cdot \mathrm{d}m - \omega_y \int_V zy \cdot \mathrm{d}m
\end{aligned} \tag{6.19}$$

Der Drehimpuls des starren Körpers hat also im allgemeinen Fall eine wesentlich kompliziertere Form als bei raumfester Achse gemäß (6.8) und läßt sich im allgemeinen auch nicht mehr durch die bezüglich einzelner Achsen definierten Trägheitsmomente der Art (6.11) darstellen. Vielmehr treten gemischte Glieder vom Typ $\int_V xy \cdot \mathrm{d}m$ etc. auf. Nun kann man aber zeigen – hier ohne Beweis –, dass es für jeden starren Körper bestimmte, aufeinander senkrecht stehende Achsen x_0, y_0, z_0 gibt derart, dass diese gemischten Integrale verschwinden. Diese Achsen verlaufen jeweils durch den Massenmittelpunkt und heißen **Hauptträgheitsachsen**. Die auf die Hauptträgheitsachsen bezogenen Trägheitsmomente heißen **Hauptträgheitsmomente** I_1, I_2, I_3. Im mit dem starren Körper fest verbundenen Koordinatensystem x_0, y_0, z_0, welches also im allgemeinen mit dem starren Körper mitrotiert, vereinfacht sich die Darstellung des Drehimpulses nach (6.19) zu:

$$\begin{aligned}
\boldsymbol{L} &= I_1 \boldsymbol{\omega}_{x_0} + I_2 \boldsymbol{\omega}_{y_0} + I_3 \boldsymbol{\omega}_{z_0} \\
\boldsymbol{\omega} &= \boldsymbol{\omega}_{x_0} + \boldsymbol{\omega}_{y_0} + \boldsymbol{\omega}_{z_0}
\end{aligned} \tag{6.20}$$

Für Rotationen um eine der Hauptträgheitsachsen, etwa $\boldsymbol{\omega} = \boldsymbol{\omega}_{z_0}$, ist nach (6.20) auch $\boldsymbol{L} = I_1 \boldsymbol{\omega}_{z_0}$, also, wie oben bereits bemerkt, $\boldsymbol{L}$ parallel zu $\boldsymbol{\omega}$.

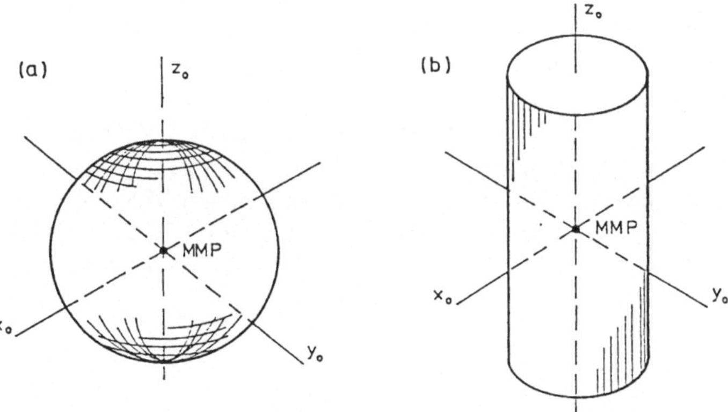

Abb. 6.20. Hauptträgheitsachsen (a) bei Kugelsymmetrie ($I_1 = I_2 = I_3$) und (b) bei Rotations-Symmetrie ($I_1 = I_2$).

Für regelmäßig homogene Körper sind die Hauptträgheitsachsen identisch mit den Symmetrieachsen des Körpers. Beispiele für Kugel- und Rotationssymmetrie sind in Bild 6.20 dargestellt. Für den Quader sind die kantenparallelen Achsen durch den Mittelpunkt (Schnittpunkt der Raumdiagonalen) Hauptträgheitsachsen:

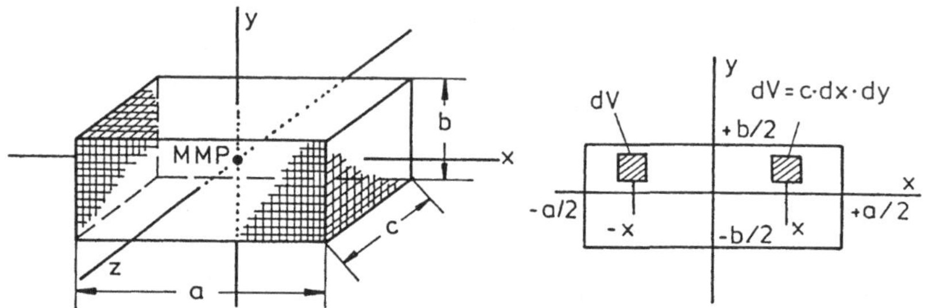

Abb. 6.21. Zum Trägheitsmoment eines Quaders.

Dies ergibt sich auch sofort aus Bild 6.21, da zu jedem Volumenelement dV mit den Koordinaten (x, y) aufgrund der Symmetrie des Quaders bezüglich der y-Achse ein solches mit den Koordinaten $(-x, y)$ existiert, so dass also gilt:

$$\int_{-a/2,-b/2}^{+a/2,+b/2} xy \cdot \mathrm{d}V = \int_{0,-b/2}^{a/2,+b/2} (xy - xy) \cdot \mathrm{d}V = 0$$

Entsprechendes folgt für die anderen Integrale dieser Art in (6.19).

Ohne Beweis sei hier ferner angeführt: Trägt man auf **jeder** durch den MMP führenden Achse als Maß für das Trägheitsmoment bezüglich dieser Achse eine Strecke ab, deren Länge proportional zu $1/\sqrt{I}$ ist, so liegen die Endpunkte all dieser Strecken auf einem Ellipsoid, dem sogenannten **Trägheitsellipsoid**. Die aufeinander senkrecht stehenden Achsen des Trägheitsellipsoids sind identisch mit den Hauptträgheitsachsen. Eines der Hauptträgheitsmomente, etwa I_1, ist also das minimale aller möglichen Trägheitsmomente des starren Körpers, ein anderes, etwa I_3, das maximale. Bei entsprechender Zuordnung gilt also:

$$\boxed{\begin{aligned} &I_1 = I_{\min}; \quad I_3 = I_{\max}; \\ &I_1 \leq I_2 \leq I_3 \end{aligned}} \tag{6.21}$$

Es gilt ferner: Wird ein Körper in Rotation versetzt, ohne dass es irgendeine Randbedingung für die Festlegung der Rotationsachse gibt, so findet eine stabile Rotation ausschließlich um eine der Hauptträgheitsachsen mit maximalem bzw. minimalem Trägheitsmoment statt. Eine solche Rotationsachse heißt auch **freie Achse**. Freie Achse ist eine solche, bei der das Achslager keine Kraft zur Aufrechterhaltung der Rotation aufnehmen muss.

Kreisel: Man bezeichnet jeden freien oder höchstens in einem Punkt festgehaltenen rotierenden Körper als **Kreisel**. Im allgemeinen fallen Drehimpulsachse und momentane Drehachse, d.h. die Richtung der Winkelgeschwindigkeit, nicht zusammen. Als Koordinatensystem wählt man zweckmässigerweise das mit der Winkelgeschwindigkeit des starren Körpers rotierende Bezugssystem der Hauptträgheitsachsen S'. In einem Inertialsystem S lautet die Bewegungsgleichung des Kreisels gemäß (6.6) bzw. (6.7):

$$\boxed{\boldsymbol{M} = \frac{\mathrm{d}\boldsymbol{L}_s}{\mathrm{d}t}} \tag{6.22}$$

Stellt man dagegen L nicht im ruhenden Inertialsystem S, sondern im rotierenden Bezugssystem S' dar, so wird bei Weglassen der Einschränkung $\boldsymbol{\omega} = \text{const}$:

$$\boldsymbol{L}_s = L_{x_0}\boldsymbol{u}_{x_0} + L_{y_0}\boldsymbol{u}_{y_0} + L_{z_0}\boldsymbol{u}_{z_0}$$

$$\frac{\mathrm{d}\boldsymbol{L}_s}{\mathrm{d}t} = \frac{\mathrm{d}\boldsymbol{L}}{\mathrm{d}t} + L_{x_0}\frac{\mathrm{d}\boldsymbol{u}_{x_0}}{\mathrm{d}t} + L_{y_0}\frac{\mathrm{d}\boldsymbol{u}_{y_0}}{\mathrm{d}t} + L_{z_0}\frac{\mathrm{d}\boldsymbol{u}_{z_0}}{\mathrm{d}t}$$

Mit

$$\frac{\mathrm{d}\boldsymbol{u}_{x_0}}{\mathrm{d}t} = \boldsymbol{\omega} \times \boldsymbol{u}_{x_0}, \quad \frac{\mathrm{d}\boldsymbol{u}_{y_0}}{\mathrm{d}t} = \boldsymbol{\omega} \times \boldsymbol{u}_{y_0}, \quad \frac{\mathrm{d}\boldsymbol{u}_{z_0}}{\mathrm{d}t} = \boldsymbol{\omega} \times \boldsymbol{u}_{z_0}$$

folgt:

$$\frac{\mathrm{d}\boldsymbol{L}_s}{\mathrm{d}t} = \frac{\mathrm{d}\boldsymbol{L}}{\mathrm{d}t} + \boldsymbol{\omega} \times \boldsymbol{L}$$

Hierin bedeutet $\boldsymbol{L}_s$ der Gesamtdrehimpuls des starren Körpers im Inertialsystem S, $\boldsymbol{L}$ derjenige im mit $\boldsymbol{\omega}$ rotierenden Bezugssystem S' der Hauptträgheitsachsen. Damit ergibt sich aus (6.22):

$$\boxed{\boldsymbol{M} = \frac{\mathrm{d}\boldsymbol{L}}{\mathrm{d}t} + \boldsymbol{\omega} \times \boldsymbol{L}} \tag{6.23}$$

Bezüglich der Hauptträgheitsachsen $u_{x_0}, u_{y_0}, u_{z_0}$ habe $\boldsymbol{\omega}$ die Darstellung (6.20):

$$\boldsymbol{\omega} = \omega_1\boldsymbol{u}_{x_0} + \omega_2\boldsymbol{u}_{y_0} + \omega_3\boldsymbol{u}_{z_0}$$

$\boldsymbol{L}$ läßt sich dann durch die Hauptträgheitsmomente und die Komponenten der Winkelgeschwindigkeit ausdrücken:

$$\boldsymbol{L} = I_1\omega_1\boldsymbol{u}_{x_0} + I_2\omega_2\boldsymbol{u}_{y_0} + I_3\omega_3\boldsymbol{u}_{z_0}$$

Stellt man auch das externe Drehmoment im Koordinatensystem der Hauptträgheitsachsen dar, d.h. es ist:

$$\boldsymbol{M} = M_1\boldsymbol{u}_{x_0} + M_2\boldsymbol{u}_{y_0} + M_3\boldsymbol{u}_{z_0}$$

so erhält man aus (6.23) die für alle Kreiselbewegungen grundlegenden **Eulerschen Gleichungen**:

$$\boxed{\begin{aligned} M_1 &= I_1 \frac{\mathrm{d}\omega_1}{\mathrm{d}t} + (I_3 - I_2)\omega_2\omega_3; \\ M_2 &= I_2 \frac{\mathrm{d}\omega_2}{\mathrm{d}t} + (I_1 - I_3)\omega_1\omega_3; \\ M_3 &= I_3 \frac{\mathrm{d}\omega_3}{\mathrm{d}t} + (I_2 - I_1)\omega_1\omega_2 \end{aligned}} \tag{6.24}$$

a.) Kräftefreier, symmetrischer Kreisel ($\boldsymbol{M} = 0, I_1 = I_2$): Es werde ein Kreisel mit Rotationssymmetrie bezüglich seiner sogenannten **Figurenachse** betrachtet. Diese Achse sei die Hauptträgheitsachse u_{z_0}. Wegen der Rotationssymmetrie gilt dann für die Hauptträgheitsmomente um die x_0- bzw. y_0-Achse (Beispiel: Kreisscheibe): $I_1 = I_2$. Ferner sei der Kreisel kräftefrei. Es wirke etwa nur die Schwerkraft, und der Kreisel sei im MMP drehbar unterstützt (Spitzenlager etc.) Dann ist $\boldsymbol{M} = 0$, d.h. $M_1 = M_2 = M_3 = 0$. Die einfachste Form der Bewegung ist eine Rotation um die Figurenachse FA. Dann ist $\boldsymbol{\omega}$ parallel zu FA, d.h. es gilt: $\omega_1 = \omega_2 = 0$ und $\boldsymbol{\omega} = \omega_3 \boldsymbol{u}_{z_0}$. Dann ist auch $\boldsymbol{L} = I_3\omega_3\boldsymbol{u}_{z_0}$ parallel zu $\boldsymbol{\omega}$. Wegen $\boldsymbol{M} = 0$, d.h. $\boldsymbol{L}_s = \text{const}$, erfolgt die Rotation also dauernd um die raumfeste Figurenachse. Die Drehimpulsachse fällt mit der Figurenachse zusammen.

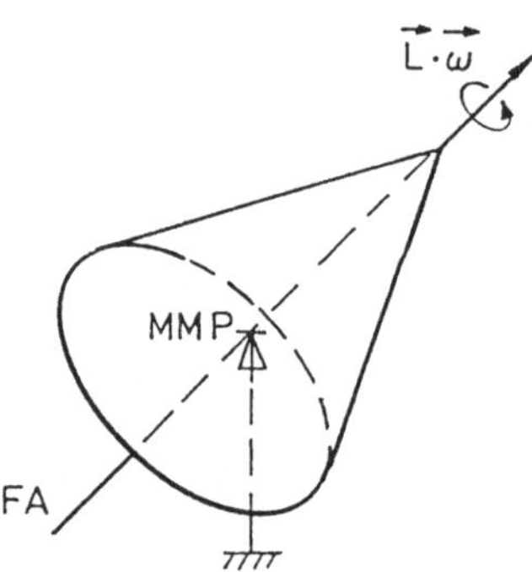

Abb. 6.22. Im Massenmittelpunkt unterstützter Kreisel.

Bei der allgemeinen Bewegung des kräftefreien, symmetrischen Kreisels ist normalerweise $\omega_1 \neq \omega_2 \neq 0$. Man hat also neben der raumfesten **Drehimpulsachse** ($\boldsymbol{M} = 0, \boldsymbol{L}_s = \text{const}$) noch die hiervon verschiedene **momentane Drehachse**, gegeben durch die Winkelgeschwindigkeit $\boldsymbol{\omega}$, und die **Figurenachse** u_{z_0} zu betrachten. Es gilt dann nach (6.24) wegen $M_1 = M_2 = M_3 = 0$ und $I_2 = I_1$:

$$I_3 \frac{\mathrm{d}\omega_3}{\mathrm{d}t} = 0, \quad \text{d.h.} \quad \omega_3 = \text{const};$$

$$I_1 \frac{\mathrm{d}\omega_1}{\mathrm{d}t} + (I_3 - I_1)\omega_3\omega_2 = 0;$$
$$I_1 \frac{\mathrm{d}\omega_2}{\mathrm{d}t} - (I_3 - I_1)\omega_3\omega_1 = 0$$

Mit der Abkürzung:

$$\Omega = \frac{I_3 - I_1}{I_1}\omega_3 = \text{const}$$

folgt dann:

$$\boxed{\frac{\mathrm{d}\omega_1}{\mathrm{d}t} + \Omega\omega_2 = 0; \quad \frac{\mathrm{d}\omega_2}{\mathrm{d}t} - \Omega\omega_1 = 0} \tag{6.25}$$

Die Lösungen der Differentialgleichungen (6.25) für ω_1 und ω_2 lauten:

$$\omega_1 = A\cos\Omega t; \quad \omega_2 = A\sin\Omega t \tag{6.26}$$

d.h. die Komponente $\boldsymbol{\omega}_\perp = \omega_1\boldsymbol{u}_{x_0} + \omega_2\boldsymbol{u}_{y_0}$ der Winkelgeschwindigkeit $\boldsymbol{\omega}$ senkrecht zur Figurenachse rotiert um die Figurenachse. Die Komponente $\boldsymbol{\omega}_\parallel = \omega_3\boldsymbol{u}_{z_0}$ in Richtung der Figurenachse bleibt konstant. $\boldsymbol{\omega}$ bewegt sich also auf einem Kegel um die Figurenachse (**Gangpolkegel**). Der Betrag von $\boldsymbol{\omega}$ ist nach (6.26) konstant ($|\boldsymbol{\omega}| = \text{const}$). Wegen $\boldsymbol{M} = 0$ folgt nach wie vor:

$$\frac{\mathrm{d}\boldsymbol{L}_s}{\mathrm{d}t} = 0, \qquad \text{also} \qquad \boldsymbol{L}_s = \text{const}$$

Für die Komponente von $\boldsymbol{\omega}$ in Richtung $\boldsymbol{L}_s$ erhält man mit (6.26):

$$\frac{\boldsymbol{\omega}\cdot\boldsymbol{L}_s}{|\boldsymbol{L}_s|} = \frac{(\omega_1^2 + \omega_2^2)I_1 + \omega_3^2 I_3}{|\boldsymbol{L}_s|} = \frac{A^2 I_1 + \omega_3^2 I_3}{|\boldsymbol{L}_s|}$$

Da $A, I_1, \omega_3, I_3, |\boldsymbol{L}_s|$ konstant sind, ist auch die Komponente von $\boldsymbol{\omega}$ in Richtung $\boldsymbol{L}$ konstant. $\boldsymbol{\omega}$ bewegt sich also ebenfalls auf einem Kegel um die raumfeste Drehimpulsachse (**Rastpolkegel**). Die gesamte Bewegung wird somit dadurch beschrieben, dass der Gangpolkegel auf dem Rastpolkegel abrollt. Dadurch bewegt sich ebenfalls die Figurenachse auf einem Kegel, dem sogenannten **Nutationskegel**. Die Verhältnisse sind in Bild 6.23 skizziert.

b.) Symmetrischer Kreisel unter Einfluss eines äußeren Drehmoments ($\boldsymbol{M} \neq 0, I_1 = I_2$): Es sei etwa $\boldsymbol{L} = I_3\omega_3\boldsymbol{u}_{z_0}$ und $\boldsymbol{M} = r\boldsymbol{u}_{z_0} \times \boldsymbol{F}$. Beispielsweise kann $\boldsymbol{F}$ durch die auf eine Zusatzmasse m wirkende Schwerkraft $\boldsymbol{F} = m\boldsymbol{g}$ realisiert werden (siehe Bild 6.24!).
Nach Voraussetzung ist $\boldsymbol{M}$ senkrecht zu $\boldsymbol{L}$. Wegen $\boldsymbol{M} = \mathrm{d}\boldsymbol{L}_s/\mathrm{d}t$ und $|\boldsymbol{L}| = \text{const}$ ändert sich nur die Richtung von $\boldsymbol{L}$. Man erhält:

$$\frac{|\mathrm{d}\boldsymbol{L}|}{|\boldsymbol{L}|} = \mathrm{d}\phi; \quad |\mathrm{d}\boldsymbol{L}| = |\boldsymbol{M}|\cdot\mathrm{d}t; \quad \frac{\mathrm{d}\phi}{\mathrm{d}t} = \frac{|\boldsymbol{M}|}{|\boldsymbol{L}|}$$

Für $\boldsymbol{F} = \text{const}$ wird auch $|\boldsymbol{M}| = \text{const}$. Wegen $|\boldsymbol{L}| = \text{const}$ ist dann auch $\mathrm{d}\phi/\mathrm{d}t = \Omega = \text{const}$. Mit $\boldsymbol{\Omega}\cdot\mathrm{d}t \times \boldsymbol{L} = \mathrm{d}\boldsymbol{L}$ gilt dann auch:

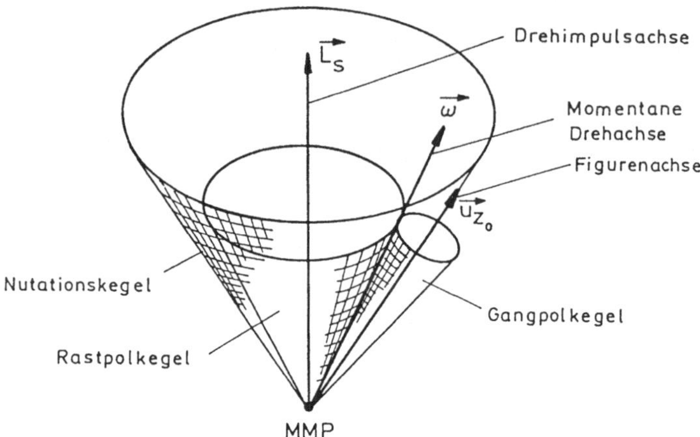

Abb. 6.23. Drehachsen beim Kreisel.

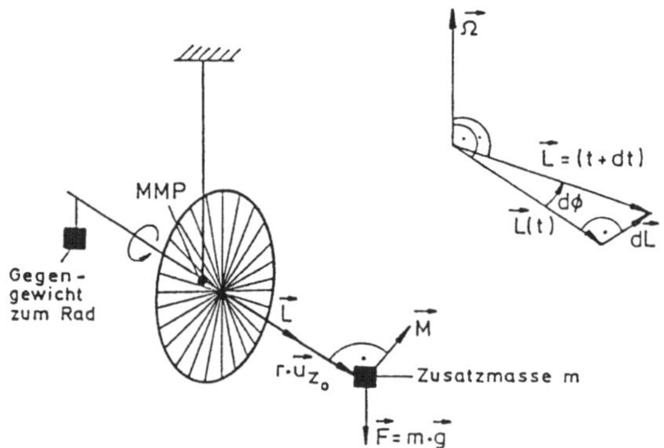

Abb. 6.24. Präzession eines Kreisels unter der Wirkung eines Drehmoments.

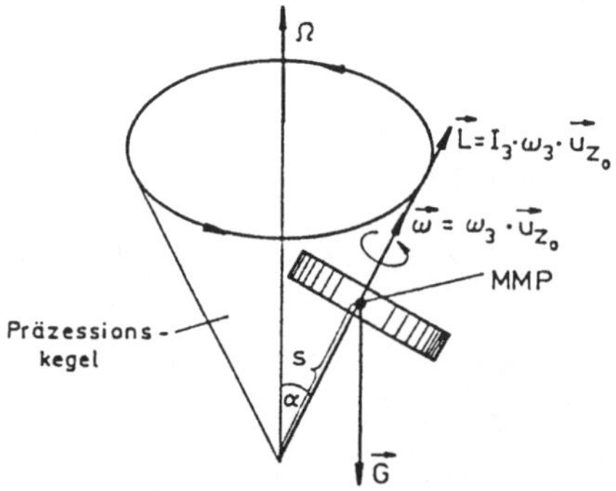

Abb. 6.25. Kreisel und Gewichtskraft.

$$\boxed{\boldsymbol{M} = \boldsymbol{\Omega} \times \boldsymbol{L}} \tag{6.27}$$

$\boldsymbol{\Omega}$ heißt **Präzessionswinkelgeschwindigkeit**.
Beispiel: Betrachtet werde ein Kreisel unter Einfluss der Schwerkraft $\boldsymbol{G}$, der in einem Punkt ausserhalb des MMP unterstützt wird.
Es ist $|\boldsymbol{M}| = Gs \sin\alpha$. Andererseits folgt nach (6.27): $|\boldsymbol{M}| = \Omega L \sin\alpha$. Das ergibt also:

$$\Omega = \frac{Gs}{L} = \frac{Gs}{I_3 \omega_3}$$

Die Winkelgeschwindigkeit Ω der Präzession ist somit unabhängig von α. Abschließend sei bemerkt, dass die hier abgeleiteten Beziehungen für den geometrischen Kreisel unter Einfluss eines Drehmoments nur dann näherungsweise gültig sind, wenn $\omega_3 \gg \Omega$ ist, da sonst $\boldsymbol{\omega} = \omega_3 \boldsymbol{u}_{z_0} + \boldsymbol{\Omega}$ und also $\boldsymbol{L}$ nicht mehr parallel zu $\boldsymbol{\omega}$ wäre.

7 Relativistische Mechanik

7.1 Relativitätsprinzip

Die Gesetze der Mechanik (NEWTONsche Axiome) sind für alle mit gleichförmiger Translationsbewegung gegeneinander bewegten Bezugssysteme dieselben, d.h. sie sind gegenüber den angeführten GALILEI-Transformationen invariant. Dieses bereits von NEWTON formulierte Prinzip der Relativität besagt, dass man allein durch Messungen innerhalb eines bestimmten Bezugssystems selbst keine Aussage über die gleichförmige translatorische Relativbewegung gegenüber einem anderen Bezugssystem erhält. Als Beispiel für diesen Sachverhalt sei angeführt, dass man in einem mit konstanter Geschwindigkeit extrem ruhig fahrenden Fahrstuhl ohne Kontakt zur Außenwelt nicht feststellen kann, ob der Fahrstuhl aufwärts oder abwärts fährt.
Wie man heute weiss, läßt sich eine solche Relativbewegung auch prinzipiell nicht durch andere Messmethoden nachweisen, d.h. ein absolut ruhendes Bezugssystem (Hypothetischer "Äther") existiert nicht. Eines der Experimente, mit denen dies nachgewiesen wurde, stammt von MICHELSON und MORLEY (1887). Es wird im folgenden beschrieben.

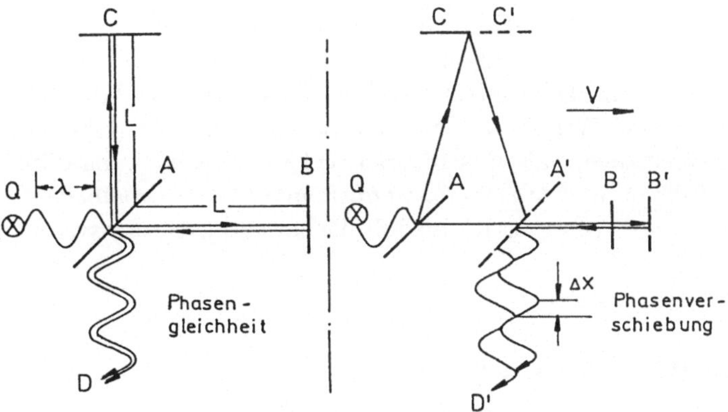

Abb. 7.1. MICHELSON-MORLEY-Experiment. Q ist eine Lichtquelle, A ein halbdurchlässiger Spiegel, B und C ein jeweils normaler Spiegel, D der Beobachtungsort.

Der Apparat befindet sich samt der Lichtquelle auf der Erde. Die Relativgeschwindigkeit der Erde gegen das ruhende Bezugssystem ("Äther") sei V, im Beispiel parallel zur Achse AB angenommen. Die Lichtgeschwindigkeit im ruhenden Bezugssystem ("Äther") sei c. Für $V = 0$ sind die Laufzeiten des Lichtes für die Strecken $ABAD$ und $ACAD$ gleich, und man misst Phasengleichheit bei D. Im Fall $V \neq 0$ sind die Zeiten für die Strecken $AB'A'D'(t_1)$ und $AC'A'D'(t_2)$ bei Gültigkeit der GALILEI-Transformation etwas verschieden. Man würde eine messbare Phasenverschiebung in D' erwarten. Für AB' erhält man nach (2.22) für die Lichtgeschwindigkeit im bewegten Bezugssystem: $c' = c - V$ und für $B'A' : c'' = c + V$. Daher wird:

$$t_1 = \frac{2L/c}{1 - V^2/c^2}$$

Für AC' bzw. $C'A'$ ergibt nach (2.22): $\boldsymbol{c}' = \boldsymbol{c} - \boldsymbol{V}$. Da $\boldsymbol{c}'$ und $\boldsymbol{V}$ senkrecht aufeinander stehen, ist $c'^2 = c^2 - V^2$. Damit folgt:

$$t_2 = \frac{2L/c}{\sqrt{1 - V^2/c^2}}$$

Soweit die Erwartung. Das Ergebnis des MICHELSON-MORLEY-Experiments war dagegen stets negativ. Eine Phasenverschiebung in D' trat nicht auf. Die Bewegung der Erde gegen ein absolut ruhendes Bezugssystem ist nicht messbar. Die Diskrepanz zwischen Erwartung und Resultat des MICHELSON-MORLEY-Experiments wurde durch die Formulierung des "**Relativitätsprinzips**" (EINSTEIN, 1905) aufgehoben. Es besagt:

Korollar 7.1 *Die Naturgesetze sind für alle Bezugssysteme, die sich in gleichförmig translatorischer Bewegung relativ zueinander bewegen, gleich; d.h. die Naturgesetze sind gegenüber einem derartigen Wechsel des Bezugssystems invariant.*

Dies bedeutet, dass man durch Messungen in einem Bezugssystem selbst die gleichförmige translatorische Bewegung dieses Systems gegen ein anderes nicht feststellen kann. Daher das negative Resultat des MICHELSON-MORLEY-Experiments. Wenn man hiervon ausgeht, müssen offenbar die GALILEI-Transformationen falsch sein. Beispielsweise erhält man im MICHELSON-MORLEY-Experiment: $t_1 = t_2$, wenn man $L(t_2) = L$ beibehält, aber $L(t_1) = L\sqrt{1 - V^2/c^2}$ setzt. L ist im mit V bewegten Bezugssystem gemessen.

7.2 Lorentz-Transformation

Damit alle Naturgesetze, insbesondere auch die der Elektrodynamik (MAXWELL-Gleichungen), bei Translationsbewegungen des Bezugssystems erhalten bleiben, muss die GALILEI-Transformation durch die sogenannte **Lorentz-Transformation** ersetzt werden. Betrachtet werden zwei Bezugssysteme

$S(x,y,z,t)$ und $S'(x',y',z',t')$. Der Koordinatenursprung von S' habe, in S gemessen, die konstante Geschwindigkeit $\boldsymbol{V} = V\boldsymbol{u}_x$. Die jeweiligen $x, x'-$, $y, y'-$ und $z, z'-$Achsen seien parallel zueinander, und es gelte die Anfangsbedingung: Für $t_0 = t'_0 = 0$ fällt der Koordinatenursprung von S' mit dem von S zusammen. Dann lauten die Gleichungen der LORENTZ-Transformation:

$$\boxed{\begin{aligned} x' &= \frac{x - Vt}{\sqrt{1 - V^2/c^2}}; \\ y' &= y; \\ z' &= z; \\ t' &= \frac{t - Vx/c^2}{\sqrt{1 - V^2/c^2}} \end{aligned}} \tag{7.1}$$

Solange die Relativgeschwindigkeit V hinreichend klein gegen die Lichtgeschwindigkeit ist ($V \ll c$), wird $1 - V^2/c^2 \simeq 1$ und $V \cdot x/c^2 \ll t$, d.h. man erhält als **nichtrelativistische Näherung** der LORENTZ-Transformation die GALILEI-Transformation.

Für die Transformation der Geschwindigkeit ergibt sich aus (7.1):

$$\begin{aligned} \mathrm{d}x' &= \frac{\mathrm{d}x - V \cdot \mathrm{d}t}{\sqrt{1 - V^2/c^2}} = \frac{v_x - V}{\sqrt{1 - V^2/c^2}} \cdot \mathrm{d}t \\ \mathrm{d}y' &= \mathrm{d}y; \\ \mathrm{d}z' &= \mathrm{d}z \\ \mathrm{d}t' &= \frac{\mathrm{d}t - V \cdot \mathrm{d}x/c^2}{\sqrt{1 - V^2/c^2}} = \frac{1 - Vv_x/c^2}{\sqrt{1 - V^2/c^2}} \cdot \mathrm{d}t \end{aligned}$$

also:

$$\boxed{\begin{aligned} v'_{x'} &= \frac{\mathrm{d}x'}{\mathrm{d}t'} = \frac{v_x - V}{1 - Vv_x/c^2} \\ v'_{y'} &= \frac{\mathrm{d}y'}{\mathrm{d}t'} = \frac{v_y\sqrt{1 - V^2/c^2}}{1 - Vv_x/c^2} \\ v'_{z'} &= \frac{\mathrm{d}z'}{\mathrm{d}t'} = \frac{v_z\sqrt{1 - V^2/c^2}}{1 - Vv_x/c^2} \end{aligned}} \tag{7.2}$$

Aus (7.2) läßt sich auch sofort das bereits im MICHELSON-MORLEY-Experiment erhaltene Ergebnis ableiten, dass die Geschwindigkeit des Lichtes für zwei relativ zueinander gleichförmig translatorisch bewegte Beobachter unabhängig von der Relativgeschwindigkeit genau gleich groß ist (**Konstanz der Lichtgeschwindigkeit**): Um dies zu zeigen, setzt man in (7.2) der Einfachheit halber voraus, dass die zu messende Geschwindigkeit v ebenfalls parallel zur x-Achse ist. Dann ist $v = |\boldsymbol{v}| = v_x$ und $v' = |\boldsymbol{v}'| = v'_{x'}$ und folglich mit $v = c$:

$$v' = \frac{v - V}{1 - vV/c^2} = \frac{c - V}{1 - V/c} = c$$

Als weitere Konsequenz aus (7.2) erhält man sofort, dass die Lichtgeschwindigkeit c die absolut größte, beobachtbare Geschwindigkeit ist, da $\sqrt{1 - V^2/c^2}$ für $V > c$ imaginär würde.

Weitere Konsequenzen der Lorentz-Transformation

a.) LORENTZ-**Kontraktion**:
Die Länge des Stabes wird als Abstand zwischen seinen Endpunkten definiert. Für einen gegenüber dem Stab in Ruhe befindlichen Beobachter $0'$ im Bezugssystem S' bietet die Längenmessung aus der Registrierung der Endpunkte A' und B' keine Schwierigkeiten. Es ist $L' = \overline{A'B'}$. Für einen gegenüber dem Stab gleichförmig translatorisch bewegten Beobachter 0 im Bezugssystem S ist es dagegen wichtig, dass die Endpunkte A und B **gleichzeitig** gemessen werden, da sonst die Messung von $L = \overline{AB}$ durch seine Relativgeschwindigkeit V auch für $V \ll c$ gefälscht würde. Der Einfachheit halber nehme man an, dass Stabausdehnung und Relativgeschwindigkeit parallel zur x-Achse sind. Die Registrierung der Punkte A und B mit den Koordinaten x_A und x_B von 0 aus geschehe zur Zeit t_0. Wegen $L = x_A - x_B$ und $L' = x'_A - x'_B$ erhält man aus (7.1):

$$x'_A = \frac{x_A - Vt_0}{\sqrt{1 - V^2/c^2}} \qquad \text{und} \qquad x'_B = \frac{x_B - Vt_0}{\sqrt{1 - V^2/c^2}}$$

oder

$$\boxed{L = L'\sqrt{1 - V^2/c^2}} \tag{7.3}$$

Die von einem Beobachter registrierte Längsausdehnung eines Gegenstandes, der sich relativ zum Beobachter mit bestimmter Geschwindigkeit parallel zur Längsausdehnung des Gegenstandes bewegt, ist also **kürzer** als die von einem relativ zum Gegenstand ruhenden Beobachter gemessene.

b.) **Transformationen eines Zeitintervalls**:
Ein Zeitintervall T wird als Zeitabstand zwischen zwei **Ereignissen** definiert. Ein Ereignis soll durch ein bestimmtes Phänomen, z.B. der Aufprall eines Balls auf dem Boden, die Reflexion eines Luftkissenwagens am Ende der Schiene etc., charakterisiert sein, welches an einem bestimmten Ort des Raumes zu einer bestimmten Zeit festgestellt werden kann. Betrachtet werden im Bezugssystem S', das sich relativ zu S mit V in x-Richtung bewegt, zwei Ereignisse A und B, die der Einfachheit halber am selben Ort (x', y', z') in den Zeitpunkten t'_A und t'_B von einem Beobachter in $0'$ registriert werden. In $0'$ misst man ein Zeitintervall $T' = t'_A - t'_B$. Die Gleichungen (7.1) können auch so umgeschrieben werden, dass (x, y, z, t) als Funktionen von (x', y', z', t') dargestellt werden.

Man hat hierbei nur die gestrichenen mit den ungestrichenen Koordinaten zu vertauschen und V durch $-V$ zu ersetzen. Die letzte Aussage läßt sich sofort aus (7.2) herleiten, wenn man $v_x = 0$ (Geschwindigkeit des Koordinatenursprungs 0 in S) setzt. $v'_{x'}$ ist dann die Geschwindigkeit von 0 in S': $v'_{x'} = (0-V)/(1-0) = -V$. Für das Zeitintervall T, welches von einem Beobachter in 0 im System S zwischen den Ereignissen A und B am Ort x' registriert wird, erhält man daher mit:

$$t_A = \frac{t'_A + Vx'/c^2}{\sqrt{1-V^2/c^2}} \quad \text{und} \quad t_B = \frac{t'_B + Vx'/2}{\sqrt{1-V^2/c^2}}:$$

$$T = t_A - t_B = \frac{t'_A - t'_B}{\sqrt{1-V^2/c^2}}$$

also:

$$\boxed{T = \frac{T'}{\sqrt{1-V^2/c^2}}} \tag{7.4}$$

Das von einem Beobachter registrierte Zeitintervall zwischen zwei Ereignissen, die in einem relativ zum Beobachter mit bestimmter Geschwindigkeit bewegten Bezugssystem S' stattfinden, ist also **länger** als das von einem relativ zu S' ruhenden Beobachter gemessene.

c.) **Beispiel**: μ-Mesonen sind Teilchen, die eine sehr kurze, mittlere Lebensdauer haben ($\tau' = 2.2 \cdot 10^{-6}$ s). Sie können im Labor künstlich erzeugt werden. Außerdem entstehen sie auch in der oberen Atmosphäre in einer Höhe von ca. 10 km als Komponente der sogenannten kosmischen Höhenstrahlung. Normalerweise würde ihre kurze Lebensdauer nicht ausreichen, um sie selbst bei sehr hoher Geschwindigkeit ($v \simeq c$ ergibt $s \approx c\tau' \simeq 600$ m!) auf die Erdoberfläche gelangen zu lassen. Trotzdem wird auch an der Erdoberfläche eine relativ starke Komponente an μ-Mesonen beobachtet. Offenbar haben viele der in der oberen Atmosphäre entstehenden μ-Mesonen nahezu Lichtgeschwindigkeit gegenüber dem fest mit der Erdoberfläche verbundenen Bezugssystem. Die relativ zu diesem Bezugssystem zur Verfügung stehende Lebensdauer τ kann also sehr viel länger sein. Für $v = 0.95c$ erhält man beispielsweise aus (7.4): $\tau \approx 3\tau'$.

7.3 Relativistische Dynamik

Das Relativitätsprinzip verlangt, dass die Naturgesetze in allen translatorisch gegeneinander bewegten Inertialsystemen in gleicher Formulierung gültig sein sollen. Für den nichtrelativistischen Fall ist bereits gezeigt worden, dass die NEWTONschen Axiome dieser Bedingung genügen, d.h. dass sie gegenüber GALILEI-Transformationen invariant sind. Wie müssen die Grundgesetze der Mechanik im allgemeinen, relativistischen Fall formuliert werden, damit sie gegenüber LORENTZ-Transformationen invariant sind?

Eine widerspruchsvolle Formulierung erweist sich nur dann als möglich, wenn als zentrale Größe zur Beschreibung der dynamischen Zusammenhänge statt Masse und Beschleunigung bzw. Geschwindigkeit, da $\boldsymbol{a} = \mathrm{d}\boldsymbol{v}/\mathrm{d}t$ ist, der Impuls $\boldsymbol{p}$ eines Teilchens verwendet wird. Als Grundgleichung der Mechanik ist auch im relativistischen Fall die NEWTONsche Bewegungsgleichung in der Formulierung (4.3) gültig:

$$\boxed{\boldsymbol{F} = \frac{\mathrm{d}\boldsymbol{p}}{\mathrm{d}t}} \tag{7.5}$$

Allerdings muss jetzt die vom nichtrelativistischen Fall geläufige Definition des Linearimpulses, nämlich:

$$\boldsymbol{p}_{\text{nichtrel.}} = m_0 \boldsymbol{v}$$

modifiziert werden. m_0 ist die für das relativ zum Beobachter ruhende Teilchen gemessene Masse, also für $\boldsymbol{v} = 0$. Diese Modifizierung läßt sich sowohl aufgrund von Gedankenexperimenten herleiten, als auch durch Messungen bei Experimenten, bei denen Teilchen unter bekannter Krafteinwirkung auf sehr hohe Geschwindigkeiten beschleunigt werden, bestätigen. Statt des nichtrelativistischen Impulses muss im relativistischen Fall definiert werden – hier ohne Beweis:

$$\boxed{\boldsymbol{p}_{\text{rel.}} = \frac{m_0 \boldsymbol{v}}{\sqrt{1 - v^2/c^2}}} \tag{7.6}$$

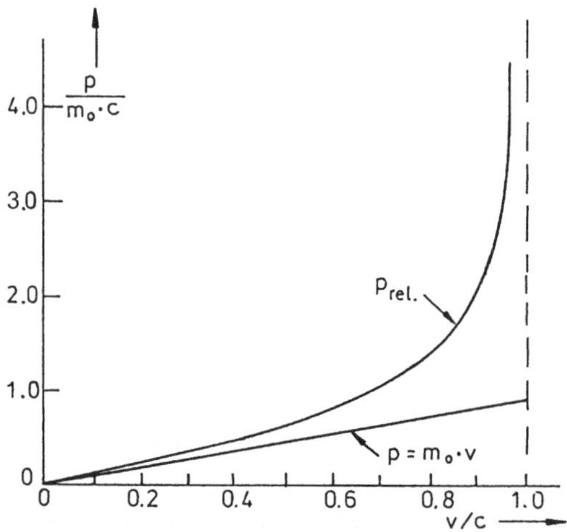

Abb. 7.2. Relativistische Abhängigkeit des Impulses von der Geschwindigkeit. Zum Vergleich ist der Verlauf des extrapolierten, nichtrelativistischen Impulses eingezeichnet.

Unter Beachtung der gewohnten Definition (Impuls = Masse · Geschwindigkeit) kann (7.6) auch in folgender Weise interpretiert werden:

$$\boxed{\begin{aligned} \boldsymbol{p}_{\text{rel.}} &= m\boldsymbol{v}; \\ m &= \frac{m_0}{\sqrt{1 - v^2/c^2}} \end{aligned}} \tag{7.7}$$

Hierin stellt m_0 die für das relativ zum Beobachter in Ruhe befindliche Teilchen, also für $\boldsymbol{v} = 0$, gemessene Masse dar. Diese Masse heißt **Ruhemasse**. Der Impuls und die nach (7.7) definierte Masse eines Teilchens steigen im relativistischen Fall für $v \to c$ steil an ($p \to \infty$ und $m \to \infty$ für $v \to c$).

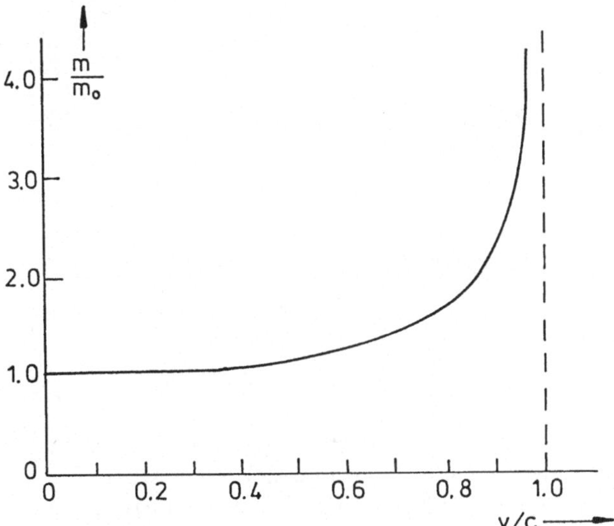

Abb. 7.3. Relativistische Abhängigkeit der Masse von der Geschwindigkeit.

Die kinetische Energie eines Teilchens wird auch im relativistischen Fall als Beschleunigungsarbeit, die durch die auf das Teilchen wirkende Kraft geleistet werden muss, berechnet. Ausgehend von (7.5) muss hierbei aber die relativistische Definition des Impulses beachtet werden. Es ist:

$$W_k = \int_0^v \boldsymbol{F} \cdot \mathrm{d}\boldsymbol{r} = \int_0^v \frac{\mathrm{d}\boldsymbol{p}}{\mathrm{d}t} \cdot \mathrm{d}\boldsymbol{r} = \int_0^v \boldsymbol{v} \cdot \mathrm{d}\boldsymbol{p} = \int_0^v v \cdot \mathrm{d}(mv)$$

Nun ist nach den Regeln der Differentialrechnung:

$$\mathrm{d}(mv^2) = v \cdot \mathrm{d}(mv) + mv \cdot \mathrm{d}v$$

Also folgt:

$$mv^2 = \int_0^v \mathrm{d}(mv^2) = \int_0^v v \cdot \mathrm{d}(mv) + \int_0^v mv \cdot \mathrm{d}v$$

Daher erhält man für die kinetische Energie:

$$W_k = mv^2 - \int_0^v mv \cdot \mathrm{d}v$$

und mit (7.7):

$$W_k = \frac{m_0 v^2}{\sqrt{1 - v^2/c^2}} - \frac{1}{2} \int_0^{v^2} \frac{m_0}{\sqrt{1 - v^2/c^2}} \cdot \mathrm{d}(v^2)$$

Die Integration ergibt:

$$-\frac{1}{2} \int_0^{v^2} \frac{m_0 d(v^2)}{\sqrt{1 - v^2/c^2}} = \sqrt{1 - v^2/c^2} m_0 \cdot c^2 \Big|_0^{v^2} = m_0 c^2 \sqrt{1 - v^2/c^2} - m_0 c^2$$

Damit folgt schließlich:

$$W_k = \frac{m_0 v^2}{\sqrt{1 - v^2/c^2}} + m_0 c^2 \sqrt{1 - v^2/c^2} - m_0 c^2 = \frac{m_0 c^2}{\sqrt{1 - v^2/c^2}} - m_0 c^2$$

oder:

$$\boxed{W_k = (m - m_0)c^2} \tag{7.8}$$

Im relativistischen Fall erlangt also die kinetische Energie eine ganz neuartige und ungewohnte Bedeutung. Eine Änderung der kinetischen Energie bedeutet stets eine Änderung der Masse aufgrund der relativistischen Geschwindigkeitsabhängigkeit. Auf die allgemeine, über die Herleitung dieser Gleichung hinausgehende Bedeutung sei hier nur hingewiesen (Umwandlung der Masse in Energie und umgekehrt: $\Delta W = \Delta mc^2$).
Die Größe $m_0 c^2$ wird auch als **Ruheenergie**, die Größe mc^2 als totale Energie W_t des Teilchens (Summe aus kinetischer und Ruheenergie, aber ohne potentielle Energie) bezeichnet:

$$\boxed{W_t = mc^2} \tag{7.9}$$

Es ist in diesem Zusammenhang noch interessant, auf folgenden Aspekt hinzuweisen. Aus (7.6), (7.7) und (7.9) erhält man:

$$p^2 = \frac{m_0^2 v^2}{1 - v^2/c^2} \qquad \text{und} \qquad W_t^2 = \frac{m_0^2 c^4}{1 - v^2/c^2}$$

also:

$$\boxed{p^2 - \frac{W_t^2}{c^2} = -m_0^2 c^2} \tag{7.10}$$

Die rechte Seite dieser Gleichung ist sicher ein LORENTZ-invarianter Ausdruck, denn die Ruhemasse ist invariant. Daher muss auch die linke Seite von (7.10) invariant gegenüber einer Änderung des Bezugssystems sein. Betrachtet man zwei translatorisch gegeneinander bewegte Bezugssysteme $S(x, y, z)$ und $S'(x', y', z')$, so wird also mit $p^2 = p_x^2 + p_y^2 + p_z^2$ gelten:

$$\boxed{p_x^2 + p_y^2 + p_z^2 - \frac{W_t^2}{c^2} = p_{x'}'^2 + p_{y'}'^2 + p_{z'}'^2 - \frac{W_t'^2}{c^2}} \tag{7.11}$$

Aus den LORENTZ-Transformationen (7.1) erhält man andererseits:

$$\boxed{x^2 + y^2 + z^2 - c^2 \cdot t^2 = x'^2 + y'^2 + z'^2 - c^2 t'^2} \tag{7.12}$$

Es gibt offensichtlich eine Entsprechung zwischen Ort und Impuls und Zeit und Energie. Durch den Vergleich von (7.12) und (7.11) wird bereits nahegelegt – und dies läßt sich auch exakt nachweisen –, dass die LORENTZ-Transformationen mit dieser Entsprechung auch für Impuls und Energie gültig sind. Die Impulskomponenten werden wie die Ortskomponenten und W_t/c wird wie ct entsprechend (7.1) transformiert. Die Ortskoordinaten x, y, z und ct werden auch als Komponenten eines **Vierervektors** zusammengefasst. Entsprechend bilden die Impulskoordinaten p_x, p_y, p_z und W_t/c ebenfalls die Komponente eines Vierervektors. Die Komponenten und Vierervektoren werden beim Wechsel des Bezugssystems stets entsprechend den LORENTZ-Transformationen transformiert.

7.4 Ergänzung: Graphiken zur speziellen Relativitätstheorie

Vorbemerkung

Die nichtrelativistische Betrachtungsweise eignet sich bekanntlich nur dann zur Beschreibung physikalischer Zusammenhänge, wenn die vorkommenden Geschwindigkeiten vernachlässigbar klein gegen die Lichtgeschwindigkeit sind. In den folgenden Notizen werden deren Aussagen dennoch bis in den Bereich der Lichtgeschwindigkeit hin ausgedehnt, einzig und allein um die Unterschiede zur "richtigen" relativistischen Betrachtungsweise deutlich zum Vorschein treten zu lassen.

7.4.1 Voraussetzungen

Zwei Bezugssysteme S und S' mit den Ursprüngen 0 und $0'$ bewegen sich, wie in Bild 7.4 angedeutet, mit **konstanter** Geschwindigkeit $\boldsymbol{v}$ gegeneinander. Sie werden durch kartesische (x, y, z)- bzw. (x', y', z')-Koordinaten aufgespannt, wobei die entsprechenden Achsen jeweils parallel zueinander orientiert sind $(x \| x';\ y \| y';\ z \| z')$. Die x- und x'-Achsen fallen zusammen. Zum Zeitpunkt $t = 0$ ist $0 = 0'$. Die Geschwindigkeit $\boldsymbol{v}$ weist in x-Richtung.

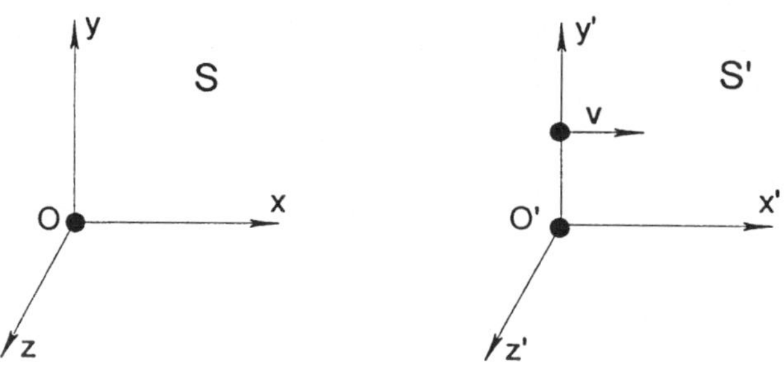

Abb. 7.4. Gegeneinander bewegte Bezugssysteme.

7.4.2 Koordinaten-Transformation im nichtrelativistischen Fall (Galilei-Transformation)

Die Transformationsgleichungen für die Koordinaten eines Aufpunktes P lauten für die **Orts-Koordinaten**

$$\begin{aligned} x' &= x - vt \\ y' &= y \\ z' &= z \end{aligned} \tag{7.13}$$

und für die **Zeit**

$$t' = t$$

Für die x-**Komponente** u einer Geschwindigkeit folgt aus (7.14) wegen

$$u' = \frac{\mathrm{d}x'}{\mathrm{d}t'} = \frac{\mathrm{d}}{\mathrm{d}t}(x - vt) \quad \text{und mit} \quad v = \text{const}$$

$$u' = \frac{\mathrm{d}x}{\mathrm{d}t} - v \qquad \text{oder}$$

$$\boxed{u' = u - v}$$

In Bild 7.5 ist dieser Zusammenhang, um den direkten Vergleich mit nachfolgenden Aussagen überschaubar zu gestalten, in der Form $u'/c = u/c - v/c$ dargestellt. Aufgetragen ist u'/c als Funktion von v/c mit u in Bruchteilen von c als Kurvenparameter. Die y- und z-Komponente der Geschwindigkeiten werden durch die Transformation nicht geändert.

7.4.3 Koordinaten-Transformation im relativistischen Fall (Lorentz-Transformation)

Aus der Tatsache, dass in allen sich gegeneinander mit beliebiger konstanter Geschwindigkeit bewegenden Bezugssystemen die Lichtgeschwindigkeit gleich ist, ergeben sich für die Koordinaten eines Aufpunktes P die Transformationsgleichungen

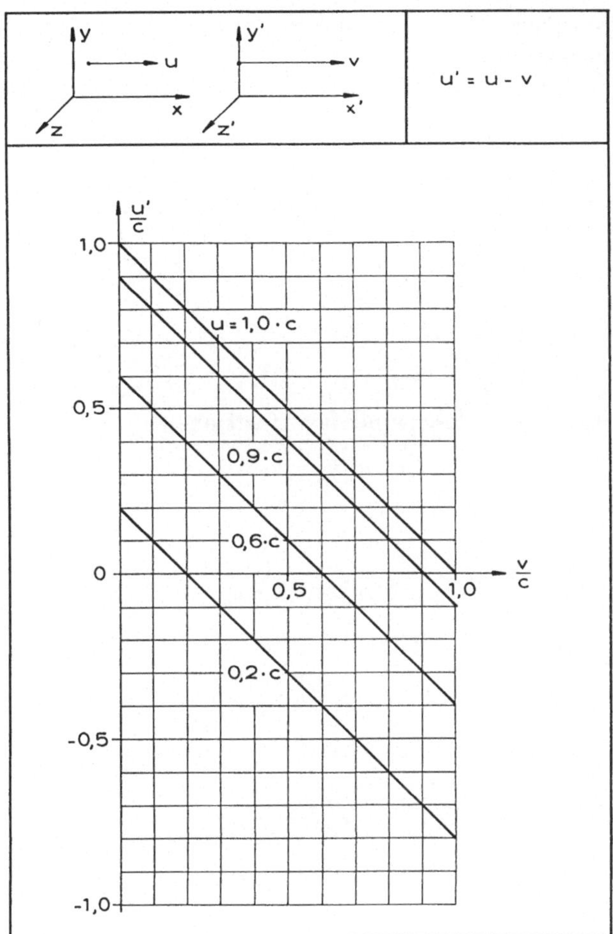

Abb. 7.5. Geschwindigkeitstransformation im nichtrelativistischen Fall.

$$x' = \frac{x - vt}{\sqrt{1 - \frac{v^2}{c^2}}}$$
$$y' = y \tag{7.14}$$
$$z' = z$$

für die **Orts-Koordinaten** und

$$t' = \frac{t - \frac{v}{c^2}x}{\sqrt{1 - \frac{v^2}{c^2}}}$$

für die **Zeit**.

Die inversen Transformationsgleichungen, also diejenigen für den Übergang von S' zu S, erhält man hieraus zu

$$x = \frac{x' + vt'}{\sqrt{1 - \frac{v^2}{c^2}}}$$
$$y = y'$$
$$z = z'$$
$$t = \frac{t' + \frac{v}{c^2}x'}{\sqrt{1 - \frac{v^2}{c^2}}}$$

Für die x-**Komponente** u einer Geschwindigkeit folgt aus (7.15) wegen

$$u' = \frac{\mathrm{d}x'}{\mathrm{d}t'} = \frac{\mathrm{d}x'}{\mathrm{d}t}\frac{\mathrm{d}t}{\mathrm{d}t'}$$

mit

$$\frac{\mathrm{d}x'}{\mathrm{d}t} = \frac{\frac{\mathrm{d}x}{\mathrm{d}t} - v}{\sqrt{1 - \frac{v^2}{c^2}}} = \frac{u - v}{\sqrt{1 - \frac{v^2}{c^2}}}$$

und

$$\frac{\mathrm{d}t'}{\mathrm{d}t} = \frac{1 - \frac{v}{c^2}\frac{\mathrm{d}x}{\mathrm{d}t}}{\sqrt{1 - \frac{v^2}{c^2}}} = \frac{1 - \frac{v}{c^2}u}{\sqrt{1 - \frac{v^2}{c^2}}}$$

die Transformationsformel

$$\boxed{u' = \frac{u - v}{1 - \frac{uv}{c^2}}}$$

Bild 7.6 zeigt u'/c als Funktion von v/c mit u in Bruchteilen von c als Kurvenparameter. Unabhängig von v ist für $u = c$ auch stets $u' = c$. Ein Photon also fliegt in beiden Bezugssystemen S und S' **mit der Lichtgeschwindigkeit** c. Für $v = c$ ist $u' = -c$, unabhängig von u.

Anders als im nichtrelativistischen Fall ändern sich hier auch die Transversalkomponenten u_y und u_x der Geschwindigkeit, und zwar ergibt sich

$$\boxed{u'_y = \frac{u_y\sqrt{1 - \frac{v^2}{c^2}}}{1 - \frac{u_x v}{c^2}}}$$

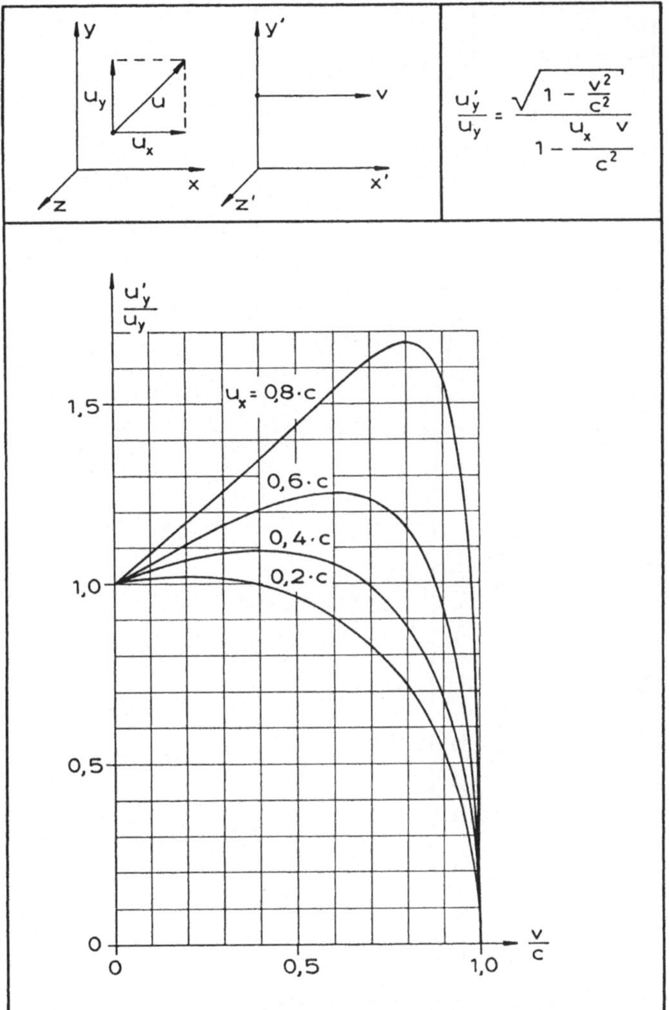

Abb. 7.6. Transformation der Transversalkomponente einer Geschwindigkeit im relativistischen Fall.

Bemerkenswert ist hierbei, dass u'_y auch von der Longitudinalkomponente u_x, bisher u genannt, abhängt. Entsprechendes gilt natürlich auch für die z-Komponente u_z.

In Bild 7.7 ist das Verhältnis u'_y/u_y als Funktion von v/c mit u_x in Bruchteilen von c als Kurvenparameter aufgetragen. Alle Kurven durchlaufen ein Maximum bei $v = u_x$. Unterhalb von $v = u_x$ wird die y-Komponente gestreckt, oberhalb von $v = u_x$ wieder verkürzt. Für $v = c$ verschwindet u'_y, unabhängig davon, welche Werte u_y und u_x annehmen. Bei einer reinen Transversalgeschwindigkeit ($u_x = 0$) ist

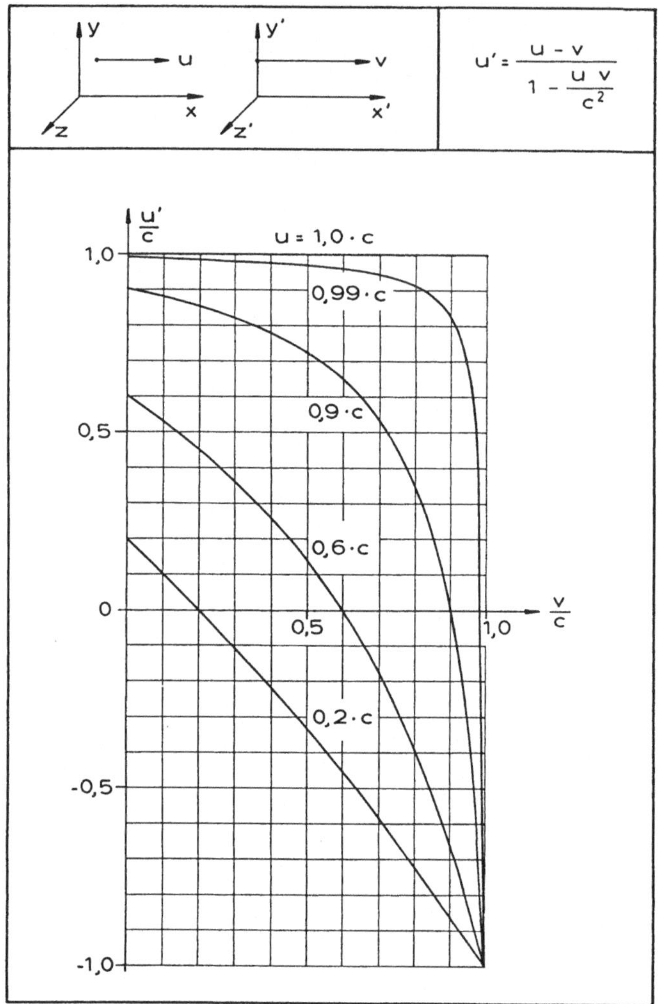

Abb. 7.7. Geschwindigkeitstransformation im relativistischen Fall.

$$u'_y = u_y \sqrt{1 - \frac{v^2}{c^2}}$$

7.4.4 Masse und Impuls im relativistischen Fall

Im folgenden bezeichnet v die Geschwindigkeit eines Teilchens der Masse m. Auch in der relativistischen Mechanik gilt das 2. NEWTONsche Axiom

$$\boldsymbol{F} = \frac{\mathrm{d}\boldsymbol{p}}{\mathrm{d}t} \qquad \text{mit} \qquad \boldsymbol{p} = m\boldsymbol{v} \tag{7.15}$$

allerdings mit einer von der Geschwindigkeit v gemäß

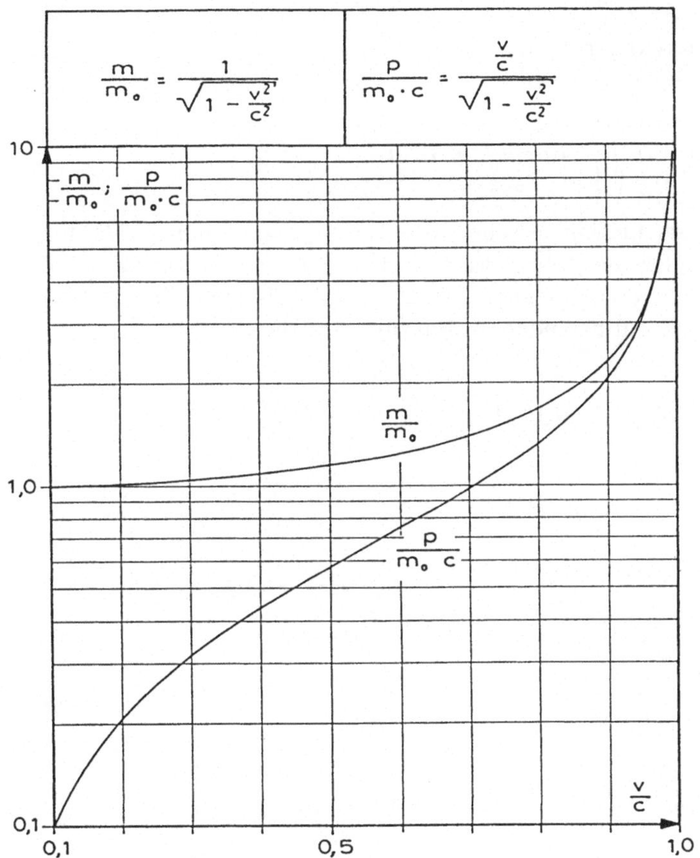

Abb. 7.8. Relativistischer Massen- und Impuls-Zuwachs.

$$m = \frac{m_0}{\sqrt{1 - \frac{v^2}{c^2}}} \tag{7.16}$$

abhängenden Masse. Die Masse $m(v = 0) = m_0$ heißt **Ruhemasse**. Bild 7.8 zeigt die Zunahme von m und p mit v. Aufgetragen sind die Verhältnisse m/m_0 und $p/(m_0c)$ als Funktionen von v/c in **halblogarithmischer** Darstellung.

7.4.5 Kinetische Energie im relativistischen Fall

Bekanntlich wird die kinetische Energie E_k eines Teilchens der Masse m aus der Arbeit bestimmt, die eine Kraft leisten muss, um dieses Teilchen aus der Ruhe auf die Geschwindigkeit v zu **beschleunigen**. Mit $\boldsymbol{F} = F\boldsymbol{e}_x$, $\boldsymbol{r} = x\boldsymbol{e}_x$ ($\boldsymbol{e}_x$ = Einheitsvektor in x-Richtung; $\boldsymbol{e}_x\boldsymbol{e}_x = 1$) und mit (7.15) ist also

$$E_k = \int_0^v \boldsymbol{F} \cdot \mathrm{d}\boldsymbol{r} = \boldsymbol{e}_x \boldsymbol{e}_x \int_0^v F \cdot \mathrm{d}x$$

$$= \int_0^v \frac{\mathrm{d}p}{\mathrm{d}t} \cdot \mathrm{d}x = \int_0^v \frac{\mathrm{d}x}{\mathrm{d}t} \cdot \mathrm{d}p = \int_0^v u \cdot \mathrm{d}(mu)$$

(Anmerkung: Strenger mathematischer Konvention folgend müssen die Integrationsvariablen anders bezeichnet werden als die Integrationsgrenzen. Deshalb stehen hier unter dem Integral u statt v, da v als obere Integrationsgrenze auftritt. Am Resultat ändert das natürlich nichts.)
Wegen

$$\mathrm{d}\Big[(mu)u\Big] = mu \cdot \mathrm{d}u + u \cdot \mathrm{d}(mu)$$

folgt

$$u \cdot \mathrm{d}(mu) = \mathrm{d}(mu^2) - mu \cdot \mathrm{d}u$$

Somit ist

$$E_k = \int_0^v \mathrm{d}(mu^2) - \int_0^v mu \cdot \mathrm{d}u = mu^2 - \frac{1}{2} \int_0^{v^2} m \cdot \mathrm{d}(u^2)$$

Für das verbleibende Integral ergibt sich mit (7.16):

$$\int_0^{v^2} m \cdot \mathrm{d}(u^2) = m_0 c^2 \int_0^{v^2/c^2} \frac{\mathrm{d}(u^2/c^2)}{\sqrt{1 - \dfrac{u^2}{c^2}}} = -2m_0 c^2 \left[\sqrt{1 - \frac{u^2}{c^2}}\right]_0^{v^2/c^2}$$

$$= -2m_0 c^2 \left[\sqrt{1 - \frac{v^2}{c^2}} - 1\right]$$

Das führt auf

$$E_k = mv^2 + m_0 c^2 \sqrt{1 - \frac{v^2}{c^2}} - m_0 c^2 \tag{7.17}$$

Aus (7.16) erhält man

$$\sqrt{1 - \frac{v^2}{c^2}} = \frac{m_0}{m} \quad \text{und} \quad mv^2 = mc^2 - \frac{m_0^2 c^2}{m}$$

Einsetzen in (7.17) liefert dann schließlich

$$E_k = mc^2 - m_0 c^2 \tag{7.18}$$

Die kinetische Energie wächst also **linear** mit der nach (7.16) geschwindigkeitsabhängigen Masse. $E_t = mc^2$ heißt die **Totalenergie**, $E_0 = m_0 c^2$ die **Ruheenergie** des Teilchens. Die explizite Abhängigkeit von v ergibt sich mit (7.16) zu

$$E_k = m_0 c^2 \left[\frac{1}{\sqrt{1 - \frac{v^2}{c^2}}} - 1 \right] \tag{7.19}$$

Mit $v \ll c$ und der Näherung

$$\left[1 - \frac{v^2}{c^2}\right]^{-1/2} = 1 + \frac{1}{2}\frac{v^2}{c^2}$$

(TAYLOR-Entwicklung in linearer Näherung) folgt

$$E_k = \frac{1}{2} m_0 v^2 \qquad \text{für} \qquad v \ll c$$

also der vertraute Ausdruck für den nichtrelativistischen Fall. Den Verlauf von E_k mit v für beide Fälle zeigt Bild 7.9. Aufgetragen ist die kinetische Energie in Bezug auf die Ruheenergie, also das Verhältnis $E_k/(m_0 c^2)$, als Funktion von v/c in **halblogarithmischer** Darstellung.

Änderungen in der kinetischen Energie sind gemäß (7.18) und (7.19) mit Änderungen der Masse bzw. entsprechenden Änderungen der Geschwindigkeit verknüpft. Aus den beiden Beziehungen folgt

$$m = \frac{E_k}{c^2} + m_0 \quad \text{und} \quad v = c\sqrt{1 - \frac{1}{\left[\frac{E_k}{m_0 c^2} + 1\right]^2}} \tag{7.20}$$

Den Verlauf der Quotienten m/m_0 und v/c als Funktionen von $E_k/(m_0 c^2)$ zeigen die beiden Bilder 7.10 und 7.11, letzteres mit **logarithmisch eingeteilter Abszissen-Achse**, um Details im Anstieg von v/c deutlicher hervortreten zu lassen. Bemerkenswert hierbei ist der Umstand, dass bei rund $E_k = 10 m_0 c^2$ das Teilchen praktisch bereits die Lichtgeschwindigkeit c erreicht hat, so dass bei einer Beschleunigung des Teilchens über diesen Wert hinaus dessen Geschwindigkeit praktisch konstant bleibt und sich nur noch dessen Masse vergrößert.

Die Multiplikation der beiden Formeln (7.20) führt auf

$$mv = p = m_0 c \left[\frac{E_k}{m_0 c^2} + 1\right] \sqrt{1 - \frac{1}{\left[\frac{E_k}{m_0 c^2} + 1\right]^2}}$$

oder

$$p = m_0 c \sqrt{\left[\frac{E_k}{m_0 c^2} + 1\right]^2 - 1} \tag{7.21}$$

also auf die Abhängigkeit des Impulses von der kinetischen Energie. Die **nichtrelativistische** Mechanik liefert hierfür bekanntlich den Zusammenhang

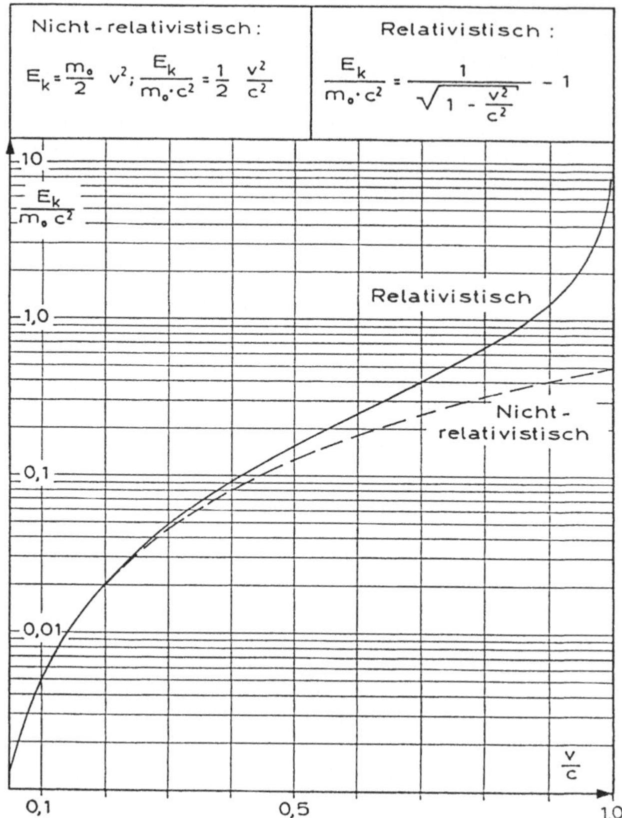

Abb. 7.9. Kinetische Energie als Funktion der Geschwindigkeit.

$$E_k = \frac{p^2}{2m_0} \quad \text{oder} \quad p = \sqrt{2m_0 E_k} = m_0 c \sqrt{2 \frac{E_k}{m_0 c^2}} \tag{7.22}$$

Die Zunahme des Impulses mit der kinetischen Energie in beiden Fällen ist in Bild 7.12 dargestellt. Gegeneinander aufgetragen sind die Relativwerte $p/(m_0 c)$ und $E_k/(m_0 c^2)$. Im relativistischen Fall geht p mit wachsendem E_k in eine **lineare** Abhängigkeit $p(E_k)$ über. Der Grund hierfür ergibt sich aus den Erläuterungen zu den Bildern 7.10 und 7.11: Einerseits steigt E_k linear mit m. Andererseits wird in dem Maß, in welchem die Geschwindigkeit v die Endgeschwindigkeit c erreicht, der Impuls p zunehmend proportional zu m.

7.4.6 De-Broglie-Wellenlänge im relativistischen Fall

Die De-Broglie-Wellenlänge eines Teilchens mit dem Impuls p beträgt bekanntlich

$$\lambda = \frac{h}{p} = \frac{h}{mv}$$

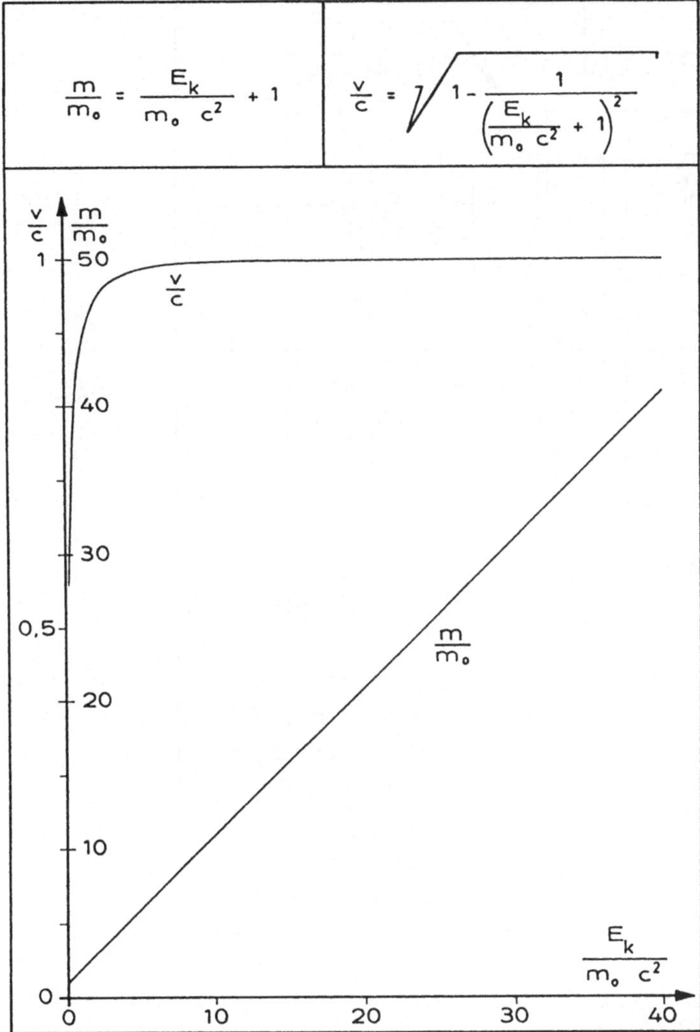

Abb. 7.10. Zunahme von Masse und Geschwindigkeit mit der kinetischen Energie.

Mit (7.16) folgt dann

$$\lambda = \frac{h}{m_0} \frac{\sqrt{1 - \frac{v^2}{c^2}}}{v} = \frac{hc}{m_0 c^2} \frac{\sqrt{1 - \frac{v^2}{c^2}}}{v/c}$$

oder mit der Abkürzung $\lambda_0 = (hc)/(m_0 c^2)$:

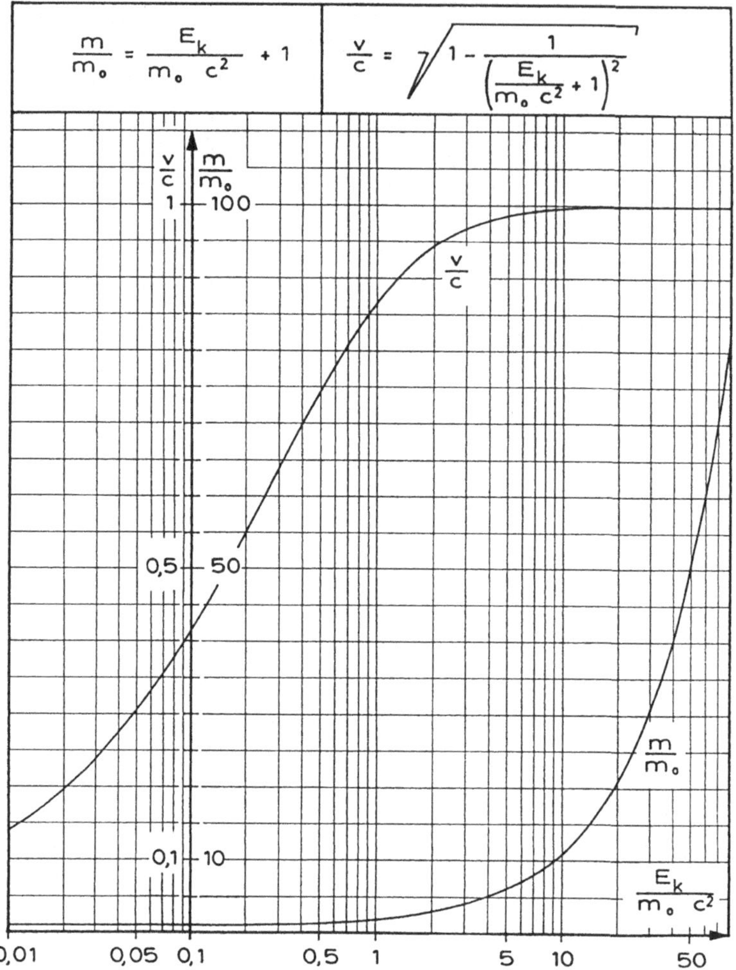

Abb. 7.11. Zunahme von Masse und Geschwindigkeit mit der kinetischen Energie bei logarithmischer Abszissen-Achse.

$$\boxed{\frac{\lambda}{\lambda_0} = \frac{\sqrt{1 - \dfrac{v^2}{c^2}}}{v/c}}$$

Im **nichtrelativistischen** Fall ist

$$\lambda = \frac{h}{m_0 v} = \frac{hc}{m_0 c^2 \dfrac{v}{c}} \qquad \text{oder} \qquad \frac{\lambda}{\lambda_0} = \frac{1}{v/c}$$

In Bild 7.13 ist das Verhältnis λ/λ_0 als Funktion von v/c für beide Fälle in **doppelt-logarithmischer** Darstellung aufgetragen. Der **hyperbolische**

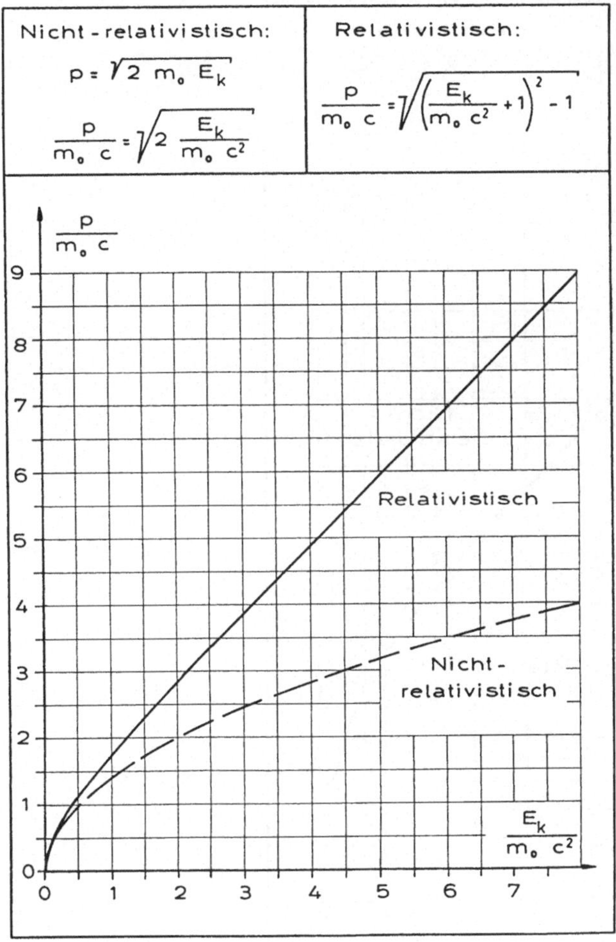

Abb. 7.12. Impulszunahme mit der kinetischen Energie.

Zusammenhang zwischen λ/λ_0 und v/c im nichtrelativistischen Fall erscheint bei einer solchen Auftragung als abfallende Gerade. Die Referenz-Wellenlänge λ_0 ist von der Ruheenergie bzw. Ruhemasse, also von der Art des betrachteten Teilchens abhängig.
Aus (7.21) erhält man durch Umformung

$$\begin{aligned} p &= m_0 c \sqrt{\frac{(E_k + m_0 c^2)^2 - m_0^2 c^4}{m_0^2 c^4}} \\ &= \frac{1}{c}\sqrt{E_k^2 + 2m_0 c^2 E_k + m_0^2 c^4 - m_0^2 c^4} \\ &= \frac{1}{c}\sqrt{E_k^2 + 2m_0 c^2 E_k} \end{aligned}$$

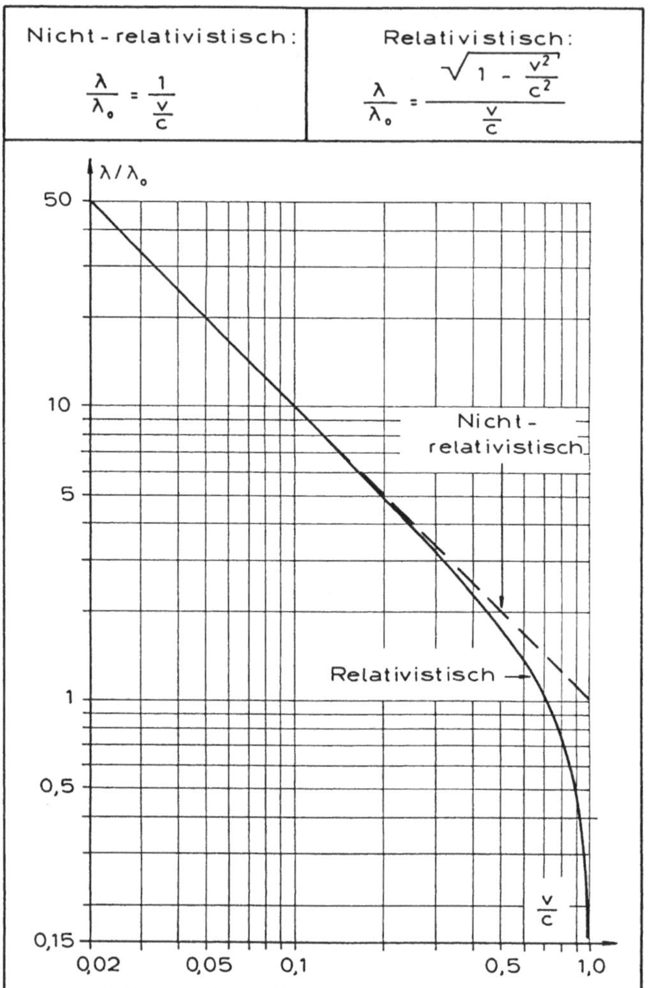

Abb. 7.13. De-Broglie-Wellenlänge als Funktion der Geschwindigkeit.

Das ergibt für die De-Broglie-Wellenlänge als Funktion der kinetischen Energie

$$\boxed{\lambda = \frac{hc}{\sqrt{E_k^2 + 2m_0c^2E_k}}}$$

Im nichtrelativistischen Fall folgt aus (7.22):

$$\lambda = \frac{hc}{\sqrt{2m_0c^2E_k}}$$

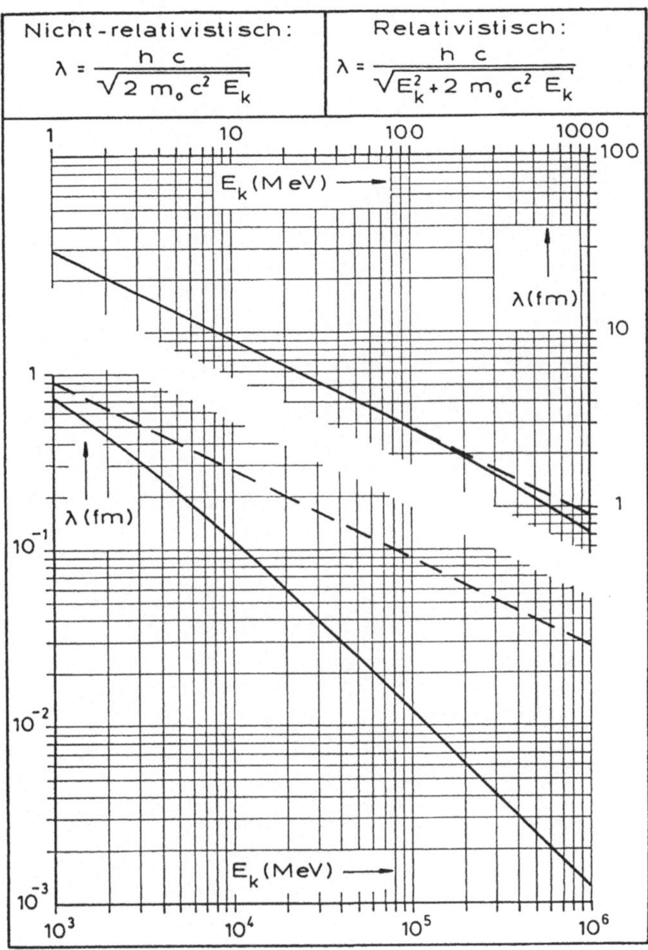

Abb. 7.14. De-Broglie-Wellenlänge für Protonen.

Als quantitatives Beispiel soll die De-Broglie-Wellenlänge für ein **Proton** betrachtet werden. Dessen Ruheenergie beträgt rund $m_0c^2 = 938.3$ MeV. Ferner ist $hc = 1239.9$ MeV fm (1 fm = 1 Femtometer = 10^{-15} m). Setzt man E_k in MeV ein, dann folgt

$$\lambda = \frac{1239.9}{\sqrt{E_k^2 + 1876.6 \cdot E_k}} \text{fm}$$

In Bild 7.14 ist dieses Ergebnis – wiederum in **doppelt-logarithmischer** Darstellung – aufgetragen, und zwar getrennt für die beiden Energiebereiche von 1 bis 1000 MeV und von 1000 bis 10^6 MeV. Die gestrichelt eingezeichnete (abfallende) Gerade repräsentiert den nichtrelativistischen Fall.

8 Anhang: Differentialgleichungen zu Grunderscheinungen der Physik

8.1 Einleitung

Als Physikstudent macht man schon recht frühzeitig in den ersten Vorlesungen des Grundkurses Bekanntschaft mit den sogenannten **Differentialgleichungen**. Das sind Gleichungen, in denen außer der gesuchten physikalischen Größe auch deren Differentialgleichungen oder "Ableitungen" – in einfachen Fällen meistens nach dem Ort x oder der Zeit t – vorkommen.
Im Rahmen der Kinematik lernt man, dass die Geschwindigkeit v und die Beschleunigung a eines Massenpunktes die erste und zweite Ableitung seines Ortes x nach der Zeit sind, und man übt an einer Reihe von Beispielen die Berechnung von $x(t)$ bei vorgegebenem v und a. Zur Lösung oder "Integration" dieser üblicherweise simplen Differentialgleichungen sollten erwartungsgemäß die Schulkenntnisse zur Infinitesimal-Rechnung ausreichen. Interessantere Typen von Differentialgleichungen, wie etwa die **Schwingungsgleichung**, tauchen erstmalig beim Thema Dynamik im Zusammenhang mit dem 2. NEWTONschen Axiom auf. Beim Auffinden von Lösungen ist hier schon häufig physikalischer oder mathematischer Spürsinn gefragt. Zumindest erleichtert er die Fährtensuche nach einem geeigneten **Lösungsansatz**.
Die sich aus dem 2. NEWTONschen Axiom ergebenden Differentialgleichungen nennt man auch die **Bewegungsgleichungen**. Sie werden als erstes für verschiedene und grundsätzlich wichtige Typen von Kräften erörtert. Als zweites wird die **Wellengleichung** behandelt. Sie beschreibt die Vorgänge der Ausbreitung von Wellen aller Art (mechanische, Schall-, elektromagnetische Wellen, etc.). Schließlich wird als drittes die **Transportgleichung** diskutiert. Die Lösungen dieser Differentialgleichung geben Auskunft über physikalisch so grundlegende Phänomene wie die **Wärmeleitung** und die **Diffusion**, aber auch über die Impulsübertragung durch innere Reibung bei der Strömung zäher Fluide.
Der Einfachheit halber werden nur **eindimensionale** Probleme behandelt, d.h. die physikalischen Größen oder Phänomene sind nur von **einer** Ortskoordinate – der x-Koordinate – abhängig.
Mit der Mathematik wird im folgenden, was Formulierungen, Umformungen, Schlussfolgerungen, u.s.w. anbetrifft, häufig sicher etwas rüde umgegangen. Das hat diese reine und logischste aller Disziplinen wahrlich nicht verdient, nur: es geht nicht anders im Rahmen einer solchen für Studienanfänger ge-

dachten Darstellung. Im Verlauf seiner Mathematik-Ausbildung erfährt der Physikstudent erst relativ spät etwas zum Thema Differentialgleichungen. Aus der Sicht der Mathematiker ist dieses wohlbegründet. Er braucht das nötige Handwerkszeug aber sofort, auch wenn es noch nicht scharf geschliffen ist. Die Hauptursache ist zunächst, es funktioniert.

8.2 Bewegungsgleichungen

8.2.1 Das 2. Newtonsche Axiom

Das 2. NEWTONsche Axiom, das sogenannte "Aktionsprinzip", lautet

$$\boldsymbol{F} = \frac{\mathrm{d}\boldsymbol{p}}{\mathrm{d}t}$$

Es sagt aus, dass eine auf einen Massenpunkt oder Körper der Masse m einwirkende Kraft $\boldsymbol{F}$ dessen Impuls

$$\boldsymbol{p} = m\boldsymbol{v}$$

zeitlich verändert. $\boldsymbol{v}$ ist die Geschwindigkeit. Die Impulsänderung erfolgt in Richtung der Kraft. Bleibt die Masse zeitlich konstant, dann ist

$$\boldsymbol{F} = \frac{\mathrm{d}(m\boldsymbol{v})}{\mathrm{d}t} = m\frac{\mathrm{d}\boldsymbol{v}}{\mathrm{d}t} = m\boldsymbol{a}$$

$\boldsymbol{a} = \mathrm{d}\boldsymbol{v}/\mathrm{d}t$ ist die Beschleunigung. Sie hat die Richtung der Kraft.
Letzteres ist nicht mehr so, wenn sich die Masse im Laufe der Bewegung ändert. In diesem allgemeineren Fall ist nämlich

$$\boldsymbol{F} = \frac{\mathrm{d}(m\boldsymbol{v})}{\mathrm{d}t} = \frac{\mathrm{d}m}{\mathrm{d}t}\cdot\boldsymbol{v} + m\frac{\mathrm{d}\boldsymbol{v}}{\mathrm{d}t} = \frac{\mathrm{d}m}{\mathrm{d}t}\cdot\boldsymbol{v} + m\boldsymbol{a}$$

und somit

$$\boldsymbol{a} = \frac{\boldsymbol{F}}{m} - \frac{1}{m}\frac{\mathrm{d}m}{\mathrm{d}t}\cdot\boldsymbol{v}$$

Die Richtung von $\boldsymbol{a}$ setzt sich jetzt aus der von $\boldsymbol{F}$ **und** der von $\boldsymbol{v}$ zusammen. Im folgenden wird stets vorausgesetzt, dass $\boldsymbol{F}$ in Richtung von $\boldsymbol{v}$ oder entgegengesetzt dazu wirkt oder an einem anfänglich ruhenden Körper angreift, so dass $\boldsymbol{v}(t = 0) = 0$ ist. Dann hat $\boldsymbol{a}$ wieder die Richtung von $\boldsymbol{F}$. Bezüglich einer dazu parallelen x-Achse und mit $\boldsymbol{e}_x$ als dem Einheitsvektor ist somit

$$a\boldsymbol{e}_x = \frac{F}{m}\boldsymbol{e}_x - \frac{1}{m}\frac{\mathrm{d}m}{\mathrm{d}t}\cdot v\boldsymbol{e}_x$$

oder

$$a = \frac{F}{m} - \frac{v}{m}\frac{\mathrm{d}m}{\mathrm{d}t} \tag{8.1}$$

Massenänderungen können die verschiedensten Ursachen haben: Verbrennen von Treibstoff bei einem Auto oder einer Rakete; Abdampfen von Materie bei einem in die Erdatmosphäre eintauchenden Meteoriten; Kondensation von Nebeltröpfchen zu immer größer werdenden Regentropfen, u.s.w. Hinzu kommt eine prinzipiell wichtige Erscheinung. Massen sind nämlich **grundsätzlich** von ihrer Geschwindigkeit abhängig, und zwar gilt

$$m(v) = \frac{m_0}{\sqrt{1 - \left(\frac{v}{c}\right)^2}} \tag{8.2}$$

$m_0 = m(v = 0)$ heißt **Ruhemasse**. c ist die Lichtgeschwindigkeit im Vakuum. Sie beträgt rund $c = 3 \cdot 10^8$ m s^{-1}. In Bild 8.1 ist die relative Masse m/m_0 als Funktion der relativen Geschwindigkeit v/c aufgetragen. Der Ordinatenmaßstab ist **logarithmisch** eingeteilt. m steigt also mit v an und wächst bei Annäherung an die Lichtgeschwindigkeit zunehmend steil gegen den Grenzwert Unendlich bei $v = c$. Für diesen Fall des sogenannten "relativistischen Massenzuwachses" folgt aus (8.2)

$$\begin{aligned} \frac{\mathrm{d}m}{\mathrm{d}t} = \frac{\mathrm{d}m}{\mathrm{d}v}\frac{\mathrm{d}v}{\mathrm{d}t} &= \frac{\mathrm{d}}{\mathrm{d}v}\left[m_0\left(1 - \frac{v^2}{c^2}\right)^{-1/2}\right]\frac{\mathrm{d}v}{\mathrm{d}t} \\ &= m_0 \frac{v}{c^2}\left(1 - \frac{v^2}{c^2}\right)^{-3/2} a \end{aligned}$$

Einsetzen in (8.1) zusammen mit (8.2) ergibt

$$\begin{aligned} a &= \frac{F}{m_0}\left(1 - \frac{v^2}{c^2}\right)^{1/2} - \frac{v^2}{c^2}\left(1 - \frac{v^2}{c^2}\right)^{1/2}\left(1 - \frac{v^2}{c^2}\right)^{-3/2} a \\ &= \frac{F}{m_0}\left(1 - \frac{v^2}{c^2}\right)^{1/2} - \frac{v^2}{c^2}\left(1 - \frac{v^2}{c^2}\right)^{-1} a \end{aligned}$$

oder

$$\left(1 - \frac{v^2}{c^2}\right) a + \frac{v^2}{c^2} a = \frac{F}{m_0}\left(1 - \frac{v^2}{c^2}\right)^{3/2}$$

und schließlich

$$a = \frac{F}{m_0}\left(1 - \frac{v^2}{c^2}\right)^{3/2} \qquad \text{bzw.} \qquad F = \frac{m_0}{\left(\sqrt{1 - \frac{v^2}{c^2}}\right)^3} a$$

Ein Vergleich mit der Beziehung $\boldsymbol{F} = m\boldsymbol{a}$ für eine konstante Masse zeigt unmittelbar, dass bloßes Einsetzen von m gemäß der den relativistischen Massenzuwachs beschreibenden Formel (8.2) zu einem falschen Ergebnis führt.

Mit Beschleunigungs-Anlagen, wie sie für Experimente zur Kern- oder Elementarteilchen-Physik eingesetzt werden, lassen sich (geladene) Teilchen (Elektronen, Protonen) auf so hohe Geschwindigkeiten bringen, dass sich ihre relativistische Massenzunahme drastisch bemerkbar macht. Dagegen sind die

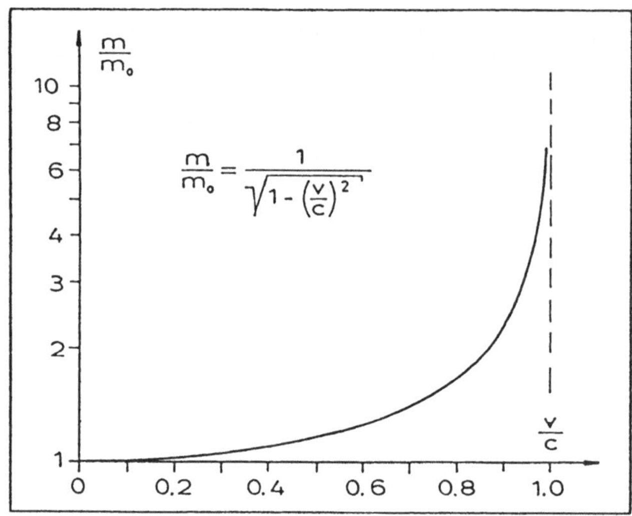

Abb. 8.1. Relativistischer Massenzuwachs.

Geschwindigkeiten makroskopischer Körper bei ihrer Bewegung auf der Erde durchweg vernachlässigbar klein gegen die Lichtgeschwindigkeit, so dass hier ein solcher Massenzuwachs unberücksichtigt bleiben kann.

In der Form einer Differentialgleichung für $x(t)$ nennt man den Zusammenhang (8.1) auch die Bewegungsgleichung. Mit $v = \mathrm{d}x/\mathrm{d}t$ und $a = \mathrm{d}^2x/\mathrm{d}t^2$ lautet sie

$$\boxed{\frac{\mathrm{d}}{\mathrm{d}t}\left(m\frac{\mathrm{d}x}{\mathrm{d}t}\right) = m\frac{\mathrm{d}^2x}{\mathrm{d}t^2} + \frac{\mathrm{d}m}{\mathrm{d}t}\frac{\mathrm{d}x}{\mathrm{d}t} = F} \tag{8.3}$$

bzw. für eine konstante Masse

$$\boxed{\frac{\mathrm{d}^2x}{\mathrm{d}t^2} = \frac{F}{m}} \tag{8.4}$$

In den folgenden Abschnitten werden für verschiedene Kräfte F die Lösungen dieser Differentialgleichungen untersucht und die in ihnen enthaltenen physikalischen Aussagen diskutiert. Effekte als Folge eines relativistischen Massenzuwachses werden nicht betrachtet. Wenn nicht ausdrücklich anders vermerkt, werden konstante Massen vorausgesetzt.

8.2.2 Die Kraft ist konstant: $\boldsymbol{F} = \boldsymbol{F}_0\boldsymbol{e}_x$

Die entsprechende Differentialgleichung

$$\frac{\mathrm{d}^2x}{\mathrm{d}t^2} = \frac{F_0}{m} \tag{8.5}$$

ist hier elementar durch zweimalige Integration lösbar. Bezeichnen C_1 und C_2 die Integrationskonstanten, dann ergibt sich

$$\frac{\mathrm{d}x}{\mathrm{d}t} = v(t) = \int \frac{\mathrm{d}^2x}{\mathrm{d}t^2} \cdot \mathrm{d}t = \int \frac{F_0}{m} \cdot \mathrm{d}t = \frac{F_0}{m} \int \mathrm{d}t = \frac{F_0}{m}t + C_1 \tag{8.6}$$

und

$$x(t) = \int \frac{\mathrm{d}x}{\mathrm{d}t} \cdot \mathrm{d}t = \int \left(\frac{F_0}{m}t + C_1\right) \cdot \mathrm{d}t = \frac{F_0}{2m}t^2 + C_1 t + C_2 \tag{8.7}$$

Von der Integration aus betrachtet, können C_1 und C_2 beliebige Werte haben. Von der Physik her gesehen, werden sie dadurch festlegbar, dass man den Zustand des "physikalischen Geschehens" zu einem festen Zeitpunkt t_0 kennt oder vorgeben kann. Wählt man etwa $t_0 = 0$, was die Allgemeingültigkeit der Aussagen in keiner Weise schmälert, dann ist der Zustand eindeutig gekennzeichnet durch die drei Größen $a(0) = a_0$, $v(0) = v_0$ und $x(0) = x_0$. Die Beschleunigung ist durch (8.5) bereits festgelegt. Sie ist zeitlich konstant, d.h. es ist $a_0 = F_0/m$. Bekannt oder vorgebbar müssen also nur noch v_0 und x_0 sein. Aus (8.6) und (8.7) folgt dann für $t = t_0 = 0$:

$$v(0) = v_0 = C_1 \qquad \text{und} \qquad x(0) = x_0 = C_2$$

Also lautet die Lösung (8.7) von (8.6):

$$\boxed{x(t) = \frac{F_0}{2m}t^2 + v_0 t + x_0} \tag{8.8}$$

Dieses Ergebnis, also das "Weg-Zeit-Diagramm" dieser Bewegung ist in Bild 8.2 für einen festen Startpunkt x_0 und drei verschiedene Anfangsgeschwindigkeiten v_0 aufgetragen. Angenommen wurde $F_0 = 2$ N, m = 1 kg,$x_0 = 2$ m und $v_0 = 4$ bzw. 0 bzw. –4 m s^{-1}.

Ein bekanntes Beispiel für eine konstante Kraft ist das Gewicht $\boldsymbol{F}_0$ eines Körpers in der Nähe und an einem festen Ort der Erdoberfläche. Weist die x-Achse vertikal nach oben ($x = 0$ an der Erdoberfläche), dann ist $\boldsymbol{F}_0 = -mg\boldsymbol{e}_x$. Einsetzen in (8.8) ergibt

$$x(t) = -\frac{1}{2}gt^2 + v_0 t + x_0$$

also die bekannten Gesetzmäßigkeiten für den "senkrechten Wurf" oder – falls $v_0 = 0$ ist – für den "freien Fall". g ist die sogenannte Fall- oder Schwerebeschleunigung.

Ein weiteres Beispiel für eine konstante Kraft ist die elektrische Kraft $\boldsymbol{F}_0 = q\boldsymbol{E}_0$ auf einen Körper mit der Ladung q in einem homogenen elektrischen Feld der Stärke $\boldsymbol{E}_0$.

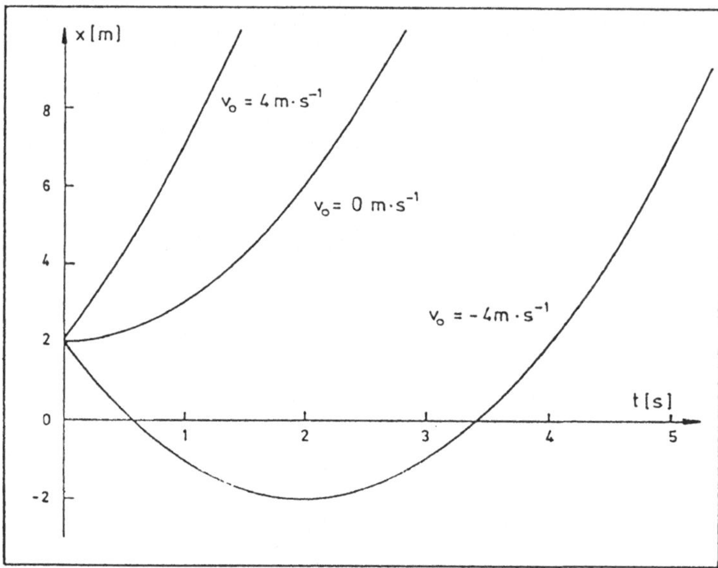

Abb. 8.2. Bewegung unter der Wirkung einer konstanten Kraft.

8.2.3 Die Kraft ist konstant und bremsend: $\boldsymbol{F} = -F_0\boldsymbol{e}_x$; $\boldsymbol{v}_0 = v_0\boldsymbol{e}_x$ $(F_0 > 0;\ v_0 > 0)$

Der Fall, der nun behandelt werden soll, ist als Teilaspekt bereits in dem vorangehend diskutierten enthalten. Dass er hier nochmals gesondert aufgegriffen wird, hat seinen Grund in seiner Bedeutung für die Wirkung von **Gleitreibungskräften**, genauer gesagt von Festkörper-Gleitreibungskräften. Was damit gemeint ist und worum es dabei geht, ist in Bild 8.3 skizziert: Ein (quaderförmiger) Körper wird durch eine (Normal-)Kraft $\boldsymbol{F}_n$ gegen eine (ebene) Unterlage gedrückt. Zusätzlich wirkt auf ihn parallel zur Unterlage eine (Tangential-)Kraft $\boldsymbol{F}_t$, von der angenommen werden soll, dass sie von Null an (langsam) zunimmt. Solange sie kleiner als eine "charakteristische" Kraft $F_{t,0}$ ist, bleibt der Körper in Ruhe. Er haftet an der Unterlage, was also bedeutet, dass er im Bereich $0 < F_t < F_{t,0}$ stets mit einer gleich großen Gegen- oder Bremskraft $\boldsymbol{F} = -\boldsymbol{F}_t$ reagiert, die Haftreibungskraft genannt wird. Oberhalb von $F_{t,0}$ stellt sich nach einem in dem Bild grob schematisch und gestrichelt angedeuteten Übergangsverhalten eine erfahrungsgemäß konstante, d.h. von F_t unabhängige Bremskraft $\boldsymbol{F} = -F_0\boldsymbol{e}_x$ ein. Ihre Größe F_0 ist – wiederum erfahrungsgemäß – proportional zur Andruckkraft F_n, d.h. es ist $F_0 = \mu_g F_n$. Der Proportionalitätsfaktor μ_g heißt Gleitreibungskoeffizient. Verläßliche Werte hierfür müssen im Einzelfall experimentell ermittelt werden.

Die zu lösende Differentialgleichung (8.4) lautet also

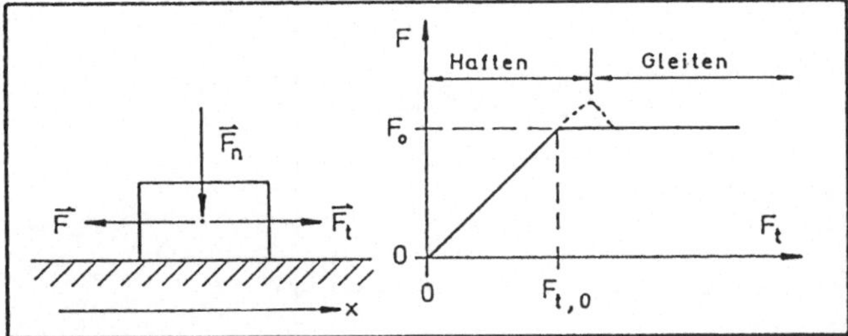

Abb. 8.3. Zur Festkörper-Reibung.

$$\boxed{\frac{\mathrm{d}^2x}{\mathrm{d}t^2} = -\mu_g \frac{F_n}{m}}$$

Wie vorangehend exerziert, läßt sich die Lösung direkt durch stufenweise Integration finden. Mit den Anfangsbedingungen $v(0) = v_0 > 0$ und $x(0) = 0$ erhält man für die Geschwindigkeit

$$v(t) = v_0 - \mu_g \frac{F_n}{m} t$$

und für den Ort

$$\boxed{x(t) = v_0 t - \mu_g \frac{F_n}{2m} t^2}$$

Die linear mit der Zeit abfallende Geschwindigkeit ereicht den Wert Null zur Zeit

$$t_b = \frac{m v_0}{\mu_g F_n}$$

Nach dieser **Bremszeit** bleibt der Körper in Ruhe, d.h. es ist $v(t) = 0$ für $t > t_b$. In dieser Zeit hat er den **Bremsweg**

$$x_b = v_0 t_b - \mu_g \frac{F_n}{2m} t_b^2 = \frac{1}{2} \frac{m v_0^2}{\mu_g F_n}$$

zurückgelegt und bleibt bei x_b liegen, d.h. es ist $x(t) = x_b$ für $t > t_b$. Zur Veranschaulichung dieser einfachen Zusammenhänge sind in Bild 8.4 die Verläufe $v(t)$ und $x(t)$ aufgetragen, wobei die Werte $v_0 = 1$ m s^{-1}, $\mu_g = 0.5$, $F_n = 1$ N und $= 1$ kg angenommen wurden. Sie ergeben $t_b = 2$ s und $x_b = 1$ m.

Ein wichtiger, weil realistischer Fall ist der, bei welchem die Andruckkraft F_n einzig und allein durch das Gewicht $G = mg$ des Körpers bei einer horizontalen Unterlage erzeugt wird. Mit $F_n = mg$ gehen dann die obigen Beziehungen über in

$$v(t) = v_0 - \mu_g g t, \; x(t) = v_0 t - \frac{1}{2} \mu_g g t^2, \; t_b = \frac{v_0}{\mu_g g}, \; x_b = \frac{1}{2} \frac{v_0^2}{\mu_g g}$$

Überraschenderweise spielt hier die Masse des Körpers keine Rolle.

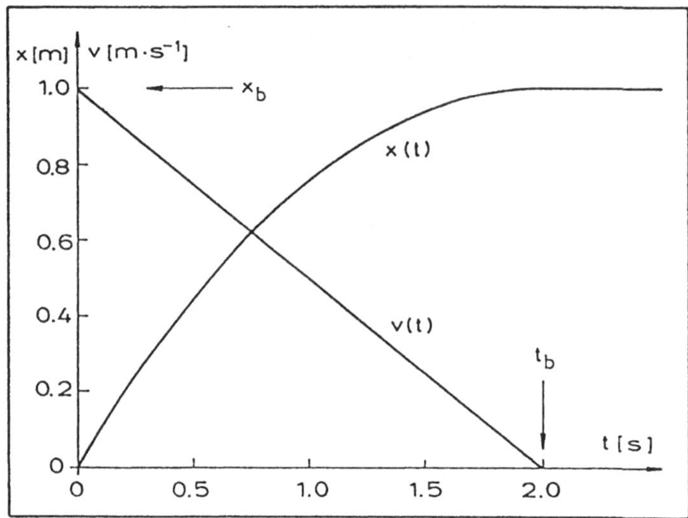

Abb. 8.4. Bewegung unter der Wirkung der Gleitreibungskraft.

Zum Abschluss ein Beispiel: Ein Auto wird bei einer Geschwindigkeit von $v_0 = 100$ km h^{-1} $= 27.8$ m s^{-1} so stark abgebremst, dass es mit blockierten Rädern geradeaus über die (horizontale) Straßendecke rutscht. Der experimentell bestimmte Koeffizient der Gleitreibung von Gummi auf Asphalt liegt bei $\mu_g = 0.6$. Das ergibt mit $g = 9.81$ m s^{-2} eine Bremszeit von $t_b = 4.7$ s und einem Bremsweg von $x_b = 65$ m.

8.2.4 Die Kraft ist konstant; die Masse wächst linear mit der Zeit: $\boldsymbol{F} = \boldsymbol{F}_0\boldsymbol{e}_x$; $m(t) = m_0 + \mu t \quad (\mu = \text{const})$

Die zu lösende Differentialgleichung (8.3) lautet nun

$$\boxed{\frac{\mathrm{d}}{\mathrm{d}t}\left[(m_0 + \mu t)\frac{\mathrm{d}x}{\mathrm{d}t}\right] = F_0}$$

Die Integration über die Zeit ergibt

$$(m_0 + \mu t)\frac{\mathrm{d}x}{\mathrm{d}t} = \int F_0 \cdot \mathrm{d}t + C_1 = F_0 t + C_1$$

Zum Zeitpunkt $t = t_0 = 0$ betrage die Geschwindigkeit $v(0) = (\mathrm{d}x/\mathrm{d}t)_0 = v_0$. Mit dieser Anfangsbedingung folgt dann für die Integrationskonstante $C_1 = m_0 v_0$. Also ist

$$\frac{\mathrm{d}x}{\mathrm{d}t} = v(t) = \frac{m_0 v_0 + F_0 t}{m_0 + \mu t}$$

Die Integration dieser Funktion zur Gewinnung der gesuchten Lösung $x(t)$ ist einfach durchzuführen, wenn man geeignet umformt. Es ist nämlich

$$\begin{aligned}\frac{m_0 v_0 + F_0 t}{m_0 + \mu t} &= \frac{m_0 v_0}{m_0 + \mu t} + \frac{F_0}{\mu}\frac{\mu t}{m_0 + \mu t} \\ &= \frac{m_0 v_0}{m_0 + \mu t} + \frac{F_0}{\mu}\frac{m_0 + \mu t - m_0}{m_0 + \mu t} \\ &= \frac{F_0}{\mu} + \left(m_0 v_0 - \frac{m_0 F_0}{\mu}\right)\frac{1}{m_0 + \mu t}\end{aligned}$$

Somit folgt

$$\begin{aligned}x(t) &= \int \frac{m_0 v_0 + F_0 t}{m_0 + \mu t} \cdot \mathrm{d}t + C_2 \\ &= \frac{F_0}{\mu}\int dt + \left(m_0 \cdot v_0 - \frac{m_0 F_0}{\mu}\right)\int \frac{\mathrm{d}t}{m_0 + \mu t} + C\end{aligned}$$

Das zweite Integral führt auf die Logarithmus-Funktion, d.h. es ist

$$x(t) = \frac{F_0}{\mu}t + \left(m_0 v_0 - \frac{m_0 F_0}{\mu}\right)\frac{1}{\mu}\ln(m_0 + \mu t) + C$$

Startet der Körper zum Zeitpunkt $t = t_0 = 0$ am Ort $x(0) = x_0$, dann erhält man als Bestimmungsgleichung für die Integrationskonstante

$$x_0 = \left(m_0 v_0 - \frac{m_0 F_0}{\mu}\right)\frac{1}{\mu}\ln m_0 + C$$

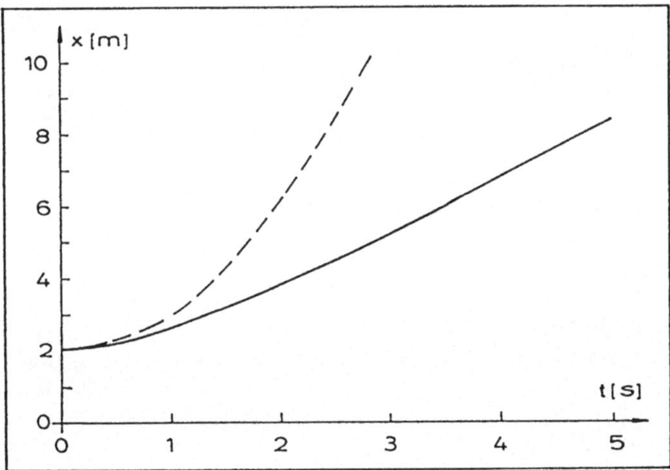

Abb. 8.5. Bewegung bei einer zeitlich linear zunehmenden Masse.

Einsetzen unter Beachtung der Grundrechenregeln für Logarithmen liefert schließlich

$$\boxed{x(t) = x_0 + \frac{F_0}{\mu}t + \frac{m_0}{\mu}\left(v_0 - \frac{F_0}{\mu}\right)\ln\left(1 + \frac{\mu}{m_0}t\right)}$$

Für $x_0 = 0$ und $v_0 = 0$ vereinfacht sich der Ausdruck zu

$$x(t) = \frac{F_0}{\mu}\left[t - \frac{m_0}{\mu}\ln\left(1 + \frac{\mu}{m_0}t\right)\right]$$

Ein Beispiel einer Weg-Zeit-Kurve $x(t)$ für die hier studierte Bewegung ist in Bild 8.5 aufgetragen. Angenommen wurde $F_0 = 2$ N, $m_0 = 1$ kg, $\mu = 1$ kg $\mathrm{s}^{-1}, v_0 = 0$ und $x_0 = 2$ m. Die gestrichelte Kurve zeigt den Verlauf für eine **konstante** Masse von $m_0 = 1$ kg, also für $\mu = 0$.

Ein Beispiel für einen sich so bewegenden Körper wäre etwa ein wasserdichter und oben offener Wagen, der bei konstantem Dauerregen reibungsfrei eine schiefe Ebene hinunterrollt.

8.2.5 Die Kraft ist konstant; der Massenverlust ist proportional zur Geschwindigkeit: $\boldsymbol{F} = F_0\boldsymbol{e}_x;\ \frac{\mathrm{d}m}{\mathrm{d}t} = -\varepsilon v \quad (\varepsilon = \mathrm{const})$

Zunächst erhält man durch Integration über den Massenverlust unter Berücksichtigung von $v = \mathrm{d}x/\mathrm{d}t$

$$m = \int \frac{\mathrm{d}m}{\mathrm{d}t}\cdot \mathrm{d}t + C_1 = -\varepsilon\int v\cdot\mathrm{d}t + C_1 = -\varepsilon\int \mathrm{d}x + C_1 = -\varepsilon x + C_1$$

Am Ort $x = 0$ betrage die Masse $m(0) = m_0$. Dann ist

$$m(x) = m_0 - \varepsilon x \tag{8.9}$$

Also hat die Ausgangsgleichung (8.3) die Form

$$\boxed{\frac{\mathrm{d}}{\mathrm{d}t}\left[(m_0 - \varepsilon x)\frac{\mathrm{d}x}{\mathrm{d}t}\right] = F_0} \tag{8.10}$$

Wie bereits geübt, ergibt die Integration über die Zeit

$$(m_0 - \varepsilon x)\frac{\mathrm{d}x}{\mathrm{d}t} = F_0 t + C_2$$

Der Körper soll sich zur Zeit $t = 0$ am Ort $x(0) = 0$ befinden und dort die Geschwindigkeit $v(0) = (\mathrm{d}x/\mathrm{d}t)_0 = v_0$ haben. Daraus folgt $C_2 = m_0 v_0$ und somit

$$(m_0 - \varepsilon x)\cdot\mathrm{d}x = (F_0 t + m_0 v_0)\cdot\mathrm{d}t$$

Dieser zuletzt vollzogene und hier sehr einfache Schritt hat in der Mathematik einen bestimmten Namen. Er heißt die "Trennung der Variablen". Die Integration

$$\int(m_0 - \varepsilon x)\cdot\mathrm{d}x = \int(F_0 t + m_0 v_0)\cdot\mathrm{d}t + C_3$$

führt auf

$$m_0 x - \frac{\varepsilon}{2}x^2 = \frac{F_0}{2}t^2 + m_0 v_0 t + C_3$$

Wegen der bereits festgelegten Anfangsbedingung $x = 0$ für $t = 0$ ist $C_3 = 0$ und damit

$$\frac{\varepsilon}{2}x^2 - m_0 x + \left(\frac{F_0}{2}t^2 + m_0 v_0 t\right) = 0$$

Das ist eine quadratische Gleichung für x der Form

$$ax^2 + bx + c = 0$$

Wie die Mathematik lehrt, hat eine solche Gleichung die beiden Lösungen

$$x_{1,2} = \frac{-b \pm \sqrt{b^2 - 4ac}}{2a}$$

Die Übertragung auf die hier diskutierten Zusammenhänge liefert also

$$x(t)_{1,2} = \frac{m_0 \pm \sqrt{m_0^2 - 4\frac{\varepsilon}{2}\left(\frac{F_0}{2}t^2 + m_0 v_0 t\right)}}{\varepsilon}$$

Für $t = 0$ lauten die beiden Lösungen $x(0)_1 = (m_0 + m_0)/\varepsilon = 2m_0/\varepsilon$ und $x(0)_2 = (m_0 - m_0)/\varepsilon = 0$. Festgelegt wurde $x(0) = 0$. Also wird nur die Lösung mit dem Minuszeichen vor dem Wurzelausdruck dem Problem gerecht, d.h. es ist

$$\boxed{x(t) = \frac{m_0}{\varepsilon} - \sqrt{\left(\frac{m_0}{\varepsilon}\right)^2 - \frac{F_0}{\varepsilon}t^2 - 2\frac{m_0 v_0}{\varepsilon}t}} \tag{8.11}$$

Damit ist die eigentliche Aufgabe, nämlich die Differentialgleichung (8.10) nach $x(t)$ aufzulösen, bereits erfüllt. Zusätzlich können jetzt noch die Zeitabhängigkeiten der Geschwindigkeit und der Masse berechnet werden.
Durch Einsetzen von (8.11) in (8.9) folgt unmittelbar

$$m(t) = \sqrt{m_0^2 - \varepsilon F_0 t^2 - 2\varepsilon m_0 v_0 t} \tag{8.12}$$

Die Differentiation von (8.11) ergibt

$$v(t) = \frac{\mathrm{d}x}{\mathrm{d}t} = \frac{F_0 t + m_0 v_0}{\sqrt{m_0^2 - \varepsilon F_0 t^2 - 2\varepsilon m_0 v_0 t}} \tag{8.13}$$

Startet der Körper bei $x = 0$ ohne Anfangsgeschwindigkeit, ist also $v_0 = 0$, dann vereinfachen sich die obigen Ergebnisse zu

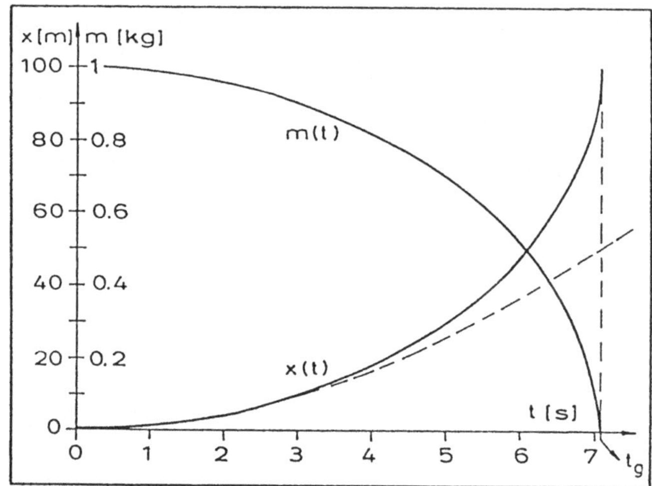

Abb. 8.6. Bewegung bei einem zur Geschwindigkeit proportionalen Massenverlust.

$$x(t) = \frac{m_0}{\varepsilon} - \sqrt{\left(\frac{m_0}{\varepsilon}\right)^2 - \frac{F_0}{\varepsilon}t^2},$$

$$m(t) = \sqrt{m_0^2 - \varepsilon F_0 t^2}$$

und

$$v(t) = \frac{F_0 t}{\sqrt{m_0^2 - \varepsilon F_0 t^2}}$$

Die hier gewonnenen Aussagen bedürfen eines klärenden Kommentars: Gemäß (8.9) nimmt die Masse linear mit dem Ort x ab. Sie verschwindet für $\varepsilon x = m_0$, also beim Grenzwert $x_g = m_0/\varepsilon$. Damit ist aus physikalischer Sicht das Geschehen beendet. Negative Massen, wie sie für $x > x_g$ aufträten, gibt es nicht. Mathematisch gesehen könnte man die Betrachtungen natürlich auch noch über x_g hinaus fortsetzen. Für den zu x_g gehörenden Grenzwert t_g der Zeit ergibt sich aus (8.12) mit $m(t_g) = 0$ der Zusammenhang

$$\varepsilon F_0 t_g^2 + 2\varepsilon m_0 v_0 t_g = m_0^2$$

Einsetzen in (8.13) führt auf $v(t_g) = \infty$. Oberhalb von t_g verlieren die Formeln ihre physikalische Ausagekraft. Zur Veranschaulichung der hier diskutierten Bewegungsform zeigt Bild 8.6 die zeitlichen Verläufe $m(t)$ der Masse und $x(t)$ des Ortes. Angenommen wurden dafür die Werte $m_0 = 1$ kg, $F_0 = 2$ N und $\varepsilon = 10$ g m^{-1} = 0.01 kg m^{-1}. Gestrichelt eingezeichnet ist der Verlauf $x(t)$ für eine **konstante** Masse von $m_0 = 1$ kg.

8.2.6 Die Kraft ist proportional zum Ort: $\boldsymbol{F} = D x \boldsymbol{e}_x$ $(D > 0)$.

Die Differentialgleichung (8.4) lautet jetzt

$$\boxed{\frac{\mathrm{d}^2x}{\mathrm{d}t^2} = \frac{D}{m}x} \tag{8.14}$$

Gesucht wird also eine Funktion $x(t)$, die sich nach zweimaliger Differentiation bis auf einen konstanten Faktor D/m reproduziert. Diese Eigenschaft hat nur eine einzige Funktion, nämlich die Exponentialfunktion oder, abgekürzt, e-Funktion

$$x(t) = Be^{kt} \tag{8.15}$$

mit beliebigen Faktoren B und k. Sie bleibt sogar nach **beliebig oft** wiederholter Differentiation stets eine e-Funktion. Lediglich der Vorfaktor ändert sich. Es gilt für sie nämlich, wie aus der Schulmathematik bekannt sein sollte:

$$\frac{\mathrm{d}^nx}{\mathrm{d}t^n} = k^nBe^{kt} = k^nx \tag{8.16}$$

Ist k negativ ($k < 0$), dann ändern die Differentialquotienten mit fortschreitendem n abwechselnd ihr Vorzeichen. Ungeradzahlige Differentiation ($n = 1; 3; 5; \ldots$) bewirkt Vorzeichenumkehr ($n = 2; 4; 6; \ldots$) nicht.
Einsetzen des **Lösungsansatzes** (8.15) in (8.14) ergibt mit (8.16) für $n = 2$:

$$k^2x = \frac{D}{m}x \qquad \text{oder} \qquad k^2 = \frac{D}{m}$$

Diese Bestimmungsgleichung für den zunächst willkürlichen Exponentenfaktor k hat zwei Lösungen, nämlich

$$k_1 = +\sqrt{\frac{D}{m}} \qquad \text{und} \qquad k_2 = -\sqrt{\frac{D}{m}}$$

Setzt man zur Vereinfachung der Schreibweise $\sqrt{D/m} \equiv \omega_0$, dann ist $k_1 = \omega_0$ und $k_2 = -\omega_0$. Es gibt also offensichtlich **zwei** e-Funktionen, welche die Differentialgleichung (8.6) zu lösen vermögen, nämlich

$$x_1(t) = B_1e^{\omega_0t} \qquad \text{und} \qquad x_2(t) = B_2e^{-\omega_0t}$$

Wie man leicht feststellen kann, ist auch die Summe $x_1 + x_2$ eine Lösung. Die allgemeine Lösung von (8.14) ist die **Linearkombination** aller Einzellösungen. Dabei versteht man allgemein unter einer Linearkombination mehrerer Funktionen x_i die Summe der mit beliebigen Faktoren a_i versehenen x_i, also:

$$a_1x_1 + a_2x_2 + a_3x_3 + \cdots$$

Somit lautet die allgemeine Lösung hier

$$x(t) = a_1B_1e^{\omega_0t} + a_2B_2e^{-\omega_0t}$$

oder mit den Abkürzungen $a_1B_1 = A_1$ und $a_2B_2 = A_2$

$$x(t) = A_1e^{\omega_0t} + A_2e^{-\omega_0t} \tag{8.17}$$

Als Geschwindigkeit folgt

$$v(t) = \frac{\mathrm{d}x}{\mathrm{d}t} = \omega_0 \left(A_1 e^{\omega_0 t} - A_2 e^{-\omega_0 t} \right) \tag{8.18}$$

Die vorerst freien Konstanten A_1 und A_2 werden – wie im Abschnitt 8.2.2 die Integrationskonstanten C_1 und C_2 – durch die bekannten oder vorgebbaren Anfangsbedingungen x_0 und v_0 festgelegt. Für $t = t_0 = 0$ ergeben (8.17) und (8.18):

$$x(0) = x_0 = A_1 + A_2$$

und

$$\frac{v(0)}{\omega_0} = \frac{v_0}{\omega_0} = A_1 - A_2$$

Addition beider Gleichungen führt auf

$$A_1 = \frac{1}{2} \left(x_0 + \frac{v_0}{\omega_0} \right)$$

Die Subtraktion liefert

$$A_2 = \frac{1}{2} \left(x_0 - \frac{v_0}{\omega_0} \right)$$

Damit erhält (8.17) die endgültige Form

$$\boxed{x(t) = \frac{1}{2} \left[x_0 + \frac{v_0}{\omega_0} \right] e^{\omega_0 t} + \frac{1}{2} \left[x_0 - \frac{v_0}{\omega_0} \right] e^{-\omega_0 t}}$$

Sie läßt sich auch mit Hilfe der sogenannten **Hyperbelfunktionen** darstellen. Fasst man die Terme mit x_0 und v_0 zusammen, dann ist:

$$x(t) = x_0 \frac{e^{\omega_0 t} + e^{-\omega_0 t}}{2} + \frac{v_0}{\omega_0} \frac{e^{\omega_0 t} - e^{-\omega_0 t}}{2} \tag{8.19}$$

Die Funktionen

$$\frac{e^{\omega_0 t} + e^{-\omega_0 t}}{2} \equiv \cosh(\omega_0 t) \quad \text{und} \quad \frac{e^{\omega_0 t} - e^{-\omega_0 t}}{2} \equiv \sinh(\omega_0 t)$$

heißen der "Cosinus hyperbolicus" und der "Sinus hyperbolicus" von $\omega_0 t$. Diese Bezeichnung rührt von der Tatsache her, dass für diese Klassen von Funktionen formal dieselben Rechenregeln (Additionstheoreme, Differentiationsregeln etc.) gelten wie für die bekannten und "normalen" trigonometrischen Funktionen "Cosinus" und "Sinus". Somit lautet (8.19)

$$\boxed{x(t) = x_0 \cosh(\omega_0 t) + \frac{v_0}{\omega_0} \sinh(\omega_0 t)} \tag{8.20}$$

Bild 8.7 zeigt das Weg-Zeit-Diagramm $x(t)$ für eine solche Bewegung.

Angenommen wurde $D = 1$ N m^{-1}, $m = 1$kg , also $\omega_0 = 1$ s^{-1}, $x_0 = 2$ m und $v_0 = 4, 0, -1$ und -4 m s^{-1}.

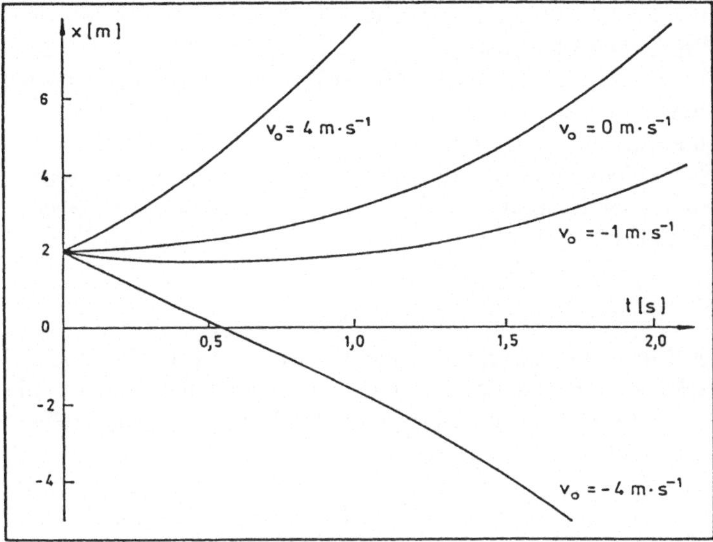

Abb. 8.7. Bewegung unter der Wirkung einer x-proportionalen abstoßenden Kraft.

Ein Beispiel für die hier diskutierte Kraft ist die elektrische Kraft auf eine positive (negative) Punktladung q **innerhalb** einer positiven (negativen), kugelförmigen und homogenen Ladungswolke. Homogen bedeutet, dass die Raumladungsdichte $\varrho = \mathrm{d}Q/\mathrm{d}V$ überall innerhalb der Kugelwolke konstant ist. Hat die Kugel den Radius R, dann beträgt ihre Gesamtladung

$$Q_0 = \int\limits_V \varrho \cdot \mathrm{d}V = \varrho \int\limits_V \mathrm{d}V = \frac{4}{3}\pi\varrho R^3$$

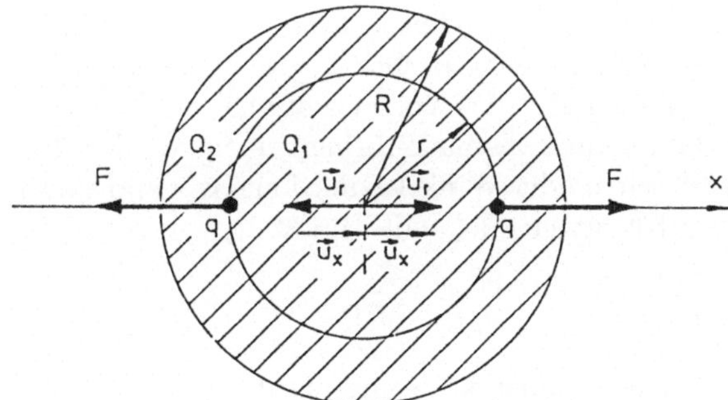

Abb. 8.8. Kraft auf eine Punktladung innerhalb einer homogenen Ladungswolke.

Eine konzentrische Kugelfläche mit dem Radius $r < R$, auf der die betrachtete Punktladung q sitzen möge, teilt die Gesamtwolke in eine innere

Kugelwolke mit der Ladung Q_1 und eine äußere Kugelschalenwolke mit der Ladung Q_2 (Bild 8.8). Die Elektrostatik lehrt, dass die Q_1-Wolke auf q dieselbe Kraft ausübt wie eine Punktladung Q_1 im Zentrum und dass sich die von den einzelnen Volumenelementen der Q_2-Wolke ausgehenden Kräfte am Ort von q zu Null addieren. Als gesamte auf q wirkende Kraft innerhalb der Q_0-Wolke ($r < R$) verbleibt somit die durch das COULOMBsche Gesetz angegebene Kraft zwischen zwei Punktladungen q und Q_1 im Abstand r. Wegen $Q_1 = (4/3)\pi\varrho r^3$ folgt also

$$\boldsymbol{F} = \frac{1}{4\pi\varepsilon_0}\frac{qQ_1}{r^2}\boldsymbol{e}_r = \frac{\varrho q}{3\varepsilon_0}r\boldsymbol{e}_r = Dr\boldsymbol{e}_r$$

mit $D = \varrho q/(3\varepsilon_0)$. Dabei ist $\boldsymbol{e}_r$ der Einheitsvektor in radialer Richtung und ε_0 die sogenannte elektrische Feldkonstante. Voraussetzungsgemäß sind ϱ und q gleichnamig, also entweder beide positiv oder beide negativ. Folglich ist $D > 0$ und $\boldsymbol{F}$ radial **nach außen** gerichtet.
Auf einer durch das Zentrum verlaufenden x-Achse mit $x = 0$ im Zentrum ist bei positiven x-Werten $r = x$, $\boldsymbol{e}_r = \boldsymbol{e}_x$, also $\boldsymbol{F} = Dx\boldsymbol{e}_x$ und bei negativen x-Werten $r = -x$, $\boldsymbol{e}_r = -\boldsymbol{e}_x$, also ebenfalls $\boldsymbol{F} = Dx\boldsymbol{e}_x$ in Übereinstimmung mit der eingangs angenommenen Kraft.

8.2.7 Die Kraft ist proportional zum Ort, aber rücktreibend: $\boldsymbol{F} = -Dx\boldsymbol{e}_x$ $(D > 0)$

Die zu lösende Differentialgleichung (8.4) lautet nun

$$\boxed{\frac{\mathrm{d}^2x}{\mathrm{d}t^2} = -\frac{D}{m}x} \tag{8.21}$$

Wie im vorangehenden Abschnitt wird auch hier eine Funktion $x(t)$ gesucht, die sich nach zweimaliger Differentiation bis auf einen Faktor D/m reproduziert. Anders aber als dort soll sie jetzt zusätzlich auch noch ihr Vorzeichen wechseln. Die e-Funktion (8.15) vermag das offensichtlich nicht zu leisten. Aus (8.16) und den Erläuterungen dazu geht ja klar hervor, dass sich bei geradzahliger Differentiation – hier $n = 2$ – das Vorzeichen nicht ändert.

Ein kurzer Rückblick auf die Schulmathematik bringt einem wieder ins Gedächtnis, dass die trigonometrischen oder Winkel-Funktion $\cos\alpha$ und $\sin\beta$ genau die gewünschte Eigenschaft besitzen. Bekanntlich gilt

$$\frac{\mathrm{d}^2(\cos\alpha)}{\mathrm{d}\alpha^2} = \frac{\mathrm{d}}{\mathrm{d}\alpha}\left(\frac{\mathrm{d}(\cos\alpha)}{\mathrm{d}\alpha}\right) = \frac{\mathrm{d}(-\sin\alpha)}{\mathrm{d}\alpha} = -\cos\alpha$$

Für $\sin\alpha$ folgt entsprechendes. Ein geeigneter Lösungsansatz für (8.21) ist also sicher die Linearkombination

$$x(t) = A_1\cos kt + B_1\sin kt$$

mit zunächst freien Konstanten A_1, B_1 und k. Einsetzen in (8.21) führt auf $k^2 = D/m$, also mit der Abkürzung $\sqrt{D/m} \equiv \omega_0$ auf die beiden k-Werte

$$k_1 = \omega_0 \qquad \text{und} \qquad k_2 = -\omega_0$$

und somit auf die beiden Einzellösungen

$$\begin{aligned} x_1(t) &= A_1 \cos \omega_0 t + B_1 \sin \omega_0 t \\ \text{und} & \\ x_2(t) &= A_2 \cos(-\omega_0 t) + B_2 \sin(-\omega_0 t) \end{aligned} \tag{8.22}$$

Die Lösung x_2 erbringt gegenüber x_1 keine neuen Gesichtspunkte. Wegen

$$\cos(-\omega_0 t) = \cos \omega_0 t \qquad \text{und} \qquad \sin(-\omega_0 t) = -\sin \omega_0 t$$

ist nämlich

$$x_2(t) = A_2 \cos \omega_0 t - B_2 \sin \omega_0 t$$

Da die Faktoren A_1, B_1, A_2 und B_2 beliebig – also auch negativ – sein können, ist x_2 bereits in x_1 enthalten. x_1 ist also schon die allgemeine Lösung $x(t)$. Die Geschwindigkeit ergibt sich aus (8.23) zu

$$v(t) = \frac{\mathrm{d}x}{\mathrm{d}t} = \omega_0 B_1 \cos \omega_0 t - \omega_0 A_1 \sin \omega_0 t \tag{8.23}$$

Für $t = t_0 = 0$ folgen aus (8.23) und (8.23) die Anfangsbedingungen

$$x(0) = x_0 = A_1 \qquad \text{und} \qquad v(0) = v_0 = \omega_0 B_1$$

Damit lautet die Lösung (8.23)

$$\boxed{x(t) = x_0 \cos \omega_0 t + \frac{v_0}{\omega_0} \sin \omega_0 t} \tag{8.24}$$

Man beachte die formale Übereinstimmung mit der Lösung (8.20) im vorangehenden Abschnitt.

Die obige aus einer Summe zweier Winkelfunktionen aufgebaute Lösung läßt sich zu einer Form mit nur einer Winkelfunktion vereinfachen. Führt man mittels der Definition

$$\frac{v_0}{\omega_0 x_0} = \tan \varphi_0 = \frac{\sin \varphi_0}{\cos \varphi_0} \tag{8.25}$$

einen Winkel φ_0 ein, was immer möglich ist, da die Tangens-Funktion alle Werte zwischen $-\infty$ und $+\infty$ annehmen kann, dann ist

$$\begin{aligned} x(t) &= x_0 \left(\cos \omega_0 t + \frac{v_0}{\omega_0 x_0} \sin \omega_0 t \right) \\ &= x_0 \left(\cos \omega_0 t + \frac{\sin \varphi_0}{\cos \varphi_0} \sin \omega_0 t \right) \\ &= \frac{x_0}{\cos \varphi_0} (\cos \omega_0 t \cos \varphi_0 + \sin \omega_0 t \cdot \sin \varphi_0) \end{aligned}$$

Die Anwendung des Additionstheorems für die Cosinus-Funktion und die Abkürzung $x_0 / \cos \varphi_0 = A_0$ ergeben

$$\boxed{x(t) = A_0 \cos(\omega_0 t - \varphi_0)} \tag{8.26}$$

Die Masse m vollführt also unter der Wirkung der hier betrachteten rücktreibenden Kraft (Cosinus-)**Schwingungen**. Allgemein nennt man Bewegungen, die so (oder sinusförmig) verlaufen, **harmonische** Schwingungen. A_0 ist die maximale Auslenkung von m aus der Nullage ($x = 0$), die sogenannte **Amplitude**. Das Funktionsargument $\omega_0 t - \varphi_0 \equiv \varphi$ heißt **Phase**, der Winkel φ_0 **Phasenverschiebung**.

In Bild 8.9 sind drei Schwingungen gemäß (8.26) für einen festen Anfangsort ($x_0 = 1$ m) und drei verschiedene Anfangsschwingungen ($v_0 = 1, -1$ und 0 m s^{-1}) aufgetragen. Angenommen wurde ferner $D = 1$ N m^{-1} und $m = 1$ kg. Das ergibt $\omega_0 = 1$ s^{-1} und damit gemäß (8.25) für $\tan \varphi_0$ die Werte 1, -1 und 0, also die Phasenverschiebungen $\varphi_0 = \pi/4 \mathrel{\widehat{=}} 45°, -\pi/4 \mathrel{\widehat{=}} -45°$ und $0 \mathrel{\widehat{=}} 0°$.

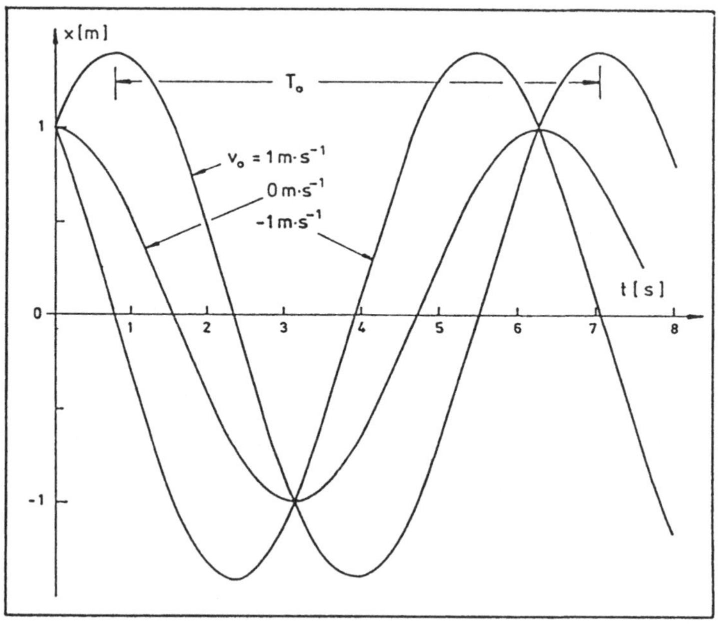

Abb. 8.9. Bewegung unter der Wirkung einer elastischen Bindungskraft.

Die Cosinus- und die Sinus-Funktion sind bekanntlich **periodisch** mit 2π. Bezogen auf die Bewegung (8.26) bedeutet dies, dass zwei Schwingungszustände $x(t_1), v(t_1)$ und $x(t_2), v(t_2)$ zu unterschiedlichen Zeiten t_1 und t_2 immer dann gleich sind, wenn sich die Phasen $\varphi(t_1)$ und $\varphi(t_2)$ um ein ganzzahliges Vielfaches von 2π unterscheiden, wenn also gilt

$$\begin{aligned}\varphi(t_2) &= \omega_0 t_2 - \varphi_0 = \varphi(t_1) + 2\pi n \\ &= \omega_0 t_1 - \varphi_0 + 2\pi n\end{aligned}$$

mit $n = 0, \pm 1, \pm 2, \pm 3, \ldots$. Für die Zeitdifferenz zwischen zwei gleichen Schwingungszuständen folgt daraus $t_2 - t_1 = 2\pi n/\omega_0$. Der kleinste von Null verschiedene Betrag

$$T_0 = |t_2 - t_1|_{n=1} = \frac{2\pi}{\omega_0}$$

heißt die **Schwingungsdauer** oder die **Schwingungsperiode**. Sie ist der Zeitabstand zweier benachbarter gleicher Schwingungszustände. Der Kehrwert $\nu_0 = 1/T_0$ heißt **Frequenz**, die Größe $2\pi\nu_0 = 2\pi/T_0 = \omega_0$ **Kreisfrequenz**.

Die eingangs aufgestellte Behauptung, die e-Funktion (8.15) könne die hier zur Diskussion stehende Differentialgleichung (8.21) nicht lösen, muss aus mathematischer Sicht widerrufen oder zumindest korrigiert werden. In der Tat führt auch der Ansatz (8.15), also

$$x(t) = Be^{kt}$$

zu einer Lösung. Allerdings hat die e-Funktion dann ein besonderes mathematisches Merkmal. Einsetzen in (8.21) ergibt mit der inzwischen vertrauten Abkürzung $\omega_0 \equiv \sqrt{D/m}$ und mit der **neuen** Abkürzung $i \equiv \sqrt{-1}$

$$k^2 = -\frac{D}{m} \quad \text{oder} \quad k_1 = +\sqrt{-\frac{D}{m}} \quad \text{und} \quad k_2 = -\sqrt{-\frac{D}{m}}$$

oder

$$k_1 = \sqrt{-1}\sqrt{\frac{D}{m}} = i\omega_0 \qquad \text{und} \qquad k_2 = -\sqrt{-1}\sqrt{\frac{D}{m}} = -i\omega_0$$

Verfährt man weiterhin formal genauso wie im vorangehenden Abschnitt 8.2.6, dann lautet die allgemeine Lösung als Linearkombination der beiden möglichen Einzellösungen für k_1 und k_2

$$x(t) = A_1 e^{i\omega_0 t} + A_2 e^{-i\omega_0 t} \tag{8.27}$$

Die Geschwindigkeit beträgt dann

$$v(t) = \frac{\mathrm{d}x}{\mathrm{d}t} = i\omega_0 \left(A_1 e^{i\omega_0 t} - A_2 e^{-i\omega_0 t}\right) \tag{8.28}$$

Für $t = t_0 = 0$ ergeben (8.27) und (8.28)

$$x_0 = A_1 + A_2 \qquad \text{und} \qquad \frac{v_0}{i\omega_0} = A_1 - A_2$$

Daraus folgt

$$A_1 = \frac{1}{2}\left(x_0 + \frac{v_0}{i\omega_0}\right) \quad \text{und} \quad A_2 = \frac{1}{2}\left(x_0 - \frac{v_0}{i\omega_0}\right)$$

und damit

$$x(t) = \frac{1}{2}\left(x_0 + \frac{v_0}{i\omega_0}\right)e^{i\omega_0 t} + \frac{1}{2}\left(x_0 - \frac{v_0}{i\omega_0}\right)e^{-i\omega_0 t}$$

oder nach entsprechender Umordnung

$$x(t) = x_0 \frac{e^{i\omega_0 t} + e^{-i\omega_0 t}}{2} + \frac{v_0}{\omega_0} \frac{e^{i\omega_0 t} - e^{-i\omega_0 t}}{2i} \tag{8.29}$$

in formaler Übereinstimmung mit (8.19).

Die Zahl $i = \sqrt{-1}$ ist keine "normale" oder **reelle** Zahl. Sie kommt in der Menge der reellen Zahlen nicht vor. Die Mathematiker nennen i die Einheit der **imaginären** Zahlen. Es heißen das Produkt ib aus i und einer reellen Zahl b **imaginäre Zahl**, die Summe $c = a + ib$ aus einer reellen Zahl a und einer imaginären Zahl ib **komplexe Zahl**, a der **Realteil** von c und b der **Imaginärteil** von c. Auf die Eigenschaften komplexer Zahlen und auf den Umgang mit ihnen soll hier nicht weiter eingegangen werden. Genannt werde lediglich – weil nachfolgend nützlich – eine interessante Formel aus diesem Gebiet, welche die e-Funktion mit imaginärem Exponenten durch Winkelfunktionen ausdrückt, nämlich das sogenannte MOIVREsche Theorem

$$e^{i\alpha} = \cos\alpha + i \sin\alpha \tag{8.30}$$

$e^{i\alpha}$ ist also eine komplexe Funktion mit dem Realteil $\cos\alpha$ und dem Imaginärteil $\sin\alpha$. Beweisen läßt sich (8.30) zum Beispiel durch Reihenentwicklungen der beteiligten Funktionen nach Potenzen von α. Für negative Winkel ergibt (8.30):

$$e^{-i\alpha} = \cos(-\alpha) + i\sin(-\alpha) = \cos\alpha - i\sin\alpha \tag{8.31}$$

Addiert man (8.30) und (8.31), dann folgt:

$$\cos\alpha = \frac{e^{i\alpha} + e^{-i\alpha}}{2}$$

Subtrahiert man (8.31) von (8.30), dann erhält man

$$\sin\alpha = \frac{e^{i\alpha} - e^{-i\alpha}}{2i}$$

Einsetzen in (8.29) liefert mit $\alpha = \omega_0 t$ die Lösung

$$x(t) = x_0 \cos\omega_0 t + \frac{v_0}{\omega_0} \sin\omega_0 t$$

Sie ist identisch mit (8.24). Der **mathematische** Lösungsweg unter Verwendung komplexer Funktionen führt also – wie könnte es auch anders sein – zum selben **physikalischen** Ergebnis. Er erschließt keine neuen physikalischen Erkenntnisse.

Das MOIVREsche Theorem und daraus abgeleitete Formeln sind oft hilfreich zur Vereinfachung oder Verkürzung von Rechengängen beim Umgang mit Winkelfunktionen. Das Rechnen mit Winkelfunktionen ist bekanntlich ziemlich umständlich. Schon die von der Schule her bekannten Additionstheoreme sehen recht kompliziert aus. Mit e-Funktionen dagegen läßt sich

wesentlich einfacher rechnen, so dass sich der mathematische Umweg über e-Funktionen mit imaginärem Exponenten häufig lohnt.
Kräfte der Form $F = -Dx$ nennt man auch **elastische** Kräfte oder elastische **Bindungskräfte**. Physikalische Beispiele hierfür gibt es viele: Wäre etwa im voranstehend betrachteten Beispiel die Ladungswolke negativ und die darin schwimmende Punktladung q positiv – oder umgekehrt –, dann wäre q elastisch an das Wolkenzentrum gebunden. Oder: Wäre die Wolke eine homogene **Massen**-Wolke, dann würden auf eine Punktmasse m in ihrem Innern ebenfalls elastische, zum Zentrum hin gerichtete Kräfte wirken. Die Gravitationskräfte sind ja bekanntlich immer anziehend. Erwähnt sei noch, dass auch die Atome oder Moleküle im Kristallgitter eines festen Körpers bei kleinen Auslenkungen elastisch an ihre Ruhelage gebunden sind.
Einfachere und bekanntere Systeme mit elastischen Bindungskräften sind die Pendel, und hier insbesondere die Prototypen des Federpendels und des mathematischen Pendels (s. Bild 8.10). Beim Federpendel hängt eine Masse m an einer Schraubenfeder aus elastischem Material. Sie reagiert mit rücktreibenden Kräften, die proportional zur Dehnung oder Stauchung sind. Nach vertikaler Auslenkung von m aus der Ruhelage $x = 0$ vollführt diese harmonische Schwingung mit der Schwingungsdauer

$$T = \frac{2\pi}{\omega_0} = 2\pi\sqrt{\frac{m}{D}}$$

D ist vom Material und den Abmessungen der Feder abhängig und wird Federkonstante genannt. Beim mathematischen Pendel hängt die (Punkt-) Masse m an einem Faden der Länge ℓ. Bei Auslenkung um den Winkel α aus der Ruhelage $x = 0$ erhält das Gewicht $G = mg$ eine Radialkomponente $F_r = G\cos\alpha = mg\cos\alpha$, welcher der Fadenspannung das Gleichgewicht hält, und eine Tangentialkomponente $F_t = G\sin\alpha = mg\sin\alpha$, welche als rücktreibende Kraft wirkt. Für sehr kleine Auslenkungen $x \ll \ell$ ist $\sin\alpha \approx x/\ell$ und $F_t = mgx/\ell$, also proportional zu x. Die "Federkonstante" beträgt $D = mg/\ell$. Das Pendel schwingt dann harmonisch mit der Schwingungsdauer

$$T = 2\pi\sqrt{\frac{m}{D}} = 2\pi\sqrt{\frac{\ell}{g}}$$

8.2.8 Die Kraft ist harmonisch: $\boldsymbol{F} = \boldsymbol{F}_0 \sin(\omega_0 t + \varphi)\boldsymbol{e}_x$

Wie die Betrachtungen im vorangehenden Abschnitt gezeigt haben, vollführt ein Körper unter der Wirkung einer zur Auslenkung proportionalen und rücktreibenden Kraft harmonische Schwingungen. Das legt die Frage nahe, ob eine solche Bewegungsform nicht auch durch eine am Körper angreifende **harmonische Kraft** erzeugt werden kann, ohne dass er durch eine Rückstellkraft an seine Ruhelage gebunden ist. Die Differentialgleichung (8.4) hat dann die Form

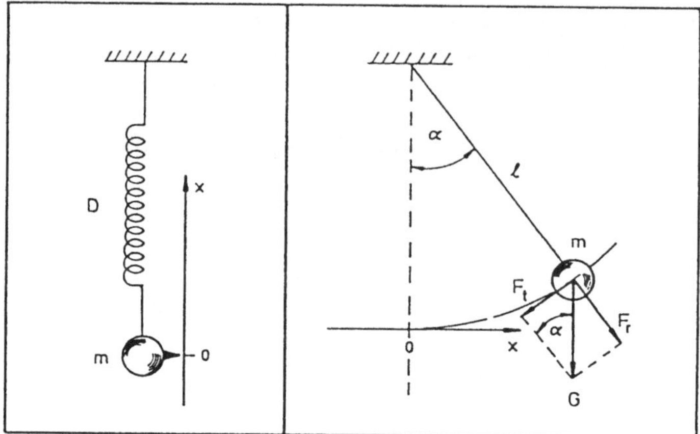

Abb. 8.10. Federpendel und mathematisches Pendel.

$$\boxed{\frac{\mathrm{d}^2x}{\mathrm{d}t^2} = \frac{F_0}{m}\sin(\omega_0 t + \varphi)}$$

Die interessierende Lösung $x(t)$ erhält man auf direktem Wege durch eine zweimalige Integration. Zunächst ist

$$\frac{\mathrm{d}x}{\mathrm{d}t} = v(t) = \frac{F_0}{m}\int \sin(\omega_0 t + \varphi)\cdot \mathrm{d}t + C_1 = -\frac{F_0}{m\omega_0}\cos(\omega_0 t + \varphi) + C_1$$

Wählt man als Anfangsbedingung für $t = t_0 = 0$ auch $v(0) = v_0 = 0$, dann folgt für die Integrationskonstante

$$C_1 = \frac{F_0}{m\omega_0}\cos\varphi$$

und damit für die Geschwindigkeit

$$v(t) = \frac{F_0}{m\omega_0}\Big[\cos\varphi - \cos(\omega_0 t + \varphi)\Big] \tag{8.32}$$

Die nochmalige Integration führt auf

$$\begin{aligned} x(t) &= \frac{F_0}{m\omega_0}\left[\int \cos\varphi\cdot \mathrm{d}t - \int \cos(\omega_0 t + \varphi)\cdot \mathrm{d}t\right] + C_2 \\ &= \frac{F_0}{m\omega_0}\left[t\cos\varphi - \frac{1}{\omega_0}\sin(\omega_0 t + \varphi)\right] + C_2 \end{aligned}$$

Setzt man wiederum $x(0) = x_0 = 0$ für $t = 0$, dann ergibt sich

$$C_2 = \frac{F_0}{m\omega_0^2}\sin\varphi$$

und schließlich

$$x(t) = \frac{F_0}{m\omega_0^2}\left[\sin\varphi + \omega_0 t\cos\varphi - \sin(\omega_0 t + \varphi)\right]$$

Das Ergebnis wird wesentlich durch die Phasenverschiebung bestimmt. Das erkennt man besonders deutlich an den folgenden drei Spezialfällen: Für $\varphi = 0$ ist wegen $\sin 0 = 0$ und $\cos 0 = 1$

$$x(t) = \frac{F_0}{m\omega_0^2}\left[\omega_0 t - \sin\omega_0 t\right]$$

Für $\varphi = \pi/2 \mathrel{\widehat{=}} 90°$ ist wegen $\sin(\pi/2) = 1, \cos(\pi/2) = 0$ und $\sin(\omega_0 t + \pi/2) = \cos\omega_0 t$

$$x(t) = \frac{F_0}{m\omega_0^2}\left[1 - \cos\omega_0 t\right]$$

Für $\varphi = \pi/4 \mathrel{\widehat{=}} 45°$ ist wegen $\sin(\omega_0 t + \pi/4) = \sin\omega_0 t \cdot \cos(\pi/4) + \cos\omega_0 t \cdot \sin(\pi/4)$ und $\cos(\pi/4) = \sin(\pi/4)$

$$x(t) = \frac{F_0}{m\omega_0^2}\sin\left(\frac{\pi}{4}\right)\left[1 + \omega_0 t - \sin\omega_0 t - \cos\omega_0 t\right]$$

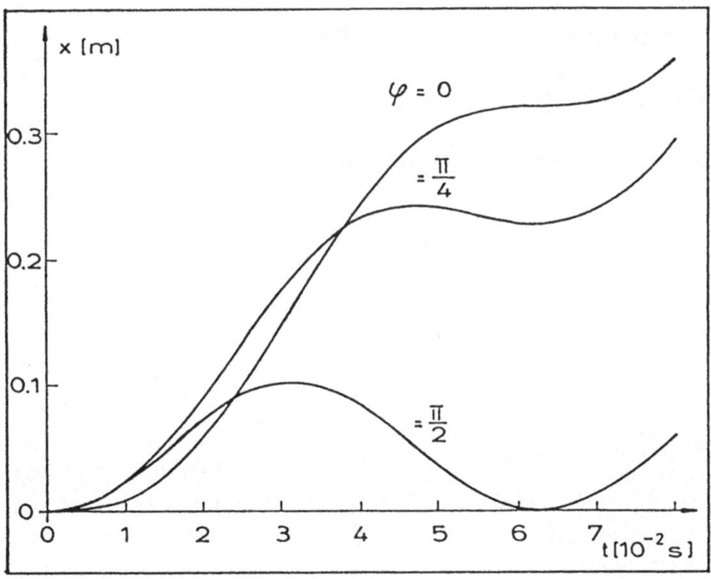

Abb. 8.11. Bewegung unter der Wirkung einer harmonischen Kraft.

Diese drei Verläufe sind in Bild 8.11 aufgetragen. Angenommen wurde dabei für die Amplitude der Kraft $F_0 = 1$ N, für deren Kreisfrequenz $\omega_0 = 100$ s^{-1} und für die Masse des Körpers $m = 1$ g $= 10^{-3}$ kg. Aus ω_0 ergibt sich die Frequenz zu $\nu = 100/(2\pi)$ $s^{-1} = 16$ s^{-1} und die Schwingungsdauer zu

$T = 2\pi/100$ s $= 6.3 \cdot 10^{-2}$ s. Generell wird also keine harmonische Schwingung angeregt. Die Bewegung ist eine Überlagerung aus einem zeitlich linear variierenden Term, also einer schlichten Translationsbewegung, und einem harmonischen Anteil. Lediglich dann, wenn der Körper zu exakt dem Zeitpunkt losgelassen wird, bezüglich dessen die Kraft eine Phasenverschiebung von $\pi/2$ (oder ungeradzahligem Vielfachen hiervon) aufweist, beobachtet man einen harmonischen Verlauf. Diese Schwingung erfolgt dann allerdings nicht symmetrisch zur t-Achse, sondern zu einer dagegen parallel versetzten Linie.

Auf einfache und direkte Weise lassen sich die hier betrachteten Vorgänge für geladene Teilchen in einem elektrischen Wechselfeld der Stärke $\boldsymbol{E}(t) = \boldsymbol{E}_0 \sin(\omega_0 t + \varphi)$ realisieren, das auf einen Körper mit der (elektrischen) Ladung q die Kraft $\boldsymbol{F} = q\boldsymbol{E}$ ausübt. Gemäß (8.32) verläuft die Geschwindigkeit $v(t)$ für jeden Wert φ der Phasenverschiebung harmonisch. Dieser Umstand wird beispielsweise technisch zur Geschwindigkeitsmodulation von Elektronenstrahlen in Oszillatorröhren (Klystrons) für die Erzeugung von Mikrowellen ausgenutzt.

Wie sich ein Körper unter der Wirkung einer harmonischen Kraft bewegt, wenn er zusätzlich durch eine elastische Kraft an eine Ruhelage gebunden ist, wird in einem der folgenden Abschnitte studiert.

8.2.9 Die Kraft ist proportional zur Geschwindigkeit und bremsend: $\boldsymbol{F} = -\alpha \boldsymbol{v} = -\alpha \frac{\mathrm{d}x}{\mathrm{d}t} \boldsymbol{e}_x \quad (\alpha > 0)$

Die zu lösende Differentialgleichung (8.4) hat nun die Gestalt

$$\boxed{\frac{\mathrm{d}^2 x}{\mathrm{d}t^2} = -\frac{\alpha}{m} \frac{\mathrm{d}x}{\mathrm{d}t}} \tag{8.33}$$

Sie ist leicht zu lösen, wenn man in einem Zwischenschritt zunächst $v(t)$ berechnet. Wegen $\mathrm{d}^2x/\mathrm{d}t^2 = \mathrm{d}v/\mathrm{d}t$ ist

$$\boxed{\frac{\mathrm{d}v}{\mathrm{d}t} = -\frac{\alpha}{m} v} \tag{8.34}$$

Nach den bisher gesammelten Erfahrungen ist klar, was die Lösung von (8.34) sein muss, nämlich eine e-Funktion mit negativem rellen Exponenten. In diesem einfachen Fall aber läßt sich das Ergebnis auch direkt ausrechnen. Schreibt man (8.34) in der Form

$$\frac{\mathrm{d}v}{v} = -\frac{\alpha}{m} \cdot \mathrm{d}t$$

und integriert auf beiden Seiten

$$\int \frac{\mathrm{d}v}{v} = -\frac{\alpha}{m} \int dt + C_1$$

dann liefert das Integral auf der linken Seite bekanntlich $\ln v$, das auf der rechten t. Also ist $\ln v = -\alpha t/m + C_1$. Mit $t = 0$ folgt daraus für die Integrationskonstante $C_1 = \ln v_0$. Das ergibt

$$\ln v - \ln v_0 = \ln \frac{v}{v_0} = -\frac{\alpha}{m} t \tag{8.35}$$

Nach Numerierung dieser Gleichung, wobei hier mit "Numerieren" die Umkehrung vom Logarithmieren gemeint ist, erhält man

$$\frac{v}{v_0} = e^{-\frac{\alpha}{m} t}$$

oder

$$\boxed{v(t) = v_0 e^{-\frac{\alpha}{m} t}} \tag{8.36}$$

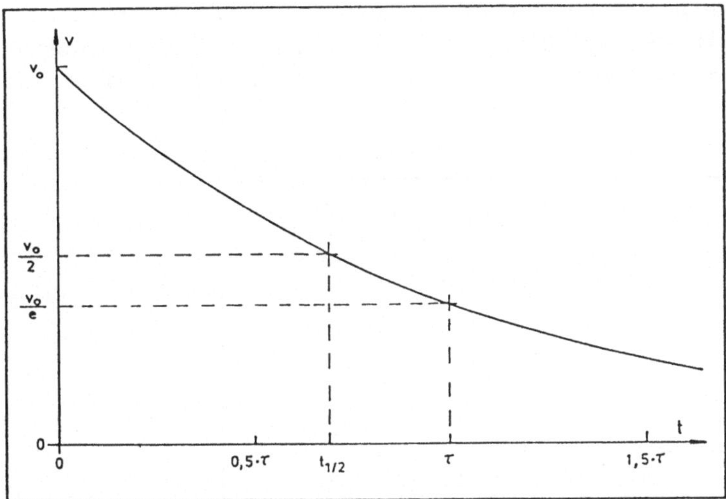

Abb. 8.12. Exponentiell abklingende Geschwindigkeit.

Die Geschwindigkeit fällt also, wie in Bild 8.12 skizziert, von ihrem Anfangswert v_0 aus zeitlich exponentiell ab. Nach der Zeit $\tau = m/\alpha$ beträgt sie nur noch $v(\tau) = v_0 e^{-1} = v_0/e = 0.368 v_0$.
Die Zeit $t_{1/2}$, nach welcher sie auf die Hälfte ihres Anfangswertes abgesunken ist, ergibt sich aus (8.35) mit $v(t_{1/2}) = v_0/2$ zu

$$t_{1/2} = -\frac{m}{\alpha} \ln \left[\frac{v_o/2}{v_0}\right] = \frac{m}{\alpha} \ln 2 = 0.693 \, \frac{m}{\alpha}$$

Allgemein nennt man bei derartigen exponentiell abklingenden Prozessen τ die **Abklingzeit** oder **Zeitkonstante** und $t_{1/2}$ die **Halbwertszeit**.

Die gesuchte Lösung von (8.33) erhält man in einem zweiten Schritt durch Integration von (8.36). Es ist

$$x(t) = \int v(t) \cdot \mathrm{d}t + C_2 = -v_0 \frac{m}{\alpha} e^{-\frac{\alpha}{m}t} + C_2$$

Aus $t = 0$ folgt für die Integrationskonstante $C_2 = x_0 + v_0 m/\alpha$. Das ergibt schließlich

$$\boxed{x(t) = x_0 + \frac{m}{\alpha} v_0 \left[1 - e^{-\frac{\alpha}{m}t} \right]} \tag{8.37}$$

Im Laufe der Zeit ($t \to \infty$) nähert sich x dem Grenzwert $x(\infty) = x_0 + m v_0/\alpha$. Weiter kommt die Masse nicht.

In Bild 8.13 sind drei Weg-Zeit-Diagramme für die Anfangsgeschwindigkeiten $v_0 = 2$ bzw. 0 bzw. -2 m s^{-1} und dem gemeinsamen Anfangsort $x_0 = 1$ m aufgetragen. Für den "Bremskoeffizienten" wurde $\alpha = 1$ N s m^{-1} und für die Masse $m = 1$ kg angenommen. Das ergibt eine Zeitkonstante von $\tau = m/\alpha = 1$ s. Die "Kurve" für $v_0 = 0$ m s^{-1} ist eine zur t-Achse parallele Gerade: Ohne eine Anfangsgeschwindigkeit bleibt die Masse natürlich bei x_0 liegen.

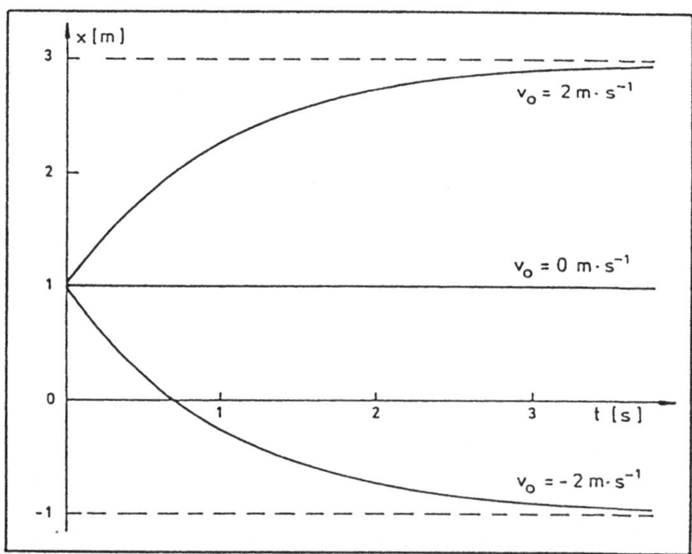

Abb. 8.13. Bewegung unter der Wirkung einer Bremskraft.

Ein bekanntes physikalisches Beispiel für eine zur Geschwindigkeit proportionale Bremskraft ist die Reibungs- oder Widerstandskraft, die bei der Bewegung eines Körpers durch eine Flüssigkeit oder ein Gas als Folge der sogenannten **inneren Reibung** wirksam wird. Für den konkreten Fall einer Kugel vom Radius r wird diese Reibungskraft durch das **Stokes'sche Gesetz** $\boldsymbol{F} = -6\pi\eta r\boldsymbol{v}$ angegeben. Dabei ist η die sogenannte **Zähigkeit** oder **Viskosität** des Mediums. Der Bremskoeffizient beträgt hier also $\alpha = 6\pi\eta r$. Ausdrücklich sei aber darauf hingewiesen, dass derartige Reibungskräfte nur dann proportional zu v sind, wenn die Umströmung des Körpers **laminar**, d.h. **wirbelfrei** erfolgt. Bei verwirbelter oder **turbulenter** Strömung gilt eine andere Abhängigkeit von v, wie im folgenden Abschnitt noch erläutert wird.

Möchte man, um der Realität zu entsprechen, die hier gewonnenen Erkenntnisse über Reibungskräfte beim **freien Fall** eines Körpers in Luft oder in einer Flüssigkeit mit berücksichtigen, dann muss die Differentialgleichung (8.34) um zwei Kräfte erweitert werden, nämlich um das Gewicht $\boldsymbol{G}$ des Körpers und um die Auftriebskraft $\boldsymbol{F}_A$, die er in dem ihn umgebenden Medium erfährt. Weist die x-Achse lotrecht nach unten mit $x = 0$ bei der Abwurfhöhe und sind ϱ und ϱ_M die (Massen-) Dichten des Körpermaterials und des umgebenden Mediums, dann ist bekanntlich für einen Körper mit dem Volumen V

$$\boldsymbol{G} = mg\boldsymbol{e}_x = \varrho Vg\boldsymbol{e}_x \quad \text{und} \quad \boldsymbol{F}_A = -\varrho_M Vg\boldsymbol{e}_x$$

$\boldsymbol{G}$ weist nach unten, $\boldsymbol{F}_A$ nach oben.

$$\boldsymbol{F} = \boldsymbol{G} + \boldsymbol{F}_A = (\varrho - \varrho_M)Vg\boldsymbol{e}_x = F^*\boldsymbol{e}_x$$

ist "das um den Auftrieb verminderte Gewicht des Körpers". Soll der Körper **fallen**, also $\boldsymbol{F}^*$ nach unten zeigen, dann muss $\varrho > \varrho_M$ sein. Andernfalls würde er steigen ($\varrho < \varrho_M$) oder schweben ($\varrho = \varrho_M$).

Die um F^* erweiterte Gleichung (8.34) für den freien Fall mit Reibung lautet dann mit $m = \varrho V$

$$\frac{\mathrm{d}v}{\mathrm{d}t} = -\frac{\alpha}{m}v + \frac{F^*}{m} = -\frac{\alpha}{m}v + \left(1 - \frac{\varrho_M}{\varrho}\right)g \tag{8.38}$$

oder

$$\frac{\mathrm{d}v}{\mathrm{d}t} = -\frac{\alpha}{m}\left(v - \left[1 - \frac{\varrho_M}{\varrho}\right]\frac{mg}{\alpha}\right)$$

Auch sie ist leicht zu lösen. Setzt man vorübergehend

$$v - \left[1 - \frac{\varrho_M}{\varrho}\right]\frac{mg}{\alpha} = y \quad \text{mit} \quad \frac{\mathrm{d}y}{\mathrm{d}t} = \frac{\mathrm{d}y}{\mathrm{d}v}\frac{\mathrm{d}v}{\mathrm{d}t} = \frac{\mathrm{d}v}{\mathrm{d}t}$$

dann erhält man in vertrauter Weise als neue Gleichung und deren Lösung

$$\frac{\mathrm{d}y}{\mathrm{d}t} = -\frac{\alpha}{m}y \qquad \text{und} \qquad y(t) = y_0 \mathrm{e}^{-\frac{\alpha}{m}t}$$

Rücktransformation ergibt

$$v(t) - \left[1 - \frac{\varrho_M}{\varrho}\right]\frac{mg}{\alpha} = \left(v_0 - \left[1 - \frac{\varrho_M}{\varrho}\right]\frac{mg}{\alpha}\right) e^{-\frac{\alpha}{m}t}$$

Läßt man zur Zeit $t = 0$ den Körper in der Starthöhe $x = 0$ einfach los, d.h. ist $v_0 = 0$, dann verbleibt

$$v(t) = \left[1 - \frac{\varrho_M}{\varrho}\right]\frac{mg}{\alpha}\left(1 - e^{-\frac{\alpha}{m}t}\right) \tag{8.39}$$

Da im Laufe der Zeit die e-Funktion gegen Null strebt, nähert sich $v(t)$ einer **konstanten Sinkgeschwindigkeit**

$$v_\infty = v(\infty) = \left[1 - \frac{\varrho_M}{\varrho}\right]\frac{mg}{\alpha} \tag{8.40}$$

Diese Tatsache findet – nebenher bemerkt – Anwendung in einem einfachen Messverfahren zur Bestimmung von Viskositäten: Läßt man eine Kugel mit bekanntem Radius r aus einem Material bekannter Dichte ϱ in eine Flüssigkeit fallen, deren Viskosität η man bestimmen möchte, deren Dichte ϱ_M man aber bereits kennt, dann ist, wie oben schon angeführt, $\alpha = 6\pi\eta r$. Ferner ist für eine Kugel, $m = (4/3)\pi r^3 \varrho$. Die sich einstellende konstante Sinkgeschwindigkeit (8.40) beträgt dann

$$v_\infty = \frac{2}{9}(\varrho - \varrho_M)\frac{gr^2}{\eta} \tag{8.41}$$

Durch Messung von v_∞ kann hieraus η bestimmt werden. Apparate, die auf dieser Basis funktionieren, nennt man "Kugel-Viskosimeter".
Die Bewegung $x(t)$ beim freien Fall mit Reibung erhält man durch Integration von (8.39). Sie ergibt

$$x(t) = \left[1 - \frac{\varrho_M}{\varrho}\right]\frac{mg}{\alpha}\left(t + \frac{m}{\alpha} e^{-\frac{\alpha}{m}t}\right) + C_2$$

Die Integrationskonstante C_2 wird durch die Abwurfhöhe $x(0) = 0$ festgelegt. Für $t = 0$ folgt

$$C_2 = -\left[1 - \frac{\varrho_M}{\varrho}\right]\frac{m^2 g}{\alpha^2}$$

Einsetzen und Umordnen führt schließlich auf

$$x(t) = \left[1 - \frac{\varrho_M}{\varrho}\right]\frac{m^2 g}{\alpha^2}\left(e^{-\frac{\alpha}{m}t} + \frac{\alpha}{m}t - 1\right) \tag{8.42}$$

oder mit dem Grenzwert (8.40) für die Fallgeschwindigkeit auf

$$x(t) = v_\infty \frac{m}{\alpha}\left(e^{-\frac{\alpha}{m}t} + \frac{\alpha}{m}t - 1\right) \tag{8.43}$$

Natürlich muss die Lösung (8.42) bei Vernachlässigung der Reibungskraft, d.h. für $\alpha \to 0$, in die bekannten und einfachen Gesetze für den freien Fall im Vakuum, also im materiefreien Raum ($\varrho_M = 0$), übergehen. Einfaches Einsetzen von $\alpha = 0$ führt allerdings in die Irre: Da α in (8.42) auch im Nenner auftritt, ergäbe sich dabei das mathematisch unsinnige Resultat $x(t) =$ "Null durch Null". Für solche Notfälle hält die Mathematik eine nützliche Regel parat. In vereinfachter und mathematisch sicher nicht ganz exakter Sprechweise lautet sie:
Sind $f(\alpha)$ und $h(\alpha)$ zwei genügend oft differenzierbare Funktionen von α mit $f(0) = h(0) = 0$ und sind die Differentialquotienten von h in der Umgebung von $\alpha = 0$ von Null verschieden, ist also dort $\mathrm{d}h/\mathrm{d}\alpha \neq 0$, $\mathrm{d}^2h/\mathrm{d}\alpha^2 \neq 0$, usw., dann gilt

$$\left[\frac{f}{h}\right]_{\alpha\to 0} = \left[\frac{\mathrm{d}f/\mathrm{d}\alpha}{\mathrm{d}h/\mathrm{d}\alpha}\right]_{\alpha\to 0} = \left[\frac{\mathrm{d}^2f/\mathrm{d}\alpha^2}{\mathrm{d}^2h/\mathrm{d}\alpha^2}\right]_{\alpha\to 0} = \ldots \tag{8.44}$$

In salopper Umgangssprache heißt das: "Ergibt der Quotient aus zwei Funktionen an einer Stelle mathematischen Unsinn, dann muss man Zähler und Nenner solange differenzieren, bis etwas Vernünftiges rauskommt". (8.44) ist eine Teilaussage der sogenannten **Regel von de l'Hospital**.
Setzt man konkret im Hinblick auf die angesprochenen Probleme mit (8.42):

$$f(\alpha) = e^{-\frac{\alpha}{m}t} + \frac{\alpha}{m}t - 1 \qquad \text{und} \qquad h(\alpha) = \alpha^2 \,,$$

dann ist

$$\frac{\mathrm{d}f}{\mathrm{d}\alpha} = -\frac{t}{m}e^{-\frac{\alpha}{m}t} + \frac{t}{m} \qquad \text{und} \qquad \frac{\mathrm{d}^2f}{\mathrm{d}\alpha^2} = \frac{t^2}{m^2}e^{-\frac{\alpha}{m}t}$$

bzw.

$$\frac{\mathrm{d}h}{\mathrm{d}\alpha} = 2\alpha \qquad \text{und} \qquad \frac{\mathrm{d}^2h}{\mathrm{d}\alpha^2} = 2$$

Also folgt mit (8.44):

$$\left[\frac{f}{h}\right]_{\alpha\to 0} = \left[\frac{e^{-\frac{\alpha}{m}t} + \frac{\alpha}{m}t - 1}{\alpha^2}\right]_{\alpha\to 0} = \left[\frac{t^2}{2m^2}\right]_{\alpha\to 0} = \frac{t^2}{2m^2}$$

Damit geht, wie es sein muss, (8.42) bei Ausschaltung von Reibungskräften ($\varrho_M = 0$, $\alpha \to 0$) über in das vertraute Fallgesetz

$$x(t) = \frac{1}{2}gt^2 \tag{8.45}$$

Als konkretes Beispiel für die hier diskutierten Zusammenhänge werde das Fallen eines (kugelförmigen) Regentropfens vom Radius $r = 1$ mm $= 10^3$ m betrachtet. Seine Dichte ist die des Wassers, also $\varrho = 10^3$ kg m^{-3}. Die Dichte der Luft beträgt $\varrho_M = 1.3$ kg m^{-3}, ihre Viskosität $\eta = 1.8 \cdot 10^{-5}$ N s m^{-2}. Wegen $\varrho_M \ll \varrho$ kann nachfolgend in guter Näherung ϱ_M gegen ϱ oder ϱ_M/ϱ gegen 1 vernachlässigt werden. Für den Grenzwert v_∞ der Fallgeschwindigkeit und den Quotienten α/m folgen dann aus (8.41) und (8.40) mit $g = 9.8$ m s^{-2}:

$$v_\infty = \frac{2}{9}\frac{\varrho g r^2}{\eta} = 121 \text{ m s}^{-1} \quad \text{und} \quad \frac{\alpha}{m} = \frac{g}{v_\infty} = 0.08 \text{ s}^{-1}$$

Damit lautet (8.43) mit abgerundeten Zahlenfaktoren und in den Maßeinheiten Meter und Sekunde

$$x(t) = 1500\left(e^{-0.08t} + 0.08t - 1\right)$$

Diese Funktion ist zusammen mit der für den freien Fall ohne Reibung (8.45) in Bild 8.14 graphisch dargestellt. Der Übergang in eine konstante Sinkgeschwindigkeit v_∞ und die Unterschiede beispielsweise in der Gesamt-Fallzeit sind deutlich erkennbar. Stillschweigend wurde hier vorausgesetzt, dass innerhalb der Falldistanz die Dichte und die Viskosität der Luft konstant bleiben, was sicher nicht ganz der Realität entspricht.

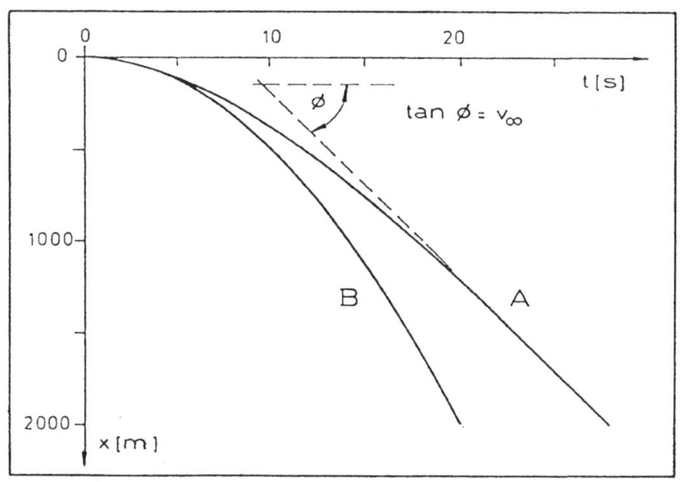

Abb. 8.14. Freier Fall bei einer zur Geschwindigkeit proportionalen Reibungskraft (A) und im Vakuum (B).

Am Ende dieses Abschnitts soll ergänzend noch erwähnt werden, dass Differentialgleichungen vom Typ (8.34) auch eine Reihe anderer physikalischer Erscheinungen beschreiben. Drei Fälle sollen nachstehend angesprochen werden.

a.) **Schweredruck in Gasen:**
Gase sind kompressibel. Unter der Wirkung der Schwerkraft werden untere Schichten in einem Gasvolumen durch das Gewicht darüberliegender

Schichten zusammengedrückt. Als Folge davon stellt sich ein vertikales Druckgefälle ein. Speziell betrachtet werde ein vertikaler, säulenförmiger Ausschnitt der Erdatmosphäre vom Querschnitt A, wie in Bild 8.15 skizziert.

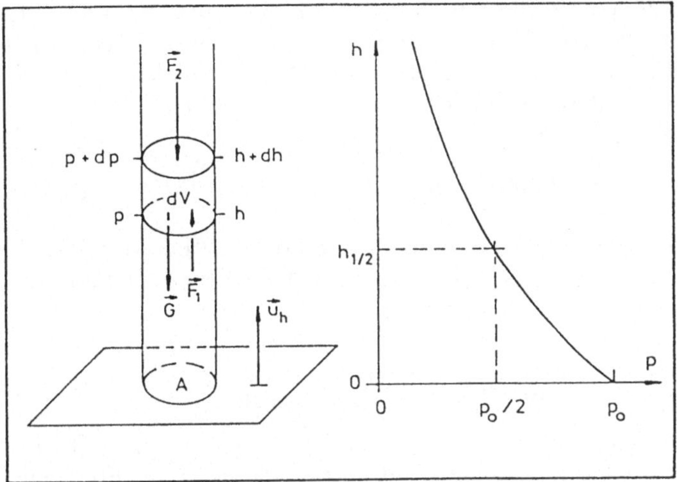

Abb. 8.15. Schweredruck in einem Gas.

p und $p+\mathrm{d}p$ sind die Drucke in zwei benachbarten Höhenniveaus mit den Abständen h und $h+\mathrm{d}h$ von der Erdoberfläche ($h = 0$). Auf ein Volumenelement $\mathrm{d}V = A\cdot\,\mathrm{d}h$ der Säule zwischen den beiden Niveaus wirken in vertikaler Richtung drei Kräfte, nämlich die beiden Druckkräfte

$$\boldsymbol{F}_1 = pA\boldsymbol{e}_h \qquad \text{und} \qquad \boldsymbol{F}_2 = -(p + \mathrm{d}p)A\boldsymbol{e}_h$$

und das Gewicht des Volumenelements

$$\boldsymbol{G} = -mg\boldsymbol{e}_h = -g\varrho \cdot \mathrm{d}V \cdot \boldsymbol{e}_h = -g\varrho A \cdot \mathrm{d}h \cdot \boldsymbol{e}_h$$

Der Einheitsvektor $\boldsymbol{e}_h$ weist vertikal nach oben. Vorausgesetzt wird, dass sich die Luft in Ruhe befindet (“absolute Windstille”). Das bedeutet, die an dV angreifenden Kräfte müssen **im Gleichgewicht** sein. Die horizontalen, auf die Mantelfläche von dV wirkenden Druckkräfte kompensieren sich aus Symmetriegründen. Also verbleibt

$$\boldsymbol{F}_1 + \boldsymbol{F}_2 + \boldsymbol{G} = 0$$

oder

$$pA - (p + \mathrm{d}p)A - g\varrho A \cdot \mathrm{d}h = 0$$

Das ergibt

$$-\mathrm{d}p = g\varrho \cdot \mathrm{d}h \qquad \text{oder} \qquad -\frac{\mathrm{d}p}{\mathrm{d}h} = g\varrho \tag{8.46}$$

Das Druckgefälle in der Höhe h ist also proportional zur dort herrschenden Dichte ϱ. Weiterhin werde vorausgesetzt, dass die Lufttemperatur zeitlich konstant und unabhängig von h ist ("isotherme Atmosphäre"). Dann ist bekanntlich das einfache BOYLE-MARIOTTEsche Gesetz $pV =$ const anwendbar. Aus ihm folgt unmittelbar, dass der Quotient ϱ/p aus Dichte und Druck in jeder Höhe denselben Wert haben muss. Sind ϱ_0 und p_0 die Werte am Erdboden, dann ist also $\varrho/p = \varrho_0/p_0$ oder $\varrho = (\varrho_0/p_0)p$. Einsetzen in (8.46) ergibt dann für $p(h)$ eine Differentialgleichung der Form (8.34) mit der entsprechenden Lösung (8.36), nämlich

$$\frac{\mathrm{d}p}{\mathrm{d}h} = -\frac{g\varrho_0}{p_0}p \qquad \text{mit} \qquad p(h) = p_0 e^{-\frac{g\varrho_0}{p_0}h} \tag{8.47}$$

Der Schweredruck sinkt exponentiell mit der Höhe. Die "Halbwertshöhe" $h_{1/2}$, welcher der Druck nur noch die Hälfte des Bodendrucks p_0 beträgt, ergibt sich aus $p(h_{1/2}) = p_0/2$ und

$$\ln\left[\frac{p_0/2}{p_0}\right] = -\ln 2 = -\frac{g\varrho_0}{p_0}h_{1/2} \quad \text{zu} \quad h_{1/2} = \frac{p_0 \ln 2}{g\varrho_0}$$

Mit den abgerundeten Zahlenwerten $\varrho_0 = 1.3$ kg m^3 für Luft, $p_0 = 10^5$N m^{-2} für den Luftdruck am Boden und $g = 9.8$ m s^{-2} ergibt sich $h_{1/2} = 5440$ m $= 5.44$ km.

Die Lösung (8.47) heißt "Barometrische Höhenformel". Wohlgemerkt: Sie gilt nur für den hypothetischen Fall einer **ruhenden** und **isothermen** Atmosphäre. In einer solchen Atmosphäre sind, wie oben festgestellt wurde, p und ϱ einander proportional. Somit fällt auch die Dichte $\varrho(h)$ mit wachsender Höhe h exponentiell ab, und zwar mit derselben Halbwertshöhe.

b.) **Entladung eines Kondensators:**

Ein Kondensator mit der Kapazität C kann bei einer angelegten Spannung U die elektrische Ladung $Q = CU$ speichern. Er werde, beginnend zum Zeitpunkt $t = 0$ und, wie in Bild 8.16 dargestellt, über einen (OHMschen) Widerstand R entladen.

Der Entladungsstrom I bewirkt einerseits eine zeitliche Abnahme $-\mathrm{d}Q/\mathrm{d}t$ der Kondensatorladung und erzeugt andererseits an R den Spannungsabfall $U = RI$. Damit ist

$$I = -\frac{\mathrm{d}Q}{\mathrm{d}t} = \frac{U}{R} = \frac{CU}{RC} \qquad \text{oder} \qquad \frac{\mathrm{d}Q}{\mathrm{d}t} = -\frac{1}{RC}Q$$

Also auch dieser Vorgang wird durch eine Differentialgleichung vom Typ (8.34) beschrieben. Da Q, U und I zueinander proportional sind, fallen somit alle drei Größen zeitlich exponentiell mit derselben Zeitkonstante $\tau = RC$ ab. Mit $Q_0 = Q(0)$ ist

$$Q(t) = Q_0 e^{-t/\tau}; \; U(t) = \frac{Q_0}{C}e^{-t/\tau}; \; I(t) = \frac{Q_0}{RC}e^{-t/(RC)}$$

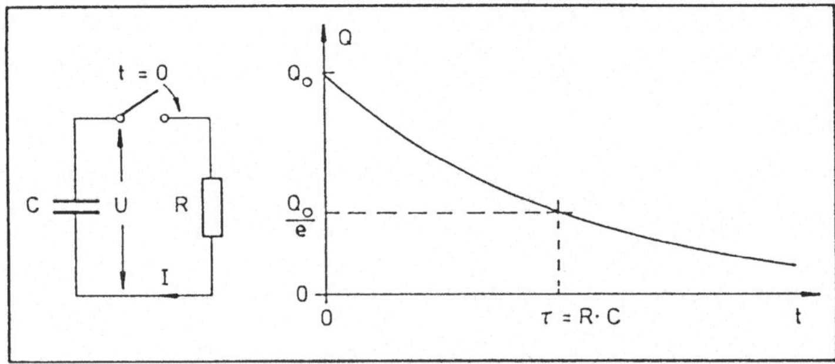

Abb. 8.16. Entladung eines Kondensators.

c.) **Radioaktiver Zerfall:**
Die Atomkerne radioaktiver Substanzen emittieren spontan, d.h. ohne äußeres Zutun, Strahlung ($\alpha-, \beta-, \gamma-$ Strahlung), und verändern dabei ihre Struktur oder ihren Zustand. Die Zerfallsrate $-\mathrm{d}N/\mathrm{d}t$, also die zeitliche Abnahme der Zahl N der radioaktiven Kerne ist dabei proportional zu N, d.h. es gilt

$$-\frac{\mathrm{d}N}{\mathrm{d}t} = \lambda N \quad \text{mit der Lösung} \quad N(t) = N_0 e^{-\lambda t}$$

Wiederum begegnet man (8.34) und (8.36) als Lösung. N_0 ist die Zahl der radioaktiven Kerne zum Zeitpunkt $t = 0$. Die **Zerfallskonstante** λ ist eine charakteristische Größe für eine vorgegebene radioaktive Substanz und für deren spezielle Zerfallsart. Die **Halbwertszeit** beträgt $t_{1/2} = (\ln 2)/\lambda = 0.693/\lambda$.

8.2.10 Die Kraft ist proportional zum Quadrat der Geschwindigkeit und bremsend $\boldsymbol{F} = -\beta v \boldsymbol{v} = -\beta \left(\frac{\mathrm{d}x}{\mathrm{d}t}\right)^2 \boldsymbol{e}_x \quad (\beta > 0)$

Die Ausgangsgleichung (8.4) lautet jetzt

$$\boxed{\frac{\mathrm{d}^2 x}{\mathrm{d}t^2} = -\frac{\beta}{m}\left(\frac{\mathrm{d}x}{\mathrm{d}t}\right)^2}$$

oder für die Geschwindigkeit

$$\boxed{\frac{\mathrm{d}v}{\mathrm{d}t} = -\frac{\beta}{m} v^2}$$

und nach Umstellung

$$\frac{\mathrm{d}v}{v^2} = -\frac{\beta}{m} \cdot \mathrm{d}t$$

Die Integration

$$\int \frac{\mathrm{d}v}{v^2} = -\frac{\beta}{m} \int \mathrm{d}t + C_1$$

führt auf

$$-\frac{1}{v} = -\frac{\beta}{m}t + C_1 \qquad \text{bzw.} \qquad \frac{1}{v} + C_1 = \frac{\beta}{m}t$$

Mit $t = 0$ erhält man als Integrationskonstante $C_1 = -1/v_0$. Damit ist

$$\frac{1}{v} - \frac{1}{v_0} = \frac{\beta}{m}t \qquad \text{oder} \qquad \boxed{v(t) = \frac{v_0}{v_0 \frac{\beta}{m} t + 1}} \tag{8.48}$$

Während – wie vorangehend diskutiert – bei einer zu v proportionalen Bremskraft die Geschwindigkeit exponentiell abnimmt, sinkt sie hier in Form einer Hyperbel oder **hyperbolisch**. Bild 8.17 zeigt einen derartigen Verlauf. Zum qualitativen Vergleich ist zusätzlich und gestrichelt eine exponentiell abklingende Funktion eingezeichnet.

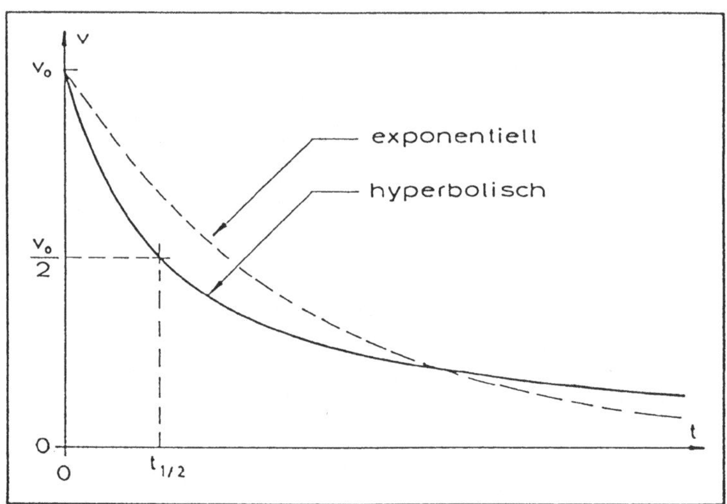

Abb. 8.17. Hyperbolisch abklingende Geschwindigkeit.

Des weiteren ist – wiederum anders als vorher – die (Halbwerts)Zeit $t_{1/2}$, definiert durch $v(t_{1/2}) = v_0/2$, jetzt auch noch von der Anfangsgeschwindigkeit v_0 abhängig. Aus (8.48) folgt

$$t_{1/2} = \frac{m}{\beta}\left[\frac{1}{v(t_{1/2})} - \frac{1}{v_0}\right] = \frac{m}{\beta} \cdot \left(\frac{2}{v_0} - \frac{1}{v_0}\right) = \frac{m}{v_0 \beta}$$

$x(t)$ errechnet sich aus (8.48) in vertrauter Weise gemäß

$$x(t) = \int v \cdot \mathrm{d}t + C_2 = \int \frac{v_0}{v_0 \frac{\beta}{m} t + 1} \cdot \mathrm{d}t + C_2$$

Die Integration liefert

$$x(t) = \frac{m}{\beta} \ln \left(v_0 \frac{\beta}{m} t + 1 \right) + C_2$$

Mit $t = 0$ und wegen $\ln 1 = 0$ ergibt sich $C_2 = x_0$. Somit ist

$$\boxed{x(t) = x_0 + \tfrac{m}{\beta} \ln \left(v_0 \tfrac{\beta}{m} t + 1 \right)}$$

$x(t)$ verläuft also **logarithmisch**, was unter anderem bedeutet, dass für $t \to \infty$ auch $x(t)$ unendlich groß wird. Ein Weg-Zeit-Diagramm für einen Körper der Masse $m = 1$ kg, der bei $x_0 = 0$ mit der Anfangsgeschwindigkeit $v_0 = 1$ m s^{-1} startet und eine Bremskraft mit dem Koeffizienten $\beta = 1$ kg m^{-1} erfährt, ist in Bild 8.18 aufgetragen.

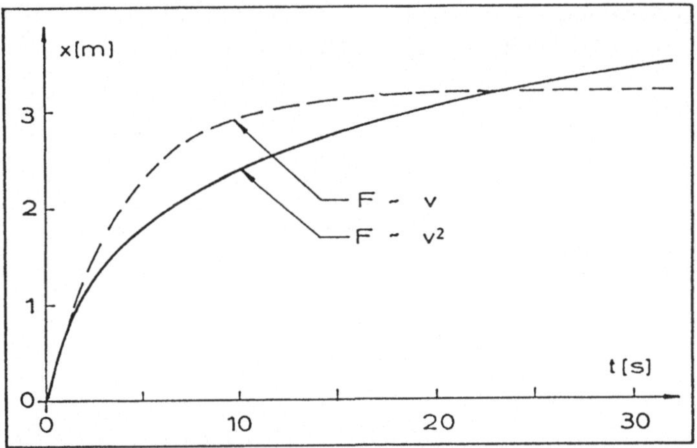

Abb. 8.18. Bewegung unter der Wirkung einer zu v^2 proportionalen Bremskraft.

Wieder lohnt sich ein Rückblick auf die im vorangehenden Abschnitt gewonnenen Resultate. Gestrichelt dargestellt ist der durch die Beziehung (8.37) angegebene Verlauf der dortigen Funktion $x(t)$. Der qualitative Vergleich enthüllt einen bemerkenswerten Unterschied: Während bei einer zu v proportionalen Bremskraft $x(t)$ für $t \to \infty$ einem wohldefinierten **endlichen** Grenzwert zustrebt, der Körper also eine **endliche Reichweite** hat, kommt er bei einer zu v^2 proportionalen Bremskraft theoretisch **beliebig weit** voran, obwohl er ständig gebremst wird und kontinuierlich an Geschwindigkeit verliert.

Bremskräfte der hier diskutierten Art treten beispielsweise dann auf, wenn sich der Körper so schnell durch eine Flüssigkeit oder ein Gas bewegt, dass er verwirbelt oder turbulent umströmt wird. Oberhalb einer kritischen Geschwindigkeit v_k, welche den Umschlag einer laminaren Umströmung in eine turbulente markiert, läßt sich diese Kraft – allgemein auch **Strömungswiderstand** genannt – über einen weiten Geschwindigkeitsbereich in guter Näherung durch den Ansatz

$$\boldsymbol{F} = -c_W \frac{\varrho_M A}{2} v \boldsymbol{v} \tag{8.49}$$

beschreiben. ϱ_M ist die Dichte des umgebenden Mediums, A die angeströmte Fläche des Körpers senkrecht zu $\boldsymbol{v}$. Der dimensionslose Faktor c_W heißt **Widerstandsbeiwert** oder **Widerstandszahl**. Er enthält im wesentlichen den Einfluss der Körper-**Form**. Verläßliche Werte für c_W und auch für v_k müssen im Einzelfall experimentell bestimmt werden, da sie zusätzlich von einigen quantitativ nur schwer erfaßbaren individuellen Nebenbedingungen abhängen, wie z.B. von der Beschaffenheit der Oberfläche des Körpers.

Als konkretes Beispiel soll noch einmal der **freie Fall** eines Körpers in Luft betrachtet werden. Ersetzt man, anknüpfend an die Argumentation im vorangehenden Abschnitt, in Gleichung (8.38) die Bremskraft $F = -\alpha v$ durch $F = -\beta v^2$, dann ergibt sich

$$\frac{\mathrm{d}v}{\mathrm{d}t} = -\frac{\beta}{m} v^2 + \left(1 - \frac{\varrho_M}{\varrho}\right) g$$

oder

$$\frac{\mathrm{d}v}{\frac{\beta}{m}\left[\frac{m}{\beta}\left(1 - \frac{\varrho_M}{\varrho}\right) g - v^2\right]} = \mathrm{d}t$$

Mit der Abkürzung

$$\frac{m}{\beta}\left(1 - \frac{\varrho_M}{\varrho}\right) g = \gamma^2$$

folgt also

$$\frac{\mathrm{d}v}{\gamma^2 - v^2} = \frac{\beta}{m} \cdot \mathrm{d}t$$

oder

$$\int \frac{\mathrm{d}v}{\gamma^2 - v^2} = \frac{\beta}{m} t + C_1$$

Zur Berechnung des Integrals empfiehlt es sich, den Integranden umzuformen. Offensichtlich ist

$$\begin{aligned} \frac{1}{\gamma^2 - v^2} &= \frac{1}{2\gamma} \frac{2\gamma}{(\gamma + v)(\gamma - v)} = \frac{1}{2\gamma} \frac{(\gamma - v) + (\gamma + v)}{(\gamma - v)(\gamma + v)} \\ &= \frac{1}{2\gamma}\left(\frac{1}{\gamma + v} + \frac{1}{\gamma - v}\right) \end{aligned}$$

Damit erhält man

$$\int \frac{\mathrm{d}v}{\gamma^2 - v^2} = \frac{1}{2\gamma}\left[\int \frac{dv}{\gamma + v} + \int \frac{dv}{\gamma - v}\right] = \frac{\beta}{m}t + C_1$$

Die beiden so vereinfachten Integrale führen auf ln-Funktionen. Somit ist

$$\frac{1}{2\gamma}\Big[\ln(\gamma + v) - \ln(\gamma - v)\Big] = \frac{1}{2\gamma}\ln\frac{\gamma + v}{\gamma - v} = \frac{\beta}{m}t + C_1$$

Der Körper werde zum Zeitpunkt $t = 0$ in der Abwurfhöhe ohne Anfangsgeschwindigkeit losgelassen, d.h. es ist $v(0) = v_0 = 0$. Für diese Startsituation liefert der obige Zusammenhang

$$\frac{1}{2\gamma}\ln\frac{\gamma + v_0}{\gamma - v_0} = \frac{1}{2\gamma} \cdot \ln 1 = 0 = C_1$$

Also gilt

$$\ln\frac{\gamma + v}{\gamma - v} = \frac{2\gamma\beta}{m}t \qquad \text{oder} \qquad \frac{\gamma - v}{\gamma + v} = e^{-\frac{2\gamma\beta}{m}t}$$

Die Auflösung nach v ergibt für die Fallgeschwindigkeit

$$v(t) = \gamma\frac{1 - e^{-\frac{2\gamma\beta}{m}t}}{1 + e^{-\frac{2\gamma\beta}{m}t}}$$

Klar ersichtlich nähert sich $v(t)$ für $t \to \infty$ dem Grenzwert

$$v_\infty = v(\infty) = \gamma = \sqrt{\frac{m}{\beta}\left(1 - \frac{\varrho_M}{\varrho}\right)g} \tag{8.50}$$

Zur weiteren Abkürzung der Schreibweise wird nachfolgend der Exponentenkoeffizient in den oben vorkommenden e-Funktionen mit κ bezeichnet, d.h. es ist

$$\frac{2\gamma\beta}{m} = 2\sqrt{\frac{\beta}{m}\left(1 - \frac{\varrho_M}{\varrho}\right)g} = \kappa \tag{8.51}$$

Die Weg-Zeit-Kurve wird dann beschrieben durch

$$x(t) = \gamma\int \frac{1 - e^{-\kappa t}}{1 + e^{-\kappa t}} \cdot \mathrm{d}t + C_2$$

Auch dieses Integral läßt sich leicht berechnen. Wegen

$$\frac{1 - e^{-\kappa t}}{1 + e^{-\kappa t}} = \frac{1 + e^{-\kappa t} - 2e^{-\kappa t}}{1 + e^{-\kappa t}} = 1 - 2\frac{e^{-\kappa t}}{1 + e^{-\kappa t}}$$

ist zunächst

$$x(t) = \gamma \left(t - 2 \int \frac{e^{-\kappa t}}{1 + e^{-\kappa t}} \cdot \mathrm{d}t \right) + C_2$$

Das nun auftretende Integral kann mit Hilfe der Substitution

$$e^{-\kappa t} = u \quad \text{mit} \quad \frac{\mathrm{d}u}{\mathrm{d}t} = -\kappa e^{-\kappa t} = -\kappa u \quad \text{bzw.} \quad \mathrm{d}t = -\frac{1}{\kappa}\frac{\mathrm{d}u}{u}$$

gelöst werden. Sie führt – ohne Berücksichtigung einer Integrationskonstanten – auf

$$\int \frac{e^{-\kappa t}}{1 + e^{-\kappa t}} \cdot \mathrm{d}t = \int \frac{u}{1+u} \cdot \mathrm{d}t = -\frac{1}{\kappa} \int \frac{\mathrm{d}u}{1+u}$$
$$= -\frac{1}{\kappa} \ln(1+u) = -\frac{1}{\kappa} \ln\left(1 + e^{-\kappa t}\right)$$

Damit ist

$$x(t) = \gamma \left[t + \frac{2}{\kappa} \ln\left(1 + e^{-\kappa t}\right) \right] + C_2$$

Wieder soll die x-Achse senkrecht nach unten zur Erdoberfläche hinweisen mit $x = 0$ bei der Abwurfhöhe. Mit $x = 0$ für $t = 0$ folgt dann

$$0 = \gamma \frac{2}{\kappa} \ln 2 + C_2 \qquad \text{oder} \qquad C_2 = -\frac{\gamma}{\kappa} 2 \ln 2$$

und

$$x(t) = \gamma \left[t + \frac{2}{\kappa} \ln\left(1 + e^{-\kappa t}\right) - \frac{2}{\kappa} \ln 2 \right]$$

oder schließlich

$$x(t) = \gamma \left(t + \frac{2}{\kappa} \ln \frac{1 + e^{-\kappa t}}{2} \right) \tag{8.52}$$

Der Vollständigkeit halber muss natürlich auch hier wieder nachgewiesen werden, dass diese Funktion für $\beta = 0$ und $\varrho_M = 0$, also beim freien Fall im Vakuum, in das bekannte einfache Fallgesetz übergeht. Zunächst ist festzustellen, dass die zur Abkürzung eingeführten Größen γ und κ nicht voneinander unabhängig sind. Die Multiplikation von (8.50) mit (8.51) ergibt nämlich

$$\gamma \kappa = 2g \left(1 - \frac{\varrho_M}{\varrho} \right)$$

Der Fall $\varrho_M = 0$ bereitet keinerlei Probleme. Hierfür ist

$$\gamma_0 = \gamma(\varrho_M = 0) = \frac{2g}{\kappa_0} \qquad \text{mit} \qquad \kappa_0 = \kappa(\varrho_M = 0)$$

Gemäß (8.51) ist

$$\kappa_0 = 2\sqrt{\frac{\beta}{m} g}, \quad \text{also auch} \quad \kappa_0 = 0 \quad \text{für} \quad \beta = 0$$

Damit lautet die Weg-Zeit-Funktion für $\varrho_M = 0$ in einer den folgenden Betrachtungen bereits angepaßten Form

$$x(t) = 2g\left(\frac{\kappa_0 t + 2\ln\dfrac{1+e^{-\kappa_0 t}}{2}}{\kappa_0^2}\right)$$

Gesucht wird jetzt also $x(t)$ für $\kappa_0 = 0$. Hier gibt es Schwierigkeiten, da bei direktem Einsetzen von $\kappa_0 = 0$ sowohl der Zähler als auch der Nenner des Klammerausdrucks verschwinden. Einen Ausweg bietet wieder die Regel (8.44) an. Setzt man

$$f(\kappa_0) = \kappa_0 t + 2\ln\frac{1+e^{-\kappa_0 t}}{2} \qquad \text{und} \qquad h(\kappa_0) = \kappa_0^2$$

dann ist

$$\frac{\mathrm{d}f}{\mathrm{d}\kappa_0} = t - 2\frac{te^{-\kappa_0 t}}{1+e^{-\kappa_0 t}}$$

und

$$\begin{aligned}\left(\frac{\mathrm{d}^2 f}{\mathrm{d}\kappa_0^2}\right)_{\kappa_0\to 0} &= -2t\left[\frac{-te^{-\kappa_0 t}(1+e^{-\kappa_0 t}) + te^{-\kappa_0 t}e^{-\kappa_0 t}}{(1+e^{-\kappa_0 t})^2}\right]_{\kappa_0\to 0}\\ &= -2t\frac{-2t+t}{4} = \frac{t^2}{2}\end{aligned}$$

bzw.

$$\frac{\mathrm{d}h}{\mathrm{d}\kappa_0} = 2\kappa_0 \qquad \text{und} \qquad \left(\frac{\mathrm{d}^2 h}{\mathrm{d}\kappa_0^2}\right)_{\kappa_0\to 0} = 2$$

Das ergibt dann endlich und wie erwartet

$$x(t) = 2g\left(\frac{f}{h}\right)_{\kappa_0\to 0} = 2g\frac{t^2}{4} = \frac{1}{2}gt^2 \qquad \text{für} \qquad \varrho_M = 0,\ \beta = 0$$

Zum Abschluss ein konkretes Zahlenbeispiel: Der fallende Körper sei wieder ein Regentropfen, diesmal ein großer mit einem Radius von $r = 5$ mm $= 5 \cdot 10^{-3}$ m. Die Dichte von Wasser beträgt $\varrho = 10^3$ kg m^{-3}. Also hat er eine Masse von $m = (4/3)\pi r^3 \varrho = 524 \cdot 10^{-6}$ kg. Sein Querschnitt ist $A = \pi r^2 = 79 \cdot 10^{-6}$ m^2. Innerhalb des Gültigkeitsbereiches von (8.49) hat der Bremskoeffizient die Größe $\beta = c_W \varrho_M A/2$. Für eine Kugel findet man in diesem Bereich einen Widerstandsbeiwert von rund $c_W = 0.4$. Die Dichte der Luft beträgt $\varrho_M = 1.3$ kg m^{-3}. Also folgt $\beta = 21 \cdot 10^{-6}$kg m^{-1}. Wegen $\varrho_M \ll \varrho$ kann ϱ_M/ϱ gegen 1 vernachlässigt werden, so dass $\gamma = \gamma_0$ und $\kappa = \kappa_0$ gesetzt werden kann. Damit ist wegen $g = 9.8$ m s^{-2}

$$\kappa = 2\sqrt{\frac{\beta}{m}g} = 1.25\ \mathrm{s}^{-1} \qquad \text{und} \qquad \gamma = \frac{2g}{\kappa} = 15.68\ \mathrm{m\,s}^{-1}$$

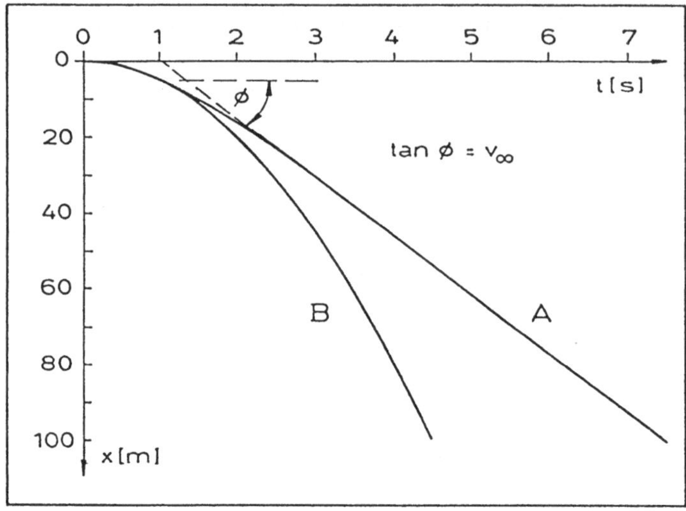

Abb. 8.19. Freier Fall bei einer zum Quadrat der Geschwindigkeit proportionalen Reibungskraft (A) und im Vakuum (B).

In den Maßeinheiten Meter und Sekunde lautet dann (8.52) mit gerundeten Zahlenfaktoren

$$x(t) = 15.68\left(t + 1.6\ln\frac{1+e^{-1.25t}}{2}\right)$$

In Bild 8.19 ist diese Funktion graphisch dargestellt. Wiederum ist die Annäherung an die konstante Fallgeschwindigkeit v_∞ deutlich ersehbar. Zum Vergleich ist auch hier die Kurve für den freien Fall im Vakuum, also ohne Reibungs- und Auftriebskraft, eingezeichnet.

8.2.11 Die Kraft ist die Summe aus elastischer Bindungskraft und geschwindigkeitsproportionaler Bremskraft: $\boldsymbol{F} = -D x \boldsymbol{e}_x - \alpha \frac{\mathrm{d}x}{\mathrm{d}t}\boldsymbol{e}_x \quad (D > 0;\ \alpha > 0)$

Die Differentialgleichung (8.4) lautet für diesen Fall

$$\boxed{\frac{\mathrm{d}^2x}{\mathrm{d}t^2} = -\frac{D}{m}x - \frac{\alpha}{m}\frac{\mathrm{d}x}{\mathrm{d}t}} \tag{8.53}$$

Beim Aufspüren eines passenden Lösungsansatzes läßt man sich hier am besten von den Erkenntnissen aus den Abschnitten 8.2.7 und 8.2.9 leiten: Für die elastische Kraft allein führte eine e-Funktion mit **imaginärem** Exponenten auf den richtigen Weg, für die Bremskraft allein eine solche mit **reellem** Exponenten. In beiden Fällen waren es also e-Funktionen. Also ist es naheliegend, es auch jetzt mit dem Lösungsansatz

$$x(t) = Be^{kt} \tag{8.54}$$

zu versuchen. Man vermutet, dass nun wohl der Exponent eine **komplexe** Zahl sein wird, sich also aus einer reellen und einer imaginären Zahl zusammensetzt. Der weitere Gang der Handlung verläuft formal zunächst wieder genauso wie im Abschnitt 8.2.7: Einsetzen von (8.54) in (8.53) ergibt eine quadratische Bestimmumngsgleichung für k, nämlich

$$k^2 = -\frac{D}{m} - \frac{\alpha}{m}k$$

oder mit der bereits verwendeten Abkürzung $D/m = \omega_0^2$ und der neuen Abkürzung $\alpha/m = 2\delta$

$$k^2 + 2\delta k + \omega_0^2 = 0$$

Wie man eine solche Gleichung nach k auflöst, lehrt bereits die Schulmathematik. Es gibt zwei Lösungen, und zwar

$$k_1 = -\delta + \sqrt{\delta^2 - \omega_0^2} \quad \text{und} \quad k_2 = -\delta - \sqrt{\delta^2 - \omega_0^2} \tag{8.55}$$

Dementsprechend gibt es zwei Einzellösungen der Form (8.54) für (8.53), deren Linearkombination

$$x(t) = A_1 e^{k_1 t} + A_2 e^{k_2 t} \tag{8.56}$$

die allgemeine Lösung von (8.53) darstellt. Für die Geschwindigkeit folgt daraus

$$v(t) = \frac{\mathrm{d}x}{\mathrm{d}t} = k_1 A_1 e^{k_1 t} + k_2 A_2 e^{k_2 t} \tag{8.57}$$

Setzt man zur Festlegung der Faktoren A_1 und A_2 durch die Anfangsbedingungen x_0 und v_0 in (8.56) und (8.57) $t = 0$, dann erhält man die beiden Gleichungen

$$x_0 = A_1 + A_2 \qquad \text{und} \qquad v_0 = k_1 A_1 + k_2 A_2$$

für die beiden "Unbekannten" A_1 und A_2. Die Auflösung ergibt

$$A_1 = \frac{v_0 - k_2 x_0}{k_1 - k_2} \qquad \text{und} \qquad A_2 = -\frac{v_0 - k_1 x_0}{k_1 - k_2} \tag{8.58}$$

Damit lautet die Lösung (8.56):

$$x(t) = \frac{v_0 - k_2 x_0}{k_1 - k_2} e^{k_1 t} - \frac{v_0 - k_1 x_0}{k_1 - k_2} e^{k_2 t} \tag{8.59}$$

Die hierin enthaltenen physikalischen Aussagen lassen sich leichter und unmittelbarer erkennen, wenn man in geeigneter Weise umformt. Setzt man abkürzend $\sqrt{\delta^2 - \omega_0^2} = \gamma$, dann folgt aus (8.55)

$$k_1 = -\delta + \gamma; \quad k_2 = -\delta - \gamma; \quad k_1 - k_2 = 2\gamma;$$

$$e^{k_1 t} = e^{(-\delta + \gamma)t} = e^{-\delta t} e^{\gamma t}$$

$$\text{und} \qquad e^{k_2 t} = e^{-\delta t} e^{-\gamma t}$$

Einsetzen in (8.59) ergibt

$$x(t) = \frac{\gamma x_0 + \delta x_0 + v_0}{2\gamma} e^{-\delta t} e^{\gamma t} + \frac{\gamma x_0 - \delta x_0 - v_0}{2\gamma} e^{-\delta t} e^{-\gamma t}$$
$$= x_0 e^{-\delta t} \left\{ \frac{e^{\gamma t}}{2} + \left[\delta + \frac{v_0}{x_0}\right] \frac{e^{\gamma t}}{2\gamma} + \frac{e^{-\gamma t}}{2} - \left[\delta + \frac{v_0}{x_0}\right] \frac{e^{-\gamma t}}{2\gamma} \right\}$$

oder schließlich

$$x(t) = x_0 e^{-\delta t} \left(\frac{e^{\gamma t} + e^{-\gamma t}}{2} + \left[\delta + \frac{v_0}{x_0}\right] \frac{e^{\gamma t} - e^{-\gamma t}}{2\gamma} \right) \tag{8.60}$$

In dieser Form ist die Lösung auf der Basis der Erkenntnisse aus den Abschnitten 8.2.6 und 8.2.7 leicht interpretierbar: Die nun vorkommenden Kombinationen aus e-Funktionen sind bekanntlich bei **reellem** γ gleich den hyperbolischen Funktionen $\cosh \gamma t$ und $(1/\gamma)\sinh \gamma t$ und bei **imaginärem** $\gamma = i\omega$ gleich den Winkelfunktionen $\cos \omega t$ und $(1/\omega)\sin \omega t$. Beide Fälle und der Grenzfall $\gamma = 0$ beschreiben aus physikalischer Sicht sehr unterschiedliche Vorgänge und müssen getrennt diskutiert werden.

1. Fall: $\delta > \omega_0$

   Hier ist $\gamma = \sqrt{\delta^2 - \omega_0^2}$ **reell**, und (8.60) lautet

$$\boxed{x(t) = x_0 e^{-\delta t} \left(\cosh(\gamma t) + \left[\frac{\delta}{\gamma} + \frac{v_0}{\gamma \cdot x_0}\right] \sinh(\gamma t) \right)} \tag{8.61}$$

   Diese Lösung unterscheidet sich von (8.20) insbesondere durch den zeitlich exponentiell abfallenden Faktor $e^{\delta t}$. Sie ist in Bild 8.20 (Kurve A) aufgetragen. Zur Vereinfachung wurde $v_0 = 0$ angenommen, d.h. die Masse wird aus der Startposition x_0 einfach losgelassen. Die weiteren Zahlenwerte sind $D = 1$ N m^{-1}, $m = 1$ kg, also $\omega_0 = 1$ s^{-1}, $\delta = 5.1$ s^{-1}, also $\gamma = 5$ s^{-1} und $x_0 = 1$ m. Die ausgelenkte Masse "kriecht" asymptotisch gegen die Ruhelage $x = 0$. Der Fall $\delta > \omega_0$ heißt deswegen auch der **Kriechfall**.

2. Fall: $\delta = \omega_0$

   Hier ist $\gamma = 0$, und (8.60) lautet

$$x(t) = x_0 e^{-\delta t} \left\{ 1 + \left(\delta + \frac{v_0}{x_0}\right) \left[\frac{e^{\gamma t} - e^{-\gamma t}}{2\gamma}\right]_{\gamma \to 0} \right\}$$

   Der Grenzwert des letzten Klammer-Ausdrucks kann mit Hilfe der erläuterten DE L'HOSPITALschen Regel berechnet werden. Danach ist

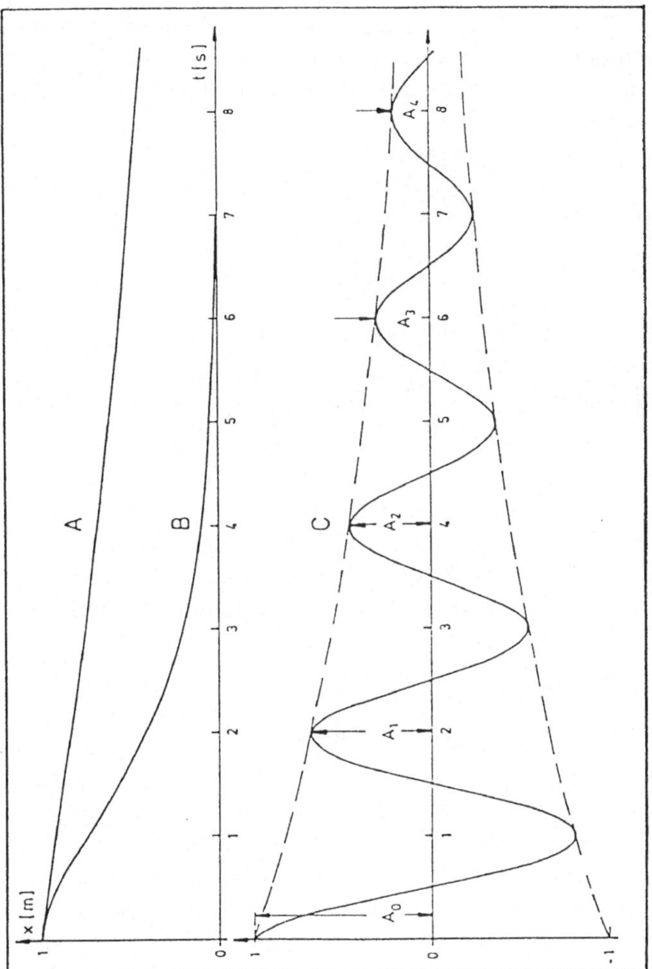

Abb. 8.20. Kriechfall (A), aperiodischer Grenzfall (B), Schwingfall (C).

$$\left[\frac{e^{\gamma t}-e^{-\gamma t}}{2\gamma}\right]_{\gamma\to 0} = \left[\frac{\mathrm{d}\left(e^{\gamma t}-e^{-\gamma t}\right)/\mathrm{d}\gamma}{\mathrm{d}(2\gamma)/\mathrm{d}\gamma}\right]_{\gamma\to 0}$$

$$= \left[\frac{te^{\gamma t}+te^{-\gamma t}}{2}\right]_{\gamma\to 0} = t$$

Also folgt

$$\boxed{x(t) = x_0 e^{-\delta t}\left(1+\left[\delta+\frac{v_0}{x_0}\right]t\right)} \tag{8.62}$$

Wiederum für $v_0 = 0$, $x_0 = 1$ m und $\omega_0 = 1$ s^{-1} und somit auch für $\delta = 1$ s^{-1} ergibt sich der in Bild 8.20 (Kurve B) eingezeichnete Verlauf. Auch hier läuft die anfänglich ausgelenkte Masse asymptotisch gegen die Ruhelage $x = 0$, jedoch deutlich schneller als im Kriechfall. Der Fall $\delta = \omega_0$ heißt **aperiodischer Grenzfall**.

3. Fall: $\delta < \omega_0$
Hier ist mit der Abkürzung $\sqrt{\omega_0^2 - \delta^2} = \omega$

$$\gamma = \sqrt{\delta^2 - \omega_0^2} = \sqrt{-(\omega_0^2 - \delta^2)} = \sqrt{-1}\omega = i\omega$$

also **imaginär**. Die Lösung (8.60) hat nun die Form

$$\boxed{x(t) = x_0 e^{-\delta t}\left(\cos(\omega t) + \left[\frac{\delta}{\omega} + \frac{v_0}{\omega x_0}\right]\sin(\omega t)\right)} \tag{8.63}$$

Die **formale** Übereinstimmung mit (8.61) ist offensichtlich. Der wesentlichste Unterschied zu (8.24), also zu dem entsprechenden Fall **ohne** Bremskraft, besteht wiederum im Faktor $e^{-\delta t}$. Wie dort läßt sich auch hier die Summe aus zwei Winkelfunktionen zu einer einzigen Winkelfunktion mit Phasenverschiebung zusammenfassen. Setzt man die Definition

$$\frac{\delta}{\omega} + \frac{v_0}{\omega x_0} = \tan\varphi_0 = \frac{\sin\varphi_0}{\cos\varphi_0} \tag{8.64}$$

für den Phasenwinkel φ_0 in (8.63) ein, dann folgt

$$\boxed{x(t) = A_0 e^{-\delta t}\cos(\omega \cdot t - \varphi_0)} \tag{8.65}$$

mit $A_0 = x_0/\cos\varphi_0$. Aus dieser Darstellung ist der Verlauf der Lösung (8.63) leicht und direkt ablesbar; $x(t)$ ist eine phasenverschobene (Cosinus-) Schwingung, **amplitudenmoduliert** mit einer zeitlich abfallenden e-Funktion. Für die Werte $\omega_0 = \pi$ s^{-1} und $\delta = 0.2$ s^{-1}, also für $\omega = 3.135$ s^{-1}, erhält man bei $v_0 = 0$ und $x_0 = 1$ m den in Bild 8.20 (Kurve C) aufgetragenen Verlauf. Die Phasenverschiebung ist mit $\varphi_0 = 3.65° \mathrel{\hat{=}} 0.0637$ rad relativ klein. Demzufolge ist die Anfangsamplitude wegen $A_0 = x_0/\cos\varphi_0 = 1.002$ praktisch gleich der Startposition x_0. Der Fall $\delta < \omega_0$ heißt **Schwingfall**.

Damit sind alle möglichen Lösungen von (8.53) diskutiert. Beispiele physikalischer Systeme, die der Differentialgleichung (8.53) gehorchen und den obigen Lösungen folgen, sind allgemein alle schwingungsfähigen Systeme mit geschwindigkeitsproportionaler Dämpfung oder Bremskraft. Als Prototypen hierfür können wiederum die in Bild 8.10 skizzierten Pendel angesehen werden, wenn die Pendelmasse in einem zähen Medium schwingt und die Reibungskräfte stets proportional zu v bleiben. Solange die **Dämpfungskonstante** δ kleiner als die Kreisfrequenz $\omega_0 = 2\pi\nu_0$ für den ungedämpften

Fall ist, bleiben die Pendel schwingfähig. Sie können exponentiell gedämpfte Schwingungen vollführen (Schwingfall). Wegen $\omega^2 = \omega_0^2 - \delta^2$, $\delta < \omega_0$ und $\omega = 2\pi\nu = 2\pi/T$ ist

$$\nu = \nu_0\sqrt{1-(\delta/\omega_0)^2} < \nu_0 \quad \text{und} \quad T = \frac{T_0}{\sqrt{1-(\delta/\omega_0)^2}} > T_0$$

Mit wachsendem δ bei vorgegebenem ω_0 nimmt die Frequenz ν ab, die Schwingungsdauer T zu. Gedämpfte Schwingungen verlaufen also stets **langsamer** als ungedämpfte. Ein anschauliches Maß für die Stärke der Dämpfung ist das sogenannte Dämpfungsverhältnis K. Darunter versteht man das Verhältnis zweier aufeinander folgender Amplituden bei Auslenkung in **dieselbe** Richtung. Bei fortlaufender Numerierung dieser Amplituden, wie in Bild 8.20 geschehen (Laufindex n), ist also $K = A_n/A_{n+1}$. Der zeitliche Abstand zwischen A_n und A_{n+1} beträgt T. Wegen der exponentiellen Amplitudenmodulation ist dann

$$A_{n+1} = A_n e^{-\delta T} \qquad \text{und} \qquad K = \frac{A_n}{A_{n+1}} = e^{\delta T}$$

K ist zeitlich konstant. Der Exponent $\delta T = \ln K$ heißt **logarithmisches Dekrement**. Die Zunahme von T mit K ist selbst bis zu relativ starker Dämpfung hin nur gering. Aus $\omega_0^2 = \omega^2 + \delta^2$ folgt

$$\left[\frac{T}{T_0}\right]^2 = 1 + \left[\frac{\delta T}{2\pi}\right]^2 \qquad \text{oder} \qquad T = T_0\sqrt{1 + \left[\frac{\ln K}{2\pi}\right]^2}$$

Hieraus ergeben sich beispielsweise für die Dämpfungsverhältnisse $K = 1$ (ungedämpfter Fall), $= 2$ und $= 10$ die Schwingungsdauern $T = T_0$, $= 1.0061T_0$ und $= 1.0650T_0$. Also selbst für eine Dämpfung, bei der jede Amplitude bereits zehnmal kleiner ist als die vorangehende, beträgt der relative Unterschied zwischen T_0 und T lediglich 6.5%. Übersteigt schließlich die Dämpfungskonstante δ die Kreisfrequenz ω_0, dann verliert das System, z.B. ein Pendel innerhalb einer Flüssigkeit entsprechend hoher Viskosität, seine Schwingfähigkeit (Kriechfall). Der aperiodische Grenzfall $\delta = \omega_0$ ist von praktischer oder technischer Bedeutung überall dort, wo schwingfähige Systeme so bedämpft werden sollen, dass sie nach einer Störung möglichst schnell wieder in ihren Ausgangszustand zurückkehren. Beispielsweise ist die Karosserie eines Autos federnd auf das Fahrgestell montiert. Um zu verhindern, dass die Karosserie nach Durchfahren eines Schlagloches oder einer Bodenwelle in unangenehme und lange anhaltende Schwingungen gerät, wird die Federung mittels sogenannter Stoßdämpfer bedämpft. Sie werden so auf das Gesamtsystem abgestimmt, dass das Auto nach einem Stoß oder einer Störung möglichst rasch wieder seinen ursprünglichen Fahrzustand und seine normale Straßenlage erreicht.

8.2.12 Die Kraft ist die Summe aus elastischer Bindungskraft, Bremskraft und einer äußeren zeitabhängigen Kraft: $\boldsymbol{F} = -Dx\boldsymbol{e}_x - \alpha \frac{\mathrm{d}x}{\mathrm{d}t}\boldsymbol{e}_x + F_a(t)\boldsymbol{e}_x (D > 0;\ \alpha > 0)$

Allgemeines Die Differentialgleichung (8.4) hat nun die schon relativ komplizierte Form

$$\boxed{\mathrm{d}\frac{\mathrm{d}^2 x}{\mathrm{d}t^2} = -\mathrm{d}\frac{D}{m}x - \mathrm{d}\frac{\alpha}{m}\mathrm{d}\frac{\mathrm{d}x}{\mathrm{d}t} + \mathrm{d}\frac{F_a}{m}} \tag{8.66}$$

Mit den gebräuchlichen Abkürzungen und nach Umstellung der Terme ist

$$\frac{\mathrm{d}^2 x}{\mathrm{d}t^2} + 2\delta\frac{\mathrm{d}x}{\mathrm{d}t} + \omega_0^2 x = \frac{F_a}{m} \tag{8.67}$$

In der gleichen Darstellung lautet die im vorangehenden Abschnitt behandelte Gleichung (8.53):

$$\frac{\mathrm{d}^2 x}{\mathrm{d}t^2} + 2\delta\frac{\mathrm{d}x}{\mathrm{d}t} + \omega_0^2 x = 0 \tag{8.68}$$

Beiden Gleichungen ist gemeinsam, dass auf der linken Seite die gesuchte Funktion $x(t)$ und deren zeitliche Ableitungen in (hier sogar identischer) **linearer Kombination** auftreten. Solche Gleichungen heißen deshalb **lineare Differentialgleichungen**. Hinsichtlich der Unterschiede auf der rechten Seite nennt man (8.67) eine **inhomogene** und (8.68) die zugehörige **homogene** Differentialgleichung. Zu den Lösungen $x(t)$ von (8.67) macht die Mathematik die folgende hilfreiche und allgemeine Aussage: Ist $x_{si}(t)$ eine **spezielle**, auf irgendeine Weise gefundene oder erratene Lösung der **inhomogenen** Gleichung und $x_{ah}(t)$ die **allgemeine** Lösung der zugehörigen **homogenen** Gleichung, dann ist die **allgemeine** Lösung der **inhomogenen** Gleichung die Summe aus beiden, also

$$x(t) = x_{si}(t) + x_{ah}(t)$$

$x_{ah}(t)$ ist vom Abschnitt 8.2.11 her wohlbekannt. Also muss "nur noch" $x_{si}(t)$ für eine konkret vorgegebene äußere Kraft F_a gefunden werden.
Nachfolgend werden zwei Spezialfälle bezüglich F_a diskutiert, und zwar eine **harmonische** Kraft und eine **Stoßkraft**. Abschließend wird versucht, aus den gewonnenen Erkenntnissen möglichst allgemein gültige Aussagen zu gewinnen.

Die äußere Kraft ist harmonisch: $\boldsymbol{F}_a(t) = F_0 \cos\omega_a t\boldsymbol{e}_x$ Die bisher gemachten Erfahrungen über das Verhalten physikalischer Systeme, die der Gleichung (8.68) folgen, lassen vermuten, dass ein solches System, z.B. ein bedämpftes Federpendel, durch eine harmonische äußere Kraft zu ebenfalls harmonischen Schwingungen mit der vorgegebenen (äußeren) Kreisfrequenz $\omega_a = 2\pi\nu_a$ **gezwungen** wird. Also ist es naheliegend, den Lösungsansatz

$$x_{si}(t) = A\cos(\omega_a t - \varphi) \tag{8.69}$$

für (8.67) zu versuchen. Einsetzen in (8.67) zusammen mit

$$\frac{\mathrm{d}x_{si}}{\mathrm{d}t} = -\omega_a A \sin(\omega_a t - \varphi) \quad \text{und} \quad \frac{\mathrm{d}^2 x_{si}}{\mathrm{d}t^2} = -\omega_a^2 A \cos(\omega_a t - \varphi)$$

ergibt

$$(\omega_0^2 - \omega_a^2) A \cos(\omega_a t - \varphi) - 2\delta\omega_a A \sin(\omega_a t - \varphi) = \frac{F_0}{m} \cos \omega_a t$$

Anwendung der bekannten Additionstheoreme für die Cosinus- und Sinus-Funktionen und Sortieren nach Beiträgen mit $\cos \omega_a t$ und $\sin \omega_a t$ führen auf

$$\begin{aligned} &\left[(\omega_0^2 - \omega_a^2) A \cos \varphi + 2\delta\omega_a A \sin \varphi - F_0/m\right] \cos \omega_a t \\ &\qquad = \left[2\delta\omega_a A \cos \varphi - (\omega_0^2 - \omega_a^2) A \sin \varphi\right] \sin \omega_a t \end{aligned} \tag{8.70}$$

also auf eine Gleichung der Form

$$C_1 \cos \omega_a t = C_2 \sin \omega_a t \tag{8.71}$$

Die Koeffizienten C_1 und C_2 stehen abkürzend für die in eckigen Klammern gesetzten Ausdrücke von (8.70).
Die Beziehung (8.71) soll **stets**, also für beliebige Zeiten t oder auf der "gesamten Zeitachse" gelten. Das ist aber nur dann erfüllbar, wenn beide Faktoren C_1 und C_2 gleichzeitig verschwinden, wenn also gilt $C_1 = C_2 = 0$. Die Cosinus- und die Sinus-Funktion sind nämlich linear voneinander unabhängig. Das bedeutet unter anderem, dass es unmöglich ist, durch Multiplikation mit einem Faktor oder durch entsprechende Wahl eines Koeffizienten eine Cosinus- in eine Sinus-Funktion umzuwandeln oder umgekehrt. Wohlgemerkt: Für einen **fest vorgegebenen** Zeitpunkt läßt sich (8.71) sehr wohl erfüllen, ohne dass beide Koeffizienten verschwinden müssen. Wählt man beispielsweise $t = t_1 = \pi/(4\omega_a)$, dann folgt $C_1 \cos(\pi/4) = C_2 \sin(\pi/4)$ oder $C_1 = C_2$. Zu einem anderen Zeitpunkt, etwa $t = t_2 = 0$, gilt dieses Ergebnis dann aber nicht mehr. Hier führt (8.71) auf $C_1 \cos 0 = C_2 \sin 0$ oder $C_1 = 0$, während C_2 beliebig groß sein kann.
Die Bedingung $C_1 = C_2 = 0$ liefert gemäß (8.70) die beiden Gleichungen

$$(\omega_0^2 - \omega_a^2) \cos \varphi + 2\delta\omega_a \sin \varphi = \frac{F_0}{Am} \tag{8.72}$$

$$\text{und} \qquad (\omega_0^2 - \omega_a^2) \sin \varphi - 2\delta\omega_a \cos \varphi = 0 \tag{8.73}$$

zur Festlegung der noch unbestimmten Parameter A und φ des Lösungsansatzes (8.69). Für die Phasenverschiebung φ folgt aus (8.73) mit $\sin \varphi / \cos \varphi = \tan \varphi$ unmittelbar

$$\boxed{\tan \varphi = \mathrm{d}\tfrac{2\delta\omega_a}{\omega_0^2 - \omega_a^2}} \tag{8.74}$$

Einsetzen dieses Ergebnisses in (8.72) unter Ausnutzung der Transformationsformeln

$$\sin \varphi = \frac{\tan \varphi}{\sqrt{1 + \tan^2 \varphi}} \quad \text{und} \quad \cos \varphi = \frac{1}{\sqrt{1 + \tan^2 \varphi}}$$

ergibt dann nach einiger Rechnerei

$$\boxed{A = \frac{F_0}{m} \frac{1}{\sqrt{(\omega_0^2 - \omega_a^2)^2 + 4\delta^2\omega_a^2}}} \tag{8.75}$$

Es lohnt sich, an dieser Stelle zu überprüfen, wieweit die Anwendung des MOIVREschen Theorems (8.30) den ziemlich umständlichen Rechengang bis zu den Ergebnissen (8.74) und (8.75) unter Umgehung des Rechnens mit Winkelfunktionen vereinfacht, wie behauptet wurde: Geht man von den beiden komplexen Funktionen

$$F_a(t) = F_0 e^{i\omega_a t} \quad \text{und} \quad x_{si}(t) = Ae^{i(\omega_a t - \varphi)} = Ae^{i\omega_a t}e^{-i\varphi}$$

für die äußere Kraft und den Lösungsansatz aus, die ja bekanntlich beide die Cosinus-Funktion als Realteil enthalten und also umfassender sind als die zuvor angenommenen Ausgangsfunktionen, und setzt man sie zusammen mit

$$\frac{\mathrm{d}x_{si}}{\mathrm{d}t} = i\omega_a Ae^{i\omega_a t}e^{-i\varphi} \quad \text{und} \quad \frac{\mathrm{d}^2 x_{si}}{\mathrm{d}t^2} = -\omega_a^2 Ae^{i\omega_a t}e^{-i\varphi}$$

in (8.67) ein, dann resultiert

$$(\omega_0^2 - \omega_a^2)Ae^{i\omega_a t}e^{-i\varphi} + 2i\delta\omega_a Ae^{i\omega_a t}e^{-i\varphi} = \frac{F_0}{m}e^{i\omega_a t}$$

Dividiert man durch das e-Funktionen-Produkt, dann verbleibt

$$(\omega_0^2 - \omega_a^2)A + i2\delta\omega_a A = \frac{F_0}{m}e^{i\varphi}$$

oder mit (8.30):

$$(\omega_0^2 - \omega_a^2)A + i2\delta\omega_a A = \frac{F_0}{m}\cos\varphi + i\frac{F_0}{m}\sin\varphi$$

Gemäß den Rechenregeln für komplexe Zahlen bedeutet Gleichheit zweier komplexer Größen, dass sowohl die Real-, als auch die Imaginärteile übereinstimmen müssen. Das führt auf die beiden Gleichungen

$$(\omega_0^2 - \omega_a^2)A = \frac{F_0}{m}\cos\varphi \qquad \text{und} \qquad 2\delta\omega_a A = \frac{F_0}{m}\sin\varphi$$

Division der zweiten Gleichung durch die erste liefert das Ergebnis (8.74) für $\tan\varphi$. Quadrieren beider Gleichungen und anschließende Addition ergibt

$$A^2\left[(\omega_0^2 - \omega_a^2)^2 + 4\delta^2\omega_a^2\right] = \frac{F_0^2}{m^2}(\cos^2\varphi + \sin^2\varphi)$$

oder wegen $\cos^2\varphi + \sin^2\varphi = 1$ das Resultat (8.75) für A. Der Rechengang ist also in der Tat deutlich übersichtlicher und einfacher als der vorangehend beschriebene.

Die Quintessenz des Unternehmens lautet somit: (8.69) **ist** eine Lösung der inhomogenen Differentialgleichung (8.67). Unter der Wirkung einer harmonischen Kraft vollführt die Masse **erzwungene Schwingungen** mit der Kreisfrequenz ω_a. Die Amplitude A ist proportional zur Amplitude F_0 der Kraft. Bei vorgegebenem System $(F_0, m, \omega_0, \delta)$ sind A und die Phasenverschiebung φ Funktionen von ω_a. Die allgemeine Lösung von (8.67) ist also

$$x(t) = A\cos(\omega_a t - \varphi) + x_{ah}(t)$$

Alle Lösungen $x_{ah}(t)$, ob Kriech-, Schwing- oder aperiodischer Grenzfall, beschreiben **zeitlich abklingende** Vorgänge. Nach genügend langer Zeit, gerechnet vom Zeitpunkt des Einsetzens der äußeren Kraft, oder – wie man auch sagt – nach "Abklingen der Einschwingvorgänge" verbleibt dann praktisch nur noch $x(t) = A\cos(\omega_a t - \varphi)$ als **stationäre** Lösung.
Die Funktionen $\varphi(\omega_a)$ und $A(\omega_a)$ zeigen einige interessante und wichtige Merkmale, die sich bereits aus einer einfachen "Kurvendiskussion" erkennen lassen. Aus (8.74) ist abzulesen:
Bei sehr niedrigen Frequenzen $\omega_a \ll \omega_0$ ergibt sich unter Vernachlässigung von ω_a gegen ω_0 der Verlauf $\tan\varphi = 2\delta\omega_a/\omega_0^2$. Für $\omega_a \to 0$ laufen auch $\tan\varphi$ (von positiven Werten her) und damit φ selbst gegen Null. Hier erfolgen die Schwingungen also **im Gleichtakt** oder **gleichphasig** mit F_a.
Bei sehr hohen Frequenzen $\omega_a \gg \omega_0$ erhält man unter Vernachlässigung von ω_0 gegen ω_a den Verlauf $\tan\varphi = -2\delta/\omega_a$. Für $\omega_a \to \infty$ läuft somit $\tan\varphi$ von negativen Werten her gegen Null, φ selbst also gegen $\pi \mathrel{\widehat{=}} 180°$. Hier schwingt die Masse also **im Gegentakt** oder **gegenphasig** zu F_a.
Für $\omega_a \to \omega_0$ läuft $\tan\varphi$ gegen Unendlich, φ selbst also gegen $\pi/2 \mathrel{\widehat{=}} 90°$. Bei $\omega_a = \omega_0$ schwingen m und F_a somit um $90°$ gegeneinander phasenverschoben. Bild 8.21 zeigt φ als Funktion des Verhältnisses ω_a/ω_0 in graphischer Darstellung für verschieden starke Dämpfungen, und zwar für $\delta/\omega_0 = 2$ (Kriechfall), $\delta/\omega_0 = 1$ (aperiodischer Grenzfall) und $\delta/\omega_0 = 1/2,\ 1/4,\ 1/8,\ 1/16$ (Schwingfälle). Augenfälliges Merkmal ist der gemeinsame Schnittpunkt aller Kurven bei $\omega_a/\omega_0 = 1$. Die Phasenverschiebung $\varphi(\omega_0) = \pi/2$ ist also **unabhängig** von der Stärke der Dämpfung. Klar erkennbar ist ferner, dass mit abnehmender Dämpfung der Übergang zwischen den Grenzwerten $\varphi(0) = 0$ und $\varphi(\infty) = \pi$ immer steiler oder sprunghafter erfolgt.

Die Funktion (8.75) zeigt folgende Merkmale: Für $\omega_a \to 0$ läuft A gegen den Grenzwert $A(0) \equiv A_0 = F/(m\omega_0)$.
Für $\omega_a \to \infty$ geht A gegen Null. Zu hohen Frequenzen hin nimmt die Schwingungsamplitude also stetig ab.
Im Radikanden

$$R = (\omega_0^2 - \omega_a^2)^2 + 4\delta^2\omega_a^2$$

des Nenners von (8.75) steht die Differenz $\omega_0 - \omega_a$. Bei genügend schwacher Dämpfung sollte demnach in der Umgebung von ω_0 die Funktion $R(\omega_a)$ ein **Minimum** und folglich die Funktion $A(\omega_a)$ ein **Maximum** aufweisen. Extremwerte von Funktionen bestimmt man bekanntlich durch Aufsuchen der Nullstellen für die erste Ableitung. Für R lautet sie

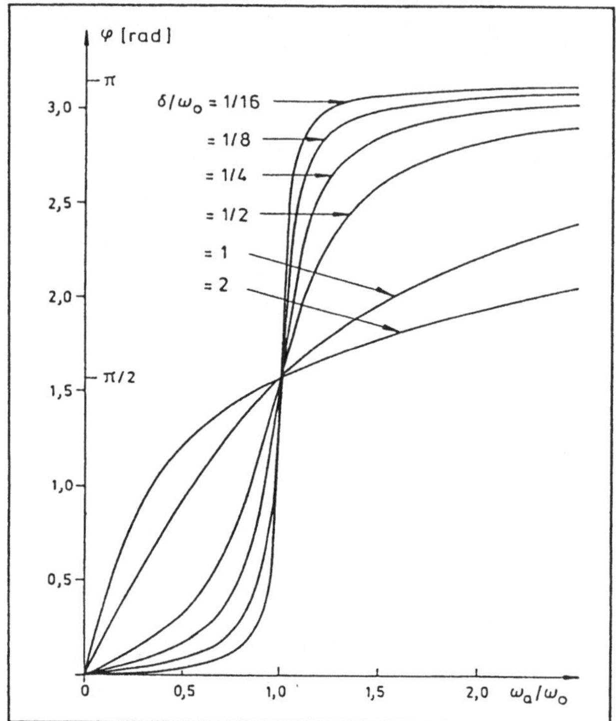

Abb. 8.21. Phasenverschiebung bei erzwungenen Schwingungen.

$$\frac{\mathrm{d}R}{\mathrm{d}\omega_a} = -4\omega_a(\omega_0^2 - \omega_a^2) + 8\delta^2\omega_a$$

Als Bestimmungsgleichung für die Nullstellen $\omega_{a0} = \omega_R$ folgt daraus

$$4\omega_R(\omega_R^2 - \omega_0^2) + 8\delta^2\omega_R = 0$$

oder

$$\omega_R(\omega_R^2 - \omega_0^2 + 2\delta^2) = 0$$

Diese Gleichung hat zwei Lösungen. Die erste lautet $\omega_R = 0$. Sie zeigt keinen Extremwert an, sondern bedeutet lediglich, dass die Funktion $A(\omega_a)$ bei $\omega_a = 0$ mit "horizontaler Tangente" startet. Die zweite Lösung ergibt sich aus $\omega_R^2 - \omega_0^2 + 2\delta^2 = 0$ zu

$$\boxed{\omega_R = \sqrt{\omega_0^2 - 2\delta^2}} \tag{8.76}$$

Da die Frequenz eine physikalische Größe ist, die nur **positiv** sein kann, ist auch nur der positive Wert der Wurzel physikalisch sinnvoll. Dass hier in der Tat ein **Maximum** von A vorliegt, ist leicht nachprüfbar. Dieses Maximum liegt also stets **unterhalb** der für das System typischen Kreisfrequenz ω_0.

Mit zunehmender Dämpfung verschiebt es sich zu immer kleineren Kreisfrequenzen ω_a hin, bis es schließlich im Grenzfall $\delta^2 = \omega_0^2/2$ bei $\omega_a = 0$ angelangt ist. Über diese Dämpfung hinaus tritt kein eigentliches Maximum mehr auf. Zwar ist der **allen** Kurven $A(\omega_a)$ gemeinsame Anfangswert A_0 für die Kurven mit $\delta^2 > \omega_0^2/2$ gleichzeitig ihr Maximalwert, aber eben kein "richtiges" Maximum. Die Höhe $A(\omega_R) = A_m$ des Maximums, also die maximale Amplitude, die bei Anregung eines Systems zu erzwungenen Schwingungen auftreten kann, ergibt sich durch Einsetzen von (8.76) zu

$$\boxed{A_m = \frac{F}{2m}\frac{1}{\delta\sqrt{\omega_0^2 - \delta^2}}} \tag{8.77}$$

Wider Erwarten liest man aus dieser Formel ab, dass für $\delta = \omega_0$, also unter den Bedingungen des aperiodischen Grenzfalls, A_m unendlich groß wird. Glücklicherweise ist das nur aus rein mathematischer Sicht so und physikalisch ohne Bedeutung; denn (8.77) gilt nur für diejenigen Kurven mit einem **Maximum** bei $\omega_a = \omega_R > 0$, also für $\delta^2 < \omega_0^2/2$. In diesem Dämpfungsbereich bleibt dann aber A_m stets endlich, und es ist dort

$$\frac{\mathrm{d}A_m}{\mathrm{d}\delta} = -\frac{F_0}{m\delta^2}\frac{(\omega_0^2/2 - \delta^2)}{(\omega_0^2 - \delta^2)^{3/2}} < 0$$

also **negativ**, was bedeutet, dass A_m mit wachsendem δ sinkt. Das Maximum wird immer flacher.

In Bild 8.22 ist A – genauer gesagt, das Verhältnis A/A_0 – als Funktion von ω_a/ω_0 für verschieden starke Dämpfungen aufgetragen. Die angenommenen Dämpfungsquotienten δ/ω_0 stimmen mit denen der Bild 8.21 überein. Die aus der Kurvendiskussion gewonnenen Aussagen finden sich hier deutlich wieder, insbesondere die Abflachung des Maximums mit wachsender Dämpfung und seine gleichzeitige Verschiebung nach links.

Das Auftreten einer Maximalamplitude bei erzwungenen Schwingungen bezeichnet man als **Resonanz**. Die Kurven mit einem Maximum nennt man **Resonanzkurven**. A_m und ω_R heißen **Resonanzamplitude** und **Resonanzfrequenz** – exakter: **Resonanz-Kreisfrequenz**.

Für den Bereich **kleiner** Dämpfung lassen sich einige Näherungsformeln gewinnen, die für eine erste Abschätzung über das zu erwartende Verhalten eines schwingfähigen Systems von praktischem Nutzen sein können: Mit $\delta^2 \ll \omega_0^2$ folgt aus (8.76) und (8.77):

$$\omega_R \approx \omega_0 \qquad \text{und} \qquad A_m \approx \frac{F_0}{2m\omega_0}\frac{1}{\delta}$$

Das Resonanzmaximum liegt dann praktisch bei ω_0. Die Resonanzamplitude sinkt wie $1/\delta$. In der Umgebung von ω_0, bei kleiner Dämpfung also im Bereich des Maximums, läßt sich der Verlauf der Resonanzkurve folgendermaßen näherungsweise beschreiben: "In der Umgebung von ω_0" soll heißen

$$\omega_a \approx \omega_0, \quad |\Delta\omega| \equiv |\omega_0 - \omega_a| \ll \omega_0, \quad \omega_a + \omega_0 \approx 2\omega_0$$

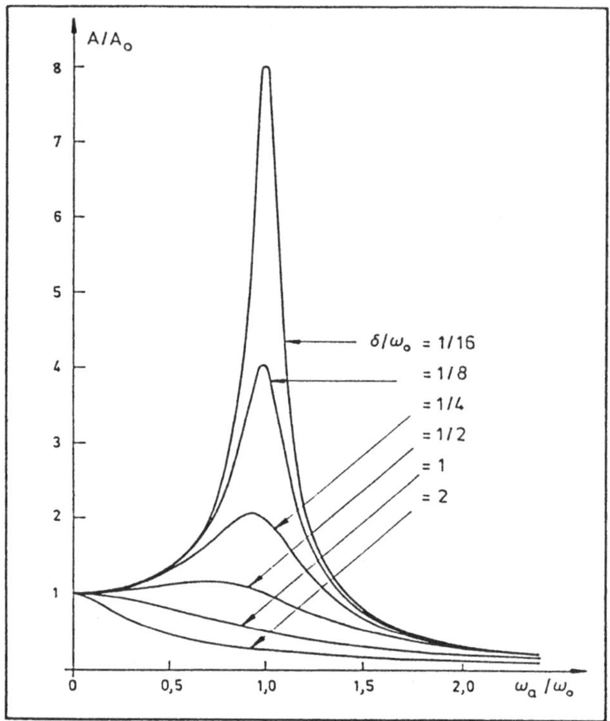

Abb. 8.22. Amplitude bei erzwungenen Schwingungen.

Mit diesen Näherungen erhält man dann für den Radikanden R im Nenner von (8.75):

$$\begin{aligned} R &= (\omega_0^2 - \omega_a^2)^2 + 4\delta^2\omega_a^2 = [(\omega_0 - \omega_a)(\omega_0 + \omega_a)]^2 + 4\delta^2\omega_a^2 \\ &\approx [\Delta\omega 2\omega_0]^2 + 4\delta^2 \cdot \omega_0^2 = 4\omega_0^2\left[(\Delta\omega)^2 + \delta^2\right] \end{aligned}$$

Einsetzen in (8.75) ergibt dann

$$A \approx \frac{F_0}{2m\omega_0}\frac{1}{\sqrt{(\Delta\omega)^2 + \delta^2}} \tag{8.78}$$

Wie gut diese Näherung eine Resonanzkurve zu beschreiben vermag, zeigt Bild 8.23 an einem Beispiel. Aufgetragen sind der exakte Verlauf gemäß (8.75) als durchgezogene und der Verlauf gemäß (8.78) als gestrichelte Kurve für $\delta/\omega_0 = 1/16$. Klar ersichtlich liefert die Näherungsformel unterhalb der Resonanzfrequenz zu kleine, oberhalb zu große Werte. Ein physikalisch wichtiges Charakteristikum einer Resonanzkurve ist deren Breite oder “Schärfe”. Verabredungsgemäß bezieht man sich dabei, wie ebenfalls in Bild 8.23 eingetragen, auf die Breite B bei der Höhe $A_m/\sqrt{2}$.

Im Rahmen der Näherung (8.78), die ja einen zu $\Delta\omega = 0$ **symmetrischen** Verlauf beschreibt, ist dann B doppelt so groß wie der Abstand $(\Delta\omega)_B$ von

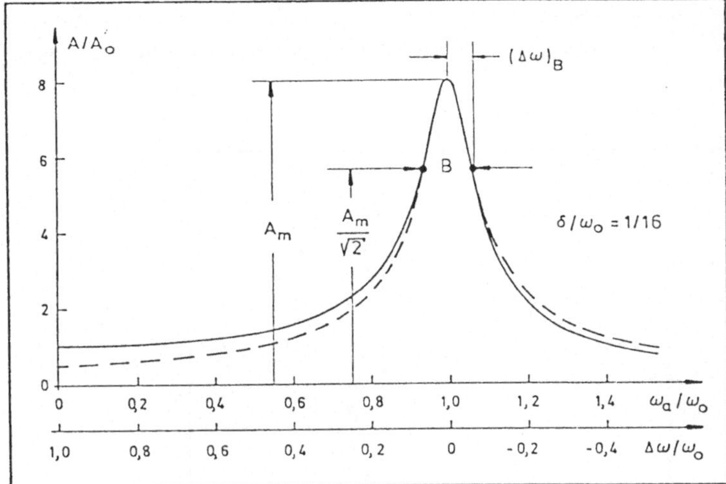

Abb. 8.23. Resonanzkurve, Näherung und Resonanzschärfe.

$\Delta\omega = 0$ für einen der beiden Flankenpunkte bei $A = A_m/\sqrt{2}$, d.h. es ist $(\Delta\omega)_B = B/2$. Aus (8.78) ergibt sich damit als Bestimmungsgleichung:

$$\frac{A_m}{\sqrt{2}} = \frac{A(\Delta\omega = 0)}{\sqrt{2}} = \frac{1}{\sqrt{2}}\frac{F_0}{2m\omega_0\delta} = \frac{F_0}{2m\omega_0}\frac{1}{\sqrt{(\Delta\omega)_B^2 + \delta^2}}$$
$$= \frac{F_0}{2m\omega_0}\frac{1}{\sqrt{B^2/4 + \delta^2}}$$

Daraus folgt

$$\frac{1}{\sqrt{2}\delta} = \frac{1}{\sqrt{B^2/4 + \delta^2}} \quad \text{oder} \quad \frac{B^2}{4} = \delta^2 \quad \text{oder} \quad B = 2\delta$$

Bei dieser Definition von B und im Bereich schwacher Dämpfung ist die Breite einer Resonanzkurve also doppelt so groß wie die Dämpfungskonstante. Man bezeichnet B auch als **Resonanz-Güte** oder als **Güte-Faktor** eines schwingfähigen Systems.

Es ist naheliegend, an dieser Stelle darauf hinzuweisen, dass der gesamte Formalismus, wie er vorangehend zur Beschreibung freier oder erzwungener **mechanischer** Schwingungen verwendet wurde, direkt auch auf die Behandlung freier oder erzwungener **elektromagnetischer** Schwingungen übertragen werden kann. Systeme, in welchen derartige Schwingungen auftreten können, nennt man allgemein (elektrische) **Schwingkreise**. Sie enthalten stets eine Induktivität L, z.B. in Form einer Spule, eine Kapazität C, z.B. in Form eines Kondensators, und – unvermeidbar – einen OHMschen Widerstand R, bedingt durch den elektrischen Widerstand der Zuleitungen oder des Spulendrahtes. Bei Hintereinanderschaltung dieser drei Komponenten entsteht ein sogenannter “Serien-Schwingkreis”. Schließt man ihn, wie in

Bild 8.24 skizziert, an eine Spannungsquelle an, die eine harmonische Spannung $U_a(t) = U_0 \cos\omega_a t$ liefert, dann wird er zu erzwungenen (elektrischen) Schwingungen angeregt.

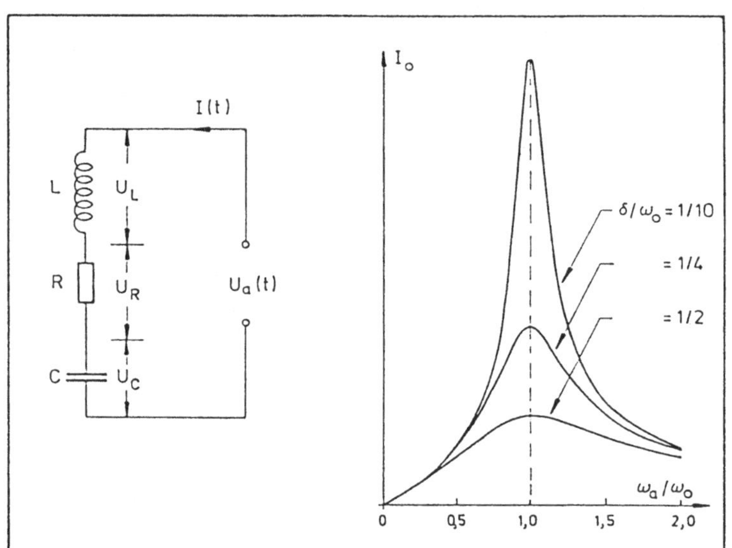

Abb. 8.24. Serien-Schwingkreis und Strom-Resonanzkurve.

Für elektrische Netzwerke allgemein gelten die sogenannten **Kirchhoffschen Regeln**. Eine von ihnen, die **Maschenregel**, verlangt, dass in **geschlossenen** Stromkreisen die angelegte Spannung gleich der Summe der aller **Spannungsabfälle** sein muss. Bezeichnet $I(t)$ die Stromstärke und $Q(t)$ die Ladung des Kondensators, dann betragen die Spannungsabfälle an L, R und C:

$$U_L = L\frac{\mathrm{d}I}{\mathrm{d}t}, \quad U_R = RI, \quad U_C = \frac{Q}{C}$$

Die Anwendung der Maschenregel auf den Kreis von Bild 8.24 liefert also

$$U_a = U_L + U_R + U_C = L\frac{\mathrm{d}I}{\mathrm{d}t} + RI + \frac{Q}{C}$$

Mit $I = \mathrm{d}Q/\mathrm{d}t$ folgt daraus für $Q(t)$ die Differentialgleichung

$$\frac{\mathrm{d}^2Q}{\mathrm{d}t^2} + \frac{R}{L}\frac{\mathrm{d}Q}{\mathrm{d}t} + \frac{1}{LC}Q = \frac{U_a}{L}$$

Mit den Abkürzungen

$$\frac{R}{L} = 2\delta \qquad \text{und} \qquad \frac{1}{LC} = \omega_0^2$$

erhält man

$$\frac{d^2Q}{dt^2} + 2\delta\frac{dQ}{dt} + \omega_0^2 Q = \frac{U_a}{L} \qquad (8.79)$$

Diese Gleichung ist in der Form identisch mit der inhomogenen Gleichung (8.67). Damit sind alle aus (8.67) und (8.68) gewonnenen Erkenntnisse und Ergebnisse unter Berücksichtigung der anderen Bedeutung der Abkürzungen und sonstigen Größen direkt auf elektrische Schwingkreise übertragbar. Beispielsweise beträgt die Kreisfrequenz ω freier, gedämpfter, elektromagnetischer Schwingungen wegen $\omega^2 = \omega_0^2 - \delta^2$ (Schwingfall)

$$\omega = \sqrt{\frac{1}{LC} - \frac{R^2}{4L^2}} = \frac{1}{L}\sqrt{\frac{L}{C} - \frac{R^2}{4}}$$

Die stationäre Lösung von (8.79) für eine harmonische äußere Spannung $U_a(t) = U_0 \cos\omega_a t$ lautet in Analogie zu (8.69):

$$Q(t) = Q_0 \cos(\omega_a t - \varphi) \qquad (8.80)$$

Die Ladungsamplitude Q_0 und die Phasenverschiebung φ zeigen in Abhängigkeit von ω_a nach Austausch sich entsprechender Größen denselben Verlauf, wie er in den Bildern 8.22 und 8.21 aufgetragen ist oder durch die Formeln (8.75) und (8.74) angegeben wird, und so weiter ...
Für die Stromstärke $I(t)$ durch den Schwingkreis gelten etwas andere Zusammenhänge, wie leicht einzusehen ist: Aus (8.80) folgt:

$$I(t) = \frac{dQ}{dt} = -\omega_a Q_0 \sin(\omega_a t - \varphi) = \omega_a Q_0 \cos\left[\omega_a t - \varphi + \frac{\pi}{2}\right]$$

oder

$$I(t) = I_0 \cos(\omega_a t - \phi) \quad \text{mit} \quad I_0 = \omega_a \cdot Q_0 \quad \text{und} \quad \phi = \varphi - \frac{\pi}{2}$$

Die Strom-Resonanzkurven $I_0(\omega_a)$ erhält man also durch Multiplikation der Ladungs-Resonanzkurven $Q_0(\omega_a)$ mit ω_a. Ersetzt man in (8.75) im Zuge des Analogieschlusses A durch Q_0, F_0 durch U_0 und m durch L, dann ist

$$I_0(\omega_a) = \frac{U_0}{L}\frac{\omega_a}{\sqrt{(\omega_0^2 - \omega_a^2) + 4\delta^2\omega_a^2}}$$

$$\text{oder} \qquad I_0(\omega_a) = \frac{U_0}{L}\frac{1}{\sqrt{(\omega_0^2 - \omega_a^2)^2/\omega_a^2 + 4\delta^2}}$$

Aus der ersten Darstellung ist direkt ablesbar: $I(0) = 0$. Die Kurven $I_0(\omega_a)$ beginnen also alle bei Null und nicht, wie die in Bild 8.22 aufgetragenen, bei einem endlichen Wert. Der zweiten Darstellung entnimmt man ohne viel "Kurvendiskussion", dass das Resonanzmaximum – **unabhängig** von der Stärke der Dämpfung – stets bei $\omega_a = \omega_0$ liegt und die Höhe $I_{0,m} = U_0/2\delta L = U_0/R$ hat. Eine Verschiebung des Maximums nach links mit wachsender Dämpfung, wie sie die Kurven in Bild 8.22 zeigen, tritt hier also nicht auf. Zur Veranschaulichung sind in Bild 8.24 drei Strom-Resonanzkurven für die Dämpfungen $\delta/\omega_0 = 1/10$, $1/4$ und $1/2$ graphisch dargestellt. Auch der

Verlauf (ω_a) der Phasenverschiebung zwischen $U_a(t)$ und $I(t)$ zeigt Unterschiede gegenüber (8.74). Wegen $\tan\phi = \tan(\varphi - \pi/2) = -\cot\varphi = -1/\tan\varphi$ folgt mit (8.74)

$$\tan\phi = \frac{\omega_a^2 - \omega_0^2}{2\delta\omega_a}$$

Für $\omega_a = \omega_0$ ergibt sich hier $\tan\phi = 0$. Dagegen liefert (8.74) an dieser Stelle einen unendlich großen Wert.

Die äußere Kraft ist eine Stoßkraft: $\boldsymbol{F_a(t) = F_s(t)e_x}$ Unter einer **Stoßkraft** $F_s(t)$ wird im folgenden eine Kraft verstanden, die nur während eines "kurzen" Zeitintervalls wirkt. Sie soll, wie in Bild 8.25 skizziert, zum Zeitpunkt $t_1 - \Delta t$ schlagartig einsetzen, im Zeitintervall Δt den konstanten Wert F_0 besitzen und zum Zeitpunkt t_1 schlagartig wieder auf Null absinken.

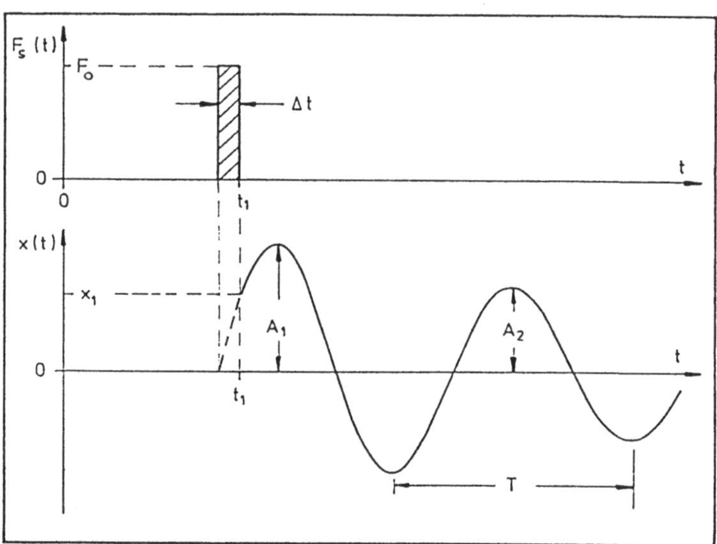

Abb. 8.25. Wirkung einer Stoßkraft auf ein schwingfähiges System.

Des weiteren soll vorausgesetzt werden, dass das System vorher **in Ruhe** ist, dass es die Bedingungen des **Schwingfalls** erfüllt und dass Δt **sehr klein** gegen die Schwingungsdauer T ist. Es soll also gelten

$$x(t) = v(t) = 0 \quad \text{für} \quad t \leq t_1 - \Delta t,\ \delta < \omega_0 \quad \text{und} \quad \Delta t/T \ll 1 \tag{8.81}$$

Was physikalisch passiert, ist klar: Das System, z.B. ein Federpendel, wird durch $F_s(t)$ aus der Ruhelage gestoßen und vollführt danach, also im Zeitbereich $t > t_1$, **freie** Schwingungen, wie in Bild 8.25 dargestellt.
Die Lösung des Problems reduziert sich also auf die Beantwortung der Frage: Wie bestimmt $F_s(t)$ die Anfangsbedingungen $x(t_1) = x_1$ und $v(t_1) = v_1$ für diese freie Schwingung bzw. wie hängen x_1 und v_1 von F_0 und Δt ab?

Der Verlauf einer freien (gedämpften) Schwingung wird durch die Funktion (8.63) beschrieben, sofern x_0 und v_0 Ort und Geschwindigkeit zum Zeitpunkt $t = 0$ sind. Die dem vorliegenden Fall angepaßte Darstellung erhält man aus (8.63) einfach durch Verschiebung des Zeitnullpunkts um t_1 nach links oder – vornehmer ausgedrückt – über die Zeittransformation $t = t' - t_1$. Dann ist $x_0 = x(t=0) = x(t'=t_1) = x_1$ und $v_0 = v(t=0) = v(t'=t_1) = v_1$, und (8.63) geht über in

$$x(t') = x_1 e^{-\delta(t' - t_1)} \left\{ \cos[\omega(t'-t_1)] + \left[\frac{\delta}{\omega} + \frac{v_1}{\omega x_1}\right] \sin[\omega(t'-t_1)] \right\}$$

Natürlich kann im nachhinein, d.h. nach erfolgter Transformation, die Zeit t' wieder in t **umbenannt** werden. Für die nachfolgenden Betrachtungen wird die Form

$$x(t) = \frac{1}{\omega} e^{-\delta(t-t_1)} \left\{ \omega x_1 \cos[\omega(t-t_1)] + [\delta x_1 + v_1] \sin[\omega(t-t_1)] \right\} \tag{8.82}$$

verwendet. Sie gilt – wohlgemerkt – nur im Zeitbereich $t > t_1$. Für $t < t_1 - \Delta t$ ist $x(t) = 0$. Zur Berechnung des Verlaufs $x(t)$ innerhalb des Zeitintervalls Δt müßte die entsprechende inhomogene Gleichung

$$\frac{\mathrm{d}^2 x}{\mathrm{d}t^2} + 2\delta \frac{\mathrm{d}x}{\mathrm{d}t} + \omega_0^2 x = \frac{F_s(t)}{m} \tag{8.83}$$

unter Beachtung der Anfangsbedingungen (8.81) gelöst werden. Aus der Lösung ließen sich dann die für (8.82) benötigten Anfangswerte x_1 und v_1 entnehmen. Unter der genannten Voraussetzung $\Delta t \ll T$ lassen sich diese beiden Größen aber auch auf einfachere Weise in zumindest ausreichend guter Näherung folgendermaßen gewinnen:
Eine Beziehung zwischen x_1, v_1, F_0 und Δt erhält man durch eine zeitliche Integration von (8.83) über das Intervall Δt hinweg, also aus

$$\int\limits_{t_1-\Delta t}^{t_1} \frac{\mathrm{d}^2 x}{\mathrm{d}t^2} \cdot \mathrm{d}t + 2\delta \int\limits_{t_1-\Delta t}^{t_1} \frac{\mathrm{d}x}{\mathrm{d}t} \cdot \mathrm{d}t + \omega_0^2 \cdot \int\limits_{t_1-\Delta t}^{t_1} x \cdot \mathrm{d}t = \frac{1}{m} \int\limits_{t_1-\Delta t}^{t_1} F_s(t) \cdot \mathrm{d}t$$

Die ersten beiden Integrale ergeben mit $\mathrm{d}x/\mathrm{d}t = v$ und unter Berücksichtigung von (8.81):

$$\int\limits_{t_1-\Delta t}^{t_1} \frac{\mathrm{d}v}{\mathrm{d}t} \cdot \mathrm{d}t = v(t_1) - v(t_1 - \Delta t) = v(t_1) = v_1$$

und

$$\int\limits_{t_1-\Delta t}^{t_1} \frac{\mathrm{d}x}{\mathrm{d}t} \cdot \mathrm{d}t = x(t_1) - x(t_1 - \Delta t) = x(t_1) = x_1$$

Das Integral auf der rechten Seite ist gleich $F_0 \cdot \Delta t$. Damit folgt:

$$v_1 + 2\delta x_1 + \omega_0^2 \int\limits_{t_1-\Delta t}^{t_1} x \cdot \mathrm{d}t = \frac{F_0 \cdot \Delta t}{m} \tag{8.84}$$

Natürlich ist es nicht möglich, aus dieser **einen** Gleichung die **zwei** Unbekannten x_1 und v_1 exakt und eindeutig zu bestimmen. Dazu bedarf es weiterer Informationen oder – für eine näherungsweise Berechnung – zusätzlicher Annahmen oder Abschätzungen, wie zum Beispiel der folgenden:

Würde gleichzeitig mit dem Einsetzen der Kraft $F_s(t)$ zum Zeitpunkt $t_1 - \Delta t$ auch die Geschwindigkeit sofort auf den Wert v_1 ansteigen und im Zeitintervall Δt konstant bleiben, dann wäre $x_1 = v_1 \cdot \Delta t$. Sicher **überschätzt** man damit die Größe von x_1. In Wirklichkeit wird die Geschwindigkeit innerhalb von Δt stetig ansteigen, x_1 also kleiner sein. Behält man das im Auge und verwendet diese Abschätzung dennoch, dann ergibt sich mit

$$\int\limits_{t_1-\Delta t}^{t_1} x \cdot \mathrm{d}t = \int\limits_{t_1-\Delta t}^{t_1} v_1 \cdot \Delta t \cdot \mathrm{d}t = v_1 \cdot \Delta t \int\limits_{t_1-\Delta t}^{t_1} \mathrm{d}t = v_1 (\Delta t)^2$$

$$\text{und} \qquad \omega_0 = \frac{2\pi}{T_0}$$

aus (8.84) der Zusammenhang

$$\begin{aligned} &v_1 + 2\delta T v_1 \frac{\Delta t}{T} + 4\pi^2 v_1 \left[\frac{\Delta t}{T_0}\right]^2 \\ &= v_1 \left(1 + 2\delta T \frac{\Delta t}{T} + 4\pi^2 \left[\frac{\Delta t}{T_0}\right]^2\right) = \frac{F_0 \cdot \Delta t}{m} \end{aligned}$$

Das logarithmische Dekrement δT hängt, wie vorangehend erläutert wurde, mit dem Amplitudenverhältnis gemäß $\delta T = \ln(A_1/A_2)$ zusammen (siehe Bild 8.25). Bleibt die Dämpfung in "vernünftigen" Grenzen, womit gemeint ist, dass T und T_0 praktisch gleich und A_1 und A_2 vergleichbar sein sollen – es soll also **nicht** $A_2 \ll A_1$ sein – dann können wegen $\Delta t/T \ll 1$ der zweite und dritte Term in der eckigen Klammer gegen Eins vernachlässigt werden und es verbleibt

$$v_1 = \frac{F_0 \cdot \Delta t}{m} \tag{8.85}$$

Wieweit diese Vernachlässigung gerechtfertigt ist, erkennt man am besten anhand eines Zahlenbeispiels:

Die Schwingungsdauer eines Pendels betrage $T = 5$ s. Die Dämpfung führe zu einem Amplitudenverhältnis von $A_i/A_{i+1} = 2$, d.h. jede Amplitude ist nur noch halb so groß wie die vorangehende gleicher Auslenkungsrichtung. Die Stoßzeit sei $\Delta t = 1$ ms $= 10^{-3}$ s lang. Dann ist

$$2\delta T \frac{\Delta t}{T} = 2 \ln \left[\frac{A_i}{A_{i+1}}\right] \frac{\Delta t}{T} = 2 \ln 2 \cdot \left(\frac{10^{-3}}{5}\right) = 0.28 \cdot 10^{-3} \; ;$$

$$T = 1.0061 T_0 \approx T_0 \qquad \text{und} \qquad 4\pi^2 \left[\frac{\Delta t}{T_0}\right] = 1.58 \cdot 10^{-6}$$

Unter diesen Bedingungen ist die Vernachlässigung also praktisch sicher vertretbar.
Die Lösung (8.82) erhält mit der Abschätzung $x_1 = v_1 \cdot \Delta t$ und mit $\omega x_1 = 2\pi v_1 \cdot \Delta t/T$ die Form

$$x(t) = \frac{v_1}{\omega} e^{-\delta(t-t_1)} \left\{ 2\pi \frac{\Delta t}{T} \cos\left[\omega(t-t_1)\right] + \left[\delta T \frac{\Delta t}{T} + 1\right] \sin\left[\omega(t-t_1)\right] \right\}$$

Der Cosinus-Anteil trägt somit wegen $\Delta t \ll T$ nur mit der vernachlässigbar kleinen Relativamplitude $2\pi \cdot \Delta t/T$ zum Geschehen bei. Liegt die Dämpfung wiederum innerhalb der vorangehend abgesteckten Grenzen, ist also $(\delta T)(\Delta t/T) \ll 1$, dann verbleibt schließlich

$$x(t) = \frac{v_1}{\omega} e^{-\delta(t-t_1)} \sin\left[\omega(t-t_1)\right] \tag{8.86}$$

oder mit (8.85)

$$\boxed{x(t) = \frac{F_0 \cdot \Delta t}{m\omega} e^{-\delta(t-t_1)} \sin\left[\omega(t-t_1)\right]} \tag{8.87}$$

Diese Lösung sagt folgendes aus: Eine auf ein Pendel der Schwingungsdauer T wirkende Stoßkraft der Dauer $\Delta t \ll T$ erteilt der Pendelmasse eine Anfangsgeschwindigkeit v_1 gemäß (8.85), ohne sie dabei merklich aus der Ruhelage auszulenken ($x_1 \approx 0$).

Durch Stoßkräfte zu Schwingungen angeregte Pendel nennt man auch **ballistische** oder **Stoß-**Pendel. Sie sind die einfachsten mechanischen Instrumente zur Messung der Geschwindigkeit v oder des Impulses $p = mv$ von Projektilen, also von schnell fliegenden Massen m. Dabei schießt man m, wie in Bild 8.26 skizziert, auf die Masse M etwa eines langen Fadenpendels und registriert die erste Maximalauslenkung A des Pendels nach dem Stoß.

Sorgt man dafür, dass der Stoß völlig **unelastisch** abläuft – etwa durch Verwendung einer Pendelmasse aus **plastischem** Material – dann folgt aus dem Impulserhaltungssatz $mv = (m+M)v_1$. Die Anfangsgeschwindigkeit v_1 des Pendels beträgt also

$$v_1 = \frac{m}{m+M} v \qquad \text{oder für} \quad M \gg m: \qquad v_1 = \frac{m}{M} v = \frac{p}{M}$$

Damit lautet (8.86), wenn zusätzlich $\omega = 2\pi/T$ eingesetzt wird:

$$x(t) = \frac{pT}{2\pi M} e^{-\delta(t-t_1)} \sin\left[2\pi \frac{t-t_1}{T}\right]$$

Die Amplitude A_1 wird zum Zeitpunkt $t = t_1 + T/4$ erreicht, d.h. es ist

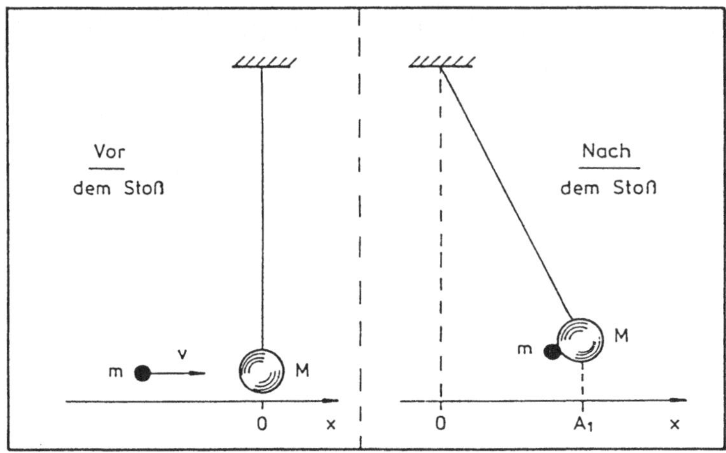

Abb. 8.26. Zum ballistischen Pendel.

$$A_1 = x(t_1 + T/4) = \frac{pT}{2\pi M} e^{-\delta T/4} \sin\frac{\pi}{2} = \frac{pT}{2\pi M} e^{-\delta T/4}$$

Daraus folgt

$$p = \frac{2\pi M}{T} e^{\delta T/4} A_1$$

Sind die Eigenschaften des Pendels, also M, T und δ bekannt, dann kann durch Messung von A_1 der unbekannte Impuls p von m ermittelt werden.

Die äußere Kraft ist eine beliebige Funktion der Zeit:
$\boldsymbol{F_a(t) = F(t)e_x}$ Die vorangehend für das ballistische Pendel gewonnenen Ergebnisse lassen sich auf den allgemeinen Fall übertragen, bei welchem eine Kraft $F(t)$ mit **beliebiger** Zeitabhängigkeit als äußere Kraft auf ein schwingfähiges System wirkt.

Approximiert man in einem ersten Schritt, wie in Bild 8.27 angedeutet, die Funktion $F(t)$ durch eine Treppenfunktion mit den Stufenbreiten Δt_i und den absoluten, d.h auf $F = 0$ bezogenen Stufenhöhen $F(t_i)$, dann läßt sich diese Näherung als eine Serie von **unmittelbar aufeinander folgender** Stoßkräften interpretieren. Das System sollte sich demzufolge zur Zeit t so verhalten, als wäre es von allen zeitlich **vor** t erfolgten Stößen angeregt worden. Im Rahmen dieser Vorstellungen müsste sich demnach die Bewegung $x(t)$ als entsprechende Summe von Einzellösungen (8.87) darstellen lassen, also in der Form

$$x(t) = \frac{1}{m\omega} \sum_i F(t_i) \cdot \Delta t_i e^{-\delta(t - t_i)} \sin\left[\omega(t - t_i)\right]$$

Die Summation hat dabei über alle Zeiten $t_i < t$ zu erfolgen. Im Grenzfall $\Delta t_i \to 0$ geht die Treppenfunktion in die eigentliche Funktion $F(t)$ und die Summe in ein Integral über. Durch solche Grenzübergänge wird ja bekanntlich in der Schulmathematik der Begriff des Integrals eingeführt. Die **diskrete** Variable t_i wird dann zur **kontinuierlichen** Integrationsvariablen. Sie wird im folgenden τ genannt ($t_i \to \tau$; $\Delta t_i \to \mathrm{d}\tau$). Die endgültige Lösung würde also lauten

$$\boxed{x(t) = \frac{1}{m\omega} \int\limits_{-\infty}^{t} F(\tau) e^{-\delta(t-\tau)} \sin\left[\omega(t-\tau)\right] \cdot \mathrm{d}\tau} \tag{8.88}$$

Der Weg zur Lösung (8.87) für eine einzelne Stoßkraft erforderte einige Näherungsmaßnahmen oder Abschätzungen. Zudem erfolgte der Übergang von (8.87) zum allgemeinen Fall (8.88) nicht auf eine exakt begründete, sondern allenfalls auf eine plausible Weise. Unter Berücksichtigung dessen und aus kritischer Sicht ist somit (8.88) zunächst nicht mehr als ein auf berechtigte Hoffnungen gegründeter Lösungsansatz. Der "physikalische Anstand" gebietet es also, im nachhinein durch eine Probe zu beweisen, dass (8.88) in der Tat der inhomogenen Differentialgleichung

$$\frac{\mathrm{d}^2 x}{\mathrm{d}t^2} + 2\delta \frac{\mathrm{d}x}{\mathrm{d}t} + \omega_0^2 x = \frac{F(t)}{m} \tag{8.89}$$

mit beliebiger Zeitfunktion $F(t)$ genügt.

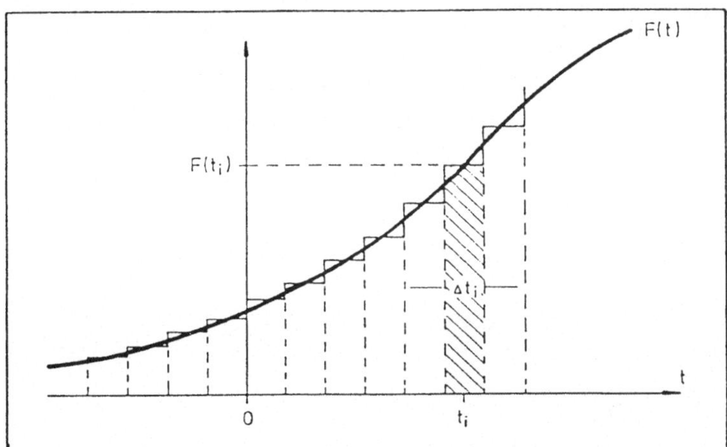

Abb. 8.27. Kraft $F(t)$ als Serie von Stoßkräften.

Zur Durchführung dieser Probe müssen die Differentialquotienten $\mathrm{d}x/\mathrm{d}t$ und $\mathrm{d}^2x/\mathrm{d}t^2$ von (8.88) berechnet werden. Dazu muss man zunächst generell wissen, wie man Integrale differenziert. Das Integral in (8.88) ist ein sogenanntes **bestimmtes** Integral. Seine Integrationsgrenzen sind eindeutig definiert.

Hierzu lehrt die Mathematik folgenden Satz: Die Differentiation eines bestimmten Integrals **nach der oberen Grenze** ergibt den Integranden **an der oberen Grenze**. Als Formel ausgedrückt heißt das

$$\frac{\mathrm{d}}{\mathrm{d}b}\int_a^b f(x)\cdot \mathrm{d}x = f(b) \tag{8.90}$$

Der Versuch, diese Aussage direkt auf (8.88) anzuwenden, scheitert allerdings. An der oberen Grenze, also für $\tau = t$, ist der Integrand von (8.88) gleich Null, da der Sinus-Term dort verschwindet. Folglich müssten – würde man (8.90) vertrauen – auch alle Differentialquotienten Null werden, was doch wohl für den allgemeinen Fall nicht zu erwarten ist. Abgesehen von dieser speziellen Situation gilt die Formel (8.90) dann **nicht** – zumindest nicht **allgemein** –, wenn die obere Grenze zusätzlich auch noch im Integranden vorkommt, wie das in (8.90) der Fall ist. Ein einfaches Beispiel ist leicht zu finden: Für $f(x) = b + x$ und $a = 0$ liefert (8.90):

$$\frac{\mathrm{d}}{\mathrm{d}b}\int_0^b (b+x)\cdot \mathrm{d}x = 2b$$

Direktes Ausrechnen ergibt dagegen

$$\frac{\mathrm{d}}{\mathrm{d}b}\int_0^b (b+x)\cdot \mathrm{d}x = \frac{\mathrm{d}}{\mathrm{d}b}\left[b\int_0^b \mathrm{d}x + \int_0^b x\cdot \mathrm{d}x\right] = \frac{\mathrm{d}}{\mathrm{d}b}\left[b^2 + \frac{b^2}{2}\right] = 3b$$

Um (8.90) anwenden zu können, muss also zunächst (8.88) so umgeformt werden, dass t im Integranden nicht mehr auftritt. Das geht am übersichtlichsten unter Verwendung des MOIVREschen Theorems (8.30), das – zugeschnitten auf (8.88) – folgendes aussagt:

$$\sin\left[\omega(t-\tau)\right] = \frac{e^{i\omega t}\cdot e^{-i\omega\tau} - e^{-i\omega t}e^{i\omega\tau}}{2i}$$

Einsetzen in (8.88) und Zusammenfassen der e-Funktionen von t und derjenigen von τ führt auf

$$x(t) = \frac{1}{2im\omega}\int_{-\infty}^{t} F(\tau)\Big\{e^{-(\delta - i\omega)t}e^{(\delta - i\omega)\tau} - e^{-(\delta + i\omega)t}e^{(\delta + i\omega)\tau}\Big\}\cdot \mathrm{d}\tau$$

Integriert wird über τ. Alle nur von t abhängigen Anteile können also vor das Integralzeichen gezogen werden. Setzt man zur Vereinfachung der Schreibweise

$$\delta - i\omega = a_1 \qquad \text{und} \qquad \delta + i\omega = a_2 \tag{8.91}$$

dann ist

$$x(t) = \frac{1}{2im\omega}\left\{e^{-a_1 t}\int\limits_{-\infty}^{t} F(\tau)e^{a_1\tau}\cdot \mathrm{d}\tau\right.$$

$$\left. - e^{-a_2 t}\int\limits_{-\infty}^{t} F(\tau)e^{a_2\tau}\cdot \mathrm{d}\tau\right\}$$

In den Integranden kommt t nun nicht mehr vor, so dass bei Bedarf die Formel (8.90) benutzt werden kann. Mit den zusätzlichen Abkürzungen:

$$\int\limits_{-\infty}^{t} F(\tau)e^{a_1\tau}\cdot \mathrm{d}\tau = I_1 \quad \text{und} \quad \int\limits_{-\infty}^{t} F(\tau)e^{a_2\tau}\cdot \mathrm{d}\tau = I_2 \tag{8.92}$$

folgt schließlich

$$x(t) = \frac{1}{2im\omega}\left[e^{-a_1 t}I_1 - e^{-a_2 t}I_2\right] \tag{8.93}$$

Nebenher sei angemerkt, dass die beiden komplexen Größen a_1 und a_2 sich lediglich im Vorzeichen des Imaginärteils voneinander unterscheiden. Solche Größen nennt man zueinander **konjugiert komplex**.

Die Differentiation von (8.93) mit Hilfe der sogenannten Produkt-Regel führt zunächst auf

$$\frac{\mathrm{d}x}{\mathrm{d}t} = \frac{1}{2im\omega}\left\{ - a_1 e^{-a_1 t}I_1 + e^{-a_1 t}\frac{\mathrm{d}I_1}{\mathrm{d}t}\right.$$

$$\left. + a_2 e^{-a_2 t}I_2 - e^{-a_2 t}\frac{\mathrm{d}I_2}{\mathrm{d}t}\right\}$$

Die Anwendung von (8.90) auf (8.92) ergibt

$$\frac{\mathrm{d}I_1}{\mathrm{d}t} = F(t)e^{a_1 t} \qquad \text{und} \qquad \frac{\mathrm{d}I_2}{\mathrm{d}t} = F(t)e^{a_2 t}$$

Damit ist

$$e^{-a_1 t}\frac{\mathrm{d}I_1}{\mathrm{d}t} - e^{-a_2 t}\frac{\mathrm{d}I_2}{\mathrm{d}t} = F(t)\left[e^{-a_1 t}e^{a_1 t} - e^{-a_2 t}e^{a_2 t}\right] = 0$$

und es verbleibt

$$\frac{\mathrm{d}x}{\mathrm{d}t} = \frac{1}{2im\omega}\left[-a_1 e^{-a_1 t}I_1 + a_2 e^{-a_2 t}I_2\right] \tag{8.94}$$

Die nochmalige Differentiation nach dem gleichen Schema liefert

$$\frac{\mathrm{d}^2x}{\mathrm{d}t^2} = \frac{1}{2im\omega}\left[a_1^2 e^{-a_1 t}I_1 - a_2^2 e^{-a_2 t}I_2 + (a_2 - a_1)F(t)\right] \tag{8.95}$$

Multipliziert man (8.93) mit ω_0^2 und (8.94) mit $2\cdot\delta$ und addiert man die so modifizierten Funktionen zu (8.95), dann erhält man

$$\frac{\mathrm{d}^2x}{\mathrm{d}t^2}+2\delta\frac{\mathrm{d}x}{\mathrm{d}t}+\omega_0^2x=\frac{1}{2im\omega}\Big\{(a_1^2-2\delta a_1+\omega_0^2)e^{-a_1t}I_1$$

$$-(a_2^2-2\delta a_2+\omega_0^2)e^{-a_2t}I_2+(a_2-a_1)F(t)\Big\}$$

Mit (8.91) und $\omega_0^2=\omega^2+\delta^2$ ist

$$a_1^2-2\delta a_1+\omega_0^2=\delta^2-2i\delta\omega-\omega^2-2\delta^2+2i\delta\omega+\omega^2+\delta^2=0$$

Ebenso ist $a_2^2-2\delta a_1+\omega_0^2=0$. Wegen $a_2-a_1=2i\omega$ folgt schließlich

$$\frac{\mathrm{d}^2x}{\mathrm{d}t^2}+2\delta\frac{\mathrm{d}x}{\mathrm{d}t}+\omega_0^2x=\frac{1}{2im\omega}2i\omega F(t)=\frac{F(t)}{m}$$

also die Gleichung (8.89). Damit hat die Funktion (8.88) ihre Probe bestanden. Sie **ist** die Lösung von (8.89) für eine äußere Kraft mit beliebiger Zeitabhängigkeit.

Als einfaches Beispiel werde eine äußere Kraft betrachtet, die zum Zeitpunkt $t=0$ sprunghaft einsetzt und danach einen konstanten Wert F_0 beibehält. Es soll gelten

$$\boldsymbol{F}(t)=0 \qquad \text{für} \qquad t<0$$

und $$\boldsymbol{F}(t)=F_0\boldsymbol{e}_x \qquad \text{für} \qquad t>0$$

Die untere Integrationsgrenze kann dann von $-\infty$ nach 0 verlegt werden. Für die Integrale (8.92) ergibt sich somit

$$I_1=\int_0^t F(\tau)e^{a_1\tau}\cdot\mathrm{d}\tau=F_0\int_0^t e^{a_1\tau}\cdot\mathrm{d}\tau=\frac{F_0}{a_1}\left(e^{a_1t}-1\right)$$

und $$I_2=\frac{F_0}{a_2}\left(e^{a_2t}-1\right)$$

Also lautet die Lösung (8.93):

$$x(t)=\frac{F_0}{2im\omega}\left[\frac{1}{a_1}e^{-a_1t}\left(e^{a_1t}-1\right)-\frac{1}{a_2}e^{-a_2t}\left(e^{a_2t}-1\right)\right]$$

oder

$$x(t)=\frac{F_0}{2im\omega a_1\cdot a_2}\left[a_2-a_1-a_2e^{-a_1t}+a_1e^{-a_2t}\right]$$

Wegen $a_1a_2=\delta^2+\omega^2=\omega_0^2$ und $a_2-a_1=2i\omega$ ist

$$x(t)=\frac{F_0}{m\omega_0^2}\left[1-\frac{a_2e^{-a_1t}-a_1e^{-a_2t}}{2i\omega}\right]$$

Ersetzt man die Größen a_1 und a_2 wieder durch ihre ursprüngliche Bedeutung (8.91) und sortiert man die e-Funktion in geeigneter Weise, dann folgt

$$x(t) = \frac{F_0}{m\omega_0^2}\left[1 - e^{-\delta t}\left(\frac{e^{i\omega t} + e^{-i\omega t}}{2} + \frac{\delta}{\omega}\frac{e^{i\omega t} - e^{-i\omega t}}{2i}\right)\right]$$

Die Rücktransformation auf Winkelfunktionen ergibt dann

$$x(t) = \frac{F_0}{m\omega_0^2}\left[1 - e^{-\delta t}\left(\cos(\omega t) + \frac{\delta}{\omega}\sin(\omega t)\right)\right]$$

Die Summe aus beiden Winkelfunktionen läßt sich, wie bereits im Abschnitt 8.2.7 erläutert wurde, auf eine einzige Winkelfunktion mit Phasenverschiebung zurückführen. Man erhält also

$$x(t) = \frac{F_0}{m\omega_0^2}\left[1 - \frac{e^{-\delta t}}{\cos\varphi_0}\cos(\omega t - \varphi_0)\right] \quad \text{mit} \quad \tan\varphi_0 = \frac{\delta}{\omega}$$

Die Bewegung ist also eine mit $x(0) = 0$ beginnende gedämpfte Schwingung um den Wert $x(\infty) = F_0/(m\omega_0^2)$.

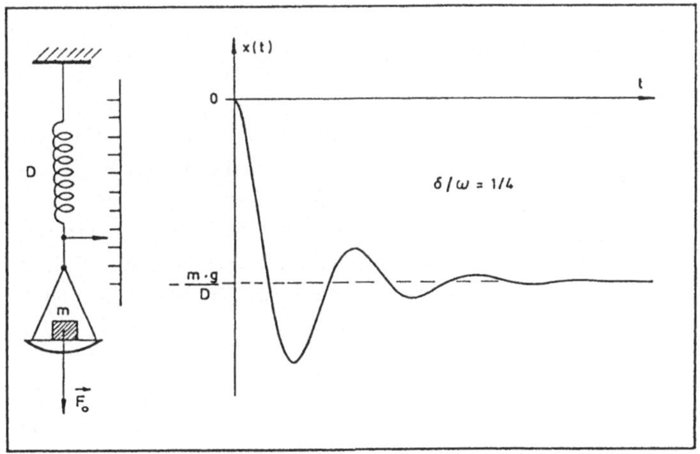

Abb. 8.28. Einschwingen einer Federwaage.

Ein konkretes physikalisches System, das zu diesem Beispiel paßt, ist die in Bild 8.28 schematisch dargestellte Federwaage, auf deren Waagschale zum Zeitpunkt $t = 0$ eine Masse m mit dem Gewicht $\boldsymbol{F}_0 = -mg\boldsymbol{e}_x$ gelegt wird. Ist D die Federkonstante der Waage, dann beträgt wegen $D = m\omega_0^2$ der (End-) Ausschlag $x(\infty) = -mg/D$. Er ist, wie es bei einer Waage ja sein soll, proportional zu m. Die Bewegung der Belastung, also die Bewegung des Zeigers auf der Skala, ist in Bild 8.28 für eine Dämpfung von $\delta/\omega = 0.25$ (Schwingfall) aufgetragen. Im praktischen Fall wird die Stärke der Dämpfung so eingerichtet, dass die Endanzeige möglichst schnell und ohne störende Überschwingungen erreicht wird. Betrachtungen hierzu sind für alle Meßinstrumente mit schwingfähigem Anzeigesystem von Bedeutung (Drehspul-Amperemeter, Spiegel, Galvanometer, etc.).

8.2.13 Die Kraft ist umgekehrt proportional zum Quadrat des Abstandes vom Koordinatenursprung: $\boldsymbol{F} = \boldsymbol{A}\boldsymbol{r}^{-2}\boldsymbol{e}_r$

Betrachtet werden nach wie vor nur Bewegungen **entlang einer Geraden** durch den Ursprung des Koordinatensystems. r ist ein **Abstand**, also eine stets **positive** Größe. Der Einheitsvektor $\boldsymbol{e}_r$ weist radial vom Koordinatenursprung fort. Wählt man als Bewegungsgerade, wie bisher, die x-Achse, dann ist $r = |x|$. Das bedeutet, wie bereits im Zusammenhang mit Bild 8.8 erläutert wurde, es ist

$$r = x \quad \text{und} \quad \boldsymbol{e}_r = \boldsymbol{e}_x \quad \text{für} \quad x > 0$$

$$\text{bzw.} \quad r = -x \quad \text{und} \quad \boldsymbol{e}_r = -\boldsymbol{e}_x \quad \text{für} \quad x < 0$$

Der Wert $r = x = 0$ wird in den folgenden Diskussionen ausgeschlossen. Dort erhält man wegen $r^{-2} \to \infty$ für $r \to 0$ "physikalisch unsinnige" Aussagen. Die Differentialgleichung (8.4) lautet jetzt

$$\boxed{\frac{\mathrm{d}^2 r}{\mathrm{d}t^2} = \frac{A}{m}\frac{1}{r^2}} \tag{8.96}$$

mit $r = |x|$. Hierfür einen Lösungsansatz erraten oder erspüren zu wollen, ist ziemlich hoffnungslos. Selbst nach längerem Überlegen wird einem wohl kaum eine Funktion $r(t)$ einfallen, die durch zweimalige Differentiation nach der Zeit in das Quadrat ihres Kehrwertes übergeht. Auf der Suche nach weiteren und eventuell hilfreichen Beziehungen zwischen dem Ort, der Geschwindigkeit und der Kraft fällt einem der **Energiesatz** ein. Man erhält ihn bekanntlich durch eine einmalige Integration der Bewegungsgleichung über den Ort, also aus

$$\int_{r_1}^{r_2} m\frac{\mathrm{d}^2 r}{\mathrm{d}t^2} \cdot \mathrm{d}r = \int_{r_1}^{r_2} \frac{A}{r^2} \cdot \mathrm{d}r \tag{8.97}$$

Mit $\mathrm{d}r/\mathrm{d}t = v$, $\mathrm{d}r = v \cdot \mathrm{d}t$, $v(r_1) = v_1$ und $v(r_2) = v_2$ ergibt das linke Integral

$$m\int_{r_1}^{r_2} \frac{\mathrm{d}^2 r}{\mathrm{d}t^2} \cdot \mathrm{d}r = m\int_{v_1}^{v_2} \frac{\mathrm{d}v}{\mathrm{d}t} v \cdot \mathrm{d}t = m\int_{v_1}^{v_2} v \cdot \mathrm{d}v = \frac{m}{2}v_2^2 - \frac{m}{2}v_1^2$$

also die Differenz der **kinetischen** Energien an den Orten r_1 und r_2. Das rechte Integral ist die bei einer Verschiebung der Masse m vom Ort r_1 zum Ort r_2 geleistete Arbeit. Für eine **konservative** Kraft – und die hier wirkende ist eine solche – ist diese Arbeit bekanntlich gleich der Differenz $W_p(r_1) - W_p(r_2)$ der **potentiellen** Energien an den Orten r_1 und r_2. Sie beträgt

$$A\int_{r_1}^{r_2} \frac{\mathrm{d}r}{r^2} = A\left[-\frac{1}{r_2} + \frac{1}{r_1}\right] = \frac{A}{r_1} - \frac{A}{r_2} = W_p(r_1) - W_p(r_2)$$

Damit folgt aus (8.97):

$$\frac{m}{2}v_1^2 + \frac{A}{r_1} = \frac{m}{2}v_2^2 + \frac{A}{r_2}$$

Betrachtet man $r_1 = r_0$ als **festen** Bezugspunkt und $r_2 = r$ als **variablen** Ort, dann ergibt sich der Energie-Erhaltungssatz in der Form

$$\frac{m}{2}v^2 + \frac{A}{r} = \frac{m}{2}v_0^2 + \frac{A}{r_0} = W_0 \tag{8.98}$$

Bei der Bewegung bleibt die Summe aus kinetischer und potentieller Energie konstant gleich W_0.
Zur Vereinfachung der folgenden Betrachtungen wird als Anfangsbedingung $v_0 = 0$ festgelegt. Die Masse m wird also zum Zeitpunkt $t = 0$ an den Ort r_0 gesetzt und dort losgelassen. Aus (8.98) folgt dann mit $v = \mathrm{d}r/\mathrm{d}t$:

$$\frac{m}{2}\left[\frac{\mathrm{d}r}{\mathrm{d}t}\right]^2 + \frac{A}{r} = \frac{A}{r_0} \quad \text{oder} \quad \frac{\mathrm{d}r}{\mathrm{d}t} = \sqrt{\frac{2A}{m}\left(\frac{1}{r_0} - \frac{1}{r}\right)} \tag{8.99}$$

Diese neue aus (8.96) durch Integration über r gewonnene Differentialgleichung, die ja nichts anderes als den Energiesatz wiedergibt, ist vom äußeren Anschein her keineswegs einfacher als (8.96). Zwar kommt hier nur die **erste** Ableitung von r nach t vor, dafür aber ist die Abhängigkeit von r komplizierter. (8.99) ist jedoch durch direkte Integration lösbar. Durch die Substitution

$$\frac{1}{r} = \varrho \qquad \text{mit} \qquad \frac{1}{r_0} = \varrho_0 \qquad \text{für} \qquad t = 0 \tag{8.100}$$

und

$$\frac{\mathrm{d}r}{\mathrm{d}t} = \frac{\mathrm{d}}{\mathrm{d}t}\left[\frac{1}{\varrho}\right] = \frac{\mathrm{d}}{\mathrm{d}\varrho}\left[\frac{1}{\varrho}\right]\frac{\mathrm{d}\varrho}{\mathrm{d}t} = -\frac{1}{\varrho^2}\frac{\mathrm{d}\varrho}{\mathrm{d}t}$$

erhält (8.99) die Form

$$\frac{\mathrm{d}\varrho}{\mathrm{d}t} = -\varrho^2\sqrt{\frac{2A}{m}(\varrho_0 - \varrho)}$$

Daraus folgt

$$\int\limits_{\varrho_0}^{\varrho} \frac{\mathrm{d}\beta}{\beta^2\sqrt{\frac{2A}{m}\cdot(\varrho_0 - \beta)}} = -\int\limits_0^t \mathrm{d}t = -t \tag{8.101}$$

Die Berechnung des obigen Integrals ist relativ aufwendig und soll hier nicht im einzelnen vorexerziert werden. Das Ergebnis findet man in praktisch jeder besseren Formelsammlung zur Mathematik. Es ist abhängig vom **Vorzeichen** von A. Deshalb müssen die beiden Fälle $A > 0$ und $A < 0$ getrennt behandelt werden.

1. Fall: $A > 0$

Die Kraft $\boldsymbol{F} = Ar^{-2}\boldsymbol{e}_r$ ist **abstoßend**. Die bei r_0 losgelassene Masse bewegt sich in Richtung von $\boldsymbol{e}_r$. Sie entfernt sich vom Koordinatenursprung. Es ist also $r(t) \geq r_0$ und somit wegen (8.100) $\varrho(t) \leq \varrho_0$. Die Geschwindigkeit hat dann ebenfalls die Richtung von $\boldsymbol{e}_r$, d.h. $\mathrm{d}r/\mathrm{d}t$ ist positiv. In (8.99) und damit auch in (8.101) ist also der **positive** Wert der Wurzel zu nehmen. Unter diesen Voraussetzungen folgt für das Integral in (8.101):

$$\sqrt{\frac{m}{2A}}\int\limits_{\varrho_0}^{\varrho}\frac{\mathrm{d}\beta}{\beta^2(\varrho_0-\beta)} = \sqrt{\frac{m}{2A}}\left\{\frac{-\sqrt{\varrho_0-\varrho}}{\varrho_0\varrho} + \frac{1}{2\varrho_0^{3/2}}\ln\left[\frac{\sqrt{\varrho_0}-\sqrt{\varrho_0-\varrho}}{\sqrt{\varrho_0}+\sqrt{\varrho_0-\varrho}}\right]\right\}$$

$$= \sqrt{\frac{m}{2A\varrho_0^3}}\left\{-\frac{\varrho_0}{\varrho}\sqrt{1-\varrho/\varrho_0} + \frac{1}{2}\ln\left[\frac{1-\sqrt{1-\varrho/\varrho_0}}{1+\sqrt{1-\varrho/\varrho_0}}\right]\right\}$$

Nach Rücktransformation von ϱ auf r gemäß (8.100), also mit $\varrho/\varrho_0 = r_0/r$, lautet (8.101):

$$\boxed{t(r) = \sqrt{\frac{mr_0^3}{2A}}\left(\frac{r}{r_0}\sqrt{1-r_0/r} - \frac{1}{2}\ln\left[\frac{1-\sqrt{1-r_0/r}}{1+\sqrt{1-r_0/r}}\right]\right)} \quad (8.102)$$

Anders als bisher erscheint in dieser Lösung von (8.99) die Zeit als Funktion des Ortes. Eine Umrechnung von $t(r)$ in $r(t)$ ist sehr umständlich. Sie ist aus physikalischer Sicht aber auch gar nicht nötig. Die wechselseitige Abhängigkeit zwischen r und t ist **eindeutig**; in $t(r)$ steckt dieselbe Information wie in $r(t)$.

2. Fall: $A < 0$

Mit $A = -|A|$ ist $\boldsymbol{F} = -|A|r^{-2}\boldsymbol{e}_r$. Die Kraft ist also **anziehend**. Die bei r_0 losgelassene Masse bewegt sich auf den Koordinatenursprung zu. Es ist $r(t) \leq r_0$ und somit $\varrho(t) \geq \varrho_0$. Die Geschwindigkeit $\mathrm{d}r/\mathrm{d}t$ ist negativ. Also gilt in (8.99) und (8.101) der **negative** Wert der Wurzel. Unter diesen Voraussetzungen lautet (8.101):

$$\int\limits_{\varrho_0}^{\varrho}\frac{\mathrm{d}\beta}{-\beta^2\sqrt{\dfrac{-2|A|}{m}(\varrho_0-\beta)}} = -t$$

oder

$$\sqrt{\frac{m}{2|A|}}\int\limits_{\varrho_0}^{\varrho}\frac{\mathrm{d}\beta}{\beta^2\sqrt{\beta-\varrho_0}} = t \quad (8.103)$$

Die Integration ergibt jetzt:

$$\int_{\varrho_0}^{\varrho} \frac{\mathrm{d}\beta}{\beta^2\sqrt{\beta-\varrho_0}} = \frac{\sqrt{\varrho-\varrho_0}}{\varrho_0\varrho} + \frac{1}{\varrho_0^{3/2}} \arctan\sqrt{\frac{\varrho-\varrho_0}{\varrho_0}}$$

Nach der Rückkehr zu r und r_0 gemäß (8.85) erhält man dann für (8.103) als Lösung von (8.99):

$$\boxed{t(r) = \sqrt{\frac{mr_0^3}{2|A|}}\left(\frac{r}{r_0}\sqrt{\frac{r_0}{r}-1} + \arctan\sqrt{\frac{r_0}{r}-1}\right)} \tag{8.104}$$

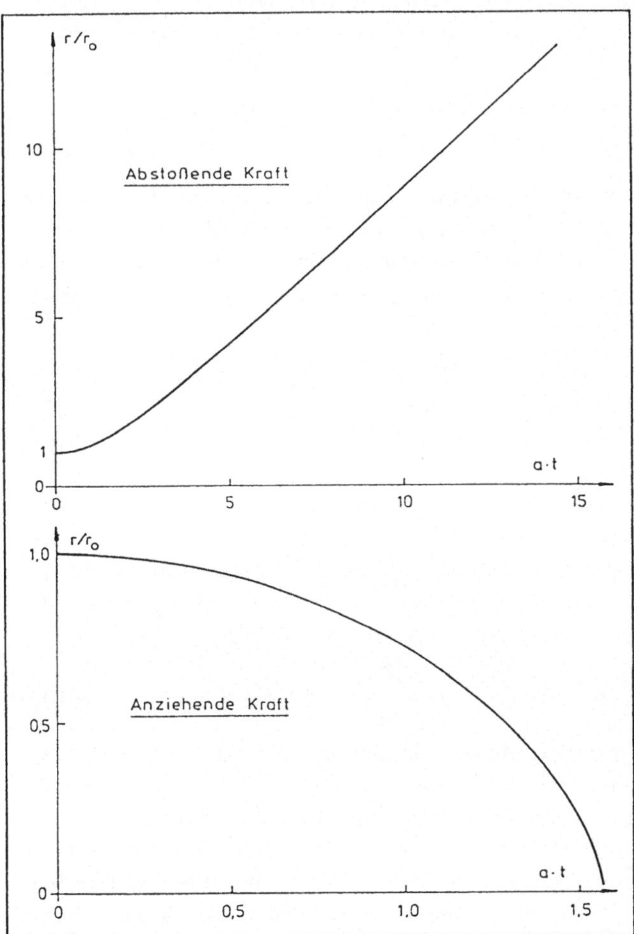

Abb. 8.29. Bewegung einer Masse unter der Wirkung der Kraft $\boldsymbol{F} = Ar^{-2}\boldsymbol{e}_r$ entlang einer Geraden durch den Koordinatenursprung.

Kräfte der hier betrachteten Art sind in der Physik von prinzipieller Bedeutung. Beispiele hierfür sind die **Coulomb-Kraft**

$$\boldsymbol{F}_C = \frac{qQ}{4\pi\varepsilon_0}\frac{1}{r^2}\boldsymbol{e}_r$$

zwischen zwei (Punkt-) Ladungen q und Q und die **Gravitations-Kraft**

$$\boldsymbol{F}_G = -\gamma m M \frac{1}{r^2}\boldsymbol{e}_r$$

zwischen zwei (Punkt-) Massen m und M. Die COULOMB-Kraft ist **abstoßend** bei **gleichnamigen** und **anziehend** bei **ungleichnamigen** Ladungen. Die Gravitations-Kraft ist bekanntlich stets anziehend.

Bild 8.29 zeigt die Weg-Zeit-Verläufe gemäß (8.102) für eine abstoßende und gemäß (8.104) für eine anziehende Kraft. Aufgetragen ist – exakt gesagt – der Quotient r/r_0 gegen at, wobei a abkürzend für $\sqrt{2|A|/(mr_0^3)}$ steht.

8.2.14 Gekoppelte Bewegungsgleichungen (Gekoppelte Schwingungen)

Betrachtet werden zwei Massen m_1 und m_2, die unter dem Einfluß der Kräfte $\boldsymbol{F}_1 = F_1\boldsymbol{e}_x$ und $\boldsymbol{F}_2 = F_2\boldsymbol{e}_x$ die Bewegungen $x_1(t)$ und $x_2(t)$ entlang der x-Achse ausführen. Solange keinerlei Wechselwirkungen zwischen diesen beiden Massen bestehen, solange also F_1 nur von x_1 und t und F_2 nur von x_2 und t abhängen, können die beiden Bewegungsgleichungen

$$m_1\frac{\mathrm{d}^2x_1}{\mathrm{d}t^2} = F_1(x_1,t) \qquad \text{und} \qquad m_2\frac{\mathrm{d}^2x_2}{\mathrm{d}t^2} = F_2(x_2,t)$$

getrennt behandelt und gelöst werden. Die Massen bewegen sich **unabhängig voneinander**.

Nun soll vorausgesetzt werden, dass m_1 und m_2 miteinander wechselwirken und dass die Abhängigkeit der Wechselwirkungskraft vom Abstand beider Massen – genauer gesagt – von deren Ortsdifferenz $x_1 - x_2$ bekannt ist. Damit hängt F_1 zusätzlich von x_2 und F_2 zusätzlich von x_1 ab. Die Bewegungs- oder Differential-Gleichungen

$$m_1\frac{\mathrm{d}^2x_1}{\mathrm{d}t^2} = F_1(x_1,x_2,t) \qquad \text{und} \qquad m_2\frac{\mathrm{d}^2x_2}{\mathrm{d}t^2} = F_2(x_1,x_2,t) \tag{8.105}$$

sind jetzt **miteinander gekoppelt**, was bedeutet, dass etwa die erste Gleichung im Prinzip nur dann nach $x_1(t)$ aufgelöst werden kann, wenn man die Lösung $x_2(t)$ der zweiten Gleichung bereits kennt und umgekehrt.

Aus dem weiten und interessanten Feld der Lösungsmethoden für Systeme gekoppelter Differentialgleichungen wird im folgenden ein einfacher Fall herausgegriffen und diskutiert, der einige der Grundprobleme zu diesem Thema erkennen läßt. Untersucht wird das in Bild 8.30 dargestellte physikalische System. Es besteht aus zwei gleichen Federpendeln mit den Pendelmassen m und den Federkonstanten D und einer dritten (Kopplungs-) Feder mit

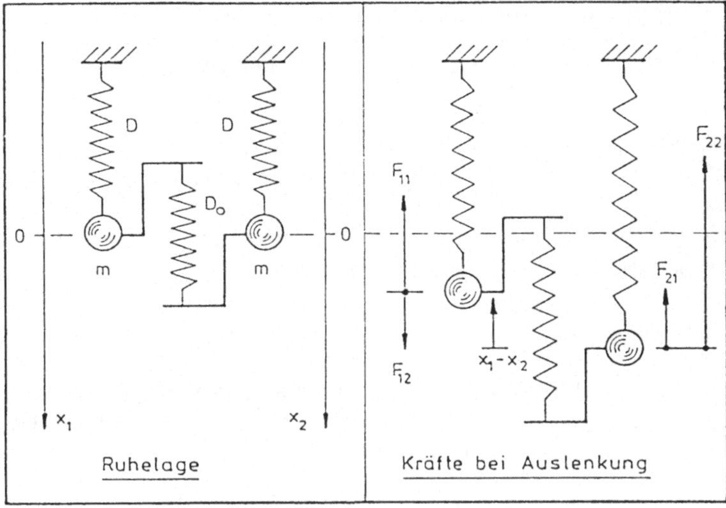

Abb. 8.30. Gekoppelte Federpendel.

der Federkonstanten F_0, welche die Wechselwirkung zwischen beiden Massen erzeugt. Es ist also $m_1 = m_2 = m$. Bei Auslenkung aus den Ruhelagen greifen dann an jeder der beiden Massen jeweils zwei Kräfte an, nämlich die rücktreibenden Kräfte $F_{11} = -Dx_1$ und $F_{22} = -Dx_2$ der Hauptfedern und Kräfte F_{12} und F_{21} als Folge der Kopplung. Letztere sind stets entgegengesetzt zueinander gerichtet, dem Betrage nach gleich und proportional zur momentanen Dehnung oder Stauchung $x_1 - x_2$ der Kopplungsfeder. Sie zieht bei Dehnung die beiden Pendelmassen zueinander und treibt sie bei Stauchung auseinander. Somit ist, was man auch unmittelbar aus Bild 8.30 ablesen kann, $F_{12} = -F_{21} = -D_0(x_1 - x_2)$. Die Kräfte auf die beiden Massen betragen also

$$F_1 = F_{11} + F_{12} = -Dx_1 - D_0(x_1 - x_2)$$

und $$F_2 = F_{22} + F_{21} = -Dx_2 + D_0(x_1 - x_2)$$

Damit lauten die Gleichungen (8.105):

$$\frac{\mathrm{d}^2 x_1}{\mathrm{d}t^2} = -\frac{D}{m}x_1 - \frac{D_0}{m}(x_1 - x_2) \tag{8.106}$$

und $$\frac{\mathrm{d}^2 x_2}{\mathrm{d}t^2} = -\frac{D}{m}x_2 + \frac{D_0}{m}(x_1 - x_2) \tag{8.107}$$

Sie lassen sich für diesen speziellen Fall durch eine einfache Transformation in ein gleichwertiges System **entkoppelter** Gleichungen überführen. Addiert man (8.106) und (8.107), dann erhält man

$$\frac{\mathrm{d}^2(x_1 + x_2)}{\mathrm{d}t^2} = -\frac{D}{m}(x_1 + x_2)$$

Subtrahiert man (8.107) von (8.106), dann folgt

$$\frac{\mathrm{d}^2(x_1-x_2)}{\mathrm{d}t^2} = -\frac{D}{m}(x_1-x_2) - \frac{2D_0}{m}(x_1-x_2) = -\frac{(D+2D_0)}{m}(x_1-x_2)$$

Mit den Abkürzungen

$$\sigma = x_1 + x_2, \quad \delta = x_1 - x_2, \quad \omega_0^2 = D/m \quad \text{und} \quad \omega_k^2 = (D+2D_0)/m$$

ergeben sich dann für die Summe σ und die Differenz δ der Auslenkungen die beiden (entkoppelten) Differentialgleichungen

$$\frac{\mathrm{d}^2\sigma}{\mathrm{d}t^2} = -\omega_0^2\sigma \qquad \text{und} \qquad \frac{\mathrm{d}^2\delta}{\mathrm{d}t^2} = -\omega_k^2\delta$$

Gleichungen dieses Typs sind im Abschnitt 8.2.7.) behandelt worden. Ihre Lösungen werden durch die Funktion (8.23) angegeben. Sie stellen ungedämpfte harmonische Schwingungen dar. Es ist also

$$\sigma = x_1 + x_2 = a\cos\omega_0 t + b\sin\omega_0 t$$

$$\text{und} \qquad \delta = x_1 - x_2 = c\cos\omega_k t + d\sin\omega_k t$$

Die Auslenkungen $x_1(t)$ und $x_2(t)$ selbst enthält man daraus auf einfache Weise durch Addition bzw. Subtraktion. Das führt auf

$$x_1(t) = \frac{a}{2}\cos\omega_0 t + \frac{b}{2}\sin\omega_0 t + \frac{c}{2}\cos\omega_k t + \frac{d}{2}\sin\omega_k t$$

$$\text{und} \qquad x_2(t) = \frac{a}{2}\cos\omega_0 t + \frac{b}{2}\sin\omega_0 t - \frac{c}{2}\cos\omega_k t - \frac{d}{2}\sin\omega_k t$$

Die Konstanten a, b, c und d können in vertrauter Weise durch Anfangsbedingungen festgelegt werden. Vorgebbar sind genau vier Größen zu einem frei wählbaren Zeitpunkt, z.b. für $t = 0$, nämlich die Anfangsauslenkungen $x_1(0) = x_{01}$ und $x_2(0) = x_{02}$ der beiden Pendelmassen und deren Anfangsgeschwindigkeiten $v_1(0) = v_{01}$ und $v_2(0) = v_{02}$. Die Geschwindigkeiten betragen

$$\begin{aligned} v_1(t) = \frac{\mathrm{d}x_1}{\mathrm{d}t} &= -\frac{\omega_0 a}{2}\sin\omega_0 t + \frac{\omega_0 b}{2}\cos\omega_0 t \\ &\quad -\frac{\omega_k c}{2}\sin\omega_k t + \frac{\omega_k d}{2}\cos\omega_k t \\ \text{und} \qquad v_2(t) = \frac{\mathrm{d}x_2}{\mathrm{d}t} &= -\frac{\omega_0 a}{2}\sin\omega_0 t + \frac{\omega_0 b}{2}\cos\omega_0 t \\ &\quad +\frac{\omega_k c}{2}\sin\omega_k t - \frac{\omega_k d}{2}\cos\omega_k t \end{aligned}$$

Aus den vorangehenden vier Funktionen ergeben sich für $t = 0$ als Bestimmungsgleichungen für a, b, c und d

$$x_{01} = \frac{a+c}{2}, \quad x_{02} = \frac{a-c}{2}, \quad v_{01} = \frac{\omega_0 b + \omega_k d}{2}, \quad v_{02} = \frac{\omega_0 b - \omega_k d}{2}$$

Aus ihnen folgt

$$a = x_{01} + x_{02}, \quad b = \frac{v_{01} + v_{02}}{\omega_0}, \quad c = x_{01} - x_{02}, \quad d = \frac{v_{01} - v_{02}}{\omega_k}$$

Damit lauten die Lösungen von (8.106) und (8.107):

$$\boxed{\begin{aligned} x_1(t) &= \frac{x_{01} + x_{02}}{2} \cos \omega_0 t + \frac{v_{01} + v_{02}}{2\omega_0} \sin \omega_0 t \\ &+ \frac{x_{01} - x_{02}}{2} \cos \omega_k t + \frac{v_{01} - v_{02}}{2\omega_k} \sin \omega_k t \\ x_2(t) &= \frac{x_{01} + x_{02}}{2} \cos \omega_0 t + \frac{v_{01} + v_{02}}{2\omega_0} \sin \omega_0 t \\ &- \frac{x_{01} - x_{02}}{2} \cos \omega_k t - \frac{v_{01} - v_{02}}{2\omega_0} \sin \omega_k t \end{aligned}} \tag{8.108}$$

Ein Beispiel für die Bewegung der beiden Pendelmassen ist in Bild 8.31 aufgetragen. Angenommen wurde $\omega_0 = 1$ s^{-1} und $\omega_k = 3$ s^{-1}. Die Anfangsbedingungen betragen $x_{01} = 2$ m, $x_{02} = 1$ m, $v_{01} = 1$ m s^{-1} und $v_{02} = -2$ m s^{-1}.

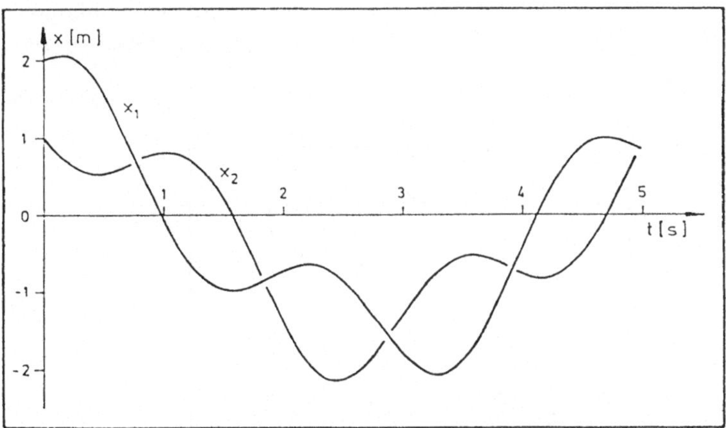

Abb. 8.31. Beispiel für die Bewegung der beiden Massen zweier gleicher gekoppelter Pendel.

Systeme gekoppelter Pendel haben eine Reihe spezieller **Schwingungsmoden**. Beim hier betrachteten System sind es insbesondere die folgenden drei, die sich aus charakteristischen Anfangsbedingungen ergeben:

a.) **Symmetrischer Modus:** $x_{01} = x_{02}$, $v_{01} = v_{02} = 0$.
Die beiden Pendelmassen werden um den gleichen Betrag und in der gleichen Richtung aus ihren Ruhelagen ausgelenkt und dann losgelassen. Aus (8.108) folgt:

$$x_1(t) = x_0 \cos \omega_0 t \qquad \text{und} \qquad x_2(t) = x_0 \cos \omega_0 t$$

Beide Massen schwingen also gleichphasig mit gleicher Amplitude x_0 und mit gleicher Frequenz $\omega_0 = \omega_0/(2\pi)$. Sie wird wegen $\omega_0 = \sqrt{D/m}$ durch die Hauptfedern bestimmt. Die Kopplung macht sich überhaupt nicht bemerkbar. Die Kopplungsfeder wird nicht beansprucht. In Bild 8.32a sind zwei Zustände dieses Schwingungsmodus' für den Fall zweier miteinander gekoppelter Fadenpendel skizziert, und zwar der Anfangszustand ($t = 0$) und der Zustand eine halbe Schwingungsdauer später ($t = T_0/2 = \pi/\omega_0$).

b.) **Antisymmetrischer Modus:** $x_{01} = -x_{02} = x_0$, $v_{01} = v_{02} = 0$. Die beiden Pendelmassen werden um den gleichen Betrag, aber in entgegengesetzten Richtungen aus ihren Ruhelagen ausgelenkt und dort losgelassen. Nun ergibt sich aus (8.108)

$$x_1(t) = x_0 \cos \omega_k t \qquad \text{und} \qquad x_2(t) = -x_0 \cos \omega_k t$$

Auch hier schwingen beide Massen mit gleicher Amplitude x_0, jedoch gegenphasig. Die Frequenz $\nu_k = \omega_k/(2\pi)$ ist wegen

$$\nu_k^2/\nu_0^2 = \omega_k^2/\omega_0^2 = 1 + 2D_0/D \tag{8.109}$$

größer als im symmetrischen Modus. Die Kopplung macht sich deutlich bemerkbar. Bild 8.32b zeigt für diesen Modus wiederum den Anfangszustand ($t = 0$) und den Zustand eine halbe Schwingungsperiode später ($t = T_k/2 = \pi/\omega_k$).

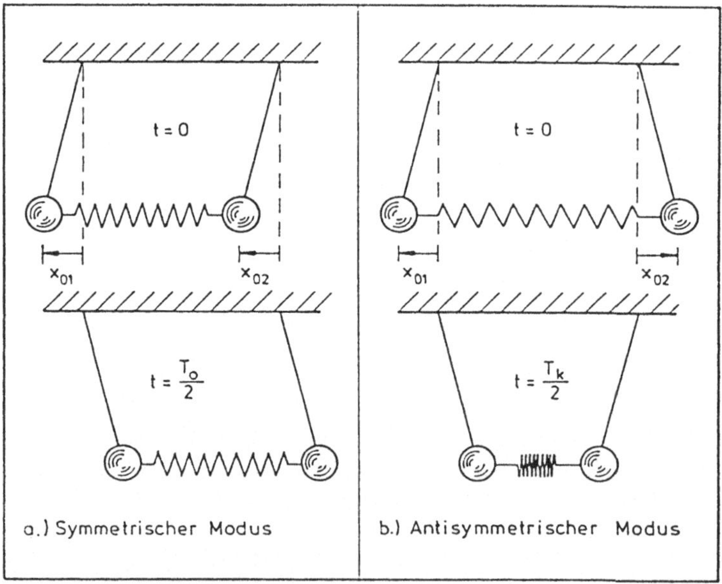

Abb. 8.32. Gekoppelte Fadenpendel.

c.) **Schwebungsmodus:** $x_{01} = x_0$, $x_{02} = 0$, $v_{01} = v_{02} = 0$.
Hier wird **nur eine** der beiden Pendelmassen aus ihrer Ruhelage ausgelenkt und dann losgelassen. (8.108) liefert dann

$$x_1(t) = \frac{x_0}{2}\left[\cos\omega_0 t + \cos\omega_k t\right] \tag{8.110}$$

und

$$x_2(t) = \frac{x_0}{2}\left[\cos\omega_0 t - \cos\omega_k t\right] \tag{8.111}$$

Das Erscheinungsbild dieser Bewegung wird entscheidend geprägt vom Größenverhältnis der beiden Kreisfrequenzen ω_k und ω_0. Dieses wiederum wird gemäß (8.109) durch das Verhältnis der Federkonstanten D_0 der Kopplungsfeder und D der Hauptfedern, also durch die **Stärke** der Kopplung bestimmt. Ist D_0 **groß** gegen D, die Kopplung also "stark", dann ist auch ω_k entsprechend groß gegen ω_0. In diesem Fall beschreiben (8.100) und (8.101) "langsame" Cosinus-Verläufe, überlagert von "schnellen". Bild 8.33a zeigt hierfür ein Beispiel. Angenommen wurde $\omega_0 = 1$ s^{-1} und $\omega_k = 10\omega_0 = 10\ \mathrm{s}^{-1}$.
Dem entspricht nach (8.109) eine Kopplungsstärke von rund $D_0/D = 50$. Ist andererseits D_0 **klein** gegen D, die Kopplung also "schwach", dann unterscheiden sich gemäß (8.109) ω_k und ω_0 nur entsprechend wenig voneinander. Die Differenz $\Omega = \omega_k - \omega_0$ ist also klein gegen ω_k und ω_0. Die Art der Bewegung der beiden Pendelmassen in diesem Falle erkennt man deutlicher, wenn man (8.110) und (8.111) mit Hilfe der Rechenregeln für Winkelfunktionen in geeigneter Weise umformt. Für die Summe und die Differenz zweier Cosinus-Funktionen gilt

$$\cos\alpha + \cos\beta = 2\cos\left[\frac{\alpha-\beta}{2}\right]\cos\left[\frac{\alpha+\beta}{2}\right]$$

und

$$\cos\alpha - \cos\beta = -2\sin\left[\frac{\alpha-\beta}{2}\right]\sin\left[\frac{\alpha+\beta}{2}\right]$$

Mit $\alpha = \omega_0 t$, $\beta = \omega_k t$ und $\omega_k - \omega_0 = \Omega$ lauten dann (8.110) und (8.111):

$$x_1(t) = x_0\cos\left[\frac{\Omega}{2}t\right]\cos\left[\frac{\omega_0+\omega_k}{2}t\right]$$

und

$$x_2(t) = x_0\sin\left[\frac{\Omega}{2}t\right]\sin\left[\frac{\omega_0+\omega_k}{2}t\right]$$

Dieser Darstellung entnimmt man unmittelbar, dass die Bewegungen "schnelle" Cosinus- bzw. Sinus-Schwingungen mit der (hohen) Kreisfrequenz $(\omega_0 + \omega_k)/2$ sind, die mit einer "langsamen" Cosinus- bzw. Sinus-Funktion der (niedrigen) Kreisfrequenz $\Omega/2$ **amplituden-moduliert** sind. Schwingungen dieser Art nennt man **Schwebungen**, daher der Name für diesen Modus. In Bild 8.33b ist eine solche Bewegung für den Fall $\omega_0 = 1\ \mathrm{s}^{-1}$ und $\omega_k = 1.2\ \mathrm{s}^{-1}$ aufgetragen. Hier beträgt die Kopplungsstärke nach (8.109) rund $D_0/D = 0.2$ Die Zeitskala ist gegenüber

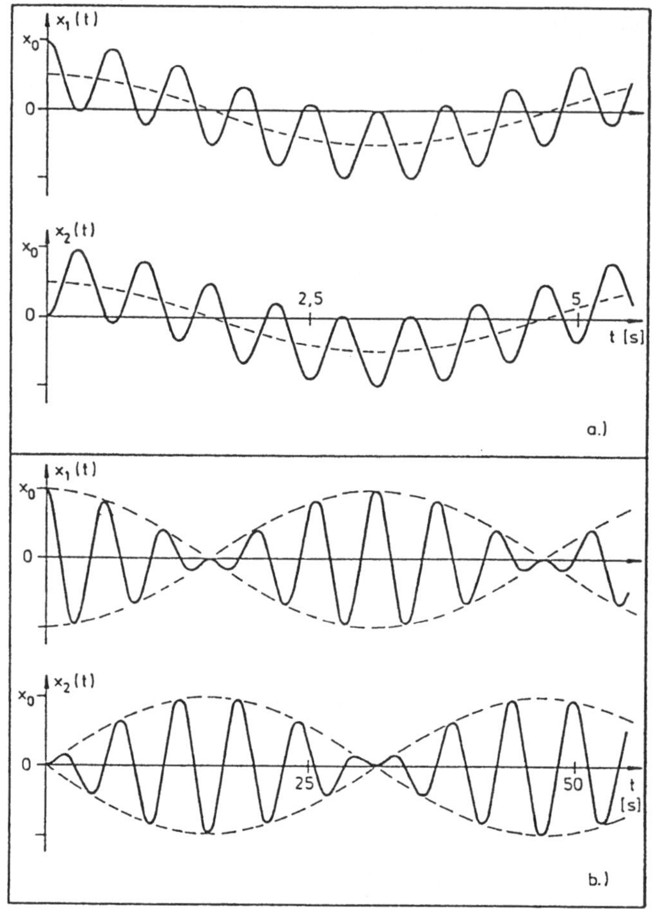

Abb. 8.33. Schwebungsmodus bei gekoppelten Pendeln. a.) Starke Kopplung. b.) Schwache Kopplung.

der von Bild 8.33a um den Faktor 10 komprimiert. Augenfälliges Merkmal dieser Bewegungsform ist, dass wechselseitig jeweils eine der beiden Massen immer dann mit **maximaler** Amplitude schwingt, wenn die andere gerade **in Ruhe** ist. Offensichtlich findet ein periodischer Austausch der **gesamten** Schwingungsenergie zwischen den beiden Pendeln statt.

Teil II

Fluiddynamik und Wärmelehre

1 Mechanische Schwingungen

1.1 Allgemeines

Schwingungen sind allgemein solche Zustandsänderungen eines Systems, deren zeitlicher Ablauf sich nach konstanten Zeitintervallen T stets reproduziert. Ist x die den Zustand beschreibende physikalische Größe, also z.B. die Verformung eines Körpers, der Druck in einem Gas, usw., dann muss folglich gelten:

$$\boxed{x(t) = x(t + nT)}$$

wobei n eine ganze Zahl ist.

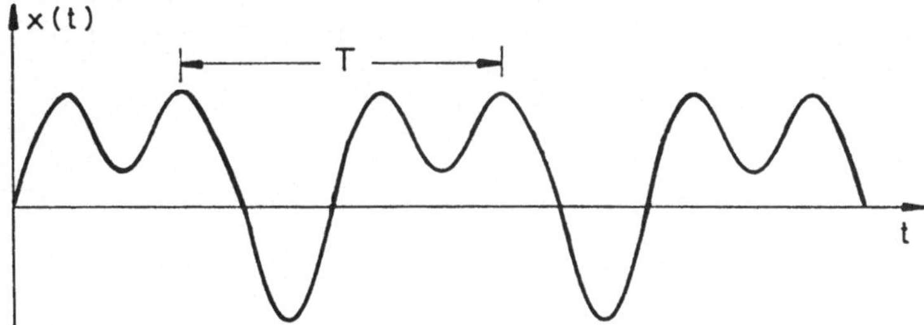

Abb. 1.1. Verlauf einer Schwingung

Man nennt T die **Periode** oder **Schwingungsdauer**, $\nu = 1/T$ die **Frequenz** und $\omega = 2\pi\nu$ die **Kreisfrequenz**.
Von prinzipieller Bedeutung für die Behandlung von Schwingungsproblemen sind die Schwingungen einer Masse m entlang einer Geraden, z.B. der x-Achse. Hier ist dann $x(t)$ die Auslenkung der Masse aus ihrer Ruhelage bei $x = 0$.

1.2 Harmonische Schwingungen

Schwingungen heißen **harmonisch**, wenn $x(t)$ sinus- (oder kosinus-)förmig verläuft, wenn also gilt:

$$\boxed{x(t) = A\sin(\omega t + \alpha)} \tag{1.1}$$

Man nennt A die **Amplitude** der Schwingung, $\omega t + \alpha$ deren **Phase** und α deren **Phasenverschiebung**.
Harmonische Schwingungen treten auf, wenn auf m **rücktreibende** Kräfte F wirken, deren Größe **proportional** zur Auslenkung $x(t)$ ist: $F = -Dx$. Aus der NEWTONschen Bewegungsgleichung:

$$a = \frac{\mathrm{d}^2x}{\mathrm{d}t^2} = \frac{F}{m} = -\frac{D}{m}x$$

folgt dann als Differentialgleichung für die Bewegung:

$$\boxed{\frac{\mathrm{d}^2x}{\mathrm{d}t^2} + \frac{D}{m}x = 0} \tag{1.2}$$

(1.1) ist die allgemeine Lösung von (1.2) mit

$$\omega = \sqrt{\frac{D}{m}} = 2\pi\nu = \frac{2\pi}{T} \Rightarrow T = 2\pi\sqrt{\frac{m}{D}}$$

Bekannte Grundsysteme, die harmonische Schwingungen ausführen können, sind als **Federpendel**, das **Fadenpendel** bei kleinen Auslenkungen ("Mathematisches Pendel") und, als allgemeiner Fall eines Schwerependels, das sogenannte **Physikalische Pendel**: Das ist ein um eine horizontale Achse drehbar aufgehängter starrer Körper, der nach Auslenkung aus der Ruhelage unter der Wirkung der Schwerkraft schwingen kann.

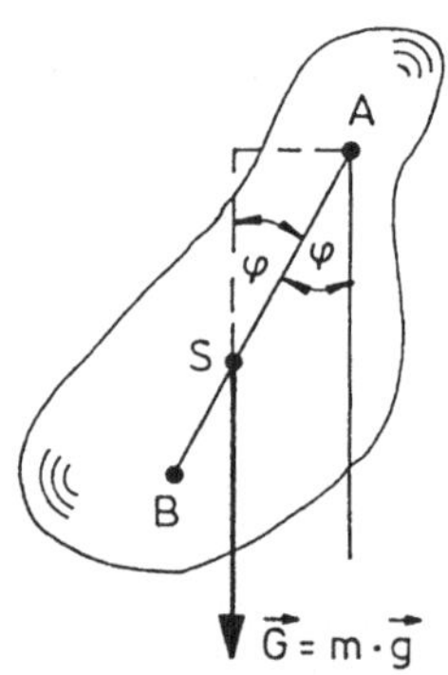

Abb. 1.2. Physikalisches Pendel: $s = \overline{AS}, \ell_r = \overline{AB}$.

Ist A die Drehachse, S der Schwerpunkt und φ die Auslenkung aus der Ruhelage, dann beträgt das rücktreibende Drehmoment:

$$M_r = -Gs\sin\varphi \qquad \text{mit} \qquad s = \overline{AS} \quad .$$

Bei kleinen Auslenkungen ist näherungsweise:

$$\sin\varphi \approx \varphi$$

Damit folgt:

$$M_r = -mgs\varphi$$

Für die Winkelbeschleunigung der Drehbewegung ergibt sich somit:

$$\frac{\mathrm{d}^2\varphi}{\mathrm{d}t^2} = \frac{M_r}{I_A} = \frac{-mgs}{I_A}\varphi$$

oder

$$\frac{\mathrm{d}^2\varphi}{\mathrm{d}t^2} + \frac{mgs}{I_A}\varphi = 0$$

I_A ist das **Trägheitsmoment** bezüglich A.
Die allgemeine Lösung dieser Differentialgleichung ist:

$$\varphi(t) = \varphi_0 \sin(\omega t + \alpha)$$

mit

$$\omega = \sqrt{\frac{mgs}{I_A}} \qquad \text{oder} \qquad \boxed{T = 2\pi\sqrt{\frac{I_A}{mgs}}}$$

Die Länge ℓ_r eines Fadenpendels **gleicher** Schwingungsdauer T heißt die **reduzierte Pendellänge** eines physikalischen Pendels. Aus

$$T = 2\pi\sqrt{\frac{\ell_r}{g}} = 2\pi\sqrt{\frac{I_A}{mgs}} \qquad \text{folgt :}$$

$$\boxed{\ell_r = \frac{I_A}{ms}}$$

Der STEINERsche Satz $I_A = I_s + ms^2$, wobei I_s das Trägheitsmoment bezüglich S ist, liefert:

$$\ell_r = \frac{I_s + ms^2}{ms} = s + \frac{I_s}{ms}$$

Es ist also stets $\ell_r > s$.
Der Punkt B im Abstand ℓ_r von A auf der Verlängerung von $\overline{AS}$ heißt **Schwingungsmittelpunkt** des Pendels. Bei Verlagerung der Drehachse von A nach B bleibt T unverändert (**Reversionspendel**).

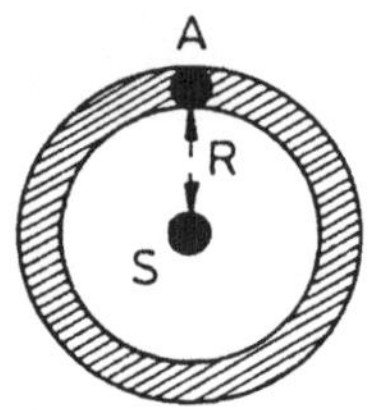

Beispiel: Für einen an seinem Umfang aufgehängten Reifen vom Radius R folgt mit $I_s = mR^2$:

$$I_A = I_s + mR^2 = mR^2 + mR^2 = 2mR^2$$

Das ergibt:

$$\ell_r = \frac{I_A}{ms} = \frac{2mR^2}{mR} = 2R$$

Bei Schwingungsvorgängen wird periodisch potentielle in kinetische Energie umgewandelt und umgekehrt. Aus $x(t) = A\sin(\omega t + \alpha)$ folgt für die Geschwindigkeit der schwingenden Masse bzw. des an der Schwingung beteiligten Massenelements eines Körpers:

$$v(t) = \frac{\mathrm{d}x}{\mathrm{d}t} = \omega A\cos(\omega t + \alpha)$$

Damit beträgt die kinetische Energie:

$$\begin{aligned} W_k &= \frac{1}{2}mv^2 = \frac{1}{2}m\omega^2 A^2\cos^2(\omega t + \alpha) \\ &= \frac{1}{2}m\omega^2 A^2\left[1 - \sin^2(\omega t + \alpha)\right] = \frac{1}{2}m\omega^2 A^2\left[1 - \frac{x^2}{A^2}\right] \end{aligned}$$

oder:

$$\boxed{W_k = \frac{1}{2}m\omega^2(A^2 - x^2)}$$

In den **Umkehrpunkten** ($x = \pm A$) ist $W_k = 0$. Beim **Nulldurchgang** ($x = 0$) ist $W_k = (1/2)m\omega^2 A^2$ und maximal.
Die potentielle Energie ergibt sich aus:

$$F = -Dx = -\mathrm{d}W_p/\mathrm{d}x \qquad \text{zu}$$

$$W_p = \int Dx \cdot \mathrm{d}x = \frac{1}{2}Dx^2 + \text{const}$$

Mit der Festlegung $W_p(x = 0) = 0$ ist:

$$\boxed{W_p = \frac{1}{2}Dx^2}$$

Damit folgt für die Gesamtenergie:

$$W_g = W_k + W_p = \frac{1}{2}m\omega^2 A^2 - \frac{1}{2}m\omega^2 x^2 + \frac{1}{2}Dx^2$$

Mit $\omega^2 = D/m$ ist:

$$W_g = \frac{1}{2}DA^2 - \frac{1}{2}Dx^2 + \frac{1}{2}Dx^2$$

oder

$$\boxed{W_g = \frac{1}{2}DA^2}$$

Bei konstanter Amplitude A ist also W_g **konstant**.

1.3 Gedämpfte harmonische Schwingungen

Freie Schwingungen zeigen im realen Fall eine zeitlich abnehmende Amplitude. Sie sind **gedämpft**. Die Ursache dafür ist, dass infolge von Reibungskräften Schwingungsenergie in Wärmeenergie umgewandelt wird und dem Schwingungsvorgang verlorengeht.
Reibungskräfte wirken der Geschwindigkeit entgegen und sind ihr in vielen grundsätzlichen Fällen proportional, d.h. es ist: $F_R = -kv$. Diese Kraft kommt zur rücktreibenden Kraft $F = -Dx$ hinzu. Damit beträgt die Beschleunigung:

$$a = \frac{\mathrm{d}^2 x}{\mathrm{d}t^2} = \frac{F + F_R}{m} = -\frac{D}{m}x - \frac{k}{m}\frac{\mathrm{d}x}{\mathrm{d}t}$$

Mit $D/m = \omega_0^2$, wobei ω_0, ν_0, T_0 Kreisfrequenz, Frequenz und Schwingungsdauer der **ungedämpften** Schwingung sind, und mit der Abkürzung $k/m = 2\delta$ folgt als Differentialgleichung für die Bewegung:

$$\boxed{\frac{\mathrm{d}^2 x}{\mathrm{d}t^2} + 2\delta\frac{\mathrm{d}x}{\mathrm{d}t} + \omega_0^2 x = 0} \tag{1.3}$$

$\delta = k/(2m)$ heißt **Dämpfungskonstante**.
Die Natur der Lösungen von (1.3), die im folgenden Abschnitt 1.4 eingehend behandelt werden, hängt vom Größenverhältnis zwischen Reibungs- und rücktreibender Kraft, also zwischen δ und ω_0 ab. Es ergeben sich die folgenden drei Fälle:

a.) $\delta < \omega_0$ (**Schwingfall**):
$x(t)$ ist eine harmonische Schwingung mit zeitlich **exponentiell** abnehmender Amplitude:

$$\boxed{x(t) = Ae^{-\delta t}\sin(\omega t + \alpha)}$$

Dabei ist:

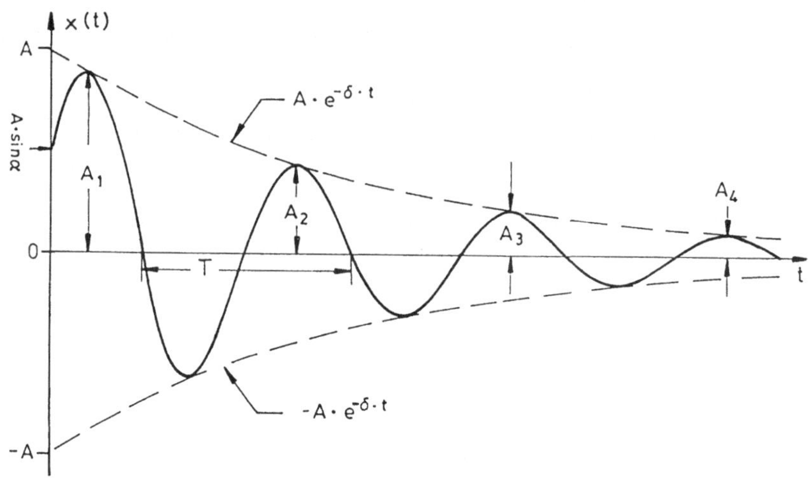

Abb. 1.3. Gedämpfte Schwingung.

$$\omega = \sqrt{\omega_0^2 - \delta^2}$$

Der Verlauf von $x(t)$ ist in Bild 1.3 aufgetragen.
Es ist also stets $\omega < \omega_0$, $\nu < \nu_0$, $T > T_0$. Die gedämpfte Schwingung erfolgt langsamer als die ungedämpfte.
Aus den Eigenschaften der Exponentialfunktion ergibt sich, dass das Verhältnis zweier aufeinanderfolgender Amplituden **konstant** ist:

$$\frac{A_1}{A_2} = \frac{A_2}{A_3} = \ldots \frac{A_i}{A_{i+1}} = e^{\delta T} = K$$

K heißt **Dämpfungsverhältnis** und $\delta T = \ln K$ **logarithmisches Dekrement**.

b.) $\delta > \omega_0$ (**Kriechfall**):
Hier erfolgt **keine Schwingung** mehr. Die aus der Auslenkung A losgelassene Masse "kriecht" langsam in ihre Ruhelage zurück: $x(t \to \infty) = 0$. Mit den Anfangsbedingungen $x(0) = A$ und $v(0) = 0$ ergibt sich als Lösung von (1.3):

$$\boxed{x(t) = Ae^{-\delta t}\left[\frac{\gamma + \delta}{2 \cdot \gamma} e^{\gamma t} + \frac{\gamma - \delta}{2\gamma} e^{-\gamma t}\right]}$$

mit $\gamma = \sqrt{\delta^2 - \omega_0^2}$.

c.) $\delta = \omega_0$ (**Aperiodischer Grenzfall**):
Auch hier nähert sich die ausgelenkte Masse asymptotisch der Ruhelage, jedoch schneller als im Kriechfall. Mit $x(0) = A$ und $v(0) = 0$ folgt:

$$\boxed{x(t) = Ae^{-\delta t}(1 + \delta t)}$$

1.4 Mathematische Ergänzung: Allgemeine Behandlung der Differentialgleichung für gedämpfte Schwingungen

Die Bewegungsgleichung (1.3) lautet:

$$\frac{\mathrm{d}^2x}{\mathrm{d}t^2} + 2\delta\frac{\mathrm{d}x}{\mathrm{d}t} + \omega_0^2 x = 0$$

Mit dem Lösungsansatz:

$$x(t) = Ae^{Ct} \tag{1.4}$$

folgt:

$$\begin{aligned} \frac{\mathrm{d}x}{\mathrm{d}t} &= ACe^{Ct} = Cx \qquad \text{und} \\ \frac{\mathrm{d}^2x}{\mathrm{d}t^2} &= C^2x \end{aligned} \tag{1.5}$$

Durch Einsetzen von (1.5) in (1.3) ergibt sich:

$$C^2x + 2\delta Cx + \omega_0^2 x = 0$$

oder:

$$C^2 + 2\delta C + \omega_0^2 = 0$$

Diese quadratische Gleichung hat für C die beiden Lösungen:

$$\boxed{C_{1,2} = -\delta \pm \sqrt{\delta^2 - \omega_0^2}} \tag{1.6}$$

Damit gibt es also zwei Lösungen vom Typ (1.4), nämlich:

$$x_1(t) = Ae^{C_1t} \qquad \text{und} \qquad x_2(t) = Be^{C_2t}$$

Die allgemeine Lösung von (1.3) ist dann die Linearkombination aus beiden Einzellösungen:

$$x(t) = a_1x_1(t) + a_2x_2(t) = a_1Ae^{C_1 \cdot t} + a_2Be^{C_2t}$$

oder:

$$\boxed{x(t) = A_1e^{C_1t} + A_2e^{C_2t}} \tag{1.7}$$

Die Koeffizienten A_1 und A_2 ergeben sich aus den Anfangsbedingungen für $t = 0$.
Mit

$$x_{t=0} = x(0) = x_0 \qquad \textbf{Anfangsauslenkung}$$

und:

$$\left[\frac{\mathrm{d}x}{\mathrm{d}t}\right]_{t=0} = v(0) = v_0 \qquad \textbf{Anfangsgeschwindigkeit}$$

folgt aus (1.7):

$$x_0 = A_1 + A_2 \qquad \text{und} \qquad v_0 = A_1C_1 + A_2C_2$$

Die Lösungen dieser beiden linearen Gleichungen für die beiden Unbekannten A_1 und A_2 lauten:

$$\boxed{A_1 = \frac{v_0 - x_0C_2}{C_1 - C_2} \qquad \text{und} \qquad A_2 = -\frac{v_0 - x_0C_1}{C_1 - C_2}} \tag{1.8}$$

Damit ist die allgemeine Lösung von (1.3) gefunden.

Fallunterscheidungen:

a.) $\delta < \omega_0$ (**Schwingfall**):
Mit der Bezeichnung $\omega_0^2 - \delta^2 = \omega^2$ folgt aus (1.6):

$$C_{1,2} = -\delta \pm \sqrt{-(\omega_0^2 - \delta^2)} = -\delta \pm i\omega \tag{1.9}$$

wobei $i = \sqrt{-1}$ ist. Damit erhält man aus (1.8):

$$A_{1,2} = \frac{x_0(i\omega \pm \delta) \pm v_0}{2i\omega} \tag{1.10}$$

Einsetzen von (1.9) und (1.10) in die allgemeine Lösung (1.7) ergibt:

$$\begin{aligned} x(t) &= \frac{x_0(i\omega + \delta) + v_0}{2i\omega} e^{(-\delta + i\omega)t} + \frac{x_0(i\omega - \delta) - v_0}{2i\omega} e^{(-\delta - i\omega)t} \\ &= x_0 e^{-\delta t}\left[\left(i\omega + \delta + \frac{v_0}{x_0}\right)\frac{e^{i\omega t}}{2i\omega} + \left(i\omega - \delta - \frac{v_0}{x_0}\right)\frac{e^{-i\omega t}}{2i\omega}\right] \\ &= x_0 e^{-\delta t}\left[\frac{e^{i\omega t} + e^{-i\omega t}}{2} + \left(\delta + \frac{v_0}{x_0}\right)\frac{e^{i\omega t} - e^{-i\omega t}}{2i\omega}\right] \end{aligned}$$

Durch Umformung mit Hilfe der **Eulerschen Formel**

$$e^{i\alpha} = \cos\alpha + i\sin\alpha$$

erhält man:

$$\frac{e^{i\omega t} + e^{-i\omega t}}{2} = \cos\omega t \quad \text{und} \quad \frac{e^{i\omega t} - e^{-i\omega t}}{2i} = \sin\omega t$$

Damit ist:

$$\boxed{x(t) = x_0 e^{-\delta t}\left[\cos\omega t + \left(\frac{\delta}{\omega} + \frac{v_0}{\omega x_0}\right)\sin\omega t\right]} \tag{1.11}$$

Nach geeigneter Umformung, siehe Abschnitt 1.6, erhält man auch:

$$x(t) = x_0\sqrt{\left(\frac{\delta}{\omega} + \frac{v_0}{\omega x_0}\right)^2 + 1}\, e^{-\delta t}\sin(\omega t + \varphi)$$

mit

$$\varphi = \arctan\left[\frac{\delta}{\omega} + \frac{v_0}{\omega x_0}\right]^{-1}$$

b.) $\delta > \omega_0$ (**Kriechfall**):
Mit der Bezeichnung $\delta^2 - \omega_0^2 = \gamma^2$ folgt aus (1.6):

$$C_{1,2} = -\delta \pm \sqrt{\delta^2 - \omega_0^2} = -\delta \pm \gamma \tag{1.12}$$

Damit erhält man aus (1.8):

$$A_{1,2} = \frac{x_0(\gamma \pm \delta) \pm v_0}{2\gamma} \tag{1.13}$$

Einsetzen von (1.12) und (1.13) in die allgemeine Lösung (1.7) ergibt:

$$x(t) = \frac{x_0(\gamma + \delta) + v_0}{2\gamma} e^{(-\delta + \gamma)t} + \frac{x_0(\gamma - \delta) - v_0}{2\gamma} e^{(-\delta - \gamma)t}$$

oder

$$\boxed{x(t) = \frac{x_0}{2\gamma} e^{-\delta t} \left[\left(\gamma + \delta + \frac{v_0}{x_0} \right) e^{\gamma t} + \left(\gamma - \delta - \frac{v_0}{x_0} \right) e^{-\gamma t} \right]}$$

Führt man über die Definitionen:

$$\sinh \gamma t = \frac{e^{\gamma t} - e^{-\gamma t}}{2} \quad \text{und} \quad \cosh \gamma t = \frac{e^{\gamma t} + e^{-\gamma t}}{2}$$

die **hyperbolischen** Funktionen ein, dann erhält man nach Umformung auch:

$$x(t) = x_0 e^{-\delta t} \left[\cosh \gamma t + \left(\frac{\delta}{\gamma} + \frac{v_0}{\gamma x_0} \right) \sinh \gamma t \right]$$

$x(t)$ hat dann **formale** Ähnlichkeit mit der Lösung für den Schwingfall.

c.) $\delta = \omega_0$ (**Aperiodischer Grenzfall**):
In diesem Fall ist $\omega = 0$. Die Lösung $x(t)$ erhält man aus (1.11) durch den Grenzübergang $\omega \to 0$. Aus $\cos \omega t \to 1$ und $\sin \omega t \to \omega t$ ergibt sich:

$$\boxed{x(t) = x_0 e^{-\omega_0 t} \left[1 + \left(\omega_0 + \frac{v_0}{x_0} \right) t \right]}$$

Der Verlauf von $x(t)$ in den drei Fällen a.), b.) und c.) für die speziellen Anfangsbedingungen $x(0) = x_0$ und $v(0) = v_0 = 0$ (Loslassen der um x_0 ausgelenkten Masse) ist in Bild 1.4 aufgetragen.

1.5 Erzwungene harmonische Schwingungen; Resonanz

Schwingungen eines Systems unter der Einwirkung **äußerer** Kräfte oder Drehmomente nennt man erzwungene Schwingungen. Im folgenden wird angenommen:

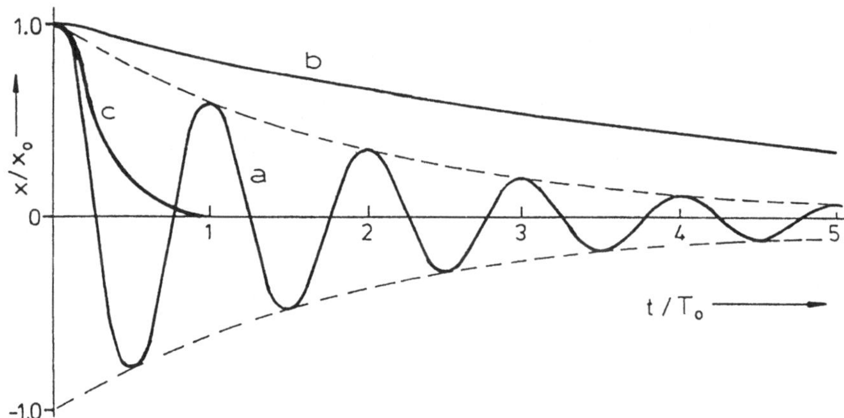

Abb. 1.4. a) Schwingfall: $\delta = 0.08 \cdot \omega_0$; b.) Kriechfall: $\delta = 15.6 \cdot \omega_0$; c.) Aperiodischer Grenzfall: $\delta = \omega_0$. (Aus: Praktikum der Physik von W. WALCHER)

a.) Die äußere Kraft ist **harmonisch**:

$$F_A = F_0 \sin(\omega_A t)$$

ω_A ist die **Erreger-Kreisfrequenz**.

b.) F_A greift am Aufhängepunkt des Pendels an und wirkt in Schwingungsrichtung.

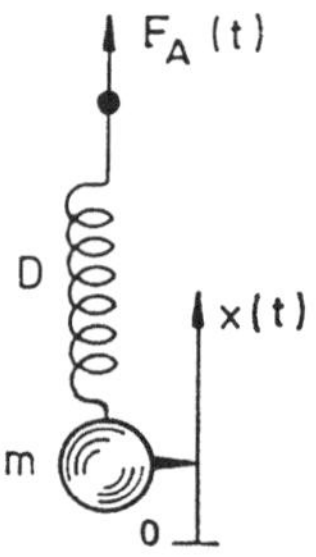

Abb. 1.5. Erzwungene Schwingung

Unter der Wirkung von F_A vollführt dann m harmonische Schwingungen mit zeitlich **konstanter** Amplitude und der Kreisfrequenz ω_A:

$$x(t) = A \sin(\omega_A t - \alpha) \tag{1.14}$$

α ist die **Phasenverschiebung** zwischen $x(t)$ und $F_A(t)$. m wird hier also von drei Kräften beschleunigt. Es ist:

$$a = \frac{\mathrm{d}^2 x}{\mathrm{d}t^2} = \frac{F + F_R + F_A}{m} = -\frac{D}{m}x - \frac{k}{m}\frac{\mathrm{d}x}{\mathrm{d}t} + \frac{F_0}{m}\sin(\omega_A t)$$

Daraus folgt als Bewegungsgleichung:

$$\frac{\mathrm{d}^2 x}{\mathrm{d}t^2} + 2\delta \frac{\mathrm{d}x}{\mathrm{d}t} + \omega_0^2 x = \frac{F_0}{m} \sin(\omega_A t)$$

Durch Einsetzen des Ansatzes (1.14) für $x(t)$ in diese Differentialgleichung lassen sich A und α bestimmen. Es ergibt sich:

$$A = \frac{F_0}{m\sqrt{(\omega_0^2 - \omega_A^2)^2 + 4\delta^2 \omega_A^2}} \qquad \text{und} \qquad \tan\alpha = \frac{2\delta\omega_A}{\omega_0^2 - \omega_A^2} \tag{1.15}$$

Bei vorgegebenem Schwingungssystem (ω_0, δ) und konstanter Erregeramplitude F_0 sind A und α Funktionen von ω_A. Sie werden nachfolgend diskutiert.

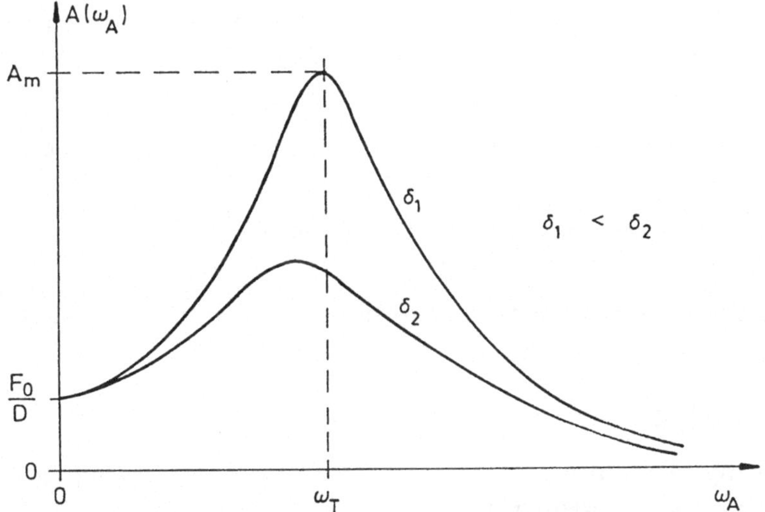

Abb. 1.6. Resonanzkurven

Der Verlauf $A(\omega_A)$ heißt **Resonanzkurve**. Sie durchläuft ein Maximum A_m bei $\omega_A = \omega_r$, genannt **Resonanzfrequenz** oder – exakter – **Resonanz-Kreisfrequenz**. Die Erscheinung, dass bei $\omega_A = \omega_r$ große Schwingungsamplituden auftreten, heißt **Resonanz**.
ω_r erhält man aus der Maximums-Bedingung:

$$\left[\frac{\mathrm{d}A(\omega_A)}{\mathrm{d}\omega_A}\right]_{\omega_A=\omega_r} = 0$$

für (1.15) oder – einfacher – aus der Minimums-Bedingung:

$$\left[\frac{\mathrm{d}}{\mathrm{d}\omega_A}\left((\omega_0^2 - \omega_A^2)^2 + 4\delta^2\omega_A^2\right)\right]_{\omega_A=\omega_r} = 0$$

für den Radikanden im Nenner von (1.15). Die Ausführung der Differentiation ergibt:

$$-4(\omega_0^2 - \omega_r^2)\omega_r + 8\delta^2\omega_r = 0$$

Als von Null verschiedene und positive Lösung folgt daraus:

$$\boxed{\omega_r = \sqrt{\omega_0^2 - 2\delta^2}} \tag{1.16}$$

ω_r ist also stets **kleiner** als ω_0. Einsetzen in (1.15) ergibt als **Resonanz-Amplitude**:

$$\boxed{A_m = \frac{F_0}{2m\delta\sqrt{\omega_0^2 - \delta^2}}} \tag{1.17}$$

Bei kleinen Abweichungen $\Delta\omega = \omega_0 - \omega_A$ der Erreger-Kreisfrequenz ω_A von der Kreisfrequenz ω_0, also im Bereich $|\Delta\omega| \ll \omega_0$, kann näherungsweise gesetzt werden:

$$\omega_A^2 = \omega_0^2 \qquad \text{und} \qquad \omega_0 + \omega_A = 2 \cdot \omega_0$$

Im Rahmen dieser Näherung erhält man dann für den Radikanden im Nenner von (1.15):

$$\begin{aligned}(\omega_0^2 - \omega_A^2)^2 + 4\delta^2\omega_A^2 &= (\omega_0 + \omega_A)^2(\omega_0 - \omega_A)^2 + 4\delta^2\omega_A^2 \\ &= 4\omega_0^2(\Delta\omega)^2 + 4\delta^2\omega_0^2\end{aligned}$$

Damit ergibt sich für den Verlauf der Resonanzkurve **in der Umgebung** von ω_0:

$$A = \frac{F_0}{2m\omega_0\sqrt{(\Delta\omega)^2 + \delta^2}} \tag{1.18}$$

Setzt man **geringe Dämpfung**, also $\delta \ll \omega_0$ voraus, dann gehen (1.16) und (1.17) über in die Näherungsformeln:

$$\omega_r = \omega_0 \qquad \text{und} \qquad A_m = \frac{F_0}{2m\delta\omega_0} \tag{1.19}$$

Bei schwacher Dämpfung nimmt also die Resonanz-Amplitude A_m umgekehrt proportional zur Dämpfungskonstante ab.

Zur Kennzeichnung der **Breite** einer Resonanzkurve oder der **Schärfe** einer Resonanz verwendet man definitionsgemäß den Kreisfrequenz-Abstand b derjenigen beiden Punkte auf den Flanken der Resonanzkurve, für welche $A = A_m/\sqrt{2}$ ist. In diesen Punkten gilt gemäß (1.17) und (1.15) mit $\omega_A = \omega_r \pm b/2$:

$$\frac{A_m}{\sqrt{2}} = \frac{F_0}{2m\delta\sqrt{\omega_0^2 - \delta^2}\sqrt{2}} = \frac{F_0}{m\sqrt{\left(\omega_0^2 - \left[\omega_r \pm \frac{b}{2}\right]^2\right)^2 + 4\delta^2\left[\omega_r \pm \frac{b}{2}\right]^2}}$$

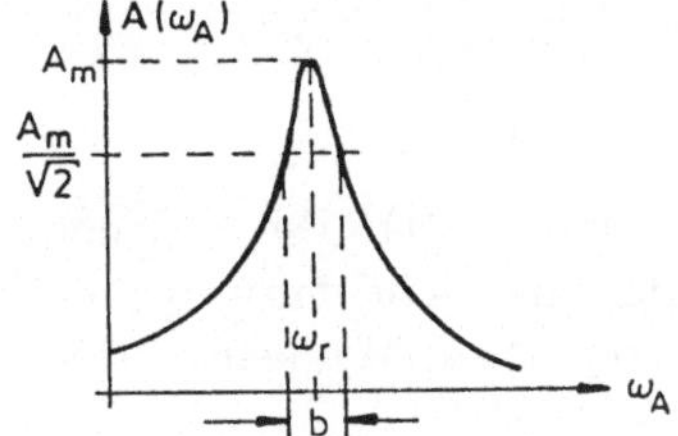

Abb. 1.7. Zur Breite einer Resonanzkurve.

Die Auflösung dieser Gleichung nach b ist für den Fall **schwacher Dämpfung** sehr einfach. Mit (1.19) und (1.18) folgt für $\Delta\omega = b/2$:

$$\frac{F_0}{2m\delta\omega_0\sqrt{2}} = \frac{F_0}{2m\omega_0\sqrt{(b/2)^2 + \delta^2}}$$

Das ergibt:

$$2\delta^2 = \frac{b^2}{4} + \delta^2 \qquad \text{oder} \qquad \boxed{b = 2\delta}$$

b heißt auch **Resonanz-Güte** oder **Q-Faktor**. Sie bzw. er ist also bei geringer Dämpfung doppelt so groß wie die Dämpfungskonstante δ.

Für die Phasenverschiebung $\alpha(\omega_A)$ zwischen $x(t)$ und $F_A(t)$ folgt aus (1.15): $\alpha = 0$ für $\omega_A = 0; \alpha = \pi/2$ für $\omega_A = \omega_0; \alpha = \pi$ für $\omega_A \to \infty$. Der Übergang von 0 nach π bei $\omega_A = \omega_0$ erfolgt um so steiler, je kleiner die Dämpfung ist. Er ist sprunghaft für $\delta = 0$.

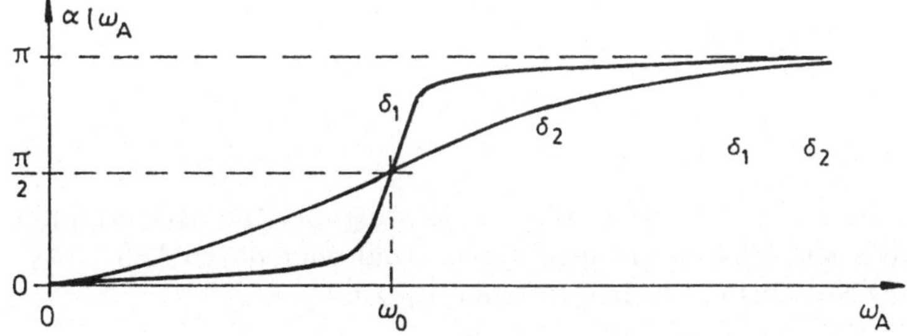

Abb. 1.8. Phasenverschiebung bei erzwungenen Schwingungen.

1.6 Überlagerung harmonischer Schwingungen

Im folgenden wird die Überlagerung von jeweils zwei harmonischen Schwingungen $x_1(t)$ und $x_2(t)$ an einigen grundsätzlich wichtigen Fällen diskutiert.

a.) **Gleiche** Schwingungsrichtung; **gleiche** Frequenz. Es sei:

$$x_1(t) = A_1 \sin \omega t \qquad \text{und} \qquad x_2(t) = A_2 \sin(\omega t + \alpha)$$

α ist die Phasenverschiebung zwischen $x_1(t)$ und $x_2(t)$. Bei gleicher Schwingungsrichtung bedeutet **Überlagerung** eine **Addition** beider Schwingungen. Unter Beachtung der Additionsregeln für Winkelfunktionen folgt:

$$\begin{aligned} x(t) &= x_1(t) + x_2(t) = A_1 \sin \omega t + A_2 \sin(\omega t + \alpha) \\ &= (A_1 + A_2 \cos \alpha) \sin \omega t + A_2 \sin \alpha \cdot \cos \omega t \end{aligned}$$

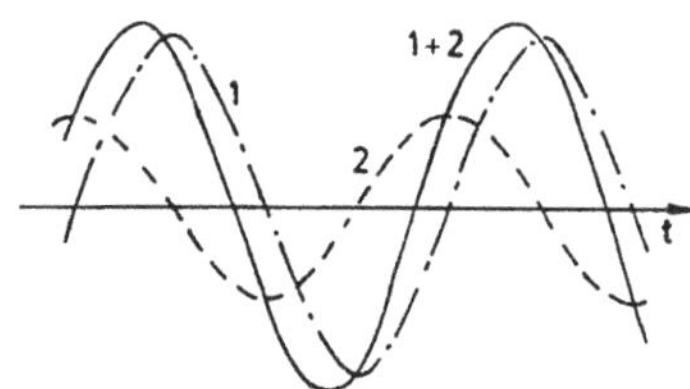

Ersetzt man die vorgegebenen Größen A_1, A_2 und α mittels der beiden Transformations-Gleichungen:

$$\begin{aligned} A_1 + A_2 \cos \alpha &= A_0 \cos \alpha_0 \qquad \text{und} \\ A_2 \sin \alpha &= A_0 \sin \alpha_0 \end{aligned} \tag{1.20}$$

durch die neuen Größen A_0 und α_0, dann ergibt sich:

$$x(t) = A_0 (\cos \alpha_0 \sin \omega t + \sin \alpha_0 \cdot \cos \omega t)$$

oder:

$$\boxed{x(t) = A_0 \sin(\omega t + \alpha_0)}$$

$x(t)$ ist also eine wiederum **harmonische** Schwingung. Die neue Amplitude A_0 und die neue Phasenverschiebung α_0 erhält man durch Auflösung des Gleichungs-Systems (1.20) nach A_0 und α_0 zu:

$$A_0 = \sqrt{A_1^2 + A_2^2 + 2A_1A_2 \cos \alpha}$$

$$\text{und} \qquad \alpha_0 = \arctan \frac{A_2 \sin \alpha}{A_1 + A_2 \cos \alpha}$$

b.) **Gleiche** Schwingungsrichtung; **verschiedene** Frequenz. Es sei:

$$x_1(t) = A_1 \sin \omega_1 t \qquad \text{und} \qquad x_2(t) = A_2 \sin(\omega_2 t + \alpha)$$

Nur dann, wenn die Kreisfrequenzen ω_1 und ω_2 in einem **rationalen** Verhältnis zueinander stehen, wenn also gilt: $\omega_1 : \omega_2 = n_1 : n_2$, wobei n_1 und n_2 ganze (positive) Zahlen sind, ist die Summe $x(t) = x_1(t) +$

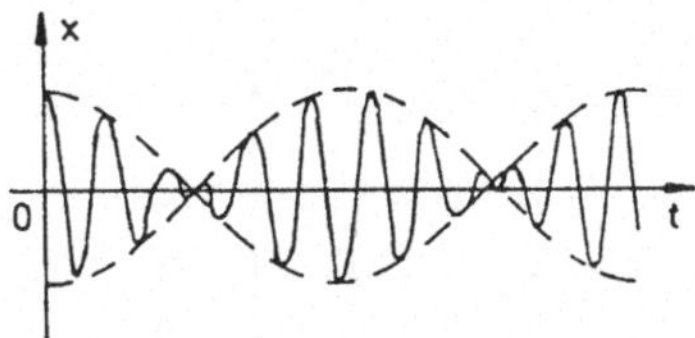

$x_2(t)$ eine **Schwingung** im strengen Sinne, also ein echter **periodischer** Vorgang. Selbst dann aber ist $x(t)$ keine **harmonische** Schwingung.
Einen wichtigen **Sonderfall** bildet die Überlagerung zweier harmonischer Schwingungen mit **gleicher** Amplitude und **nahezu gleicher** Frequenz. Für $A_1 = A_2 = A$, $\omega_1 = \omega$ und $\omega_2 = \omega + \varepsilon$, wobei $\varepsilon \ll \omega$ sein soll, erhält man mit der Vereinfachung $\alpha = 0$ und unter Anwendung entsprechender Additionsregeln für Sinus-Funktionen:

$$\begin{aligned} x(t) &= A_1 \sin \omega_1 t + A_2 \sin(\omega_2 t + \alpha) \\ &= A\Big[\sin \omega t + \sin(\omega + \varepsilon)t\Big] = 2A \cos \frac{\varepsilon t}{2} \sin \frac{2\omega + \varepsilon}{2} t \end{aligned}$$

oder wegen $\varepsilon \ll \omega$:

$$\boxed{x(t) = 2A \cos \frac{\varepsilon t}{2} \sin \omega t}$$

$x(t)$ ist also eine Sinus-Schwingung, deren Amplitude kosinusförmig moduliert ist. Dabei ist die **Modulations-Periode** $T_M = 4\pi/\varepsilon$ groß gegen die Periode $T = 2\pi/\omega$ der Grundschwingung. Ein solcher Verlauf heißt **Schwebung**.
Die Überlagerung harmonischer Schwingungen verschiedener Frequenzen bildet den Ausgangspunkt für das sogenannte **Fourier-Theorem**. Es sagt aus, dass sich jeder **periodische** Verlauf $x(t)$ darstellen läßt als Summe harmonischer Schwingungen, deren Frequenzen bzw. Kreisfrequenzen $\omega_n = n\omega$ **ganzzahlige Vielfache** der Kreisfrequenz ω einer Grundschwingung sind:

$$\boxed{x(t) = \sum_{n=0}^{\infty} A_n \sin(n\omega t + \alpha_n)}$$

Die Anteile mit $n > 1$ nennt man auch **Oberschwingungen** oder "höhere Harmonische". Die Zerlegung eines periodischen Verlaufs in eine Summe harmonischer Funktionen heißt **Fourier-Analyse**. Die Auftragung der Amplituden A_n der einzelnen **Fourier-Komponenten** gegen deren Kreisfrequenz ω_n oder deren Frequenz ν_n nennt man das **Fourier-Spektrum** von $x(t)$. Die **Phasenverschiebungen** α_n lassen sich daraus nicht entnehmen. Eine ausführliche Behandlung des FOURIER-Theorems mit Beispielen folgt im Abschnitt 1.7.

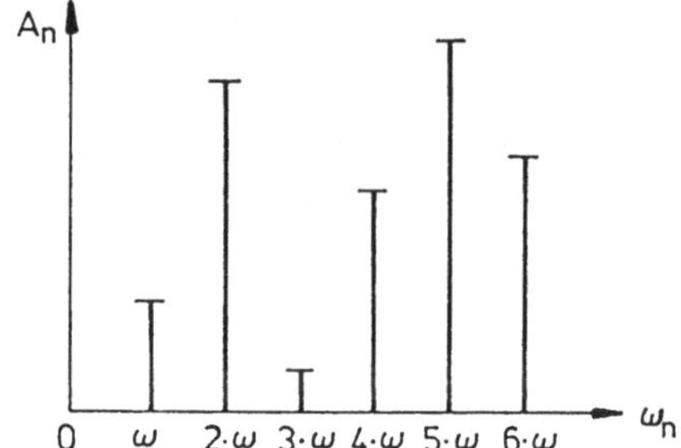

c.) Schwingungsrichtungen **senkrecht zueinander; gleiche** Frequenz. Es sei:

$$x_1(t) = A_1 \sin \omega t \qquad \text{und} \qquad x_2(t) = A_2 \sin(\omega t + \alpha)$$

Der so ausgelenkte Punkt, z.B. ein Massenelement, beschreibt eine **geschlossene Kurve** in der $x_1 - x_2$-Ebene mit dem Abstand $x(t) = \sqrt{x_1^2(t) + x_2^2(t)}$ von der Ruhelage. Durch Elimination von t erhält man als Bahngleichung:

$$\boxed{\left[\frac{x_1}{A_1}\right]^2 - 2\frac{x_1}{A_1}\frac{x_2}{A_2}\cos\alpha + \left[\frac{x_2}{A_2}\right]^2 = \sin^2\alpha} \tag{1.21}$$

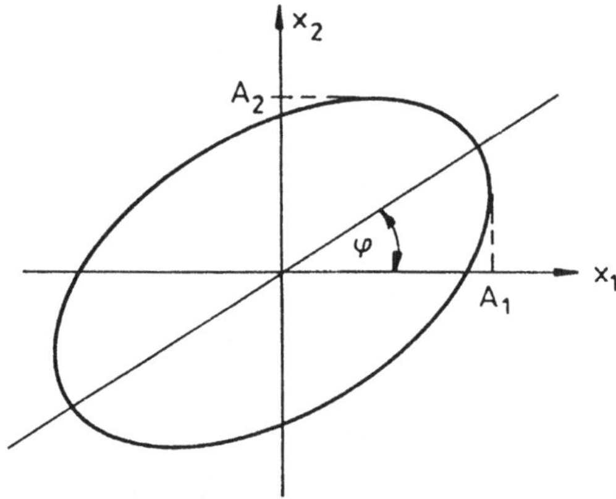

Das ist die Gleichung einer **Ellipse** mit dem Mittelpunkt bei $x_1 = x_2 = 0$. Für den Winkel φ, den ihre große Hauptachse mit der x_1-Achse einschließt, gilt:

$$\boxed{\tan 2\varphi = \frac{2A_1A_2\cos\alpha}{A_1^2 - A_2^2}}$$

Bei bekannten Amplituden A_1 und A_2 kann hieraus durch Messung von φ die Phasenverschiebung α bestimmt werden.
Grenzfälle: Für $\alpha = 0°$ folgt aus (1.21):

$$\left[\frac{x_1}{A_1}\right]^2 - 2\frac{x_1}{A_1}\frac{x_2}{A_2} + \left[\frac{x_2}{A_2}\right]^2 = 0 \qquad \text{oder} \qquad x_2 = \frac{A_2}{A_1}x_1$$

Die Bahn ist also eine Gerade mit der Steigung $\tan\varphi = A_2/A_1$. Für $\alpha = 90°$ folgt aus (1.21):

$$\left[\frac{x_1}{A_1}\right]^2 + \left[\frac{x_2}{A_2}\right]^2 = 1$$

Auch diese Bahn ist eine Ellipse. Hier jedoch liegen deren Hauptachsen in den Schwingungsrichtungen von x_1 und x_2. Ihre Längen betragen $2A_1$ bzw. $2A_2$.
Sind zusätzlich die Amplituden **gleich** ($A_1 = A_2$), dann wird die Bahn zu einem **Kreis** mit dem Radius A_1:

$$x_1^2 + x_2^2 = A_1^2$$

d.) Schwingungsrichtungen **senkrecht zueinander; verschiedene** Frequenz. Es sei:

$$x_1(t) = A_1 \sin\omega_1 t \qquad \text{und} \qquad x_2(t) = A_2 \sin(\omega_2 t + \alpha)$$

Auch hier durchläuft das Massenelement eine Kurve in der $x_1 - x_2$-Ebene. Diese ist jedoch nur dann **geschlossen**, d.h. die Bewegung ist nur dann **periodisch**, wenn wiederum das Verhältnis $\omega_1 : \omega_2$ **rational** ist, d.h. wenn

$$\frac{\omega_1}{\omega_2} = \frac{\nu_1}{\nu_2} = \frac{T_2}{T_1} = \frac{n_1}{n_2}$$

ist. Die dann entstehenden Bahnen nennt man **Lissajous-Figuren**. Eine Auswahl solcher Bahnen für verschiedene Frequenz-Verhältnisse und Phasenlagen ist in Bild 1.9 zusammengestellt.

1.7 Mathematische Ergänzung: Fourier-Analyse

a.) **Allgemeines**. Das FOURIER-Theorem lautet:

Korollar 1.1 Mathematisch: *Jede im Intervall $-\pi \leq x \leq \pi$ definierte Funktion $f(x)$ läßt sich durch eine Reihe aus Sinus- und Kosinus-Funktionen darstellen. Ist zusätzlich $f(x)$ periodisch mit der Periode 2π, dann gilt die Darstellung im gesamten Intervall $-\infty < x < \infty$;*
physikalisch: *Jede Schwingung bzw. jeder periodische Vorgang läßt sich als eine Überlagerung harmonischer Schwingungen beschreiben.*

Abb. 1.9. LISSAJOUS-Figuren für verschiedene Frequenz-Verhältnisse $\omega_1 : \omega_2$ und Phasendifferenzen α.

Die Beschränkung auf das Intervall $-\pi \leq x \leq \pi$ bzw. auf die Periode 2π bedeutet keine Einschränkung der Allgemeinheit dieser Aussagen, da jede in einem beliebigen Intervall $a \leq x' \leq b$ definierte Funktion $g(x')$ durch die lineare Abszissentransformation

$$x' = \frac{1}{2}\left(\frac{b-a}{\pi}x + b + a\right)$$

in eine Funktion $f(x)$ im Intervall $-\pi \leq x \leq \pi$ überführt werden kann. Die mathematische Formulierung:

$$f(x) = \sum_{n=0}^{\infty} C_n \sin(nx + \alpha_n)$$

des FOURIER-Theorems läßt sich mit Hilfe der Additionsregeln für Winkelfunktionen in die für die praktische Anwendung oft bequemere Gestalt:

$$f(x) = \frac{A_0}{2} + \sum_{n=1}^{\infty}(A_n \cos nx + B_n \sin nx) \qquad (1.22)$$

bringen. Die sogenannten **Fourier-Koeffizienten** A_n und B_n erhält man in folgender Weise:
Aus den Eigenschaften der Winkelfunktionen ergeben sich für das Funktionen-System $(\sin mx; \cos nx)$, wobei m und n ganze Zahlen sind, die folgenden sogenannten **Orthogonalitäts- und Normierungs-Beziehungen**:

$$\int_{-\pi}^{\pi} \sin mx \cdot \cos nx \cdot \mathrm{d}x = 0 \qquad \text{für alle m,n} \tag{1.23}$$

$$\int_{-\pi}^{\pi} \sin mx \cdot \sin nx \cdot \mathrm{d}x \begin{cases} = 0 & \text{für} \quad m \neq n \\ = \pi & \text{für} \quad m = n \neq 0; \end{cases} \tag{1.24}$$

$$\int_{-\pi}^{\pi} \cos mx \cdot \cos nx \cdot \mathrm{d}x \begin{cases} = 0 & \text{für} \quad m \neq n \\ = \pi & \text{für} \quad m = n \neq 0 \\ = 2\pi & \text{für} \quad m = n = 0 \end{cases} \tag{1.25}$$

Durch Multiplikation von (1.22) mit $\cos mx$ und anschließender Integration von $-\pi$ bis π erhält man:

$$\begin{aligned} \int_{-\pi}^{\pi} f(x) \cos mx \cdot \mathrm{d}x = {} & \frac{A_0}{2} \int_{-\pi}^{\pi} \cos mx \cdot \mathrm{d}x \\ & + \sum_{n=1}^{\infty} \left\{ A_n \int_{-\pi}^{\pi} \cos mx \cdot \cos nx \cdot \mathrm{d}x \right. \\ & \left. + B_n \int_{-\pi}^{\pi} \cos mx \cdot \sin nx \cdot \mathrm{d}x \right\} \end{aligned}$$

Mit (1.23) und (1.25) folgt daraus:

$$\int_{-\pi}^{\pi} f(x) \cos mx \cdot \mathrm{d}x = A_m \pi$$

oder, nach Umbenennung des Laufindex' m in n:

$$\boxed{A_n = \frac{1}{\pi} \int_{-\pi}^{\pi} f(x) \cos nx \cdot \mathrm{d}x} \tag{1.26}$$

Entsprechend ergibt sich durch Multiplikation von (1.22) mit $\sin mx$ und Integration $-\pi$ bis π unter Berücksichtigung von (1.23) und (1.24):

$$B_n = \frac{1}{\pi} \int_{-\pi}^{\pi} f(x) \sin nx \cdot \mathrm{d}x \tag{1.27}$$

b.) FOURIER-**Analyse einer Rechteck-Schwingung**:

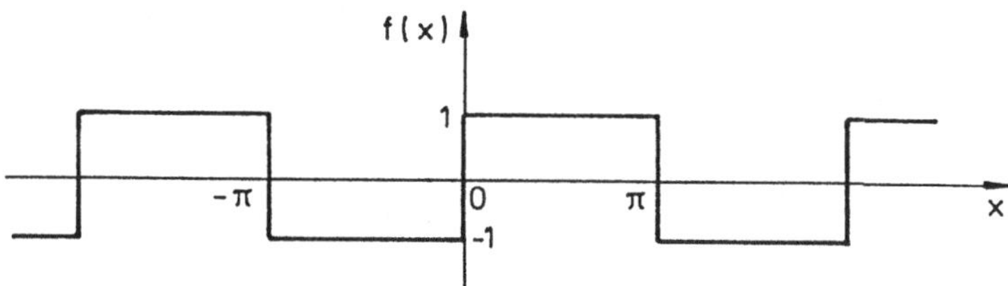

Abb. 1.10. Rechteck-Schwingung

Es sei:

$$f(x) = \begin{cases} -1 & \text{für} \quad -\pi \le x \le 0; \\ 0 & \text{für} \quad x = 0: \\ 1 & \text{für} \quad 0 < x \le \pi \end{cases}$$

mit periodischer Fortsetzung. Aus (1.26) folgt:

$$\begin{aligned} A_n &= \frac{1}{\pi} \int_{-\pi}^{0} f(x) \cos nx \cdot \mathrm{d}x + \frac{1}{\pi} \int_{0}^{\pi} f(x) \cos nx \cdot \mathrm{d}x \\ &= \frac{1}{\pi} \int_{-\pi}^{0} (-\cos nx) \cdot \mathrm{d}x + \frac{1}{\pi} \cdot \int_{0}^{\pi} \cos nx \cdot dx \\ &= -\frac{1}{\pi} \cdot \frac{1}{n} \cdot \sin nx \Big|_{-\pi}^{0} + \frac{1}{\pi}\frac{1}{n} \sin nx \Big|_{0}^{\pi} = 0 + 0 \end{aligned}$$

also: $A_n = 0$ $(n = 1; 2; 3; \ldots)$. Die Schwingung erfolgt symmetrisch um die x-Achse, was bedeutet, dass auch der konstante Term $A_0/2$ in (1.22) verschwinden muss. Damit ist zusätzlich $A_0 = 0$. Aus (1.27) folgt entsprechend:

$$\begin{aligned} B_n &= \frac{1}{\pi} \int_{-\pi}^{0} (-\sin nx) \cdot \mathrm{d}x + \frac{1}{\pi} \int_{0}^{\pi} \sin nx \cdot \mathrm{d}x = \frac{2}{\pi} \int_{0}^{\pi} \sin nx \cdot \mathrm{d}x \\ &= -\frac{2}{\pi}\frac{1}{n} \cos nx \Big|_{0}^{\pi} = \frac{2}{n\pi} \left[1 - (-1)^n \right] \end{aligned}$$

also:

$$B_n = \begin{cases} 0 & \text{für} \quad \text{gerades n;} \\ \dfrac{4}{n\pi} & \text{für} \quad \text{ungerades n} \end{cases}$$

$(n = 1; 2; 3; \ldots)$. Das Ergebnis der Analyse ist also:

$$\boxed{f(x) = \frac{4}{\pi}\left(\sin x + \frac{1}{3}\sin 3x + \frac{1}{5}\sin 5x + \ldots\right)}$$

Die Abbildung 1.11 zeigt den Verlauf der Grundschwingung und der ersten beiden Teilsummen.

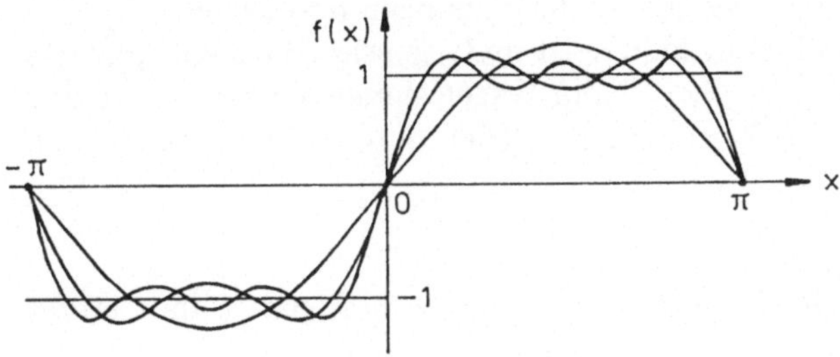

Abb. 1.11. FOURIER-Analyse einer Rechteck-Schwingung

c.) FOURIER-**Analyse einer Dreieck-Schwingung**:

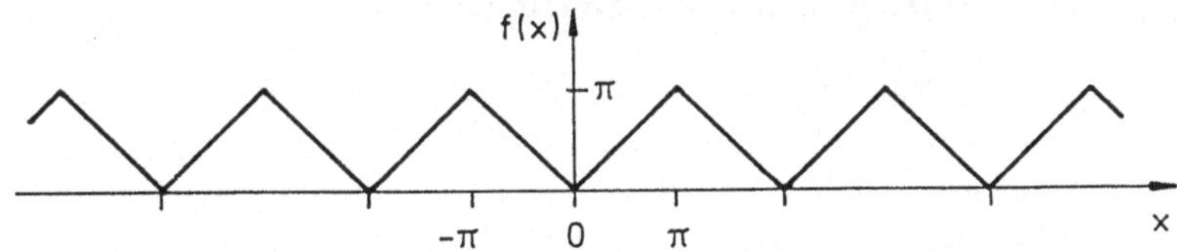

Abb. 1.12. Dreieck-Schwingung

Es sei:

$$f(x) = \begin{cases} -x & \text{für} \quad -\pi \le x < 0; \\ 0 & \text{für} \quad x = 0; \\ x & \text{für} \quad 0 < x \le \pi \end{cases}$$

mit periodischer Fortsetzung. Aus (1.26) folgt:

$$\begin{aligned} A_n &= \frac{1}{\pi}\int_{-\pi}^{0} (-x)\cos nx \cdot \mathrm{d}x + \frac{1}{\pi}\int_{0}^{\pi} x\cos nx \cdot \mathrm{d}x \\ &= \frac{2}{\pi}\int_{0}^{\pi} x\cos nx \cdot \mathrm{d}x = \frac{2}{\pi}\frac{x\sin nx}{n}\Bigg|_0^\pi + \frac{2}{\pi}\frac{\cos nx}{n}\Bigg|_0^\pi \end{aligned}$$

Der erste Summand ist stets gleich Null. Damit ergibt sich:

$A_n = -\frac{4}{\pi}\frac{1}{n^2}$ für ungerades n (1; 3; 5; ...) und

$A_n = 0$ für gerades n (2; 4; 6; ...)

Die Schwingung erfolgt symmetrisch um den Wert $f(x) = \pi/2$. Also ist ferner $A_0 = \pi$.

Die vorangehend betrachtete **Rechteck**-Schwingung ist eine sogenannte **ungerade** Funktion, d.h. es ist $f(-x) = -f(x)$. In einem solchen Fall können dann auch nur ungerade FOURIER-Komponenten, also Sinus-Funktionen, in der FOURIER-Reihe auftreten, wie es die Berechnungen bestätigen.
Die hier behandelte **Dreieck**-Schwingung ist im Gegensatz dazu eine **gerade** Funktion, d.h. es ist $f(-x) = f(x)$. Dann tragen entsprechend nur gerade FOURIER-Komponenten, also Kosinus-Funktionen, zur FOURIER-Reihe bei. Daraus folgt:

$B_n = 0$ für alle n

Die Berechnung von B_n gemäß (1.27) würde dies bestätigen. Damit lautet das Ergebnis der Analyse:

$$\boxed{f(x) = \frac{\pi}{2} - \frac{\pi}{4}\left(\cos x + \frac{1}{3^2}\cos 3x + \frac{1}{5^2}\cos 5x + \ldots\right)}$$

1.8 Gekoppelte harmonische Schwingungen

Man nennt schwingungsfähige Systeme gekoppelt, wenn sie Schwingungsenergie aufeinander übertragen können. Die allgemeine Behandlung gekoppelter Systeme ist mathematisch sehr aufwendig. Im folgenden wird ein einfacher, jedoch grundlegender Fall behandelt, der alle wesentlichen Merkmale gekoppelter Schwingungen erkennen läßt. Den Prototyp eines gekoppelten Systems bilden zwei identische Federpendel mit den Massen m und den Federkonstanten D, die über eine Kopplungsfeder mit der Federkonstanten D_0 miteinander verbunden sind.

Die Beschleunigung der Pendelmasse 1 beträgt:

$$a_1 = \frac{\mathrm{d}^2 x_1}{\mathrm{d}t^2} = \frac{F_1 + F_{1,0}}{m} = -\frac{D}{m}x_1 + \frac{D_0}{m}(x_2 - x_1)$$

Die Beschleunigung der Pendelmasse 2 beträgt:

$$a_2 = \frac{\mathrm{d}^2 x_2}{\mathrm{d}t^2} = \frac{F_2 + F_{1,0}}{m} = -\frac{D}{m}x_2 - \frac{D_0}{m}(x_2 - x_1)$$

Nach Umordnung folgt:

$$\boxed{\frac{\mathrm{d}^2 x_1}{\mathrm{d}t^2} + \frac{D + D_0}{m}x_1 = \frac{D_0}{m}x_2; \qquad \frac{\mathrm{d}^2 x_2}{\mathrm{d}t^2} + \frac{D + D_0}{m}x_2 = \frac{D_0}{m}x_1}$$

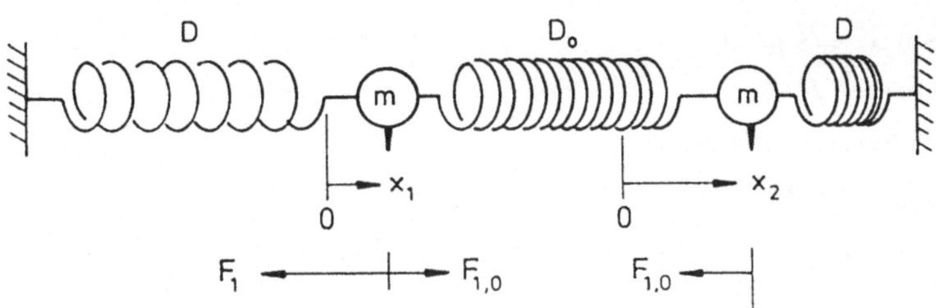

Abb. 1.13. Gekoppelte Federpendel

Die **allgemeine** Lösung dieses Systems zweier gekoppelter Differentialgleichungen läßt sich aus den Lösungen für die beiden folgenden speziellen Schwingungsarten zusammensetzen:

a.) **Gleichsinnige Schwingungen gleicher Amplitude**: Da hierbei der Abstand beider Massen konstant und gleich dem Ruheabstand bleibt, wird die Kopplungsfeder nicht beansprucht. Es ist also $F_{1,0} = 0$. Mit $x_1(t) = x_2(t)$ folgt dann:

$$\frac{\mathrm{d}^2 x_1}{\mathrm{d}t^2} + \frac{D}{m} x_1 = 0 \quad \text{oder:} \quad x_1(t) = x_2(t) = A \sin(\omega t + \alpha)$$

wobei $\omega = \sqrt{D/m}$ ist.

b.) **Gegensinnige Schwingungen gleicher Amplitude**: Hier ist $x_1(t) = -x_2(t)$. Damit folgt:

$$\frac{\mathrm{d}^2 x_1}{\mathrm{d}t^2} + \frac{D + 2D_0}{m} x_1 = 0 \quad \text{oder:} \quad x_1(t) = -x_2(t) = B \sin(\Omega t + \beta)$$

Dabei ist: $\Omega = \sqrt{(D + 2D_0)/m}$. Es ist also $\Omega > \omega$. Die **allgemeinen** Lösungen des Gleichungssystems sind dann, wie die Mathematik lehrt, die folgenden Kombinationen der obigen speziellen Lösungen:

$$\boxed{\begin{aligned} x_1(t) &= A \sin(\omega t + \alpha) + B \sin(\Omega t + \beta) \\ x_2(t) &= A \sin(\omega t + \alpha) - B \sin(\Omega t + \beta) \end{aligned}} \qquad (1.28)$$

Die vier Parameter A, B, α, β ergeben sich aus den vier vorgebbaren Anfangsbedingungen: $x_1(0), v_1(0), x_2(0), v_2(0)$.

Wird etwa zum Zeitpunkt $t = 0$ die Pendelmasse 1 aus der Auslenkung A_0 losgelassen und ist die Pendelmasse 2 in Ruhe, dann lauten die Anfangsbedingungen:

$$x_1(0) = A_0; \quad x_2(0) = 0; \quad v_1(0) = \left[\frac{\mathrm{d}x_1}{\mathrm{d}t}\right]_0 = v_2(0) = \left[\frac{\mathrm{d}x_2}{\mathrm{d}t}\right]_0 = 0$$

Einsetzen dieser Bedingungen in die allgemeinen Lösungen (1.28) bzw. in deren zeitliche Ableitungen ergibt:

$$A_0 = A \sin \alpha + B \sin \beta; \tag{1.29}$$
$$0 = A \sin \alpha - B \sin \beta; \tag{1.30}$$
$$0 = \omega A \cos \alpha + \Omega B \cos \beta; \tag{1.31}$$
$$0 = \omega A \cos \alpha - \Omega B \cos \beta \tag{1.32}$$

Die Additionen (1.29) + (1.30) und (1.31) + (1.32) liefern:

$$A_0 = 2A \sin \alpha \qquad \text{und} \qquad 0 = 2\omega A \cos \alpha$$

Daraus folgt: $\alpha = \pi/2$ und $A = A_0/2$. Die Subtraktionen (1.29) - (1.30) und (1.31) - (1.32) liefern:

$$A_0 = 2B \sin \beta \qquad \text{und} \qquad 0 = 2\Omega B \cos \beta$$

Daraus folgt: $\beta = \pi/2$ und $B = A_0/2$. Damit lauten die Lösungen (1.28):

$$x_1(t) = \frac{A_0}{2}(\cos \omega t + \cos \Omega t);$$
$$x_2(t) = \frac{A_0}{2}(\cos \omega t - \cos \Omega t)$$

Nach Umformung mit Hilfe der Additionsregeln für Winkelfunktionen erhält man:

$$\boxed{\begin{aligned} x_1(t) &= A_0 \cos\left(\frac{\omega - \Omega}{2} t\right) \cdot \cos\left(\frac{\omega + \Omega}{2} t\right) \\ x_2(t) &= -A_0 \sin\left(\frac{\omega - \Omega}{2} t\right) \cdot \sin\left(\frac{\omega + \Omega}{2} t\right) \end{aligned}}$$

Die Pendel schwingen also um $\pi/2$ in der Phase gegeneinander verschoben mit der (hohen) Kreisfrequenz $(\omega + \Omega)/2$, wobei die Schwingungsamplitude mit der (niedrigen) Kreisfrequenz $(\omega - \Omega)/2$ moduliert ist. Die Modulations-Schwingungen sind ebenfalls um $\pi/2$ gegeneinander phasenverschoben. Es erfolgt also ein periodischer **Austausch der Schwingungsenergie** zwischen beiden Pendeln. Die Schwingungen haben die Merkmale einer **Schwebung**, wie Bild 1.14 zeigt.

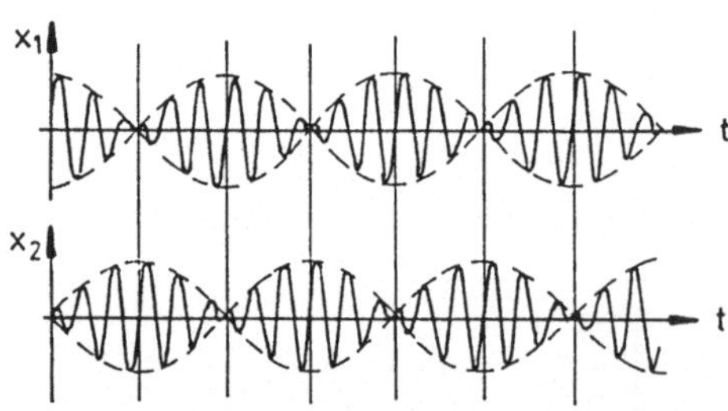

Abb. 1.14. Schwingungen zweier gekoppelter Pendel

Eine lineare Anordnung **vieler** gleicher Massen m, die durch gleiche elastische Kräfte, z.B. mittels Federn gleicher Federkonstante D, miteinander gekoppelt sind, nennt man eine **lineare Kette**. Ihr Aufbau ist in der nachstehenden Skizze angedeutet.

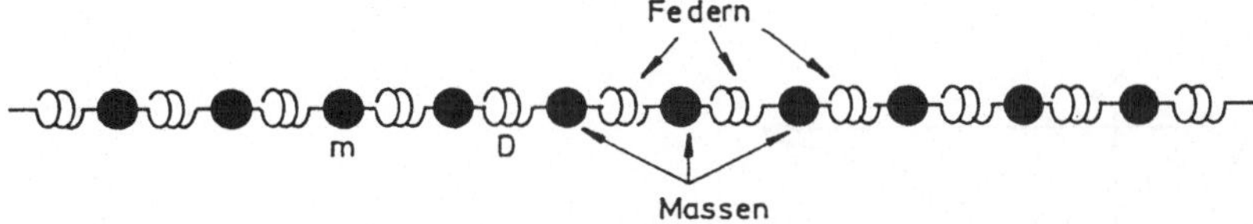

Jede Auslenkung einer Masse m aus ihrer Ruhelage pflanzt sich entlang der Kette aufgrund der Kopplung fort, wobei die Geschwindigkeit von m und D abhängt.
Man nennt allgemein die Ausbreitung einer Auslenkung oder Störung eine **Welle**. Ist die Auslenkung speziell eine harmonische Schwingung, dann heißt die Welle ebenfalls **harmonisch**.
Grundsätzlich unterscheidet man zwei Wellentypen:
Transversalwellen: Die Auslenkungen erfolgen **senkrecht** zur Ausbreitungsrichtung.
Longitudinalwellen: Die Auslenkungen erfolgen **in** Ausbreitungsrichtung.

1.9 Molekülschwingungen als Beispiel anharmonischer Schwingungen

Eine Masse vollführt dann harmonische Schwingungen um ihre Ruhelage x_0, wenn $F = -D(x-x_0)$ und damit $W_p(x) = (1/2)D(x-x_0)^2$ ist. Die potentielle Energie muss also **parabolisch** um x_0 variieren. Bei der Wechselwirkung der beiden Atome in einem zweiatomigen Molekül läßt sich W_p als Funktion des Atomabstandes x im allgemeinen gut durch den Ansatz:

$$\boxed{W_p(x) = \frac{A}{x^a} - \frac{B}{x^b}}$$

mit der Vereinbarung $W_p \to 0$ für $x \to \infty$ beschreiben. Dabei sind a und b ganzzahlig und $a > b$.

Näheres über Molekül-Potentiale lehrt die Molekül-Physik.
$W_p(x)$ durchläuft bei einem bestimmten Abstand x_0 ein **Minimum**. Für $x < x_0$ ist $\mathrm{d}W_p/\mathrm{d}x$ negativ und damit die Kraft $F = -\mathrm{d}W_p/\mathrm{d}x$ positiv, d.h. **abstoßend**.
Für $x > x_0$ ist $\mathrm{d}W_p/\mathrm{d}x$ positiv und damit die Kraft F negativ, d.h. **anziehend**.

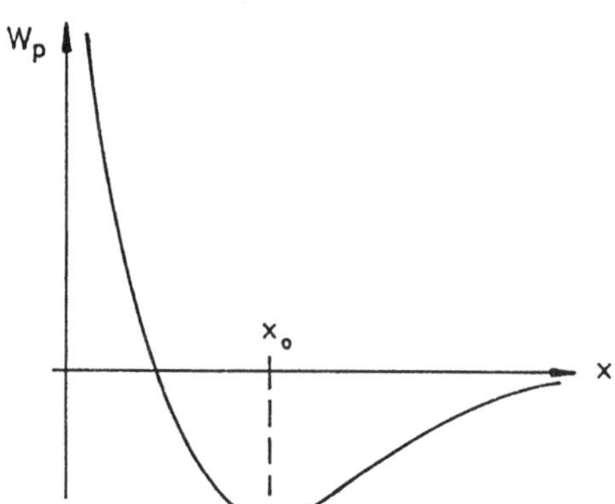

Abb. 1.15. Potentielle Energie beim zweiatomigen Molekül

Für $x = x_0$ ist $\mathrm{d}W_p/\mathrm{d}x = 0$ und damit $F = 0$, d.h. x_0 ist der stabile **Gleichgewichtsabstand** beider Atome.
Nimmt man eines der beiden Atome als bei $x = 0$ ruhend an – was gerechtfertigt ist, wenn beispielsweise dieses wesentlich schwerer als das andere ist – dann kann das andere Atom nach Auslenkung aus x_0 Schwingungen um x_0 ausführen, die jedoch nicht mehr harmonisch, also **anharmonisch** sind.
Die Entwicklung der Funktion $W_p(x)$ in der Umgebung von x_0 in eine **Taylor-Reihe** nach Potenzen der Auslenkung $(x - x_0)$ ergibt:

$$W_p(x) = W_p(x_0) + \left[\frac{\mathrm{d}W_p}{\mathrm{d}x}\right]_{x_0} (x - x_0) + \frac{1}{2}\left[\frac{\mathrm{d}^2 W_p}{\mathrm{d}x^2}\right]_{x_0} (x - x_0)^2 + \frac{1}{6}\left[\frac{\mathrm{d}^3 W_p}{\mathrm{d}x^3}\right]_{x_0} (x - x_0)^3 + \cdots$$

Betrachtet man nur Auslenkungen $(x - x_0)$, die so klein gegen x_0 sind, dass man in der obigen Reihe höhere als quadratische Glieder vernachlässigen kann, dann folgt unter Berücksichtigung von $[\mathrm{d}W_p/\mathrm{d}x]_{x_0} = 0$:

$$W_p(x) = W_p(x_0) + \frac{1}{2}\left[\frac{\mathrm{d}^2 W_p}{\mathrm{d}x^2}\right]_{x_0} (x - x_0)^2$$

Die Kraft ist dann:

$$F(x) = -\frac{\mathrm{d}W_p(x)}{\mathrm{d}x} = -\left[\frac{\mathrm{d}^2 W_p}{\mathrm{d}x^2}\right]_{x_0} (x - x_0)$$

$F(x)$ ist also auf x_0 hin gerichtet und der Auslenkung $(x - x_0)$ proportional. $[\mathrm{d}^2 W_p/\mathrm{d}x^2)]_{x_0} = D$ ist die "Federkonstante".
Im Rahmen dieser Näherung erfolgen die Schwingungen also **harmonisch** mit der Kreisfrequenz:

$$\omega_0 = \sqrt{\frac{D}{m}} = \sqrt{\frac{1}{m}\left[\frac{\mathrm{d}^2 W_p}{\mathrm{d}x^2}\right]_{x_0}}$$

2 Harmonische Wellen in stabförmigen elastischen Medien

2.1 Grundlagen

Eine lineare Kette ist hinsichtlich ihres Schwingungs- und Wellen-Verhaltens ein Modell für einen linear ausgedehnten oder stabförmigen elastischen Körper (Stab, gespannter Draht, Flüssigkeits-Säule, Gas-Säule, usw.).

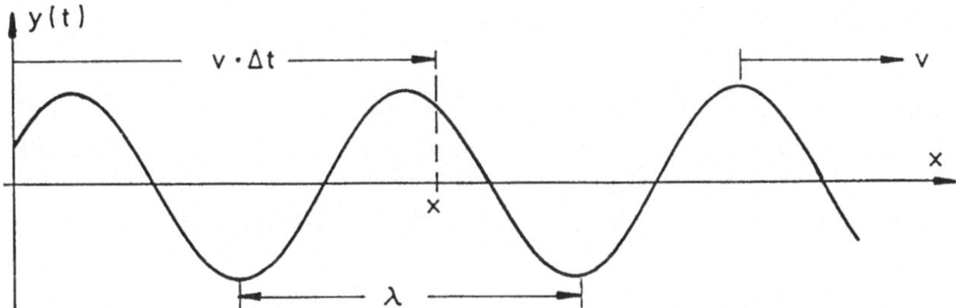

Betrachtet werde ein in positiver x-Richtung ausgespannter und unendlich lang gedachter Draht. Wird dessen Anfang ($x = 0$) beispielsweise transversal und sinusförmig ausgelenkt, d.h. es ist $y(x = 0; t) = A \sin \omega t$, dann wird sich diese Auslenkung als harmonische Welle längs des Drahtes in x-Richtung ausbreiten.

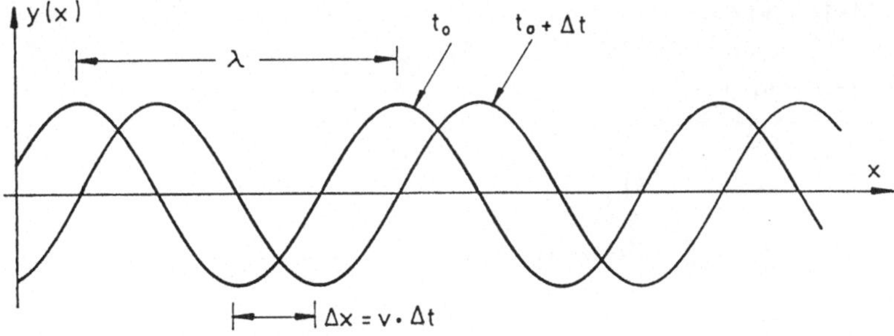

Zu einem **festen Zeitpunkt** t_0 ("Momentaufnahme") findet man eine **örtlich** harmonisch verteilte Auslenkung. Zu einem um Δt späteren Zeitpunkt $t_0 + \Delta t$ erscheint diese Verteilung um die Strecke $\Delta x = v \cdot \Delta t$ verschoben, wie es die nachstehende Skizze darstellt. Die Ausbreitungsgeschwindigkeit v heißt genauer **Phasengeschwindigkeit**.

An einem **festen** Ort x_0 auf dem Draht variiert die Ausbreitung **harmonisch**. An einem um Δx verschiedenen Ort $x_0 + \Delta x$ erscheint die Schwingung um $\Delta t = \Delta x/v$ zeitverschoben, wie es die folgende Abbildung verdeutlicht.

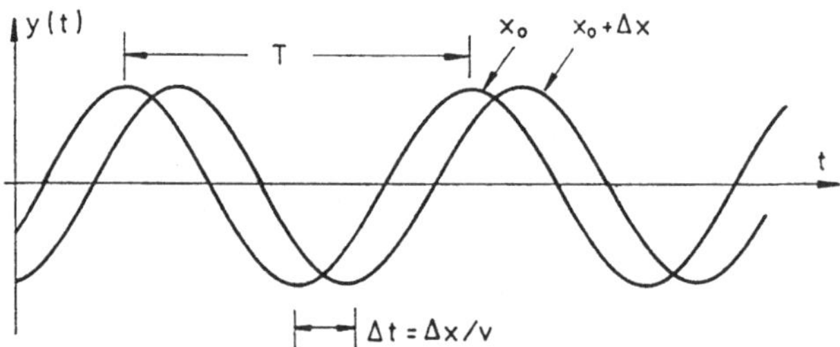

Die innerhalb einer Schwingungsdauer T zurückgelegte Strecke $\lambda = vT$ heißt **Wellenlänge**. Sie ist der in Ausbreitungsrichtung gemessene Abstand zweier aufeinander folgender Punkte gleichen Schwingungszustandes. Mit $T = 1/\nu$ folgt die für alle Arten harmonischer Wellen geltende Beziehung:

$$\boxed{\nu\lambda = v}$$

Die Auslenkung $y(x, t)$ an einem **beliebigen** Ort x zu einem **beliebigen** Zeitpunkt t ist zu einem um $\Delta t = x/v$ **früheren** Zeitpunkt $t_f = t - \Delta t = t - x/v$ vom Drahtanfang $x = 0$ gestartet. Damit ist:

$$y(x,t) = y(0, t_f) = y(0, t - x/v)$$

Für die Auslenkung bei $x = 0$ gilt voraussetzungsgemäß: $y(0, t_f) = A\sin(\omega t_f)$. Also ist:

$$\boxed{y(x,t) = A\sin\left[\omega\left(t - \frac{x}{v}\right)\right]}$$

oder mit $\omega = 2\pi\nu$ und $v = \nu\lambda$:

$$\boxed{y(x,t) = A\sin\left[\frac{2\pi}{\lambda}(vt - x)\right]}$$

Die Größe $k = 2\pi/\lambda$ heißt **Wellenzahl**. Mit $kv = 2\pi v/\lambda = 2\pi\nu = \omega$ ist dann auch:

$$\boxed{y(x,t) = A\sin(\omega t - kx)}$$

Die Phasengeschwindigkeit v hängt von den **elastischen Eigenschaften** und der **Dichte** ϱ des Mediums ab.
In **festen Körpern** ist:

$$v_t = \sqrt{\frac{G}{\varrho}}$$ für **Transversalwellen** und

$$v_\ell = \sqrt{\frac{E}{\varrho}}$$ für **Longitudinalwellen**

G ist der Schub- oder Torsionsmodul und E der Elastizitäts- oder Dehnungsmodul.
Wird der Stab oder Draht vom Querschnitt A durch eine Kraft F gespannt, wie etwa eine Gitarren-Saite, dann ändert sich v_t, und zwar ist:

$$v_t = \sqrt{\frac{F}{\varrho A}}$$

In **Flüssigkeiten** und **Gasen** können nur Longitudinalwellen auftreten. Hier ist:

$$v = \sqrt{\frac{K}{\varrho}}$$

K ist der Kompressionsmodul. **Beispiele** für v_ℓ unter Normalbedingungen:

Stoff	Stahl	Glas	Blei	Wasser	Luft
v_ℓ [m/s]	5200	5000	1200	1485	331

Die Bedeutung der Moduln G, E, K und der obigen Formeln wird in einem folgenden Abschnitt diskutiert.

2.2 Stehende harmonische Wellen

Im praktischen Fall hat jeder Stab oder Draht eine **endliche Länge** ℓ. Eine auf das Stab-Ende zulaufende Welle wird dort reflektiert. Die Überlagerung der hinlaufenden und der reflektierten Welle führt zu sogenannten **stehenden** Wellen auf dem Stab. Welcher Anteil der hinlaufenden Welle reflektiert wird und mit welchem Phasenunterschied α sich hinlaufende und reflektierte Welle überlagern, wird dadurch bestimmt, wieweit das Stab-Ende den Schwingungen folgen kann. Für die hinlaufende Welle sei:

$$y_h(x,t) = A \sin\left[\omega\left(t - \frac{x}{v}\right)\right]$$

Die reflektierte Welle $y_r(x,t)$ läuft in **negativer** x-Richtung und kann gegen y_h eine Phasenverschiebung α haben. Setzt man voraus, dass auf dem Stab und bei der Reflexion keine Verluste an Schwingungsenergie auftreten, so dass die Wellenamplituden überall gleich sind, dann folgt:

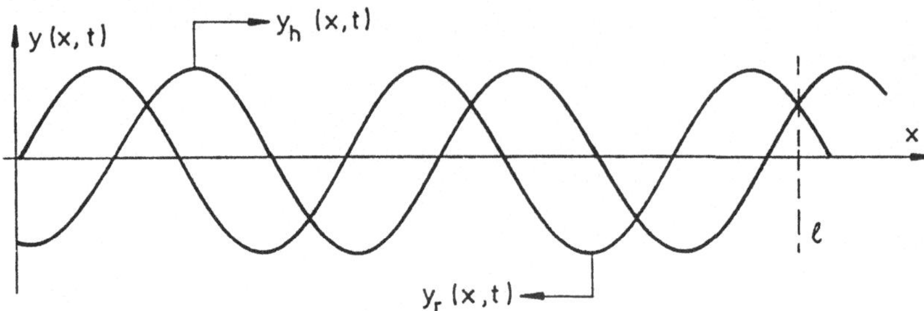

$$y_r(x,t) = A \sin \left[\omega \left(t + \frac{x}{v}\right) + \alpha\right]$$

Die resultierende Auslenkung aufgrund der Überlagerung von hin- und rücklaufender Welle ist dann:

$$y(x,t) = y_h(x,t) + y_r(x,t)$$

α ist die Phasenverschiebung zwischen y_r und y_h bei $x = 0$, also am Stab-Anfang.
Mit Hilfe des Additions-Theorems

$$\sin \alpha_1 + \sin \alpha_2 = 2 \cdot \cos \frac{\alpha_1 - \alpha_2}{2} \cdot \sin \frac{\alpha_1 + \alpha_2}{2}$$

für Winkelfunktionen erhält man:

$$y(x,t) = 2A \cos \left(\omega \frac{x}{v} + \frac{\alpha}{2}\right) \sin \left(\omega t + \frac{\alpha}{2}\right)$$

oder mit $\omega = 2\pi\nu$ und $v = \nu\lambda$:

$$\boxed{y(x,t) = 2A \cos \left(2\pi \frac{x}{\lambda} + \frac{\alpha}{2}\right) \sin \left(\omega t + \frac{\alpha}{2}\right)}$$

Eine solche Verteilung einer Wellengröße, hier speziell der Auslenkung y, heißt eine **stehende Welle**. Im Gegensatz zu einer fortschreitenden Welle findet hierbei kein Signaltransport mehr statt. Die für eine **fortschreitende** Welle typische Zeit-Ort-Kombination der Form $(\omega t - kx)$ als Argument der Winkelfunktion tritt hier nicht mehr auf. Die Auslenkung y vollführt lediglich an jedem Ort x des Stabes harmonische Schwingungen mit der Kreisfrequenz ω, wobei deren Amplitude **örtlich**, d.h. in x-Richtung, harmonisch mit der Wellenlänge λ variiert, wie es Bild 2.1 darstellt.

Die Schwingungsamplitude ist dort gleich Null, wo

$$\cos \left(2\pi \frac{x}{\lambda} \frac{\alpha}{2}\right) = 0 \qquad \text{oder} \qquad 2\pi \frac{x}{\lambda} + \frac{\alpha}{2} = \left(n + \frac{1}{2}\right) \pi$$

ist $(n = 0, 1, 2, 3, \ldots)$. Diese Orte

$$x = x_K = \frac{\lambda}{2} \left(n + \frac{1}{2} - \frac{\alpha}{2\pi}\right)$$

nennt man **Schwingungsknoten**.

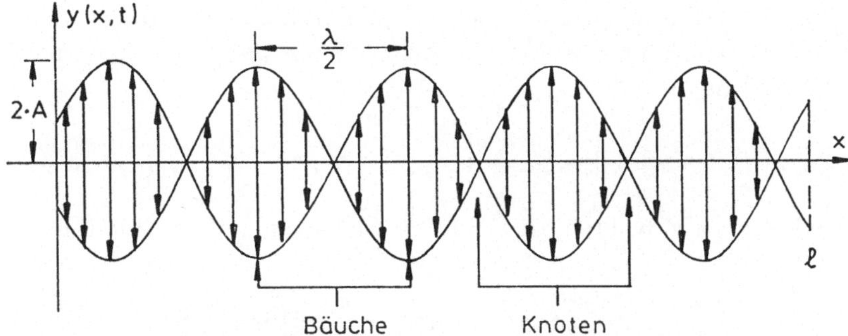

Abb. 2.1. Stehende Welle

Die Schwingungsamplitude ist dort maximal, und zwar gleich $2A$, wo

$$\cos\left(2\pi\frac{x}{\lambda}+\frac{\alpha}{2}\right)=\pm 1 \qquad \text{oder} \qquad 2\pi\frac{x}{\lambda}+\frac{\alpha}{2}=n\pi$$

ist. Diese Orte

$$x=x_B=\frac{\lambda}{2}\left(n-\frac{\alpha}{2\pi}\right)$$

nennt man **Schwingungsbäuche**.
Der Abstand zweier aufeinander folgender Knoten oder Bäuche ist also stets gleich $\lambda/2$.

Sonderfälle:

a.) Das Stab-Ende $x=\ell$ ist fest eingespannt, d.h. unbeweglich. Dann liegen dort oder allgemein bei

$$x_K=\ell-n\frac{\lambda}{2}$$

die Knoten von $y(x,t)$.

b.) Das Stab-Ende $x=\ell$ ist lose, d.h. frei beweglich. Dann liegen dort oder allgemein bei

$$x_B=\ell-n\frac{\lambda}{2}$$

die Bäuche von $y(x,t)$.

2.3 Eigenschwingungen stabförmiger Medien

Die am Stab-Ende reflektierte Welle y_r kann am Stab-Anfang abermals reflektiert werden. Schwingt diese Welle y_{rr} danach in Phase mit der ursprünglichen, hinlaufenden Welle y_h, dann werden durch die konstruktive

Überlagerung aller Teilwellen stehende Wellen mit besonders großer Amplitude angeregt. Diese ausgezeichneten Schwingungszustände nennt man **Eigenschwingungen** des Stabes. Damit sie auftreten, muss die Stab-Länge ℓ in einem bestimmten Verhältnis zur Wellenlänge λ stehen.

Sonderfälle:

a.) Stab-Ende **fest**, d.h. Knoten bei $x = \ell$, und Stab-Anfang **lose**, d.h. Bauch bei $x = 0$. Aus:

$$\cos\left(2\pi\frac{\ell}{\lambda} + \frac{\alpha}{2}\right) = 0 \qquad \text{folgt:} \qquad 2\pi\frac{\ell}{\lambda} + \frac{\alpha}{2} = \left(n + \frac{1}{2}\right)\pi$$

Aus:

$$\cos\left(0 + \frac{\alpha}{2}\right) = \pm 1 \qquad \text{folgt:} \qquad \frac{\alpha}{2} = m\pi$$

Damit ist:

$$2\frac{\ell}{\lambda} = n + \frac{1}{2} - m \qquad \text{oder:} \qquad \boxed{\ell = \frac{\lambda}{2}\left(k + \frac{1}{2}\right)}$$

n, m und $k = n - m$ sind (positive) ganze Zahlen mit $n \geq m$. Die drei ersten Schwingungszustände zeigt Bild 2.2.

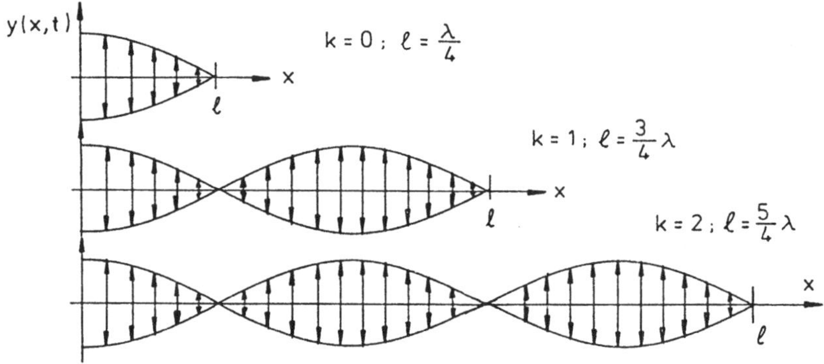

Abb. 2.2. Eigenschwingungen eines Stabes

b.) Stab-Ende **fest**, d.h. Knoten bei $x = \ell$, und Stab-Anfang **fest**, d.h. Knoten bei $x = 0$. Aus:

$$\cos\left(2\pi\frac{\ell}{\lambda} + \frac{\alpha}{2}\right) = 0 \quad \text{folgt:} \quad 2\pi\frac{\ell}{\lambda} + \frac{\alpha}{2} = \left(n + \frac{1}{2}\right)\pi$$

Aus:

$$\cos\left(0 + \frac{\alpha}{2}\right) = 0 \qquad \text{folgt:} \qquad \frac{\alpha}{2} = \left(m + \frac{1}{2}\right)\pi$$

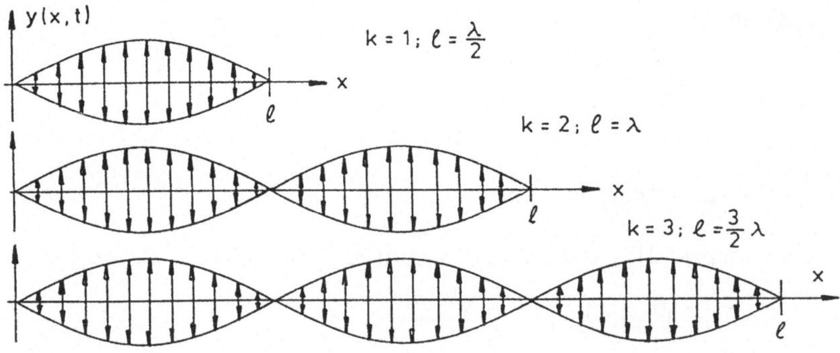

Abb. 2.3. Eigenschwingungen eines Stabes.

Damit ist:

$$2\frac{\ell}{\lambda} = n + \frac{1}{2} - m - \frac{1}{2} \qquad \text{oder:} \qquad \boxed{\ell = k\frac{\lambda}{2}}$$

Die drei ersten Schwingungszustände zeigt Bild 2.3.

Allgemein nennt man diejenige Eigenschwingung mit dem niedrigsten k-Wert die **Grundschwingung** und alle übrigen **Oberschwingungen**.

2.4 Energietransport durch harmonische Wellen

Wellen transportieren Schwingungsenergie. Betrachtet werde ein Volumenelement

$$\mathrm{d}V = q \cdot \mathrm{d}x = qv \cdot \mathrm{d}t$$

eines stabförmigen Mediums vom Querschnitt q, in welchem sich eine harmonische Welle mit der Phasengeschwindigkeit v ausbreitet. Ist ϱ die Dichte des Mediums, dann ist $dm = \varrho \cdot \mathrm{d}V$ die Masse von $\mathrm{d}V$.

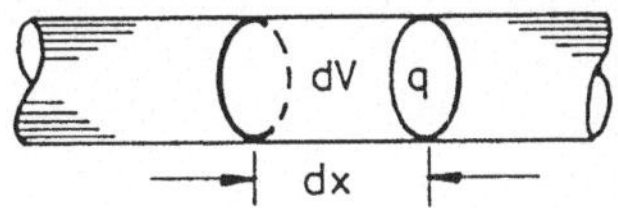

Das Massenelement dm nimmt an der Wellenbewegung

$$y(x,t) = A \sin\left[\omega\left(t - \frac{x}{v}\right)\right]$$

mit der Geschwindigkeit

$$\frac{\mathrm{d}y}{\mathrm{d}t} = \omega A \cos\left[\omega\left(t - \frac{x}{v}\right)\right]$$

teil. Somit beträgt dessen kinetische Energie:

$$\mathrm{d}W_k = \frac{1}{2} \cdot \mathrm{d}m \cdot (\mathrm{d}y/\mathrm{d}t)^2$$

oder

$$\mathrm{d}W_k = \frac{1}{2} \cdot \mathrm{d}m \cdot \omega^2 A^2 \cos^2 \left[\omega \left(t - \frac{x}{v}\right)\right]$$

Die potentielle Energie $\mathrm{d}W_p = (1/2)Dy^2$ ergibt sich mit $D = \omega^2 \cdot \mathrm{d}m$ zu:

$$\mathrm{d}W_p = \frac{1}{2} \cdot \mathrm{d}m \cdot \omega^2 A^2 \sin^2 \left[\omega \left(t - \frac{x}{v}\right)\right]$$

Beide Energieformen sind also von t und x abhängig. Ihre örtliche Verteilung bewegt sich mit v in x-Richtung.
Die Gesamtenergie $\mathrm{d}W = \mathrm{d}W_k + \mathrm{d}W_p$ dagegen ist **unabhängig** von t und x. Mit $\sin^2 \alpha + \cos^2 \alpha = 1$ folgt:

$$\mathrm{d}W = \frac{1}{2}\omega^2 A^2 \cdot \mathrm{d}m = \frac{1}{2}\omega^2 A^2 \varrho \cdot \mathrm{d}V$$

Der Quotient $w = \mathrm{d}W/\mathrm{d}V$ heißt **Energiedichte**. Sie beträgt:

$$\boxed{w = \frac{1}{2}\omega^2 A^2 \varrho}$$

Im Zeitintervall $\mathrm{d}t$ schiebt sich durch den Querschnitt q die in $\mathrm{d}V = qv \cdot \mathrm{d}t$ enthaltene Energie $\mathrm{d}W$. Der Quotient $\mathrm{d}W/\mathrm{d}t$ heißt **Energiestrom**. Er beträgt:

$$\frac{\mathrm{d}W}{\mathrm{d}t} = \frac{1}{2}\omega^2 A^2 \varrho q v = wqv$$

Die Größe $I = \mathrm{d}W/q \cdot \mathrm{d}t$ heißt **Energiestromdichte** oder **Intensität**. Sie beträgt:

$$\boxed{I = \frac{1}{2}\omega^2 A^2 \varrho v = wv}$$

3 Mechanik fester Körper

3.1 Verformung und mechanische Spannung

Der **starre** Körper ist eine für viele Betrachtungen zur Kinematik und Dynamik von Körpern nützliche und häufig gerechtfertigte Hypothese. Im realen Fall ist jedoch jeder Körper durch Kräfte **verformbar**. Geht die Verformung zurück, sobald die Kräfte zu wirken aufhören, dann nennt man den Körper bzw. dessen Verformung **elastisch**.
Bleibt eine Verformung erhalten, auch wenn die Kräfte zu wirken aufgehört haben, dann nennt man den Körper bzw. dessen Verformung **plastisch**.
Elastische Körper behalten diese ihre Eigenschaft stets nur bis zu einer bestimmten maximalen Verformung. Oberhalb dieser sogenannten **Elastizitätsgrenze** wird jeder Körper plastisch.
Die elastischen Eigenschaften der festen Körper erklären sich aus deren **Kristallaufbau**. Die Atome oder Moleküle sind dabei regelmäßig in einem für das jeweilige Material typischen räumlichen **Kristallgitter** angeordnet und befinden sich dort in stabilen Gleichgewichtslagen. Verformungen des Körpers bedeuten Verformungen des Kristallgitters. Solange dabei die Gitterstruktur nicht verändert oder gestört wird, machen die auf die Atome oder Moleküle wirkenden rücktreibenden Kräfte diese Verformungen wieder rückgängig, wenn die verformenden Kräfte verschwinden, d.h. der Körper ist elastisch.
Wirkt auf eine Fläche oder ein Flächenelement A eines Körpers die gleichmäßig über A verteilte Kraft $\boldsymbol{F}$, dann nennt man allgemein den Quotienten F/A die **mechanische Spannung** bezüglich A.

Die Komponente $\boldsymbol{F}_n$ von $\boldsymbol{F}$ senkrecht zu A heißt **Normalkraft** oder speziell **Zugkraft**, wenn $\boldsymbol{F}_n$ vom Körper wegweist bzw. **Druckkraft**, wenn $\boldsymbol{F}_n$ in den Körper hineinweist. Die Komponente $\boldsymbol{F}_t$ von $\boldsymbol{F}$ parallel zu A heißt **Tangentialkraft** oder **Schubkraft**. Entsprechend bezeichnet man

$$\sigma = \frac{F_n}{A} \qquad \text{bzw.} \qquad \sigma = -\frac{F_n}{A}$$

als Normal- oder **Zug**- bzw. **Druck**-Spannung und

$$\tau = \frac{F_t}{A}$$

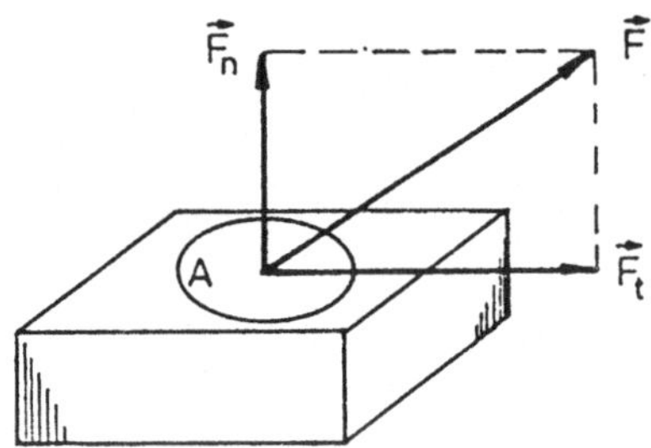

Abb. 3.1. Zur Definition der (mechanischen) Spannung

als **Tangential**- oder **Schub**-Spannung.
Insbesondere im Zusammenhang mit Flüssigkeiten und Gasen nennt man σ auch kurz den **Druck** und bezeichnet ihn dann im allgemeinen mit dem Buchstaben p.
$F/A, \sigma, \tau$ und p sind **skalare** Größen.
Die **Maßeinheit** für mechanische Spannungen und Drucke ist das

PASCAL [Pa].

Es ist wie folgt festgelegt: 1 Pa ist gleich dem auf eine Fläche gleichmäßig wirkenden Druck, bei dem senkrecht auf die Fläche 1 m^2 die Kraft 1 N ausgeübt wird. Also ist: 1 Pa = 1 N/m^2.
Weiter noch gebräuchliche Maßeinheiten sind:

a.) Die **physikalische Atmosphäre** (atm):

$$1 \text{ atm} = 1.013 \cdot 10^5 \text{ Pa}$$

b.) Die **technische Atmosphäre** (at):

$$1 \text{ at} = 1 \text{ kp/cm}^2 = 9.81 \cdot 10^4 \text{ Pa}$$

c.) Das **Bar** (Meteorologie):

$$1 \text{ bar} = 10^5 \text{ Pa}$$

d.) Das **Torr** (Vakuumtechnik):

$$1 \text{ Torr} = 133.3 \text{ Pa}$$

3.2 Grundtypen der elastischen Verformung

Die mechanischen Verformungen von Körpern lassen sich allgemein auf drei Grundtypen zurückführen, und zwar auf die Dehnung oder Stauchung, die Scherung und die Kompression. Diese drei Grundverformungen werden nachfolgend an einfachen Fällen erläutert.

a.) **Dehnung oder Stauchung**:
Wirkt auf den Querschnitt A eines an einem Ende fest eingespannten, stabförmigen Körpers der Länge ℓ, z.B. eines Drahtes, die Normalspannung $\sigma = F_n/A$, dann ändert sich ℓ und $\Delta\ell$.

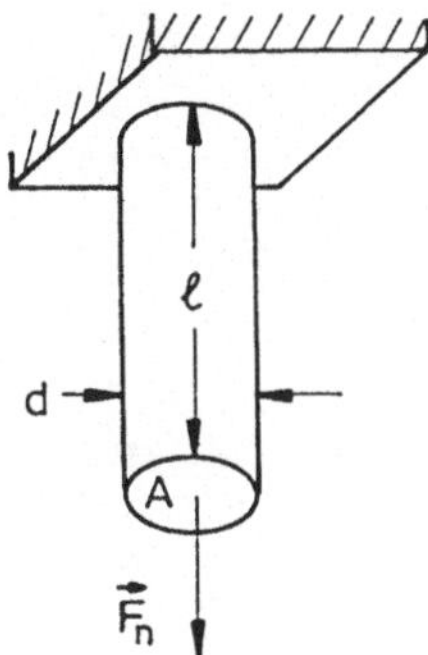

Abb. 3.2. Dehnung eines Stabes

Ist σ eine Zugspannung, dann wird der Körper gedehnt. Es ist: $\Delta\ell > 0$. Ist σ eine Druckspannung, dann wird der Körper gestaucht. Es ist: $\Delta\ell < 0$. Innerhalb des Elastizitätsbereichs ist die relative Längenänderung $\Delta\ell/\ell$ proportional zu σ. Es gilt das sogenannte **Hookesche Gesetz**:

$$\boxed{\frac{\Delta\ell}{\ell} = \frac{1}{E}\sigma}$$

E ist eine Materialkonstante und heißt **Elastizitätsmodul**.
Mit einer Längenänderung ist eine Änderung des Querschnitts bzw. der Querdimension des Stabes, z.B. seines Durchmessers d, verbunden: Bei Dehnung wird d kleiner (**Querkontraktion**), bei Stauchung größer (**Querdehnung**). Dabei ist die relative Änderung $\Delta d/d$ der Querdimension proportional zu $\Delta\ell/\ell$:

$$\boxed{\frac{\Delta d}{d} = -\mu\frac{\Delta\ell}{\ell}}$$

Der Zusammenhang heißt **Poissonsches Gesetz**, μ **Poissonsche Zahl**.

b.) **Scherung**:
Wirkt auf die obere Fläche A eines auf der Unterlage festgehaltenen Quaders der Höhe h die Tangentialspannung $\tau = F_t/A$, dann wird der Quader "geschert", d.h. es tritt eine Parallelverschiebung Δs von A gegen die Grundfläche auf. Die ursprünglich senkrecht zu F_t stehenden Seitenflächen neigen sich dabei um den **Scherungswinkel** γ.
Innerhalb des Elastizitätsbereichs ist $\Delta s/h$ proportional zu τ. Setzt man genügend kleine Scherungen voraus, so dass $\Delta s/h = \gamma$ gesetzt werden kann, dann ist:

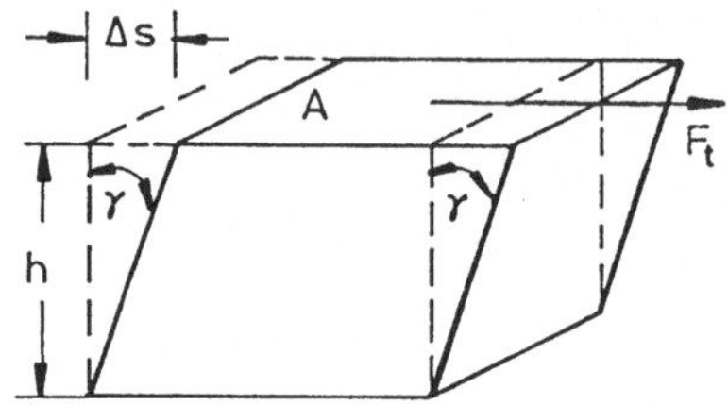

Abb. 3.3. Scherung eines Quaders

$$\boxed{\gamma = \frac{1}{G}\tau}$$

G ist eine Materialkonstante und heißt **Scherungs-, Schub-** oder **Torsionsmodul**.
G, E und μ hängen über die Beziehung

$$\boxed{G = \frac{E}{2(1+\mu)}} \tag{3.1}$$

miteinander zusammen.
c.) **Kompression**:

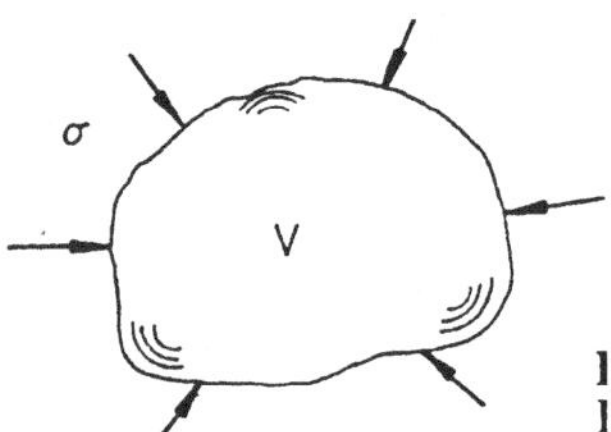

Abb. 3.4. Kompression eines Körpers

Elastische Verformungen können mit **Volumenänderungen** verbunden sein. Wirkt auf die Oberfläche eines beliebig geformten Körpers eine dort überall gleiche Normalspannung σ, dann ändert sich unter Einhaltung der Form des Körpers dessen Volumen V um ΔV. Ist σ eine Zugspannung, dann wird der Körper aufgebläht. Es ist: $\Delta V > 0$. Ist σ eine Druckspannung, dann wird der Körper komprimiert. Es ist: $\Delta V < 0$.
Innerhalb des Elastizitätsbereichs ist die relative Volumenänderung $\Delta V/V$ proportional zu σ. Es gilt:

$$\boxed{\frac{\Delta V}{V} = \frac{1}{K}\sigma} \tag{3.2}$$

K ist eine Materialkonstante und heißt **Kompressionsmodul.** $\kappa = 1/K$ nennt man die **Kompressibilität** des Materials. K und E sind über μ durch die Beziehung

$$\boxed{K = \frac{E}{3(1-2\mu)}} \tag{3.3}$$

miteinander verbunden. Hieraus geht ferner hervor, dass μ **nicht größer** als 0.5 sein kann. Andernfalls würde K **negativ** werden, was bedeuten würde, dass eine Zugspannung eine Kompression und eine Druckspannung eine Aufblähung des Körpers zur Folge hätte.
μ kann aber auch **nicht negativ** werden, da dann nach Aussage des POISSONschen Gesetzes eine Dehnung zu einer Querdehnung und eine Stauchung zu einer Querkontraktion führen müsste. Damit folgt:

$$\boxed{0 \leq \mu \leq 0.5} \tag{3.4}$$

Dem Grenzwert $\mu = 0.5$ entspräche gemäß (3.3) ein Material mit $K = \infty$ oder $\kappa = 1/K = 0$. Für einen Körper aus einem solchen Material ist dann gemäß (3.2), unabhängig von der Größe von σ, stets $\Delta V = 0$. Er ist **inkompressibel**. Aus (3.1) folgt für die Grenzwerte $\mu = 0$ und $\mu = 0.5$ als Torsionsmodul: $G = E/2$ und $G = E/3$. Somit gilt:

$$\boxed{\frac{E}{3} \leq G \leq \frac{E}{2}}$$

Es ist also stets $G < E$. Zahlenwerte für die elastischen Konstanten E, G und K einiger Materialien in der im technischen Bereich gebräuchlichen Maßeinheit 10^3 kp/mm^2 und für die POISSONsche Zahl μ sind in der nachstehenden Tabelle zusammengestellt.

Material	E	G	K	μ
Aluminium	7.2	2.7	7.5	0.34
V2A-Stahl	19.5	8	17	0.28
Gold	8.1	2.8	18	0.42
Kupfer	12	4	14	0.35
Blei	1.7	0.6	0.4	0.44
Quarzglas	7.6	3.3	3.8	0.17
Eis (-4°C)	0.99	0.37	1	0.33

3.3 Abgeleitete elastische Verformungen

Die Zurückführung komplizierterer mechanischer Verformungen auf die oben behandelten Grundverformungen wird im folgenden an zwei einfachen Fällen diskutiert.

a.) **Biegung**:
Wirkt auf das freie Ende eines einseitig fest eingespannten Balkens des rechteckigen Querschnitts ab und der Länge ℓ eine Kraft F senkrecht zur anfänglichen Balkenrichtung (x-Achse), dann erfolgt eine Biegung des Balkens mit einer Verschiebung seines freien Endes um die Strecke s. Diese Verformung kann auf die Dehnungselastizität zurückgeführt werden:

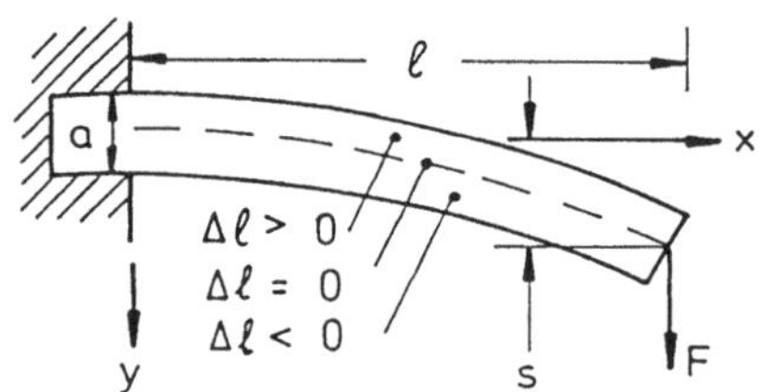

Abb. 3.5. Biegung eines Stabes

Diejenigen Bereiche des Balkens, die der Richtung, aus der die Kraft wirkt, zugewandt sind, werden gedehnt ($\Delta\ell > 0$), die ihr abgewandten gestaucht ($\Delta\ell < 0$). Dazwischen liegt eine Trennschicht, die ihre Länge nicht ändert ($\Delta\ell = 0$). Man nennt sie die **neutrale Faser**.
Die Funktion $y = f(x)$, der diese neutrale Faser folgt, ist eine Parabel 3. Ordnung. Die Berechnung ergibt:

$$y = \frac{2}{a^3bE}F(3\ell x^2 - x^3)$$

Daraus folgt mit $x = \ell$ für die Auslenkung $y(\ell) = s$ des freien Endes:

$$\boxed{s = \frac{4\ell^3}{a^3bE}F}$$

Die Balkenausdehnung a **in Kraftrichtung** ist also von weit größerem Einfluss auf s als die Balkenbreite b senkrecht dazu.

b.) **Torsion**:
Wirkt auf die freie Endfläche eines einseitig fest eingespannten zylindrischen Körpers, z.B. eines Drahtes mit der Länge ℓ und dem Radius r, ein Drehmoment M in Achsrichtung, dann wird der Zylinder **tordiert** oder **verdrillt**, d.h. es tritt eine Drehung der freien Endfläche gegen die feste Grundfläche um einen Drillwinkel φ auf. Diese Verformung kann auf die Scherung zurückgeführt werden: Achsenparallele Mantellinien neigen sich um den Scherungswinkel γ. Für den Drillwinkel φ ergibt sich die Berechnung:

$$\boxed{\varphi = \frac{2\ell}{\pi r^4 G}M}$$

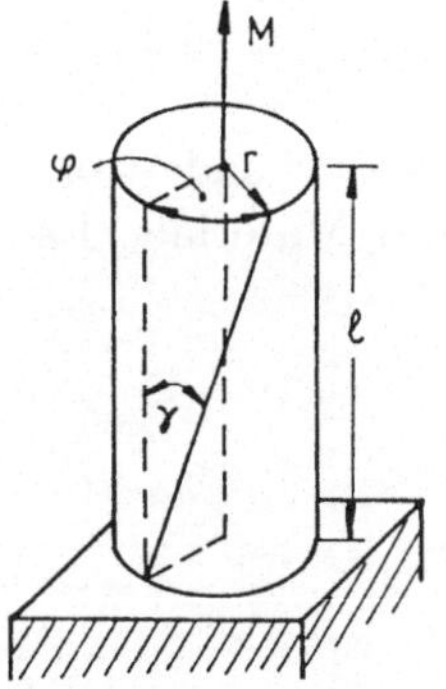

Abb. 3.6. Torsion eines Stabes

Umgekehrt erzeugt ein tordierter Stab oder Draht ein zum Drillwinkel φ proportionales **rücktreibendes** Drehmoment der Größe:

$$M_r = -\frac{\pi r^4 G}{2\ell}\varphi$$

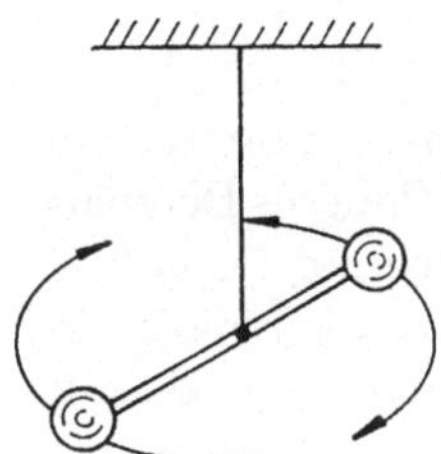

Abb. 3.7. Torsionspendel

Er verhält sich also analog einer Schneckenfeder mit der Winkelrichtgröße $D^* = \pi r^4 G/2\ell$. Hängt man an einen Torsionsdraht einen Körper mit dem Trägheitsmoment I bezüglich der Drahtrichtung als Drehachse, dann vollführt dieser nach Verdrehung aus seiner Ruhelage **harmonische** Drehschwingungen:

$$\varphi(t) = \varphi_0 \sin(\omega t + \alpha)$$

mit der Schwingungsdauer

$$\boxed{T = 2\pi\sqrt{\frac{I}{D^*}} = 2\pi\sqrt{\frac{2\ell I}{\pi r^4 G}}}$$

Durch Messungen von T können Schubmodule G von Materialien ermittelt werden.
Die Torsion von Stäben spielt eine wichtige technische Rolle bei der Übertragung von Drehmomenten durch Maschinenwellen oder Achsen.

3.4 Überschreitung des Elastizitätsbereichs

Die Auftragung der Längenänderung $\Delta\ell/\ell$ gegen die sie verursachende Normalspannung σ nennt man das **Dehnungs-Diagramm** des Materials. Es gibt zwei Bereiche:

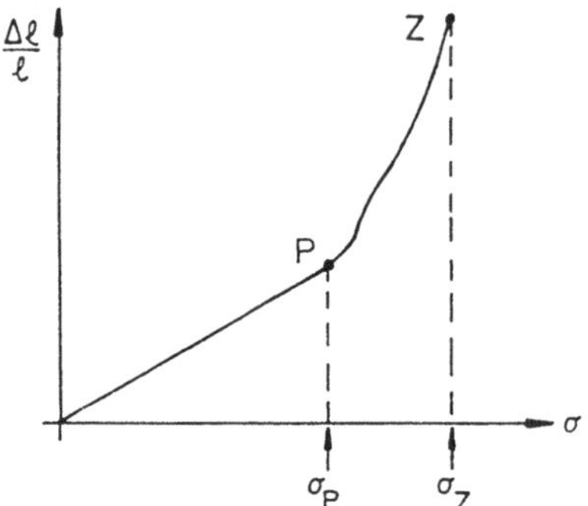

Abb. 3.8. Dehnungs-Diagramm

a.) **Elastizitäts- oder Proportional-Bereich**: Hier ist $\Delta\ell/\ell$ proportional zu σ. Es gilt das HOOKEsche Gesetz. Die zum Endpunkt P dieses Bereichs gehörende Spannung σ_P heißt die **Proportionalitätsgrenze**.

b.) **Fließzone**: Oberhalb von P wächst $\Delta\ell/\ell$ stärker als proportional zu σ an. Das Material behält auch nach Verschwinden der Spannung ($\sigma = 0$) eine Verformung. Es ist unelastisch geworden. Bei Erreichen des Punktes Z zerreißt das Material. Die zugehörige Spannung σ_Z heißt **Zerreißfestigkeit**, die zugehörige Dehnung $(\Delta\ell/\ell)_Z$ **Bruchdehnung**. Materialien mit langer Fließzone nennt man zäh, solche mit kurzer spröde.

4 Mechanik ruhender Flüssigkeiten und Gase

4.1 Druck in Flüssigkeiten und Gasen

Im Gegensatz zu den festen Körpern können Flüssigkeiten und Gase fließen oder strömen. Ihre Atome oder Moleküle sind gegeneinander verschiebbar. Das hat die wichtige Konsequenz, dass in **ruhenden** Flüssigkeiten und Gasen keine Schubspannungen, sondern nur Normalspannungen auftreten können.

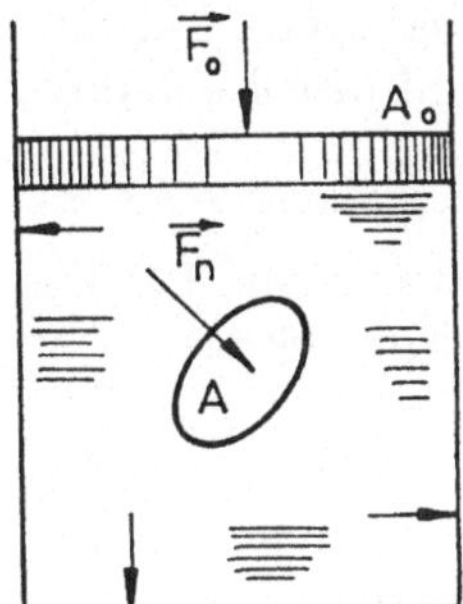

Abb. 4.1. Zur Definition des Druckes

Jede Schubspannung würde zu Strömungen und damit zu einer Störung des Gleichgewichts führen. Somit wirken auf begrenzende Flächen oder wie auch immer orientierte Flächenelemente A im Innern stets nur Normalkräfte $\boldsymbol{F}_n$, die in Richtung auf A weisen, also Druckkräfte sind, und den Druck $p = F_n/A$ erzeugen. Dieser Druck besteht grundsätzlich aus zwei Anteilen, und zwar aus dem **Außendruck** p_A und dem **Schweredruck** p_S.
p_A entsteht durch die Wirkung äußerer Kräfte $\boldsymbol{F}_0$ auf Oberflächen-Bereiche A_0. p_S ist eine Folge des **Gewichts** der Flüssigkeiten oder des Gases. Der Gesamtdruck:

$$\boxed{p = p_A + p_S}$$

in ruhenden Flüssigkeiten oder Gasen wird auch **hydro-** oder **aerostatischer** Druck genannt.

4.2 Kompressibilität

Für Flüssigkeiten und Gase bezieht man bei der Festlegung ihrer Kompressibilität κ die relativen Volumenänderungen $\Delta V/V$ auf die sie verursachenden Druck-**Änderungen** Δp. Damit ist im Grenzfall infinitesimal kleiner Änderungen $\mathrm{d}V$ und $\mathrm{d}p$:

$$\boxed{\kappa = -\frac{1}{V} \cdot \frac{\mathrm{d}V}{\mathrm{d}p}}$$

Das Minuszeichen berücksichtigt, dass hier stets nur Drucke, also **negative** Normalspannungen vorkommen und dass demzufolge Druckerhöhungen zu Volumenverkleinerungen führen und umgekehrt.

Flüssigkeiten und Gase unterscheiden sich um mehrere Größenordnungen in ihrer Kompressibilität. Sie beträgt beispielsweise

$$\kappa_L = 10^{-5}\ \mathrm{Pa}^{-1} \qquad \text{für Luft}$$
$$\kappa_{\mathrm{H_2O}} = 5 \cdot 10^{-10}\ \mathrm{Pa}^{-1} \qquad \text{für Wasser}$$

Diese abgerundeten Werte beziehen sich auf Normalbedingungen, d.h. auf eine Temperatur von ca. 20°C und einen dem normalen Luftdruck entsprechenden Wert von ca. 10^5 Pa.

Aus den Zahlenwerten folgt, dass zu einer Volumenverkleinerung von $\mathrm{d}V/V = 1\%$ eine Druckerhöhung $\mathrm{d}p$ von $2 \cdot 10^7$ Pa für Wasser und von nur 10^3 Pa für Luft erforderlich ist. Im Vergleich zu den Gasen sind Flüssigkeiten also **praktisch inkompressibel**.

Verformungen von Körpern werden im allgemeinen von Temperaturänderungen begleitet. Ferner ist ihre Verformbarkeit von ihrer Temperatur abhängig. In besonders hohem Maße gilt das für die Volumenverformung von Gasen. Demzufolge erfordert die Angabe der Kompressibilität für Gase zusätzliche Angaben über die herrschenden Temperaturbedingungen.

Man unterscheidet in diesem Zusammenhang zwei **Grenzfälle**:

a.) **Isotherme Volumenänderung**: Bei diesem Prozess wird die Temperatur T des Gases konstant gehalten, und zwar durch Abführung entstehender oder Zuführung fehlender Wärmemengen. Unter dieser Voraussetzung zeigen viele Gase unter normalen Bedingungen einen sehr einfachen Zusammenhang zwischen dem Druck p und dem Volumen V, und zwar ist näherungsweise V umgekehrt proportional zu p oder

$$\boxed{pV = \text{const}}$$

Diese Beziehung heißt **Boyle-Mariottesches Gesetz**. Diejenigen Gase, die ihm exakt folgen, nennt man **ideale Gase**. Seine Gültigkeit kann auf der Grundlage der **kinetischen Gastheorie** bewiesen werden, die die Eigenschaften der Gase aus dem statistischen Verhalten ihrer Atome

oder Moleküle ableitet. Näheres hierzu wird im Rahmen der statistischen Mechanik erläutert.
Zusätzlich zur Temperaturkonstanz muss erfüllt sein, dass die Gas-Masse konstant bleibt und dass während des Prozesses keine chemischen Umsetzungen erfolgen.
Durch Einführung der Dichte $\varrho = m/V$ erhält man $pm/\varrho = \text{const}$, oder wegen $m = \text{const}'$:

$$\boxed{p = \text{const}'' \cdot \varrho}$$

Mit

$$\frac{\mathrm{d}V}{\mathrm{d}p} = \frac{\mathrm{d}}{\mathrm{d}p}\left(\frac{\text{const}}{p}\right) = -\frac{\text{const}}{p^2}$$

folgt somit für die **isotherme Kompressibilität**

$$\kappa_i = -\frac{1}{V}\frac{\mathrm{d}V}{\mathrm{d}p} = -\frac{1}{V}\left(-\frac{\text{const}}{p^2}\right) = \frac{p}{\text{const}}\frac{\text{const}}{p^2}$$

oder:

$$\boxed{\kappa_i = \frac{1}{p}}$$

und für den **isothermen Kompressionsmodul** $K_i = 1/\kappa_i$:

$$\boxed{K_i = p}$$

b.) **Adiabatische Volumenänderungen**: Bei diesem Prozess wird das betrachtete Gasvolumen durch eine ideale Wärmeisolierung von der Umgebung getrennt, so dass keinerlei Temperatur- oder Wärmemengenausgleich mit der Umgebung möglich ist. Die Temperatur des Gases kann sich dann während des Prozesses ändern.
In diesem Fall und wiederum unter den zusätzlichen Voraussetzungen, dass die Masse m konstant bleibt und keine chemischen Reaktionen ablaufen, folgende ideale Gase dem **Poissonschen Gesetz**:

$$\boxed{pV^\gamma = \text{const}}$$

Hierbei ist γ eine von der Gas-Art abhängige Zahl größer als 1 ($\gamma > 1$), deren tiefere Bedeutung im Rahmen der Thermodynamik erläutert wird. (Beispiel: $\gamma = 1.6$ für He). Mit

$$\frac{\mathrm{d}p}{\mathrm{d}V} = \frac{\mathrm{d}}{\mathrm{d}V}\left(\frac{\text{const}}{V^\gamma}\right) = -\gamma\frac{\text{const}}{V^{\gamma+1}} = -\frac{\gamma}{V}\frac{\text{const}}{V^\gamma} = -\frac{\gamma p}{V}$$

folgt für die **adiabatische Kompressibilität**:

$$\kappa_a = -\frac{1}{V}\frac{\mathrm{d}V}{\mathrm{d}p} = -\frac{1}{V}\left(-\frac{V}{\gamma p}\right)$$

oder:

$$\boxed{\kappa_a = \frac{1}{\gamma p}}$$

und für den **adiabatischen Kompressionsmodul**:

$$\boxed{K_a = \gamma p}$$

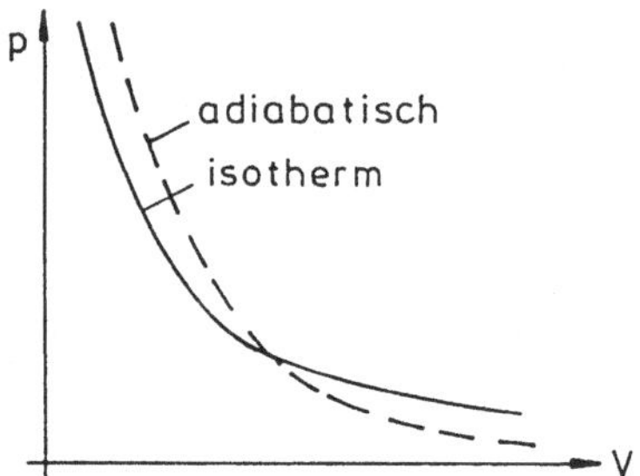

Abb. 4.2. $p - V$-Diagramm

Die Auftragung des Druckes p gegen das Volumen V nennt man das **p-V-Diagramm** eines Gases. Sowohl bei isothermen, als auch bei adiabatischen Zustandsänderungen werden **Hyperbeln** durchlaufen, wobei jedoch die **"Adiabate"** steiler abfällt als die **"Isotherme"**.

4.3 Schweredruck

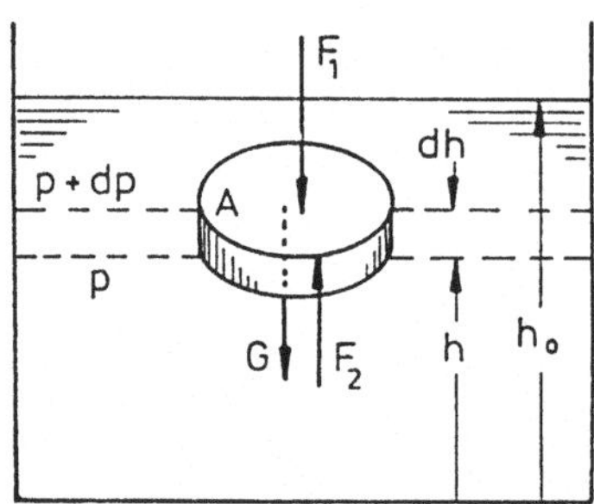

Abb. 4.3. Zum Schweredruck

Es seien p und p+dp die Drucke in zwei benachbarten und horizontalen Niveaus mit den Höhen h und h+dh über einem Grundniveau ($h = 0$). Auf ein aus dieser Sicht herausgegriffenes, scheibenförmiges Volumenelement dV = $A\cdot$ dh wirken dann in vertikaler Richtung die Kräfte

$$F_1 = (p + \mathrm{d}p) \cdot A, \quad F_2 = pA$$

und das Gewicht

$$G = mg = g\varrho \cdot \mathrm{d}V = g\varrho A \cdot \mathrm{d}h$$

Dabei ist ϱ die Dichte in der Höhe h.
In ruhenden Flüssigkeiten oder Gasen muss Kräftegleichgewicht herrschen. Es muss also gelten:

$$-F_1 - G + F_2 = 0$$

oder

$$-(p + \mathrm{d}p)A - g\varrho A \cdot \mathrm{d}h + pA = 0$$

Daraus folgt: $-\mathrm{d}p - g\varrho \cdot \mathrm{d}h = 0$ oder:

$$\boxed{\frac{\mathrm{d}p}{\mathrm{d}h} = -g\varrho}$$

Der Druck fällt also mit zunehmender Höhe. Sein Gefälle ist gleich dem **spezifischen Gewicht** $g\varrho$ in der Höhe h.
Der Druck selbst als Funktion der Höhe folgt daraus durch Integration:

$$p(h) = -g \int_0^h \varrho(x) \cdot \mathrm{d}x + p(0) \tag{4.1}$$

Die Integrationskonstante $p(0)$ ist der Druck bei $h = 0$, also z.B. am Gefäßboden.
Zur Ausführung der Integration ist die Kenntnis über $\varrho(x)$ notwendig.

a.) **Flüssigkeiten**: Setzt man **Inkompressibilität** voraus, dann ist ϱ von h unabhängig. Damit folgt aus (4.1):

$$p(h) = -g\varrho \int_0^h \mathrm{d}x + p(0) = -g\varrho h + p(0)$$

Auf der Oberfläche der Flüssigkeit lastet der Außendruck p_A. Ist h_0 deren Abstand vom Boden ($h = 0$), dann muss gelten:

$$p(h_0) = p_A = -g\varrho h_0 + p(0)$$

Daraus ergibt sich für den Druck $p(0)$ am Boden:

$$p(0) = p_A + g\varrho h_0$$

Damit folgt für den Gesamtdruck p als Funktion der Höhe h:

$$\boxed{p(h) = p_A + g\varrho(h_0 - h)}$$

Der Schweredruck

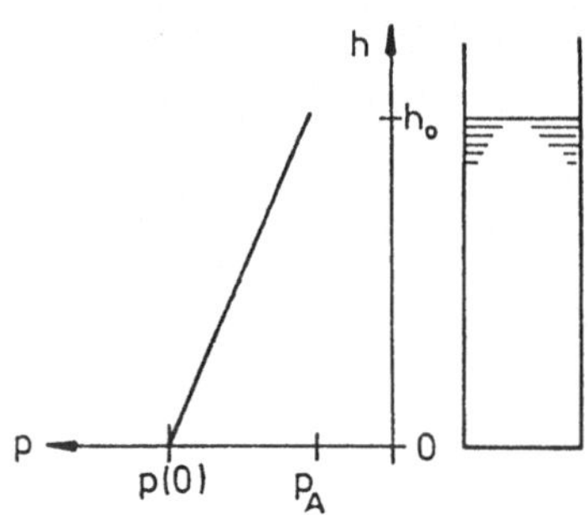

Abb. 4.4. Schweredruck in einer Flüssigkeit

$$\boxed{p_S = g\varrho(h_0 - h)}$$

wächst also proportional mit der **Eintauchtiefe** $h_0 - h$.

Beispiel: Wasser hat die Dichte $\varrho = 1\ \mathrm{g\ cm^{-3}}$. Damit folgt für den Druckanstieg mit der Tiefe:

$$\frac{p_S}{h_0 - h} = g\varrho = 9.81 \cdot 1\ \frac{\mathrm{m}}{\mathrm{s}^2}\frac{\mathrm{g}}{\mathrm{cm}^3} = 9.81 \cdot 10^3\ \frac{\mathrm{kg\ m}}{\mathrm{s}^2}\frac{1}{\mathrm{m}^3}$$

$$= 9.81 \cdot 10^3\ \frac{\mathrm{N}}{\mathrm{m}^3} = 9.81 \cdot 10^3\ \frac{\mathrm{Pa}}{\mathrm{m}} = 0.1\ \frac{\mathrm{at}}{\mathrm{m}}$$

Der Druck steigt also linear um 1 at pro 10 m Eintauchtiefe.

b.) **Gase**: Gase sind kompressibel. Die unteren Gasschichten werden durch das Gewicht der darüber liegenden komprimiert. Damit sinkt die Dichte $\varrho(h)$ mit wachsendem h.

Setzt man ein **ideales** Gas und **konstante** Temperatur überall innerhalb des betrachteten Volumens voraus, dann folgt aus dem Boyle-Mariotteschen Gesetz:

$$\frac{\varrho(h)}{p(h)} = \frac{\varrho_0}{p_0} = \text{const} \qquad \text{oder:} \qquad \varrho(h) = \frac{\varrho_0}{p_0}p(h)$$

Dabei sind ϱ_0 und p_0 zusammengehörige Werte von Dichte und Druck für die betrachtete Gasart. Damit ergibt sich aus (4.1):

$$p(h) = -g\int_0^h \varrho(x) \cdot \mathrm{d}x + p(0) = -\frac{g\varrho_0}{p_0}\int_0^h p(x) \cdot \mathrm{d}x + p(0)$$

Die Lösung $p(h)$ dieser Integralgleichung muss also eine Funktion sein, die sich nach einer Integration bis auf konstante Faktoren reproduziert. Eine solche Eigenschaft hat nur eine **Exponentialfunktion**. Die Lösung lautet, wie eine Probe bestätigt:

$$\boxed{p(h) = p(0)e^{-\frac{g\varrho_0}{p_0}h}} \qquad (4.2)$$

In gleicher Weise variiert die Dichte $\varrho(h)$. Ist $\varrho(0)$ die Dichte am Boden, d.h. bei $h = 0$, dann folgt aus (4.2) mit $p(h) = \varrho(h)p(0)/\varrho(0)$:

$$\boxed{\varrho(h) = \varrho(0)e^{-\frac{g\varrho_0}{p_0}h}} \tag{4.3}$$

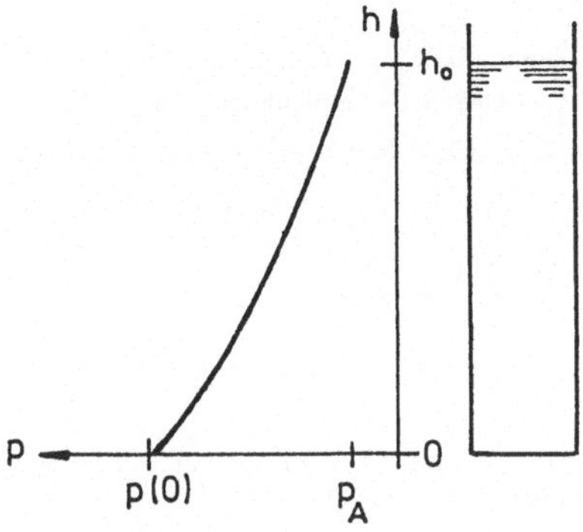

Abb. 4.5. Schweredruck in einem Gas

$p(h)$ und $\varrho(h)$ fallen also **exponentiell** mit der Höhe h ab. Ist h_0 die Höhe der Gas-Säule A, dann ergibt sich der dort herrschende Druck $p(h_0)$ aus (4.2) zu:

$$p(h_0) = p(0)e^{-\frac{g\varrho_0}{p_0}h_0}$$

Soll die Gas-Säule auf die Höhe h_0 begrenzt bleiben, dann muss $p(h_0)$ durch einen gleich großen Außendruck p_A auf einen dicht schließenden, beweglichen "Deckel" kompensiert werden. Mit $p(h_0) = p_A$ folgt dann für den Bodendruck:

$$p(0) = p_A e^{\frac{g\varrho_0}{p_0}h_0}$$

Einsetzen in (4.2) liefert dann:

$$\boxed{p(h) = p_A e^{\frac{g\varrho_0}{p_0}(h_0 - h)}} \tag{4.4}$$

Im Gegensatz zu einer Flüssigkeit wächst hier also $p(h)$ **exponentiell** mit der Eintauchtiefe $h_0 - h$.

Änderungen des Außendrucks p_A bedingen Volumenänderungen und damit – bei festem Querschnitt A und beweglichem Deckel – Änderungen von h_0. Wenn p_A steigt, sinkt h_0 und umgekehrt.

Ist $p_S(0)$ der **Schweredruck** am Boden ($h = 0$), dann folgt mit:

$$p(0) = p_S(0) + p_A = p_A e^{\frac{g\varrho_0}{p_0}h_0}$$

als Beziehung zwischen p_A und h_0:

$$\boxed{p_A = \frac{p_S(0)}{e^{\frac{g\varrho_0}{p_0}h_0} - 1}} \tag{4.5}$$

Ist G das Gewicht des eingeschlossenen Gasvolumens, dann ist $p_S(0) = G/A$ und damit, da A konstant sein soll, ebenfalls konstant bei allen stattfindenden Änderungen von p_A bzw. h_0. Der Schweredruck in der Höhe h ist $p_S(h) = p(h) - p_A$.
Einsetzen von (4.4) ergibt:

$$p_S(h) = p_A \left[e^{\frac{g\varrho_0}{p_0}(h_0 - h)} - 1 \right]$$

Unter Berücksichtigung von (4.5) folgt daraus:

$$\boxed{p_S(h) = p_S(0) \frac{e^{\frac{g\varrho_0}{p_0}(h_0 - h)} - 1}{e^{\frac{g\varrho_0}{p_0}h_0} - 1}} \tag{4.6}$$

Beispiel: Luft hat bei einem Druck von $p_0 = 10^5$ Pa eine Dichte von $\varrho_0 = 1.3 \text{ kg m}^{-3}$. Damit ist:

$$\frac{g\varrho_0}{p_0} = \frac{9.81 \cdot 1.3}{10^5} \text{ m}^{-1} = 12.75 \cdot 10^{-5} \text{ m}^{-1}$$

und gemäß (4.2):

$$\boxed{p(h) = p(0)e^{-12.75 \cdot 10^{-5} h}} \tag{4.7}$$

wobei h in Metern anzugeben ist. Für die Höhe $h_{1/2}$, in welcher der Luftdruck nur noch die Hälfte des Bodendrucks $p(0)$ beträgt, folgt aus (4.7):

$$p(h_{1/2}) = p(0)/2 = p(0)e^{-12.75 \cdot 10^{-5} h_{1/2}}$$

oder:

$$h_{1/2} = \frac{\ln 2}{12.75} \cdot 10^5 \text{ m} = 5.44 \cdot 10^5 \text{ m} = 5.44 \text{ km}$$

Da (4.7) auch die Abnahme des Luftdrucks in der Erdatmosphäre mit wachsender Höhe über dem Erdboden beschreibt, wenn man diese als **ruhend** und **isotherm** annimmt, bezeichnet man (4.7) oder allgemein auch (4.2) als **barometrische Höhenformel**. Eine solchermaßen idealisierte Atmosphäre, die nur unter der Einwirkung der Schwerkraft steht, hätte gemäß (4.5) wegen $p_A = 0$ die Höhe $h_0 = \infty$. Realere Betrachtungen zur Druckverteilung in der Erdatmosphäre folgen im Abschnitt 4.4.

In Luftvolumina mit vertikalen Ausdehnungen in der Größenordnung von Metern kann man demnach im allgemeinen die durch den Schweredruck bedingten vertikalen Druckunterschiede gegen den Außendruck vernachlässigen, so dass hier überall $p = p_A$ angenommen werden kann. Entsprechendes gilt auch für andere Gas-Arten.
Muss man in diesen Fällen dennoch bei genauen Untersuchungen den Schweredruck berücksichtigen, dann genügt es, die auftretenden Exponentialfunktionen wegen der gegen 1 vernachlässigbar kleinen Exponenten anzunähern durch:

$$e^a = 1 + a \qquad (a \ll 1)$$

Die Beziehungen (4.2) bis (4.6) gehen dann unter Berücksichtigung von: $\varrho_0/p_0 = \varrho(0)/p(0) = \varrho(h)/p(h)$ über in:

$$p(h) = p(0) - g\varrho(0)h \tag{4.2}$$

$$\varrho(h) = \varrho(0)\left(1 - \frac{g\varrho(0)}{p(0)}h\right) \tag{4.3}$$

$$p(h) = p_A + g\varrho(h_0)(h_0 - h) \tag{4.4}$$

$$p_S(0) = g\varrho(h_0)h_0 \tag{4.5}$$

$$p_S(h) = g\varrho(h_0)(h_0 - h) \tag{4.6}$$

Unter der Annahme **konstanter** Dichte $\varrho = \varrho(0) = \varrho(h_0)$ sind die Zusammenhänge identisch mit denen für Flüssigkeiten.

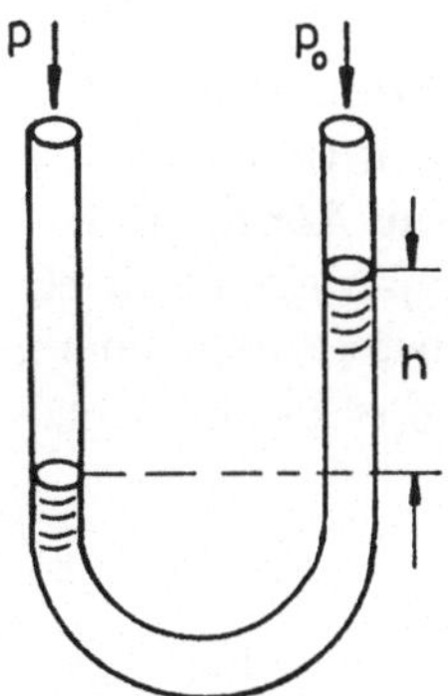

Abb. 4.6. U-Rohr-Manometer

Der Schweredruck in Flüssigkeiten findet eine einfache und wichtige Anwendung bei der Druckmessung mittels des sogenannten **U-Rohr-Manometers**. Es besteht im Prinzip aus einem U-förmig gebogenen Glasrohr, das eine Flüssigkeit, in vielen Fällen Quecksilber, enthält. Wirken auf die beiden Flüssigkeitsoberflächen in den Schenkeln des U-Rohrs die Drucke p und p_0 und ist h der resultierende Höhenunterschied der beiden Oberflächen, dann folgt:

$$p = p_0 + g\varrho h$$

oder

$$p - p_0 = g\varrho h$$

Dabei ist ϱ die Dichte der verwendeten Flüssigkeit. h ist also proportional zur **Druckdifferenz** $p - p_0$. Sind ϱ und einer der beiden Drucke, z.B. p_0, bekannt, dann kann p über h gemessen werden.
Im praktischen Fall ist entweder p_0 gleich dem äußeren Luftdruck (**Offenes Manometer**) oder $p_0 = 0$ (**Geschlossenes Manometer**), wobei der Raum über dem entsprechenden Flüssigkeitsspiegel evakuiert ist.
Diese Zusammenhänge dienen zur Festlegung der Druckeinheit **Torr**. Es ist 1 Torr derjenige Druck, der in einem geschlossenen Manometer mit Hg-Füllung einen Höhenunterschied von $h = 1\ \text{mm} = 10^{-3}$ m hervorrufen würde. Mit $p = g\varrho h, g = 9.81\ \text{m/s}^2, \varrho = 13.59 \cdot 10^3\ \text{kg/m}^3$ für Hg und $h = 10^{-3}$ m folgt:

$$1\ \text{Torr} = 133.3\ \frac{\text{kg m}}{\text{s}^2}\frac{1}{\text{m}^2} = 133.3\ \frac{\text{N}}{\text{m}^2} = 133.3\ \text{Pa}$$

4.4 Ergänzung: Druck und Dichte in der Erdatmosphäre

Die barometrische Höhenformel (4.2):

$$\boxed{p(h) = p(0)e^{-\alpha h}} \tag{4.8}$$

mit $\alpha = g\varrho_0/p_0$ beschreibt eine **isotherme Atmosphäre**, d.h. eine solche, bei der die Temperatur unabhängig von der Höhe h über dem Boden ist.
Im Gegensatz dazu wird bei einer sogenannten **isentropen Atmosphäre** vorausgesetzt, dass die Vorgänge adiabatisch, d.h. ohne Temperaturausgleich mit der Umgebung, und reversibel, d.h. ohne Energieverluste durch innere Reibung ablaufen. Dann gilt für die Zustandsänderungen das POISSONsche Gesetz:

$$pV^\gamma = \text{const}$$

Ersetzt man das Volumen durch $V = m/\varrho$ und betrachtet ein Volumenelement mit konstanter Masse, dann folgt:

$$\frac{p}{\varrho^\gamma} = \text{const} = \frac{p_0}{\varrho_0^\gamma} \tag{4.9}$$

Daraus ergibt sich für die Dichte:

$$\varrho = \varrho_0 \left[\frac{p}{p_0}\right]^{1/\gamma}$$

Durch Einsetzen in die allgemeine Differentialgleichung:

$$\frac{\mathrm{d}p}{\mathrm{d}h} = -g\varrho$$

für das Druckgefälle in Flüssigkeiten oder Gasen erhält man:

$$\mathrm{d}p = -g\frac{\varrho_0}{p_0^{1/\gamma}} p^{1/\gamma} \cdot \mathrm{d}h$$

oder:

$$\frac{dp}{p^{1/\gamma}} = -g\frac{\varrho_0}{p_0^{1/\gamma}} \cdot \mathrm{d}h$$

Die Integration von 0 bis h liefert:

$$\int\limits_{p(0)}^{p(h)} \frac{\mathrm{d}p}{p^{1/\gamma}} = \frac{\gamma}{\gamma-1} p^{\frac{\gamma-1}{\gamma}} \Bigg|_{p(0)}^{p(h)} = -g\frac{\varrho_0}{p^{1/\gamma}} \int\limits_0^h \mathrm{d}h = -g\frac{\varrho_0}{p_0^{1/\gamma}} h \Bigg|_0^h$$

oder:

$$\frac{\gamma}{\gamma-1}\left[p(h)^{\frac{\gamma-1}{\gamma}} - p(0)^{\frac{\gamma-1}{\gamma}}\right] = -g\frac{\varrho_0}{p_0^{1/\gamma}} h$$

Wählt man als Bezugsgrößen p_0 und ϱ_0 diejenigen am Boden, also $p_0 = p(0)$ und $\varrho_0 = (0)$, dann folgt:

$$\begin{aligned} p(h)^{\frac{\gamma-1}{\gamma}} - p(0)^{\frac{\gamma-1}{\gamma}} &= -\frac{\gamma-1}{\gamma} g \frac{\varrho(0)}{p(0)^{1/\gamma}} h \\ &= -\frac{\gamma-1}{\gamma} \frac{g\varrho(0)}{p(0)} p(0)^{\frac{\gamma-1}{\gamma}} h \end{aligned}$$

oder:

$$\boxed{p(h) = p(0)\left[1 - \frac{\gamma-1}{\gamma}\alpha h\right]^{\frac{\gamma}{\gamma-1}}} \tag{4.10}$$

Für den Verlauf der Dichte ergibt sich aus (4.9):

$$\varrho(h) = \varrho(0)\left[1 - \frac{\gamma-1}{\gamma}\alpha h\right]^{\frac{1}{\gamma-1}}$$

Die Zahl γ, auch **Isentropenexponent** genannt, beträgt für Luft: $\gamma = 1.4$. Wie zu erwarten ist, liegen die Verhältnisse in der realen Atmosphäre zwischen denen, die durch (4.8) und (4.10) dargestellt werden. Eine für viele praktische Betrachtungen ausreichend gute Beschreibung liefert die sogenannte **polytrope Atmosphäre**, der eine Zustandsgleichung der Form:

$$\frac{p}{\varrho^n} = \text{const} = \frac{p_0}{\varrho_0^n}$$

zugrunde liegt. Der Exponent n heißt **Polytropenexponent**. Wie bei der isentropen Atmosphäre führt die Berechnung auf den Druckverlauf:

$$\boxed{p(h) = p(0)\left[1 - \frac{n-1}{n}\alpha h\right]^{\frac{n}{n-1}}} \tag{4.11}$$

Mit $n \to 1$, also mit $n/(n-1) \to \infty$, geht (4.11) wegen:

$$\lim_{a\to\infty}\left[1 - \frac{x}{a}\right]^a = e^{-x}$$

in (4.8) über. (4.8) und (4.10) sind also Spezialfälle von (4.11).

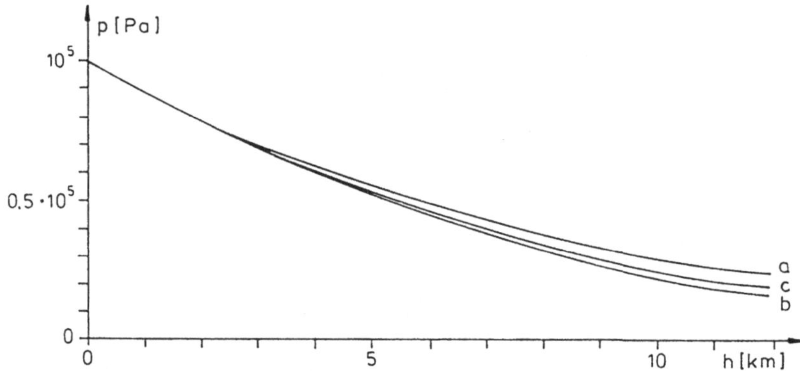

Abb. 4.7. Druckverlauf in der a.) isothermen, b.) isentropen und c.) Standard-Atmosphäre

Die Anpassung der polytropen Atmosphäre (4.11) an die Verhältnisse in der realen Atmosphäre heißt **Standard-Atmosphäre**. Ihre Parameter sind:

$$n = 1.235; \quad p(0) = 1.01325 \cdot 10^5 \text{ Pa};$$
$$\varrho(0) = 1.225 \text{ kg m}^{-3}; \quad g = 9.8067 \text{ m s}^{-2}$$

Die Standard-Atmosphäre gilt bis zu einer Höhe von rund 11 km.
Die Druckverläufe (4.8), (4.10) und (4.11) sind in Bild 4.7 aufgetragen.

4.5 Auftrieb und messtechnische Anwendung

Eine wichtige Folge des vertikalen Gefälles des Schweredrucks ist der sogenannte **Auftrieb**.

Ist das im Zusammenhang mit dem Schweredruck bereits betrachtete Volumenelement $\mathrm{d}V = A{\cdot}\mathrm{d}h$ ein homogener Körper mit der Dichte ϱ', die sich von der Dichte ϱ des ihn umgebenden Mediums (Flüssigkeit oder Gas) unterscheidet, dann herrscht in vertikaler Richtung **kein** Kräftegleichgewicht mehr. Die resultierende Kraft beträgt:

$$F = -F_1 - G' + F_2$$

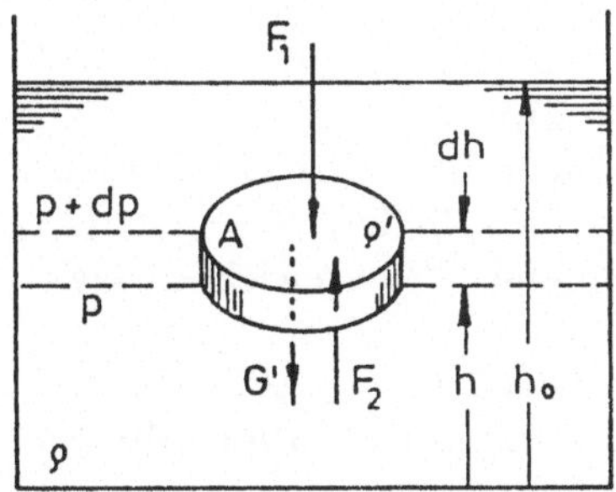

Abb. 4.8. Zum Auftrieb

Dabei ist $G' = g\varrho'{\cdot}\mathrm{d}V$ das **Gewicht** des Körpers. Damit folgt:

$$F = -(p + \mathrm{d}p)A - g\varrho' \cdot \mathrm{d}V + pA = -A \cdot \mathrm{d}p - g\varrho' \cdot \mathrm{d}V$$

Wegen $\mathrm{d}p = -g\varrho{\cdot}\mathrm{d}h$ ist weiterhin:

$$F = Ag\varrho \cdot \mathrm{d}h - g\varrho' \cdot \mathrm{d}V = g\varrho \cdot \mathrm{d}V - g\varrho' \cdot \mathrm{d}V$$

oder:

$$\boxed{F = (\varrho - \varrho')g \cdot \mathrm{d}V}$$

In horizontaler Richtung herrscht wie bisher Kräftegleichgewicht. Die Summe der an der Mantelfläche angreifenden Kräfte ist Null, da der Druck in horizontalen Ebenen konstant ist.

Ist $\varrho < \varrho'$, dann ist F negativ. Der Körper **sinkt ab**. Ist $\varrho > \varrho'$, dann ist F positiv. Der Körper **steigt auf**. Die Kraft:

$$\boxed{F_A = g\varrho \cdot \mathrm{d}V}$$

heißt der **Auftrieb** des Körpers. Damit ist:

$$F = F_A - G'$$

F_A weist stets nach oben, d.h. dem Gewicht G' entgegengesetzt. Der Körper erfährt also einen scheinbaren "Gewichtsverlust" F_A. Die Beziehung $F_A = g\varrho V$ läßt sich durch allgemeinere Betrachtungen auch für **beliebig geformte** Körper mit dem Volumen V bestätigen. Der Auftrieb hat also folgende Eigenschaften. Er ist

a.) gleich dem Gewicht $G = g\varrho V$ des **verdrängten** Flüssigkeits- oder Gas-Volumens und daher
b.) proportional zur Dichte ϱ der ihn **umgebenden** Flüssigkeit oder des Gases,
c.) proportional zum Volumen V des eingetauchten Körpers und somit
d.) **unabhängig** vom Gewicht G' des Körpers,
e.) **unabhängig** vom Material, aus dem der Körper besteht, d.h. von ϱ', und
f.) **unabhängig** von der Gestalt des Körpers.

Die Aussage a.) heißt **Archimedisches Prinzip**.
Die Kraft $F = F_A - G'$ beschleunigt den Körper in vertikaler Richtung, wenn $F_A \neq G'$ ist, und zwar **abwärts** für $F_A < G'$ und **aufwärts** für $F_A > G'$. Die Beschleunigung wirkt solange, bis der Körper eine Gleichgewichtslage erreicht hat.
Innerhalb einer **Flüssigkeit** sind ϱ und damit für einen vorgegebenen eingetauchten Körper auch F_A und F **konstant**. Damit gibt es **innerhalb** des Flüssigkeitsvolumens **keinen** Gleichgewichtszustand. Der Körper sinkt entweder bis auf den Boden des Gefäßes ($F_A < G'$) oder aber er steigt bis zur Oberfläche auf ($F_A > G'$) und **schwimmt**.
Beim **Schwimmen** taucht nur ein Teilvolumen V_t des Gesamtvolumens V des Körpers in die Flüssigkeit ein und erzeugt den Auftrieb $F_{\mathrm{At}} = g\varrho V_t$. Die Größe von V_t ergibt sich aus der Gleichgewichtsbedingung $F = F_{\mathrm{At}} - G' = 0$ zu:

$$V_t = \frac{G'}{g\varrho}$$

Ist der schwimmende Körper homogen, d.h. ist $G' = g\varrho' V$, dann folgt:

$$\boxed{\frac{V_t}{V} = \frac{\varrho'}{\varrho}}$$

Man nennt V_t das **Tauchvolumen** und V_t/V den **Tauchfaktor**.

Die Gleichgewichtsbedingung beim Schwimmen verlangt auch ein Gleichgewicht hinsichtlich der wirkenden **Drehmomente**. G' greift am Schwerpunkt S des Körpers, F_{At} dagegen am Schwerpunkt S_t der von V_t verdrängten Flüssigkeitsmenge an. Liegen S und S_t nicht lotrecht übereinander, dann tritt ein Drehmoment auf. Der Körper dreht sich solange, bis G' und F_{At} die gleiche – und zwar lotrechte – Wirkungslinie haben.
Die Schwimmlage ist gegen Kippungen **stabil**, wenn die dann auftretenden Drehmomente **rücktreibend** sind. Das ist stets gewährleistet, wenn S lotrecht **unter** S_t liegt.

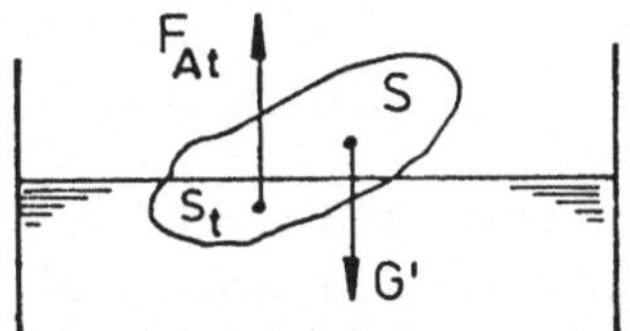

Abb. 4.9. Schwimm-Gleichgewicht

In **Gasen** kann im Gegensatz zu den Flüssigkeiten infolge des Dichtegefälles mit wachsender Höhe Gleichgewicht zwischen Auftrieb und Gewicht auch schon innerhalb des betrachteten Volumens auftreten. Mit $\varrho(h)$ ist auch $F_A(h) = g\varrho(h)V$ von der Höhe h abhängig. Gemäß Gleichung (4.3) ist:

$$F_A(h) = gV\varrho(0)e^{-\frac{g\varrho_0}{p_0}h}$$

Aus $F_A(h) = G'$ ergibt sich daraus die Gleichgewichtshöhe h_G, das ist die Höhe, in welcher der Körper **schwebt**, zu:

$$h_G = -\frac{p_0}{g\varrho_0}\ln\frac{G'}{g\varrho(0)V}$$

oder

$$\boxed{h_G = \frac{p_0}{g\varrho_0}\ln\frac{F_A(0)}{G'}}$$

Dabei ist $F_A(0) = g\varrho(0)V$ der Auftrieb am Boden, d.h. für $h = 0$.
Für $F_A(0) < G'$ ergeben sich negative Werte für h_G, was bedeutet, dass der Körper bis zum Boden sinkt. Ist h_G größer als die Höhe h_0 des Gasvolumens, dann steigt der Körper bis zur "Decke".
Beispiel: Mit Hilfe der im Zusammenhang mit Gleichung (4.7) angeführten Zahlenwerte folgt als Gleichgewichtshöhe in einer isothermen Luft-Atmosphäre für einen starren Ballon mit $G' = 1$ kp und $V = 2$ m^3:

$$h_G = \left(\frac{10^5}{12.75}\ln 2.6\right)\ \mathrm{m} = 7.5\ \mathrm{km}$$

Der Auftrieb findet eine Vielzahl messtechnischer Anwendungen. Über die Bestimmung des Auftriebs insbesondere in Flüssigkeiten können Volumina von Körpern und Dichten von Stoffen gemessen werden. Nachfolgend einige Grundlagen hierzu:

a.) Messung des **Volumens** V eines Körpers: Man bestimmt mittels einer Waage das Gewicht G' und das um den Auftrieb verminderte scheinbare Gewicht $G_S = G' - F_A = G' - g\varrho V$, das der Körper in einer Flüssigkeit **bekannter** Dichte ϱ zeigt. Dann ist:

$$V = \frac{G' - G_S}{g\varrho}$$

b.) Messung der **Dichte** ϱ' fester Stoffe: Man bestimmt das Gewicht G' des aus dem zu untersuchenden Stoff bestehenden homogenen Körpers und wiederum G_S bei **bekanntem** ϱ. Dann ist

$$\frac{G' - G_S}{G'} = \frac{F_A}{G'} = \frac{g\varrho V}{g\varrho' V} = \frac{\varrho}{\varrho'}$$

oder

$$\varrho' = \varrho \frac{G'}{G' - G_S}$$

c.) Messung der **Dichte** ϱ von Flüssigkeiten: Für einen **vorgegebenen** Tauchkörper (Probekörper) mit dem **bekannten** Gewicht G' misst man dessen scheinbare G_{S1} und G_{S2} in zwei Flüssigkeiten mit den Dichten ϱ_1 und ϱ_2. Dann ist:

$$\frac{G' - G_{S1}}{G' - G_{S2}} = \frac{g\varrho_1 V}{g\varrho_2 V} = \frac{\varrho_1}{\varrho_2}$$

Ist ϱ_1 bekannt, dann folgt:

$$\varrho_2 = \varrho_1 \frac{G' - G_{S2}}{G' - G_{S1}}$$

d.) **Aräometer**:

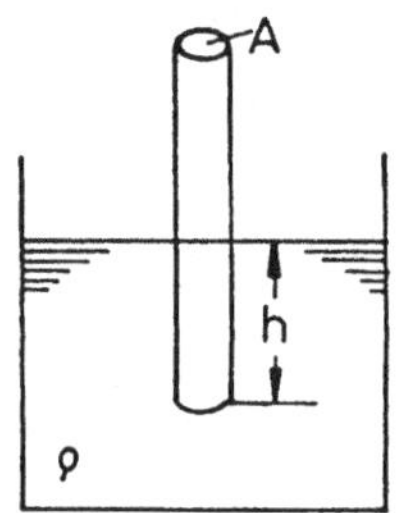

Abb. 4.10. Prinzip des Aräometers

Das Tauchvolumen $V_t = Ah$ eines in einer Flüssigkeit der Dichte ϱ aufrecht schwimmenden, stabförmigen Körpers mit dem Querschnitt A und dem Gewicht G' ergibt sich aus der Bedingung $F_A = g\varrho V_t = G'$ für das Schwimm-Gleichgewicht zu $V_t = Ah = G'/g\varrho$, wobei h die Eintauchtiefe ist. Daraus folgt:

$$\varrho = \frac{G'}{Ag}\frac{1}{h}$$

Aus h kann ϱ, z.B. über eine am Körper angebrachte und bereits geeignet geeichte Skala, abgelesen werden. Solche Tauchkörper nennt man **Aräometer**.

4.6 Oberflächen von Flüssigkeiten

Im Gegensatz zu Gasen haben Flüssigkeiten eine definierte Oberfläche. Die Verschiebbarkeit der Atome oder Moleküle in einer Flüssigkeit und deren Folge, dass nur Druckspannungen auftreten können, bedingt, dass sich Flüssigkeitsoberflächen stets **senkrecht** zu den auf die Flüssigkeit oder deren Volumenelemente wirkenden Kräften einstellt. Unter der Wirkung der Schwerkraft liegt die Oberfläche also stets horizontal.

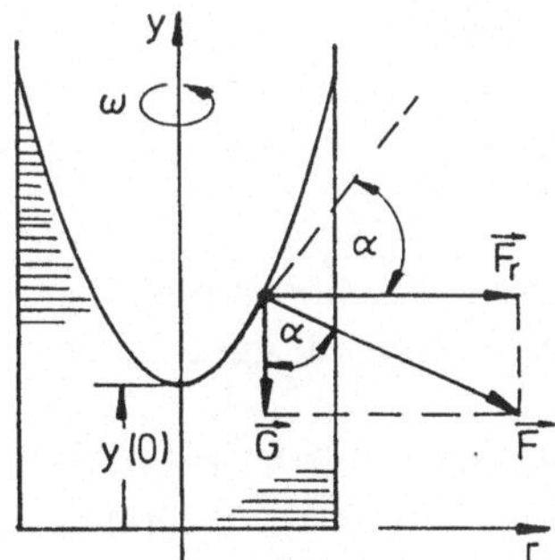

Abb. 4.11. Rotierende Flüssigkeit

Rotiert z.B. eine Flüssigkeit um eine vertikale Achse, dann greift an jedem ihrer Volumenelemente, also auch an denen in der Oberfläche, die (vektorielle) Summe $\boldsymbol{F}$ aus der Zentrifugalkraft $\boldsymbol{F}_r$ und dem Gewicht $\boldsymbol{G}$ an. Die Schnittkurve $y = f(r)$ der sich unter der Wirkung von $\boldsymbol{F}$ senkrecht dazu einstellenden Oberfläche mit einer durch die Rotationsachse (y-Achse) laufenden Ebene hat die Steigung:

$$\frac{\mathrm{d}y}{\mathrm{d}r} = \tan\alpha = \frac{F_r}{G} = \frac{m\omega^2 r}{mg} = \frac{\omega^2 r}{g}$$

Dabei ist ω die Winkelgeschwindigkeit, m die Masse des betrachteten Oberflächen-Volumenelements und r dessen Abstand von der Drehachse. Die Integration führt auf:

$$y(r) = y(0) + \frac{1}{2}\frac{\omega^2}{g}r^2$$

Das ist die Gleichung einer Parabel, d.h. die Oberfläche ist ein **Rotationsparaboloid**.

Allgemein nennt man die Anziehungskräfte zwischen **gleichartigen** Molekülen **Kohäsionskräfte**, die zwischen **verschiedenartigen** Molekülen **Adhäsionskräfte**. Zwischen den gleichartigen Molekülen einer homogenen Flüssigkeit wirken also Kohäsionskräfte.

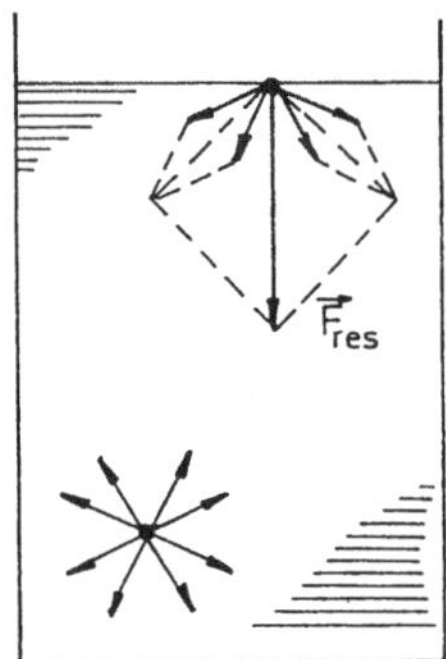

Abb. 4.12. Zur Oberflächen-Energie

Ein Molekül im Innern einer Flüssigkeit ist allseits von Nachbarmolekülen umgeben. Die Summe der von diesen auf das betrachtete Molekül ausgeübten Kohäsionskräfte ist Null. Anders bei einem Molekül in der Oberfläche: Da es nur von Nachbarmolekülen aus einem Halbraum angezogen wird, erfährt es eine senkrecht zur Oberfläche ins Flüssigkeitsinnere gerichtete resultierende Kraft $\boldsymbol{F}_{\text{res}}$. Diese erzeugt einen Druck, den sogenannten **Kohäsionsdruck**, der die Flüssigkeit komprimiert.
Bei jeder Vergrößerung der Oberfläche eines vorgesehenen Flüssigkeitsvolumens müssen Moleküle aus dem Innern an die Oberfläche gebracht werden. Dabei muss gegen $\boldsymbol{F}_{\text{res}}$ Arbeit geleistet werden, die in der Oberfläche als Vergrößerung ihrer **potentiellen Energie** gespeichert wird.
Sind $\mathrm{d}W$ und $\mathrm{d}W = \mathrm{d}W_p$ die geleistete Arbeit und die Zunahme der potentiellen Energie bei Änderung der Oberfläche A um dA, dann heißt

$$\boxed{\varepsilon = \frac{\mathrm{d}W}{\mathrm{d}A} = \frac{\mathrm{d}W_p}{\mathrm{d}A}}$$

die **spezifische Oberflächenenergie**. Ihre Maßeinheit ist das $\mathrm{N\ m/m^2} = \mathrm{N/m}$.

Würde man einen Bereich A einer Oberfläche vom übrigen Teil abtrennen, dann würde sich A zusammenziehen, um einen Zustand minimaler, potentieller Energie zu erreichen. Offensichtlich wirken also in der Oberfläche auch tangentiale Kräfte F_T. Wollte man A in Größe und Form erhalten, dann müsste man entlang der Berandungslinie S von A **Stützkräfte** angreifen lassen, die mit F_T im Gleichgewicht stehen, also die Größe F_T haben und nach außen wirken.

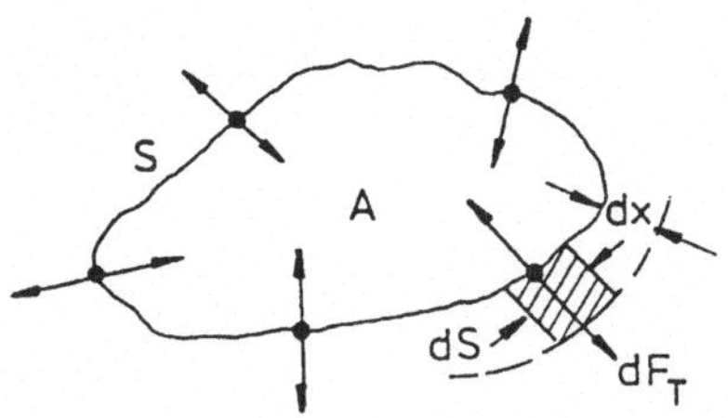

Abb. 4.13. Zur Oberflächen-Spannung

Die an einem Linienelement $\mathrm{d}S$ von S angreifende Stützkraft $\mathrm{d}F_T$ muss – will man auch die **Form** von A beibehalten – senkrecht auf $\mathrm{d}S$ stehen und zu $\mathrm{d}S$ proportional sein, d.h. es muss $\mathrm{d}F_T/\mathrm{d}S$ konstant sein. Die bei einer Vergrößerung von A durch eine Verschiebung von $\mathrm{d}S$ um den Weg $\mathrm{d}x$ senkrecht zu $\mathrm{d}S$ von $\mathrm{d}F_T$ geleistete Arbeit ist dann:

$$\mathrm{d}F_T \cdot \mathrm{d}x = \mathrm{d}F_T \cdot \mathrm{d}x \cdot \mathrm{d}S/\mathrm{d}S$$

Die insgesamt von allen Stützkräften $\mathrm{d}F_T$ aufgebrachte Arbeit ergibt sich daraus durch Integration über die ganze Länge S der geschlossenen Berandungslinie:

$$\mathrm{d}W = \oint_S \frac{\mathrm{d}F_T}{\mathrm{d}S} \cdot \mathrm{d}x \cdot \mathrm{d}S$$

Da $\mathrm{d}F_T/\mathrm{d}S$ entlang des Integrationsweges konstant ist, folgt:

$$\mathrm{d}W = \frac{\mathrm{d}F_T}{\mathrm{d}S} \oint_S \mathrm{d}x \cdot \mathrm{d}S$$

Das Integral ist gleich dem Flächenzuwachs $\mathrm{d}A$. Damit ist mit $\mathrm{d}W/\mathrm{d}A = \varepsilon$:

$$\mathrm{d}W = \frac{\mathrm{d}F_T}{\mathrm{d}S} \cdot \mathrm{d}A = \varepsilon \cdot \mathrm{d}A \qquad \text{oder} \qquad \boxed{\frac{\mathrm{d}F_T}{\mathrm{d}S} = \varepsilon}$$

Man nennt $\mathrm{d}F_T/\mathrm{d}S$, d.h. die auf die Längeneinheit der Berandungslinie bezogene Tangentialkraft, die **Oberflächenspannung**. Sie ist also gleich der oben genannten spezifischen Oberflächenenergie.

Aus der allgemeinen Tatsache, dass jedes physikalische System einen Zustand minimaler potentieller Energie anstrebt, ergibt sich, dass ein vorgegebenes Flüssigkeitsvolumen, wenn es keinen einschränkenden Randbedingungen oder äußeren Kraftwirkungen unterworfen ist, stets **Kugelgestalt** annimmt. Die Kugel ist nämlich diejenige aller möglichen Körperformen, bei der das Verhältnis von Oberfläche und Volumen minimal ist.

In solchen (kräftefreien) Flüssigkeitstropfen erzeugt die Oberflächenspannung einen einfach zu berechnenden zusätzlichen Druck p_F, der sich zum Außendruck addiert. Die Oberfläche einer Kugel vom Radius r ist $A = 4\pi r^2$. Sie ändert sich also mit r gemäß:

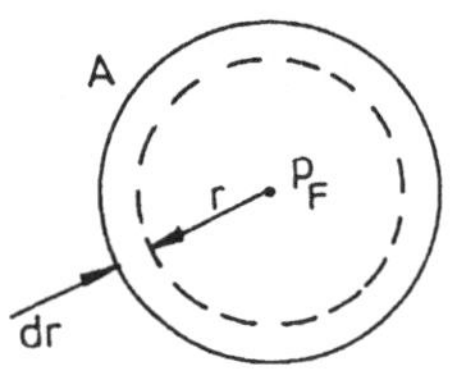

$$\frac{\mathrm{d}A}{\mathrm{d}r} = 8\pi r$$

Die bei einer Änderung des Radius r um dr gegen die oder von der Druck-Kraft $F_F = p_F A$ geleistete Arbeit ist $\mathrm{d}W = F_F \cdot \mathrm{d}r = p_F A \cdot \mathrm{d}r$. Damit folgt:

$$\varepsilon = \frac{\mathrm{d}W}{\mathrm{d}A} = \frac{p_F A \cdot \mathrm{d}r}{\mathrm{d}A} = \frac{p_F 4\pi r^2}{\mathrm{d}A/\mathrm{d}r} = \frac{p_F 4\pi r^2}{8\pi r} = \frac{1}{2} p_F r$$

Also ist:

$$\boxed{p_F = \frac{2\varepsilon}{r}}$$

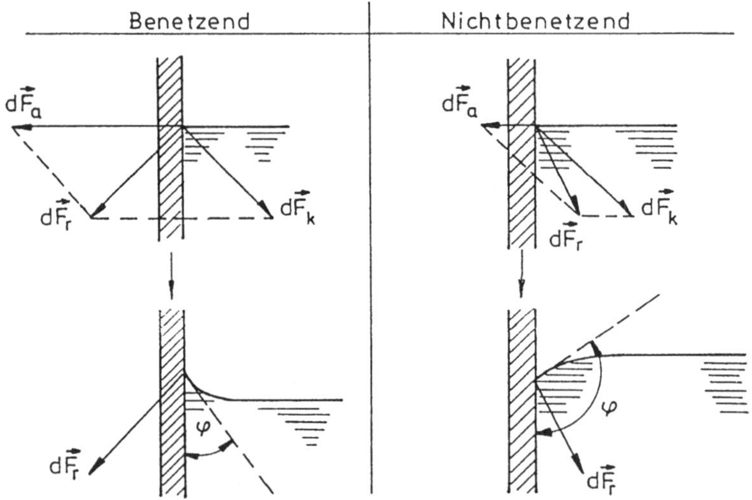

Abb. 4.14. Wechselwirkung einer Flüssigkeitsoberfläche mit der Gefäßwand

Beispiel: Quecksilber hat eine Oberflächenspannung von $\varepsilon = 0.5$ N/m. Damit ist bei $r = 1$ mm $= 10^{-3}$ m:

$$p_F = \frac{2 \cdot 0.5}{10^{-3}} \frac{\mathrm{N}}{\mathrm{m}^2} = 10^3 \text{ Pa}$$

Gleiche Aussagen gelten auch für kugelförmige **Hohlräume**, z.B. Blasen in Flüssigkeiten. Daraus folgt, dass im Innern eines von einer kugelförmigen **Flüssigkeitshaut** (Seifenblase) umschlossenen Volumens der doppelte Druck $p_F = 4\varepsilon/r$ herrschen muss, da hier **zwei** Kugelflächen beitragen.

Verallgemeinerte Betrachtungen dieser Art zeigen, dass die Oberflächenspannung bei beliebig gekrümmten Oberflächen zusätzliche Drucke erzeugt, die umgekehrt proportional zum Krümmungsradius r sind.
Die Tangentialkräfte $\mathrm{d}\boldsymbol{F}_T$ treten dort in Erscheinung, wo Oberflächen erzwungene Berandungen haben, also an **Gefäßwänden**. Die Adhäsionskräfte $\mathrm{d}\boldsymbol{F}_a$ zwischen der Flüssigkeit und dem Material der Gefäßwand halten $\mathrm{d}\boldsymbol{F}_T$ das Gleichgewicht.
Die Flüssigkeitsmoleküle in der Berandungslinie sind bei senkrechten Gefäßwänden nur in einem **Viertelraum** von Nachbarmolekülen umgeben. Folglich weist die resultierende Kohäsionskraft $\mathrm{d}\boldsymbol{F}_k$ unter 45° gegen die Oberfläche bzw. die Gefäßwand in die Flüssigkeit hinein.
Die gesamte an einem Linienelement dS der Berandungslinie angreifende Kraft ist somit $\mathrm{d}\boldsymbol{F}_r = \mathrm{d}\boldsymbol{F}_a + \mathrm{d}\boldsymbol{F}_k$.
Die Oberfläche im Bereich der Berandungslinie stellt sich senkrecht zu $\mathrm{d}\boldsymbol{F}_r$ ein. Den von der Flüssigkeit ausgefüllten Winkel zwischen der Oberfläche und der Gefäßwand nennt man den **Randwinkel** φ. Seine Größe wird durch das Größenverhältnis zwischen $\mathrm{d}F_a$ und $\mathrm{d}F_k$ bestimmt. Dabei unterscheidet man von der Erscheinung her zwei Bereiche:

a.) Ist $0° \leq \varphi \leq 90°$, d.h. schmiegt sich die Flüssigkeit an die Gefäßwand an, dann nennt man die Flüssigkeit **benetzend**.
b.) Ist $90° \leq \varphi \leq 180°$, d.h. drückt sich die Flüssigkeit von der Gefäßwand ab, dann nennt man die Flüssigkeit **nichtbenetzend**.

Die oben erläuterten Zusammenhänge an den Berandungslinien sind verantwortlich für die sogenannte **Kapillarität**: Darunter versteht man die Erscheinung, dass benetzende Flüssigkeiten in dünnen Rohren (Kapillaren) hochgezogen, nichtbenetzende herabgedrückt werden.

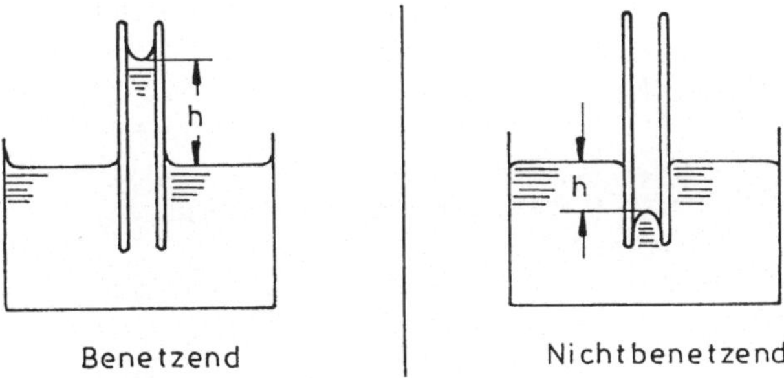

Abb. 4.15. Kapillarität

Ursache dafür ist die vertikale Komponente

$\mathrm{d}F_{av} = \mathrm{d}F_a \cos\varphi$

der schräg zur senkrecht angenommenen Kapillarwand angreifenden Adhäsionskräfte $\mathrm{d}F_a$, und zwar wirkt $\mathrm{d}F_{av}$ nach **oben**, wenn die Flüssigkeit benetzend ist ($0° \leq \varphi \leq 90°$; $1 \leq \cos\varphi \leq 0$) und nach **unten**, wenn sie nichtbenetzend ist ($90° \leq \varphi \leq 180°$; $0 \leq \cos\varphi \leq -1$).

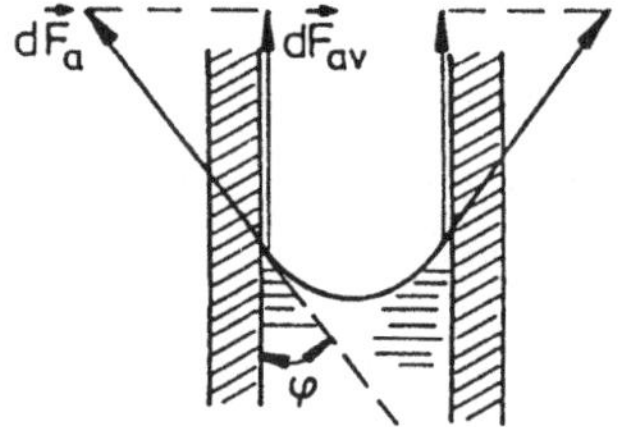

Abb. 4.16. Kapillar-Kraft

Die gesamte an der Berandungslinie S angreifende Vertikalkraft F_{av} ergibt sich durch Integration über S:

$$\begin{aligned} F_{av} &= \oint_S \mathrm{d}F_{av} = \oint_S \mathrm{d}F_a \cos\varphi \\ &= \cos\varphi \oint_S \frac{\mathrm{d}F_a}{\mathrm{d}S} \cdot \mathrm{d}S = \cos\varphi \cdot \frac{\mathrm{d}F_a}{\mathrm{d}S} \oint_S \mathrm{d}S \end{aligned}$$

Bei **zylindrischen** Kapillaren ist S ein Kreis. Ist r der Innenradius der Kapillare, dann folgt: $\oint_S \mathrm{d}S = 2\pi r$. Mit $\mathrm{d}F_a/\mathrm{d}S = \varepsilon$ erhält man also:

$$F_{av} = 2\pi r \varepsilon \cos\varphi$$

Das Gleichgewicht wird dann erreicht, wenn F_{av} gleich dem Gewicht G der angehobenen Flüssigkeitssäule ist. Hat die Flüssigkeit die Dichte ϱ und ist h die Gleichgewichtshöhe der Säule (**Steighöhe**), dann folgt mit $G = \varrho\pi r^2 hg$ aus der Gleichgewichtsbedingung $F_{av} = G$:

$$2\pi r\varepsilon \cos\varphi = \varrho\pi r^2 hg$$

oder

$$\boxed{h = \frac{2\varepsilon}{\varrho g}\frac{\cos\varphi}{r}}$$

Im **nichtbenetzenden** Fall sind $\cos\varphi$ und damit auch h negativ. Die Flüssigkeitssäule in der Kapillare wird herabgedrückt. Hier wird im Gleichgewicht F_{av} durch die Kraft kompensiert, die der Schweredruck in der Eintauchtiefe h auf den Kapillar-Querschnitt ausübt.

Beispiel: Für Wasser ist $\varrho = 10^3$ kg/m und $\varepsilon = 73 \cdot 10^{-3}$ N/m. Eine saubere Glaswand wird durch reines Wasser praktisch vollkommen benetzt, d.h. es ist angenähert $\varphi = 0°$ oder $\cos\varphi = 1$. Damit folgt für $r = 1$ mm $= 10^{-3}$ m:

$$h = \frac{2.73 \cdot 10^{-3}}{10^3 \cdot 9.81} \cdot \frac{1}{10^{-3}}\, m = 14.9 \text{ mm}$$

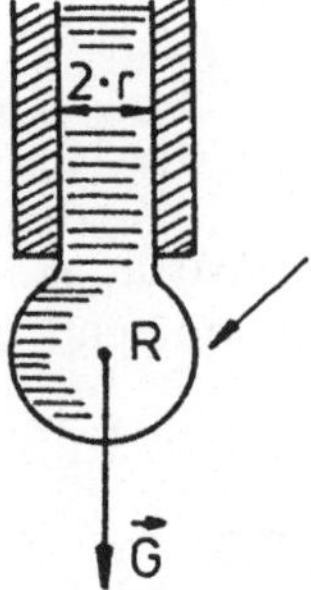

Abb. 4.17. Tropfenbildung

Das Gleichgewicht zwischen den Adhäsions- bzw. Tangentialkräften und dem Gewicht eines Flüssigkeitsvolumens bestimmt auch die Größe von Flüssigkeitstropfen, die aus Röhren, Kanülen oder Kapillaren fallen. Nimmt man den an der Austrittsöffnung vom Radius r hängenden Tropfen als annähernd kugelförmig mit dem Radius R an, dann beträgt sein Gewicht:

$$G = \frac{4}{3}\pi R^3 \varrho g$$

(ϱ = Dichte der Flüssigkeit).
Der Tropfen wird gehalten durch die entlang der Berandungslinie $S = 2\pi r$ wirkenden Kraft $F_a = \varepsilon 2\pi r$. Wird die Gleichgewichtsbedingung $F_a = G$ zugunsten von G überschritten, dann fällt der Tropfen ab. Sein Radius R ergibt sich aus

$$F_a = \varepsilon 2\pi r = G = \frac{4}{3}\pi R^3 \varrho g$$

zu:

$$\boxed{R = \sqrt[3]{\frac{3\varepsilon r}{2\varrho g}}}$$

Flüssigkeiten mit kleinerer Oberflächenspannung ε bilden demnach auch kleinere Tropfen. Grundsätzlich sind Oberflächenspannungen von dem über der Flüssigkeit liegenden Medium, z.B. der Gas-Art, abhängig. Sie sind genaugenommen stets sogenannte **Grenzflächenspannungen**. Die Oberflächenspannungen sind außerdem **temperaturabhängig**. Sie fallen mit steigender Temperatur.

4.7 Harmonische Druckwellen in Flüssigkeiten und Gasen

Da in Flüssigkeiten und Gasen nur Druckspannungen auftreten können, gibt es hier nur Longitudinalwellen, d.h. die Auslenkung

$$y(x,t) = y_0 \sin\left[\omega\left(t - \frac{x}{v}\right)\right] \tag{4.12}$$

der Atome oder Moleküle erfolgt in **Ausbreitungsrichtung** der Welle. y_0 ist die Auslenkungs-Amplitude. Bild 4.18 skizziert schematisch eine Momentaufnahme (t =const). Die Pfeile kennzeichnen die Auslenkung.

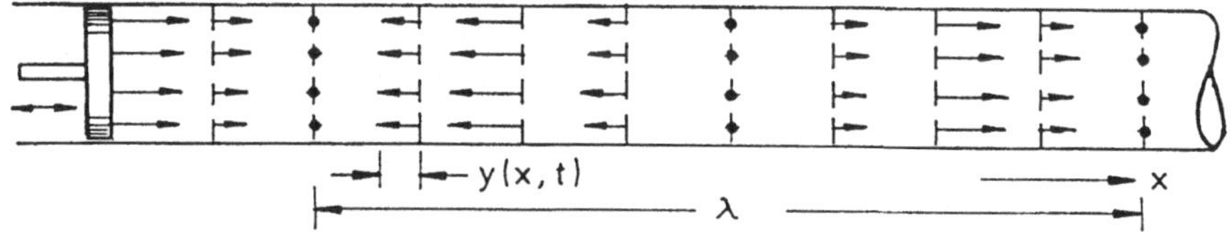

Abb. 4.18. Momentaufnahme einer Longitudinal-Welle

Diese örtlich und zeitlich variierenden Auslenkungen führen zu entsprechenden Verteilungen des Druckes p in einer solchen Welle.
Sind p und p+dp die Drucke auf die Endflächen eines herausgegriffenen Volumenelements $V = A \cdot \mathrm{d}x$ eines Rohres vom Querschnitt A, in welchem sich in x-Richtung eine harmonische Longitudinalwelle ausbreitet, dann wirkt auf V die Kraft:

$$F = F_1 - F_2 = pA - (p + \mathrm{d}p)A = -A \cdot \mathrm{d}p$$

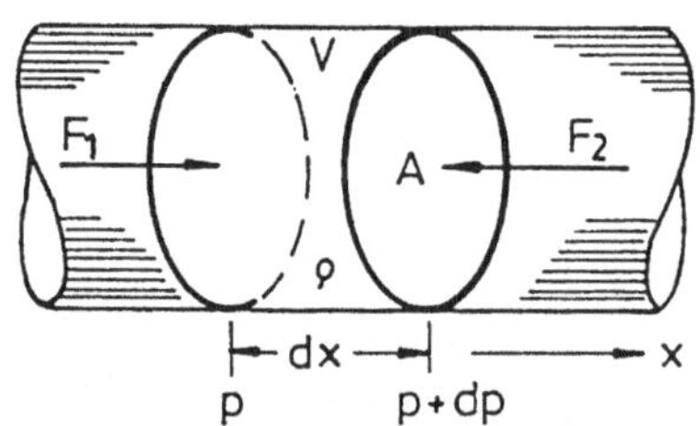

Abb. 4.19. Volumenelement in einer Druckwelle

Diese Kraft beschleunigt die in V enthaltene Masse $m = \varrho V = \varrho A \cdot \mathrm{d}x$, wenn ϱ die Dichte des Mediums ist. Damit lautet die Bewegungsgleichung:

$$m\frac{\mathrm{d}^2 y}{\mathrm{d}t^2} = F \qquad \text{oder:} \qquad \varrho A \cdot \mathrm{d}x \cdot \frac{\mathrm{d}^2 y}{\mathrm{d}t^2} = -A \cdot \mathrm{d}p$$

Daraus folgt:

$$\frac{\mathrm{d}p}{\mathrm{d}x} = -\varrho \frac{\mathrm{d}^2 y}{\mathrm{d}t^2} \tag{4.13}$$

Die Longitudinal-Beschleunigung $\mathrm{d}^2 y/\mathrm{d}t^2$ ergibt sich aus (4.12) zu:

$$\frac{\mathrm{d}^2 y}{\mathrm{d}t^2} = -\omega^2 y_0 \sin\left[\omega\left(t - \frac{x}{v}\right)\right] \tag{4.14}$$

Mit diesem Zusammenhang führt die Integration von (4.13) auf:

$$\boxed{p(x,t) = \varrho\omega v y_0 \cdot \cos\left[\omega\left(t - \frac{x}{v}\right)\right] + p_0} \tag{4.15}$$

Dabei ist p_0 der ohne Welle ($y_0 = 0$) im Rohr herrschende statische Druck. Es breitet sich also in dem Medium eine um $\pi/2$ gegen die Auslenkung $y(x,t)$ verschobene, harmonische Druckwelle aus, die sich dem Druck p_0 überlagert und die Amplitude

$$\boxed{p_{\max} = \varrho\omega v y_0}$$

hat. Der oben hergeleitete Verlauf $p(x,t)$ gemäß (4.15) gilt strenggenommen nur für sehr kleine Verschiebungsamplituden y_0 und damit nur für Druckamplituden p_{max}, die klein gegen den statischen Druck p_0 sind. Bei einer exakten Integration von (4.13) muss nämlich insbesondere bei Gasen berücksichtigt werden, dass die Dichte ϱ eine Funktion von p ist. Das führt auf eine Druckverteilung:

$$p(x,t) = p_{\max}\cos\left[\omega\left(t - \frac{x}{v}\right)\right] + 2w\cos^2\left[\omega\left(t - \frac{x}{v}\right)\right] + p_0$$

Der gegenüber (4.15) zusätzlich erscheinende Term enthält die **Energiedichte** $w = (1/2)\omega^2 y_0^2 \varrho$ in einer harmonischen Welle.

Die Druckverteilung (4.15) hat den Mittelwert $\overline{p(x,t)} = p_0$. Der Druck schwankt örtlich und zeitlich um p_0. Anders im **exakten** Fall. Hier ist zwar:

$$\overline{\cos\left[\omega\left(t - \frac{x}{v}\right)\right]} = 0, \quad \text{jedoch:} \quad \overline{\cos^2\left[\omega\left(t - \frac{x}{v}\right)\right]} = \frac{1}{2}$$

Damit folgt:

$$\boxed{\overline{p(x,t)} = w + p_0}$$

Die Differenz $\overline{p(x,t)} - p_0 = w$ heißt der **Strahlungsdruck**. In dem von der Welle durchsetzten Medium herrscht also ein mittlerer **Überdruck** der Größe w.

Bei **Schallwellen**, d.h. bei den vom menschlichen Ohr wahrnehmbaren Druckwellen, ist bei den für die Wahrnehmung normalen Intensitäten der Schallstrahlungsdruck gegen p_0 vernachlässigbar klein und die Druckverteilung (4.15) eine stets gute Näherung.

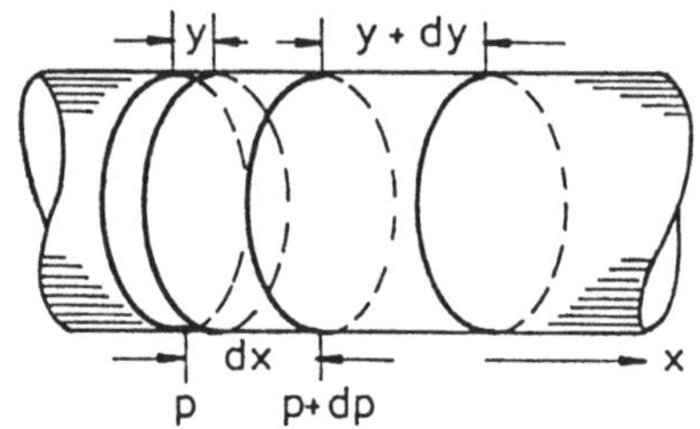

Abb. 4.20. Kompression eines Volumenelements in einer Druckwelle

Das von der Longitudinalwelle durchsetzte Volumenelement $V = A\cdot\,\mathrm{d}x$ erfährt zeitlich periodische **Kompressionen** und **Expansionen**, da die longitudinalen Auslenkungen y an den Endflächen von V zeitlich unterschiedlich, nämlich phasenverschoben, variieren. Sind y und $y+\mathrm{d}y$ die Auslenkungen an den Endflächen zu einem festen Zeitpunkt, dann beträgt die relative Volumenänderung

$$\frac{\mathrm{d}V}{V} = \frac{A\cdot\mathrm{d}y}{A\cdot\mathrm{d}x} = \frac{\mathrm{d}y}{\mathrm{d}x}$$

Sie ist über den Kompressionsmodul K mit der Druckänderung $p - p_0$ verknüpft durch:

$$\frac{\mathrm{d}y}{\mathrm{d}x} = \frac{\mathrm{d}V}{V} = -\frac{p-p_0}{K} \tag{4.16}$$

Daraus folgt durch Differentiation nach x:

$$\frac{\mathrm{d}^2y}{\mathrm{d}x^2} = -\frac{1}{K}\frac{\mathrm{d}p}{\mathrm{d}x}$$

Die Kombination mit (4.13) ergibt:

$$\frac{\mathrm{d}^2y}{\mathrm{d}x^2} = \frac{\varrho}{K}\frac{\mathrm{d}^2y}{\mathrm{d}t^2} \tag{4.17}$$

Aus (4.12) erhält man durch zweimalige Differentiation nach x:

$$\frac{\mathrm{d}^2y}{\mathrm{d}x^2} = -\frac{\omega^2}{v^2}y_0\sin\left[\omega\left(t-\frac{x}{v}\right)\right]$$

Einsetzen in (4.17) zusammen mit $\mathrm{d}^2y/\mathrm{d}t^2$ aus (4.14) ergibt:

$$-\frac{\omega^2}{v^2}y_0\sin\left[\omega\left(t-\frac{x}{v}\right)\right] = -\frac{\varrho}{K}\omega^2y_0\sin\left[\omega\left(t-\frac{x}{v}\right)\right]$$

oder:

$$\boxed{v = \sqrt{\frac{K}{\varrho}}}$$

Bei einem idealen Gas ist $K = p$ für isotherme und $k = \gamma p$ für adiabatische Volumenänderungen. Im Bereich der Schallwellen-Frequenzen erfolgen die Druck- und Volumenänderungen zeitlich so schnell, dass im allgemeinen kein Temperaturausgleich mit der Umgebung möglich ist. Sie verlaufen also adiabatisch. Damit ist:

$$\boxed{v = \sqrt{\frac{\gamma p}{\varrho}}}$$

Beispiel: Luft hat bei einem Druck von $p = 10^5$ Pa (mittlerer Luftdruck am Erdboden) eine Dichte von $\varrho = 1.3$ kg/m^3. Ferner ist $\gamma = 1.4$. Also folgt:

$$v = \sqrt{\frac{1.4 \cdot 10^5}{1.3} \frac{\mathrm{m}}{\mathrm{s}}} \approx 330 \ \frac{\mathrm{m}}{\mathrm{s}}$$

Die erläuterten Zusammenhänge lassen sich unmittelbar auch auf Longitudinalwellen in **festen Körpern** übertragen. Ausgehend von (4.16) ergibt die Anwendung des HOOKEschen Gesetzes auf die relative Längenänderung von V:

$$\frac{\mathrm{d}y}{\mathrm{d}x} = \frac{1}{E}\frac{F}{A} = -\frac{1}{E} \cdot \mathrm{d}p$$

Das führt auf die Ausbreitungsgeschwindigkeit:

$$v = \sqrt{\frac{E}{\varrho}}$$

Der Einfluss von Querschnittsänderungen infolge der Dehnungen bzw. Stauchungen wird in der Berechnung nicht berücksichtigt. Er kann in praktischen Fällen vernachlässigt werden.
Die aus (4.17) mit $K/\varrho = v^2$ hervorgehende Gleichung:

$$\boxed{\frac{\mathrm{d}^2 y}{\mathrm{d}t^2} = v^2 \frac{\mathrm{d}^2 y}{\mathrm{d}x^2}}$$

ist von weit allgemeinerer Bedeutung, als es aus dem hier durchgeführten Rechnungsgang hervorgeht. Sie gilt für alle Wellenarten und heißt **Wellengleichung**.
Anmerkung: Die Wellengrößen y und p sind Funktionen von zwei Variablen, nämlich von x und t. Die in den Berechnungen auftretenden Differentialquotienten $\mathrm{d}y/\mathrm{d}x$,$\mathrm{d}^2 y/\mathrm{d}t^2$ usw. sind in exakter mathematischer Sprechweise sogenannte **partielle** Differentialquotienten, was bedeutet, dass bei einer Differentiation nach **einer** Variablen die **anderen** Variablen als Konstanten betrachtet werden. Man unterscheider partielle von normalen Differentialquotienten auch in der Schreibweise. In den entsprechenden Formeln müsste exakterweise stehen:

$$\left[\frac{\partial p}{\partial x}\right]_t \quad \text{oder} \quad \frac{\partial p}{\partial t} \quad \text{statt} \quad \frac{\mathrm{d}p}{\mathrm{d}x};$$

$$\left[\frac{\partial^2 y}{\partial t^2}\right]_x \quad \text{oder} \quad \frac{\partial^2 y}{\partial t^2} \quad \text{statt} \quad \frac{\mathrm{d}^2 y}{\mathrm{d}t^2} \quad \text{usw.}$$

4.8 Ergänzung: Lösung der Wellengleichung

Die Wellengleichung für die Wellengröße y in einer eindimensionalen Welle lautet:

$$\boxed{\frac{\partial^2 y}{\partial x^2} = \frac{1}{v^2}\frac{\partial^2 y}{\partial t^2}} \tag{4.18}$$

y ist eine Funktion von x und t. Damit ergibt sich für ihr **totales Differential**:

$$\mathrm{d}y = \frac{\partial y}{\partial x} \cdot \mathrm{d}x + \frac{\partial y}{\partial t} \cdot \mathrm{d}t \tag{4.19}$$

Ersetzt man die Variablen x und t mittels der beiden linearen Transformations-Gleichungen:

$$a = x - vt$$

und (4.20)

$$b = x + vt$$

durch die neuen Variablen a und b, so dass y eine Funktion von a und b wird, dann ist:

$$\mathrm{d}y = \frac{\partial y}{\partial a} \cdot \mathrm{d}a + \frac{\partial y}{\partial b} \cdot \mathrm{d}b \tag{4.21}$$

Aus (4.21) folgt:

$$\mathrm{d}a = \frac{\partial a}{\partial x} \cdot \mathrm{d}x + \frac{\partial a}{\partial t} \cdot \mathrm{d}t$$

und

$$\mathrm{d}b = \frac{\partial b}{\partial x} \cdot \mathrm{d}x + \frac{\partial b}{\partial t} \cdot \mathrm{d}t$$

Damit lautet (4.21):

$$\mathrm{d}y = \left(\frac{\partial y}{\partial a}\frac{\partial a}{\partial x} + \frac{\partial y}{\partial b}\frac{\partial b}{\partial x}\right) \cdot \mathrm{d}x + \left(\frac{\partial y}{\partial a}\frac{\partial a}{\partial t} + \frac{\partial y}{\partial b}\frac{\partial b}{\partial t}\right) \cdot \mathrm{d}t \tag{4.22}$$

Der Vergleich von (4.22) mit (4.19) ergibt die allgemeinen, d.h. für allgemeine Variablen-Transformationen $(x, t) \to (a, b)$ gültigen Differentiations-Regeln:

$$\frac{\partial y}{\partial x} = \frac{\partial y}{\partial a}\frac{\partial a}{\partial x} + \frac{\partial y}{\partial b}\frac{\partial b}{\partial x} \tag{4.23}$$

und

$$\frac{\partial y}{\partial t} = \frac{\partial y}{\partial a}\frac{\partial a}{\partial t} + \frac{\partial y}{\partial b}\frac{\partial b}{\partial t} \tag{4.24}$$

Speziell für die Transformation (4.21) ist:

$$\frac{\partial a}{\partial x} = 1; \quad \frac{\partial b}{\partial x} = 1; \quad \frac{\partial a}{\partial t} = -v; \quad \frac{\partial b}{\partial t} = v$$

Damit gehen (4.23) und (4.24) über in:

$$\frac{\partial y}{\partial x} = \frac{\partial y}{\partial a} + \frac{\partial y}{\partial b} \tag{4.25}$$

und

$$\frac{\partial y}{\partial t} = v\left(\frac{\partial y}{\partial b} - \frac{\partial y}{\partial a}\right) \tag{4.26}$$

Die Anwendung der Regel (4.25) auf die Funktion $y' = \partial y/\partial x$ ergibt:

$$\frac{\partial y'}{\partial x} = \frac{\partial^2 y}{\partial x^2} = \frac{\partial y'}{\partial a} + \frac{\partial y'}{\partial b} = \frac{\partial}{\partial a}\left(\frac{\partial y}{\partial x}\right) + \frac{\partial}{\partial b}\left(\frac{\partial y}{\partial x}\right)$$

Einsetzen von (4.25) liefert:

$$\begin{aligned}\frac{\partial^2 y}{\partial x^2} &= \frac{\partial}{\partial a}\left(\frac{\partial y}{\partial a} + \frac{\partial y}{\partial b}\right) + \frac{\partial}{\partial b}\left(\frac{\partial y}{\partial a} + \frac{\partial y}{\partial b}\right)\\ &= \frac{\partial^2 y}{\partial a^2} + \frac{\partial^2 y}{\partial a \cdot \partial b} + \frac{\partial^2 y}{\partial b \cdot \partial a} + \frac{\partial^2 y}{\partial b^2}\end{aligned}$$

oder:

$$\frac{\partial^2 y}{\partial x^2} = \frac{\partial^2 y}{\partial a^2} + 2\frac{\partial^2 y}{\partial a \cdot \partial b} + \frac{\partial^2 y}{\partial b^2} \tag{4.27}$$

Die Anwendung der Regel (4.26) auf die Funktion $\dot{y} = \partial y/\partial t$ ergibt:

$$\frac{\partial \dot{y}}{\partial t} = \frac{\partial^2 y}{\partial t^2} = v\left[\frac{\partial \dot{y}}{\partial b} - \frac{\partial \dot{y}}{\partial a}\right] = v\left[\frac{\partial}{\partial b}\left(\frac{\partial y}{\partial t}\right) - \frac{\partial}{\partial a}\left(\frac{\partial y}{\partial t}\right)\right]$$

Einsetzen von (4.26) liefert:

$$\begin{aligned}\frac{1}{v}\frac{\partial^2 y}{\partial t^2} &= \frac{\partial}{\partial b}\left[v\left(\frac{\partial y}{\partial b} - \frac{\partial y}{\partial a}\right)\right] - \frac{\partial}{\partial a}\left[v\left(\frac{\partial y}{\partial b} - \frac{\partial y}{\partial a}\right)\right]\\ &= v\left(\frac{\partial^2 y}{\partial b^2} - \frac{\partial^2 y}{\partial b \cdot \partial a} - \frac{\partial^2 y}{\partial a \cdot \partial b} + \frac{\partial^2 y}{\partial a^2}\right)\end{aligned}$$

oder:

$$\frac{1}{v^2}\frac{\partial^2 y}{\partial t^2} = \frac{\partial^2 y}{\partial a^2} - 2 \cdot \frac{\partial^2 y}{\partial a \cdot \partial b} + \frac{\partial^2 y}{\partial b^2} \tag{4.28}$$

Einsetzen von (4.27) und (4.28) in (4.18) ergibt die auf die Variablen a und b transformierte Wellengleichung:

$$\boxed{\frac{\partial^2 y}{\partial a \cdot \partial b} = 0} \tag{4.29}$$

Aus der Schreibweise:

$$\frac{\partial^2 y}{\partial a \cdot \partial b} = \frac{\partial}{\partial a}\left(\frac{\partial y}{\partial b}\right) = 0$$

der Wellengleichung (4.29) ersieht man unmittelbar, dass $\partial y/\partial b$ **unabhängig** von a sein muss, also insbesondere auch eine **beliebige** Funktion F_1 von b sein kann:

$$\frac{\partial y}{\partial b} = F_1(b) \tag{4.30}$$

Die partielle Differentiation nach a liefert nämlich wieder (4.29). Die Integration von (4.30) über b ergibt dann:

$$y(a,b) = \int F_1(b) \cdot \mathrm{d}b + f_2(a)$$

wobei $f_2(a)$ eine wiederum **beliebige** Funktion von a sein kann. Sie ist gewissermaßen die "Integrations-Konstante" hinsichtlich der Integration über b. Mit der Abkürzung: $\int F_1(b) \cdot \mathrm{d}b = f_1(b)$ und nach Rücktransformation auf x und t gemäß (4.21) erhält man schließlich:

$$\boxed{y(x,t) = f_1(x+vt) + f_2(x-vt)} \tag{4.31}$$

Die **allgemeine** Lösung der Wellengleichung (4.18) ist also die Summe zweier **beliebiger** Funktionen mit den Argumenten $(x+vt)$ und $(x-vt)$.

Jede Lösung von (4.18) heißt allgemein **Welle**. Die Geschwindigkeit, mit der sich ein konstanter Wert des Arguments $(x + v \cdot t)$ und damit auch ein fester Wert der Funktion f_1 (Auslenkung, Druck, usw.) bewegen, ergibt sich aus:

$$x + vt = \text{const} \qquad \text{bzw.} \qquad x = \text{const} - vt \qquad \text{zu:} \qquad \frac{\mathrm{d}x}{\mathrm{d}t} = -v$$

$f_1(x+vt)$ beschreibt also den in **negativer** x-Richtung laufenden Anteil der Welle. Entsprechend folgt aus $x - vt = \text{const}$ bzw. $x = \text{const}+vt$ die Geschwindigkeit $\mathrm{d}x/\mathrm{d}t = +v$. Der Wellen-Anteil f_2 läuft also in **positiver** x-Richtung.

Für den Zeitpunkt $t = 0$ liefert (4.31):

$$y(x,0) = f_1(x) + f_2(x) = f_0(x)$$

Erzwingt man in einem linearen Medium (gespannter Draht, Gas-Säule, usw.) eine solche örtliche Verteilung einer physikalischen Größe (Auslenkung, Druck, usw.) und sind die positive und die negative x-Richtung **physikalisch gleichwertig** (homogener Draht, homogene Gas-Säule, usw.), dann spaltet bei der nach Freigabe des Anfangszustandes entstehenden Welle $y(x,t)$ die

Anfangsverteilung $f_0(x)$ zu **gleichen Teilen** in die Anteile f_1 und f_2 auf, d.h. es ist:

$$f_1(x+vt) = \frac{1}{2} f_0(x + v \cdot t) \qquad \text{und} \qquad f_2(x-vt) = \frac{1}{2} f_0(x-vt)$$

oder

$$y(x,t) = \frac{1}{2}\Big[f_0(x+vt) + f_0(x-vt)\Big]$$

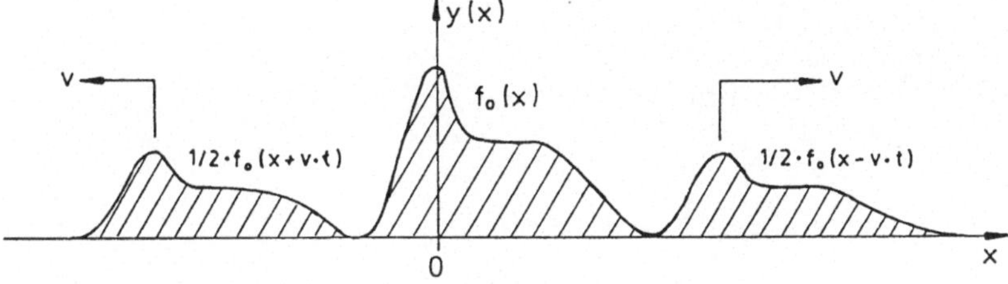

Abb. 4.21. Anfangszustand und Welle

Bild 4.21 zeigt eine willkürliche Anfangsverteilung $f_0(x)$ und die beiden in ihrer Form gleichen Wellen-Anteile f_1 und f_2, die sich mit gleicher Geschwindigkeit v in entgegengesetzte Richtungen bewegen.

5 Mechanik strömender Flüssigkeiten und Gase

5.1 Einleitung

Die Mechanik strömender Flüssigkeiten und Gase läßt sich relativ einfach behandeln, wenn folgende Voraussetzungen erfüllt sind:

a.) Im Medium können **keinerlei Schubspannungen** auftreten, d.h. tangential an einer Fläche angreifende Kräfte erfahren keine Widerstands- oder Reibungskräfte.
b.) Das Medium ist **inkompressibel**, d.h. seine Dichte bleibt trotz bestehender Druckunterschiede konstant.
c.) Die Strömung ist **stationär**, d.h. die Geschwindigkeit eines betrachteten Volumenelements ist nur vom Ort innerhalb des Mediums, nicht aber von der Zeit abhängig.

Alle drei Voraussetzungen sind für Flüssigkeiten und Gase bei hinreichend kleinen Geschwindigkeiten praktisch erfüllbar. Selbst die hohe Kompressibilität von Gasen macht sich bei Strömungsgeschwindigkeiten, die merklich unter der Ausbreitungsgeschwindigkeit von Druckwellen liegen, nur wenig bemerkbar.
Für Flüssigkeiten und Gase verwendet man den Sammelbegriff: **Fluide**. Solche mit den genannten Eigenschaften a.) und b.) nennt man **ideale Fluide**. Mit wachsender Strömungsgeschwindigkeit treten die Eigenschaften **realer Fluide** immer stärker hervor: Der Charakter der Strömung wird maßgeblich durch die dann deutlich hervortretenden Schubspannungen, Reibungskräfte und Kompressibilitäten beeinflusst. Die Strömung schlägt bei Überschreitung einer kritischen Geschwindigkeit von einer stationären, sogenannten **laminaren** in eine nichtstationäre, sogenannte **turbulente** um, was deren physikalische Beschreibung dann äußerst kompliziert macht.

5.2 Stationäre Strömung idealer Fluide

Die Raumkurve, die ein Volumenelement $\mathrm{d}V$ in einer Strömung beschreibt, heißt allgemein **Bahnlinie**. Diejenige Kurve, die in jedem Punkt tangential zur Geschwindigkeit $\boldsymbol{v}$ von $\mathrm{d}V$ verläuft nennt man **Stromlinie**. In stationären Strömungen sind beide identisch und zeitlich konstant. Den von dem

strömenden Volumenelement $\mathrm{d}V$ überstrichenen Raum bezeichnet man als **Stromfaden**. Seine schlauchartige Oberfläche heißt **Stromröhre**.
In stationären Strömungsfeldern tritt **keine Vermischung** benachbarter Stromfäden auf. Eine Strömung, in der die Geschwindigkeit $\boldsymbol{v}$ zeitlich **und** örtlich konstant ist, nennt man eine **homogene** oder **Parallel**-Strömung.

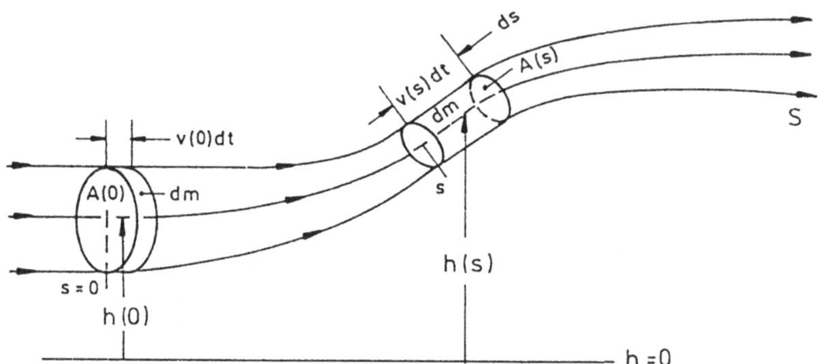

Abb. 5.1. Bewegung eines Volumenelements in einer Stromröhre

Aus der Inkompressibilität und der Anwendung des Energieerhaltungs-Satzes auf die Bewegung eines Volumenelements $\mathrm{d}V$ in einem Stromfaden ergeben sich zwei einfache Gesetzmäßigkeiten.
Bezeichnen $s, v(s)$ und $\varrho(s)$ die Ortskoordinate, die Strömungsgeschwindigkeit des Fluids und dessen Dichte entlang einer Bahnlinie S, dann strömt durch den Querschnitt $A(s)$ der zugehörigen Stromröhre im Zeitintervall $\mathrm{d}t$ die Flüssigkeitsmasse

$$\mathrm{d}m(s) = \varrho(s)A(s) \cdot \mathrm{d}s = \varrho(s)A(s)v(s) \cdot \mathrm{d}t$$

Da kein Fluid aus einer Stromröhre austreten oder in sie hineinfließen kann, muss in gleichen Zeitintervallen $\mathrm{d}t$ die gleiche Masse $\mathrm{d}m$ durch jeden Querschnitt $A(s)$ der Röhre strömen, also z.B. auch durch denjenigen $A(0)$ beim willkürlich festgelegten Anfangspunkt $s = 0$. Damit ist:

$$\mathrm{d}m(s) = \varrho(s)A(s)v(s) \cdot \mathrm{d}t = \mathrm{d}m(0) = \varrho(0)A(0)v(0) \cdot \mathrm{d}t$$

oder:

$$\varrho(s)A(s)v(s) = \varrho(0)A(0)v(0)$$

Mit der Voraussetzung der Inkompressibilität folgt: $\varrho(s) = \varrho(0)$. Das ergibt:

$$\boxed{A(s)v(s) = A(0)v(0) = \mathrm{const}} \tag{5.1}$$

Diese Beziehung heißt **Kontinuitätsgleichung**. Sie besagt, dass die Strömungsgeschwindigkeit in einer Stromröhre und also auch in einem von einem

Fluid durchströmten **realen Rohr** umgekehrt proportional zum Querschnitt ist. Durch verengte Querschnitte strömt ein Fluid schneller als durch aufgeweitete.
Die kinetische Energie der Masse dm beträgt:

$$W_k(s) = \frac{1}{2} \cdot \mathrm{d}m \cdot v(s)^2$$

Ihre potentielle Energie in bezug auf ein Nullniveau ($h = 0$) ist:

$$W_p(s) = \mathrm{d}m \cdot gh(s)$$

Damit folgt für die Gesamtenergie von dm:

$$W_g(s) = W_k(s) + W_p(s) = \mathrm{d}m \cdot \left[\frac{1}{2}v(s)^2 + gh(s)\right]$$

Die Energiedifferenz zwischen $s = 0$ und s ist:

$$\begin{aligned} \Delta W_g(s) &= W_g(s) - W_g(0) \\ &= \mathrm{d}m \cdot \left[\frac{1}{2}v(s)^2 + gh(s) - \frac{1}{2}v(0)^2 - gh(0)\right] \end{aligned} \tag{5.2}$$

Jede Energieänderung ΔW_g ist allgemein stets mit einer Differenz ΔW der geleisteten Arbeit verknüpft. Die Arbeit $W(s)$, die erforderlich ist, um das Fluid-Volumen dV = $A(s)\cdot$ ds = $A(s)v(s)\cdot$dt mit der Druckkraft $F(s) = p(s)A(s)$ durch den Querschnitt $A(s)$ zu drücken, beträgt:

$$W(s) = F(s) \cdot \mathrm{d}s = p(s)A(s)v(s) \cdot \mathrm{d}t = p(s)\frac{\varrho A(s)v(s) \cdot \mathrm{d}t}{\varrho}$$

oder:

$$W(s) = p(s)\frac{\mathrm{d}m}{\varrho}$$

Die Differenz der bei $s = 0$ und s verrichteten Arbeit ist dann:

$$\Delta W(s) = W(s) - W(0) = \frac{\mathrm{d}m}{\varrho}\Big[p(s) - p(0)\Big] \tag{5.3}$$

Aus $\Delta W_g(s) = -\Delta W(s)$ folgt mit (5.2) und (5.3):

$$\frac{1}{2}v(s)^2 + gh(s) - \frac{1}{2}v(0)^2 - gh(0) = \frac{1}{\varrho}\Big[p(0) - p(s)\Big]$$

oder:

$$\frac{1}{2}\varrho v(s)^2 + p(s) + g\varrho h(s) = \frac{1}{2}\varrho v(0)^2 + p(0) + g\varrho h(0)$$

oder:

$$\boxed{\frac{1}{2}\varrho v(s)^2 + p(s) + g\varrho h(s) = \mathrm{const}} \tag{5.4}$$

Diese Beziehung heißt **Bernoullische Gleichung**. $(1/2)\varrho v(s)^2$ und $g\varrho h(s)$ sind die Dichten der kinetischen und potentiellen Energien. Beide haben die Dimension eines **Druckes**. Man nennt:

$$p_D = \frac{1}{2}\varrho v^2$$

den **hydrodynamischen** oder auch kurz den **dynamischen** oder **Stau-Druck**.
Für ein **ruhendes** Fluid folgt mit $v = 0$ aus (5.4):

$$p(s) + g\varrho h(s) = p(0) + g\varrho h(0)$$

oder:

$$p(s) - p(0) = -g\varrho\Big[h(s) - h(0)\Big]$$

Das ist die bereits bekannte Beziehung für die vertikale Druckabnahme in ruhenden Fluiden als Folge des Schweredrucks.
Der bei $v = 0$ herrschende Druck:

$$p_0 = p(s) + g\varrho h(s)$$

ist also der **statische Druck**. Die Summe:

$$p_G = p_0 + p_D$$

heißt **Gesamtdruck**. Damit folgt aus (5.4):

$$\boxed{p_G = p_0 + p_D = \text{const}} \tag{5.5}$$

Dieser Zusammenhang sagt also aus, dass in einer Stromröhre und damit auch in einem von einem Fluid durchströmten realen Rohr bei Ab- oder Zunahme der Strömungsgeschwindigkeit v und damit des Staudruckes p_D der statische Druck p_0 so ansteigen oder absinken muss, dass die Summe p_G konstant bleibt.

5.3 Druckmessung in Strömungen

Direkte Druckmessungen in Fluiden mittels Manometern, z.B. U-Rohr-Manometern, erfolgen stets über die Messung der auf eine eingebrachte Fläche A ausgeübten Kraft $F = pA$. Liegt die Messfläche A **parallel** zur Strömungsgeschwindigkeit $\boldsymbol{v}$, so dass $\boldsymbol{v}$ keine Komponente senkrecht zu A hat, dann misst das angeschlossene Manometer den statischen Druck p_0.

Steht A **senkrecht** zu $\boldsymbol{v}$, dann wird die Strömung beim Auftreffen auf A abgebremst. Dort, im sogenannten **Staupunkt**, ist $\boldsymbol{v} = 0$ und damit $p_D = 0$ und, gemäß (5.5), $p_0 = p_G$. Das angeschlossene Manometer zeigt also dann den Gesamtdruck p_G an. Mit einer Kombination dieser beiden Messflächen kann der dynamische Druck p_D über die Druckdifferenz $p_G - p_0$ bestimmt werden.

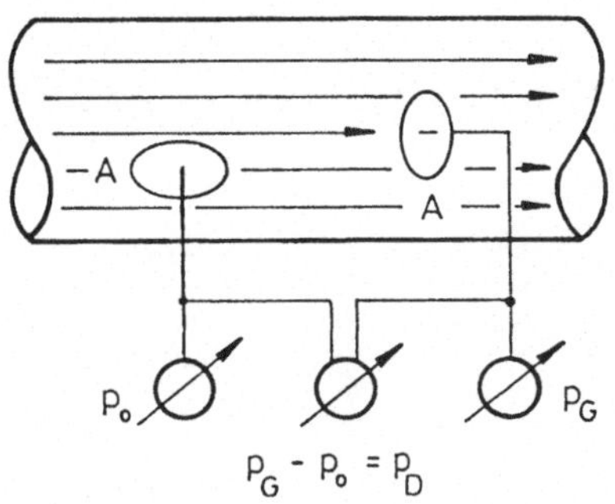

Abb. 5.2. Druckmessung in Strömungen

Damit das Einbringen der Messflächen die Strömung selbst nicht wesentlich stört, verwendet man bei der praktischen Druckmessung **schlanke** Sonden, deren prinzipieller Aufbau in Bild 5.3 skizziert ist.

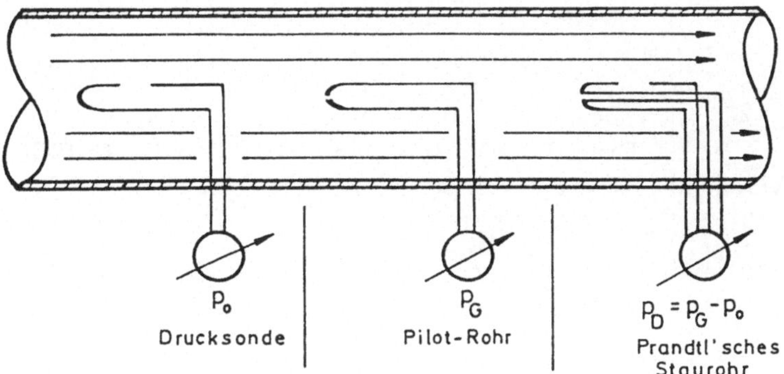

Abb. 5.3. Sonden zur Druckmessung in Strömungen

Das PRANDTLsche Staurohr findet eine wichtige praktische Anwendung bei der Geschwindigkeitsmessung in Flugzeugen.

5.4 Anwendung der Bernoullischen Gleichung

a.) **Strömung eines idealen Fluids durch Rohr-Verengungen**: Verläuft eine Strömung mit der Geschwindigkeit v_1 durch ein Rohr, dessen Querschnitt A_1 sich zwischendurch auf einen kleineren Querschnitt A_2 verengt, dann ergibt die Kontinuitätsgleichung für die Geschwindigkeit v_2 in der Verengung:

$$A_1 v_1 = A_2 v_2 \qquad \text{oder:} \qquad v_2 = \frac{A_1}{A_2} v_1$$

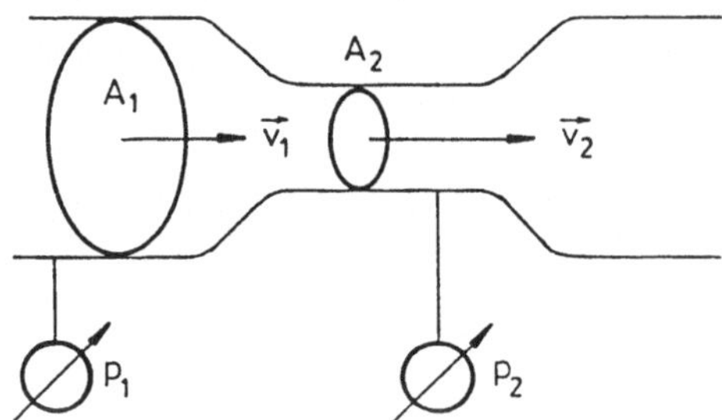

Abb. 5.4. Strömung durch eine Rohr-Verengung

Da $A_2 < A_1$ ist, muss also $v_2 > v_1$ sein. Liegt das Rohr horizontal mit seiner Achse im Höhenniveau $h = 0$, dann folgt für die **statischen** Drucke p_1 und p_2 bei den Querschnitten A_1 und A_2 aus der BERNOULLIschen Gleichung (5.4):

$$\frac{1}{2}\varrho v_1^2 + p_1 = \frac{1}{2}\varrho v_2^2 + p_2$$

oder:

$$p_2 - p_1 = \frac{1}{2}\varrho(v_1^2 - v_2^2)$$

Da $v_1 < v_2$ ist, ist die Druckdifferenz $p_2 - p_1$ **negativ**. Der Druck **fällt** also in der Verengung ($p_2 < p_1$). Mit $v_2 = v_1 A_1/A_2$ erhält man:

$$p_1 - p_2 = \frac{1}{2}\varrho\left(v_1^2\frac{A_1^2}{A_2^2} - v_1^2\right) = \frac{1}{2}\varrho v_1^2\left(\frac{A_1^2}{A_2^2} - 1\right)$$

oder:

$$\boxed{v_1 = \sqrt{\frac{2(p_1 - p_2)}{\varrho\left(\frac{A_1^2}{A_2^2} - 1\right)}}} \tag{5.6}$$

Sind die Dichte ϱ und die Querschnitte A_1 und A_2 bekannt, dann kann also gemäß dieser Beziehung aus der Messung der Druckdifferenz $p_1 - p_2$ die Strömungsgeschwindigkeit v_1 bestimmt werden. Eine solche Messanordnung für diesen Zweck nennt man eine **Venturi-Düse**.

b.) **Ausströmen eines idealen Fluids durch eine kleine Öffnung**: Die Geschwindigkeit v_0, mit der ein Fluid aus der Öffnung eines Behälters, z.B. der Brennkammer einer Rakete, ausströmt, läßt sich, solange man die Ausströmung noch als stationär ansehen kann, ebenfalls mit Hilfe der BERNOULLIschen Gleichung (5.4) berechnen. Sind p und p_0 die statischen Drucke im Behälter und im Außenraum und v die Strömungsgeschwindigkeit im Behälter, dann folgt aus (5.4) wiederum mit $h = 0$:

$$\frac{1}{2}\varrho v^2 + p = \frac{1}{2}\varrho v_0^2 + p_0$$

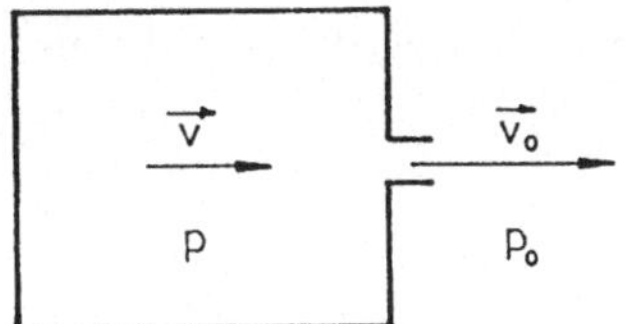

Sind A und A_0 die Querschnitte des Behälters und der Austrittsöffnung, dann ergibt sich, wie im vorangehenden Beispiel, für v_0 die der Formel (5.6) entsprechende Beziehung:

$$v_0 = \sqrt{\frac{2(p - p_0)}{\varrho\left(1 - \frac{A_0^2}{A^2}\right)}}$$

Ist A_0 sehr klein gegen A und damit $A_0^2/A^2 \ll 1$, dann folgt:

$$\boxed{v_0 = \sqrt{\frac{2(p - p_0)}{\varrho}}} \tag{5.7}$$

Strömen also zwei verschiedene Gase bei derselben Druckdifferenz durch eine kleine Öffnung, dann verhalten sich deren Ausströmgeschwindigkeiten v_{01} und v_{02} umgekehrt wie die Wurzeln aus ihren Dichten ϱ_1 und ϱ_2:

$$\frac{v_{01}}{v_{02}} = \sqrt{\frac{\varrho_2}{\varrho_1}}$$

Diesen Zusammenhang nennt man auch das **Bunsensche Gesetz**.
Die auf den Behälter, z.B. eine Rakete, wirkende Schubkraft ist unter den hier gemachten, vereinfachten Voraussetzungen dann: $F_S = \mathrm{d}(mv_0)/\mathrm{d}t = v_0 \cdot \mathrm{d}m/\mathrm{d}t$. Im Zeitintervall $\mathrm{d}t$ strömt die Masse $\mathrm{d}m = \varrho A_0 v_0 \cdot \mathrm{d}t$ aus. Daraus folgt: $F_S = \varrho A_0 v_0$ oder mit (5.7):

$$\boxed{F_S = 2A_0(p - p_0)}$$

c.) **Dynamischer Auftrieb**: Wird ein **unsymmetrischer** Körper umströmt, dann führt die sich in seiner Umgebung einstellende **unsymmetrische** Geschwindigkeitsverteilung als Folge der BERNOULLIschen Gleichung zu einer **unsymmetrischen** Druckverteilung auf seiner Oberfläche. Diese kann eine resultierende Kraft zur Folge haben, die dann auf den Körper wirkt und diesen beschleunigt.
In geometrisch einfachen Fällen kann diese Kraft elementar berechnet werden: Betrachtet werde als Beispiel ein Halbzylinder mit der Länge ℓ und dem Radius r_0, der mit seiner Mantelfläche nach oben weist und in einer horizontalen Parallelströmung der Geschwindigkeit v_0 liegt. Im Halbraum oberhalb seiner ebenen, horizontalen Unterfläche wird das ur-

sprünglich parallele Strömungsfeld durch die Umströmung der gekrümmten Mantelfläche verzerrt.

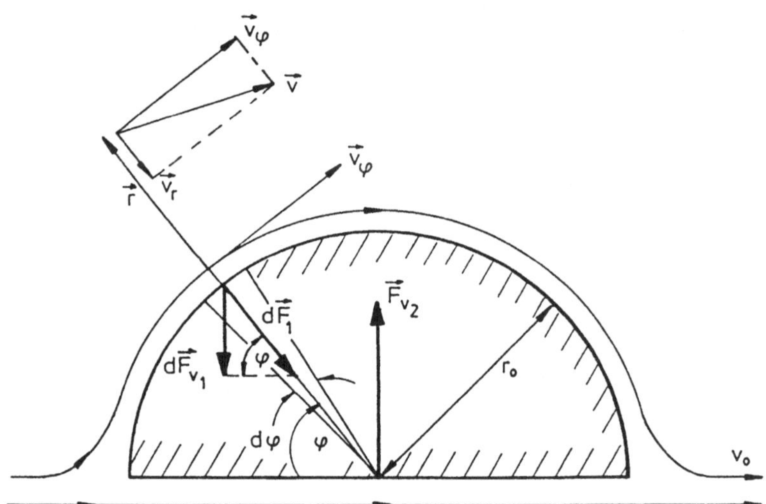

Abb. 5.5. Zum dynamischen Auftrieb

Im zylindrischen Koordinatensystem erhält man aus hydrodynamischen Berechnungen für die radialen und azimutalen Komponenten v_r und v_φ der dortigen Strömungsgeschwindigkeit v am Ort (r, φ):

$$v_r(r,\varphi) = -v_0 \left(1 - \frac{r_0^2}{r^2}\right) \cos\varphi$$

und:

$$v_\varphi(r,\varphi) = v_0 \left(1 + \frac{r_0^2}{r^2}\right) \sin\varphi$$

mit $v^2 = v_r^2 + v_\varphi^2$.
Auf der Mantelfläche des Zylinders, also bei $r = r_0$, ist $v_r = 0$, also:

$$v^2 = v_\varphi^2 = 4v_0^2 \sin^2\varphi$$

Für den Staudruck dort ergibt sich dann:

$$p_D(\varphi) = \frac{1}{2}\varrho v^2 = 2\varrho v_0^2 \sin^2\varphi$$

und für den statischen Druck gemäß (5.5):

$$p_0(\varphi) = p_G - p_D(\varphi) = p_G - 2\varrho v_0^2 \sin^2\varphi$$

p_G ist der im **gesamten** Strömungsfeld **konstante** Gesamtdruck.
Auf ein parallel zur Zylinderachse verlaufendes, streifenförmiges Mantelflächenelement $\mathrm{d}A = \ell r_0 \cdot \mathrm{d}\varphi$ wirkt dann die Kraft:

$$\mathrm{d}F_1 = p_0 \cdot \mathrm{d}A = p_0 \ell r_0 \cdot \mathrm{d}\varphi$$

Sie hat die vertikale Komponente:

$$\mathrm{d}F_{v_1}(\varphi) = p_0(\varphi)\ell r_0 \sin\varphi \cdot \mathrm{d}\varphi$$

Damit beträgt die gesamte vertikal nach unten auf den Körper drückende Kraft:

$$F_{v_1} = \ell r_0 \int_0^{\pi} p_0(\varphi) \sin\varphi \cdot \mathrm{d}\varphi$$
$$= \ell r_0 \int_0^{\pi} (p_G - 2\varrho v_0^2 sin^2\varphi) \sin\varphi \cdot \mathrm{d}\varphi$$

Die Strömungsgeschwindigkeit entlang der ebenen **Unterfläche** $A = \ell 2r_0$ des Zylinders ist unverändert gleich v_0. Damit beträgt die gesamte auf die Unterfläche des Körpers nach oben wirkende Druckkraft:

$$F_{v_2} = \left(p_G - \frac{1}{2}\varrho v_0^2\right) A = \left(p_G - \frac{1}{2}\varrho v_0^2\right) \ell 2r_0$$

Für die Gesamtkraft $F = F_{v_2} - F_{v_1}$ ohne Berücksichtigung des Gewichts des Körpers folgt daraus:

$$F = 2\ell r_0 \left(p_G - \frac{1}{2}\varrho v_0^2\right) - \ell r_0 \int_0^{\pi} (p_G \sin\varphi - 2\varrho v_0^2 \sin^3\varphi) \cdot \mathrm{d}\varphi$$
$$= \ell r_0 p_G \left(2 - \int_0^{\pi} \sin\varphi \cdot \mathrm{d}\varphi\right) + \ell r_0 \varrho v_0^2 \left(2 \int_0^{\pi} \sin^3\varphi \cdot \mathrm{d}\varphi - 1\right)$$

Mit:

$$\int_0^{\pi} \sin\varphi \cdot \mathrm{d}\varphi = 2 \qquad \text{und} \qquad \int_0^{\pi} \sin^3\varphi \cdot \mathrm{d}\varphi = \frac{2}{3}$$

ergibt sich:

$$\boxed{F = \frac{1}{3}\ell r_0 \varrho v_0^2}$$

F ist positiv, also **nach oben** gerichtet. Der Halbzylinder erfährt einen **dynamischen Auftrieb**.

Die wichtigste praktische Anwendung findet diese Erscheinung bei den Tragflügeln von Flugzeugen. Deren typisches Profil ergibt sich aus **zwei** Anforderungen:

Es soll einen **maximalen** dynamischen Auftrieb bei einem **minimalen** Strömungswiderstand besitzen.

5.5 Stationäre Strömung realer Fluide

Die Annahme, dass in idealen Flüssigkeiten keine Schubspannungen auftreten, bedeutet unter anderem, dass die Bewegung eines Flächenelements A in tangentialer Richtung keinen Kraftaufwand erfordert. Es gibt keine Gegen- oder Widerstandskraft, mit der die Flüssigkeit auf diese Verschiebung reagieren kann. In **realen** Fluiden, das sind Flüssigkeiten oder Gase, welche die genannten Voraussetzungen idealer Fluide nicht mehr erfüllen, treten jedoch solche Gegenkräfte auf. Die Ursache dafür ist, dass benachbarte Schichten aneinander haften, so dass sich die Bewegung einer Schicht auf die anderen überträgt.

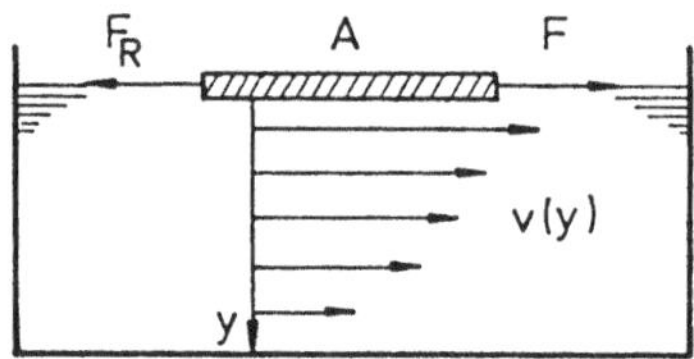

Abb. 5.6. Zum NEWTONschen Reibungsgesetz

Die tangentiale Bewegung eines Flächenelements A mit **konstanter** Geschwindigkeit v_0 erfordert also eine Kraft F, der eine gleich große und entgegengesetzt wirkende Gegenkraft F_R das Gleichgewicht hält. Dabei stellt sich senkrecht zu A (in y-Richtung) ein **Gefälle** $\mathrm{d}v/\mathrm{d}y$ der Geschwindigkeit v ein: Die Geschwindigkeit v_0 überträgt sich in stetig abnehmender Größe auf die Nachbarschichten.

Die Gegenkraft F_R ist proportional zum Geschwindigkeitsgefälle $\mathrm{d}v/\mathrm{d}y$ an der Grenzschicht zwischen A und dem Fluid, und zwar gilt:

$$F_R = \eta A \frac{\mathrm{d}v}{\mathrm{d}y} \qquad \text{oder mit} \qquad \tau = \frac{F_R}{A}:$$

$$\boxed{\tau = \eta \frac{\mathrm{d}v}{\mathrm{d}y}} \tag{5.8}$$

Dieser Zusammenhang heißt **Newtonsches Reibungsgesetz** für laminare Strömungen. Dabei versteht man unter einer **laminaren** Strömung eine durch die Wirkung der erläuterten Gegenkräfte beeinflusste stationäre und sogenannte **Schichtströmung**.

Die Proportionalitätskonstante η ist eine Materialkonstante. Sie heißt **Zähigkeit** oder (dynamische) **Viskosität** oder **Koeffizient der inneren Reibung**. Die **Maßeinheit** für die Zähigkeit ist die

Pascalsekunde [Pa · s].

Sie ist in folgender Weise festgelegt: 1 Pascalsekunde ist gleich der dynamischen Viskosität eines laminar strömenden, homogenen Fluids, in dem zwi-

schen zwei ebenen, parallel im Abstand 1 m angeordneten Schichten mit dem Geschwindigkeitsunterschied 1 m/s die Schubspannung 1 Pa herrscht.
Die Tangential- oder Schubspannung τ in (5.8) unterscheidet sich hinsichtlich der Reaktion, die die Substanz zeigt, grundsätzlich von derjenigen im Zusammenhang mit der elastischen Verformung fester Körper. Während sie dort proportional zur Deformation ist und diese rückgängig zu machen sucht, ist sie hier von der Geschwindigkeit bzw. deren Gefälle abhängig und wirkt bremsend auf jede **Bewegung**. F_R hat also den Charakter einer **Reibungskraft**. Man nennt deshalb das Auftreten solcher Reibungskräfte in realen Fluiden auch die **innere Reibung**.

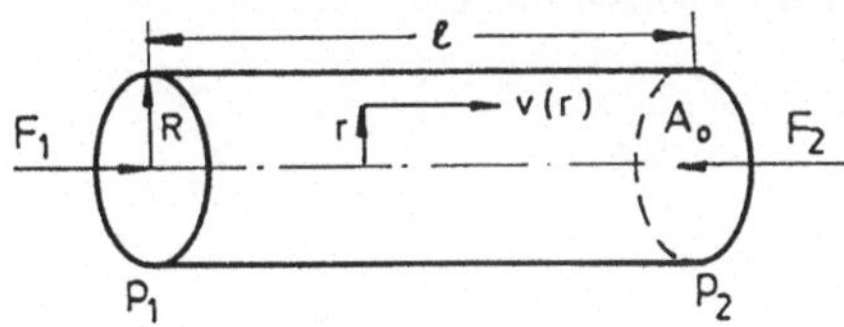

Abb. 5.7. Verhältnisse bei einer Rohrströmung

Die innere Reibung beeinflusst die Fluidmenge, die in einem vorgegebenen Zeitintervall durch ein Rohr fließen kann. Herrschen an den Enden eines geraden zylindrischen Rohres mit dem Radius R, der Länge ℓ und dem Querschnitt A_0 die Drucke p_1 und p_2, dann ist die auf die Fluidsäule im Rohr wirkende Kraft:

$$F_0 = F_1 - F_2 = A_0(p_1 - p_2) \qquad \text{oder mit} \qquad A_0 = \pi R^2 :$$
$$F_0 = (p_1 - p_2)\pi R^2$$

Entsprechend beträgt die Kraft auf ein herausgegriffenes koaxiales Volumenelement $\Delta V = \pi r^2 \ell$ mit dem Radius $r < R$ und der Länge ℓ:

$$F = (p_1 - p_2)\pi r^2$$

Vernachlässigt man den Einfluss des Gewichts des Fluids und setzt man ferner voraus, dass **keine** Beschleunigungen und damit keine Trägheitskräfte auftreten, dann muss Gleichgewicht zwischen F und der Reibungskraft F_R herrschen, d.h. es muss sein:

$$\boldsymbol{F} + \boldsymbol{F}_R = 0 \qquad \text{oder:} \qquad F = -F_R$$

F_R ergibt sich aus der an der Mantelfläche $A = 2\pi r\ell$ des Volumenelements ΔV angreifenden Schubspannung τ gemäß (5.8) zu:

$$F_R = A\eta \frac{\mathrm{d}v}{\mathrm{d}r} = 2\pi r\ell\eta \frac{\mathrm{d}v}{\mathrm{d}r}$$

Im Gleichgewicht muss also sein:

$$(p_1 - p_2)\pi r^2 = -2\pi r\ell\eta \frac{\mathrm{d}v}{\mathrm{d}r}$$

oder:

$$\boxed{\frac{\mathrm{d}v}{\mathrm{d}r} = -\frac{p_1 - p_2}{2\ell\eta} r} \tag{5.9}$$

Die radiale Geschwindigkeitsänderung $\mathrm{d}v/\mathrm{d}r$ ist also ein **Gefälle** und proportional zum Abstand r von der Rohrachse. Die radiale Abhängigkeit der Geschwindigkeit v selbst ergibt sich daraus durch Integration. Es ist mit (5.9):

$$v(r) = \frac{p_1 - p_2}{2\ell\eta} \int r \cdot \mathrm{d}r + C = -\frac{p_1 - p_2}{4\ell\eta} r^2 + C$$

Unter der Annahme, dass das Fluid an der Innenwand des Rohres haftet, dass also $v(R) = 0$ ist, folgt für die Integrationskonstante C:

$$v(R) = 0 = -\frac{p_1 - p_2}{4\ell\eta} R^2 + C \quad \text{oder:} \quad C = \frac{p_1 - p_2}{4\ell\eta} R^2$$

Damit ist:

$$\boxed{v(r) = \frac{p_1 - p_2}{4\ell\eta}(R^2 - r^2)} \tag{5.10}$$

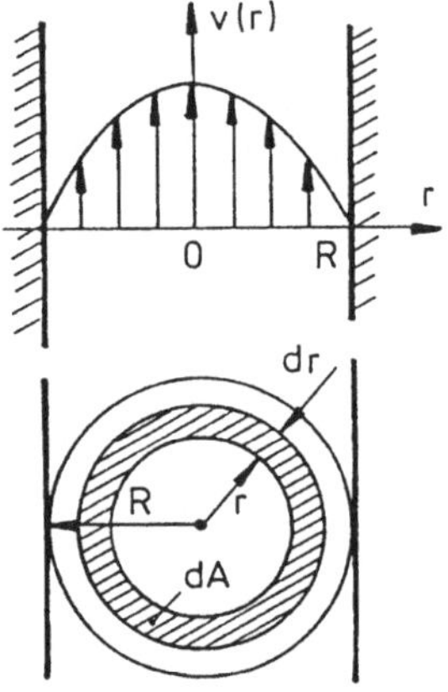

Abb. 5.8. Zur Rohrströmung bei innerer Reibung

Die Geschwindigkeitsverteilung ist also **parabolisch**. Die Geschwindigkeit ist auf der Rohrachse maximal. Sie beträgt:

$$v(0) = v_{\max} = \frac{p_1 - p_2}{4\ell\eta} R^2$$

Durch ein kreisringförmiges und achsensymmetrisches Flächenelement $\mathrm{d}A = 2\pi r \cdot \mathrm{d}r$ des Rohrquerschnitts strömt im Zeitintervall $\mathrm{d}t$ das Fluidvolumen:

$$\begin{aligned} \mathrm{d}V &= \mathrm{d}A \cdot v(r) \cdot \mathrm{d}t \\ &= 2\pi r \cdot \mathrm{d}r \cdot v(r) \cdot \mathrm{d}t \end{aligned}$$

Allgemein nennt man $i = \mathrm{d}V/\mathrm{d}t$ die **Stromstärke**. Damit ergibt sich für die Stromstärke $\mathrm{d}i$ durch das Flächenelement $\mathrm{d}A$ mit (5.10):

$$\mathrm{d}i = \frac{\mathrm{d}V}{\mathrm{d}t} = 2\pi \frac{p_1 - p_2}{4\ell\eta}(R^2 - r^2)r \cdot \mathrm{d}r$$

Die Stromstärke i durch das Rohr folgt daraus durch Integration über r von r bis R. Also ist:

$$i = \pi \frac{p_1 - p_2}{2\ell\eta} \int_0^R (R^2 - r^2)r \cdot \mathrm{d}r = \frac{p_1 - p_2}{2\ell\eta} \left[R^2 \frac{r^2}{2} - \frac{r^4}{4}\right]_0^R$$

oder:

$$\boxed{i = \frac{\pi}{8} \frac{p_1 - p_2}{\ell\eta} R^4} \tag{5.11}$$

Diese Beziehung heißt **Hagen-Poiseuillesches Gesetz**. Ist die Rohrströmung stationär, dann ist $\mathrm{d}V/\mathrm{d}t = V/t$. Das in der Zeitspanne t durch das Rohr fließende Volumen V ist demnach also:

$$V = \frac{\pi}{8} \frac{p_1 - p_2}{\ell\eta} R^4 t$$

V ist somit empfindlich von R abhängig. Bei beispielsweise einer Verdoppelung von R steigt V/t um das 16-fache.

Die obigen Zusammenhänge gelten nur unter der genannten Annahme, dass das Fluid an der Rohrwand haftet, d.h. sie auch benetzt. Die experimentelle Bestätigung des Hagen-Poiseuilleschen Gesetzes (5.11) für viele Fälle ist eine Stütze für diese Voraussetzung. Ist das Fluid nicht benetzend, so dass sie an der Rohrwand entlang gleitet, dann gilt (5.11) nicht mehr.
Ist $\overline{v}$ die über r gemittelte Strömungsgeschwindigkeit, dann ergibt sich für die Stromstärke auch:

$$i = \frac{V}{t} = \frac{\pi R^2 \ell}{t} = \pi R^2 \overline{v}$$

Durch Einsetzen in (5.11) erhält man:

$$\pi R^2 \overline{v} = \frac{\pi}{8} \frac{p_1 - p_2}{\ell\eta} R^4 \quad \text{oder} \quad (p_1 - p_2)\pi R^2 = 8\pi\eta\ell\overline{v}$$

$(p_1 - p_2)\pi R^2 = F_0$ ist die Druckkraft, welche das Fluid durch das Rohr treibt. Ihr hält die gesamte auftretende Reibungskraft das Gleichgewicht. Diese Reibungskraft, mit der das Rohr der Strömung entgegenwirkt, nennt man auch den **Reibungswiderstand** W. Also ist:

$$\boxed{W = 8\pi\eta\ell\overline{v}} \tag{5.12}$$

Bei einem **idealen** Fluid ist $\eta = 0$ und damit $W = 0$.

Die Reibungswiderstände W von Körpern, die sich in realen Fluiden bewegen oder von ihnen umströmt werden, hängen in komplizierter Weise von der Gestalt des Körpers ab.

Für eine Kugel mit dem Radius r gilt bei laminarer Umströmung das einfache **Stokes'sche Gesetz**:

$$\boxed{W = 6\pi\eta r v} \tag{5.13}$$

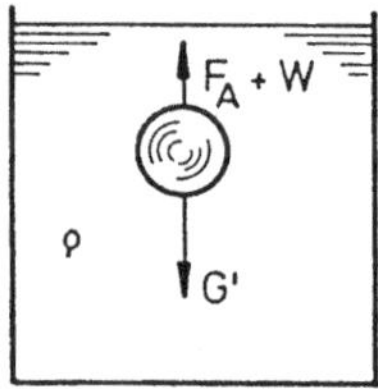

Abb. 5.9. Fallen einer Kugel in einem viskosen Fluid

Dieser geometrisch einfache Fall ist von praktischer Bedeutung für die Bestimmung der Zähigkeit von Fluiden mittels sogenannter **Kugel-Viskosimeter**. Dabei läßt man eine homogene Kugel mit dem Radius r aus einem Material der Dichte ϱ' in das zu untersuchende Fluid mit der bekannten Dichte ϱ fallen. Unter der Wirkung des um den Auftrieb F_A verminderten Gewichts G' verläuft die Fallbewegung zunächst beschleunigt. Mit wachsender Geschwindigkeit wächst proportional die nach oben gerichtete Reibungskraft W. Ist das Gleichgewicht

$$F_A + W = G'$$

erreicht, dann fällt danach die Kugel mit **konstanter** Geschwindigkeit v. Mit:

$$F_A = \frac{4}{3}\pi r^3 \varrho g \quad \text{und} \quad G' = \frac{4}{3}\pi r^3 \varrho' g$$

folgt:

$$F_A + W = \frac{4}{3}\pi r^3 \varrho g + 6\pi\eta r v = G' = \frac{4}{3}\pi r^3 \varrho' g$$

oder:

$$\boxed{\eta = \frac{2gr^2}{9v}(\varrho' - \varrho)}$$

Über die Messung von v kann also η bestimmt werden.
Beispiele für Zähigkeiten η bei 20°C:

Stoff	Wasser	Glyzerin	Luft	Wasserstoff
η [Pa s]	$1.00 \cdot 10^{-3}$	1.49	$1.81 \cdot 10^{-5}$	$0.88 \cdot 10^{-5}$

Die Zähigkeit ist deutlich von der Temperatur T abhängig. Bei Flüssigkeiten **fällt** η mit steigendem T.

Beispiel: Wasser

T	0	20	50	°C
η	$1.78 \cdot 10^{-3}$	$1.00 \cdot 10^{-3}$	$0.56 \cdot 10^{-3}$	Pa s

Bei Gasen **steigt** η mit T.
Beispiel für die Sinkgeschwindigkeit: Nebeltropfen ($\varrho' = 10^3$ kg/m^3) vom Radius $r = 2 \cdot 10^{-6}$ m fallen in Luft ($\varrho = 1.3$ kg/m^3) mit der Geschwindigkeit:

$$v = \frac{2gr^2}{9\eta}(\varrho' - \varrho) = \frac{2 \cdot 9.81 \cdot 4 \cdot 10^{-12}}{9 \cdot 1.81 \cdot 10^{-5}} \cdot (10^3 - 1.3)\ \frac{\mathrm{m}}{\mathrm{s}} = 4.8 \cdot 10^{-2}\ \frac{\mathrm{cm}}{\mathrm{s}}$$

Rotiert ein Körper in einem realen Fluid, dann erzeugt die innere Reibung aufgrund der Mitnahme der angrenzenden Fluidschichten eine sogenannte **Zirkulations-Strömung** um den Körper. Das Strömungsfeld besteht aus **geschlossenen** Stromlinien.
Ist der Körper ein mit der Winkelgeschwindigkeit ω um seine Achse rotierender Zylinder mit der Länge ℓ und dem Radius R, dann sind die Stromlinien konzentrische Kreise um die Zylinderachse, wobei die Strömungsgeschwindigkeit $v(r)$ außerhalb des Zylinders umgekehrt proportional zum Abstand r von der Achse abfällt: $v(r) = C/r$. Haftet das Fluid an der Mantelfläche, dann muss dort, d.h. für $r = R$, $v(R) = \omega R = C/R$ sein. Daraus folgt:

$$C = \omega R^2 \qquad \text{oder:} \qquad v(r) = \frac{\omega R^2}{r}$$

Allgemein nennt man das Linienintegral:

$$\Gamma = \oint \boldsymbol{v} \cdot \mathrm{d}\boldsymbol{s}$$

der Strömungsgeschwindigkeit $\boldsymbol{v}$ entlang eines geschlossenen Weges die **Zirkulation** der Strömung. Für den speziellen Fall der Zirkulations-Strömung um einen rotierenden Zylinder ist also für einen Integrationsweg entlang einer kreisförmigen Stromlinie vom Radius r, auf welcher $\boldsymbol{v}(r)$ und $d\boldsymbol{s}$ dieselbe Richtung haben und $v(r)$ konstant ist:

$$\Gamma = \oint v(r) \cdot \mathrm{d}s = \frac{\omega R^2}{r} \oint \mathrm{d}s = \frac{\omega R^2}{r} 2\pi r = 2\pi\omega R^2$$

Überlagert man einer **Zirkulations-Strömung** eine **homogene Strömung** mit der Geschwindigkeit $\boldsymbol{v}_0$, dann führt die vektorielle Addition von $\boldsymbol{v}(r)$ und $\boldsymbol{v}_0$ zu einer unsymmetrischen Geschwindigkeitsverteilung um den Körper. Als Folge davon entsteht nach Maßgabe der BERNOULLIschen Gleichung eine resultierende Gesamtkraft F entsprechend dem oben behandelten dynamischen Auftrieb. Diese Erscheinung heißt **Magnus-Effekt**. F wirkt senkrecht zur Rotationsachse und zu $\boldsymbol{v}_0$ und hat die Größe:

$$\boxed{F = \varrho v_0 \ell \Gamma}$$

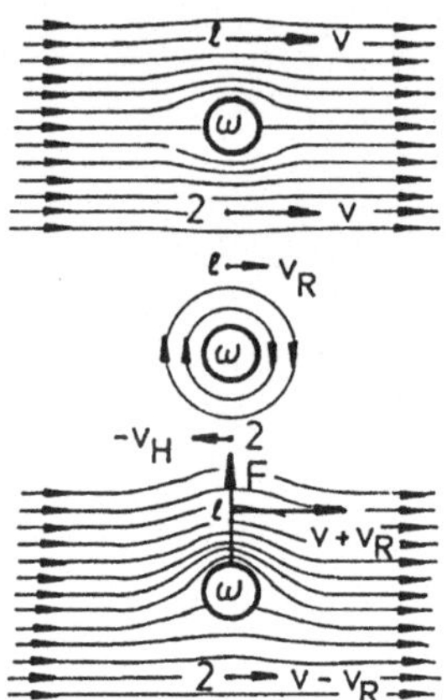

Abb. 5.10. MAGNUS-Effekt

Diese Beziehung heißt **Kutta-Joukowskisches Gesetz**. Dabei ist ϱ die Dichte des strömenden Mediums und ℓ die Länge des Zirkulationsgebiets quer zu $\boldsymbol{v}_0$. Für den Fall des Zylinders folgt mit $\Gamma = 2\pi\omega R^2$:

$$F = 2\pi\varrho v_0 \ell\omega R^2$$

5.6 Turbulente Strömung in realen Fluiden

In allen bisherigen Betrachtungen wurde angenommen, dass die eine Strömung treibenden Kräfte durch die Reibungskräfte F_R kompensiert werden konnten. Ist das nicht mehr der Fall, dann treten Beschleunigungen und damit zusätzlich Trägheitskräfte F_T auf.
Mit wachsendem Einfluss von F_T schlägt jede laminare Strömung bei einem kritischen Wert des Verhältnisses F_T/F_R in eine sogenannte **turbulente** Strömung um, die durch einen verwirbelten und nicht mehr stationären Verlauf der Stromlinien gekennzeichnet ist. Bei welchem Wert von F_T/F_R dieser Übergang auftritt, hängt in komplizierter Weise von dem speziellen Strömungsproblem und dessen Anfangs- oder Randbedingungen ab. Die wichtigsten Parameter in diesem Zusammenhang sind die Strömungsgeschwindigkeit v des Fluids, dessen Dichte ϱ, dessen Zähigkeit η und die Ausdehnung ℓ des umströmten Körpers senkrecht zu $\boldsymbol{v}$. Man kann im Rahmen allgemeinerer Betrachtungen zeigen, dass

$$\boxed{\frac{F_T}{F_R} \sim \frac{\ell\varrho v}{\eta} = Re}$$

ist. Re heißt **Reynolds'sche Zahl**. In einem idealen Fluid ist mit $\eta = 0$ dann $Re = \infty$.

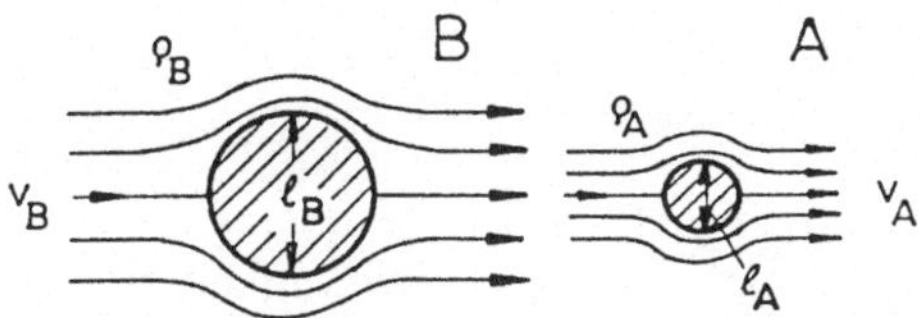

Abb. 5.11. Zum REYNOLDS'schen Ähnlichkeits-Gesetz

Re spielt eine grundsätzlich wichtige Rolle bei der Untersuchung von Strömungsproblemen an (verkleinerten) Modellen.

Die Modellströmung A muss dabei der eigentlichen Strömung B **ähnlich** sein, was bedeutet, dass entsprechende physikalische Größen, wie z.B. Strecken, Zeiten und Massen, in ähnlich gelegenen Punkten der beiden Strömungsfelder einander **proportional** sein müssen. Das ist genau dann erfüllt, wenn beide Strömungen in ihren REYNOLDS'schen Zahlen übereinstimmen, wenn also gilt:

$$Re_A = \frac{\ell_A \varrho_A v_A}{\eta_A} = Re_B = \frac{\ell_B \varrho_B v_B}{\eta_B}$$

Dieser Zusammenhang heißt **Reynolds'sches Ähnlichkeits-Gesetz**. Modelluntersuchungen können demnach also auch mit vom Originalproblem verschiedenen Fluiden und Strömungsgeschwindigkeiten durchgeführt werden, wenn nur die obige Gesetzmäßigkeit erfüllt bleibt.

Die genauen Werte der für ein spezielles Strömungsproblem kritischen REYNOLDSschen Zahl Re_K für den Umschlag einer laminaren in eine turbulente Strömung müssen experimentell bestimmt werden. Sie hängen außer von ℓ, ϱ, v und η von vielen rechnerisch nur schwer erfassbaren Nebenbedingungen ab, wie z.B. von der Beschaffenheit der Oberfläche des umströmten Körpers.

Beispiel: Bei der Strömung durch ein gerades Rohr mit dem Radius $r = 1\,\text{cm}$ liegt Re_K je nach Rauhigkeit der Rohr-Innenwand und den Einströmbedingungen zwischen rund

$$1200 < Re_K < 20000$$

Aus dem unteren Grenzwert $Re_K = 1200$ folgt für die kritische Strömungsgeschwindigkeit:

$$v_K = \frac{Re_K \varrho}{\varrho r}$$

bei **Wasser**: $v_K = 0.13$ m/s, bei **Luft**: $v_K = 1.67$ m/s. Das bedeutet: Für $v < v_K$ ist die Strömung laminar, für $v > v_K$ im allgemeinen bereits turbulent.

Zum reinen Reibungswiderstand W, der proportional zu v ansteigt, kommt bei turbulenter Strömung noch ein weiterer Anteil, der sogenannte **Wirbel- oder Druckwiderstand** W_w hinzu, der sich durch den Ansatz:

$$\boxed{W_w = c_w \frac{\varrho v^2}{2} A} \tag{5.14}$$

beschreiben läßt. Dabei ist ϱ die Dichte des strömenden Fluids und A die angeströmte Fläche des Körpers senkrecht zur Strömungsgeschwindigkeit $\boldsymbol{v}$. c_w heißt **Widerstandszahl** oder **Widerstandsbeiwert**. Er ist deutlich von der Form des umströmten Körpers abhängig. Hierzu gibt Bild 5.12 einige Beispiele. Die angegebenen c_w-Werte beziehen sich auf den des tropfenförmigen Körpers.

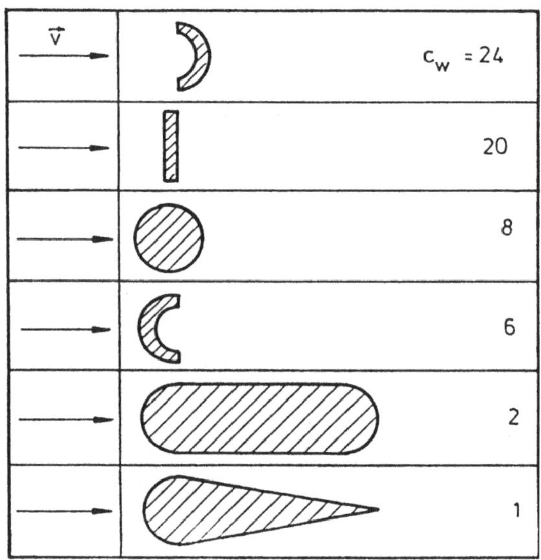

Abb. 5.12. Relative c_w-Werte für verschiedene Körperformen

Sind die Körperform und das Fluid, also η und ϱ, vorgegeben, dann gilt der Ansatz (5.14) mit einem von v **unabhängigen** c_w-Wert stets nur in eingeschränkten Geschwindigkeits-Bereichen. Allgemein nämlich ist c_w von der REYNOLDS'schen Zahl Re, also bei festem ℓ, ϱ und η, von v abhängig.
Leicht überschaubar ist diese Abhängigkeit im Bereich der **laminaren** Strömung. Hier ist in vielen grundsätzlich wichtigen Fällen, wie es z.B. die Formeln (5.12) und (5.13) zeigen, der Reibungswiderstand W proportional zu η und v, so dass mit einer Proportionalitätskonstanten k folgt:

$$W = k\eta v \tag{5.15}$$

Durch Gleichsetzen von (5.15) und (5.14) läßt sich auch für den **laminaren** Bereich ein Widerstandsbeiwert c_w definieren. Aus

$$k\eta v = c_w \frac{\varrho v^2}{2} A$$

erhält man:

$$c_w = \frac{2k\eta}{\varrho v A} = \frac{2k\ell}{A}\frac{\eta}{\ell\varrho v} = \frac{B}{Re}$$

$B = 2k\ell/A$ ist eine **Zahl**, die nur von den (geometrischen) Dimensionen des umströmten Körpers abhängt. Bei laminarer Strömung sollte also der Widerstandsbeiwert mit wachsender REYNOLDS-Zahl umgekehrt proportional zu ihr abnehmen.

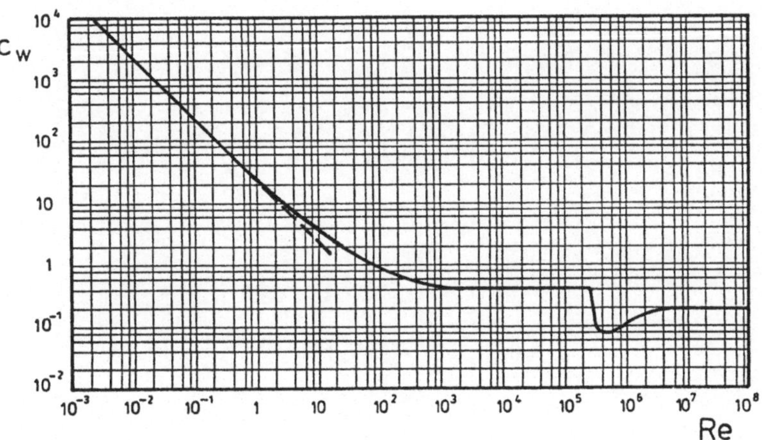

Abb. 5.13. $c_w = f(Re)$ für eine luftumströmte Kugel

In Bild 5.13 ist als Beispiel der Verlauf von c_w über einen weiten Bereich von Re für eine Kugel in einer Luftströmung in doppelt-logarithmischer Darstellung aufgetragen. Unterhalb von rund $Re = 1$ ergibt sich ein linearer Abfall gemäß $\log c_w = \text{const} - \log Re$. Hier ist also, im Einklang mit der obigen Voraussage für laminare Strömungen, $c_w \sim 1/Re$. Auf ein Übergangsgebiet folgt dann zwischen $Re = 10^3$ und $Re = 2 \cdot 10^5$ ein horizontaler Bereich. Hier ist c_w **unabhängig** von Re und damit von v. Oberhalb von $Re = 2 \cdot 10^5$ führen komplizierte Strömungsverhältnisse zu einem entsprechend komplizierten Verlauf von c_w.

6 Wärmelehre

6.1 Vorbemerkungen und Begriffserläuterungen

In physikalischen Fragestellungen wird meist ein bestimmtes Stück Substanz (gedanklich) getrennt von seiner Umwelt betrachtet. Ein derartiges, eindeutig abgegrenztes Teilstück nennen wir ein **System** S, alle anderen Systeme, die auf S Einfluss nehmen können, seine **Umgebung**. (Beispiel: System = Gas in einem Zylinder; Umgebung = Zylinder, beweglicher Abschluss (Kolben), Bunsenbrenner). Ein System heißt **abgeschlossen**, wenn es nicht mit seiner Umgebung wechselwirkt.

Korollar 6.1 Zustandsgrößen *sind solche, die nur vom Zustand eines Systems abhängen. Beispiele: Volumen* V*, Druck* p*, Temperatur* T*, Dichte* ϱ*, Masse* M.

Ein System befindet sich im **Gleichgewicht**, wenn

1. es abgeschlossen ist (z.B. weder Energie- noch Massenaustausch),
2. sich die messbaren Stoffeigenschaften nicht mit der Zeit ändern und
3. mögliche Umwandlungen mit messbarer Geschwindigkeit ablaufen.

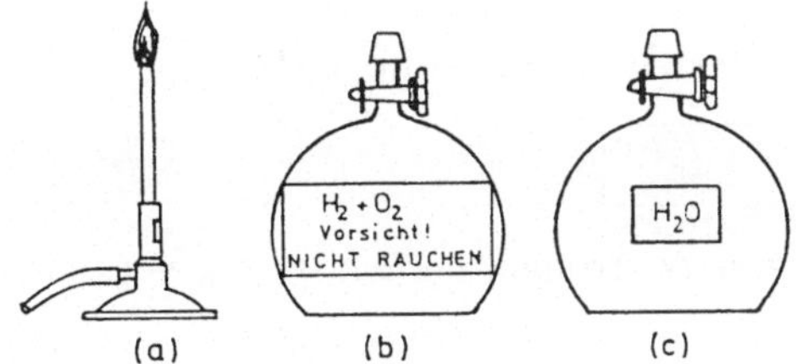

Abb. 6.1. (Un)Gleichgewicht

Beispiel: System (a) erfüllt 1. nicht (Zufuhr von Gas, Abfuhr von Verbrennungsprodukten): **stationärer Zustand**. System (b) erfüllt 3. nicht. Nur (c) ist im Gleichgewicht.

Zusammenhänge zwischen Zustandsgrößen eines Systems im Gleichgewicht werden durch **Zustandsgleichungen** beschrieben. Die oben angegebenen Zustandsgrößen beschreiben den **makroskopischen** Zustand, d.h. Eigenschaften, die am Gesamtsystem gemessen werden. In der **Wärmelehre** werden makroskopische Eigenschaften ohne Bezug auf den atomaren/molekularen Aufbau der Materie behandelt.
In der **statistischen Mechanik** werden mikroskopische Eigenschaften der Atome des Systems (meist mit mittleren Werten) beschrieben: Energien, Massen, Anzahl von Atomen, Atomstößen, etc.).
Makroskopische und mikroskopische Größen müssen zusammenhängen und wechselseitig ineinander ausdrückbar sein, weil sie die gleichen Sachverhalte beschreiben. Insbesondere müssen sich die Gesetze der Wärmelehre mit Hilfe der statistischen Mechanik beschreiben lassen.

Beispiele: Innere Energie $\rightarrow$ kinetische + potentielle Energie der Moleküle;
Druck $\rightarrow$ Molekülstöße (Modellversuch!);
Gleichgewicht $\rightarrow$ dynamisches Gleichgewicht.

Wir beginnen mit der makroskopischen Beschreibung und werden später auch mikroskopische Betrachtungen benutzen.

6.1.1 Stoffmenge und Teilchenzahl

Während makroskopisch die Stoffmenge eines Systems (einheitlicher Zusammensetzung) durch Angabe seiner Masse gekennzeichnet ist, ist es bei atomistischen Betrachtungen meist günstiger, die Materiemenge durch deren Teilchenzahl zu beschreiben. Die Einheit der Stoffmenge ist im SI-System 1 mol:

> 1 mol ist die Menge eines Stoffes, die genau so viele Teilchen enthält, wie 12 Gramm des Kohlenstoffisotops ^{12}C.

Die so ausgezeichnete Teilchenzahl heißt **Avogadrosche Zahl** N_A.

$$\boxed{N_A = (6.0220921 \pm 0.0000062) \cdot 10^{23}\ \mathrm{mol}^{-1}} \tag{6.1}$$

Liegt eine Materiemenge der Masse M aus N Atomen der Masse m_a vor, so beträgt die Stoffmenge (in mol):

$$\nu = \frac{N}{N_A} = \frac{m_a \cdot N}{m_a \cdot N_A} = \frac{M}{M_M} \tag{6.2}$$

Darin ist $M_M = m_a \cdot N_A$ die **molare Masse**: $[M_M] = 1\ \mathrm{kg\ mol}^{-1}$. Auch andere auf 1 mol bezogene Größen werden molar genannt (s. Abschnitt 6.5.1).

Bestimmung von N_A:

1. Aus $N_A = (12\ \text{g/mol})/(m_{^{12}\text{C}}\ (\text{g}))$, ungenau.
2. Aus der Dichte ϱ und molaren Masse M_{Si} von Silizium, das als reiner Einkristall vorliegt. Bei genauer Kenntnis der Kantenlänge a und der Zahl f der Atome je kubischer Elementarzelle folgt:
$$N_A = \frac{M_{\text{Si}}}{m_{\text{Si}}} = \frac{M_{\text{Si}}}{(\varrho a^3/f)} = f\frac{M_{\text{Si}}}{\varrho a^3}$$
3. Historisch: Aus BROWNscher Bewegung (vgl. Abschnitt 6.11.3) oder elektrolytischer Massenabscheidung (s. Band 2).

6.2 Temperatur und Thermometer

Mit Hilfe der Hautsinnesorgane kann man heiße Körper von kälteren unterscheiden und in eine entsprechende Rangfolge bringen. Der qualitative Wärmeeindruck wird der **Temperatur** des Körpers zugeschrieben. In der Physik werden jedoch eine objektive Temperaturskala und ein Verfahren zur Temperaturmessung benötigt.

Korollar 6.2 Beobachtung: *Werden zwei identische Körper A und B, die zunächst einen verschiedenen Temperatureindruck vermitteln, in Kontakt gebracht, so ergeben beide, nach genügender Wartezeit, den gleichen Temperatureindruck:* **thermisches Gleichgewicht**.

Das thermische Gleichgewicht wird mit einem 3. Körper C ("Thermometer") festgestellt.

Korollar 6.3 Thermometrisches Postulat: *Sind zwei Körper A und B im thermischen Gleichgewicht mit dem Thermometer C, so sind sie es auch untereinander. Mit anderen Worten: Es gibt eine skalare Größe (die Temperatur), deren Gleichheit notwendige und hinreichende Bedingung für thermisches Gleichgewicht zwischen zwei Systemen ist.*

Zur **Temperaturmessung** sind alle Eigenschaften von Körpern nutzbar, die in eindeutiger und reproduzierbarer Weise von der Temperatur abhängen, z.B.

- Volumen einer Flüssigkeit
- Länge eines Stabes
- Volumen (resp. Druck) eines Gases bei festem Druck (resp. Volumen)
- Elektrischer Widerstand eines Leiters
- Wärmestrahlung eines Körpers
- Rauschen stromdurchflossener Widerstände

Temperaturskala: Definiert durch Auswahl einer Thermometersubstanz und einen als monoton (meist linear) angenommenen Zusammenhang zwischen Thermometermessgröße x und Skala der Temperatur t zwischen wohldefinierten Fixpunkten x_0, t_0 und x_1, t_1.

$$t(x) - t(x_0) = a(x - x_0) \qquad \text{mit} \qquad a = \frac{t_1 - t_0}{x_1 - x_0}$$

6.2.1 Nicht-absolute Temperaturskala (nach Celsius)

Fixpunkte:

1. Temperatur des bei Normaldruck p = 101325 Pa ($\widehat{=}$ 760 Torr) schmelzenden Eises: $t_0 = 0°\text{C}$.
2. Temperatur des bei Normaldruck siedenden Wassers: $t_1 = 100°\text{C}$.

$$\boxed{1°\text{C} = \frac{t_1 - t_0}{100}}$$

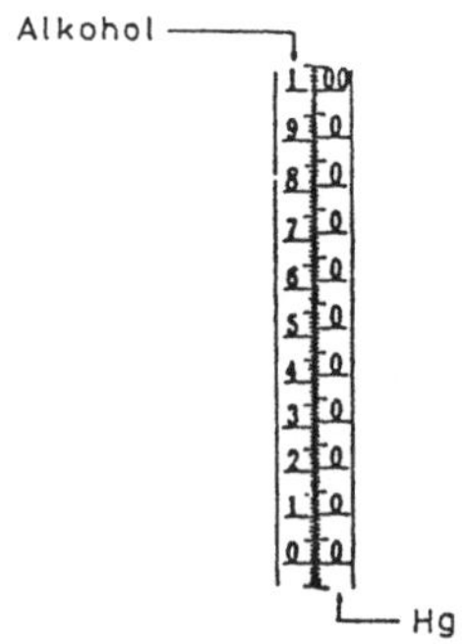

Abb. 6.2. Skalenvergleich von Hg- und Alkohol-Thermometer

Realisation: Volumenausdehnung von Flüssigkeiten oder Gasen (s. Abschnitt 6.2.4). Die zwischen den Fixpunkten aufgespannten Temperaturskalen sind, wie das Beispiel in Bild 6.2 zeigt, verschieden. Um eine wohldefinierte Skala zu erhalten, muss man entweder eine bestimmte Thermometersubstanz zugrundelegen oder eine andere, stoffunabhängige Definition der Temperaturskala vornehmen. Es wird der zweite Weg beschritten.

6.2.2 Absolute (thermodynamische) Temperaturskala

Nach SI und dem Gesetz über Einheiten im Messwesen ist für die Messung von Temperaturen resp. Temperaturdifferenzen die thermodynamische Temperaturskala verbindlich; sie führt die Messung von Temperaturen T auf die von Wärmemengen in einem CARNOTschen Kreisprozess (s. Abschnitt 6.8.1) zurück.

Da alle experimentellen Erfahrungen darauf hinweisen, dass es einen absoluten Nullpunkt der Temperatur gibt, genügt zur Festlegung der absoluten Temperatureinheit 1 Kelvin (kurz: 1 K) ein weiterer Fixpunkt:

> 1 K ist der 273.16te Teil der thermodynamischen Temperatur des Tripelpunktes von Wasser.

Anmerkung: Am Tripelpunkt befinden sich Wasser, Wasserdampf und Eis im Gleichgewicht (s. Abschnitt 6.9.2).
Dadurch ist die Celsiusskala in Temperaturdifferenzen identisch mit der KELVIN-Skala; ihr Nullpunkt liegt bei $T_0 = 273.15$ K, so dass gilt:

$$\begin{aligned} &\Delta t = 1°\mathrm{C} \mathrel{\hat{=}} \Delta T = 1\mathrm{K} \quad \text{und} \\ &t = T - T_0 \end{aligned}$$

Zur praktischen Realisation der absoluten Temperaturskala ist 1990 die Internationale Temperaturskala durch eine Reihe von genau vermessenen Fixpunkten (Beispiel: Erstarrungspunkt von Indium bei 429.7485 K) festgelegt worden, so dass die Skala in den Fixpunkten exakt und dazwischen näherungsweise reproduziert wird.

Thermodynamische Temperaturskala, statistische Definiton (s. Abschnitt 6.4.2) Für ein einatomiges ideales Gas ist die mittlere kinetische Energie eines Atoms gegeben durch

$$\overline{E}_{\mathrm{kin}} = \frac{3}{2}\, kT \qquad (6.13)$$

mit $k = 1.3805 \cdot 10^{-23}$ JK^{-1} (BOLTZMANN-Konstante). Daraus folgt die mikroskopische Interpretation der thermodynamischen Temperatur, die der obigen gleichwertig ist

$$T = \frac{2}{3k}\, \overline{E}_{\mathrm{kin}} \qquad (6.15)$$

6.2.3 Thermische Ausdehnung fester und flüssiger Körper

Die Länge $\ell(T)$ eines langen, dünnen, festen Körpers nimmt mit wachsender Temperatur T innerhalb begrenzter Temperaturbereiche näherungsweise linear zu:

$$\ell(T) = \ell(T')\Big[1 + \alpha(T - T') + \alpha'(T - T')^2\Big] \qquad (6.3)$$

mit $\alpha' \ll \alpha$, meist $\alpha' > 0$, und

$$\alpha \approx \frac{\ell(T) - \ell(T')}{(T - T')\ell(T')}$$

α: **Linearer Ausdehnungskoeffizient** $[\alpha] = 1\ \mathrm{K}^{-1}$

Stoff	$\alpha \cdot 10^6\ (\mathrm{K}^{-1})$ für $T' = 273$ K
Quarzglas	0.51
Jenaer Glas	8.1
Eisen	12.0
Aluminium	23.8
Kupfer	16.7
Wolfram	4.3

α liegt für die meisten Metalle und viele Gläser bei $10^{-6} - 10^{-5}\ \mathrm{K}^{-1}$, so dass sich Längenänderungen von 0.1 – 1 mm für $\ell = 1000$ mm und $\Delta T = 100°\mathrm{C}$ ergeben. Anwendung: Bimetallthermometer, Metallverbindung.
Volumenausdehnung:

$$V(T) \approx V(T')\Big[1 + \gamma(T - T') + \gamma'(T - T')^2\Big]$$

Für einen Quader der Kantenlängen a', b', c' folgt aus (6.3):

$$\begin{aligned} V(T) &\approx a'b'c'\Big[1 + \alpha(T - T')\Big]^3 \\ &\approx V(T')\Big[1 + 3\alpha(T - T')\Big] \end{aligned}$$

d.h.

$$\gamma = 3\alpha; \quad \gamma' \ll \gamma \qquad \Big[\gamma\Big] = 1\mathrm{K}^{-1} \tag{6.4}$$

γ heißt **Volumenausdehnungskoeffizient**.

Substanz	$\gamma\ [\mathrm{K}^{-1}]$ bei $T' = 273$ K	$\gamma\ [\mathrm{K}^{-1}]$ bei $T' = 473$ K
Quecksilber	0.000181	0.000183
Äthylalkohol	0.00143	

γ ist für Flüssigkeiten durchweg um Faktoren 10–100 größer als für feste Körper (Anwendung: **Flüssigkeitsthermometer**). Für die Dichte $\varrho(T)$ folgt bei konstanter Masse M:

$$\varrho(T) = \frac{M}{V(T)} = \frac{\varrho(T')}{1 + \gamma(T - T')} \approx \varrho(T')\Big[1 - \gamma(T - T')\Big] \tag{6.5}$$

Die Dichte nimmt also mit zunehmender Temperatur ab. Wasser zeigt ein hiervon abweichendes Verhalten und erreicht die maximale Dichte bei 4°C.

6.2.4 Thermische Ausdehnung von Gasen

Eine feste Gasmenge kann bei Temperaturänderung sowohl Druck als auch Volumen ändern. Durch geeignete Prozessführung kann man jedoch erreichen, dass die Zustandsänderung **isobar** (d.h. $p = \mathrm{const}$) oder **isochor** (d.h. $V = \mathrm{const}$) verläuft.

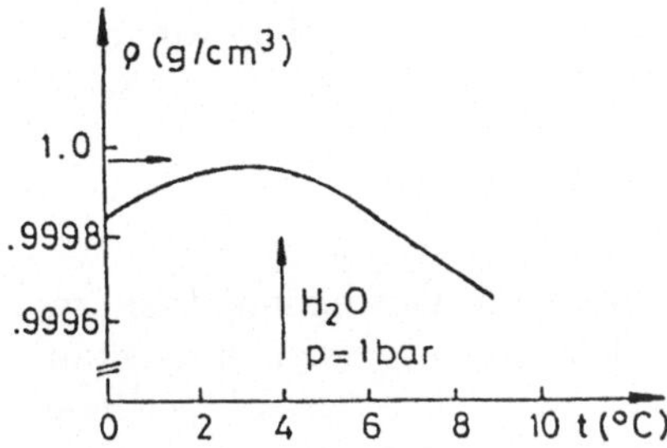

Abb. 6.3. Dichte von Wasser

Isobare Expansion:

$$p = \frac{mg}{A} + p_{\text{Luft}}$$

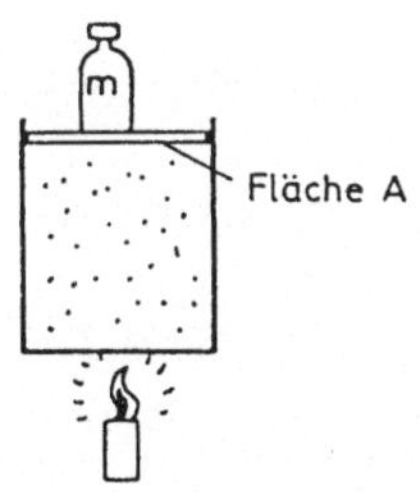

Abb. 6.4. Isobare Prozessführung

Für ein (nahezu) ideales Gas (H_2, He) findet man experimentell:

$$V(T) = V_0\left[1 + \gamma(T - T_0)\right]$$

$$\gamma \approx \frac{1}{273.15}\,K^{-1} = \frac{1}{T_0} \qquad \Rightarrow$$

Gesetz von Gay-Lussac ($p = \text{const}$):

$$\boxed{\frac{V(T)}{T} = \frac{V(T_0)}{T_0}} \tag{6.6}$$

Isochorer Prozess: Der Prozess $p_0, T_0 \to p, T$ werde in 2 Schritte zerlegt:

$$\begin{pmatrix} p_0, V_0, \\ T_0 \end{pmatrix} \quad \begin{pmatrix} \text{isobar}^{(1)} \\ \mathrm{T_0 \to T} \end{pmatrix} \to \begin{pmatrix} p_0, V_T, \\ T \end{pmatrix} \quad \begin{pmatrix} \text{isochor}^{(2)} \\ \mathrm{V_T \to V_0} \end{pmatrix} \to \begin{pmatrix} p, V_0, \\ T \end{pmatrix}$$

(1): $V_T = V_0 \cdot T/T_0$ nach (6.6)
(2): $V_T p_0 = V_0 p$ nach BOYLE-MARIOTTE, (s. Kap. 4.2).

$$(1) + (2) \Rightarrow p = p_0\frac{V_T}{V_0} = p_0\frac{T}{T_0} = p_0\left[1 + \beta(T - T_0)\right] \tag{6.7}$$

Spannungskoeffizient β Für ideale Gase ist $\beta = \gamma = 1/T_0$, für reale Gase $\beta \approx \gamma$.

6.2.5 Das Gasthermometer

Die linearen Zusammenhänge (6.6) und (6.7) legen die Verwendung (nahezu) idealer Gase als Thermometersubstanz nahe. Das Gasthermometer konstanten Volumens arbeitet so: V_g ist das von einer beweglichen Quecksilbersäule, Dichte ϱ_{Hg}, eingeschlossene Gasvolumen. V_g wird konstant gehalten, so dass $p(T) = p_0(1 + \gamma(T - T_0))$.

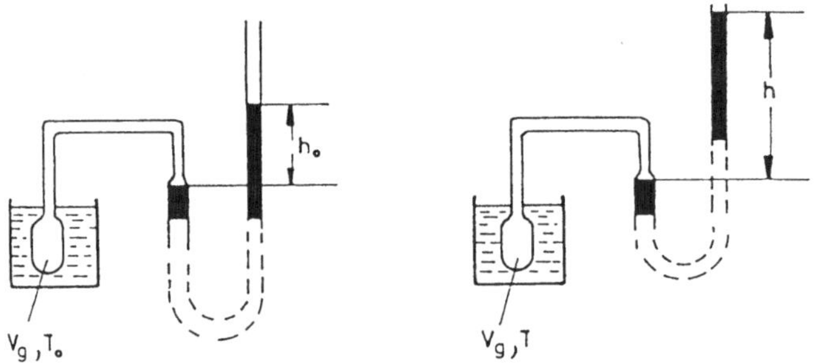

Abb. 6.5. Messprinzip eines Gasthermometers konstanten Volumens

Unter Berücksichtigung des äußeren Luftdrucks p_L:

$$\varrho_{\mathrm{Hg}} g h + p_L = (\varrho_{\mathrm{Hg}} g h_0 + p_L)\Big[1 + \gamma(T - T_0)\Big]$$

$$\Rightarrow \qquad T = T_0 + \frac{1}{\gamma}\left[\frac{p(T) - p_0}{p_0}\right] = T_0 + \frac{h - h_0}{\gamma(h_0 + p_L/\varrho_{\mathrm{Hg}} g)}$$

Die mit einem Gasthermometer mit He- oder H_2-Füllung gemessene Temperatur approximiert die thermodynamische Skala sehr gut (vgl. 6.8.1).

6.3 Zustandsgleichung idealer Gase

Wir fassen die von Boyle-Mariotte und Gay-Lussac gefundenen Zusammenhänge zu *einer* Zustandsgleichung zusammen. Dazu betrachten wir eine Gasmenge, die bei T_0 das Volumen V_0 und den Druck p_0 besitze:

$$T_0, V_0, p_0 \xrightarrow[V_0 p_0 = V' p(T)]{ISOTHERM} T_0, V', p \xrightarrow[V' = V(T) T_0/T]{ISOBAR} T, V(T), p(T)$$

Elimination von V' ergibt

$$\frac{V_0 p_0}{T_0} = \frac{V(T) p(T)}{T} = \text{const}$$

Die Größe const hat einen für die Gasmenge individuellen Wert. Da nach der Erfahrung (**Satz von Avogadro**) gleiche Volumina eines (idealen) Gases bei gleichem Druck und gleicher Temperatur gleich viele Teilchen enthalten, erhält man für 1 mol eine universelle Konstante R:

$$Vp = RT$$

Universelle Gaskonstante: $R = 8.317$ J mol^{-1}K^{-1}
Molvolumen bei $T = 273.15$ K, $p = 1.013 \cdot 10^5$ Pa: 0.022415 m^3.
Bedeutet ν die Gasmenge in mol, so gilt also:

$$\boxed{pV = \nu RT} \tag{6.8}$$

(Nahezu) ideale Gase zeigen in dieser makroskopischen Betrachtung einen einfachen Zusammenhang zwischen Druck, Temperatur und Volumen, der unabhängig von ihrer chemischen Zusammensetzung ist. Mit der Teilchendichte $n = N/V = \nu N_A/V$ nach (6.2) folgt aus (6.8):

$$\boxed{p = n\frac{R}{N_A}T} \tag{6.9}$$

6.4 Grundzüge der kinetischen Gastheorie

Die Beobachtung kleinster, in einem Gas oder einer Flüssigkeit suspendierter Teilchen zeigt, dass diese Teilchen eine in Betrag und Richtung der Geschwindigkeit völlig ungeordnete Bewegung ausführen (**Brownsche Bewegung**, Versuch!). Die Bewegung ist um so heftiger, je kleiner die Teilchen sind und je höher die Temperatur ist. In der **molekular-kinetischen Theorie der Wärme** werden Zustandsgrößen und Eigenschaften des Gases aus den mechanischen Bewegungsvorgängen der Moleküle im statistischen Mittel abgeleitet. Dazu wird ein **ideales Gas der kinetischen Gastheorie** angenommen, das aus Kugeln (Masse m, Anzahl N) geringen Eigenvolumens besteht. Sie üben aufeinander keine Kräfte aus, solange sie einander nicht berühren. Im Zusammenstoß untereinander und mit der Wand des Gefäßes (Volumen V) verhalten sie sich wie vollkommen elastische Kugeln.
Ziel der folgenden Überlegung ist es, für dieses Modellgas eine der Gasgleichung (6.8),(6.9) entsprechende Relation herzuleiten.

6.4.1 Druck des Modellgases

Die von dem Gas auf die Fläche A eines ruhenden Gefäßes ausgeübte Kraft wird auf die elastischen Stöße der Moleküle zurückgeführt. Bei der elastischen Reflexion wird Impuls übertragen:

$$|\boldsymbol{p} - \boldsymbol{p}\,'| = 2p_x = 2mv_x$$

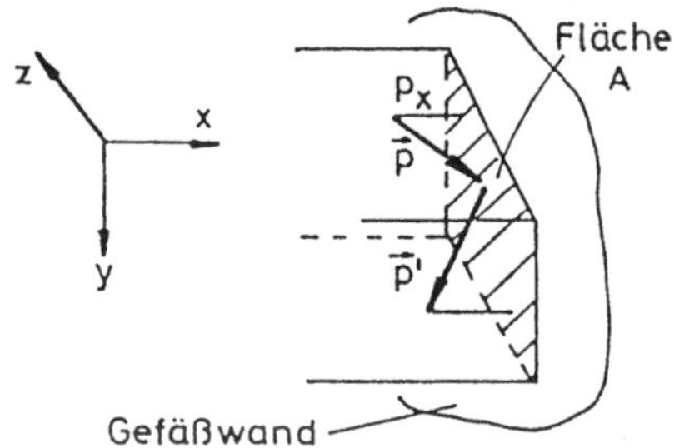

Abb. 6.6. Druck eines Modellgases auf die Fläche A

Gibt es pro Volumeneinheit $n(v_x)$ Teilchen mit der Geschwindigkeitskomponente v_x, so wird A während Δt von

$$Z(v_x) = n(v_x)(v_x \cdot \Delta t)A$$

Teilchen getroffen. Für den dadurch verursachten Druck gilt:

$$\begin{aligned} p(v_x) &= \frac{\text{an die Wand } A \text{ abgegebener Impuls}}{\text{Zeit} \cdot \text{Fläche A}} \\ &= 2mv_x n(v_x)v_x \end{aligned}$$

$$\Rightarrow \qquad \text{Gesamtdruck} \qquad p = m \sum_{v_x=-\infty}^{+\infty} n(v_x)v_x^2$$

(denn v_x und $-v_x$ sind gleich häufig!)
Mit der Teilchendichte

$$n = \sum_{-\infty}^{+\infty} n(v_x) \qquad \text{und} \qquad \overline{v_x^2} = \sum \frac{n(v_x)}{n} v_x^2$$

folgt:

$$p = mn\overline{v_x^2} \tag{6.10}$$

Da die Bewegung der Moleküle völlig ungeordnet ist, gilt

$$\overline{v_x^2} = \overline{v_y^2} = \overline{v_z^2} = \frac{1}{3}(\overline{v_x^2} + \overline{v_y^2} + \overline{v_z^2}) = \frac{1}{3}\overline{v^2} \tag{6.11}$$

$$(6.10) \qquad \Rightarrow \qquad \boxed{p = \frac{1}{3}nm\overline{v^2}} \tag{6.12}$$

Vergleichen wir (6.12) mit der Gasgleichung in der Form (6.9), so folgt:

$$\boxed{\frac{1}{2}m\overline{v^2} = \overline{E}_{\text{kin}} = \frac{3}{2}\frac{R}{N_A}T = \frac{3}{2}kT} \tag{6.13}$$

$\overline{E}_{\text{kin}}$ ist die mittlere kinetische Energie eines Modellmoleküls.
BOLTZMANN-Konstante:

$$\boxed{\begin{aligned} k = \frac{R}{N_A} &= 1.3805 \cdot 10^{-23}\ \mathrm{JK}^{-1} \\ &= 0.8616 \cdot 10^{-4}\ \mathrm{eV\ K}^{-1} \end{aligned}} \tag{6.14}$$

Für den Druck kann man nach (6.12), (6.13) auch schreiben:

$$\boxed{p = nkT} \tag{6.12'}$$

Anmerkung: Man kann umgekehrt vorgehen und für ein ideales Modellgas die Temperatur **definieren** (vgl. 6.2.2) durch

$$\boxed{T = \frac{2}{3k}\,\overline{E}_{\mathrm{kin}}} \tag{6.15}$$

Dann folgt aus (6.12) sofort (6.12′) und mit $n = \nu N_A/V$ ergibt sich die universelle Gasgleichung (6.8). Folgerung: Die mit dem Gasthermometer gemessene Temperatur stimmt mit der durch (6.15) definierten überein, wenn ein ideales Gas verwendet wird. Man kann darüber hinaus zeigen, dass die durch (6.15) definierte Temperatur mit der thermodynamisch definierten (siehe Abschnitt 6.8.1) übereinstimmt.

6.4.2 Temperatur und kinetische Energie

Was bedeutet die Aussage, dass zwei Mengen idealer Gase, die in Kontakt kommen, die gleiche Temperatur annehmen (thermisches Gleichgewicht)? Wir betrachten 2 Gase unterschiedlicher Temperatur:

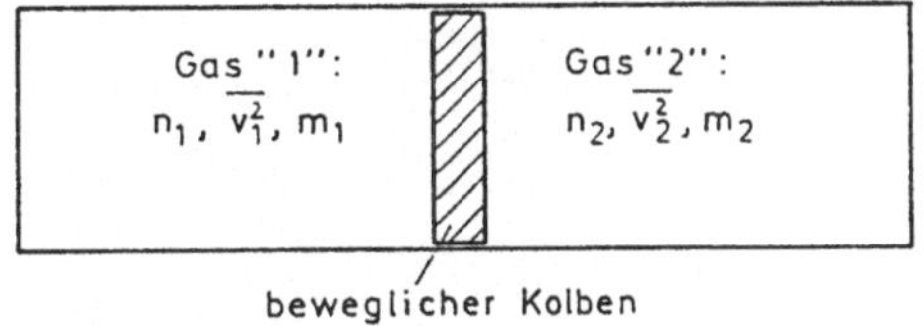

Abb. 6.7. Zwei ideale Gase im Gleichgewicht

Kräftegleichgewicht:

$$\begin{aligned} & p_1 = p_2 \\ \Rightarrow \quad & \frac{1}{3} n_1 m_1 \overline{v_1^2} = \frac{1}{3} n_2 m_2 \overline{v_2^2} \\ \Rightarrow \quad & n_1 \overline{E}_{1,\mathrm{kin}} = n_2 \overline{E}_{2,\mathrm{kin}} \end{aligned} \tag{6.16}$$

d.h. die mittleren kinetischen Energien pro Volumeneinheit sind gleich. Behauptung: Nach genügend langer Zeit gilt sogar:

$$n_1 = n_2 \tag{6.17}$$

Beweisskizze:[1]: Es sei $n_1 \gg n_2 \Rightarrow \overline{E}_{1,\text{kin}} \ll \overline{E}_{2,\text{kin}}$: Der Stoß von Atomen "2" gegen den Kolben ist viel seltener als der von Atomen "1", aber er überträgt auch viel mehr Impuls und Energie auf den Kolben, den dieser im Rückstoß an Atome "1" weitergibt. Im Mittel wird also der Kolben in Richtung Gas "2" getrieben und gleichzeitig Energie in das Gas "1" übertragen: n_2 steigt, $\overline{E}_{2,\text{kin}}$ fällt. Im Gleichgewicht haben sich die mittleren Geschwindigkeiten der Atome so eingerichtet, dass die Energieüberträge in beiden Richtungen gleich groß sind. Dann gilt

$$n_1 = n_2 \Rightarrow \overline{E}_{1,\text{kin}} = \overline{E}_{2,\text{kin}}$$

d.h. im thermischen Gleichgewicht haben Atome "1" und "2" (und der Kolben) im Mittel gleiche kinetische Energie. *Die mittlere kinetische Energie ist also nicht eine Eigenschaft des speziellen Gases, sondern der Temperatur des Gleichgewichtszustandes.* Dadurch wird die Definition der Temperatur nach (6.15) möglich!

6.4.3 Innere Energie idealer Gase

Moleküle des idealen Gases sind praktisch unabhängig von den sie umgebenden Molekülen. Sie besitzen potentielle Energie nur während der Stöße gegeneinander, deren Dauer vernachlässigbar gering sein soll und die vollkommen elastisch erfolgen. Daher trägt nur kinetische zur inneren Energie bei! Sei $\boldsymbol{v}_{SP}$ die Geschwindigkeit des Gasschwerpunktes und $\boldsymbol{v}_{i,\text{rel}}$ die Relativgeschwindigkeit des i-ten Moleküls zu diesem, so ist:

$$U = U_{\text{int}} = \sum_i \frac{1}{2} m \boldsymbol{v}_{i,\text{rel}}^2 = \sum_i \frac{1}{2} m (\boldsymbol{v}_i - \boldsymbol{v}_{SP})^2 = \sum_i \frac{1}{2} m v_i^2 - \frac{1}{2} M v_{SP}^2$$

Wir betrachten nachfolgend nur Systeme aus N Molekülen, deren Schwerpunkt ruht $\Rightarrow$:

$$\boxed{U = \sum_{i=1}^{N} \frac{1}{2} m v_i^2} \tag{6.18}$$

Das Gas befindet sich im thermischen Gleichgewicht, wenn in allen Bereichen die gleiche Temperatur herrscht. Für die innere Energie gilt dann mit (6.13):

$$U = N \frac{1}{2} m \sum \frac{1}{N} v_i^2 = N \frac{1}{2} m \overline{v^2} = N \frac{3}{2}\, kT \tag{6.19}$$

Für ein Gas mit ruhendem Schwerpunkt wurde angenommen, dass alle Geschwindigkeitskomponenten in einem willkürlichen Koordinatensystem gleich wahrscheinlich sind:

$$\frac{1}{2} m \overline{v_x^2} = \frac{1}{2} m \overline{v_y^2} = \frac{1}{2} m \overline{v_z^2} = \frac{1}{3} \cdot \frac{1}{2} m \overline{v^2} = \frac{1}{2}\, kT \tag{6.20}$$

[1] Der vollständige Beweis ist sehr instruktiv, aber länglich. Siehe z.B. FEYNMAN, Lectures on Physics I, Kap. 39.4.

Die innere Energie ist gleichmäßig auf die $n_f = 3$ unahängigen Bewegungsmöglichkeiten der Translation (Freiheitsgrade) verteilt und beträgt $1/2\ kT$ je Freiheitsgrad: **Gleichverteilungssatz**.

Beispiel: $k = 1.3805 \cdot 10^{-23}$ JK^{-1} $= 0.799 \cdot 10^{-4}$ eV K^{-1} $\Rightarrow$ für $T \approx 300$ K:

$$\frac{1}{2}\,kT \approx 0.024 \text{ eV}$$

Die innere Energie eines idealen Gases (Masse M, Molmasse M_M) beträgt:

$$U = Nn_f\frac{1}{2}\,kT = \frac{M}{M_M}\,n_f\frac{1}{2}\,RT \tag{6.21}$$

Sind auch andere innere Bewegungsformen am Energieaustausch beteiligt (Rotation, Schwingung bei Molekülen), so kann $n_f > 3$ werden.

6.5 Wärme, eine Form der Energieübertragung

Die Diskussion in Abschnitt 6.4.2/3 zeigt, dass das thermische Gleichgewicht zwischen Gas "1" und "2" durch Austausch innerer Energie, der in Richtung des Temperaturgefälles erfolgt, erreicht wird. Der mittlere Wert der ausgetauschten Energie heißt **Wärmemenge** oder **Wärme** Q. Wärme ist keine neue Energieform, sondern Bezeichnung für eine Form der Arbeits- oder Energieübertragung, an der (mikroskopisch) sehr viele Teilchen beteiligt sind.

$$[U] = [Q] = 1 \text{ J}$$

Die Äquivalenz von Wärme und Arbeit ist experimentell von JOULE untersucht worden (1843). Er erzeugte durch eine langsam um die Höhe h sinkende Masse M mechanische Arbeit, die durch die vom Rührer verursachte Reibungswärme im Wasser eine messbare Temperaturänderung ΔT hervorrief. Er fand, dass die mechanische Arbeit $\Delta W = Mgh$ zu einer Wärmemenge $\Delta Q = \Delta Q_0 M_{H_2O} \cdot \Delta T$ führt; darin ist ΔQ_0 die Wärmemenge, die 1 kg Wasser um 1°C erwärmt ($\rightarrow$ spezifische Wärmekapazität); mit $\Delta Q_0 = 4.184 \cdot 10^3$ J kg^{-1} K^{-1} wird ΔQ auch einheitengleich mit ΔW.

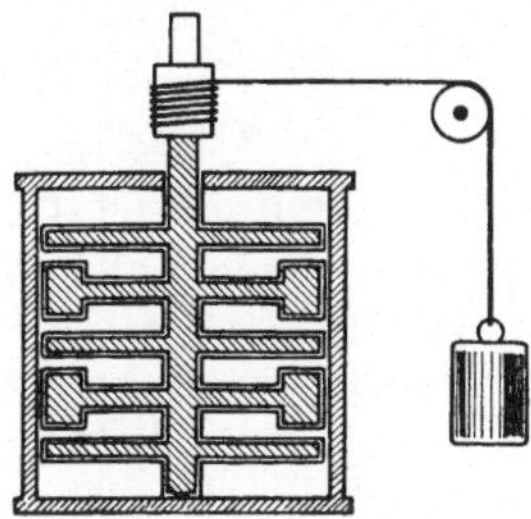

Abb. 6.8. JOULEsche Apparatur zur Messung des mechanischen Wärmeäquivalents

Vorzeichenfestlegungen: Wird Wärme Q von einem System aufgenommen, so zähle sie positiv: $Q > 0$. Wird Wärme vom System nach außen abgegeben, so zähle sie negativ: $Q < 0$. Nach (4.18) leistet eine äußere Kraft $\boldsymbol{F}_a$ an einem Massenpunkt bei Verschiebung längs der Bahnkurve $\boldsymbol{r}(t)$ von A nach B die äußere Arbeit

$$W_a = \int_A^B \boldsymbol{F}_a \cdot \mathrm{d}\boldsymbol{r}$$

$W_a > 0$: Die Kraft verrichtet Arbeit an dem Massenpunkt.
$W_a < 0$: Der Massenpunkt leistet Arbeit gegen das äußere Kraftfeld.

Beispiel: Arbeit an einem idealen Gas bei **isobarer** Volumenänderung. Das Gas befinde sich in einem Zylinder mit beweglichem Stempel; Querschnitt A. Kraft $\boldsymbol{F}_a \Rightarrow$ Außendruck $p_a = F_a/A$. $p = p_a$. Temperaturänderung $T \to T + \Delta T \Rightarrow$ Langsame Volumenänderung $V \to V + \Delta V$.

$$dW_a = \boldsymbol{F}_a \cdot \mathrm{d}\boldsymbol{x} = -F_a \cdot \mathrm{d}x = -pA \cdot \mathrm{d}x = -p \cdot \mathrm{d}V$$

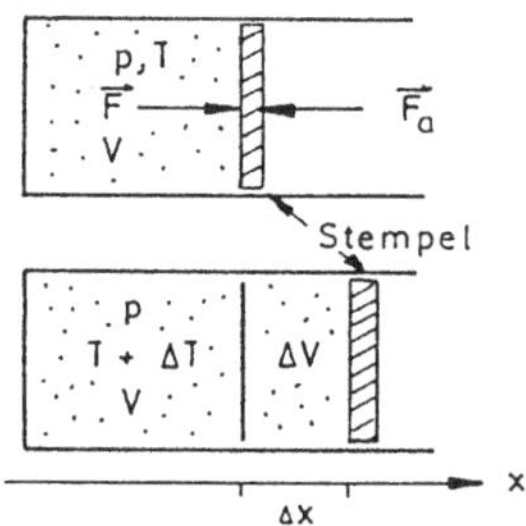

Abb. 6.9. Zur Arbeit bei isobarer Volumenänderung

Endliche Temperaturerhöhung ΔT:

$$\Delta W_a = -\int_x^{x+\Delta x} pA \cdot \mathrm{d}x = -\int_V^{V+\Delta V} p \cdot \mathrm{d}V = -p \int_V^{V+\Delta V} dV = -p \cdot \Delta V$$

$\Delta T > 0 \Rightarrow \Delta V > 0$: Arbeit vom System abgegeben.
$\Delta T < 0 \Rightarrow \Delta V < 0$: Arbeit am System geleistet.

In der Wärmelehre wird auch die Arbeit W_s, die vom System geleistet wird, unter Bezug auf die Kraft $\boldsymbol{F} = -\boldsymbol{F}_a$, die vom System nach außen ausgeübt wird, angegeben. Es gilt, bei gleicher Verschiebung $\mathrm{d}\boldsymbol{x}$:

$$dW_s = \boldsymbol{F} \cdot \mathrm{d}\boldsymbol{x} = -\boldsymbol{F}_a \cdot \mathrm{d}\boldsymbol{x} = -\mathrm{d}W_a \tag{6.22}$$

6.5.1 Wärmemenge und Wärmekapazität

Um die Temperatur T_1 eines Körpers um ΔT zu ändern, werde ihm die Wärmemenge ΔQ (z.B. aus dem Wärmevorrat eines anderen Körpers) zugeführt:

$$\widehat{C}(T_1) = \frac{\Delta Q}{\Delta T}$$

heißt **Wärmekapazität des Körpers bei der Temperatur** T_1 und gibt die Wärmemenge an, deren Zufuhr eine Temperaturänderung $\Delta T = 1$ K bewirkt. Für homogene Materialien der Masse m ist

$$\Delta Q = \widehat{C}(T_1) \cdot \Delta T = \frac{\widehat{C}(T_1)}{m} m \cdot \Delta T = c(T_1) m \cdot \Delta T$$

$c(T_1)$ heißt **spezifische Wärmekapazität**. Bei Bezug auf die Stoffmenge erhält man die **molare Wärmekapazität** $C(T_1)$:

$$\Delta Q = \widehat{C}(T_1) \cdot \Delta T = \left[\frac{\widehat{C}(T_1)}{m/M_M}\right] \frac{m}{M_M} \cdot \Delta T = C(T_1)\nu \cdot \Delta T$$

Einheiten: $[c] = 1\ \mathrm{JK^{-1}\ kg^{-1}} [C] = 1\ \mathrm{JK^{-1} mol^{-1}}$.

Die Wärmekapazitäten hängen nicht nur von der Substanz und der Temperatur T_1 ab, sondern auch von den Bedingungen, unter denen die Temperaturänderung um ΔT erfolgt:
Temperaturänderung bei konstantem Volumen $\Rightarrow c_v(T_1)$ resp. $C_v(T_1)$,
Temperaturänderung bei konstantem Druck $\Rightarrow c_p(T_1)$ resp. $C_p(T_1)$.
Für Festkörper und Flüssigkeiten ist $C_p \approx C_v$.

6.5.2 Kalorimetrie

Die Wärmekapazität $\widehat{C}$ eines Körpers der Masse m kann durch Wärmeaustausch mit einer Substanz bekannter Wärmekapazität in gut wärmeisolierten Gefäßen bestimmt werden.

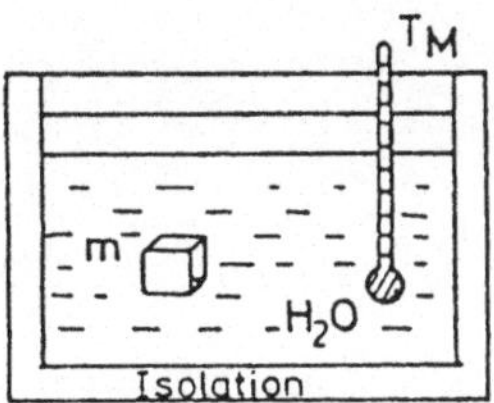

Abb. 6.10. Prinzip des Mischungskalorimeters

Mischungskalorimeter (Vergleichssubstanz Wasser: große Wärmekapazität, schnelle Wärmeabgabe).

1. m wird auf Temperatur T_1 gebracht.
2. Wasserbad: Masse $m_{\mathrm{H_2O}}$, Temperatur $T_2 < T_1$.
3. $m + m_{H_2O} \Rightarrow$ Mischungstemperatur $\overline{T}$:

$$\widehat{C}(T_1 - \overline{T}) = (c_{\mathrm{H_2O}} m_{\mathrm{H_2O}} + \widehat{C}_W)(\overline{T} - T_2) \Rightarrow$$

$$c = \frac{\widehat{C}}{m} = \frac{(m_{\mathrm{H_2O}} + \widehat{C}_W / c_{\mathrm{H_2O}})(\overline{T} - T_2)}{m(T_1 - \overline{T})} c_{\mathrm{H_2O}} \tag{6.23}$$

Die Wärmekapazität $\widehat{C}_W$ des Kalorimeters ist als Korrektur zu berücksichtigen. Analog läßt sich die spezifische Wärmekapazität c_p eines Gases bei konstantem Druck ermitteln, vgl. Bild 6.11. Bei Kenntnis von $\gamma = c_p/c_v$ kann daraus C_v berechnet werden.

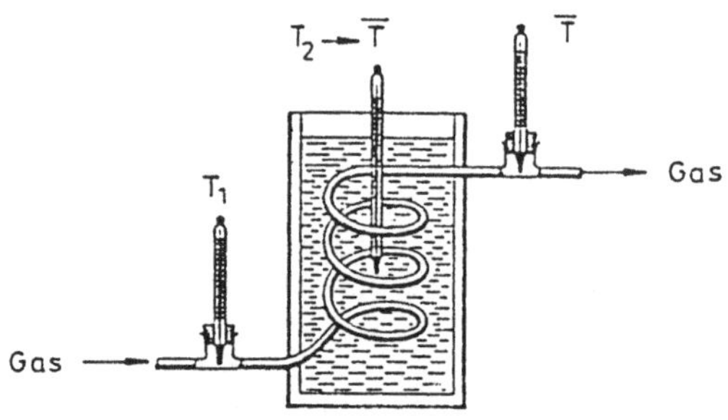

Abb. 6.11. Anordnung zur Bestimmung der spezifischen Wärmekapazität c_p von Gasen

Man findet als experimentelles Resultat für die molare **Wärmekapazität** vieler **Festkörper** bei Zimmertemperatur näherungsweise (Regel von **Dulong-Petit**):

$$C_V \approx 3R = 24.95 \ \mathrm{JK^{-1}mol^{-1}} \tag{6.24}$$

Element bei 293 K	$C_p/3R$	Element bei 293 K	$C_p/3R$
C (Diamant)	0.24	Li	0.94
Si	0.80	Fe	1.02
Ge	0.94	Ag	1.01
C (Graphit)	0.34	W	0.99
H_2O (Wasser)	3.02	Pb	1.07

Diese Regel gibt den Hinweis, dass die Wärmekapazität von der **Anzahl**, nicht von der chemischen Natur der Gitterbausteine abhängt. Wegen der Abweichungen, die mit fallender Temperatur, mit fallender Masse (Ge $\to$ Si $\to$ C) und wachsender Gitterfestigkeit (Eis $\to$ Graphit $\to$ Diamant) größer werden, vgl. (6.6). Für Substanzen mit molekularem Aufbau gilt vielfach die **Neumann-Koppe**-Regel: Die Wärmekapazität ist gleich der Summe der

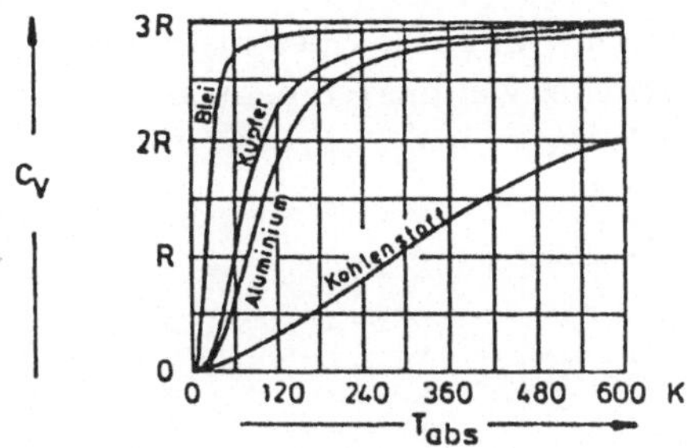

Abb. 6.12. Molare Wärmekapazitäten einiger Stoffe

Wärmekapazitäten der Atome, die die Verbindungen eingehen. Die Wärmekapazität von Flüssigkeiten liegt in der gleichen Größenordnung, aber ohne der Regel von DULONG-PETIT zu folgen.

Wärmekapazität idealer und realer Gase Die Erwärmung des Gases werde zunächst so vorgenommen, dass das Volumen konstant bleibt. Für ein ideales Gas erhöht sich dabei lediglich die kinetische Energie der Moleküle, d.h. die innere Energie. Aus (6.21) folgt

$$\Delta Q\Big|_{V=\text{const}} = \Delta U = \frac{1}{2} n_f R \frac{M}{M_M} \cdot \Delta T$$

Für 1 mol Substanz folgt:

$$\boxed{\frac{\Delta Q}{\Delta T}\Big|_V = \frac{\Delta U}{\Delta T}\Big|_V = C_V = \frac{1}{2} n_f R} \tag{6.25}$$

Für nahezu ideale, einatomige Gase (z.B. He, Ar, vgl. Tabelle) findet man aus experimentellen Daten C_V : $n_f = 3$, entsprechend den 3 unabhängigen Bewegungsmöglichkeiten der Translation: $C_V = 3/2\ R = 12.47\ \text{JK}^{-1}\ \text{mol}^{-1}$. Bei isobarer ($p$ = const) Erwärmung muss zusätzlich Expansionsarbeit geleistet werden (vgl. Beispiel in 6.5):

$$\Delta Q\Big|_{p=\text{const}} = \Delta U - \Delta W_a \quad \text{resp.} \quad \Delta U + \Delta W_s$$

$$(6.25) \Rightarrow \qquad \frac{\Delta Q}{\Delta T}\Big|_p = C_p = \frac{1}{2} n_f R + \frac{1}{\Delta T} p \cdot \Delta V$$

$$(6.8) \Rightarrow \qquad p \cdot \Delta V = R \cdot \Delta T \Rightarrow$$

$$\boxed{C_p = C_V + R = \frac{1}{2} n_f R + R} \tag{6.26}$$

Diese Beziehung gilt für alle ein- oder mehratomigen Gase, die der Zustandsgleichung (6.8) gehorchen. Speziell für das ideale, einatomige Gas folgt:

$$C_p = \frac{3}{2}\ R + R = \frac{5}{2}\ R = 20.78\ \text{JK}^{-1}\text{mol}^{-1}, \quad C_p/C_V = 1.667$$

Reale einatomige Gase zeigen Werte, die hiermit in guter Übereinstimmung stehen. Die Elektronenhülle trägt demnach (bei Zimmertemperatur) nicht messbar zur Wärmekapazität bei (vgl. Teil 5, 6).

Gas	C_p/R	C_V/R	C_p/C_V bei $T \approx 298$ K
He	2.50	1.50	1.66
Ne	2.50	1.51	1.64
Ar	2.50	1.50	1.67
C	2.50	1.50	1.67
H_2	3.47	2.47	1.41
N_2	3.47	2.48	1.40
NO	3.50	2.49	1.39
CO_2	4.70	3.61	1.30
H_2O	4.00	3.00	1.33
CH_4	4.24	3.30	1.28
CF_4	7.35		
CCl_4	9.92	9.04	1.10
CI_4	11.52		

Molekülrotation: Im Gas aus mehratomigen Molekülen können im Stoß Translationsenergie $1/2mv^2$ und Rotationsenergie $1/2I\omega^2$ ausgetauscht werden. Lineare Moleküle (N_2, O_2, CO_2) haben $n_{f,r} = 2$ Freiheitsgrade der Rotation, nicht lineare (H_2O, CH_4, $NH_4, \ldots$), jedoch $n_{f,r} = 3$. Bei genügend hohen Temperaturen (vgl. 6.6) entfällt auf jeden Freiheitsgrad der Rotation wiederum 1/2 kT an Energie:

$$\overline{E}_{\text{rot}} = \frac{1}{2}\overline{I\omega^2} = n_{f,r}\frac{1}{2}\,kT$$

Bei voller Anregung der Rotation erwartet man also $C_V = 5/2\ R$ resp. $3\,R$ und $C_p/C_V = 1.40$ resp. 1.33 in Übereinstimmung mit experimentellen Daten.

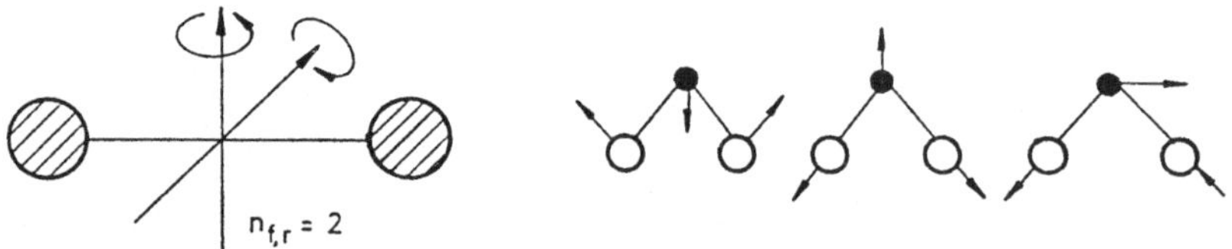

Abb. 6.13. Freiheitsgrade der Rotation (zweiatomiges Molekül) und der Vibration (dreiatomiges Molekül)

Molekülschwingungen: Ein Molekül aus N Atomen besitzt $3N-6$ (bei linearer Anordnung: $3N-5$) Schwingungsfreiheitsgrade und genau so viele Normalschwingungen, z.B. SO_2:

Bei voller Anregung (z.B. bei sehr hoher Temperatur) entfällt auf eine Normalschwingung ein Betrag $2 \cdot 1/2RT$ zu C_V resp. C_p, weil im Mittel die potentielle Energie gleich der kinetischen ist. Dadurch gilt:

$$C_V > 3R,\ C_p > 4R \Rightarrow C_p/C_V < 1.33$$

6.6 Barometrische Höhenformel und Boltzmann-Verteilung

In Kap. 4.3 wurde gezeigt, dass sich für die isotherme Atmosphäre eines idealen Gases die Dichteverteilung (mit $\varrho(h=0)=\varrho_0, (p(h=0)=p_0$) ergibt:

$$\varrho(h) = \varrho_0 e^{-\frac{g\varrho_0 h}{p_0}} = \varrho_0 e^{-\frac{Mgh}{V_0 p_0}} \tag{6.27}$$

Aus (6.2) und der Zustandsgleichung (6.8) folgt dann:

$$\varrho(h) = \varrho_0 e^{-\frac{mgh}{kT}}$$

$$\varrho = mn \Rightarrow$$

$$n(h) = n_0 e^{-\frac{mgh}{kT}}$$

Interpretation: mgh = potentielle Energie $E(h)$ in der Nähe der Erdoberfläche:

$$n(h) = n_0 e^{-\frac{E(h)}{kT}} \Rightarrow \boxed{\frac{n(h_1)}{n(h_2)} = e^{-\frac{E(h_1)-E(h_2)}{kT}}} \tag{6.28}$$

In dieser Form erscheint die barometrische Höhenformel (6.27) als Spezialfall des allgemeineren Verteilungsgesetzes von Boltzmann, das hier aus der statistischen Mechanik übernommen werden soll:

Für ein System von N (große Zahl!) Teilchen, von denen jedes einen der Energiewerte $E_1, E_2, E_3, \ldots$ einnehmen kann, sollen $n_1, n_2, n_3, \ldots$ die Verteilung der N Teilchen auf die verfügbaren Energiezustände bedeuten: $n_1+n_2+\ldots = N$. Die Werte für die Verteilungszahlen n_i sind zeitabhängig; jedoch erwartet man bei festen physikalischen Bedingungen (z.B. Teilchenzahl N, Gesamtenergie U), dass es eine wahrscheinlichste Verteilung der n_i gibt, um die herum nur geringe statistische Schwankungen ($\Delta n_i/n_i \ll 1$) stattfinden. Diese Verteilung im statistischen (resp. thermischen) Gleichgewicht ist die **Boltzmann-Verteilung**:

$$n_i = \text{const} \cdot e^{-\frac{E_i}{kT}} \quad \Rightarrow \quad \boxed{\frac{n_i}{n_j} = \frac{g_i}{g_j} e^{-\frac{E_i - E_j}{kT}}} \qquad (6.29)$$

Die Konstante const in (6.29) bewirkt die Normierung $n_1 + n_2 + \ldots = N$. Die Größe g_i heißt **statistisches Gewicht** des Zustands i. $g_i > g_j$ bedeutet, dass es *a priori* mehr Zustände mit der Energie E_i als solche mit der Energie E_j gibt.
Sobald $E_j - E_i \gg kT$ gilt, sind nach (6.29) die Besetzungen deutlich verschieden.

1. Beispiel: Für Moleküle sind in der Tabelle einige typische Energiedifferenzen für benachbarte Zustände angegeben. Bei Zimmertemperatur ist die Anregung der Vibration kaum, die der Rotation aber gut möglich (vgl. Bild 6.14).

$E_j - E_i$ (eV)	typisch für	$n_j/n_i(T \approx 300$ K)
10^{-4}	Rotation	0.996
10^{-1}	Vibration	0.021
5	Hüllenanregung	$3 \cdot 10^{-84}$
0.026	kT, T = 300 K	0.368

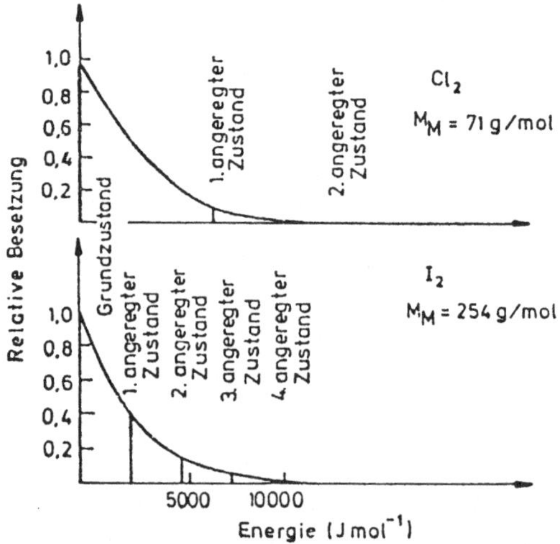

Abb. 6.14. Besetzung von Schwingungszuständen bei Zimmertemperatur (1 KJ mol^{-1} $\widehat{=}$ $1.04 \cdot 10^{-2}$ eV/Molekül)

2. Beispiel: Die Wärmekapazitäten kristalliner Stoffe zeigen bei tiefen Temperaturen Abweichungen von der DULONG-PETITschen Regel $C_V = 6 \cdot 1/2\ R$ entsprechend $n_f = 3 + 3$ für 3 Freiheitsgrade der kinetischen Energie der Gitterschwingungen in den 3 Raumrichtungen und den im

Mittel gleichgroßen potentiellen Energien. Bei tiefen Temperaturen, d.h. $T \ll \Theta_D$ (vgl. Bild 6.12) verläuft C_V näherungsweise wie

$$C_V(T) = \frac{12\pi^4}{5} R \left[\frac{T}{\Theta_D}\right]^3$$ **Gesetz von Debye**

weil für tiefe Temperaturen nur ein Bruchteil der möglichen Schwingungen, nämlich die mit Energien $\leq kT$, merklich am Energieaustausch teilnehmen. Die Größe Θ_D heißt **Debye-Temperatur**.

6.6.1 Maxwell-Boltzmannsche Geschwindigkeitsverteilung

Im idealen Gas besitzen Moleküle nur kinetische Energie E_{kin}. Die Werte von E_{kin} sind kontinuierlich um den mittleren Wert verteilt:

$$\overline{E}_{\text{kin}} = \frac{1}{2} m\overline{v^2} = \frac{3}{2}\, kT \qquad (6.30)$$

Aus dem Mittelwert des Geschwindigkeitsquadrats folgt

$$\sqrt{\overline{v^2}} = \sqrt{\frac{3kT}{m}} \qquad (6.31)$$

Zahlenwerte für $T = 273$ K: $\sqrt{\overline{v^2}} = 1840$ m/s (H_2), 460 m/s (O_2), 320 m/s (Xe), Massenabhängigkeit! Die BOLTZMANN-Verteilung liefert eine Aussage über die Verteilung der Geschwindigkeiten. Bedeutet $\mathrm{d}N(v)$ die Zahl der Moleküle mit Geschwindigkeiten zwischen v und $v+\mathrm{d}v$, so gilt nach (6.28):

$$\boxed{\mathrm{d}N(v) = C_N e^{-\frac{1}{2} m v^2/kT} \cdot \mathrm{d}v} \qquad (6.32)$$

Dies ist die **Maxwell-Boltzmannsche Geschwindigkeitsverteilung**. Die Normierungskonstante ergibt sich bei gleichem statistischen Gewicht aller Volumina im 3-dimensionalen Geschwindigkeitsraum für N Gasteilchen zu

$$C_N = 4\pi N \left[\frac{m}{2\pi kT}\right]^{3/2} v^2$$

Aus $E_{\text{kin}} = \frac{1}{2}\, mv^2$ folgt $\mathrm{d}E_{\text{kin}} = mv\cdot\, \mathrm{d}v$, so dass sich aus (6.32) die Energieverteilung ergibt:

$$\mathrm{d}N(E_{\text{kin}}) = N \frac{2}{\sqrt{\pi}} \left[\frac{1}{kT}\right]^{3/2} \sqrt{E_{\text{kin}}}\, e^{-\frac{E_{\text{kin}}}{kT}} \cdot \mathrm{d}E_{\text{kin}} \qquad (6.32a)$$

die im Gegensatz zu (6.32) massenunabhängig ist. Aus (6.32) und (6.32a) folgen

$$\overline{E}_{\text{kin}} = \frac{1}{N} \int\limits_0^\infty E_{\text{kin}} \frac{\mathrm{d}N(E_{\text{kin}})}{\mathrm{d}E_{\text{kin}}} \cdot \mathrm{d}E_{kin} = \frac{3}{2}\, kT$$

und

$$\sqrt{\overline{v^2}} = \left[\frac{1}{N}\int_0^\infty v^2 \frac{\mathrm{d}N(v)}{\mathrm{d}v}\cdot \mathrm{d}v\right]^{1/2} = \sqrt{\frac{3kT}{m}}$$

erwartungsgemäß; sowie

$$\overline{v} = \frac{1}{N}\int_0^\infty v\frac{\mathrm{d}N}{\mathrm{d}v}\cdot \mathrm{d}v = \sqrt{\frac{8kT}{\pi m}}$$

Das Maximum der Geschwindigkeitsverteilung liegt bei der wahrscheinlichsten Geschwindigkeit v_W:

$$v_W = \sqrt{2\frac{kT}{m}}, \qquad \text{so dass gilt:} \qquad v_W < \overline{v} < \sqrt{\overline{v^2}}$$

Die Unterschiede gegen $\overline{v}$ betragen jedoch nur rund 10%.

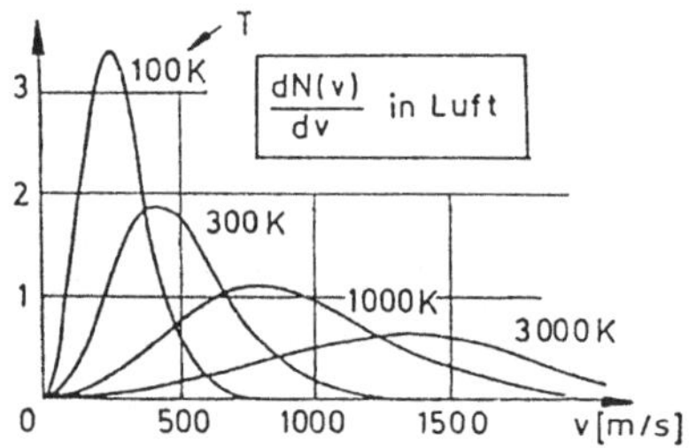

Abb. 6.15. MAXWELL-BOLTZMANN-Geschwindigkeitsverteilung

Die Breite der Geschwindigkeitsverteilung (6.32) steigt mit zunehmender Temperatur; als Maß wählt man die Varianz σ^2:

$$\sigma^2 = \overline{(v-\overline{v})^2} = \overline{v^2} - \overline{v}^2 = \left[3 - \frac{8}{\pi}\right]\frac{kT}{m}$$

Die Verteilung (6.32) zeigt, dass es bei jeder Temperatur $T > 0$ zu einer vorgegebenen Schwellenenergie $E_0 \gg kT$ stets immer noch Moleküle gibt, deren kinetische Energie größer als E_0 ist. Ihr relativer Anteil beträgt

$$\frac{\mathrm{d}N(E_{\mathrm{kin}} \geq E_0)}{N} = \frac{1}{N}\int_{E_0}^\infty \mathrm{d}N(E_{\mathrm{kin}}) \approx \frac{2}{\sqrt{\pi}}\sqrt{\frac{E_0}{kT}}e^{-\frac{E_0}{kT}} \sim e^{-\frac{E_0}{kT}}$$

6.7 Der I. Hauptsatz der Wärmelehre

Wärme ist nach Kap. 6.5 eine Energie, die sich in der Art der Übertragung auf das thermodynamische System von der äußeren Arbeit, die eine äußere

Kraft verrichtet, unterscheidet. Durch Wärmezufuhr ΔQ wie durch Arbeit ΔW_a, die von außen geleistet wird, ändert sich die innere Energie U_0 des Systems in gleichem Maße (Vorzeichenkonvention in Kap. 6.5 beachten!):

$$U = U_0 + \Delta Q + \Delta W_a \Rightarrow \quad \boxed{\begin{array}{ll} \Delta U = \Delta Q + \Delta W_a & \text{resp.} \\ \mathrm{d}U = \mathrm{d}Q + \mathrm{d}W_a & \end{array}} \tag{6.33}$$

Dies ist der I. Hauptsatz der Wärmelehre:

Korollar 6.4 *Die Änderung der gesamten inneren Energie eines Vielteilchensystems ist gleich der Summe von außen zugeführter Wärme ΔQ plus der von außen am System geleisteten Arbeit ΔW_a.*

Der I. Hauptsatz ist eine Erweiterung des Energieerhaltungssatzes der Mechanik auf Systeme mit verschiedenen Formen der Energiezufuhr. Die gesamte innere Energie U ist eine Zustandsgröße. Der I. Hauptsatz sagt aus, dass bei einer Zustandsänderung $A \to B$ die **Summe** $\Delta Q + \Delta W_a$ unabhängig von der Art der Zustandsänderung ist, während die Summanden ΔQ und $\Delta W_a = \Delta U - \Delta Q$ variieren können.

6.7.1 Zustandsänderungen am idealen Gas

Zustandsgrößen: p, V, T, U.
Zustandsgleichung: Ideale Gasgleichung $pV = \nu \cdot RT$.
Darstellung von Zustandsänderungen: im pV-**Zustandsdiagramm**.

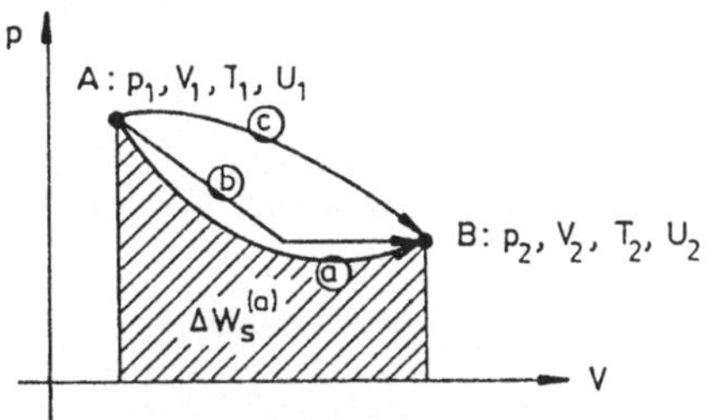

Abb. 6.16. Zustandsänderung $A \to B$

Die vom System geleistete Arbeit $\Delta W_s = -\Delta W_a$ kann als Fläche unter der jeweiligen Kurve, die die Zustandsänderung beschreibt, abgelesen werden:

$$-\Delta W_a^{(a)} = \Delta W_s^{(a)} = \int_{V_1}^{V_2} p \cdot \mathrm{d}V$$

Für die beiden Zustandsänderungen (a) resp. (b) gilt: $\Delta W_s^{(a)} \neq \Delta W_s^{(b)}$. Daraus folgt, dass die äußere Arbeit **keine** Zustandsgröße ist.

Beispiele:

1. **Adiabatische Expansion in ein evakuiertes Gefäß:**
   $\Delta Q = 0$ (Versuch von GAY-LUSSAC)

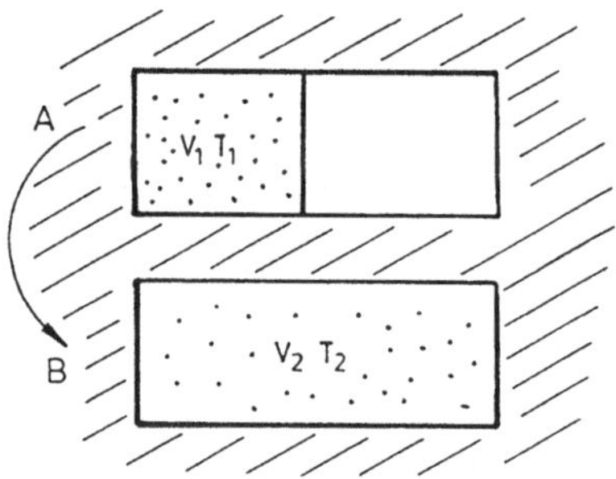

Abb. 6.17. Zum Versuch von GAY-LUSSAC

Expansion $\Rightarrow$ keine Arbeitsleistung: $\Delta W_a = 0$. I. Hauptsatz: $U(T_1, V_1) = U(T_2, V_2)$.

$$\Rightarrow \qquad \mathrm{d}U = 0 = \left.\frac{\partial U}{\partial V}\right|_T \cdot \mathrm{d}V + \left.\frac{\partial U}{\partial T}\right|_V \cdot \mathrm{d}T$$

Experiment $\Rightarrow T_1 = T_2$, also $\mathrm{d}T = 0$:

$$\boxed{\left.\frac{\partial U}{\partial V}\right|_T = 0} \tag{6.34}$$

Die innere Energie idealer Gase hängt nicht vom Volumen ab.
Mit diesem Ergebnis können wir den I. Hauptsatz für ideale Gase umschreiben:

$$\mathrm{d}U = \left.\frac{\partial U}{\partial T}\right|_V \cdot \mathrm{d}T = \nu C_V \cdot \mathrm{d}T$$

$$\Rightarrow \quad \boxed{\nu C_V \cdot \Delta T = \Delta Q - \int p \cdot \mathrm{d}V} \tag{6.35}$$

2. **Isobare Expansion ($p =$ const)**

$$\Delta W_a = -p(V_2 - V_1)$$

$$\Delta Q_{12} = \int_{T_1}^{T_2} \nu C_p \cdot \mathrm{d}T = \nu C_p (T_2 - T_1)$$

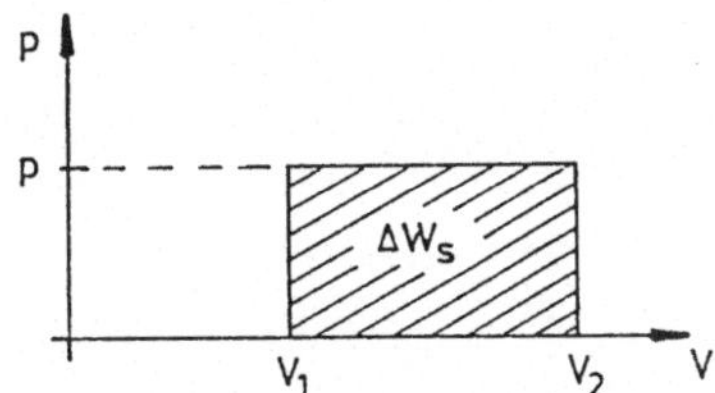

Abb. 6.18. Arbeit bei isobarer Expansion

$$(6.35) \quad \Rightarrow \quad \nu C_V \cdot \Delta T = \nu C_p \cdot \Delta T - \underbrace{p \cdot \Delta V}_{\nu R \cdot \Delta T}$$

$$\Rightarrow \quad C_V = C_p - R$$

3. **Isotherme Expansion (T = const)**

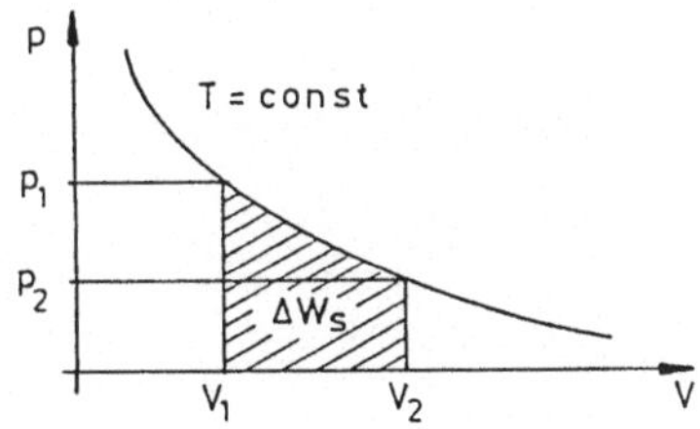

$$\mathrm{d}U = \nu C_V \cdot \mathrm{d}T = 0 = \mathrm{d}Q - p \cdot \mathrm{d}V$$

$$\Rightarrow \quad \mathrm{d}Q = \frac{\nu RT}{V} \cdot \mathrm{d}V$$

$$\Rightarrow \quad \Delta Q_{12} = \int_{V_1}^{V_2} \frac{\nu \cdot RT}{V} \cdot \mathrm{d}V = \nu \cdot RT \ln \frac{V_2}{V_1}$$

d.h. für $V_2 > V_1$ ist Zufuhr von Wärme ΔQ_{12} erforderlich, damit die Expansionsarbeit $\Delta W_s = \Delta Q_{12}$ geleistet werden kann. Analog: Isotherme Kompression erfordert Abfuhr von Wärme $-\Delta Q_{12}$.

4. **Isochore Zustandsänderung (V = const)**

$$V = \text{const} \Rightarrow \Delta W_a = -\int_{V_1}^{V_2} p \cdot \mathrm{d}V = 0$$

$$\Rightarrow \Delta U = \Delta Q = \nu C_V \cdot \Delta T$$

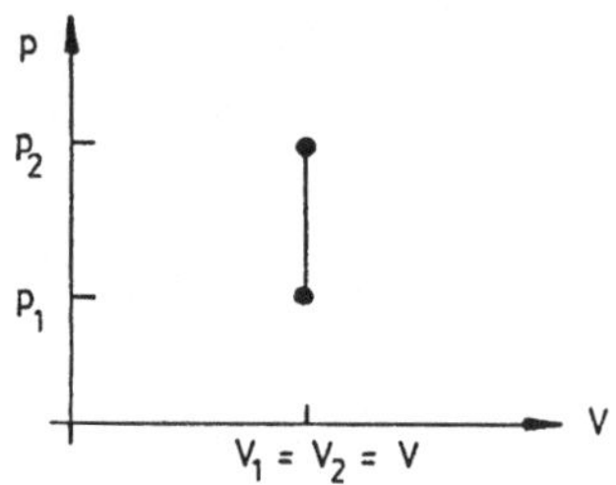

Abb. 6.19. Isochore Zustandsänderung im pV-Diagramm

Es wird weder Arbeit geleistet noch aufgenommen; die innere Energie ändert sich jedoch, da die Druckänderung $\Delta p = \nu(R \cdot \Delta T)/V$ durch eine Temperaturänderung ΔT bewirkt wird.

5. **Adiabatische Zustandsänderung (Q =const)**:
Das Gas wird in einem gut wärmeisolierten Gefäß komprimiert oder expandiert: $\Delta Q = 0$.

$$\Rightarrow \qquad \mathrm{d}Q = \mathrm{d}U - \mathrm{d}W_a = \nu C_V \cdot \mathrm{d}T + p \cdot \mathrm{d}V = 0$$

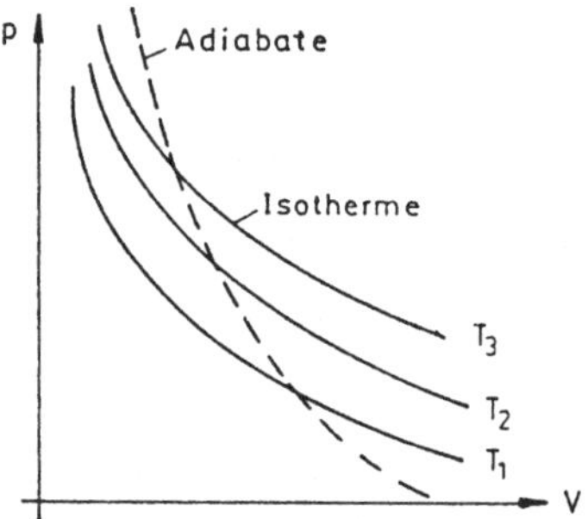

Abb. 6.20. Adiabaten und Isothermen

Aus der Zustandsgleichung (6.8) folgt dann:

$$\nu C_V \frac{p \cdot \mathrm{d}V + V \cdot \mathrm{d}p}{\nu R} + p \cdot \mathrm{d}V = 0$$

$$R = C_p - C_V \Rightarrow C_p p \cdot \mathrm{d}V + C_V V \cdot \mathrm{d}p = 0$$

$$\text{Mit } \gamma = C_p/C_V \Rightarrow \gamma \cdot \frac{\mathrm{d}V}{V} = -\frac{\mathrm{d}p}{p}$$

$$\Rightarrow \gamma \ln \frac{V_2}{V_1} = \ln \frac{p_1}{p_2}$$

Daraus folgt die **Poisson- oder Adiabatengleichung** (vgl. Kap. 4.4):

$$\boxed{p \cdot V^\gamma = \text{const}} \iff \boxed{T \cdot V^{\gamma - 1} = \text{const}}$$

$$\Longleftrightarrow \boxed{T^{\gamma} p^{1-\gamma} = \text{const}} \tag{6.36}$$

Wegen $\gamma > 1$ folgt, dass bei adiabatischer Expansion die Temperatur abnimmt: *die Adiabaten verlaufen steiler als die Isothermen.* Bei adiabatischer Expansion tritt also eine Abkühlung ein (Nebelkammer, Temperaturverteilung in der Atmosphäre), weil die Expansion aus der inneren Energie des Gases zu leisten ist.

6. **Kreisprozess im pV-Diagramm**

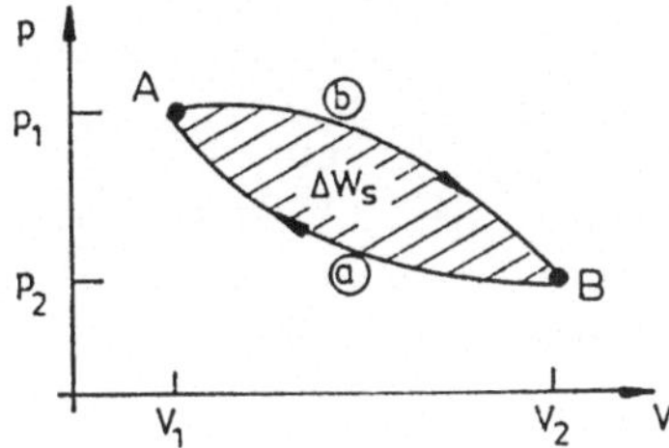

Abb. 6.21. Kreisprozess im pV-Diagramm

Wir vergleichen zwei Zustandsänderungen (a), (b), die den Zustand A nach B verändern:

$$\Delta W_s^{(a)}(A \to B) < \Delta W_s^{(b)}(A \to B), \qquad \text{denn}$$

$$\int_A^{(a)B} p \cdot \mathrm{d}V < \int_A^{(b)B} p \cdot \mathrm{d}V$$

wird daher Zustandsänderung (a) in umgekehrter Richtung vorgenommen, so ist

$$\boxed{\int_A^{(b)B} p \cdot \mathrm{d}V - \int_A^{(a)B} p \cdot \mathrm{d}V = \oint p \cdot \mathrm{d}V = \Delta W_s > 0}$$

d.h. die am System geleistete Arbeit (Weg (a)) ist geringer als die vom System abgegebene: Je Zyklus wird die Arbeit ΔW_s abgegeben. Da die Zustandsänderung in den Ausgangspunkt A zurückführt, ist $\Delta U = 0$.
I. Hauptsatz $\Rightarrow$:

$$\boxed{\Delta Q = \oint \mathrm{d}Q = \oint p \cdot \mathrm{d}V = \Delta W_s}$$

Korollar 6.5 *"Bei einem Kreisprozess ist die Arbeit ΔW_s, die das System leistet, gleich der Wärme, die das System aufnimmt", oder: "Es ist unmöglich, eine periodisch arbeitende Maschine zu bauen, die mehr Arbeit leistet als man ihr Energie zuführt".*

Wird der Kreisprozess realisiert derart, dass periodisch aus einem Wärmereservoir Wärme entnommen und dadurch Arbeit geleistet wird, so spricht man von einer **Wärmekraftmaschine**.

6.7.2 Reversible und irreversible Zustandsänderungen

I. Hauptsatz:

Korollar 6.6 *Falls es gelingt, Wärme ΔQ in Arbeit umzuwandeln, so geschieht dies so, dass die Bilanz $\Delta U = \Delta Q + \Delta W_a$ erfüllt ist. Insbesondere ist bei Kreisprozessen $\Delta Q = -\Delta W_a$.*

Es gibt viele Prozesse, die mit dem I. Hauptsatz vereinbar sind, aber nie beobachtet werden (vollständige Umwandlung $\Delta Q \to \Delta W_a$). Vielmehr beobachtet man, dass in einem abgeschlossenen System Prozesse immer nur in **einer** Richtung ablaufen, die dann zum **thermischen Gleichgewicht** führen.

Korollar 6.7 *Diese Prozesse können nicht in umgekehrter Richtung durchlaufen werden, ohne dass äußere Einwirkungen am System vorgenommen werden:* **Irreversible Prozesse**.

Erfahrungssatz: Alle in der Natur ablaufenden Vorgänge sind irreversibel (Beispiele: Ausgleichsvorgänge, Oxydation, inelastische Deformation; Vorgänge, bei denen Energie in Wärme umgesetzt wird). Kreisprozesse, die ganz oder teilweise irreversibel verlaufen, hinterlassen dauernde Änderungen in der Umgebung. Da sich ein System bei irreversibler Zustandsänderung nicht im Gleichgewicht befindet, läßt sich die Änderung nicht mit Zustandsgleichungen resp. in Zustandsdiagrammen beschreiben.

Korollar 6.8 **Reversible Prozesse** *sind solche, bei denen sich das System gar nicht aus der Gleichgewichtslage entfernt. Sie sind daher ohne Eingriff aus der Umgebung umkehrbar.*

Da der Gleichgewichtszustand nicht verlassen werden darf, verlaufen reversible Prozesse nur mit infinitesimalen Änderungen und damit unendlich langsam. Daraus folgt:

a) Leistung $= 0 \Rightarrow$ für technische Prozesse nur als Grenzfall denkbar.
b) Bei reversibler Wärmeübertragung **ohne** Arbeitsleistung darf keine Wärme vom höheren auf ein tieferes Temperaturniveau sinken, Wärmeübertragung nur bei Temperaturdifferenz $\Delta T = 0$.

$\Rightarrow$ Wird ein Prozess $A \to B$ vollständig reversibel geführt, so erhält man aus ihm die maximale Arbeit, die aus dieser Zustandsänderung $A \to B$ zu gewinnen ist.

6.7.3 Spezielle Kreisprozesse

Betrachtung spezieller Kreisprozesse, die vollständig reversibel durchlaufen werden und daher $\Delta Q \to \Delta W$ maximal überführen.
Im **Otto-Motor** erfolgt abwechselnd adiabatische und isochore Prozessführung mit einem realen Gas (Benzin-Luft-Gemisch). Bei Betrieb mit idealem Gas wäre.

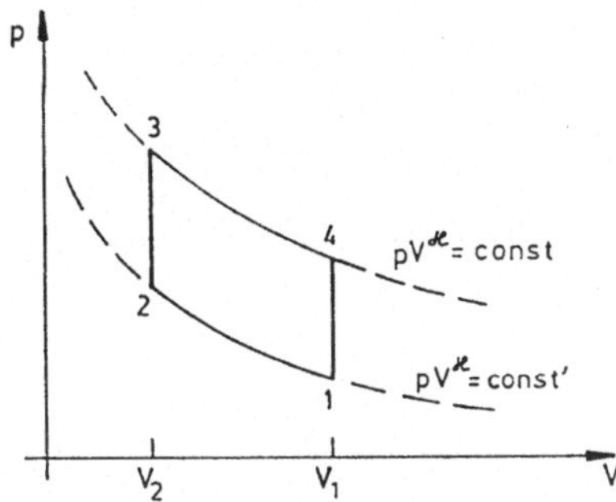

Abb. 6.22. Idealisierter OTTO-Motor

1 → 2: Adiabatische Kompression des Gases: $\Delta Q_{12} = 0$
2 → 3: Verbrennung = isochore Erwärmung:

$$\Delta Q_{23} = \nu C_V \cdot \Delta T = C_V \frac{p_3 - p_2}{R} V_2$$

3 → 4: Adiabatische Expansion: $\Delta Q_{34} = 0$.
4 → 1: Isochore Abkühlung:

$$\Delta Q_{41} = C_V \frac{p_1 - p_4}{R} V_1$$

Beim Arbeitshub 3 → 4 wird Arbeit vom System abgegeben:

$$\Delta W_s^{3\to 4} = \int_{V_3}^{V_4} p \cdot \mathrm{d}V = \int_{V_3}^{V_4} p_3 V_3^\gamma \frac{\mathrm{d}V}{V^\gamma} = \frac{1}{1-\gamma} p_3 V_3^\gamma (V_4^{1-\gamma} - V_3^{1-\gamma})$$

Der **Wirkungsgrad** einer Wärmekraftmaschine ist definiert als:

$$\eta = \frac{\text{geleistete Arbeit}}{\text{aufgenommene Wärme}} = \frac{\Delta W_s^{3\to 4} + \Delta W_s^{1\to 2}}{\Delta Q_{23}}$$

Für den idealen OTTO-Motor erhalten wir mit $\gamma = C_p/C_V$:

$$\eta = -\frac{p_3 V_3^\gamma (V_4^{1-\gamma} - V_3^{1-\gamma}) + p_1 V_1^\gamma (V_2^{1-\gamma} - V_1^{1-\gamma})}{(p_3 - p_2) V_2}$$

$$(6.36) \Rightarrow \qquad = -\frac{p_3 V_2^\gamma (V_1^{1-\gamma} - V_2^{1-\gamma}) + p_2 V_2^\gamma (V_2^{1-\gamma} - V_1^{1-\gamma})}{(p_3 - p_2) V_2}$$

$$(6.36) \Rightarrow \quad \eta = 1 - \left[\frac{V_1}{V_2}\right]^{1-\gamma} = 1 - \left[\frac{T_1}{T_2}\right] = \frac{T_2 - T_1}{T_2} = \frac{T_3 - T_4}{T_3}$$

Der Wirkungsgrad ist also von der Kompression abhängig und liegt (für $V_1 : V_2 \approx 8$ und $\gamma = 8/6 = 1.33$) bei 50%. Der reale OTTO-Motor wird diesen Wert nicht erreichen.

Der **Stirling-Kreisprozess** liegt z.B. dem Heißluftmotor zugrunde. Er besteht aus abwechselnd isothermen und isochoren Teilprozessen am idealen Arbeitsgas:

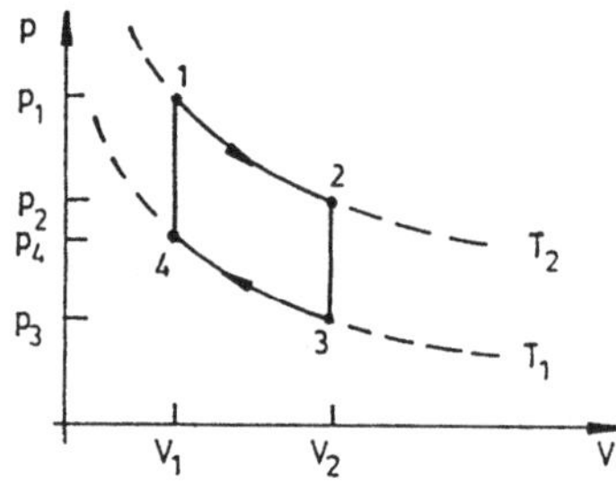

Abb. 6.23. Der STIRLING-Kreisprozess

1 → 2: Isotherme Expansion:

$$\Delta W_s^{1\to 2} = \nu R T_2 \ln \frac{V_2}{V_1}$$

2 → 3: Isochore Abkühlung:

$$\Delta Q_{23} = C_V (p_3 - p_2) V_2 / R$$

3 → 4: Isotherme Kompression:

$$\Delta W_s^{3\to 4} = \nu R T_1 \ln(V_1/V_2)$$

4 → 1: Isochore Erwärmung:

$$\Delta Q_{41} = C_V (p_1 - p_4) V_1 / R$$

Es wird in der Realisation des Heißluftmotors das (ideale) Arbeitsgas während 2 → 3 mit Hilfe eines Verdrängers ohne Volumenänderung durch einen Regenerator geschoben und gibt an diesen Wärme ab. Dadurch sinkt die Temperatur von T_2 auf T_1. Während 4 → 1 wird das Gasvolumen V_1 durch den Regenerator zurückgeschoben und nimmt im günstigsten Fall dieselbe Wärmemenge wieder auf, so dass die Temperatur wieder auf T_2 steigt. Der Regenerator dient also als Zwischenspeicher. Wirkungsgrad:

$$\eta = \frac{\Delta W_s^{1\to 2} + \Delta W_s^{3\to 4}}{\Delta W_s^{1\to 2}} = \frac{T_2 - T_1}{T_2}$$

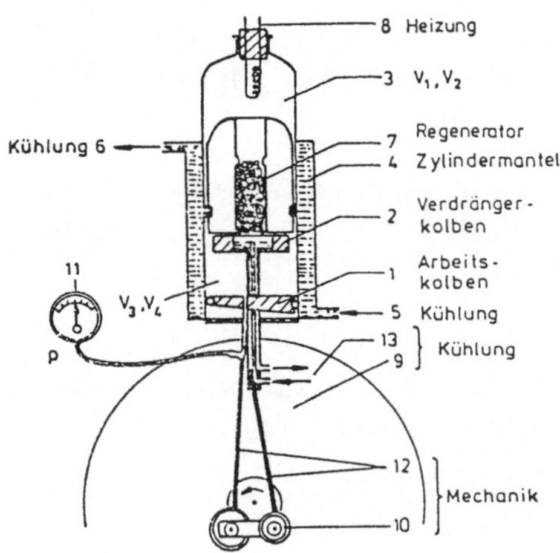

Abb. 6.24. Demonstrations-STIRLING-Motor (LEYBOLD-HERAEUS)

Dieser Wert wird real nicht erreicht; das liegt u.a. am Regenerator, der nicht vollständig Wärme speichert, so dass bei der isochoren Abkühlung Wärme ohne Arbeitsleistung verlorengeht. Man erwartet daher, dass ein hoher Wirkungsgrad eher erreicht wird, wenn die isochoren durch adiabatische Teilprozesse ersetzt werden.

Der Carnot-Kreisprozess: $1 \to 2, 3 \to 4$ verlaufen auf Isothermen, $2 \to 3$ und $4 \to 1$ auf Adiabaten. Berechnung des Wirkungsgrades mit dem I. Hauptsatz für ein ideales Arbeitsgas. In welchem Ausmaß läßt sich Wärme in Arbeit verwandeln?

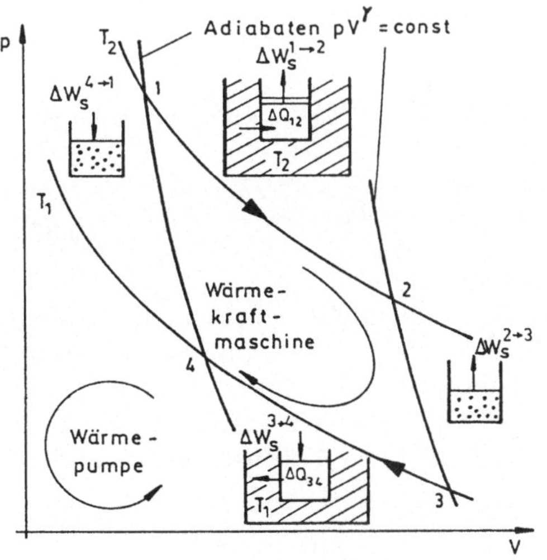

Abb. 6.25. Der CARNOT-Prozess

1 → 2: Isotherme Expansion durch Aufnahme von $\Delta Q_{12} = \nu R T_2 \ln(V_2/V_1)$ aus Reservoir T_2. Dabei wird $\Delta W_s^{1\to2} = \Delta Q_{12}$ am Kolben geleistet.
2 → 3: Adiabatische Expansion: $\Delta Q_{23} = 0$. Dabei wird $\Delta W_s^{2\to3} = -\Delta U_{23} = -\nu C_V(T_1 - T_2)$ am Kolben geleistet.
3 → 4: Isotherme Kompression: Abgabe von Wärme $\Delta Q_{34} = \nu R T_1 \ln(V_4/V_3)$ an ein Wärmebad T_1. Dazu ist die Arbeit $\Delta W_s^{3\to4} = \Delta Q_{34}$ am Gas zu leisten. Das Endvolumen V_4 ist so gewählt, dass
4 → 1: adiabatisch zum Anfangszustand zurückführt: $\Delta Q_{41} = 0$. Die Temperatur steigt: $T_1 \to T_2$, die innere Energie wächst um ΔU_{41}, weil am Gas Volumenarbeit $\Delta W_s^{4\to1} = -\Delta U_{41} = -\nu C_V(T_2 - T_1)$ geleistet wird. Das Verhältnis von nutzbarer Arbeit zu zugeführter Wärme ist:

$$\begin{aligned}\eta = \frac{\Delta W_s}{\Delta Q_{12}} &= \frac{\Delta W_s^{1\to2} + \Delta W_s^{2\to3} + \Delta W_s^{3\to4} + \Delta W_s^{4\to1}}{\Delta Q_{12}} \\ &= \frac{\Delta Q_{12}(T_2) + \Delta Q_{34}(T_1)}{\Delta Q_{12}(T_2)} \\ &= \frac{\nu R T_2 \ln(V_2/V_1) + \nu R T_1 \ln(V_4/V_3)}{\nu R T_2 \ln(V_2/V_1)}\end{aligned}$$

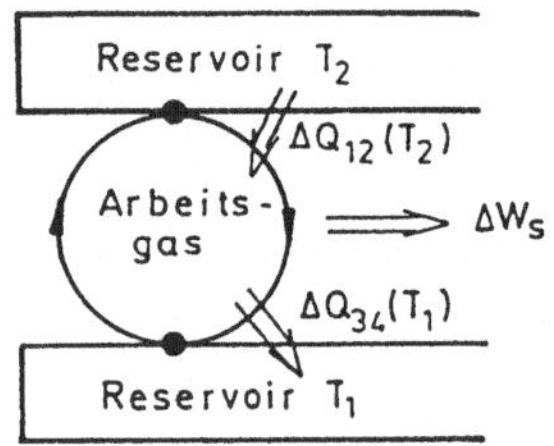

Abb. 6.26. Carnot-Kreisprozess als Wärmekraftmaschine

(6.36) ⇒ $T_1 V_1^{\gamma-1} = T_2 V_4^{\gamma-1}$ und $T_1 V_2^{\gamma-1} = T_2 V_3^{\gamma-1}$. Elimination von V_3, V_4 ⇒

$$\boxed{\eta = \frac{\Delta W_s}{\Delta Q_{12}} = \frac{\Delta Q_{12}(T_2) + \Delta Q_{34}(T_1)}{\Delta Q_{12}(T_2)} = \frac{T_2 - T_1}{T_2}} \tag{6.37}$$

η hängt **nur** von den Temperaturen T_1, T_2 ab, **nicht** vom Arbeitsgas, den Drucken oder Volumina; η ist um so höher, je größer die Temperaturdifferenz ist, aber **stets kleiner als 1**. Die Realisation des Carnot-Prozesses mit Wärmekraftmaschinen erfordert eine von Null verschiedene Geschwindigkeit, z.B. durch eine Temperaturdifferenz ΔT zwischen Wärmebädern und Arbeitsgas ⇒

$$\eta_{\text{real}} = \frac{(T_2 - \Delta T) - (T_1 + \Delta T)}{T_2 - \Delta T} \approx \frac{T_2 - T_1}{T_2}\left[1 + \frac{\Delta T}{T_2}\right] - \frac{2\Delta T}{T_2}$$

$$= \eta_{\text{ideal}} - \Delta T \frac{T_1 + T_2}{T_2^2}$$

d.h.

$$\eta_{\text{real}} = \frac{\Delta Q_{12} + \Delta Q_{34}}{\Delta Q_{34}} < \eta_{\text{ideal}} \tag{6.38}$$

sobald der CARNOT-Prozess teilweise irreversibel geführt wird.

6.7.4 Wärmepumpe und Kältemaschine

Die ideale Wärmekraftmaschine nach CARNOT arbeitet vollständig reversibel. Durchläuft man den Prozess in umgekehrter Richtung, so wird dem Reservoir T_1 Wärme ΔQ_{34} entnommen und unter Aufwand äußerer Arbeit $\Delta W_a = -\Delta W_s$ die Wärmemenge

$$\boxed{\Delta Q_{12}(T_2) = \frac{1}{\eta} \cdot \Delta W_a = \Delta W_a \frac{T_2}{T_2 - T_1}}$$

in das Reservoir T_2 “gepumpt”. Der Prozess **heizt** das Reservoir T_2 und **kühlt** das Reservoir T_1.

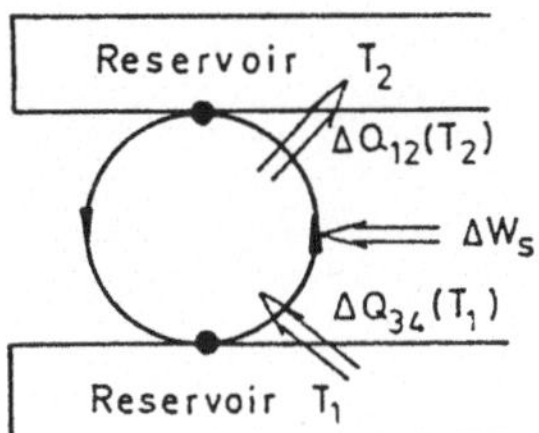

Abb. 6.27. CARNOT-Kreisprozess als Wärme- resp. Kältepumpe

Prinzip der Wärmepumpe: Verwendung eines sehr großen Reservoirs T_1 (See, Luft, Erdkörper).
Prinzip der Kältepumpe: Höheres Reservoir T_2 hat große Wärmekapazität, so dass $T_2 = \text{const}$; es wird dem tieferen Reservoir ständig Wärme

$$\Delta Q_{34}(T_1) = \Delta W_a \frac{1 - \eta}{\eta}$$

entzogen. Die entzogene Wärme ist, relativ zur aufgewandten Arbeit ΔW_a, um so **größer**, je **kleiner** η, d.h. je geringer die Temperaturdifferenz ist (Kühlschrank).
Auch andere Wärmekraftmaschinen können durch Umkehrung der Laufrichtung zu Wärme- oder Kältepumpen werden (s. Versuch am Heißluftmotor, Bild 6.24).

6.8 Der II. Hauptsatz der Wärmelehre

Für den CARNOTschen Kreisprozess folgt aus (6.37):

$$\boxed{\frac{\Delta Q_{34}(T_1)}{T_1} + \frac{\Delta Q_{12}(T_2)}{T_2} = (<)0} \tag{6.39}$$

Das <-Zeichen gilt nach (6.38), sobald der Prozess nicht vollständig reversibel geführt wird. Zur Verallgemeinerung auf andere Kreisprozesse ist zu zeigen, dass

1. der Wirkungsgrad des reversiblen CARNOT-Prozesses unabhängig von der Wahl der Arbeitssubstanz ist,
2. der allgemeine Kreisprozess als Summe von CARNOT-Prozessen darstellbar ist.

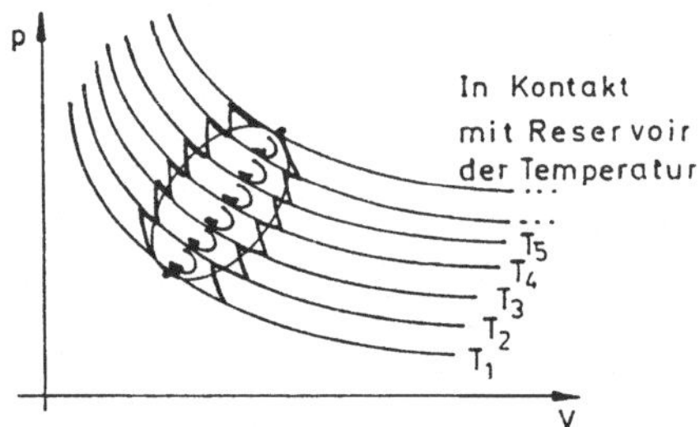

Abb. 6.28. Darstellung des allgemeinen Kreisprozesses

Ad (2): Man überdecke den allgemeinen Kreisprozess mit einer Schar Isothermen. Zwischen benachbarten Isothermen verlaufe ein reversibler CARNOT-Prozess längs kurzer Adiabatenstücke, die den allgemeinen Prozess approximieren. Für die isotherm zu- resp. abgeführten Wärmen jedes dieser CARNOT-Prozesse gilt (6.39), insgesamt

$$\sum_i \frac{\Delta Q_{i,\mathrm{rev}}}{T_i} = 0 \tag{6.40}$$

bei reversibler Führung. Jede Isotherme wird von zwei CARNOT-Prozessen durchlaufen. Es heben sich Arbeits- resp. Wärmebeträge bis auf die Anteile längs der Zackenkurve auf. Im Grenzfall $T_{i+1} - T_i \to 0$ wird der allgemeine Kreisprozess approximiert, und (6.40) geht über in

$$\boxed{\oint_{\text{Kreisprozess}} \frac{\mathrm{d}Q_{\mathrm{rev}}}{T} = 0} \tag{6.41}$$

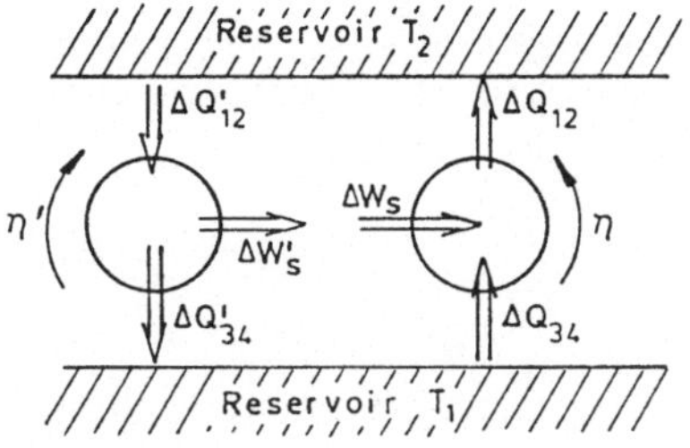

Abb. 6.29. Zum Wirkungsgrad eines Kreisprozesses

Ad (1): Es gebe eine Substanz, für die $\eta' > \eta = (T_2 - T_1)/T_1$ im Kreisprozess. Dann betreiben wir mit ihr eine Carnot-Wärmekraftmaschine und mit idealem Gas eine Wärmepumpe zwischen den beiden Reservoiren derart, dass $|\Delta Q'_{12}| = |\Delta Q_{12}|$:

$$\eta' = \left|\frac{\Delta W'_s}{\Delta Q'_{12}}\right| > \left|\frac{\Delta W_s}{\Delta Q_{12}}\right| = \eta$$

$\Rightarrow \Delta W'_s - \Delta W_s > 0$: Die Zusammenschaltung ergäbe ein abgeschlossenes System, welches Wärme $\Delta Q_{34} - \Delta Q'_{34}$ aus **einem** Reservoir schöpft und in Arbeit $\Delta W'_s - \Delta W_s$ verwandelt. Damit ließen sich irreversible Prozesse vollständig rückgängig machen. Das ist nach der Erfahrung, obgleich verträglich mit dem I. Hauptsatz, nicht möglich. Diese Erfahrung bringt der **II. Hauptsatz der Wärmelehre** zum Ausdruck:

Korollar 6.9 *Es gibt keine periodisch arbeitende Maschine, die einen höheren Wirkungsgrad besitzt als*

$$\eta = \frac{T_2 - T_1}{T_2}$$

oder:

Korollar 6.10 *Es gibt keine periodisch arbeitende Maschine, die Arbeit erzeugt und dabei lediglich* **ein** *Wärmereservoir abkühlt ($T_2 = T_1 \Rightarrow \eta = 0$).*

6.8.1 Die thermodynamische Temperaturskala

Aus (6.39) folgt:

$$\boxed{-\frac{\Delta Q_{34}(T_1)}{\Delta Q_{12}(T_2)} = \frac{T_1}{T_2}} \tag{6.42}$$

Zwei Temperaturen verhalten sich zueinander, wie die bei einem Carnot-Prozess bei der höheren Temperatur aufgenommenen zu der bei der tieferen Temperatur abgegebenen Wärmemenge. Durch Festlegung **einer** Temperatur erhält man daraus eine stoffunabhängige Temperaturskala, und die Temperaturmessung ist auf Messung von Wärmemengen zurückgeführt. Die thermodynamische Skala wird dadurch festgelegt, dass der Temperatur $T_{\mathrm{Tr}}^{\mathrm{H_2O}}$ am Tripelpunkt des Wassers (vgl. Abschnitt 6.9.2) der Wert

$$\boxed{T_{\mathrm{Tr}}^{\mathrm{H_2O}} = 273.16\ \mathrm{K}}$$

zugewiesen wird. Diese Skala ist identisch mit der Gasthermometerskala eines idealen Gases; bei Verwendung von H_2 als Thermometersubstanz treten zwischen $t = -100°\mathrm{C}$ und $+1000°\mathrm{C}$ Differenzen $< 0.05°\mathrm{C}$ auf:

H_2-Gas-thermo-meter (°C)	− 200	− 100	0	100	200	500	1000
T (CARNOT) $-T$ (H_2) (°C)	+ 0.06	+ 0.008	0	0	+ 0.003	+ 0.02	+ 0.05

6.8.2 Die Entropie

Nach (6.41) gilt für vollständig reversibel durchgeführte Kreisprozesse:

$$\oint \frac{\mathrm{d}Q_{\mathrm{rev}}}{T} = 0 \Rightarrow^{(a)} \int_1^2 \frac{\mathrm{d}Q_{\mathrm{rev}}}{T} =^{(b)} \int_1^2 \frac{\mathrm{d}Q_{\mathrm{rev}}}{T}$$

Diese Relation gilt für **irgend** 2 Prozesse (= Wege im pV-Diagramm), die reversibel von $1 \to 2$ führen.

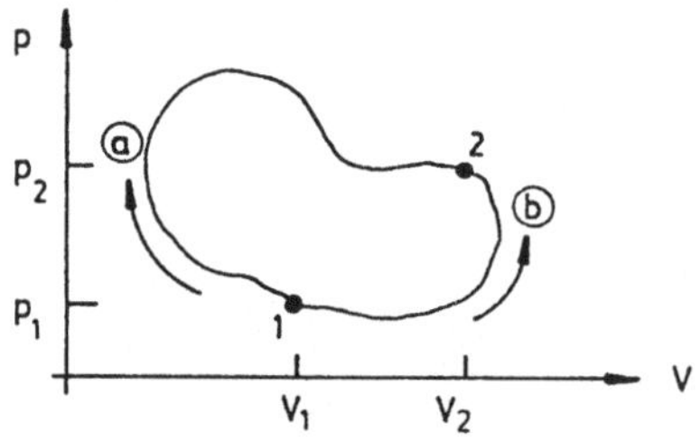

Abb. 6.30. Zur Definition der Zustandsgröße Entropie S

Folgerung: Der Wert des Integrals hängt **nur** von den Zuständen 1, 2 ab. Man kann ihn daher als **Differenz der Werte einer Zustandsfunktion** S bei 1, 2 beschreiben:

$$S(2) = \int_1^2 \frac{\mathrm{d}Q_{\mathrm{rev}}}{T} + S(1)$$

Definition der Entropie S; $[S] = 1\ \mathrm{JK}^{-1}$

Die Entropie ist dadurch bis auf eine additive Konstante bestimmt. Das Differential der Entropie ist durch die bei der Temperatur T des Zustands reversibel zugeführten Wärme dQ_{rev} bestimmt:

$$\mathrm{d}S = \frac{\mathrm{d}Q_{\mathrm{rev}}}{T}$$

6.8.3 Entropieänderungen am idealen Gas

Wir betrachten reversible Zustandsänderungen am idealen Gas. Aus dem I. Hauptsatz folgt:

$$\mathrm{d}S = \frac{\mathrm{d}Q}{T} = \frac{\mathrm{d}U}{T} + \frac{\mathrm{d}W_s}{T} = \frac{\mathrm{d}U}{T} + \frac{p \cdot \mathrm{d}V}{T} \quad \Rightarrow$$

d.h. Entropieerhöhung erfolgt durch Temperatur- und/oder Volumenerhöhung!

$$S(2) = S(1) + \nu C_V \int_{T_1}^{T_2} \frac{\mathrm{d}T}{T} + \nu R \int_{V_1}^{V_2} \frac{\mathrm{d}V}{V} \tag{6.43}$$

1. **Adiabatische Expansion in ein leeres Gefäß** (Versuch von GAY-LUSSAC). Obgleich der Prozess adiabatisch verläuft, ändert sich die Entropie, denn es ist ein irreversibler Prozess. Die Entropieänderung ist gleich der eines reversiblen Prozesses, der die gleiche Zustandsänderung bewirkt (vgl. 3.)!
2. **Isobare Expansion** ($p = \mathrm{const}$)

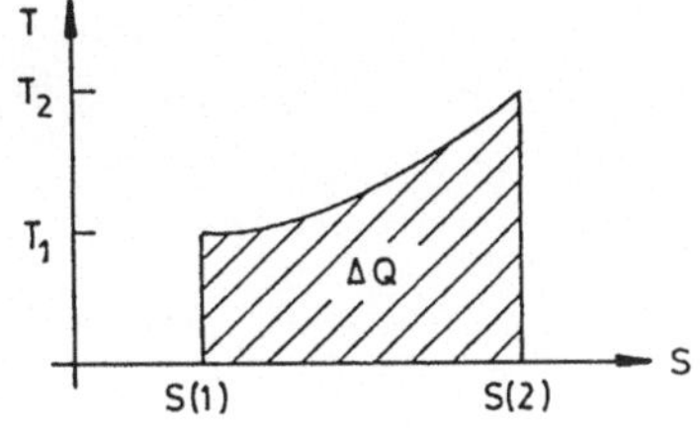

$$\mathrm{d}p = 0 \Rightarrow \mathrm{d}Q = \nu C_p \cdot \mathrm{d}T \Rightarrow$$
$$S(2) = S(1) + \nu C_p \ln T_2/T_1$$

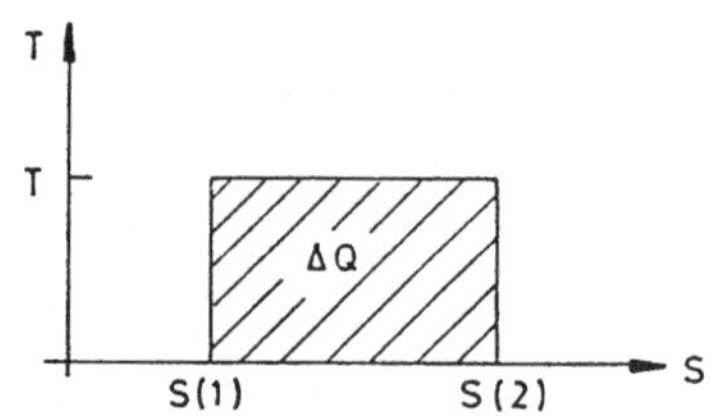

3. **Isotherme Expansion** ($T = \text{const}$)
   Aus (6.43) folgt mit $\mathrm{d}T = 0$:

$$S(2) = S(1) + \nu R \ln \frac{V_2}{V_1}$$

4. **Isochore Zustandsänderung** ($V = \text{const}$)

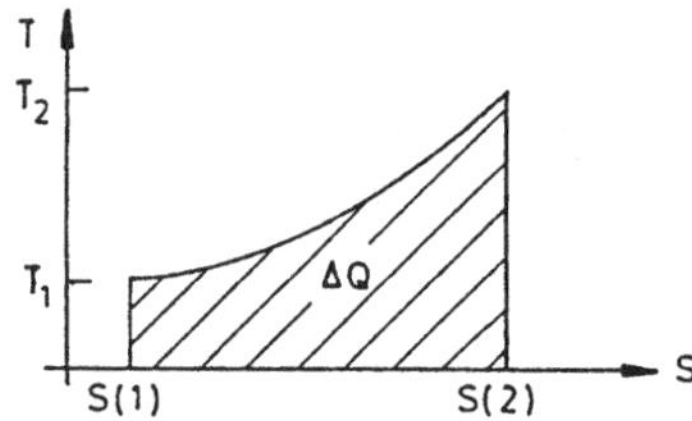

   Aus (6.43) folgt mit $\mathrm{d}V = 0$:

$$S(2) = S(1) + \nu C_V \ln \frac{T_2}{T_1}$$

   Da $C_V < C_p$ ist, verläuft im TS-Diagramm die Isochore steiler als die Isobare.

5. **Adiabatische Änderung** ($Q = \text{const}$)

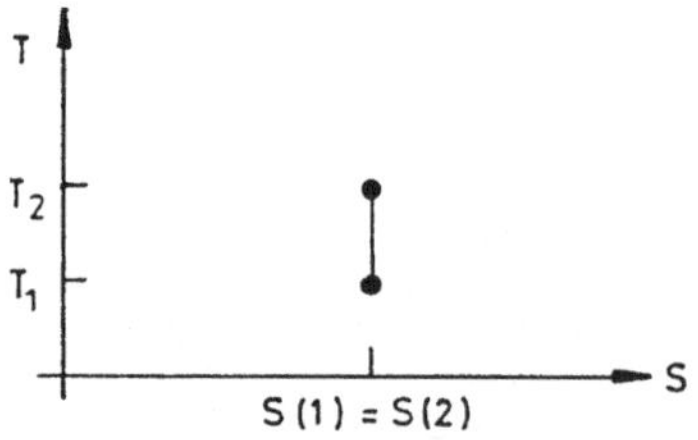

$$\mathrm{d}Q_{\text{rev}} = 0 \Rightarrow \mathrm{d}S = 0 \Rightarrow S(2) = S(1)$$

   Derartige Zustandsänderungen verlaufen also bei konstanter Entropie (= auf einer Isentropen).

Beispiel: Zwei Gase von ν_1 resp. ν_2 mol seien bei gleicher Temperatur T und gleichem Druck p zunächst getrennt (Zustand (1)) mit den Teilvolumina V_1 resp. V_2. Entfernen der Trennwand $\Rightarrow$ Diffusion $\Rightarrow$ Durchmischung (Zustand (2)). Der Prozess ist irreversibel. Der entsprechende reversible Prozess ist 3. Daher ist

$$S(2) = S(1) + \nu_1 R \ln \frac{V_1 + V_2}{V_1} + \nu_2 R \ln \frac{V_1 + V_2}{V_2} > S(1)$$

d.h. die Entropie hat bei der Durchmischung zugenommen.

6. **Kreisprozess in TS-Darstellung**

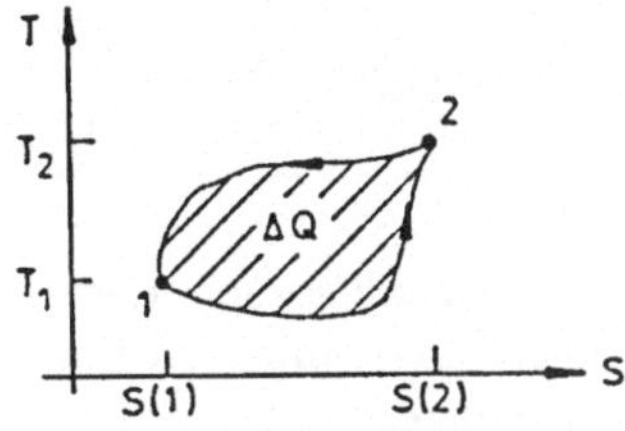

Abb. 6.31. Kreisprozess in der TS-Darstellung

$$\mathrm{d}S = \frac{\mathrm{d}Q}{T} \Rightarrow \mathrm{d}Q = T \cdot \mathrm{d}S \Rightarrow \Delta Q = \oint T \cdot \mathrm{d}S$$

Das ist im TS-Diagramm die umschlossene Fläche. Aus dem I. Hauptsatz folgt: $\Delta Q = \Delta U - \Delta W_a = \Delta W_s$. Die Fläche ist also auch gleich der Arbeit, die vom System geleistet wurde.

Im ST-Diagramm ist die zugeführte Wärme ΔQ unmittelbar als Fläche unter der Kurve abzulesen, während die Arbeit $\Delta W_s = \Delta Q - \Delta U$ berechnet werden muss. Im pV-Diagramm liegen die Verhältnisse genau umgekehrt.

6.8.4 Entropieänderung bei irreversiblen Prozessen

Bei teilweise irreversiblen Prozessen sinkt der Wirkungsgrad, und nach (6.39) gilt:

$$\oint \frac{\mathrm{d}Q}{T} \le \oint \frac{\mathrm{d}Q_{\mathrm{rev}}}{T} = 0$$

wobei das Gleichheitszeichen nur bei vollständig reversibler Führung gilt. Also:

$$^{(b)}\int_1^2 \frac{\mathrm{d}Q_{\mathrm{irr}}}{T} - ^{(a)}\int_1^2 \frac{\mathrm{d}Q_{\mathrm{rev}}}{T} < ^{(b)}\int_1^2 \frac{\mathrm{d}Q_{\mathrm{rev}}}{T} - ^{(a)}\int_1^2 \frac{\mathrm{d}Q_{\mathrm{rev}}}{T} = 0$$

$$\Rightarrow \qquad \int_1^2 \frac{\mathrm{d}Q_{\mathrm{irr}}}{T} < S(2) - S(1) \tag{6.44}$$

d.h. für die Berechnung von Entropiedifferenzen $\Delta S = S(2) - S(1)$ darf man nicht die tatsächlich (z.T. irreversibel) zugeführten Wärmen benutzen, sondern die Wärmen, die bei reversibler Prozessführung die Änderung $1 \to 2$ bewirken.

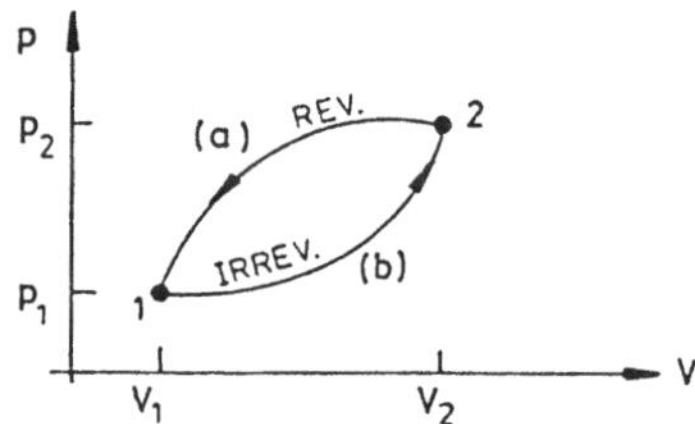

Wir betrachten eine Zustandsänderung in einem abgeschlossenen thermodynamischen System (jedes System ist abgeschlossen, man muss es nur genügend weit fassen!). Für das abgeschlossene System gilt: $\mathrm{d}Q = 0$.

a) **Vollständig reversible Zustandsänderung**:

$$S(2) - S(1) = \int_1^2 \frac{\mathrm{d}Q}{T} = 0$$

b) **Irreversible Zustandsänderung**:

$$(6.44) \quad \Rightarrow \quad S(2) - S(1) > \int_1^2 \frac{\mathrm{d}Q_{\mathrm{irr}}}{T} = 0 \Rightarrow S(2) > S(1)$$

Daraus ergibt sich eine dritte Formulierung für den **II. Hauptsatz der Wärmelehre**:

Korollar 6.11 *In einem abgeschlossenen System nimmt die Entropie nicht ab:* $S(2) - S(1) = \Delta S \geq 0$

Von selbst laufen Vorgänge nur so ab, dass die Entropie zunimmt; und zwar solange, bis ein thermodynamischer **Gleichgewichtszustand** erreicht ist; in ihm hat die **Entropie ein Maximum erreicht**.

6.9 Aggregatzustände und Phasen

Ein Stoff kann je nach den äußeren Bedingungen (insbesondere den äußeren Kräften resp. Druck und der Temperatur) in verschiedenen Aggregatzuständen auftreten. Kennzeichnung:

a.) **Fest**: Volumen- und Formelastizität, geringe Kompressibilität. Mikroskopisch: Bausteine an Gleichgewichtslagen gebunden, besitzen eine periodische Feinordnung (kristalliner Aufbau).
b.) **Flüssig**: Volumenelastizität, geringe Kompressibilität. Mikroskopisch: Keine Gleichgewichtslagen, Verschiebbarkeit, regelmäßiger Aufbau nur in kleinen Bereichen (Nahordnung).
c.) **Gasförmig**: Keine Volumen- oder Formelastizität. Gase erfüllen jeden angebotenen Raum: keine Ordnung, regellose thermische Bewegung.

Amorphe, plastisch verformbare Substanzen sind im Grenzbereich von a.) und b.) angesiedelt (Wachse, Kunststoffe). Hierzu gehören auch Gläser (= unterkühlte Flüssigkeiten), metallische Gläser. Sie besitzen keine wohldefinierten Umwandlungstemperaturen (s.u.) und werden hier nicht weiter behandelt.
Als **Phase eines Stoffgemisches** bezeichnet man räumlich voneinander abgegrenzte, physikalisch und chemisch homogene Bereiche, die durch Trennflächen gegeneinander abgegrenzt sind. Wegen der totalen Mischbarkeit von Gasen ist jeweils höchstens eine Phase gasförmig. In einem abgeschlossenen System (vgl. Abschnitt 6.1) können sich zwei (oder mehr) Phasen in ein **dynamisches Gleichgewicht** setzen, das durch bestimmte Zustandsgrößen (Druck, Volumen, Temperatur) gekennzeichnet ist.
Eine Verschiebung des Gleichgewichts kann durch Wärmezu- oder -abfuhr (**Umwandlungswärme**) erreicht werden, deren Größe nicht konstant, sondern von den Zustandsvariablen abhängig ist.

6.9.1 Koexistenz von Flüssigkeit und Dampf

Gibt man einer Flüssigkeit Gelegenheit, sich im abgeschlossenen Volumen V mit ihrer Gasphase ins Gleichgewicht zu setzen, so stellt sich **Sättigungsdruck** p_D ein. Es ist p_D

- abhängig von der Temperatur T
- unabhängig von Partialdrucken anderer Gase
- unabhängig von der Flüssigkeitsmenge
- abhängig von der Flüssigkeit.

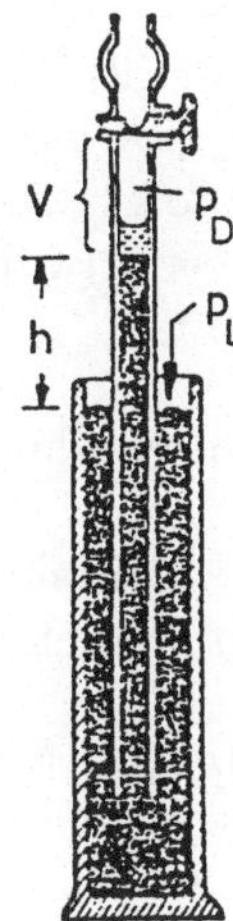

Bei Veränderungen von V beobachtet man:

$$h = \text{const} \Rightarrow p_D = p_L - \varrho g h = \text{const}$$

Durch ständige Vergrößerung des Gasvolumens wird die gesamte Flüssigkeit zum Verdampfen gebracht. Erst jetzt nähert sich das Gas dem Verhalten eines idealen Gases. Den Verlauf $p_D(T)$ nennt man **Dampfdruckkurve**. Stört man das Gleichgewicht (durch Öffnen des Systems oder Abpumpen des Gases), so dass $p < p_D$, so kondensieren an der Flüssigkeitsoberfläche solange weniger Gasmoleküle in die Flüssigkeit zurück, als Flüssigkeitsmoleküle durch die Oberfläche verdampfen, bis wieder $p = p_D$. Im dynamischen Gleichgewicht sind beide Raten gleich groß.

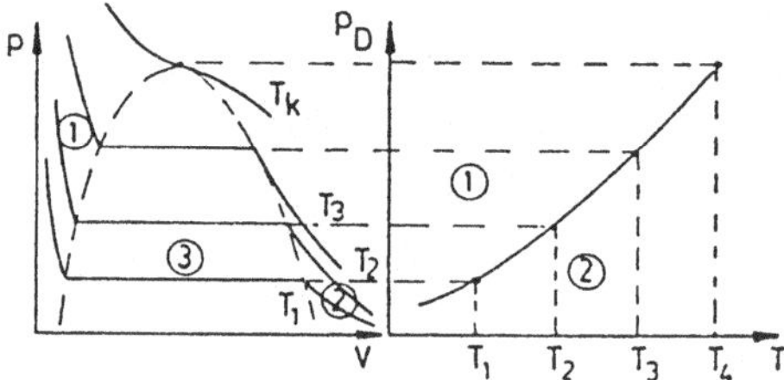

Abb. 6.32. Koexistenz von gasförmiger und flüssiger Phase

Da nur Moleküle verdampfen können, deren kinetische Energie ausreicht, um die potentielle Energie E_{pot} der resultierenden, anziehenden Kräfte an der Oberfläche zu überwinden (vgl. Abschnitt 6.9.3.): $E_{\text{kin}} \geq E_{\text{pot}}$, da deren Häufigkeit nach (6.28) $\sim e^{-E_{\text{pot}}/kT}$ ist, und da der Druck $p_D \sim$ Teilchendichte n ist, folgt:

$$p_D(T) \sim e^{-E_{\text{pot}}/kT} \approx e^{-\Lambda/RT}$$

Die Dampfdruckkurve verläuft also exponentiell. Im Bereich (1) existiert nur Flüssigkeit, in (2) nur Gas, in (3) ist Koexistenz möglich, für Temperaturen $T > T_K$ gibt es keine flüssige Phase resp. Phasengrenze mehr. Aus der Betrachtung folgt, dass beim Verdampfen Wärme verbraucht (beim Kondensieren Wärme frei) wird; die Wärmemenge ist der umgewandelten Stoffmenge proportional:

$$\underline{\text{Spezifische Verdampfungswärme}}\ \lambda = \frac{\text{Wärmezufuhr}}{\text{verdampfte Masse}}$$

$[\lambda] = 1\ \text{J kg}^{-1}$. Analog ist die **molare Verdampfungswärme** Λ, $[\Lambda] = 1\ \text{J mol}^{-1}$, definiert.

Verdunsten und Sieden Ist das Volumen V offen, so kann sich der Sättigungsdruck nicht einstellen. Daher verdunsten ständig Moleküle, und die Temperatur der Flüssigkeit nimmt ab (**Verdunstungskälte**). Der Druck p

auf der Flüssigkeitsoberfläche ist gleich dem Luftdruck p_L. Erhöht man die Temperatur T durch Wärmezufuhr so lange, bis $p_D(T) = p_L$ erreicht wird, so bilden sich bereits im Flüssigkeitsinnern Dampfblasen, die Flüssigkeit **siedet**. Durch diese Oberflächenvergrößerung und erhöhte Wärmeabgabe durch Verdampfen bleibt die Temperatur konstant: **Siedetemperatur** T_S. Wegen $p_D(T_S) = p_L$ ist die Siedetemperatur vom Luftdruck abhängig.

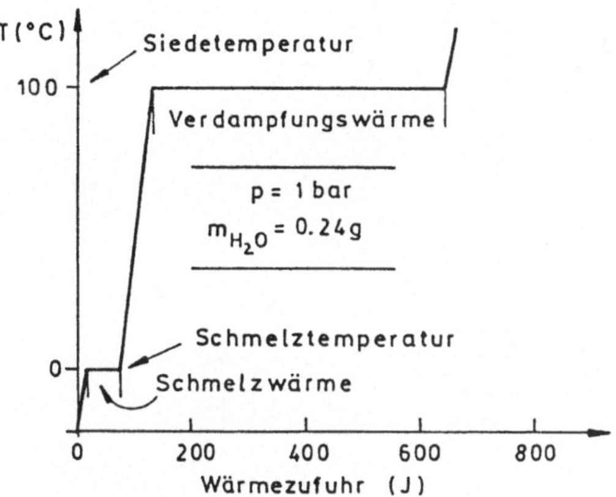

Abb. 6.33. Phasenänderungen einer Wasserprobe

Die Verdampfungswärme λ hängt ab von dem Punkt auf der Dampfdruckkurve $p_D(T)$, an dem die Verdampfung erfolgt. Wir betrachten den CARNOT-Kreisprozess:

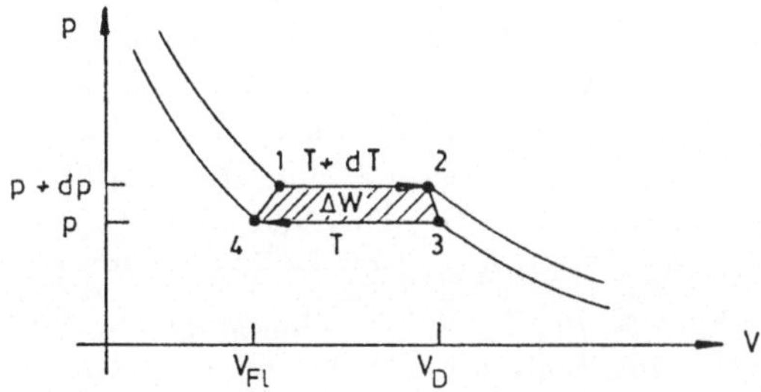

Abb. 6.34. Kreisprozess zur Herleitung von Gl. (6.45)

$\underline{1 \to 2}$: Verdampfen bei Temperatur $T{+}\mathrm{d}T$, Druck $p{+}\mathrm{d}p$. Dabei wird Verdampfungswärme $\nu\Lambda$ aufgenommen und Arbeit $\Delta W_a = (p{+}\mathrm{d}p)(V_D - V_{\mathrm{Fl}})$ abgegeben.
$\underline{2 \to 3}$: Abkühlung von $T{+}\mathrm{d}T$ auf T durch adiabatische Expansion.

3 → 4: Isotherme Kondensation, dabei wird Kondensationswärme $\nu\Lambda$ frei und Arbeit $p(V_D - V_{Fl})$ aufgewandt.
4 → 1: Adiabatische Kompression $\Rightarrow T \to T+\mathrm{d}T$.

In der Bilanz ergibt sich als vom Gas verrichtete Arbeit: $\Delta W = (p+\mathrm{d}p)(V_D - V_{\mathrm{Fl}}) - p(V_D - V_{\mathrm{Fl}})$ und für die bei $T+\mathrm{d}T$ aufgenommene Wärme: $\Delta Q = \nu\Lambda$. Bei reversibler Führung beträgt nach dem II. Hauptsatz der Wirkungsgrad

$$\eta = \frac{T + \mathrm{d}T - T}{T + \mathrm{d}T} = \frac{\Delta W}{\Delta Q} = \frac{\mathrm{d}p(V_D - V_{\mathrm{Fl}})}{\nu\Lambda} \qquad \Rightarrow$$

$$\boxed{\Lambda(T) = T\frac{\mathrm{d}p}{\mathrm{d}T}\left(\frac{V_D}{\nu} - \frac{V_{\mathrm{Fl}}}{\nu}\right)} \tag{6.45}$$

Beispiel: Für Wasser gilt:

$T(°\mathrm{C})$:	0	100	200	300	374 $(= T_K)$
$\Lambda(10^3\ \mathrm{J/mol})$:	45.5	40.5	34.8	15.9	0
p_D (bar):	0.006	1	16	85	218

$(\Lambda(T_K) = 0$, da dort $V_D = V_{\mathrm{Fl}})$.

6.9.2 Koexistenz von Festkörpern und Flüssigkeit oder Gas

An der Oberfläche eines festen Körpers tritt Verdampfung auf, so dass es in einem abgeschlossenen System zu einem dynamischen Gleichgewicht kommen kann: Sublimation $\rightleftharpoons$ Verfestigung. Der **Sublimationsdruck** $p_S(T)$ hängt von der Temperatur ab. Entsprechendes gilt für den Phasenübergang fest–flüssig; auf der Schmelzdruckkurve $p_{\mathrm{Sch}}(T)$ liegt Gleichgewicht Schmelzen $\rightleftharpoons$ Verfestigung vor. Die Temperatur T heißt die zum Druck p_S resp. p_{Sch} gehörige **Sublimationstemperatur** T_S resp. **Schmelztemperatur** T_{Sch}. Zum Sublimieren resp. Schmelzen eines mols Substanz sind die **molare Schmelzwärme** $\Lambda_{\mathrm{Sch}}(T)$ resp. die **molare Sublimationswärme** $\Lambda_S(T)$ erforderlich; für beide gilt die CLAUSIUS-CLAPEYRON-Gleichung (6.45) in sinngemäßer Form. Die drei Druckkurven $p_D(T), p_S(T)$ und $p_{\mathrm{Sch}}(T)$, die die Koexistenzlinie je zweier Phasen angeben, können in einem $p-T$-**Zustandsdiagramm** zusammengefaßt werden. Sie trennen Gebiete voneinander, in denen nur eine Phase existiert bei unabhängiger Wahl von p und T. Wird die Änderung eines Zustandes p_1, T_1 in einen Zustand p_2, T_2 so durchgeführt, dass eine der Koexistenzlinien überschritten wird, so erfolgt die entsprechende Phasenumwandlung. Die drei Druckkurven schneiden sich in **einem** Punkt, dem **Tripelpunkt**; d.h. die Koexistenz von 3 Phasen kann nur in einem Zustand realisiert werden und ist daher als Temperaturstandard besonders geeignet ($\Rightarrow$ **Kelvinskala**, **Tripelpunkt** von H_2O).
Besonderheiten für H_2O:

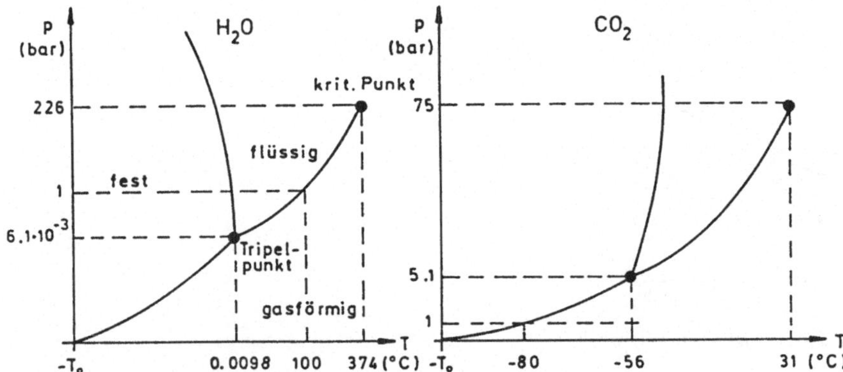

Abb. 6.35. Zustandsdiagramme für drei Phasen

$$V_{\mathrm{Fl}} < V_{\mathrm{fest}} \Rightarrow \frac{\mathrm{d}p_{\mathrm{Sch}}}{\mathrm{d}T} < 0 : \quad \text{Druckverflüssigung}$$

und für CO_2:

$$p_{\mathrm{Tr}} = 5.1 \text{ bar} > \text{Atmosphärendruck}$$
$$\Rightarrow CO_2 \quad \text{bei Normaldruck nicht flüssig}$$

Latente Wärme (Umwandlungsenergien) Die innere Energie realer Gase unterscheidet sich von der idealer Gase nicht nur durch Rotations- und Schwingungsenergie, sondern auch durch die potentielle Energie, die beim Kondensieren und Erstarren wieder frei wird. Es ist mit der Nullpunktsenergie $U(T=0)$:

$$U(T) = U(T=0) + \nu \Lambda_S + \nu \int_0^T C_p(T) \cdot \mathrm{d}T + (\nu \Lambda - p\Lambda_{\mathrm{Gas}}(T))$$

6.9.3 Zustandsgleichung realer Gase

Ideale Gase erfüllen (definitionsgemäß) die Zustandsgleichung $pV = \nu RT$.

Reale Gase erfüllen diese Gleichung in guter Näherung bei hohen Temperaturen und geringen Drucken. Bei Zimmertemperatur und Normaldruck sind nahezu ideal: H_2, He, N_2, O_2, Ne, Ar, Luft. Abweichendes Verhalten zeigen bei höheren Temperaturen siedende Substanzen, z.B. CO_2. Man findet z.B., dass pV für festes T stark vom Druck abhängt und das Gas unter bestimmten Bedingungen kondensiert. Wir betrachten die Isotherme des CO_2 im pV-Diagramm für 0°C, von hohen Drucken kommend:

E: Beginn der Kondensation. Volumenverminderung ⇒ konstanter Druck.
A: Das Gas ist vollständig verflüssigt. Volumenverminderung nur mit hohen Drucken möglich.

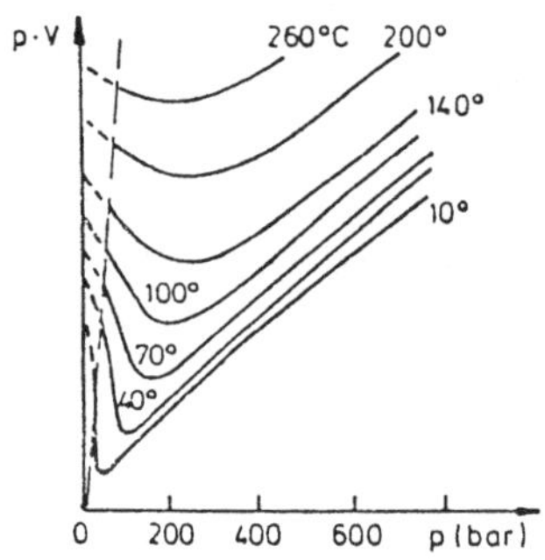

Abb. 6.36. Isothermen von CO_2

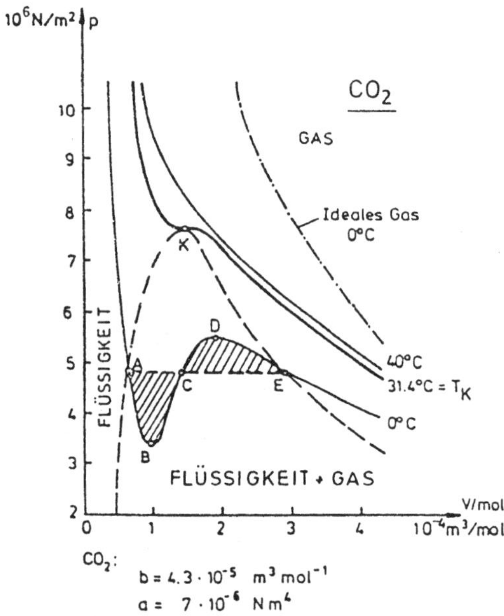

Abb. 6.37. Isothermen von CO_2

AKE: begrenzt Koexistenzbereich von Gas und Flüssigkeit.
ACE: Dampfdruck der Flüssigkeit resp. Sättigungsdruck des Gases.
EDC: Übersättigtes Gas.
ABC: Überhitzte Flüssigkeit.
K: Kritischer Punkt mit kritischer Temperatur T_K.

Für $T > T_K$ ist keine Verflüssigung unter Druck mehr möglich. Am kritischen Punkt K gilt:

$$\left.\frac{\mathrm{d}p}{\mathrm{d}V}\right|_{T_K} = 0; \qquad \left.\frac{\mathrm{d}^2p}{\mathrm{d}V^2}\right|_{T_K} = 0 \tag{6.46}$$

Außerhalb AKE läßt sich das Verhalten realer Gase näherungsweise durch die **Van-der-Waals-Gleichung** beschreiben:

$$\boxed{\left(p + \frac{a\nu^2}{V^2}\right)(V - \nu b) = \nu RT} \qquad (6.47)$$

a, b sind stoffabhängig und (näherungsweise) unabhängig von p, T.
Zusammenhang $a, b \leftrightarrow T_K, p_K, V_K$:

$$(6.46), (6.47) \Rightarrow \frac{V_K}{\nu} = 3b; \quad T_K = \frac{8}{27}\frac{a}{bR}; \quad p_K = \frac{1}{27}\frac{a}{b^2} \qquad (6.48)$$

Die kritischen Zustandsgrößen sind also allein durch a, b bestimmt! Umgekehrt können a und b durch Messung der kritischen Größen bestimmt werden.
Das Kovolumen b: Volumen, das ein ausgedehntes Molekül dynamisch "sperrt" für andere Moleküle (effektiver Molekülradius r_m):

$$b = \frac{1}{2}N_A\frac{4\pi}{3}(2r_m)^3 = 4N_A\frac{4\pi}{3}r_m^3$$

Beispiel:

$$\mathrm{He}: b = 23.7 \cdot 10^{-6}\ \mathrm{m^3/mol} \Rightarrow r_m \approx 2.3 \cdot 10^{-10}\ \mathrm{m}$$
$$\mathrm{H_2O}: b = 30.5 \cdot 10^{-6}\ \mathrm{m^3/mol} \Rightarrow r_m \approx 2.5 \cdot 10^{-10}\ \mathrm{m}$$

Der Binnendruck $p_B = a/(V/\nu)^2$: Reale Moleküle üben aufeinander anziehende Kräfte aus (**Van-der-Waals-Kohäsionskräfte**, Reichweite r_W). Die Kraft F_{res} ergibt sich für Gasmoleküle am Rande des Gasvolumens innerhalb der Grenzschicht $2r_W$. Teilchendichte n $\Rightarrow$ Binnendruck $p_B \sim F \sim n \cdot n \sim 1/V^2$.

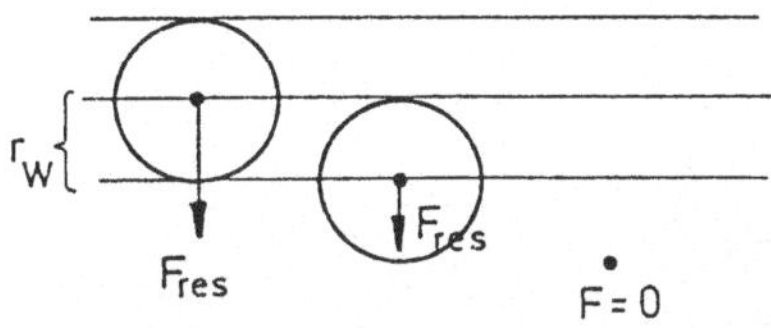

Beispiel:

$$\mathrm{H_2O(Gas)}: a = 5.5 \cdot 10^{-1}\ \mathrm{m^6\ Pa/mol^2} \Rightarrow p_B \approx 11\ \mathrm{mbar}$$
$$\mathrm{H_2O(flüssig)}: \Rightarrow p_B \approx 17000\ \mathrm{bar!}$$

(Deutung: Verflüssigung durch VAN-DER-WAALS-Kräfte).
Koexistenzbereich AKE: Hier wird die Kurve nach (6.47) nur zum geringen Teil und bei vorsichtiger Prozessführung durchlaufen (Siedeverzug, Übersättigung). Der normale Verlauf ACE erfolgt so, dass die schraffierten Flächen gleich groß sind. Zum Beweis betrachten wir den isothermen Kreisprozess: $E \to D \to C \to B \to A \to E$

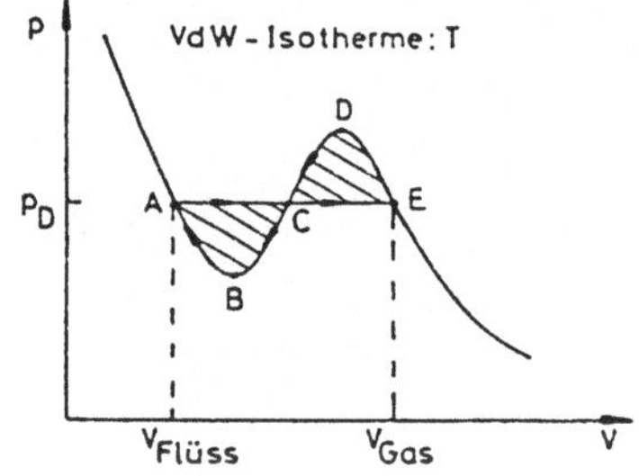

Kompressionsarbeit:

$$\Delta W_1 = \int_{E \to D \to B \to A} p \cdot \mathrm{d}V$$

Volumenarbeit, isobar:

$$\Delta W_2 = -p_D (V_{\text{Gas}} - V_{\text{Fl}})$$

II. Hauptsatz:

$$\Delta W_1 + \Delta W_2 = 0 \qquad (\text{da } T = \text{const})$$

6.9.4 Gasverflüssigung: Joule-Thomson-Effekt

Für ideale Gase hängt die innere Energie nicht vom Volumen, sondern nur von der Temperatur ab:

$$\left.\frac{\partial U}{\partial V}\right|_T = 0, \qquad \text{vgl. (6.34)}$$

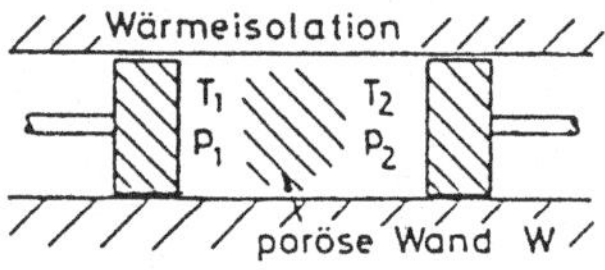

Abb. 6.38. Zum JOULE-THOMSON-Effekt

Reale Gase besitzen auch innere potentielle Energie, die vom mittleren Abstand der Moleküle abhängt $\Rightarrow$ Volumenabhängigkeit. Also können bei adiabatischer Expansion realer Gase Temperaturänderungen auftreten (JOULE-THOMSON-Effekt, vgl. Bild 6.38): Das Gas wird aus der linken Kammer (p_1, T_1) langsam (d.h. ohne Arbeitsleistung) durch die Wand W in die rechte Kammer gedrückt $(p_2 < p_1)$. Bei adiabatischer Expansion ist $\mathrm{d}Q = 0$.

$$\text{I. Hauptsatz} \quad \Rightarrow \quad \mathrm{d}U - \mathrm{d}W_a = \mathrm{d}(U + pV) = 0$$

Mit der Zustandsfunktion **Enthalpie** $H = U+pV : \mathrm{d}H = 0$. Diese Bedingung kann man umformen[2] in einen Zusammenhang zwischen Druckdifferenz $\mathrm{d}p$ und resultierender Temperaturdifferenz $\mathrm{d}T$

$$\mathrm{d}T = \frac{1}{C_p}\left(T\frac{\partial V}{\partial T}\bigg|_p - V \right) \cdot \mathrm{d}p \tag{6.49}$$

Ob eine Temperaturverminderung auftritt, hängt von der Zustandsfunktion $V(p,T)$ ab. Für reale Gase ergibt sich aus der VAN-DER-WAALS-Gleichung:

$$\boxed{\mathrm{d}T \approx \frac{\frac{2a}{RT} - b}{C_p} \cdot \mathrm{d}p} \tag{6.50}$$

Demnach ist für $T > (2a)/(Rb)$ Abkühlung ($\mathrm{d}T < 0$) durch Expansion ($\mathrm{d}p < 0$) nicht möglich, sondern höchstens für $T \leq T_{\mathrm{inv}} = (2a)/(Rb)$. Daher heißt T_{inv} **Inversionstemperatur**. Sie hat nach Gl. (6.48) den (Maximal)Wert $6.75\ T_K$. Tatsächlich hängt die Inversionstemperatur vom Druck ab.

Gas	p_K (bar)	T_K (K)	T_{Siede} (K)$/_{p=1\mathrm{bar}}$	T_{inv} (K)$/_{p=1\mathrm{bar}}$
CO_2	73	$304.2 \widehat{=} 31°C$	195	
O_2	51	155	$90 \widehat{=} -183°C$	764
N_2	35	122	$77 \widehat{=} -196°C$	621
H_2	13	33	20	
He	2.26	5.2	4.2	

Nach dem LINDE-Verfahren kann also Luft bereits bei Zimmertemperatur verflüssigt werden ($\mathrm{d}T/\mathrm{d}p \approx 0.25°\mathrm{C/bar}$), während Verflüssigung von H_2, He eine Vorkühlung auf $T < T_{\mathrm{inv}}$ erfordert.

Die Abkühlung durch Expansion beruht auf einem adiabatischen Übergang zu einem Zustand mit höherer innerer potentieller Energie. Der Effekt ist daher um so stärker, je größer die Van-der-Waals-Größe a ist, vgl. (6.50).

6.10 Transportphänomene

Die regellose thermische Bewegung von Molekülen in Gasen, Flüssigkeiten und auch in Festkörpern kann zu makroskopischem Transport von Massen (→ Diffusion), Energie (→ Wärmeleitung) oder Impuls (→ Viskosität) führen, wenn eine räumliche Inhomogenität in dem transportierenden Medium vorliegt. Wir wollen zunächst eine makroskopische Beschreibung liefern und anschließend eine molekular-kinetische Erläuterung der drei Transportphänomene für Gase geben.

[2] Beweis (länglich) z.B. in FRAUENFELDER-HUBER, Physik I, Kap. 94 oder DEMTRÖDER, Experimentalphysik I, Kap. 11.4.2

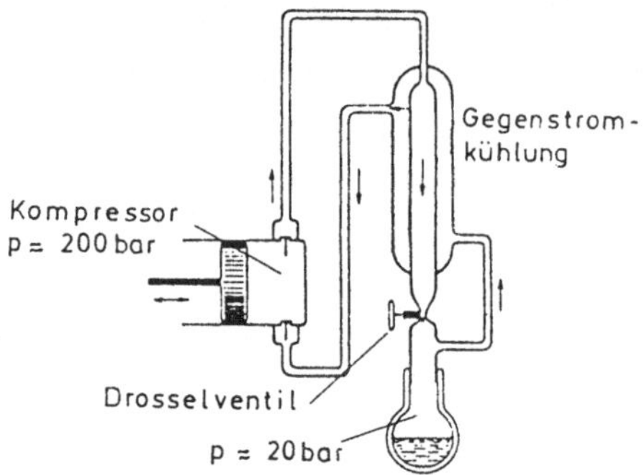

Abb. 6.39. Luftverflüssigung nach LINDE (schematisch)

6.10.1 Molekulardiffusion (= Massentransport)

Bringt man zwei Gase in ein Gefäß derart, dass sie zunächst durch eine Wand getrennt sind, aber beiderseits gleicher Druck herrscht, und entfernt die Trennwand, so setzt eine Durchmischung ein, die die Konzentrationsunterschiede allmählich abbaut:

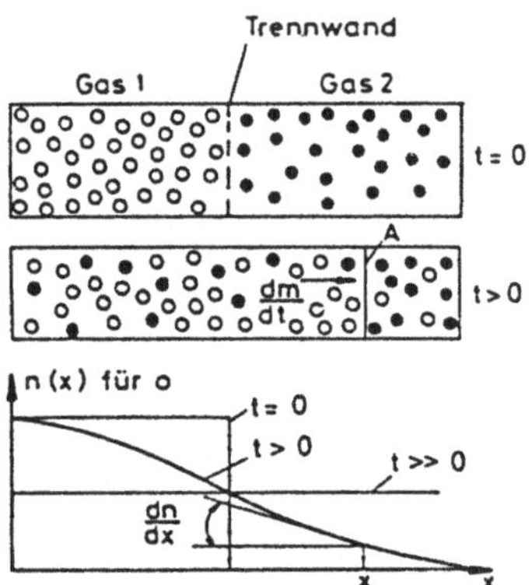

Sei $n(x)$ die Teilchendichte der Komponente "O" zu einem bestimmten Zeitpunkt (eindimensionales Problem). Sei ferner $n(x_1) > n(x) > n(x_2)$ für $x_1 < x < x_2$. Dann treten von links mehr Moleküle durch den Querschnitt A als von rechts. Für die resultierende Zahl $\mathrm{d}N(x)$ von Teilchen, die bei x während der Zeit $\mathrm{d}t$ durch A treten, gilt erfahrungsgemäß

$$\frac{\mathrm{d}N(x)}{\mathrm{d}t} = -DA\frac{\mathrm{d}n}{\mathrm{d}x} \tag{6.51}$$

oder, bei Einführung der transportierten Masse $\mathrm{d}m = \mathrm{d}N \cdot M/N_A$ und der Dichte $\varrho = n \cdot M/N_A$:

$$\boxed{\frac{\mathrm{d}m}{\mathrm{d}t} = -DA\frac{\mathrm{d}\varrho}{\mathrm{d}x} \qquad \text{1. FICKsches Gesetz}} \tag{6.52}$$

Der Massentransport durch Diffusion ist proportional dem Dichtegradienten und verläuft in Richtung des Dichtegefälles (negatives Vorzeichen!). Die Stoffkonstante D heißt **Diffusionskoeffizient**, $[D] = 1\ \mathrm{m^2s^{-1}}$.
D hängt für Gase, Flüssigkeiten davon ab, wie oft die Moleküle bei ihrer Bewegung zusammenstoßen. Er ist deshalb der mittleren freien Weglänge und der mittleren Geschwindigkeit der Moleküle proportional, steigt mit der Temperatur, fällt mit steigender Molekülmasse (s. Abschnitt 6.11). Auch in Festkörpern tritt Diffusion auf (z.B. Li-Diffusion in Ge, Si). Größenordnung von D für Gase (Normaldruck, Zimmertemperatur): 10^{-5}–$10^{-4}\ \mathrm{m^2s^{-1}}$, Flüssigkeiten bei 20°C $\approx 10^{-9}\ \mathrm{m^2s^{-1}}$, Festkörper: $10^{-9} - 10^{-24}\ \mathrm{m^2s^{-1}}$.
Im **stationären Fall** ist die räumliche Dichteverteilung $\varrho(x)$ zeitlich konstant. Da keine Teilchen auftauchen oder verschwinden können, gilt für den Massenstrom I_m:

$$\frac{\mathrm{d}m}{\mathrm{d}t} = \mathrm{const} = I_m$$

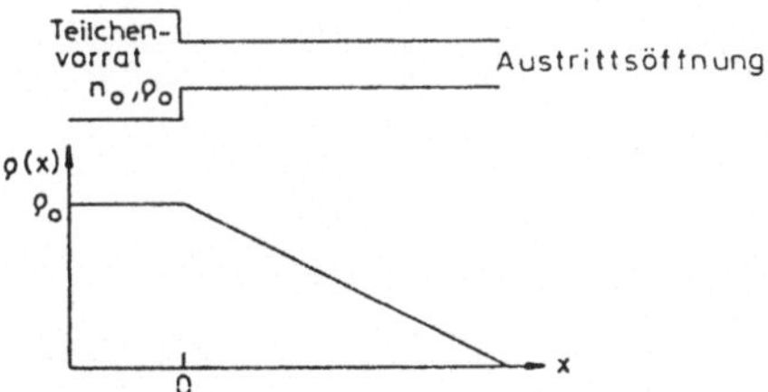

Abb. 6.40. Eindimensionales Dichtegefälle durch Diffusion

Aus (6.52) folgt:

$$\boxed{\frac{1}{A} I_m = -D \frac{\varrho(x) - \varrho_0}{x}} \quad \text{resp.} \quad \boxed{\frac{1}{A} I_N = -D \frac{n(x) - n_0}{x}} \qquad (6.53)$$

Darin bedeutet I_N den Teilchenstrom.

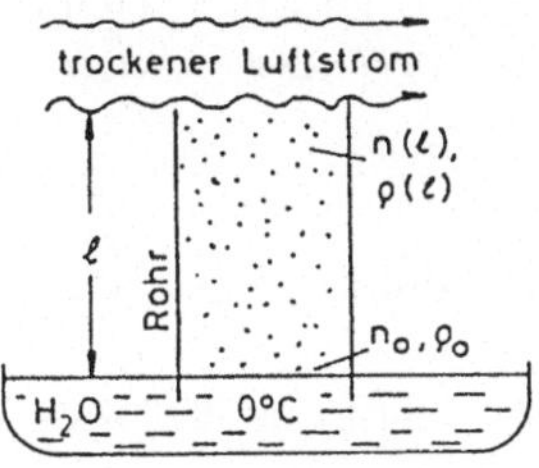

Abb. 6.41. Stationäre Verteilung von Wasserdampf, der in Luft diffundiert

Wir betrachten das Beispiel Bild 6.41. Der Sättigungsdampfdruck beträgt $p_{\mathrm{H_2O}}(0°\mathrm{C}) = 6.13$ mbar $\Rightarrow \varrho_0 \approx 4.8 \cdot 10^{-3}\ \mathrm{kg\ m^{-3}}$. $\varrho(\ell) \ll \varrho_0$.

Sei $\ell = 0.1$ m, $A = 10^{-4}$ m^2. Man findet experimentell $I_m \approx 10^{-10}$ kg/s $\widehat{=}$ 1 g/100 Tage. Damit folgt aus Gl. (6.53): $D \approx 2 \cdot 10^{-5}$ m^{2}s^{-1}.
Wasserdampfinhalt des Rohres: $0.5\varrho_0 A\ell \approx 2.4 \cdot 10^{-5}$ g. Mit $\ell = 0.1$ m folgt, dass ein Massenstrom $I_m \approx 10^{-10}$ kg s^{-1} einer mittleren Geschwindigkeit des Massendurchsatzes infolge Diffusion von $v = I_m\ell/1/2\varrho_0 A\ell \approx 4 \cdot 10^{-4}$ m/s entspricht. (Vgl. $\sqrt{\overline{v^2}} \approx 500$ m s^{-1} für Wassermoleküle nach (6.31)!). Das Beispiel zeigt, dass die Diffusion ein **langsamer** Prozess ist.

Anwendung der Diffusion: Öldiffusionspumpe zur Erzeugung von Hochvakuum (Enddruck $\leq 10^{-7}$ mbar). Das Öl siedet, der Öldampf wird wie gezeichnet gelenkt, reißt die eindiffundierten Restgase zu $\approx 100\%$ mit sich, die dann mit einer mechanischen Vorpumpe abgesaugt werden. Das Öl kondensiert an der gekühlten Wand. Pumpgeschwindigkeit $\sim \sqrt{\overline{v^2}} \sim \sqrt{T/m}$, druckunabhängig.

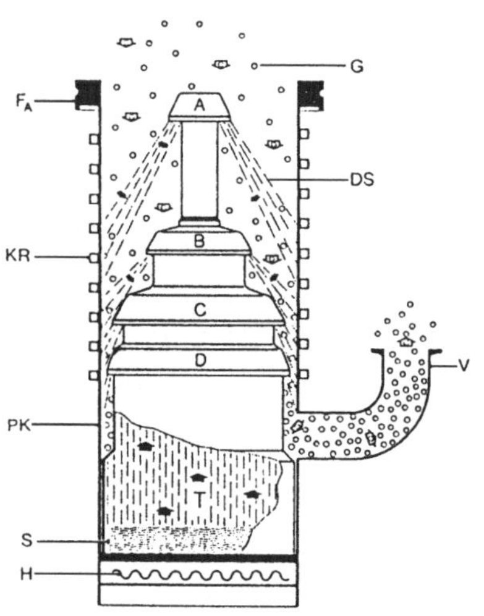

Abb. 6.42. Schema einer Diffusionspumpe. H Heizung, S Siederaum, PK Pumpenkörper, KR Kühlrohre, F_A Hochvakkumflansch, G Gasmoleküle des abzupumpenden Gases, DS Dampfstrahl, V Vorvakuumstutzen, A, B, C, D Düsen, T Treibmitteldampf. (Aus: Wutz, Adam, Walcher: Theorie und Praxis der Vakuumtechnik)

Anmerkung Nichtstationäre Dichteverteilung: Die Teilchendichte ist jetzt auch von der Zeit abhängig: $n(x,t)$. Fließt durch den Querschnitt A in x-Richtung die Masse $dm(x)$ in das Volumen $V = A\cdot \mathrm{d}x$ ein und $\mathrm{d}m(x+\mathrm{d}x)$ aus, so erfordert die Erhaltung der Teilchenzahl resp. Masse $\mathrm{d}m(x+\mathrm{d}x) = \mathrm{d}m(x) - V\cdot \mathrm{d}\varrho$. Die Massendifferentiale kann man mit Gl. (6.52) ausdrücken, so dass

$$-DA\frac{\partial}{\partial x}\left(\varrho(x) + \frac{\partial \varrho}{\partial x}\cdot \mathrm{d}x\right)\cdot \mathrm{d}t = -DA\frac{\partial}{\partial x}\Big[\varrho(x)\Big]\cdot \mathrm{d}t - V\cdot \mathrm{d}\varrho$$

$V \cdot \mathrm{d}\varrho$ bedeutet darin die im Volumen $V = A \cdot \mathrm{d}x$ gespeicherte Masse. Durch Umformung folgt

$$\frac{\partial \varrho}{\partial t} = D \cdot \frac{\partial^2 \varrho}{\partial x^2} \quad \text{resp.} \quad \frac{\partial n}{\partial t} = D \cdot \frac{\partial^2 n}{\partial x^2} \qquad \text{2. FICKsches Gesetz} \tag{6.54}$$

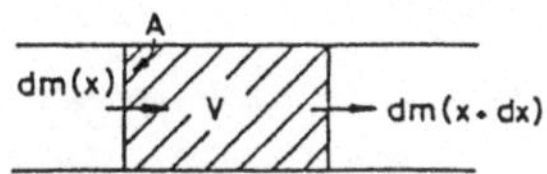

Abb. 6.43. Massenbilanz im Volumen V

6.10.2 Wärmeleitung (= Energietransport)

Wir betrachten einen dünnen Stab vom Querschnitt A, dessen Enden in Kontakt mit 2 (großen) Wärmereservoiren der Temperatur T_1 resp. T_2 sind. Falls $T_1 \neq T_2 \Rightarrow$ Wärme fließt von allein vom wärmeren zum kälteren Reservoir. Seitlicher Wärmeaustritt werde durch Isolation verhindert. Man findet experimentell für den **Wärmestrom** $\mathrm{d}Q/\mathrm{d}t$, der am Ort x durch den Querschnitt A fließt:

$$\frac{\mathrm{d}Q}{dt} = -\lambda A \frac{\mathrm{d}T}{\mathrm{d}x} \tag{6.55}$$

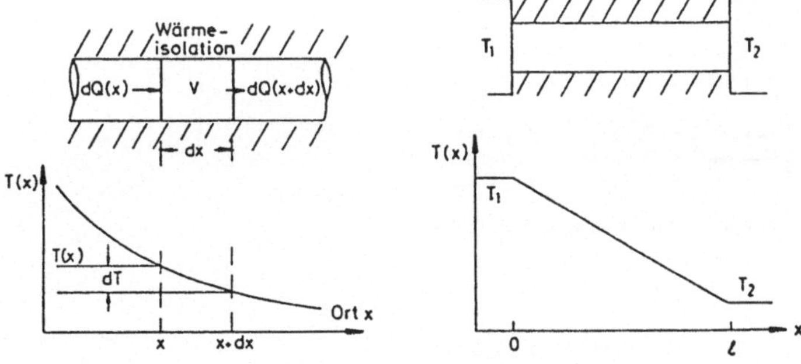

Abb. 6.44. Wärmeleitung und Temperaturgefälle

Der Wärmestrom ist proportional zum Temperaturgradienten und zum Leiterquerschnitt. Die Stoffkonstante λ heißt **Wärmeleitfähigkeit**:

Material:	Ag	Cu	Fe	Glas	H_2O	Luft
λ (J s^{-1} m^{-1} K^{-1})	420	390	73	~ 1	0.7	0.02

Im **stationären Gleichgewicht** ist die Temperatur $T(x)$ an jedem Punkt des Stabes zeitlich konstant. Es wird im Volumen V keine zusätzliche Wärme freigesetzt oder gespeichert, also gilt $\mathrm{d}Q(x) = \mathrm{d}Q(x + \mathrm{d}x)$ und

$$\frac{\mathrm{d}Q}{\mathrm{d}t} = \text{const} = I_Q$$

Aus (6.55) folgt dann:

$$\boxed{\frac{1}{A} I_Q = -\lambda \frac{T(x) - T_1}{x}} \tag{6.56}$$

d.h. es bildet sich längs des Stabes ein lineares Temperaturgefälle aus. Dieses Temperaturgefälle bildet sich aus, sofern die Kontaktflächen ideal wärmedurchlässig sind. Tatsächlich wird der Wärmeübergang an den Grenzflächen etwas behindert; man findet experimentell im stationären Gleichgewicht:

$$I_Q = -\lambda A \frac{T_2' - T_1'}{\ell} = -\alpha_1 A (T_1' - T_1) = -\alpha_2 A (T_2 - T_2')$$

α_1 resp. α_2 ist die **Wärmeübergangszahl** an der jeweiligen Grenzfläche, $[\alpha] = 1$ J s^{-1} K^{-1} m^{-2}. Es folgt:

$$\boxed{\frac{1}{A} I_Q = -\frac{1}{\frac{1}{\alpha_1} + \frac{1}{\alpha_2} + \frac{\ell}{\lambda}} (T_2 - T_1)}$$

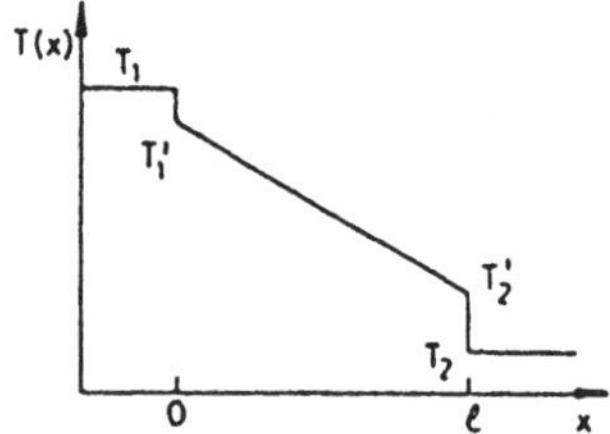

Abb. 6.45. Einfluss von Wärmeübergangszahlen

Zum Mechanismus der Wärmeleitung

a) Gase, Flüssigkeiten: Stoß zwischen verschieden schnellen Molekülen $\Rightarrow$ Übertragung kinetischer Energie ohne Materialtransport. Bei Gasen hängt λ erst bei geringen Drucken p ($p < 10^{-2}$ Torr) von p ab (vgl. Abschnitt 6.11).

b) Festkörper, insbesondere Metalle: Durch Transport von Schwingungsenergie, den die Gitterbausteine leisten. Außerdem durch das Gas der Leitungselektronen: Gute Wärmeleiter sind auch gute elektrische Leiter (s. Gesetz von WIEDEMANN-FRANZ).

Neben der Wärmeleitung (= Wärmetransport durch makroskopisch ruhendes Material) erfolgt Wärmetransport durch Wärmestrahlung (→ Optik) und Konvektion (= Wärmetransport durch strömende Gase, Flüssigkeiten; die Strömung entsteht in der Substanz selbst durch Dichteunterschiede, Auftrieb).

Anmerkung: Im nicht stationären eindimensionalen Fall ist die Temperatur auch von der Zeit abhängig: $T(x,t)$. Es gilt für den Fluss der Wärme in x-Richtung:

$$\mathrm{d}Q(x+\mathrm{d}x) = \mathrm{d}Q(x) - V\varrho c \cdot \mathrm{d}T$$

Mit den Wärmedifferentialen nach (6.55) folgt:

$$-\lambda A \frac{\partial}{\partial x}\left(T + \frac{\partial T}{\partial x}\cdot \mathrm{d}x\right)\cdot \mathrm{d}t \qquad -\lambda A \frac{\partial T}{\partial x}\cdot \mathrm{d}x \cdot \mathrm{d}t - V\varrho c \cdot \mathrm{d}T$$

$V\varrho c\cdot$ $\mathrm{d}T$ ist die im Volumen $V = A\cdot$ $\mathrm{d}x$ gespeicherte Wärme und c die spezifische Wärmekapazität. Damit erhält man, analog zu Gl. (6.54):

$$\boxed{\frac{\partial T}{\partial t} = \frac{\lambda}{\varrho c}\frac{\partial^2 T}{\partial x^2}} \tag{6.57}$$

Die experimentelle Bestimmung von λ geschieht nach (6.56), indem man die Wärmemenge $I_Q t$ misst, die stationär durch einen Stab bekannter Abmessungen hindurchtritt, z.B. T_1 : 100°C; T_2 : 0°C (Eiswasser). ⇒ Bestimmung von $I_Q t$ über die bekannte Schmelzwärme von Eis.

6.10.3 Viskosität (= Impulstransport)

In realen, laminar strömenden Flüssigkeiten treten zwischen den Flüssigkeitsschichten Tangentialkräfte F_R (vgl. Abschnitt 5.5) auf. Die Kräfte sind nach der Erfahrung proportional zur Fläche A der aneinander vorbeigleitenden Schichten, ihrer Relativgeschwindigkeit $|\boldsymbol{v}(x+\mathrm{d}x) - \boldsymbol{v}(x)| = \mathrm{d}v(x)$ und umgekehrt proportional ihrem Abstand $\mathrm{d}x$ und folgen dem NEWTONschen Reibungsgesetz mit dem Koeffizienten η der inneren Reibung:

$$\boxed{F_R = (-)\eta A \frac{\mathrm{d}v(x)}{\text{-}dx}} \tag{6.58}$$

Darin ist η der Viskositätskoeffizient, $[\eta] = 1$ Pa s. Jede Schicht wirkt durch diese Kraft auf die benachbarte schnellere (langsamere) Schicht bremsend (beschleunigend). Es besteht also die Tendenz, den Geschwindigkeitsunterschied auszugleichen ("Kräfte der inneren Reibung"). In der stationären

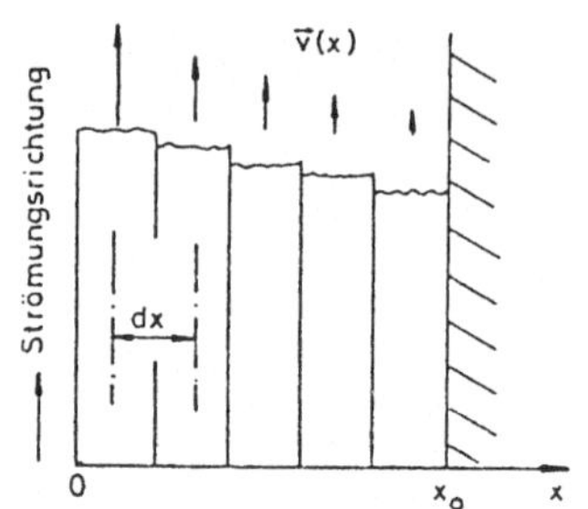

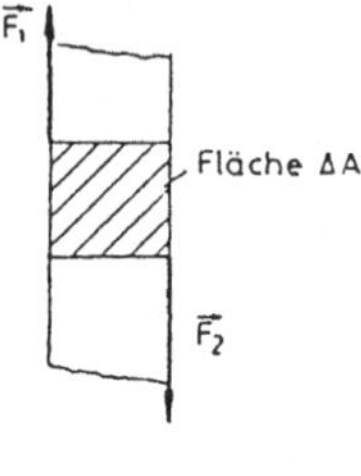

Abb. 6.46. Zur inneren Reibung

Strömung einer insgesamt dünnen Flüssigkeitsschicht gilt: Für das Volumenelement $\Delta A \cdot \mathrm{d}x$ gilt:

$$|\boldsymbol{F}_1 + \boldsymbol{F}_2| = 0 = \eta \cdot \Delta A \left(\left.\frac{\mathrm{d}v}{\mathrm{d}x}\right|_x - \left.\frac{\mathrm{d}v}{\mathrm{d}x}\right|_{x+\mathrm{d}x} \right)$$

Also liegt ein lineares Gefälle vor:

$$\left.\frac{\mathrm{d}v}{\mathrm{d}x}\right|_x = \left.\frac{\mathrm{d}v}{\mathrm{d}x}\right|_{x+\mathrm{d}x}$$

$$(6.58) \Rightarrow \quad \boxed{\frac{1}{A} F_R = -\eta \frac{v(x) - v(x=0)}{x}} \tag{6.59}$$

(6.58) und (6.59) entsprechen den Ausdrücken (6.53) bei der Diffusion resp. (6.56) bei der Wärmeleitung. Welches ist die Größe, deren Transport hier beschrieben wird?

Um das Geschwindigkeitsgefälle in x-Richtung aufrechtzuerhalten, muss dauernd eine Kraft wirken. Das geschehe für den Fall der stationären Strömung durch eine Wand, die bei $x = 0$ mit der Geschwindigkeit v_0 bewegt werde. Dazu ist die Kraft pro Fläche

$$\frac{1}{A} F = \frac{1}{A} F_R = \eta \frac{v_0}{x_0}$$

ständig aufzuwenden. Der dadurch übertragene Impuls kommt nicht der Wand zugute ($v_0 = \text{const!}$), sondern wird auf die Flüssigkeitsschichten übertragen und über diese auf die bei $x = x_0$ begrenzende Wand. Es wird also während der Zeit $\mathrm{d}t$ in x-Richtung der **Impuls** $\mathrm{d}\boldsymbol{p} = \boldsymbol{F} \cdot \mathrm{d}t$ übertragen.

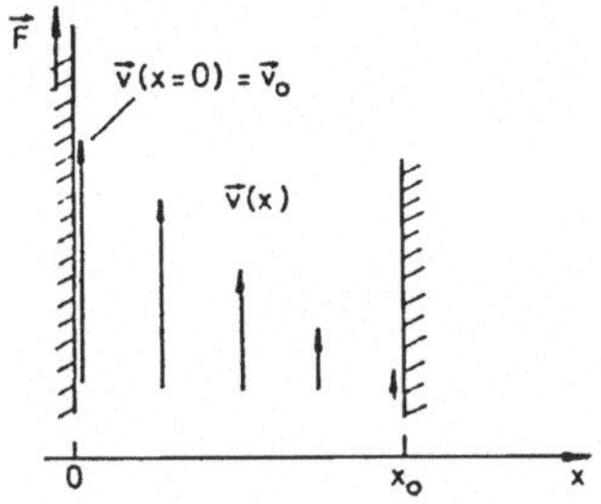

Abb. 6.47. Innere Reibung als Impulsübertrag

6.11 Gaskinetische Betrachtung der Transportphänomene

6.11.1 Wirkungsquerschnitt, mittlere freie Weglänge

Modell: Ein kugelförmiges Molekül (Radius R_1, Geschwindigkeit $\boldsymbol{v}$) treffe senkrecht auf eine Schicht von ruhenden Stoßpartnern (Radien R_2), die eine Teilchendichte n bei einer Schichtdicke Δx und -fläche A darstellen. Alle Moleküle seien "harte Kugeln".

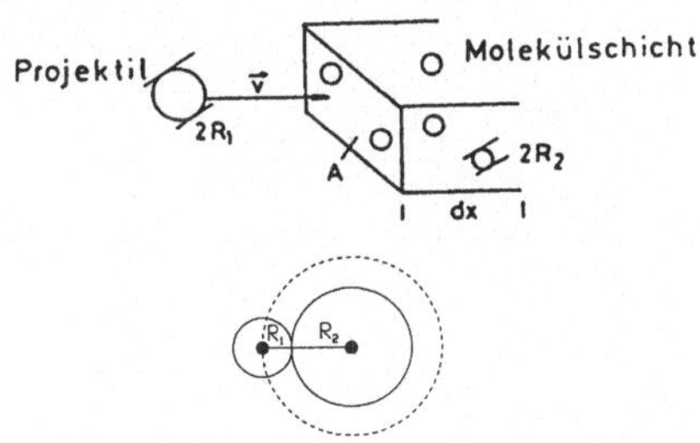

Geometrischer Wirkungsquerschnitt $\sigma = \pi(R_1 + R_2)^2$; $[\sigma] = 1\ \mathrm{m}^2$.
Gesamtfläche A_T, die die Stoßpartner einem senkrecht auftreffenden Strahl von N_0 Geschossmolekülen darbieten:

$$A_T = A \cdot \mathrm{d}x n\sigma$$

Wahrscheinlichkeit P, dass eines der Geschossmoleküle einen Stoßpartner trifft:

$$P = \frac{A_T}{A} = n\sigma \cdot \mathrm{d}x$$

(gilt nur für $P \leq 1$, d.h. dünne Schichten).
Daraus folgt die Zahl der Geschosse, die aus dem Primärstrahl herausgestreut werden:

$$\mathrm{d}N = -PN_0 = -n\sigma N_0 \cdot \mathrm{d}x \qquad \Rightarrow$$

$$\boxed{N(x) = N_0 e^{-n\sigma x}} \tag{6.60}$$

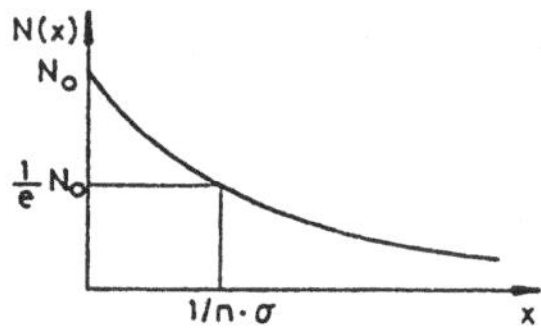

Abb. 6.48. Mittlere freie Weglänge $\ell = \dfrac{1}{n\sigma}$

Für dünne Schichten ist $n\sigma x \ll 1 \Rightarrow$

$$N_0 - N(x) = N_0\left(1 - e^{-n\sigma x}\right) \approx N_0 n\sigma x$$

Für dicke Schichten macht sich bemerkbar, dass sich die tieferliegenden Moleküle im Schatten dichter an der Oberfläche liegender befinden; die Zahl der in der Tiefe x gestreuten Projektile nimmt merklich ab, da zunehmend Moleküle diese Tiefe gar nicht erreichen:

$$\mathrm{d}N(x) = -PN(x) = -n\sigma N_0 e^{-n\sigma x} \cdot \mathrm{d}x$$

$\Rightarrow$ Streurate pro dx in der Tiefe x:

$$\frac{\mathrm{d}N(x)}{\mathrm{d}x} = \frac{\mathrm{d}N(x=0)}{\mathrm{d}x} e^{-n\sigma x}$$

Welchen Weg ℓ legen die Projektile im Mittel in der Schicht zurück, bevor sie gestreut werden?

$$\ell = \frac{\int\limits_0^\infty x \cdot \mathrm{d}N(x)}{\int\limits_0^\infty \mathrm{d}N(x)} = \frac{\int\limits_0^\infty x n\sigma N_0 e^{-n\sigma x} \cdot \mathrm{d}x}{\int\limits_0^\infty n\sigma N_0 e^{-n\sigma x} \cdot \mathrm{d}x}$$

Der Nenner hat den Wert N_0, der Zähler $N_0 1/(n\sigma) \int_0^\infty y e^{-y} \cdot \mathrm{d}y = N_0/n\sigma \Rightarrow$

$$\boxed{\ell = \frac{1}{n\sigma}} \tag{6.61}$$

ℓ heißt **mittlere freie Weglänge**, $[\ell] = 1$ m.

ℓ gibt die Schichtdicke an, auf der die anfängliche Zahl N_0 von Projektilen durch Streuverluste um einen Faktor $e = 2.718..$ gesunken ist. Die Zahl $\overline{z}$ von Zusammenstößen pro Zeiteinheit beträgt $\overline{z} = \sqrt{\overline{v^2}}/\ell = \sqrt{\overline{v^2}} n\sigma$. Für ruhende Stoßpartner mit "geometrischem" Querschnitt σ ist die **mittlere Stoßzahl** also:

$$\overline{z} = \sqrt{\overline{v^2}}n\pi(R_1 + R_2)^2 \tag{6.62}$$

Handelt es sich um **bewegte** Stoßpartner, so muss man die mittlere Relativgeschwindigkeit $\sqrt{\overline{v^2}_{12}}$ der Moleküle zueinander statt $\sqrt{\overline{v^2}}$ verwenden. Im speziellen Fall, dass es sich um Zusammenstöße in einem Gas im thermischen Gleichgewicht handelt, wird wegen der regellosen Bewegung $\overline{\boldsymbol{v}_1\boldsymbol{v}_2} = 0$. Daraus folgt:

$$\begin{aligned}\sqrt{\overline{v^2}_{12}} &= \sqrt{\overline{(\boldsymbol{v}_1 - \boldsymbol{v}_2)^2}} \\ &= \sqrt{\overline{v_1^2} + \overline{v_2^2} - \overline{2\boldsymbol{v}_1\boldsymbol{v}_2}} = \sqrt{2} \cdot \sqrt{\overline{v^2}} \end{aligned} \tag{6.63}$$

$$\Rightarrow \quad \overline{z} = \sqrt{2}n\sigma\sqrt{\overline{v^2}} \quad \text{resp.} \quad \ell = \frac{\overline{z}}{\sqrt{\overline{v^2}}} = \frac{1}{\sqrt{2}n\sigma} \tag{6.64}$$

Beispiel:
$(R_1 + R_2) \approx 5 \cdot 10^{-10}$ m für Luft. Normaldruck: $p \Rightarrow n \approx 0.27 \cdot 10^{26}$ m^{-3} $\Rightarrow$ $\ell \approx 0.3 \cdot 10^{-7}$ m , d.h. $\ell \ll$ Gefäßdimensionen. Faustregel: ℓ [cm] $\cdot p$ [mbar] $\approx 10^{-2}$.
Hochvakuum: $\ell \geq$ Gefäßdimensionen. Wegen $\sqrt{\overline{v^2}} = \sqrt{(3kT)/m}$ sind sowohl $\overline{z}$ als auch die **Stoßzeit** $\tau = 1/\overline{z}$ von Druck und Temperatur abhängig. Für Luft, Normaldruck $T \approx 300$ K $\Rightarrow \sqrt{\overline{v^2}} \approx 500$ m/s $\Rightarrow \overline{z} \approx 2 \cdot 10^{10}$ s^{-1}, $\tau \approx 0.5 \cdot 10^{-10}$ s.
Aber: Das Produkt $\overline{z}\ell = \sqrt{\overline{v^2}}$ ist druckunabhängig (vgl. Abschnitt 6.11.2: Diffusion, Wärmeleitung)!

6.11.2 Gaskinetische Herleitung der Transportkoeffizienten D, λ, η

Den Phänomenen der Diffusion, Wärmeleitung und inneren Reibung ist die makroskopische Beschreibung (eindimensionaler Fall) gemeinsam:

$$\frac{1}{A}\frac{\mathrm{d}}{\mathrm{d}t}Q = -C\frac{\mathrm{d}\varphi}{\mathrm{d}x} \qquad \text{resp.} \qquad j = -C\frac{\mathrm{d}\varphi}{\mathrm{d}x} \tag{6.65}$$

Darin bedeuten für	Q	j	φ	C
Diffusion	Masse	Teilchen- oder Massenstromdichte	(Teilchen)-dichte n	D
Wärmeleitung	Wärme	Wärmestromdichte	Temperatur T	λ
Innere Reibung	Impuls	Impulsstromdichte	Strömungsgeschw. v_s	η

Diese zunächst empirischen Zusammenhänge gelten mit Stoffkonstanten C, wobei der zugrunde liegende Mechanismus für feste resp. flüssige und gasförmige Transportmedien verschieden ist.

Es sollen jetzt die Gleichungen (6.65) aus molekularkinetischen Überlegungen abgeleitet und dabei Zusammenhänge von $D, \lambda\eta$ für (ideale) Gase mit mittleren Eigenschaften der Moleküle (Geschwindigkeit, mittlere freie Weglänge, Wirkungsquerschnitt) gewonnen werden. Wir betrachten dazu Moleküle der Masse m, Teilchendichte $n(x)$ und mittlerer Geschwindigkeit $\overline{v}(x)$, deren thermische Bewegung völlig ungeordnet und Streuung aneinander isotrop ist. Die Teilchen, die durch den Querschnitt A hindurchtreten, hatten im Mittel zuletzt bei $x-\ell$ resp. $x+\ell$ einen Zusammenstoß und haben die dort herrschende kinetische Energie, Teilchendichte und Strömungsgeschwindigkeit. In gleichen Zeiten treten durch A von links resp. rechts

$$\begin{aligned} \mathrm{d}N_\ell &= A\frac{1}{6}n(x-\ell)\overline{v(x-\ell)} \\ &= A\frac{1}{6}\left[n(x) - \frac{\mathrm{d}n}{\mathrm{d}x}\ell\right]\left[\overline{v(x)} - \frac{\mathrm{d}\overline{v}}{\mathrm{d}x}\ell\right] \\ \mathrm{d}N_r &= A\frac{1}{6}n(x+\ell)\overline{v(x+\ell)} \\ &= A\frac{1}{6}\left[n(x) + \frac{\mathrm{d}n}{\mathrm{d}x}\ell\right]\left[\overline{v(x)} + \frac{\mathrm{d}\overline{v}}{\mathrm{d}x}\ell\right] \end{aligned}$$

Teilchen hindurch (vgl. Abschnitt 6.4.1). Diese Zahlen sind jeweils mit den transportierten physikalischen Größen $G(x \pm \ell)$ zu multiplizieren:

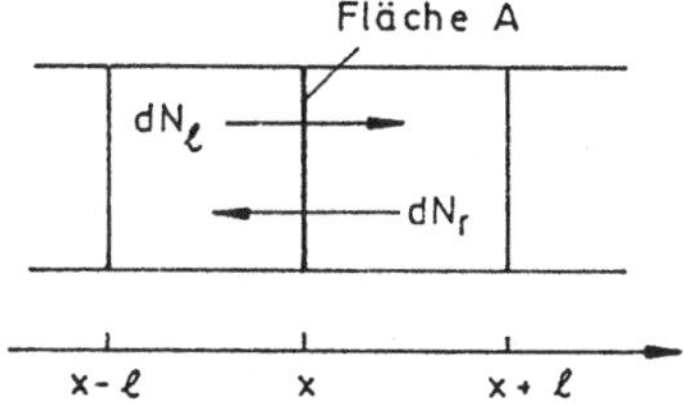

Abb. 6.49. Zur Herleitung der Transportkoeffizienten

1. **Diffusion**: $G(x \pm \ell) = 1$

$$\begin{aligned} \Delta &= \mathrm{d}N_\ell G(x-\ell) - \mathrm{d}N_r G(x+\ell) \\ &= -A\frac{1}{6}\left[2\ell\frac{\mathrm{d}n}{\mathrm{d}x}\overline{v} + \underbrace{2\ell n\frac{\mathrm{d}\overline{v}}{\mathrm{d}x}}_{=0, da\ T=\mathrm{const}}\right] \\ &= . - DA\frac{\mathrm{d}n}{\mathrm{d}x} \end{aligned}$$

$$\Rightarrow \quad \boxed{D = \frac{1}{3}\ell\overline{v}} \qquad (6.66)$$

2. **Innere Reibung**: $G(x \pm \ell) = m\left[v_s \pm \mathrm{d}v_s/\mathrm{d}x\ell\right]$

$$\Delta = -\frac{1}{6}Am\ell\left[2n\overline{v}\frac{dv_s}{dx} + \underbrace{2n\frac{\mathrm{d}\overline{v}}{\mathrm{d}x}v_s}_{=0,da\ T=\mathrm{const}} + \underbrace{2\frac{\mathrm{d}n}{\mathrm{d}x}\overline{v}v_s}_{=0,da\ n=\mathrm{const}}\right]$$

$$= . -\eta A\frac{\mathrm{d}v_s}{\mathrm{d}x}$$

$$\Rightarrow \boxed{\eta = \frac{1}{3}n\overline{v}m\ell} \qquad (6.67)$$

Mit $\ell = 1/n\sigma$ folgt: $\eta = \overline{v}m\sigma/3 \sim \sqrt{T}, \sqrt{m}$, druckunabhängig.

3. **Wärmeleitung**: $G(x \pm \ell) = 3/2k(T \pm \mathrm{d}T/\mathrm{d}x\ell)$

$$\Delta = -\frac{1}{6}A\ell\frac{3}{2}k\left[2n\frac{\mathrm{d}\overline{v}}{\mathrm{d}x}T + \underbrace{2n\overline{v}\frac{\mathrm{d}T}{\mathrm{d}x} + 2\overline{v}T\frac{\mathrm{d}n}{\mathrm{d}x}}_{p=\mathrm{const}=nkT}\right]$$

$$\mathrm{d}n \cdot kT + nk \cdot \mathrm{d}T = 0$$

Es ist das Geschwindigkeitsgefälle $\mathrm{d}\overline{v}/\mathrm{d}x \neq 0$ im Gegensatz zu 1. und 2. Den Zusammenhang zwischen $\mathrm{d}\overline{v}/\mathrm{d}x$ und dem in Gl. (6.56) auftretenden Temperaturgefälle $\mathrm{d}T/\mathrm{d}x$ erhält man unter Verwendung der Geschwindigkeitsverteilung Gl. (6.32) zu $\mathrm{d}\overline{v}/\mathrm{d}x = \mathrm{d}T/\mathrm{d}x \cdot k/m\overline{v}$

$$\Delta = -\frac{1}{6}A\ell\frac{3}{2}k2n\overline{v}\frac{\mathrm{d}T}{\mathrm{d}x}$$

$$= . -A\lambda\frac{\mathrm{d}T}{\mathrm{d}x}$$

$$\Rightarrow \boxed{\lambda = \frac{1}{2}k\ell n\overline{v} = \eta c_v} \qquad (6.68)$$

Insbesondere ist also λ druckunabhängig, solange $\ell \sim 1/n$ gilt. Die Relation (6.68) ist experimentell überprüfbar und wird qualitativ bestätigt.
Zur Unterdrückung der Wärmeleitung durch eine Gasschicht (= hohle Gefäßwand) muss der Druck stark vermindert werden, so dass ℓ mit den Gefäßdimensionen vergleichbar wird $\Rightarrow \lambda \sim n$.
Fortsetzung des numerischen Beispiels am Ende von (6.11.1):

$$\ell = 0.3 \cdot 10^{-7}\ m \Rightarrow D = 1.5 \cdot 10^{-5}\ m^2 s^{-1}$$

$$\eta = D \cdot n \cdot m \approx 0.9 \cdot 10^{-5}\ \mathrm{Pa\ s}$$

$$\lambda \approx 0.64 \cdot 10^{-2}\ \mathrm{J\ s^{-1}m^{-1}K^{-1}}$$

6.11.3 Brownsche Bewegung

Wir betrachten einen speziellen eindimensionalen Diffusionsvorgang, das Auseinanderlaufen von N gleichartigen Gasteilchen, die zum Zeitpunkt $t = 0$ an einem Ort $x = 0$ angehäuft sind (→ Modellversuch). So wie ein Gas in einem anderen oder eine Lösung in einer anderen diffundiert (Fremddiffusion), so wird auch diese herausgegriffene Teilchenmenge (sie sei irgendwie gekennzeichnet) sich durch Diffusion verteilen (Eigendiffusion). Aus dem 2. FICKschen Gesetz Gl. (6.54) ergibt sich für die Teilchendichte $n(x,t)$:

$$n(x,t) = \frac{N}{\sqrt{4\pi Dt}} e^{-\frac{x^2}{4Dt}} \qquad \text{(Gaußverteilung)}$$

Daraus berechnet man das **mittlere Verschiebungsquadrat** zur Zeit t:

$$\overline{x^2(t)} = \frac{\int\limits_0^\infty x^2 n(x,t) \cdot \mathrm{d}x}{\int\limits_0^\infty n(x,t) \cdot \mathrm{d}x} \qquad \text{Substitution:} \qquad z = \frac{x^2}{4Dt} \Rightarrow$$

$$\overline{x^2(t)} = 4Dt \frac{\int\limits_0^\infty e^{-z}\sqrt{z} \cdot \mathrm{d}z}{\int\limits_0^\infty e^{-z}\frac{1}{\sqrt{z}} \cdot \mathrm{d}z}$$

$$= 4Dt \frac{-\sqrt{z}e^{-z}\Big|_0^\infty + \frac{1}{2}\int\limits_0^\infty e^{-z}z^{-1/2} \cdot \mathrm{d}z}{\int\limits_0^\infty e^{-z}z^{-1/2} \cdot \mathrm{d}z}$$

$$\Rightarrow \boxed{\sqrt{\overline{x^2(t)}} = \sqrt{2Dt}} \qquad (6.69)$$

d.h. die Menge von N Molekülen ist bis zur Zeit t zu einer Wolke der Breite $\approx \sqrt{\overline{x^2(t)}}$ auseinandergelaufen. Sie wächst $\sim \sqrt{t}$. Mikroskopisch kann man, statt eine Zahl N von Teilchen über eine große Zahl zu verfolgen, auch $\overline{x^2(t)}$ als mittleres Verschiebungsquadrat **eines** Teilchens verstehen und D also durch die Beobachtung **eines** Teilchens bestimmen.

Andere Herleitung: Wir denken uns den Weg eines der N Teilchen über z Stöße aufgezeichnet:

$$\boldsymbol{r}(t) = \sum_{i=1}^{z} \boldsymbol{s}_i$$

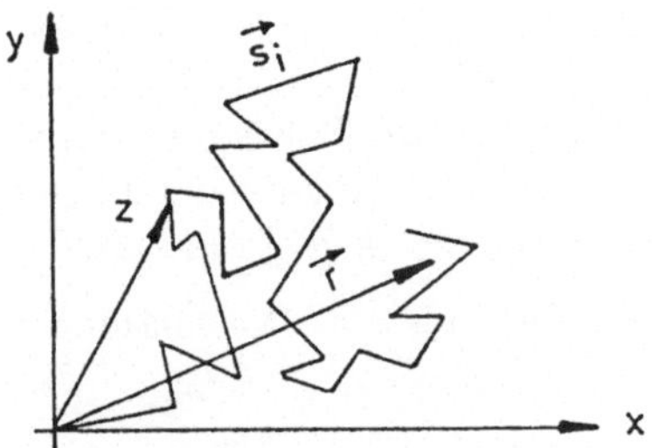

Abb. 6.50. BROWNsche Bewegung

Bei Mittelung über N Teilchen ergibt sich:

$$\overline{r^2(t)} = \overline{(\sum_i \boldsymbol{s}_i)(\sum_j \boldsymbol{s}_j)} = \overline{\sum_i^z s_i^2} = z\overline{s^2}$$

denn $\overline{\boldsymbol{s}_i \boldsymbol{s}_j} = 0$ für $i \neq j$

$$(6.60) \Rightarrow \qquad s^2 = \frac{\int\limits_0^\infty x^2 \frac{\mathrm{d}N(x)}{\mathrm{d}x} \cdot \mathrm{d}x}{\int\limits_0^\infty \frac{\mathrm{d}N(x)}{\mathrm{d}x} \cdot \mathrm{d}x} = \frac{\int\limits_0^\infty x^2 n\sigma e^{-n\sigma x} \cdot \mathrm{d}x}{\int\limits_0^\infty n\sigma e^{-n\sigma x} \cdot \mathrm{dx}} = 2\ell^2$$

Mit

$$z = \frac{\overline{v}t}{\ell} \Rightarrow \overline{r^2(t)} = 2\overline{v}\ell t \tag{6.70}$$

Es ist

$$\overline{x^2(t)} = \overline{y^2(t)} = \overline{z^2(t)}$$

$$= \frac{1}{3}\overline{r^2(t)} \Rightarrow \overline{x^2(t)} = \frac{1}{3} 2\overline{v}\ell t$$

$$(6.66) \qquad \Rightarrow \qquad \overline{x^2(t)} = 2Dt$$

Diese Herleitung illustriert, wie die BROWNsche Bewegung zu einer Gauß-Verteilung führt, die wir formal aus der 1. Herleitung erhielten. Bemerkenswert: $\sqrt{\overline{x}^2} \sim \sqrt{t}$, **nicht** $\sim t$. Das ist charakteristisch für ein Diffusionsphänomen.

Experimentelle Überprüfung: Es gilt für die Bewegung eines Teilchens vom Radius r in einem Medium mit der Zähigkeit η die EINSTEINsche Beziehung (o.B.):

$$D = \frac{kT}{6\pi r\eta} \quad \Rightarrow \quad \boxed{\overline{x^2(t)} = \frac{kT}{3\pi r\eta} t} \tag{6.71}$$

Diese Beziehung ist experimentell überprüfbar. Man kann die Bewegung eines mikroskopisch noch beobachtbaren Teilchens in einem Gas oder einer Flüssigkeit verfolgen. Nach dem Gleichverteilungssatz besitzt es $E_{\text{kin}} = 3/2kT$. Messung von $\sqrt{\overline{x^2(t)}}, t, r$ bestätigt (6.71) auf weniger als 1%. Anwendung: Experimentelle Bestimmung von $N_A = R/k$!

7 Anhang: Differentialgleichungen zu Grunderscheinungen der Physik

7.1 Die Wellengleichung

7.1.1 Aufstellung der Wellengleichung für den Fall von Schallwellen

Gegenstand der folgenden Diskussionen ist ein säulenförmiges Gasvolumen vom konstanten Querschnitt A entlang der x-Achse, also etwa ein mit Luft gefülltes Rohr. Betrachtet wird, wie in Bild 7.1 skizziert, ein Ausschnitt zwischen den Orten x und $x + \Delta x$ mit dem Teilvolumen $V = A(\Delta x)$. Der Druck sei zunächst überall konstant gleich p_0.

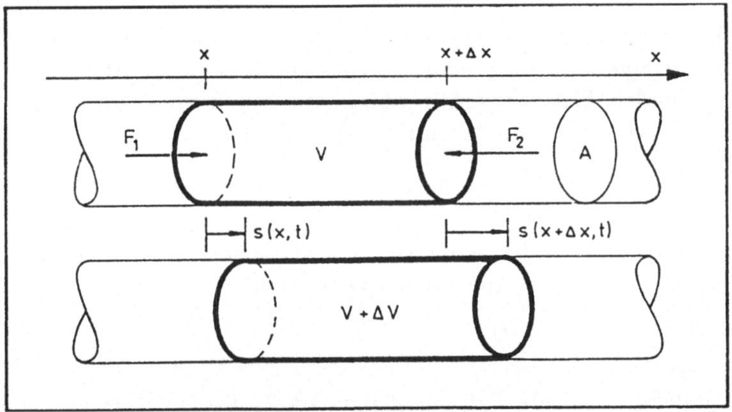

Abb. 7.1. Zur Herleitung der Wellengleichung

Nunmehr werde angenommen, dass infolge einer plötzlichen Druckschwankung oder einer Druckstörung im Rohr der konstante Druck p_0 in eine vom Ort x und der Zeit t abhängige Druckverteilung $p(x,t)$ übergeht. Das hat unmittelbar zwei Konsequenzen:
Zum ersten geraten die beiden Druckkräfte $\boldsymbol{F}_1 = Ap(x,t)\boldsymbol{e}_x$ und $\boldsymbol{F}_2 = -Ap(x + \Delta x,t)\boldsymbol{e}_x$ auf die Stirnflächen von V aus dem Gleichgewicht. Die resultierende Kraft $\boldsymbol{F} = \boldsymbol{F}_1 + \boldsymbol{F}_2$ erteilt dann gemäß $\boldsymbol{F} = m\boldsymbol{a}$ der in V

enthaltenen Masse $m = \varrho V = \varrho A(\Delta x)$ die Beschleunigung $\boldsymbol{a} = a\boldsymbol{e}_x$, d.h. es ist:

$$\boldsymbol{F} = [Ap(x,t) - Ap(x+\Delta x,t)]\,\boldsymbol{e}_x = \varrho A(\Delta x) a \boldsymbol{e}_x$$

oder

$$\frac{p(x+\Delta x,t) - p(x,t)}{\Delta x} = -\varrho a \tag{7.1}$$

Zum zweiten bewirkt die Druckänderung $\Delta p = p_0 - p(x,t)$ eine Volumenänderung ΔV von V. Die relative Volumenänderung $\Delta V/V$ und Δp sind dabei über den sogenannten **Kompressionsmodul** K des Gases miteinander verknüpft, und zwar gilt $\Delta V/V = \Delta p/K$. Bezeichnet s die Verschiebung der Stirnflächen von V unter der Wirkung von $\boldsymbol{F}$ in **longitudinaler**, also in x-Richtung, dann ist, wie aus Bild 7.1 direkt abgelesen werden kann,

$$\frac{\Delta V}{V} = \frac{A\,[s(x+\Delta x,t) - s(x,t)]}{A(\Delta x)} = \frac{s(x+\Delta x,t) - s(x,t)}{\Delta x}$$

Somit folgt

$$\frac{s(x+\Delta x,t) - s(x,t)}{\Delta x} = \frac{p_0 - \overline{p}}{K} \tag{7.2}$$

wobei $\overline{p}$ den **mittleren** Druck innerhalb von V angibt.
Auf den linken Seiten von (7.1) und (7.2) stehen sogenannte **Differenzenquotienten**. Deren Grenzwerte beim Übergang $\Delta x \to 0$ sind definitionsgemäß, wie man in der Schule bei der Einführung in die Differentialrechnung lernt, die entsprechenden **Differentialquotienten**. Zur Erinnerung: Sind $f(x)$ und $f(x+\Delta x)$ zwei benachbarte Funktionswerte, dann ist

$$\lim_{\Delta x\to 0} \frac{f(x+\Delta x) - f(x)}{\Delta x} = \frac{\mathrm{d}f}{\mathrm{d}x}$$

Wenn die Funktion von zwei oder mehreren Variablen, etwa von x und t abhängt, dann gilt in Erweiterung der obigen Definition

$$\lim_{\Delta t\to 0} \frac{f(x,t+\Delta t) - f(x,t)}{\Delta t} = \frac{\partial f}{\partial t}$$

Die Grenzwerte in diesem zweiten Fall nennt man **partielle** Differentialquotienten, und man unterscheidet sie auch äußerlich durch die Schreibweise – wie angegeben – von den "normalen".
Beim Grenzübergang $\Delta x \to 0$ streben $\overline{p}$ gegen den Druck $p(x,t)$ an der Stelle x und a gegen die Beschleunigung $\partial^2 s(x,t)/\partial t^2$ an der Stelle x. Die beiden Gleichungen (7.1) und (7.2) gehen dabei also über in

$$\frac{\partial p}{\partial x} = -\varrho \frac{\partial^2 s}{\partial t^2} \qquad \text{und} \qquad \frac{\partial s}{\partial x} = -\frac{p}{K}$$

Differenziert man die zweite Gleichung nach x und setzt $\partial p/\partial x$ in die erste ein, dann folgt schließlich

$$\boxed{\frac{\partial^2 s}{\partial x^2} = \frac{\varrho}{K}\frac{\partial^2 s}{\partial t^2}} \tag{7.3}$$

Diesen Typ einer Differentialgleichung nennt man **Wellengleichung**. Die Lösungen beschreiben Wellen oder Wellenvorgänge im weit gefassten Sinne, wie im folgenden Abschnitt erläutert werden wird.
Ersetzt man in (7.3) den Kompressionsmodul K durch den Elastizitätsmodul E bzw. den Schubmodul G, dann erhält man die Wellengleichungen für die **longitudinale** bzw. **transversale** Auslenkung bei einem elastischen Festkörper, also etwa bei einer in x-Richtung gespannten Stahlsaite, nach einer longitudinalen bzw. transversalen Anfangsstörung. Schließlich sei angemerkt, dass auch die elektrische und die mathematische Feldstärke der Wellengleichung gehorchen. Das läßt sich aus den Grundformeln der Elektrodynamik, beispielsweise aus den sogenannten MAXWELLschen Gleichungen, herleiten.

7.1.2 Lösungen der Wellengleichung

In verallgemeinerter Schreibweise lautet die Wellengleichung (7.3):

$$\boxed{v^2\frac{\partial^2 \psi}{\partial x^2} = \frac{\partial^2 \psi}{\partial t^2}} \tag{7.4}$$

Dabei steht ψ stellvertretend für diejenige physikalische Größe, deren Verhalten man verfolgen oder untersuchen möchte. v^2 steht als Abkürzung für den jeweiligen Faktor, der die beiden zweiten Ableitungen miteinander verbindet. Gesucht wird also eine Funktion $\psi(x,t)$, deren zweite Ableitung nach dem Ort x ihrer zweiten Ableitung nach der Zeit t **proportional** ist. Triviale oder einfache Lösungen lassen sich sofort angeben oder erraten. Sicher ist die Funktion $\psi_0(x,t) = \text{const}$ eine Lösung, da alle ihre Ableitungen verschwinden. Ferner ist jede Linearkombination $\psi_1(x,t) = ax + bt$ mit beliebigen Koeffizienten a und b wegen $\partial^2\psi_1/\partial x^2 = \partial^2\psi_1/\partial t^2 = 0$ ebenfalls eine Lösung. Aber auch das Quadrat $\psi_2(x,t) = (ax+bt)^2$ der Linearkombination muss ein brauchbarer Lösungsansatz sein, da hier die zweiten Ableitungen auf Konstanten führen, die dann mit der Gleichungskonstanten v^2 in Beziehung gesetzt werden können. In diesem Falle ist

$$\frac{\partial \psi_2}{\partial x} = 2(ax+bt)a; \qquad \frac{\partial^2 \psi_2}{\partial x^2} = 2a^2;$$

$$\frac{\partial \psi_2}{\partial t} = 2(ax+bt)b \qquad \text{und} \qquad \frac{\partial^2 \psi_2}{\partial t^2} = 2b^2$$

Einsetzen in (7.4) ergibt

$$2a^2v^2 = 2b^2 \qquad \text{oder} \qquad \frac{b}{a} = \pm v$$

also die beiden Lösungen

$$\psi_2^+(x,t) = a^2(x+vt)^2 \qquad \text{und} \qquad \psi_2^-(x,t) = a^2(x-vt)^2$$

Setzt man vorübergehend zur Abkürzung $x + vt = \alpha$ und $x - vt = \beta$, dann ist bekanntlich nach den sogenannten Ketten- und Produkten-Regeln der Differentialgleichung

$$\frac{\partial \psi_2^+}{\partial x} = \frac{\mathrm{d}\psi_2^+}{\mathrm{d}\alpha}\frac{\partial \alpha}{\partial x} \qquad \text{und} \qquad \frac{\partial^2 \psi_2^+}{\partial x^2} = \frac{\mathrm{d}^2\psi_2^+}{\mathrm{d}\alpha^2}\left[\frac{\partial \alpha}{\partial x}\right]^2 + \frac{\mathrm{d}\psi_2^+}{\mathrm{d}\alpha}\frac{\partial^2 \alpha}{\partial x^2}$$

Für die zeitlichen Ableitungen gilt entsprechendes. Wegen

$$\frac{\partial \alpha}{\partial x} = 1, \qquad \frac{\partial^2 \alpha}{\partial x^2} = 0, \qquad \frac{\partial \alpha}{\partial t} = v \quad \text{und} \quad \frac{\partial^2 \alpha}{\partial t^2} = 0$$

verbleibt somit

$$\frac{\partial^2 \psi_2^+}{\partial x^2} = \frac{\mathrm{d}^2\psi_2^+}{\mathrm{d}\alpha^2} \qquad \text{und} \qquad \frac{\partial^2 \psi_2^+}{\partial t^2} = v^2\frac{\mathrm{d}^2\psi_2^+}{\mathrm{d}\alpha^2}$$

Bringt man diese beiden Ausdrücke in die Wellengleichung (7.4) ein, dann erhält man

$$v^2\frac{\mathrm{d}^2\psi_2^+}{\mathrm{d}\alpha^2} = v^2\frac{\mathrm{d}^2\psi_2^+}{\mathrm{d}\alpha^2}$$

Diese Beziehung enthüllt eine erstaunliche Tatsache: Sie ist **stets** erfüllt, völlig unabhängig davon, **wie** die Funktion von α abhängt. Entscheidend ist nur, **dass** sie von α abhängt. Mit anderen Worten: Jede **beliebige** Funktion des Arguments α, also jede Funktion $F(x + vt)$, genügt dem obigen Zusammenhang und ist somit eine Lösung der Wellengleichung. Für ψ_2^- ergibt dieselbe Argumentation:

$$v^2\frac{\mathrm{d}^2\psi_2^-}{\mathrm{d}\beta^2} = v^2\frac{\mathrm{d}^2\psi_2^-}{\mathrm{d}\beta^2}$$

Also auch jede Funktion des Arguments β, d.h. jede Funktion $G(x - vt)$, löst die Wellengleichung.

Die Wellengleichung ist eine **lineare** Differentialgleichung: Die Ableitungen – hier die zweiten – kommen nur in linearer Kombination vor. Dann aber ist – wovon man sich leicht überzeugen kann – auch die **Summe** zweier Lösungen wieder eine Lösung. Damit lautet die allgemeine Lösung von (7.4)

$$\boxed{\psi(x,t) = F(x+vt) + G(x-vt)} \tag{7.5}$$

Ergänzend zu diesen Betrachtungen über die allgemeine Lösung der Wellengleichung sei angemerkt, dass man diese durch eine geschickte Transformation der Variablen auch in eine Form bringen kann, die eine Lösung durch direkte Integration erlaubt. Dazu führt man über die linearen Transformationsansätze

$$p = ax + bt \qquad \text{und} \qquad q = ax - bt \tag{7.6}$$

bzw.

$$x = \frac{p+q}{2a} \qquad \text{und} \qquad t = \frac{p-q}{2b}$$

mit zunächst nicht näher festgelegten Koeffizienten a und b anstelle von x und t die neuen Variablen p und q ein. $\psi(x,t)$ geht dann über in $\psi(p,q)$. Die auf Funktionen zweier Variablen erweiterte Kettenregel der Differentialrechnung lautet in Anwendung auf die Funktion $\psi(p,q)$

$$\frac{\partial \psi}{\partial x} = \frac{\partial \psi}{\partial p}\frac{\partial p}{\partial x} + \frac{\partial \psi}{\partial q}\frac{\partial q}{\partial x} \tag{7.7}$$

Aus (7.6) folgt $\partial p/\partial x = a$ und $\partial q/\partial x = a$. Damit ist

$$\frac{\partial \psi}{\partial x} = a\left[\frac{\partial \psi}{\partial p} + \frac{\partial \psi}{\partial q}\right] \tag{7.8}$$

Die nochmalige Anwendung der Regel (7.7) auf die Funktion $\partial\psi/\partial x$ ergibt:

$$\frac{\partial}{\partial x}\left[\frac{\partial \psi}{\partial x}\right] = \frac{\partial^2 \psi}{\partial x^2} = \frac{\partial}{\partial p}\left[\frac{\partial \psi}{\partial x}\right]\frac{\partial p}{\partial x} + \frac{\partial}{\partial q}\left[\frac{\partial \psi}{\partial x}\right]\frac{\partial q}{\partial x}$$

oder

$$\frac{\partial^2 \psi}{\partial x^2} = a\left(\frac{\partial}{\partial p}\left[\frac{\partial \psi}{\partial x}\right] + \frac{\partial}{\partial q}\left[\frac{\partial \psi}{\partial x}\right]\right)$$

Einsetzen von (7.8) liefert

$$\frac{\partial^2 \psi}{\partial x^2} = a^2\left(\frac{\partial}{\partial p}\left[\frac{\partial \psi}{\partial p} + \frac{\partial \psi}{\partial q}\right] + \frac{\partial}{\partial q}\left[\frac{\partial \psi}{\partial p} + \frac{\partial \psi}{\partial q}\right]\right)$$

oder

$$\frac{\partial^2 \psi}{\partial x^2} = a^2\left(\frac{\partial^2 \psi}{\partial p^2} + \frac{\partial^2 \psi}{\partial q^2} + \frac{\partial}{\partial p}\left[\frac{\partial \psi}{\partial q}\right] + \frac{\partial}{\partial q}\left[\frac{\partial \psi}{\partial p}\right]\right)$$

Da p und q voneinander unabhängige Variable sind, kann die Differentiations-Reihenfolge vertauscht werden. Somit ist

$$\frac{\partial^2 \psi}{\partial x^2} = a^2\left(\frac{\partial^2 \psi}{\partial p^2} + \frac{\partial^2 \psi}{\partial q^2} + 2\frac{\partial}{\partial p}\left[\frac{\partial \psi}{\partial q}\right]\right) \tag{7.9}$$

Für die zeitliche Ableitung erhält man gemäß (7.7) zusammen mit $\partial p/\partial t = b$ und $\partial q/\partial t = -b$ aus (7.6)

$$\frac{\partial \psi}{\partial t} = \frac{\partial \psi}{\partial p}\frac{\partial p}{\partial t} + \frac{\partial \psi}{\partial q}\frac{\partial q}{\partial t} = b\left[\frac{\partial \psi}{\partial p} - \frac{\partial \psi}{\partial q}\right]$$

Nach demselben Muster wie oben folgt dann

$$\frac{\partial^2 \psi}{\partial t^2} = b^2\left(\frac{\partial^2 \psi}{\partial p^2} + \frac{\partial^2 \psi}{\partial q^2} - 2\frac{\partial}{\partial p}\left[\frac{\partial \psi}{\partial q}\right]\right) \tag{7.10}$$

Mit den beiden Differentialquotienten (7.9) und (7.10) geht die Wellengleichung (7.4) nach entsprechender Umstellung und Zusammenfassung der einzelnen Terme über in

$$2(a^2v^2 + b^2)\frac{\partial}{\partial p}\left[\frac{\partial\psi}{\partial q}\right] = (b^2 - a^2v^2)\left[\frac{\partial^2\psi}{\partial p^2} + \frac{\partial^2\psi}{\partial q^2}\right]$$

Legt man nun die in (7.6) noch nicht näher spezifizierten Transformationskoeffizienten fest auf $a = 1$ und $b = v$, dann verbleibt

$$\boxed{\frac{\partial}{\partial p}\left[\frac{\partial\psi}{\partial q}\right] = 0} \tag{7.11}$$

als die auf die Variablen

$$p = x + vt \qquad \text{und} \qquad q = x - vt \tag{7.12}$$

transformierte Wellengleichung. Ihre allgemeine Lösung läßt sich ohne jegliche Rechnerei aus einfachen Überlegungen gewinnen: Wenn die Ableitung des Differentialquotienten $\partial\psi/\partial q$ nach p Null ergibt, dann muss dieser **unabhängig** von p sein. Das bedeutet im trivialen Fall, $\partial\psi/\partial q$ ist konstant, oder, im **allgemeinen** Fall, $\partial\psi/\partial q = f(q)$ ist eine **beliebige** Funktion von q. Die partielle Differentiation nach p liefert ja in beiden Fällen Null. Die Funktion ψ selbst erhält man dann in einem zweiten Schritt durch Integration von $\partial\psi/\partial q = f(q)$ über q, also aus $\psi = \int f(q)\cdot\, \mathrm{d}q + C$. Dabei ist C die "Integrationskonstante" bezüglich der Integration über q. Sie kann im trivialen Fall eine "richtige" Konstante sein. Im **allgemeinen** Fall aber kann $C = F(p)$ eine **beliebige** Funktion von p sein. Bei der partiellen Differentiation von ψ nach q fällt C in beiden Fällen fort. Mit $f(q)$ ist auch $G(q) = \int f(q)\cdot\, \mathrm{d}q$ eine beliebige Funktion von q. Die **allgemeine** Lösung von (7.11) lautet also $\psi = F(p) + G(q)$ oder mit (7.12):

$$\psi(x,t) = F(x + vt) + G(x - vt)$$

in Übereinstimmung mit (7.5).

Was die Abhängigkeit einer Funktion von den Argumenten $x + vt$ und $x - vt$ anschaulich bedeutet, läßt sich anhand von Bild 7.2 folgendermaßen erläutern: Es sei $F_0(x) = F(x + vt_0)$ der örtliche Verlauf der Funktion $F(x,t) = F(x + vt)$ zu einem bestimmten Anfangszeitpunkt t_0 und $F_{00} = F(x_0 + vt_0)$ der Funktionswert an einem beliebig vorgegebenen Ort x_0. Denselben Wert F_{00} findet man zu späteren Zeiten $t > t_0$ an demjenigen Ort x, der sich aus der selbstverständlichen Bedingung

$$F_{00} = F(x_0 + vt_0) = F(x + vt)$$

ergibt. Für **beliebige**, d.h. nicht näher spezifizierte Funktionen, ist diese Gleichung nur dadurch allgemein und **stets** erfüllbar, dass man die Gleichheit der Funktionsargumente fordert. Somit muss gelten

$$x_0 + vt_0 = x + vt \qquad \text{oder} \qquad x = x_0 - v(t - t_0)$$

Es ist also $x < x_0$. Im Zeitintervall $t - t_0 > 0$ hat sich der Funktionswert F_{00} um die Strecke $x_0 - x = v(t - t_0)$ nach "links" in Richtung der "negativen" x-Achse verschoben. Da x_0 willkürlich vorgebbar ist, gilt dasselbe auch für jeden

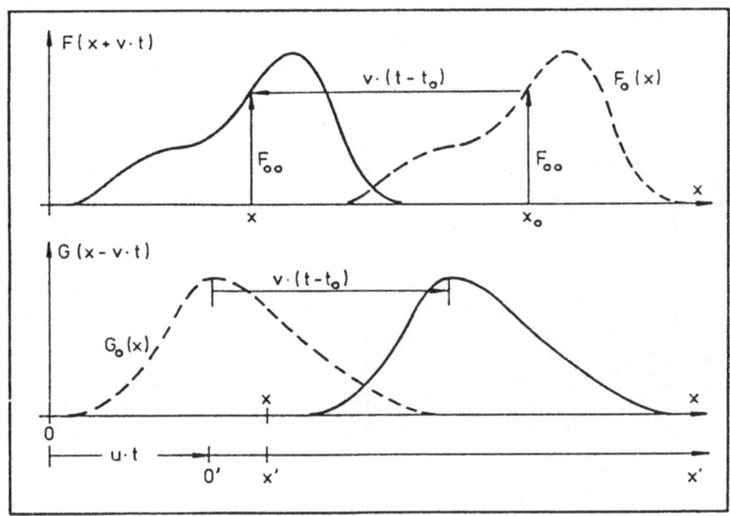

Abb. 7.2. Zu den Eigenschaften der Funktionen $F(x+vt)$ und $G(x-vt)$

anderen Wert, was bedeutet, dass sich der Funktionsverlauf insgesamt unter Beibehaltung seiner Form mit der Geschwindigkeit $(x-x_0)/(t-t_0) = -v$, also zu kleineren x-Werten hin, bewegt. Die bislang nicht näher erläuterte Größe v in der Wellengleichung (7.4) erhält damit eine anschauliche Bedeutung. Auf dieselbe Weise stellt man fest, dass $G(x-vt)$ eine Funktion ist, die – ebenfalls unter Beibehaltung ihrer Form – mit der Geschwindigkeit $(x-x_0)/(t-t_0) = +v$, also nach "rechts" in Richtung der "positiven" x-Achse, läuft.
Diese Erkenntnisse lassen sich auch auf anderem Wege gewinnen: Ein Beobachter startet zum Zeitpunkt $t=0$ vom Ort $x=0$ und bewegt sich mit konstanter Geschwindigkeit u nach rechts in Richtung zunehmender x-Werte. Ein Ort x auf der **ruhenden** x-Achse erscheint für ihn auf einer **mitbewegten** und zur x-Achse parallelen x'-Achse an der Stelle $x' = x - ut$, was sich aus Bild 7.2 direkt ablesen läßt. Daraus ergibt sich $x = x' + ut$ und

$$G(x-vt) = G(x'+ut-vt) = G(x'+[u-v]\,t)$$

Stellt der Beobachter seine Geschwindigkeit auf $u = v$ ein, dann verbleibt $G(x-vt) = G(x')$. Er registriert also einen **zeitunabhängigen** Funktionsverlauf. Die Funktion läuft genauso schnell wie er. Er ist mit ihr stets "auf gleicher Höhe". Entsprechend wäre aus der Sicht eines mit der Geschwindigkeit v nach links laufenden Beobachters $(u=-v)$: $F(x+vt) = F(x')$.

Funktionen mit den hier beschriebenen Eigenschaften nennt man allgemein **Wellen**. In den obigen zunächst rein mathematischen Informationen steckt die folgende physikalische Aussage: Erzeugt man in einem in x-Richtung orientierten eindimensionalen Medium (Gas- oder Flüssigkeits-Säule, gespannter Draht, gespanntes Gummi-Seil) eine durch die Funk-

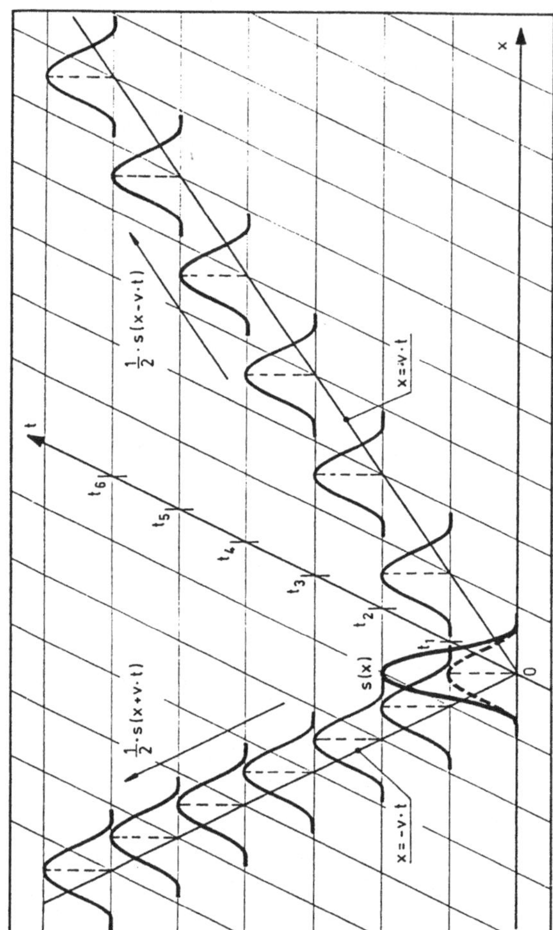

Abb. 7.3. Wellenbewegung über der $x-t$-Ebene

tion $s(x)$ beschreibbare Störung (longitudinale oder transversale Auslenkung), dann werden nach Freigabe dieses Anfangszustandes zum Zeitpunkt $t=0$ die beiden gleichen Anteile $s(x)/2$ dieser Störung unter Beibehaltung der Form von $s(x)$ mit den Geschwindigkeiten $+v$ und $-v$, also in entgegengesetzten Richtungen, die x-Achse entlanglaufen, d.h. es ist

$$s(x,t)=\frac{1}{2}s(x-vt)+\frac{1}{2}s(x+vt)$$

Zur Veranschaulichung dieses Sachverhalts ist in Bild 7.3 anhand einer Serie von "Momentaufnahmen" zu verschiedenen Zeitpunkten t_i eine solche Wellenausbreitung über der $x-t$-Ebene dargestellt.
Als Anfangsverteilung $s(x)$ wurde dabei eine zu $x=0$ symmetrische Glockenkurve angenommen. Die beiden resultierenden Zweige der "Glockenwelle"

laufen entlang der beiden Geraden $x = vt$ und $x = -vt$ über die Ebene. Ein derartiger zur t-Achse völlig **symmetrischer** Ablauf ergibt sich selbstverständlich nur dann, wenn das Medium **homogen** ist, wenn also seine physikalischen Eigenschaften unabhängig vom Ort x sind.

7.1.3 Harmonische Wellen

Als **harmonische** Wellen bezeichnet man diejenigen Lösungen (7.5) der Wellengleichung, deren Summanden F und G Sinus- (oder Cosinus-) Funktionen sind. Beschränkt man sich der Einfachheit halber auf die Betrachtung des in Richtung zunehmender x-Werte laufenden Anteils $G(x - vt)$, dann wird eine solche Welle also dargestellt durch

$$\boxed{\psi(x,t) = \psi_0 \sin\left[k(x - vt) + \varphi\right]} \tag{7.13}$$

Wie bei den harmonischen Schwingungen nennt man ψ_0 die **Amplitude**, $[k(x - vt) + \varphi]$ die **Phase** und φ die **Phasenverschiebung** der Welle. Der Faktor k ist erforderlich, da die Phase – wie allgemein das Argument jeder Winkelfunktion – **dimensionslos** sein muss, die Größe $x - vt$ aber die Dimension einer Länge hat. k muss also die Dimension einer **reziproken** Länge haben. Die Phasenverschiebung hängt mit den Anfangsbedingungen zusammen. Für $x = 0$ und $t = 0$ ist $\psi(0,0) = \psi_0 \sin\varphi$.
Zu einem festen Zeitpunkt $t = t_0$ (Momentaufnahme) erhält man aus (7.13) mit der Abkürzung $\varphi - kvt_0 = \alpha$

$$\psi(x,t_0) = \psi_0 \sin(kx + \alpha)$$

also – wie im oberen Teil von Bild 7.4 dargestellt – eine **örtlich** harmonische Verteilung der Wellengröße ψ, beispielsweise der transversalen Auslenkung auf einem Draht. Die Sinus-Funktion ist periodisch mit 2π, was bedeutet, dass bei einer Änderung der Phase um ein Ganzzahliges von 2π stets derselbe Auslenkungszustand wiederkehrt. Der Abstand $|x_1 - x_2|$ zweier Orte x_1 und x_2 gleichen Auslenkungszustandes ergibt sich also aus der Bedingung $kx_1 + \alpha = kx_2 + \alpha + 2\pi n$ zu $|x_1 - x_2| = 2\pi n/k$ mit $n = 0, 1, 2, 3, \ldots$. Den Abstand **benachbarter** derartiger Orte, d.h. den für $n = 1$, nennt man die **Wellenlänge**. Sie beträgt also

$$\lambda = |x_1 - x_2|_{n=1} = \frac{2\pi}{k}$$

$k = 2\pi/\lambda$ heißt **Wellenzahl**.

Für einen festen Ort $x = x_0$ erhält man aus (7.13) mit der Abkürzung $kx_0 + \varphi = \beta$

$$\psi(x_0,t) = \psi_0 \sin(\beta - kvt) = -\psi_0 \sin(kvt - \beta)$$

also – wie im unteren Teil von Bild 7.4 dargestellt – eine **harmonische Schwingung** mit der Kreisfrequenz $\omega = kv$. Mit ω anstelle von v lautet dann die Darstellung (7.13) für eine harmonische Welle

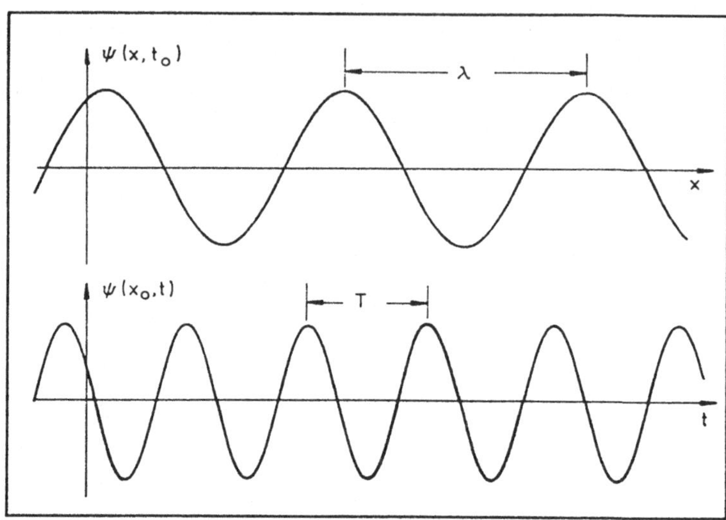

Abb. 7.4. Zu den harmonischen Wellen

$$\boxed{\psi(x,t) = \psi_0 \sin(kx - \omega t + \varphi)} \tag{7.14}$$

Führt man über $k = 2\pi/\lambda$ die Wellenlänge und über $\omega = 2\pi/T$ die Schwingungsdauer ein, dann erhält man als weitere Darstellungsform

$$\boxed{\psi(x,t) = \psi_0 \sin\left(2\pi\left[\frac{x}{\lambda} - \frac{t}{T}\right] + \varphi\right)}$$

T ist der an einem festen Ort x beobachtete **zeitliche** Abstand zweier **benachbarter** gleicher Auslenkungszustände. Ersetzt man schließlich mittels $T = 1/\nu$ die Schwingungsdauer durch die Frequenz, dann ist

$$\boxed{\psi(x,t) = \psi_0 \sin\left(2\pi\left[\frac{x}{\lambda} - \nu t\right] + \varphi\right)}$$

Für die Geschwindigkeit v folgt aus $\omega = kv$ mit $\omega = 2\pi\nu$ und $k = 2\pi/\lambda$ die wichtige Beziehung

$$\boxed{v = \frac{\omega}{k} = \nu\lambda}$$

Im Zusammenhang mit **harmonischen** Wellen nennt man v die **Phasengeschwindigkeit**.

Die harmonischen Wellen sind insofern von grundsätzlicher physikalischer Bedeutung, als **jede periodische** Welle durch eine Summe aus harmonischen Wellen dargestellt werden kann. Die Grundlagen hierfür liefert das sogenannte **Fourier-Theorem**, das in einem der folgenden Abschnitte erläutert und diskutiert wird.

7.1.4 Berücksichtigung von Reibungskräften und anderen Einflüssen

Bei der Herleitung der Wellengleichung für Schallwellen in Gasen im Abschnitt 7.1.1 sind einige Punkte kommentarlos übergangen worden. Sie sollen im nachhinein, da sie teilweise von prinzipiellem Interesse sind, zumindest qualitativ erörtert werden.

Auf die Volumenelemente des Gases oder einer Flüssigkeit wirken bei ihrer longitudinalen Wellenbewegung $s(x,t)$ innerhalb des Führungsrohres außer den berücksichtigten Druckkräften im realen Fall auch **Reibungskräfte**. Sie entstehen primär an der Innenwand des Rohres aufgrund der Adhäsionskräfte zwischen dem Medium (Gas, Flüssigkeit) und dem Wandmaterial und setzen sich infolge der inneren Reibung, also der Kraftübertragung zwischen tangential gegeneinander bewegten Schichten, in abgeschwächter Form bis zur Rohrachse hin fort. Im allgemeinen Fall sind Reibungskräfte, wie das bereits im Abschnitt 8.2.9 (Teil 1) erwähnt wurde und hier noch einmal betont werden soll, in recht komplizierter Weise abhängig von der Geschwindigkeit, von der Zähigkeit des Mediums und – was kaum quantitativ vorhersagbar ist – von der Beschaffenheit der Oberfläche der Wand, an welcher das Medium entlangströmt. Sind die Geschwindigkeiten so klein, dass noch keinerlei Verwirbelung zwischen benachbarten Schichten auftreten, dann verhalten sich derartige Reibungskräfte in guter Näherung proportional zur Geschwindigkeit. Nur dieser Grenzfall wird weiterhin betrachtet. Die hier gemeinte Geschwindigkeit, das sei ausdrücklich vermerkt, ist $\partial s/\partial t$, also nicht etwa die Wellengeschwindigkeit v.

Als nächstes muss geklärt werden, wie die Reibungskraft $F_R \sim \partial s/\partial t$ in die Wellengleichung (7.4) eingebaut werden muss. Für $\psi = s$ lautet sie: $\partial^2 s/\partial t^2 = v^2 \cdot \partial^2 s/\partial x^2$. Auf der linken Seite steht eine **Beschleunigung**. Rechts muss also, dem 2. NEWTONschen Axiom folgend, der Quotient F/m aus einer Kraft und einer Masse stehen. Bei der Wellengleichung ist F die Druckkraft auf ein betrachtetes Volumenelement und m dessen Masse. Bei Einbeziehung von Reibungskräften muss also zur rechten Seite ein entsprechender Term F_R/m addiert werden. Bedenkt man, dass Reibungskräfte **bremsend** wirken, also entgegengesetzt zur Geschwindigkeit $\partial s/\partial t$ gerichtet sind, dann kann $F_R/m = -\sigma \cdot \partial s/\partial t$ gesetzt werden, wenn der Proportionalitätsfaktor σ alle anderen sonst noch beteiligten Parameter zusammenfasst. Damit lautet die um den Reibungsterm erweiterte Wellengleichung (7.4): $\partial^2 s/\partial t^2 = v^2 \cdot \partial^2 s/\partial x^2 - \sigma \cdot \partial s/\partial t$ oder

$$\boxed{\frac{\partial^2 s}{\partial x^2} = \frac{1}{v^2}\frac{\partial^2 s}{\partial t^2} + \frac{\sigma}{v^2}\frac{\partial s}{\partial t}} \tag{7.15}$$

Auf der Suche nach den Lösungen dieser Differentialgleichung werde von den Ausgangsbedingungen ausgegangen, dass am Ort $x = 0$ eine **harmonische** Auslenkung $s(0,t)$ mit der **vorgegebenen** Kreisfrequenz ω erzwungen wird.

Da (7.15) nicht mehr die ursprüngliche Wellengleichung ist, kann nicht erwartet werden, dass sich hier harmonische Wellen ausbilden, wie sie im Abschnitt 7.1.3 beschrieben worden sind. Die Erfahrungen aus dem Abschnitt 8.2.11 (Teil 1) über den Einfluss geschwindigkeitsproportionaler Bremskräfte auf harmonische Schwingungen, die dort eine zeitlich exponentielle Dämpfung bewirken, lassen aber vermuten, dass zumindest bei schwachen Bremskräften eine Art harmonischer Wellenvorgang ablaufen wird, dessen Amplitude mit wachsendem Abstand x vom Ursprung $x = 0$ **exponentiell** abnehmen wird. Entsprechende Lösungsansätze für (7.15) mit eventueller Aussicht auf Erfolg wären also in der Darstellungsform (7.14) für harmonische Wellen und für die Anfangsbedingungen $s(0,0) = 0$ bzw. $s(0,0) = s_0$ die beiden Funktionen

$$s_1(x,t) = s_0 e^{-ax} \sin(kx - \omega t) \quad \text{und} \quad s_2(x,t) = s_0 e^{-ax} \cos(kx - \omega t)$$

mit positivem a. Natürlich sind sie im eigentlichen oder mathematischen Sinn keine harmonischen **Wellen**. Solche sind ja streng harmonisch in x **und** t. Dagegen sind s_1 und s_2 nur noch harmonisch in t, nicht mehr aber in x. Eine bestimmte Maximalauslenkung beispielsweise kommt nirgendwo wieder. Ein wesentliches Merkmal für eine Welle, erkennbar an dem Funktionsargument $kx - \omega t$, ist aber weiterhin vorhanden, nämlich die Tatsache, dass sich eine Störung – wenn auch in örtlich abklingender Weise – **fortbewegt**.
(7.15) ist wiederum eine **lineare** Differentialgleichung. Wenn also s_1 und s_2 geeignete Lösungsansätze sind, dann muss es auch jede beliebige Linearkombination aus s_1 und s_2 sein, wie beispielsweise die Funktion

$$s(x,t) = s_2 + is_1 = s_0 e^{-ax} \left[\cos(kx - \omega t) + i \cdot \sin(kx - \omega t)\right]$$

Diese spezielle Wahl ermöglicht es, das MOIVREsche Theorem zur Vereinfachung des nachfolgenden Rechengangs einzusetzen. Mit

$$\cos(kx - \omega t) + i \sin(kx - \omega t) = e^{i(kx - \omega t)}$$

ist $$s(x,t) = s_0 e^{-ax} e^{i(kx - \omega t)} = s_0 e^{(ik - a)x} e^{-i\omega t}$$

Für die partiellen Ableitungen nach x und t folgt

$$\frac{\partial s}{\partial x} = (ik - a)s; \quad \frac{\partial^2 s}{\partial x^2} = (ik - a)^2 s;$$

$$\frac{\partial s}{\partial t} = -i\omega s \quad \text{und} \quad \frac{\partial^2 s}{\partial t^2} = -\omega^2 s$$

Einsetzen in (7.15) führt auf

$$(ik - a)^2 = -\frac{\omega^2}{v^2} - i\frac{\omega\sigma}{v^2}$$

oder

$$k^2 - a^2 - \frac{\omega^2}{v^2} + i2ka - \frac{\omega\sigma}{v^2} = 0$$

Da eine **komplexe** Größe nur dann gleich Null ist, wenn Real- **und** Imaginärteil verschwinden, ergeben sich hieraus die beiden Bestimmungsgleichungen

$$k^2 - a^2 - \frac{\omega^2}{v^2} = 0 \qquad \text{und} \qquad 2ka = \frac{\omega\sigma}{v^2}$$

Die Kreisfrequenz ω ist **vorgegeben**. v wird durch die Materialeigenschaften bestimmt ($v^2 = K/\varrho$) und ist die Wellengeschwindigkeit im **ungedämpften** Fall. Folglich ist $k_0 = \omega/v$ die Wellenzahl der ungedämpften Welle. Damit lauten die obigen Gleichungen:

$$k^2 - a^2 - k_0^2 = 0 \qquad \text{und} \qquad ka = \frac{k_0^2\sigma}{2\omega}$$

Eliminiert man aus der ersten Gleichung mittels der zweiten einmal k und einmal a, dann erhält man

$$a^4 + k_0^2 a^2 - \frac{k_0^4\sigma^2}{4\omega^2} = 0 \qquad \text{und} \qquad k^4 - k_0^2 k^2 - \frac{k_0^4\sigma^2}{4\omega^2} = 0$$

Bei der Auflösung nach a^2 bzw. k^2 hilft wieder einmal die Erinnerung an die Schulmathematik: Eine quadratische Gleichung der Form $x^2 + Ax + B = 0$ hat die Lösungen

$$x = -\frac{A}{2} \pm \frac{1}{2}\sqrt{A^2 - 4B}$$

Somit folgt

$$a^2 = -\frac{k_0^2}{2} \pm \frac{1}{2}\sqrt{k_0^4 + \frac{k_0^4\sigma^2}{\omega^2}} \qquad \text{und} \qquad k^2 = \frac{k_0^2}{2} \pm \frac{1}{2}\sqrt{k_0^4 + \frac{k_0^4\sigma^2}{\omega^2}}$$

a^2 und k^2 müssen natürlich **positive** Größen sein. Also gilt das Pluszeichen vor der Wurzel. Damit ist

$$a^2 = \frac{k_0^2}{2}\left(\sqrt{1 + \frac{\sigma^2}{\omega^2}} - 1\right) \qquad \text{und} \qquad k^2 = \frac{k_0^2}{2}\left(\sqrt{1 + \frac{\sigma^2}{\omega^2}} + 1\right)$$

oder, wenn man die Abkürzungen

$$m^2 = \frac{1}{2}\left(\sqrt{1 + \frac{\sigma^2}{\omega^2}} - 1\right) \qquad \text{und} \qquad n^2 = \frac{1}{2}\left(\sqrt{1 + \frac{\sigma^2}{\omega^2}} + 1\right)$$

verwendet,

$$a = mk_0 \qquad \text{und} \qquad k = nk_0$$

Bei fehlender Reibung ergibt sich erwartungsgemäß $m = 0$ oder $a = 0$ und $n = 1$ oder $k = k_0$.
Die Ansätze s_1 und s_2 führen also mit den hier berechneten Ergebnissen für a und k in der Tat auf Lösungen von (7.15). Fügt man, um auch beliebigen Anfangsbedingungen Rechnung tragen zu können, noch eine Phasenverschiebung φ hinzu, dann lautet die Lösung also

$$s(x,t) = s_0 e^{-ax} \sin(kx - \omega t + \varphi)$$

oder

$$\boxed{s(x,t) = s_0 e^{-mk_0 x} \sin(nk_0 x - \omega t + \varphi)}$$

Bemerkenswert hieran ist, dass nicht nur der Dämpfungsfaktor a, wie zu erwarten war, vom Reibungsfaktor σ abhängt, sondern auch die Wellenzahl k. Beide wachsen mit σ. Wegen $n \geq 1$ ist $k \geq k_0$. Aus $k = 2\pi/\lambda = nk_0 = n2\pi/\lambda_0$ folgt dann $\lambda = \lambda_0/n \leq \lambda$. Unter dem Einfluss von Reibungskräften wird also die Wellenlänge kleiner. In gleichem Maße sinkt bei vorgegebenem ω die Phasengeschwindigkeit ω/k.

Die Lösung von (7.15) ist hier auch deswegen relativ ausführlich behandelt worden, weil diese Differentialgleichung über den vorliegenden Spezialfall hinaus von physikalischer Bedeutung ist. Sie beschreibt beispielsweise die Ausbreitung **elektromagnetischer** Wellen in **elektrisch leitenden** Medien. s ist dann entweder die elektrische oder die magnetische Feldstärke. Die Wechselfelder induzieren in solchen Medien Ströme, die der Welle Energie entziehen und irreversibel in Wärmeenergie umsetzen.

Zur Ableitung der Wellengleichung im Abschnitt 7.1.1 muss ferner folgendes zur Klärung gesagt werden: Die Dichte ϱ und der Kompressionsmodul K sind dort wie **Materialkonstanten** behandelt worden, so als würden sie von den in einer Welle auftretenden Kompressionen und Expansionen nicht beeinflusst. Das ist insbesondere für Gase nicht richtig. Hier reagieren ϱ und K deutlich auf Druckschwankungen. Weit weniger stark ausgeprägt ist diese Abhängigkeit bei Flüssigkeiten. Sie sind im Vergleich zu den Gasen praktisch **inkompressibel**, was bedeutet, dass selbst hohe Druckänderungen nur sehr kleine Änderungen des Volumens und damit der Dichte bewirken. Beispielsweise ist bei einer Temperatur von rund 20°C und bei normalem Luftdruck für eine Verkleinerung um 1% eine Druckerhöhung von $2 \cdot 10^7$ Pa für Wasser und von nur 10^3 Pa für Luft erforderlich. Bei Flüssigkeiten ist also die Dichte eine "bessere" Materialkonstante als bei Gasen.

Wie dem auch sei: Die Wellengleichung (7.3) gilt streng genommen nur im Grenzfall verschwindend kleiner Auslenkungen $s(x,t)$ oder Amplituden s_0 oder – aus praktischer Sicht – nur solange der Quotient ϱ/K näherungsweise durch den Wert $(\varrho/K)_0$ ersetzt werden kann, wie er sich ohne Welle, also im Ruhezustand ergibt. Die Größe ϱ/K gibt unmittelbar die Dichteänderung mit dem Druck an, wie man durch eine einfache Umformung erkennt: Bezogen auf infinitesimale Druck- und Volumenänderungen dp und dV lautet die Definition für den Kompressionsmodul: $K = -V \cdot (\mathrm{d}p/\mathrm{d}V)$. Das Minuszeichen sorgt dafür, dass K **positiv** bleibt. $\mathrm{d}p/\mathrm{d}V$ ist nämlich negativ. Eine **Erhöhung** des Druckes führt zu einer **Verkleinerung** des Volumens. Ist m die in V enthaltene und vorgegebene Masse, dann folgt mit $\varrho = m/V$ bzw. $V = m/\varrho$:

$$K = -V\frac{\mathrm{d}p}{\mathrm{d}V} = -V\frac{\mathrm{d}p}{\mathrm{d}\varrho}\frac{\mathrm{d}\varrho}{\mathrm{d}V} = -V\frac{\mathrm{d}p}{\mathrm{d}\varrho} \cdot \left[-\frac{m}{V^2}\right] = \frac{m}{V}\frac{\mathrm{d}p}{\mathrm{d}\varrho} = \varrho\frac{\mathrm{d}p}{\mathrm{d}\varrho}$$

Somit ist $\varrho/K = \mathrm{d}\varrho/\mathrm{d}p$. Damit lautet (7.3)

$$\frac{\partial^2 s}{\partial x^2} = \left[\frac{\mathrm{d}\varrho}{\mathrm{d}p}\right]_0 \frac{\partial^2 s}{\partial t^2}$$

Die Phasengeschwindigkeit von Schallwellen (Schallgeschwindigkeit) beträgt also, wie der Vergleich mit (7.4) ergibt,

$$v = \sqrt{\left[\frac{K}{\varrho}\right]_0} = \sqrt{\left[\frac{\mathrm{d}p}{\mathrm{d}\varrho}\right]_0}$$

Weitere konkretere Aussagen über v lassen sich nur dann gewinnen, wenn man den Zusammenhang zwischen dem Druck und der Dichte kennt. Allgemein gültige Gesetzmäßigkeiten hierzu lassen sich nicht angeben. Verschiedene Flüssigkeiten verhalten sich unterschiedlich, verschiedene Gase ebenfalls. Erschwerend kommt hinzu, dass sich bei Kompressionen und Expansionen auch die Temperatur ändert, die wiederum p und damit ϱ beeinflusst. Besonders einfache Zusammenhänge gelten für das sogenannte **ideale Gas**. Das ist ein Modellgas, dessen Moleküle oder Atome wie Massenpunkte ohne Wechselwirkung miteinander behandelt werden. Viele "richtige" Gase, wie beispielsweise Luft, verhalten sich unter Normalbedingungen in sehr guter Näherung wie solche idealen Gase. Solange man die **Temperatur konstant** hält, ist dann ϱ proportional zu p. Dieses ist übrigens bereits im Abschnitt 8.2.9 erwähnt worden. Bei solchen **isothermen** Zustandsänderungen muss dem System stets genügend Zeit gelassen werden, seine sich während des Prozessablaufs verändernde Temperatur immer wieder dem ursprünglichen und festgelegten Wert anzupassen. Genau das ist der Grund dafür, dass dieser einfache Fall auf Schallwellen nicht anwendbar ist. Bei den relativ hohen Schallfrequenzen folgen nämlich Kompressionen und Expansionen zeitlich so rasch aufeinander, dass ein solcher Temperaturausgleich unmöglich wird. Prozesse, die ohne jeglichen Temperaturausgleich ablaufen, nennt man **adiabatische** Zustandsänderungen. Für sie gilt bei einem idealen Gas die Beziehung $p/\varrho^\gamma = C = \text{const.}$ Dabei ist γ der sogenannte Adiabaten-Koeffizient. Damit ergibt sich für die Schallgeschwindigkeit

$$v = \sqrt{\left[\frac{\mathrm{d}p}{\mathrm{d}\varrho}\right]_0} = \sqrt{[C\gamma\varrho^{\gamma-1}]_0} = \sqrt{\left[\gamma\frac{C\varrho^\gamma}{\varrho}\right]_0} = \sqrt{\left[\gamma\frac{p}{\varrho}\right]_0}$$

Luft hat unter Normalbedingungen, also bei einem Luftdruck von $p = 10^5$ Pa, eine Dichte von rund $\varrho_0 = 1.20$ kg m^{-3}. Ihr Adiabaten-Koeffizient beträgt $\gamma = 1.4$. Daraus folgt für die Schallgeschwindigkeit der bekannte Wert von rund $v = 330$ m s^{-1}.

7.2 Die Transportgleichung

7.2.1 Physikalische Grunderscheinungen

Wärmeleitung Wieder wird ein stabförmiger, homogener und in x-Richtung orientierter Körper vom konstanten Querschnitt A betrachtet. Diesmal interessiert seine **Temperatur**. Der Stab ist zudem gegen seine Umgebung "wärmeisoliert", was bedeutet, dass Wärmeenergie oder Wärmemengen nur innerhalb des Stabes fließen, nicht aber mit der Umgebung ausgetauscht werden können.
Zum Zeitpunkt $t = 0$ folge die Temperaturverteilung auf dem Stab – wie in Bild 7.5 willkürlich aufgetragen – der Funktion $T(x, 0) = T_0(x)$. Gefragt wird nach der Funktion $T(x, t)$, also danach, wie sich diese Verteilung im Laufe der Zeit verändert. Was physikalisch qualitativ passiert, ist leicht zu sagen: Die wärmeren Stellen werden sich abkühlen, die kälteren erwärmen. Dieser Ausgleichsvorgang wird sich solange fortsetzen, bis sich der gesamte Stab auf einheitlicher Temperatur befindet. Quantitative Aussagen erhält man aus Betrachtungen zur Wärmemengenbilanz für ein herausgegriffenes Volumenelement $V = A \cdot \Delta x$ des Stabes zwischen den Orten x und $x + \Delta x$ (siehe Bild 7.5).

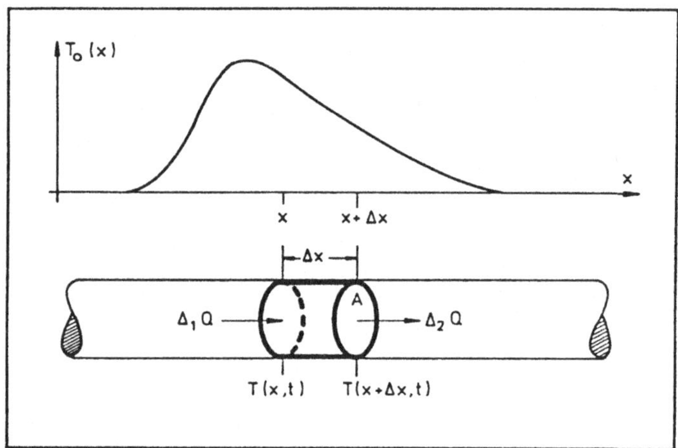

Abb. 7.5. Zur Wärmeleitung

Strömt durch den Querschnitt A an der Stelle x zum Zeitpunkt t im Intervall Δt die Wärmemenge ΔQ, dann heißt der Quotient

$$I(x, t) = \frac{\Delta Q}{\Delta t} \tag{7.16}$$

der (über das Zeitintervall Δt gemittelte) **Wärmestrom** durch den Querschnitt A. Er ist, wie die experimentelle Erfahrung zeigt, proportional zu A und zum örtlichen Temperatur-**Gefälle**, d.h. es gilt

$$I(x,t) = -kA\frac{\partial T(x,t)}{\partial x} \tag{7.17}$$

Der Proportionalitätsfaktor k heißt die **Wärmeleitfähigkeit** des Materials. Der Wärmestrom transportiert gemäß (7.16) im Zeitintervall Δt durch den Querschnitt bei x die Wärmemenge $\Delta_1 Q = I(x,t)\cdot\Delta t$ in das Volumenelement V **hinein** und im gleichen Zeitintervall Δt durch den Querschnitt bei $x + \Delta x$ die Wärmemenge $\Delta_2 Q = I(x+\Delta x,t)\cdot\Delta t$ aus dem Volumenelement V **heraus**. Die dabei von V **aufgenommene** oder in V "steckengebliebene" Wärmemenge beträgt also

$$\Delta Q = \Delta_1 Q - \Delta_2 Q = [I(x,t) - I(x+\Delta x,t)]\cdot\Delta t \tag{7.18}$$

Sie führt zu einer Änderung der Temperatur im Innern von V, und zwar vom Anfangswert $T(x,t)$ im Zeitpunkt t zum Endwert $T(x,t+\Delta t)$ im Zeitpunkt $t+\Delta t$. Beide Werte verstehen sich als über Δx gemittelt. Die Temperaturdifferenz ist proportional zu ΔQ und umgekehrt proportional zu der von V umschlossenen Masse m. Die gleiche Wärmemenge erzeugt ja bei einer **größeren** Masse einen **kleineren** Temperatursprung. Es ist also

$$T(x,t+\Delta t) - T(x,t) = \frac{1}{c}\frac{\Delta Q}{m}$$

Der Faktor c heißt **spezifische Wärmekapazität** oder auch "spezifische Wärme". Mit $m = \varrho V = \varrho A\cdot\Delta x$ ist dann

$$\Delta Q = c\varrho A\,[T(x,t+\Delta t) - T(x,t)]\cdot\Delta x \tag{7.19}$$

Gleichsetzen von (7.18) und (7.19) und Division durch $\Delta x\cdot\Delta t$ ergeben

$$-\frac{I(x+\Delta x,t) - I(x,t)}{\Delta x} = c\varrho A\frac{T(x,t+\Delta t) - T(x,t)}{\Delta t}$$

Beim Grenzübergang $\Delta x \to 0$, $\Delta t \to 0$ gehen, wie im Abschnitt 7.3.1 (Teil 1) erläutert wurde, die obigen Differenzenquotienten in die entsprechenden partiellen Differentialquotienten über. Dann ist also

$$-\frac{\partial I(x,t)}{\partial x} = c\varrho A\frac{\partial T(x,t)}{\partial t}$$

Einsetzen von (7.17) führt auf

$$-\frac{\partial}{\partial x}\left[-kA\frac{\partial T}{\partial x}\right] = c\varrho A\frac{\partial T}{\partial t}$$

oder

$$\boxed{\frac{\partial^2 T}{\partial x^2} = \frac{c\varrho}{k}\frac{\partial T}{\partial t}} \tag{7.20}$$

Den gesuchten Temperaturverlauf $T(x,t)$ erhält man dann durch Auflösung dieser Differentialgleichung.

Diffusion Der stabförmige Körper, der den Betrachtungen des vorangehenden Abschnitts zugrunde gelegt wurde, befindet sich nun auf konstanter Temperatur und besteht aus einer Grundsubstanz oder einem Lösungsmittel, dem eine zweite Substanz beigemischt oder in dem eine zweite Substanz gelöst ist. Bezeichnet $\mathrm{d}N$ die Anzahl der Teilchen dieser zweiten Substanz in einem Volumenelement $\mathrm{d}V$, dann heißt der Quotient $n = \mathrm{d}N/\mathrm{d}V$ die **Konzentration** der Beimischung oder der Lösung.
Die örtliche Verteilung der Konzentration zum Zeitpunkt $t = 0$ werde – wie in Bild 7.6 angedeutet – durch die Funktion $n(x, 0) = n_0(x)$ beschrieben. Auch jetzt wird ein Ausgleichsprozess ablaufen. Die gelösten oder beigemischten Teilchen werden aus Bereichen höherer in Bereiche niedrigerer Konzentration "diffundieren", und zwar solange, bis die Konzentration überall gleich ist. Gesucht wird $n(x, t)$, also die resultierende zeitliche Veränderung im örtlichen Konzentrationsverlauf. Für ein Volumenelement $V = A \cdot \Delta x$ zwischen x und $x + \Delta x$ ergeben sich folgende Zusammenhänge (siehe Bild 7.6): Strömen von der zugesetzten Substanz ΔN Teilchen zum Zeitpunkt t im Zeitintervall Δt an der Stelle x durch den Querschnitt A, dann heißt

$$I(x,t) = \frac{\Delta N}{\Delta t} \tag{7.21}$$

der (über Δt gemittelte) **Teilchenstrom** durch den Querschnitt A. Er ist, wie die Erfahrung lehrt, proportional zu A und zum Konzentrations-**Gefälle**, d.h. es gilt

$$I(x,t) = -DA\frac{\partial n(x,t)}{\partial x} \tag{7.22}$$

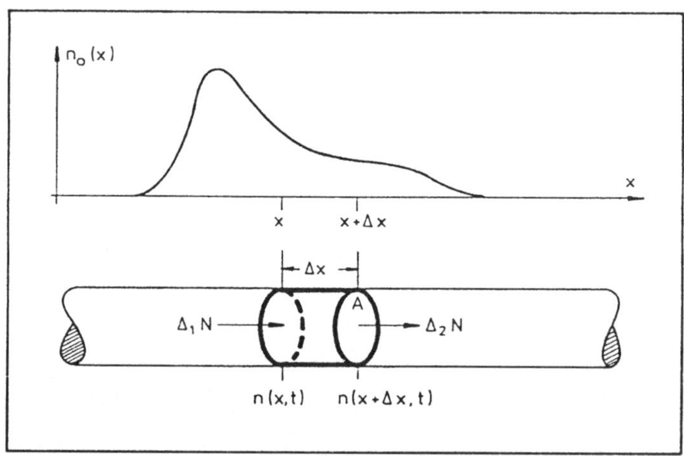

Abb. 7.6. Zur Diffusion

Dieser Zusammenhang heißt **1. Ficksches Gesetz**. D ist der sogenannte **Diffusionskoeffizient**. Im Zeitintervall Δt befördert der Teilchenstrom (7.21) die Teilchenzahl $\Delta_1 N = I(x,t) \cdot \Delta t$ durch den Querschnitt bei x in das Volumenelement V **hinein** und gleichzeitig die Teilchenzahl $\Delta_2 N = I(x+\Delta x, t) \cdot \Delta t$ durch den Querschnitt bei $x + \Delta x$ aus V **heraus**. In dieser Zeitspanne hat sich also die Teilchenzahl innerhalb von V um

$$\Delta N = \Delta_1 N - \Delta_2 N = [I(x,t) - I(x+\Delta x, t)] \cdot \Delta t \tag{7.23}$$

geändert. Die resultierende Änderung der Konzentration $n(x,t)$ innerhalb von V beträgt dann

$$n(x, t+\Delta t) - n(x,t) = \frac{\Delta N}{V}$$

Einsetzen in (7.23) ergibt mit $V = A \cdot \Delta x$ und nach Division durch Δt:

$$\frac{n(x,t+\Delta t) - n(x,t)}{\Delta t} = -\frac{1}{A}\frac{I(x+\Delta x,t) - I(x,t)}{\Delta x}$$

Der Grenzübergang $\Delta x \to 0$, $\Delta t \to 0$ liefert

$$-\frac{\partial I(x,t)}{\partial x} = A\frac{\partial n(x,t)}{\partial t}$$

Daraus folgt schließlich mit (7.22):

$$-\frac{\partial}{\partial x}\left[-DA\frac{\partial n}{\partial x}\right] = A\frac{\partial n}{\partial t}$$

oder

$$\boxed{\frac{\partial^2 n}{\partial x^2} = \frac{1}{D}\frac{\partial n}{\partial t}} \tag{7.24}$$

Diese Gleichung wird **2. Ficksches Gesetz** genannt. Also auch die sogenannten Diffusionsprozesse folgen einer Differentialgleichung vom Typ (7.20).

Ausgleich von Strömungsgeschwindigkeiten in zähen Fluiden Durch einen in x-Richtung theoretisch unendlich breiten Kanal ströme senkrecht zur x-Achse eine Flüssigkeit oder ein Gas. Die Strömungsgeschwindigkeit v sei ausreichend klein, so dass keinerlei Vermischungen benachbarter Strömungsschichten, etwa durch Wirbelbildung, auftreten. Eine solche Bewegung eines Fluids, also eines strömungsfähigen Mediums, nennt man eine **Schicht- oder Laminar-Strömung**. Die in einer derartigen Strömung auftretenden Tangentialkräfte der inneren Reibung wirken bekanntlich in der Weise, dass schnellere Schichten benachbarte langsamere zu beschleunigen und langsamere Schichten benachbarte schnellere zu bremsen suchen. Es ist also zu erwarten, dass Unterschiede in der Strömungsgeschwindigkeit infolge dieser Kräfte ausgeglichen werden.

In Bild 7.7 ist schematisch ein säulenförmiger Bereich des Strömungsfeldes dargestellt, der sich in x-Richtung, also senkrecht zur Strömungsrichtung erstreckt und den (rechteckigen) Querschnitt A besitzt. Die Säule schneidet aus einer Strömungsschicht zwischen x und $x + \Delta x$ ein Volumenelement

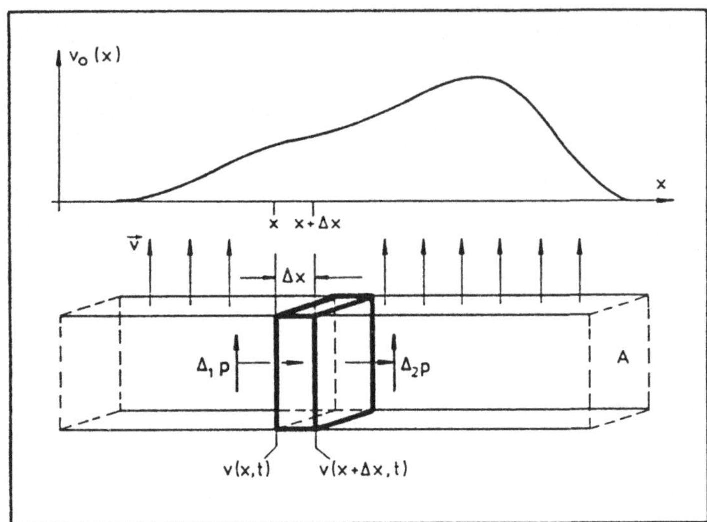

Abb. 7.7. Zum Ausgleich von Strömungsgeschwindigkeiten

$V = A \cdot \Delta x$ heraus. $v(x,0) = v_0(x)$ sei die Strömungsgeschwindigkeit zum Zeitpunkt $t = 0$. Gesucht wird $v(x,t)$. Nach Aussage des sogenannten **Newtonschen Reibungsgesetzes** ist die Kraft F, die eine Strömungsschicht auf eine ihr benachbarte überträgt, proportional zur Größe A der Berührungsfläche beider Schichten und zum Geschwindigkeits-**Gefälle** zwischen beiden Schichten, d.h. es gilt

$$F = -\eta A \frac{\partial v}{\partial x} \tag{7.25}$$

η ist der **Viskositätskoeffizient** oder die **Viskosität** des Mediums. Im Zeitintervall Δt (siehe Bild 7.7) wird also von der links benachbarten Strömungsschicht über den Querschnitt A am Ort x der Impuls $\Delta_1 p = F(x,t) \cdot \Delta t$ auf das benachbarte Volumenelement V übertragen. Im gleichen Zeitraum überträgt V selbst auf die rechts benachbarte Strömungsschicht über den Querschnitt am Ort $x + \Delta x$ den Impuls $\Delta_2 p = F(x + \Delta x, t) \cdot \Delta t$. Die insgesamt von V aufgenommene Impulsänderung beträgt also

$$\Delta p = \Delta_1 p - \Delta_2 p = [F(x,t) - F(x + \Delta x, t)] \cdot \Delta t \tag{7.26}$$

Als Folge davon ändert sich die Strömungsgeschwindigkeit $v(x,t)$ der betrachteten Schicht, und zwar gilt wegen $p = mv$

$$\Delta p = m\Big[v(x, t + \Delta t) - v(x,t)\Big] \tag{7.27}$$

$m = \varrho V = \varrho A \cdot \Delta x$ ist wieder die von V umschlossene Masse. Gleichsetzen von (7.26) und (7.27) und Division durch $\Delta x \cdot \Delta t$ ergeben

$$-\frac{F(x + \Delta x, t) - F(x,t)}{\Delta x} = \varrho A \frac{v(x, t + \Delta t) - v(x,t)}{\Delta t}$$

Daraus folgt für $\Delta x \to 0,\ \Delta t \to 0$

$$-\frac{\partial F(x,t)}{\partial x} = \varrho A \frac{\partial v(x,t)}{\partial t}$$

Einsetzen von (7.25) führt schließlich auf

$$-\frac{\partial}{\partial x}\left[-\eta A \frac{\partial v}{\partial x}\right] = \varrho A \frac{\partial v}{\partial t}$$

oder

$$\boxed{\frac{\partial^2 v}{\partial x^2} = \frac{\varrho}{\eta}\frac{\partial v}{\partial t}} \tag{7.28}$$

Wiederum ergibt sich auch für diese Vorgänge die Differentialgleichung (7.20).

7.2.2 Lösungen der Transportgleichung

Allgemeine Vorbemerkungen Die Gleichungen (7.20), (7.24) und (7.28) sind alle von der Form

$$\frac{\partial^2 T}{\partial x^2} = \alpha \frac{\partial T}{\partial t} \tag{7.29}$$

T steht stellvertretend auch für die Konzentration n und die Strömungsgeschwindigkeit v. Der Faktor α steht abkürzend für $c\varrho/k$ bei der Wärmeleitung, für $1/D$ bei der Diffusion und für ϱ/η beim Strömungsausgleich. (7.29) ist wieder eine **lineare** Differentialgleichung. Linearkombinationen von Einzellösungen sind also ebenfalls Lösungen.

Einige einfache Lösungen lassen sich auch hier wieder leicht erraten. Solche, bei denen die vorkommenden partiellen Ableitungen nach x und t verschwinden, sind $T(x,t) = \text{const}$ und $T(x,t) = ax + b$ mit beliebigen Koeffizienten a und b. Eine konstante oder eine **örtlich** lineare zeitunabhängige Verteilung von T, n oder v sind also physikalisch mögliche Zustände. Das erste Ergebnis ist selbstverständlich. Das zweite besagt, dass sich zwischen zwei Orten $x = 0$ und $x = d$ mit konstant gehaltenen Temperaturen T_1 und T_2 ein linearer Temperaturverlauf $T(x) = (T_2 - T_1)x/d + T_1$ einstellt. Aber auch die Funktion $T(x,t) = ax^2 + bt$ ist ein brauchbarer Lösungsansatz. Die erforderlichen Ableitungen führen hier nämlich auf Konstanten. Einsetzen von $\partial^2 T/\partial x^2 = 2a$ und $\partial T/\partial t = b$ in (7.29) führt auf $b = 2a/\alpha$, also auf die Lösung $T(x,t) = a(x^2 + 2t/\alpha)$.

Angemerkt sei noch, dass man die Transportgleichung wie auch die Wellengleichung als Sonder- oder Grenzfälle der Differentialgleichung (7.15) auffassen kann. Überwiegt dort der Reibungsterm $(\sigma/v^2)\cdot\partial s/\partial t$ den Beschleunigungsterm $(1/v^2)\cdot\partial^2 s/\partial t^2$ so stark, dass man letzteren vernachlässigen kann, dann geht (7.15) in die Transportgleichung für s über. Ist andererseits der Reibungsterm vernachlässigbar, erhält man die Wellengleichung für s.

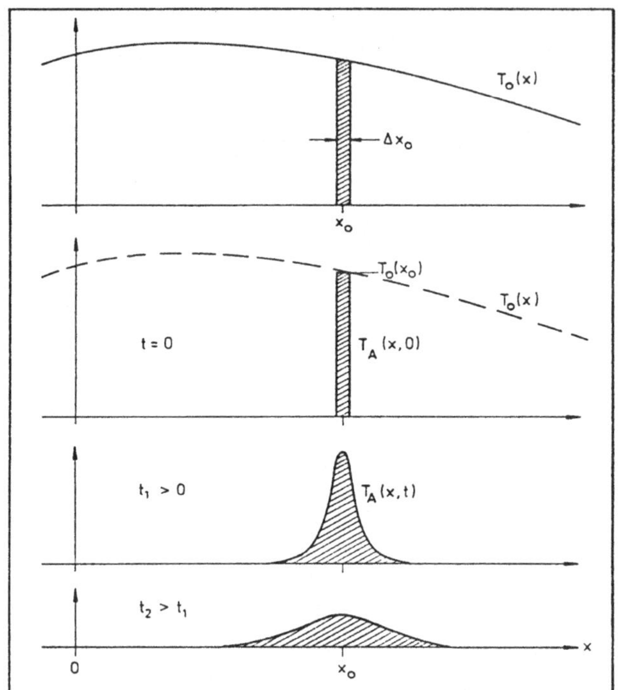

Abb. 7.8. Zur Lösung der Transportgleichung: Zerfließen einer scharfen Temperaturverteilung

Die Quellen-Lösung Ausgangspunkt der folgenden Diskussion eines Lösungsweges ist die Anfangsverteilung $T(x,0) = T_0(x)$. In einem ersten Schritt wird, ungeachtet des übrigen Funktionsverlaufs und wie in Bild 7.8 skizziert, lediglich ein sehr schmaler Ausschnitt dieser Funktion an der Stelle x_0 mit der Breite Δx_0 betrachtet und dessen Schicksal verfolgt. Die konkrete Ausgangssituation ist also eine schmale Scheibe der Temperatur $T_0(x_0) \neq 0$ in einem stabförmigen Körper der Temperatur $T_0(x) = 0$ (Maßeinheit beispielsweise °C).

Aus physikalischer Sicht ist folgendes zu erwarten: Die ursprünglich scharfe Temperaturverteilung oder "Wärme-Quelle" wird im Laufe der Zeit symmetrisch zu beiden Seiten "glockenförmig" auseinanderfließen, wie es Bild 7.8 qualitativ darstellt. Zur quantitativen Beschreibung dieses Sachverhalts muss also zunächst eine Funktion $T_A(x,t)$ gefunden werden, die eine Glockenform hat und mit der Zeit immer flacher und breiter wird. Außerdem muss sie die folgende wichtige Forderung erfüllen: Da die in der Scheibe gespeicherte Wärmemenge Q_0 nicht verlorengehen kann, muss das Integral von $x = -\infty$ bis $x = +\infty$ über $T_A(x,t)$ zeitlich konstant bleiben. Die Masse der Scheibe (Volumen V, Stabquerschnitt A) beträgt $m = \varrho V = \varrho A \cdot \Delta x_0$. Somit muss gelten

$$Q_0 = cmT_0(x_0) = c\varrho AT_0(x_0) \cdot \Delta x_0$$
$$= c\varrho A \int\limits_{-\infty}^{+\infty} T_A(x,t) \cdot \mathrm{d}x$$

oder $$\int\limits_{-\infty}^{+\infty} T_A(x,t) \cdot \mathrm{d}x = T_0(x_0) \cdot \Delta x_0 \tag{7.30}$$

c ist die bereits definierte spezifische Wärmekapazität des Materials. Auf der Suche nach einer geeigneten und zu $x = x_0$ symmetrischen Glockenfunktion stößt man auf die in vielen Teilbereichen der Physik und Mathematik auftauchende **Gauß-Funktion** oder "Gaußsche Fehlerfunktion"

$$g(x) = Ae^{-\frac{(x-x_0)^2}{b}} \tag{7.31}$$

Ihr Verlauf ist in Bild 7.9 (Kurve a) aufgetragen. $g(x_0) = A$ ist der Maximalwert. Der Parameter b bestimmt die **Breite** der Kurve, und zwar in folgender Weise:

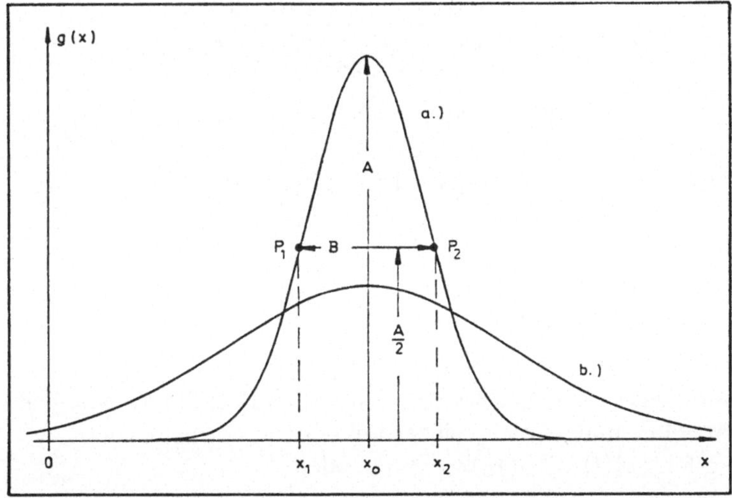

Abb. 7.9. Eigenschaften der Gauß-Funktion

Die beiden Abszissenwerte x_1 und x_2 der beiden Flankenpunkte P_1 und P_2 auf "halber Höhe" errechnen sich aus

$$g(x_1, x_2) = \frac{A}{2} = Ae^{-\frac{(x_{1,2}-x_0)^2}{b}}$$

bzw.

$$\ln\left[\frac{1}{2}\right] = -\ln 2 = -\frac{(x_1, x_2 - x_0)^2}{b}$$

zu

$$x_1 = x_0 - \sqrt{b \cdot \ln 2} \qquad \text{und} \qquad x_2 = x_0 + \sqrt{b \cdot \ln 2}$$

Ihr Abstand $x_2 - x_1 = B = 2\sqrt{b \cdot \ln 2}$ heißt die **Halbwertsbreite** der Glockenkurve. Sie beträgt also $B = \sqrt{4 \cdot \ln 2}\sqrt{b} = 1.665\sqrt{b}$.
Als nächstes muss die geforderte Zeitabhängigkeit in (7.31) eingebaut werden. Mit fortschreitender Zeit sollen ja die Breite B und damit auch der Parameter b **zunehmen** und gleichzeitig der Maximalwert A **abnehmen**, aber so, dass die Integralbedingung (7.30) stets erfüllt bleibt. Die **einfachste** Möglichkeit, die Breite zeitlich wachsen zu lassen, ist, b proportional zu t, also $b = b_0 t$ zu setzen. Läßt man die Zeitabhängigkeit von A zunächst offen, dann lautet somit der Ansatz für die zerfließende Temperaturglocke

$$T_A(x,t) = A(t) e^{-\frac{(x-x_0)^2}{b_0 t}}$$

$A(t)$ sollte sich dann aus der Integralbedingung (7.30) errechnen lassen. Sie fordert

$$\int_{-\infty}^{+\infty} T_A(x,t) \cdot \mathrm{d}x = \int_{-\infty}^{+\infty} A(t) e^{-\frac{(x-x_0)^2}{b_0 t}} \cdot \mathrm{d}x = T_0(x_0) \cdot \Delta x_0$$

Die Substitution

$$\frac{x - x_0}{\sqrt{b_0 t}} = u \quad \text{mit} \quad \frac{\mathrm{d}u}{\mathrm{d}x} = \frac{1}{\sqrt{b_0 t}} \quad \text{oder} \quad \mathrm{d}x = \sqrt{b_0 t} \cdot \mathrm{d}u$$

ergibt

$$A(t)\sqrt{b_0 t} \int_{-\infty}^{+\infty} e^{-u^2} \cdot \mathrm{d}u = T_0(x_0) \cdot \Delta t_0$$

Das verbleibende Integral hat den Wert $\sqrt{\pi}$. Auf dessen Berechnung soll hier verzichtet werden. Man findet sie in vielen Lehr- oder Formelbüchern zur Mathematik. Also folgt $A(t) = T_0(x_0)x_0/\sqrt{\pi b_0 t}$ oder

$$T_A(x,t) = T_0(x_0) \cdot \Delta x_0 \cdot \frac{e^{-\frac{(x-x_0)^2}{b_0 t}}}{\sqrt{\pi b_0 t}} \tag{7.32}$$

Noch ist damit nicht alles gewonnen. Es ist lediglich – dem physikalischen Instinkt folgend – eine Funktion konstruiert worden, die eine Reihe naheliegender Forderungen erfüllt. Jetzt muss überprüft werden, ob sie als Lösungsansatz für die Transportgleichung (7.29) überhaupt brauchbar ist. Die dafür nötigen Differentialquotienten von (7.32) erhält man durch Anwendung der Ketten- und Produktregeln der Differentialgleichung. Es ist

$$\frac{\partial T_A}{\partial x} = \frac{T_0(x_0)\cdot \Delta x_0}{\sqrt{\pi b_0 t}} e^{-\dfrac{(x-x_0)^2}{b_0 t}} \left[-\frac{2(x-x_0)}{b_0 t}\right]$$

$$= -\frac{2}{b_0 t}(x-x_0)T_A$$

und
$$\frac{\partial^2 T_A}{\partial x^2} = -\frac{2}{b_0 t}\left[T_A + (x-x_0)\frac{\partial T_A}{\partial x}\right]$$

$$= \frac{2}{b_0 t}\left[\frac{2}{b_0 t}(x-x_0)^2 - 1\right] T_A$$

Die Differentiation nach der Zeit ergibt

$$\frac{\partial T_A}{\partial t} = T_0(x_0)\cdot \Delta x_0 \Bigg\{ -\frac{\pi b_0}{2}\frac{e^{-\dfrac{(x-x_0)}{b_0 t}}}{(\sqrt{\pi b_0 t})^3}$$

$$+ \frac{e^{-\dfrac{(x-x_0)^2}{b_0 t}}}{\sqrt{\pi b_0 t}}\frac{(x-x_0)^2}{b_0 t^2}\Bigg\}$$

$$= T_A\left[\frac{(x-x_0)^2}{b_0 t^2} - \frac{\pi b_0}{2\pi b_0 t}\right] = T_A\left[\frac{(x-x_0)^2}{b_0 t^2} - \frac{1}{bt}\right]$$

Einsetzen in (7.29) liefert

$$\frac{2}{b_0 t}\left[\frac{2}{b_0 t}(x-x_0)^2 - 1\right] = \alpha\left[\frac{(x-x_0)^2}{b_0 t^2} - \frac{1}{2t}\right]$$

oder
$$\frac{2}{b_0 t}\left[\frac{2}{b_0 t}(x-x_0)^2 - 1\right] = \frac{\alpha}{2t}\left[\frac{2}{b_0 t}(x-x_0)^2 - 1\right]$$

oder $b_0 = 4/\alpha$. Mit diesem Ergebnis lautet dann die Funktion (7.32):

$$T_A(x,t) = T_0(x_0)\cdot \Delta x_0 \frac{e^{-\dfrac{\alpha(x-x_0)^2}{4t}}}{\sqrt{4\pi t/\alpha}} \tag{7.33}$$

und sie erfüllt in dieser Form die Transportgleichung (7.29). Zur quantitativen Demonstration des zeitlichen Zerfließens einer solchen Temperaturverteilung zeigt die Kurve b in Bild 7.9 eine Gauß-Funktion mit demselben Integral wie Kurve a.

Damit ist der erste Schritt auf dem Wege zu einer allgemeinen Lösung getan. Um das noch einmal klar zu sagen: Bislang ist lediglich untersucht worden, wie sich eine anfänglich scharfe Temperaturverteilung $T_A(x,0)$ oder ein schmaler Ausschnitt aus einer vorgegebenen Anfangsverteilung $T_0(x)$ im Einklang mit der Transportgleichung zeitlich entwickelt oder verändert. Ausgehend von diesen Erkenntnissen läßt sich die Frage danach, wie sich die **gesamte** Funktion $T_0(x)$ zeitlich verhält, auf folgende Weise beantworten:

Man denkt sich den gesamten Funktionsbereich von $T_0(x)$ in numerierte und aneinander anschließende Streifen mit den Breiten Δx_{0n} an den Orten x_{0n} aufgeteilt und überlagert anschließend additiv die sich aus jedem einzelnen Streifen entwickelnden Gauß-Funktionen (7.33). Das ergibt

$$T(x,t) = \frac{1}{\sqrt{4\pi t/\alpha}} \sum_n T_0(x_{0n}) e^{-\frac{\alpha(x-x_{0n})^2}{4t}} \cdot \Delta x_{0n}$$

Bei infinitesimal feiner Einteilung ($\Delta x_{0n} \to \mathrm{d}x_0$) geht die Summe dann in ein Integral über, d.h. es ist

$$\boxed{T(x,t) = \frac{1}{\sqrt{4\pi t/\alpha}} \int_{-\infty}^{+\infty} T_0(x_0) e^{-\frac{\alpha(x-x_0)^2}{4t}} \cdot \mathrm{d}x_0} \tag{7.34}$$

Dass diese Funktion eine Lösung der Transportgleichung ist, braucht nicht extra nachgewiesen zu werden. Das folgt aus der Linearität dieser Differentialgleichung. Wie schon verschiedentlich erwähnt, ist dann nämlich auch jede Summe aus Einzellösungen – hier Lösungen der Form (7.33) – wiederum eine Lösung. Gleiches gilt anstelle einer Summe auch für ein Integral. Der Vollständigkeit halber sollte aber noch gezeigt werden, dass die Lösung (7.34) für $t = 0$ tatsächlich die vorgegebene Anfangsverteilung $T(x,0) = T_0(x)$ reproduziert, was aus (7.34) nicht so unmittelbar und direkt zu ersehen ist. Einfaches Einsetzen von $t = 0$ führt am Ziel vorbei. Es ergibt sich dabei nämlich ein mathematisch undefiniertes Resultat, da dann sowohl die e-Funktion im Integranden als auch der Wurzelausdruck vor dem Integral Null werden. Also muss $T(x,0)$ durch einen Grenzübergang ermittelt werden. Mit der Abkürzung $4t/\alpha = \beta$ lautet (7.34):

$$T(x,\beta) = \int_{-\infty}^{+\infty} T_0(x_0) \frac{e^{-\frac{(x-x_0)^2}{\beta}}}{\sqrt{\pi\beta}} \cdot \mathrm{d}x_0$$

Für $t \to 0$ und damit auch $\beta \to 0$ ist dann

$$T(x,0) = \int_{-\infty}^{+\infty} T_0(x_0) \left[\lim_{\beta\to 0} \frac{e^{-\frac{(x-x_0)^2}{\beta}}}{\sqrt{\pi\beta}} \right] \cdot \mathrm{d}x_0 \tag{7.35}$$

Der Grenzwert im Integranden hat eine Reihe sehr interessanter, aber auch äußerst merkwürdiger Eigenschaften. Die Mathematiker nennen ihn die "Delta-Funktion" zum Argument $(x - x_0)$ und schreiben abkürzend

$$\lim_{\beta\to 0} \frac{e^{-\frac{(x-x_0)^2}{\beta}}}{\sqrt{\pi\beta}} = \delta(x - x_0)$$

Zum ersten ist

$$\delta(x - x_0) = 0 \qquad \text{für} \qquad x \neq x_0$$

Die Delta-Funktion ist also nur am Ort $x = x_0$ von Null verschieden. Allerdings ist ihr Wert dort undefiniert, also nicht angebbar. Zum zweiten gilt für eine beliebige Funktion $f(x)$

$$\int_{-\infty}^{+\infty} f(x)\delta(x - x_0) \cdot \mathrm{d}x = f(x_0) \tag{7.36}$$

Die Delta-Funktion "filtert" also mittels dieser Integralbeziehung von der Funktion $f(x)$ deren Wert an der Stelle $x = x_0$ heraus. Aus dieser zweiten Eigenschaft folgt für $f(x) = 1$ zum dritten

$$\int_{-\infty}^{+\infty} \delta(x - x_0) \cdot \mathrm{d}x = 1$$

Trotz der Tatsache also, dass die Delta-Funktion selbst bei $x = x_0$ undefiniert bleibt, hat ihr Integral sehr wohl einen eindeutigen Wert. Damit folgt aus (7.35) unter Ausnutzung der Eigenschaft (7.36) nach Vertauschung der Bedeutung der Variablen ($x \leftrightarrow x_0$)

$$T(x, 0) = \int_{-\infty}^{+\infty} T_0(x_0)\delta(x - x_0) \cdot \mathrm{d}x_0 = T_0(x)$$

was zu beweisen war.

Zum selben Ergebnis kann man allerdings auch ohne die Verwendung der Delta-Funktion auf folgende Weise gelangen: Die schon einmal in ähnlicher Form benutzte Substitution

$$\frac{x - x_0}{\sqrt{4t/\alpha}} = -y \quad \text{liefert} \quad x_0 = x + \sqrt{4t/\alpha} y \quad \text{und} \quad \mathrm{d}x_0 = \sqrt{4t/\alpha} \cdot \mathrm{d}y$$

Für $x_0 \to \pm\infty$ gilt auch $y \to \pm\infty$, solange x endlich bleibt. Mit y als neuer Integrationsvariabler lautet dann (7.34)

$$T(x, t) = \frac{1}{\sqrt{\pi}} \int_{-\infty}^{+\infty} T_0(x + \sqrt{4t/\alpha} y) e^{-y^2} \cdot \mathrm{d}y$$

Hier kann nun direkt $t = 0$ gesetzt werden. Das ergibt

$$T(x, 0) = \frac{1}{\sqrt{\pi}} \int_{-\infty}^{+\infty} T_0(x) e^{-y^2} \cdot \mathrm{d}y = \frac{T_0(x)}{\sqrt{\pi}} \int_{-\infty}^{+\infty} e^{-y^2} \cdot \mathrm{d}y$$

Da das verbleibende Integral den Wert $\sqrt{\pi}$ hat, erhält man wiederum $T(x, 0) = T_0(x)$.

Natürlich muss die Lösung (7.34) auch den trivialen Fall, dass nämlich eine anfänglich örtlich **konstante** Temperaturverteilung $T(x,0) = T_1 = \text{const}$ zeitlich unverändert bleiben muss, richtig wiedergeben. Mit $T_0(x_0) = T_1$ und der obigen Substitution führt (7.34) auf

$$T(x,t) = \frac{1}{\sqrt{\pi}} \int_{-\infty}^{+\infty} T_1 e^{-y^2} \cdot \mathrm{d}y = \frac{T_1}{\sqrt{\pi}} \int_{-\infty}^{+\infty} e^{-y^2} \cdot \mathrm{d}y = T_1$$

also auf das erwartete Ergebnis.

In den vorangegangenen Diskussionen sind mehrfach Integrale über Gauß-Funktionen mit den Integrationsgrenzen $\pm\infty$ vorgekommen. Sie sind Grenzfälle einer wichtigen Funktion, nämlich des sogenannten **Gaußschen Fehlerintegrals**, definiert durch

$$G(z) = \frac{2}{\sqrt{\pi}} \int_{0}^{z} e^{-u^2} \cdot \mathrm{d}u$$

In geschlossener mathematischer Form, also als konkretere Formel, ist diese Funktion nicht darstellbar. Zahlenwerte für $G(z)$ sind aber in den meisten Tabellenbüchern zur Mathematik aufgelistet. Im folgenden Anwendungsbeispiel für die Lösung (7.34) werden diese Funktion und einige ihrer Eigenschaften benötigt. Sie sollen zunächst vorgestellt werden: In Bild 7.10 ist der Verlauf von $G(z)$ quantitativ aufgetragen. Wie zu ersehen ist, sind die Grenzwerte dieser Funktion $G(-\infty) = -1$, $G(0) = 0$ und $G(\infty) = 1$ und sie ist antisymmetrisch, d.h. es ist $G(-z) = -G(z)$.

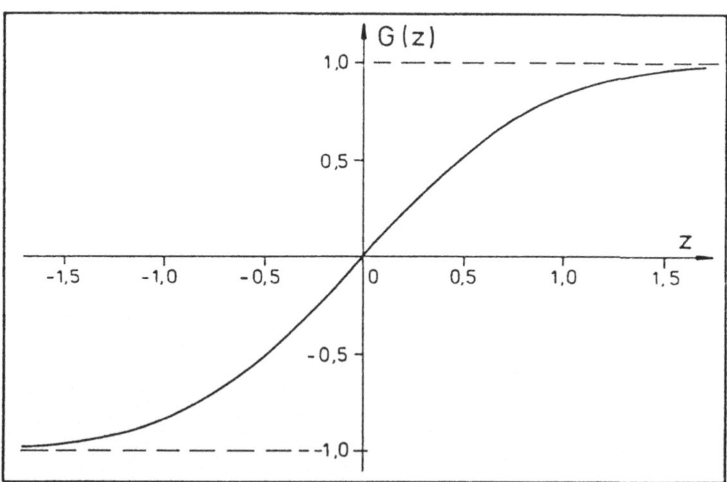

Abb. 7.10. Gaußsches Fehlerintegral

Aus

$$\frac{\sqrt{\pi}}{2}G(\infty) = \frac{\sqrt{\pi}}{2} = \int_0^{+\infty} e^{-u^2} \cdot du$$

$$= \int_0^z e^{-u^2} \cdot du + \int_z^{+\infty} e^{-u^2} \cdot du$$

$$= \frac{\sqrt{\pi}}{2}G(z) + \int_z^{+\infty} e^{-u^2} \cdot du$$

folgt

$$\int_z^{+\infty} e^{-u^2} \cdot du = \frac{\sqrt{\pi}}{2}\left[1 - G(z)\right] \tag{7.37}$$

Da ein Integral bei Vertauschung der Integrationsgrenzen sein Vorzeichen wechselt, ist ferner

$$\int_{-\infty}^z e^{-u^2} \cdot du = \int_{-\infty}^0 e^{-u^2} \cdot du + \int_0^z e^{-u^2} \cdot du$$

$$= -\int_0^{-\infty} e^{-u^2} \cdot du + \frac{\sqrt{\pi}}{2}G(z)$$

$$= \frac{\sqrt{\pi}}{2}G(-\infty) + \frac{\sqrt{\pi}}{2}G(z)$$

oder

$$\int_{-\infty}^z e^{-u^2} \cdot du = \frac{\sqrt{\pi}}{2}\left[1 + G(z)\right] \tag{7.38}$$

Im angekündigten Beispiel befinde sich der Stab zum Zeitpunkt $t = 0$ rechts aus der Mitte ($x = 0$) auf der konstanten Temperatur T_1 und links davon auf der konstanten Temperatur $-T_1$. Die Anfangsverteilung lautet somit

$$T(x,0) = T_0(x) = \begin{cases} +T_1 & : \quad \text{für} \quad x \geq 0 \\ -T_1 & : \quad \text{für} \quad x < 0 \end{cases}$$

Die Temperatur ändert sich also bei $x = 0$ sprunghaft um $\Delta T = 2T_1$. Einsetzen in die Lösung (7.34) nach Umbenennung der Variablen ($x \to x_0$) und nach Aufteilung des Integrationsbereiches ergibt

$$T(x,t) = \frac{1}{\sqrt{4\pi t/\alpha}}\left\{ \int_{-\infty}^0 (-T_1)e^{-\frac{\alpha(x-x_0)^2}{4t}} \cdot dx_0\right.$$

$$+ \int_0^{+\infty} T_1 e^{-\frac{\alpha(x-x_0)^2}{4t}} \cdot \mathrm{d}x_0 \Bigg\}$$

$$= \frac{T_1}{\sqrt{\pi}} \Bigg\{ - \int_{-\infty}^{0} e^{-\frac{(x-x_0)^2}{4t/\alpha}} \frac{\mathrm{d}x_0}{\sqrt{4t/\alpha}}$$

$$+ \int_0^{+\infty} e^{-\frac{(x-x_0)^2}{4t/\alpha}} \frac{\mathrm{d}x_0}{\sqrt{4t/\alpha}} \Bigg\}$$

Die Substitution

$$\frac{x - x_0}{\sqrt{4t/\alpha}} = u \qquad \text{mit} \qquad \mathrm{d}x_0 = -\sqrt{4t/\alpha} \cdot \mathrm{d}u$$

führt unter Berücksichtigung des Umstandes, dass dabei die Integrationsgrenzen $-\infty$, 0 und $+\infty$ bezüglich x dann in die neuen Integrationsgrenzen $+\infty$, $z = x/\sqrt{4t/\alpha}$ und $-\infty$ bezüglich u übergehen, solange x endlich bleibt, auf

$$T(x,t) = \frac{T_1}{\sqrt{\pi}} \left[\int_{+\infty}^{z} e^{-u^2} \cdot \mathrm{d}u - \int_{z}^{-\infty} e^{-u^2} \cdot \mathrm{d}u \right]$$

Vertauscht man schließlich die Integrationsgrenzen, wobei die Integrale ihr Vorzeichen wechseln, und nutzt man die Eigenschaften (7.37) und (7.38) des Gaußschen Fehlerintegrals aus, dann folgt

$$T(x,t) = \frac{T_1}{\sqrt{\pi}} \left(\frac{\sqrt{\pi}}{2} [1 + G(z)] - \frac{\sqrt{\pi}}{2} [1 - G(z)] \right) = T_1 G(z)$$

oder mit $z = x/\sqrt{4t/\alpha}$

$$T(x,t) = T_1 G \left[\sqrt{\frac{\alpha}{t}} \frac{x}{2} \right]$$

Der Temperaturausgleich zwischen den beiden Stabhälften wird also durch das Gaußsche Fehlerintegral beschrieben. Bild 7.11 zeigt den Temperaturverlauf in der Umgebung des Ortes $x = 0$ zu vier verschiedenen Zeiten, und zwar für $t = 0$, $t = t_1 > 0$, $t = 9t_1$ und $t = 100t_1$. Wie zu erwarten ist, flacht der anfängliche Temperatursprung im Laufe der Zeit immer mehr ab. Der Temperaturanstieg bei $x = 0$ beträgt

$$\left[\frac{\partial T}{\partial x} \right]_0 = T_1 \left[\frac{\mathrm{d}G}{\mathrm{d}z} \frac{\partial z}{\partial x} \right]_0 = T_1 \left[\frac{\mathrm{d}G}{\mathrm{d}z} \right]_0 \frac{1}{2} \sqrt{\frac{\alpha}{t}}$$

Wegen $(\mathrm{d}G/\mathrm{d}z)_0 = 1$ ist somit $(\partial T/\partial x)_0 = (T_1/2)\sqrt{\alpha/t}$. Die Steigung nimmt also mit der Wurzel aus der Zeit ab.

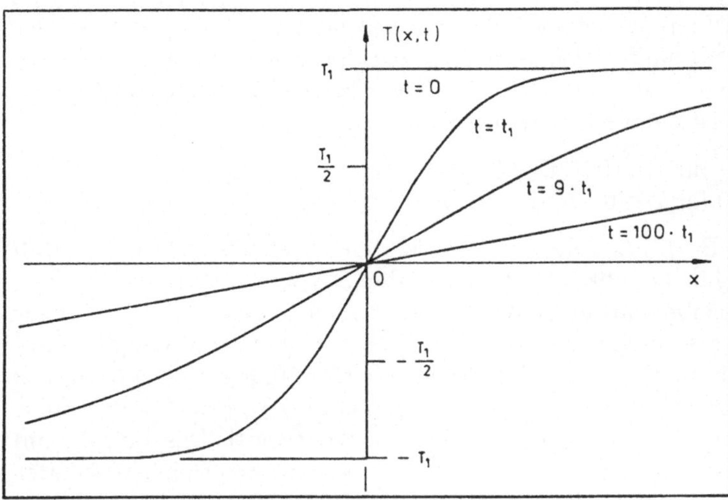

Abb. 7.11. Temperatur-Ausgleich

Die Fourier-Lösung Der Lösungsweg der Transportgleichung (7.29), der nun besprochen werden soll, ist solchen Fällen angepasst, bei denen der betrachtete stabförmige Körper eine **endliche** Länge hat und wobei dessen Enden auf **konstanten** Temperaturen festgehalten werden. Er ist angepasst, wie man auch sagt, an "Wärmeleitungsproblemen bei vorgegebenen Randbedingungen", oder an entsprechende Diffusions- bzw. Strömungsprobleme. Eine einfache Ausgangssituation ist in Bild 7.12 skizziert:

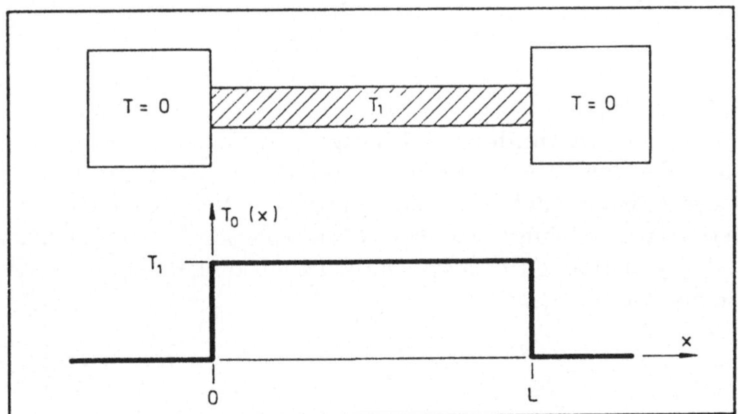

Abb. 7.12. Zur FOURIER-Lösung (Ausgangssituation)

Der Stab der Länge L befindet sich zum Zeitpunkt $t = 0$ insgesamt auf der Temperatur $T_1 > 0$ und ist beiderseits an zwei Thermostaten angeschlossen, die seine Enden stets auf der Temperatur $T = 0$ halten. Die Anfangsverteilung $T(x, 0) = T_0(x)$ ist dann eine Rechteckfunktion, d.h. es ist

$$T_0(x) = \begin{cases} T_1 \text{ für } & 0 \leq x \leq L \\ 0 \text{ für } x < 0 & \text{und} \quad x > L \end{cases}$$

Auf den ersten Blick hin würde man vermuten, dass sich einfach der Stab als Ganzes gleichmäßig abkühlt, dass also die Temperaturverteilung weiterhin rechteckig bleibt und im Laufe der Zeit lediglich niedriger wird. Dieser Vermutung entspräche der Lösungsansatz $T(x, t) = T_1 f(t)$, wobei die Funktion $f(t)$ zeitlich abnimmt und den Anfangswert $f(0) = 1$ hat. Hier und in allen weiteren Diskussionen ist x auf das Intervall $0 \leq x \leq L$ beschränkt. Auf den zweiten Blick hin regen sich berechtigte Zweifel. Das Beispiel am Schluss des vorangehenden Abschnitts lehrt, dass ein ursprünglich scharfer Temperatursprung mit der Zeit immer flacher wird. Mithin ist wohl zu erwarten, dass sich die Enden des Stabes schneller abkühlen als seine Mitte, so dass die Rechteckverteilung in eine sich zunehmend abrundende und zur Stabmitte symmetrische Funktion übergeht. Im obigen naiven Ansatz müsste dann der konstante Wert T_1 durch eine Ortsfunktion $g(x)$ mit den Randwerten $g(0) = g(L) = 0$ ersetzt werden. Der neue Lösungsansatz lautet also $T(x, t) = g(x)f(t)$. Für die partiellen Ableitungen nach x und t ergibt sich

$$\frac{\partial T}{\partial x} = f(t)\frac{\mathrm{d}g}{\mathrm{d}x}, \quad \frac{\partial^2 T}{\partial x^2} = f(t)\frac{\mathrm{d}^2 g}{\mathrm{d}x^2} \quad \text{und} \quad \frac{\partial T}{\partial t} = g(x)\frac{\mathrm{d}f}{\mathrm{d}x}$$

Einsetzen in die Transportgleichung (7.29) ergibt

$$f(t)\frac{\mathrm{d}^2 g}{\mathrm{d}x^2} = \alpha g(x)\frac{\mathrm{d}f}{\mathrm{d}t} \quad \text{oder} \quad \frac{1}{\alpha g(x)}\frac{\mathrm{d}^2 g}{\mathrm{d}x^2} = \frac{1}{f(t)}\frac{\mathrm{d}f}{\mathrm{d}t}$$

Diese Gleichung ist insofern bemerkenswert, als die linke Seite **nur** von x abhängt und die rechte **nur** von t. Zwischen x und t gibt es keinerlei Querverbindungen. Sie sind **voneinander unabhängige** Variable. Unter diesen Voraussetzungen ist die Gleichung nur erfüllbar, wenn beide Seiten von x und t **unabhängig**, also konstant sind. Es ist ja unmöglich, durch Multiplikation mit einem Materialfaktor α eine Orts- in eine Zeitfunktion umzuwandeln. Bezeichnet man die gemeinsame Konstante vorläufig mit a, dann erhält man die beiden Differentialgleichungen

$$\frac{1}{\alpha g(x)}\frac{\mathrm{d}^2 g}{\mathrm{d}x^2} = a \text{ bzw. } \frac{\mathrm{d}^2 g}{\mathrm{d}x^2} = \alpha a g(x) \tag{7.39}$$

$$\text{und} \quad \frac{1}{f(t)}\frac{\mathrm{d}f}{\mathrm{d}t} = a \text{ bzw. } \frac{\mathrm{d}f}{\mathrm{d}t} = af(t) \tag{7.40}$$

Die Gleichung (7.40) ist vom Abschnitt 8.2.9 (Teil 1) her bekannt. Ihre Lösung ist somit $f(t) = Ae^{at}$. Die Funktion $f(t)$ muss zeitlich **abfallen**, da sich ja in jedem Fall die Temperatur des Stabes der vorgegebenen Randtemperatur angleichen muss, egal, ob diese nun höher oder niedriger als die Stabtemperatur ist. Also muss a **negativ** sein. Mit $a = -\beta$ ($\beta > 0$) ist dann

$$f(t) = Ae^{-\beta t} \tag{7.41}$$

und (7.39) lautet

$$\frac{\mathrm{d}^2 g}{\mathrm{d}x^2} = -\alpha\beta g(x) \tag{7.42}$$

Diese Gleichung ist vom Abschnitt 8.2.7 (Teil 1) her bekannt. Stünde als unabhängige Variable t statt x, dann wäre sie die Differentialgleichung für ungedämpfte harmonische Schwingungen von g. Hier beschreibt sie folglich **örtlich** harmonische Verteilungen. Analog zu (8.30) (Teil 1) ist ihre allgemeine Lösung

$$g(x) = B\cos kx + C\sin kx$$

Die erste der bereits genannten Randbedingungen, nämlich $g(0) = 0$, liefert $B = 0$. Es verbleibt $g(x) = C\sin kx$. Die zweite Randbedingung $g(L) = 0$ führt auf

$$C\sin kL = 0 \quad \text{oder} \quad kL = n\pi \quad \text{oder} \quad k = \frac{n\pi}{L}$$

mit $n = 0, \pm 1, \pm 2, ...$ Also ist

$$g(x) = C\sin\left[\frac{n\pi}{L}x\right] \tag{7.43}$$

Den noch offenen Dämpfungsfaktor β erhält man durch Einsetzen in (7.42). Das ergibt

$$-C\left[\frac{n\pi}{L}\right]^2 \sin\left[\frac{n\pi}{L}x\right] = -\alpha\beta C\sin\left[\frac{n\pi}{L}x\right]$$

oder $\beta = (n\pi/L)^2/\alpha$. Nach Zusammenfassung von (7.41) und (7.43) gemäß des Ansatzes $T(x,t) = g(x)f(t)$ ist dann schließlich

$$\boxed{T(x,t) = T_M e^{-\frac{1}{\alpha}\left[\frac{n\pi}{L}\right]^2 t} \sin\left[\frac{n\pi}{L}x\right]} \tag{7.44}$$

oder mit der Wellenlänge $\lambda = 2\pi/k = 2L/n$

$$T(x,t) = T_M e^{-\frac{1}{\alpha}\left[\frac{2\pi}{\lambda}\right]^2 t} \sin\left[\frac{2\pi}{\lambda}x\right]$$

Der hier benutzte Begriff "Wellenlänge" hat natürlich nichts mit einer "Welle" zu tun. Er bezeichnet lediglich die örtliche Periode der Temperaturverteilung auf dem Stab. T_M ist die Temperatur der Stabmitte ($x = L/2$) zum Zeitpunkt $t = 0$.

Der erratene Lösungsansatz führt also in der Tat auf Lösungen der Transportgleichung, ja sogar auf unendlich viele, je nach Wahl der Zahl n. Physikalisch sagt (7.44) folgendes aus: Eine anfänglich sinusförmige Temperaturverteilung auf dem Stab mit der Wellenlänge $\lambda = 2L/n$ bleibt für alle Zeiten sinusförmig, wobei aber ihre Amplitude zeitlich exponentiell abklingt, und zwar umso schneller, je kürzer die Wellenlänge ist. Die "Abklingkonstante" ist umgekehrt proportional zu λ^2. Bei Halbierung der Wellenlänge beispielsweise erfolgt das Abklingen viermal schneller.
So interessant das alles sein mag, der allgemeine Fall, der nämlich von einer **beliebigen** Temperaturverteilung auf dem Stab ausgeht, ist das noch lange nicht. Den entscheidenden Schritt dorthin vermittelt eine für die Beschreibung mannigfacher physikalischer Zusammenhänge äußerst nützliche mathematische Aussage, und zwar das **Fourier-Theorem** oder die **Fouriersche Reihenentwicklung**. Dieses Theorem lautet in einer für physikalische Anwendungen ausreichend exakten Formulierung: Jede im Intervall $-\pi < x < \pi$ definierte Funktion $f(x)$ läßt sich durch eine unendliche Reihe aus Sinus- und Cosinus-Funktionen in der Form

$$\boxed{f(x) = \frac{A_0}{2} + \sum_{n=1}^{\infty} \Big[A_n \cos(nx) + B_n \sin(nx)\Big]} \tag{7.45}$$

darstellen ($n = 1, 2, 3, ...$). Die einzelnen Summanden dieser Reihe heißen die **Fourier-Komponenten**, die Amplituden A_n und B_n die **Fourier-Koeffizienten** diese Darstellung. Ist zusätzlich $f(x)$ **periodisch** mit der Periode 2π, dann gilt die Darstellung im gesamten Intervall $-\infty < x < +\infty$. Die Beschränkung auf das Intervall $-\pi \leq x \leq \pi$ bzw. auf die Periode 2π bedeutet keine Einschränkung der Allgemeinheit dieser Aussage, da jede in einem beliebigen Intervall $a \leq x' \leq b$ definierte Funktion $f(x')$ durch die lineare Abszissentransformation

$$x = \frac{\pi}{b-a}(2x' - b - a)$$

in eine Funktion $f(x)$ im Intervall $-\pi \leq x \leq \pi$ überführt werden kann. Ist etwa, wie im Hinblick auf den hier interessierenden Fall $-L \leq x' \leq L$, also $a = -L$ und $b = L$, dann folgt $x = \pi x'/L$, also, wie gewünscht, $x = -\pi$ für $x' = -L$ und $x = \pi$ für $x' = L$. Die Amplituden A_n und B_n lassen sich auf folgende einfache Weise gewinnen: Für die Winkelfunktionen $\sin(mx)$ und $\cos(nx)$, wobei m und n ganze Zahlen sind, gelten die sogenannten **Orthogonalitäts- und Normierungsbeziehungen**

$$\int_{-\pi}^{\pi} \sin mx \cdot \cos nx \cdot \mathrm{d}x = 0 \qquad \text{für alle m und n} \tag{7.46}$$

$$\int_{-\pi}^{\pi} \sin mx \cdot \sin nx \cdot \mathrm{d}x \begin{cases} = 0 \text{ für } & m \neq n \\ = \pi \text{ für } & m = n \neq 0 \end{cases} \tag{7.47}$$

$$\int_{-\pi}^{\pi} \cos mx \cdot \cos nx \cdot \mathrm{d}x \begin{cases} = 0 \text{ für } & m \neq n \\ = \pi \text{ für } & m = n \neq 0 \\ \;\; 2\pi \text{ für } & m = n = 0 \end{cases} \tag{7.48}$$

Multipliziert man nun die FOURIER-Reihe mit $\cos mx$ und integriert anschließend von $-\pi$ bis π, dann erhält man

$$\begin{aligned} \int_{-\pi}^{\pi} f(x) \cos mx \cdot \mathrm{d}x = \frac{A_0}{2} \int_{-\pi}^{\pi} \cos mx \cdot \mathrm{d}x \\ + \sum_{n=1}^{\infty} A_n \int_{-\pi}^{\pi} \cos mx \cdot \cos nx \cdot \mathrm{d}x \\ + \sum_{n=1}^{\infty} B_n \int_{-\pi}^{\pi} \cos mx \cdot \sin nx \cdot \mathrm{d}x \end{aligned}$$

Das erste Integral auf der rechten Seite verschwindet, wie man leicht nachrechnet. Von der ersten Summe auf der rechten Seite verbleibt wegen (7.48) nur das Glied mit $n = m$, d.h. es ist

$$\sum_{n=1}^{\infty} A_n \int_{-\pi}^{\pi} \cos mx \cdot \cos nx \cdot \mathrm{d}x = A_m \pi$$

Von der zweiten Summe auf der rechten Seite verschwinden wegen (7.46) **alle** Summanden. Nach Umbenennung des Laufindex' m in n folgt somit

$$A_n = \frac{1}{\pi} \int_{-\pi}^{\pi} f(x) \cos nx \cdot \mathrm{d}x \tag{7.49}$$

Entsprechend ergibt sich durch Multiplikation von (7.45) mit $\sin mx$ und Integration von $-\pi$ bis π unter Berücksichtigung von (7.46) und (7.47):

$$B_n = \frac{1}{\pi} \int_{-\pi}^{\pi} f(x) \sin nx \cdot \mathrm{d}x \tag{7.50}$$

Ist also $f(x)$ vorgegeben, dann lassen sich die FOURIER-Koeffizienten berechnen und die Funktion selbst in eine FOURIER-Reihe entwickeln.

Als konkretes Beispiel, das auch wieder auf die physikalische Ausgangssituation zurückführen soll, werde die FOURIER-Entwicklung einer mit 2π periodischen Rechteckfunktion $T_0(x)$ betrachtet, wie sie in Bild 7.13, Kurve a, dargestellt ist.

Es ist also

$$T_0(x) = \begin{cases} -T_1 \text{ für } -\pi \leq x < 0, \\ \;\; 0 \text{ für } x = 0 \text{ und} \\ \;\; T_1 \text{ für } 0 < x \leq \pi \end{cases}$$

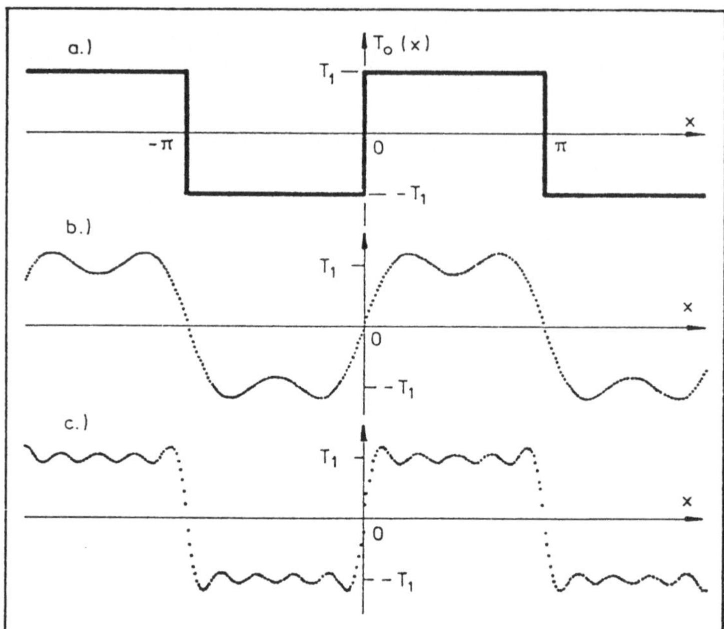

Abb. 7.13. FOURIER-Synthese einer Rechteckfunktion

mit periodischer Fortsetzung. Für die Koeffizienten A_n folgt dann aus (7.49) bei entsprechender Aufteilung des Integrationsbereichs

$$\begin{aligned} A_n &= \frac{1}{\pi}\int_{-\pi}^{0} T_0(x)\cos nx \cdot \mathrm{d}x + \frac{1}{\pi}\int_{0}^{\pi} T_0(x)\cos nx \cdot \mathrm{d}x \\ &= -\frac{T_1}{\pi}\int_{-\pi}^{0} \cos nx \cdot \mathrm{d}x + \frac{T_1}{\pi}\int_{0}^{\pi} \cos nx \cdot \mathrm{d}x \\ &= -\frac{T_1}{\pi}\left[\frac{1}{n}\sin nx\right]_{-\pi}^{0} + \frac{T_1}{\pi}\left[\frac{1}{n}\sin nx\right]_{0}^{\pi} = 0 + 0 \end{aligned}$$

Die Cosinus-Terme der Reihe (7.45) verschwinden also. Das hätte man allerdings auch schon ohne Rechnerei einsehen können: $T_0(x)$ ist nämlich eine **antisymmetrische** Funktion, d.h. es ist $T_0(-x) = -T_0(x)$. Die Funktionen $\cos nx$ dagegen sind symmetrsich, d.h. es ist $\cos -nx = \cos nx$. Sie können somit zum Aufbau einer antisymmetrischen Funktion nicht beitragen. Auch der konstante Term $A_0/2$ in (7.45) muss verschwinden, da ja die Funktion $T_0(x)$ symmetrisch um die x-Achse verläuft. Für die Koeffizienten B_n erhält man aus (7.50) in entsprechender Weise

$$B_n = \frac{T_1}{\pi}\int\limits_{-\pi}^{0} -\sin nx \cdot \mathrm{d}x + \frac{T_1}{\pi}\int\limits_{0}^{\pi} \sin nx \cdot \mathrm{d}x$$

$$= \frac{T_1}{\pi n}\Big[\cos nx\Big]_{-\pi}^{0} + \frac{T_1}{\pi n}\Big[-\cos nx\Big]_{0}^{\pi}$$

$$= \frac{T_1}{\pi n}\left[\cos 0 - \cos -n\pi - \cos n\pi) + \cos 0\right]$$

Mit $\cos 0 = 1$ und $\cos(-n\pi) = \cos n\pi = (-1)^n$ verbleibt

$$B_n = \frac{2T_1}{\pi n}\left[1 - (-1)^n\right]$$

Es ist also

$$B_n = 0 \qquad \text{für } \textbf{gerades } \text{n}$$

und

$$B_n = \frac{4T_1}{\pi n} \qquad \text{für } \textbf{ungerades } \text{n}$$

Beginnt man die Numerierung der Summanden mit $n = 0$, dann lautet die gesuchte Darstellung von $T_0(x)$ durch (7.46):

$$T_0(x) = \frac{4}{\pi}T_1\sum_{n=0}^{\infty}\frac{\sin\left[(2n+1)x\right]}{2n+1} \tag{7.51}$$

oder, ausgeschrieben bis zum fünften Glied

$$T_0(x) = \frac{4}{\pi}T_1\left\{\sin x + \frac{1}{3}\sin 3x + \frac{1}{5}\sin 5x + \frac{1}{7}\sin 7x + \frac{1}{9}\sin 9x + \cdots\right\}$$

Wie gut bereits **endlich viele** Summanden von (7.51) die Rechteckfunktion $T_0(x)$ zu approximieren vermögen, ist ebenfalls in Bild 7.13 zu ersehen. Aufgetragen sind (punktiert) die Summe aus den ersten beiden (Verlauf b) und aus den ersten fünf Gliedern (Verlauf c). Geht man mittels der oben bereits angeführten Beziehung $x = \pi x'/L$ vom Intervall $-\pi \leq x \leq \pi$ zum Intervall $-L \leq x' \leq L$, also von der Periode 2π zur Periode $2L$ über, und bezeichnet man anschließend x' wieder mit x, dann lautet die FOURIER-Entwicklung (7.51):

$$T_0(x) = \frac{4}{\pi}T_1\sum_{n=0}^{\infty}\frac{1}{2n+1}\sin\left[\frac{(2n+1)\pi}{L}x\right] \tag{7.52}$$

Nun zurück zur Physik: Wegen der Linearität der Transportgleichung lassen sich aus den Einzellösungen (7.44) durch Addition weitere Lösungen kombinieren. Multipliziert man beispielsweise jede Einzellösung mit dem (konstanten) Faktor $4/[\pi(2n+1)]$ und summiert schließlich anschließend über alle **ungeraden** n, dann erhält man

$$T(x,t) = \frac{4}{\pi} T_M \sum_{n=0}^{\infty} e^{-\frac{1}{\alpha}\left[\frac{(2n+1)\pi}{L}\right]^2 t} \frac{\sin[(2n+1)\pi x/L]}{2n+1} \tag{7.53}$$

Welcher physikalische Temperaturausgleichsprozess in dieser neuen Lösung steckt, erkennt man sofort, wenn man sich die zugehörige Anfangsverteilung $T_0(x)$ ansieht. Für $t = 0$ gehen alle e-Funktionen in Eins über, und es verbleibt (7.52), also die FOURIER-Darstellung einer Rechteckfunktion mit $T_M = T_1$ und der Periode $2L$. Damit ist klar, was die Lösung (7.53) aussagt. Sie beschreibt die Abkühlung eines **unendlich langen** Stabes, der sich in Abschnitten der Länge L abwechselnd auf den Temperaturen $+T_1$ und $-T_1$ befindet. Das entspricht zwar immer noch nicht der in Bild 7.12 skizzierten Ausgangssituation für einen **endlich langen** Stab, der Schritt dorthin läßt sich jetzt aber auf einfache Weise vollziehen.

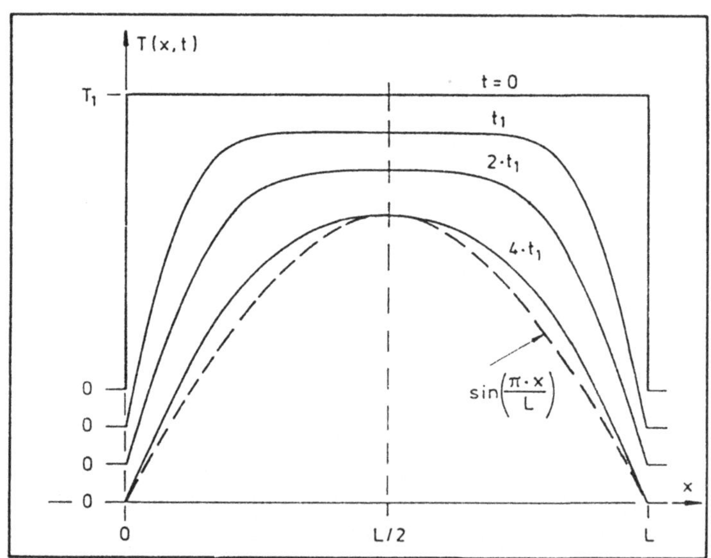

Abb. 7.14. Abkühlung eines endlich langen Stabes

An den Orten $x = 0$ und $x = L$ ergibt (7.53) $T(0,t) = T(L,t) = 0$ für alle t. Damit sind die für den endlich langen Stab geforderten Randbedingungen stets erfüllt. Folglich wird sich dieser genauso abkühlen, wie der Ausschnitt zwischen $x = 0$ und L des unendlich langen Stabes. Wie dieser Prozess zeitlich abläuft, das zeigt Bild 7.14 an vier "Momentaufnahmen" des Temperaturverlaufs zu den Zeiten $t = 0$ (Rechteckverteilung), $t_1 = 0.05\alpha L^2/\pi^2$, $t_2 = 2t_1$ und $t_3 = 4t_1$. Der besseren Übersicht wegen sind die vier Kurven vertikal gegeneinander versetzt aufgetragen. Deutlich erkennbar ist, dass die Stabenden wesentlich schneller abkühlen als die Stabmitte. Die Rechteckverteilung rundet sich immer mehr ab. Die höheren FOURIER-Komponenten ($n > 0$) verschwinden eben schneller als die Grundkomponente ($n = 0$). Zur Zeit t_3 bereits ist praktisch nur noch sie allein ausschlaggebend, wie der Vergleich mit der gestrichelt eingezeichneten Kurve verdeutlicht. Sie stellt die Funktion $\sin(\pi x/L)$ dar.

Damit ist der allgemeine Weg zur Berechnung des Temperaturverlaufs auf einem endlich langen Stab mit vorgelegten Randbedingungen bei **beliebiger** Anfangsverteilung $T_0(x)$ vorgezeichnet: Man entwickelt zunächst $T_0(x)$ in eine FOURIER-Reihe und multipliziert anschließend jede einzelne FOURIER-Komponente gemäß (7.53) mit der zugehörigen e-Funktion. Nach genügend langer Zeit wird von **jedem** $T_0(x)$ praktisch nur noch die entsprechend langsam abklingende Grundkomponente übrigbleiben.

Die Wellen-Lösung Die Überschrift zu diesem Abschnitt weckt Erstaunen: Die Transportgleichung (7.29) ist ja nicht die Wellengleichung. Warum also sollte sie – wie der Titel suggeriert – Wellenvorgänge beschreiben können? Gemeint ist folgendes: Der betrachtete stabförmige Körper ist nicht in **beiden** x-Richtungen unendlich ausgedehnt, sondern er beginnt bei $x = 0$ und erstreckt sich bis $x = +\infty$. An seinem Anfang wird durch eine geeignet gesteuerte Heizung ein zeitlich harmonischer Temperaturverlauf $T(0,t) = T_0 \sin \omega t$ erzeugt. Aufgrund des Wärmeleitvermögens des Materials werden sich diese Temperaturschwankungen auch an den Orten $x > 0$ bemerkbar machen, so dass mit einigem Recht vermutet werden kann, dass sich eine Art harmonischer "Temperatur-Welle" ausbilden wird. Der entsprechende Ansatz müsste dann lauten: $T(x,t) = T_0 \sin(kx - \omega t)$ mit $k > 0$. Da sich Temperaturunterschiede im Laufe der Zeit stets **ausgleichen**, ist nicht zu erwarten, dass die Amplitude T_0 dieser Welle örtlich konstant bleibt. Sie ist sicher, wenn dieser Lösungsversuch überhaupt klappt, eine mit x **abfallende** Funktion $T_0(x)$. Welche sonstigen Eigenschaften sie besitzt, muss dann erst geklärt werden. Für die partiellen Ableitungen des Lösungsansatzes

$$T(x,t) = T_0(x) \sin(kx - \omega t) \tag{7.54}$$

nach x und t folgt

$$\begin{aligned}\frac{\partial T}{\partial x} &= \frac{\mathrm{d}T_0}{\mathrm{d}x} \sin(kx - \omega t) + kT_0 \cos(kx - \omega t)\\ \frac{\partial^2 T}{\partial x^2} &= \frac{\mathrm{d}^2 T_0}{\mathrm{d}x^2} \sin(kx - \omega t) + k\frac{\mathrm{d}T_0}{\mathrm{d}x} \cos(kx - \omega t)\\ &\quad + k\frac{\mathrm{d}T_0}{\mathrm{d}x} \cos(kx - \omega t) - k^2 T_0 \sin(kx - \omega t)\end{aligned}$$

und

$$\frac{\partial T}{\partial t} = -\omega T_0 \cos(kx - \omega t)$$

Einsetzen in die Transportgleichung (7.29) ergibt

$$\frac{\mathrm{d}^2 T_0}{\mathrm{d}x^2} \sin(kx - \omega t) + 2k \frac{\mathrm{d}T_0}{\mathrm{d}x} \cos(kx - \omega t) - k^2 T_0 \sin(kx - \omega t) = -\alpha\omega T_0 \cos(kx - \omega t)$$

oder

$$\left[\frac{\mathrm{d}^2 T_0}{\mathrm{d}x^2} - k^2 T_0\right] \sin(kx - \omega t) = \left[-2k \frac{\mathrm{d}T_0}{\mathrm{d}x} - \alpha\omega T_0\right] \cos(kx - \omega t)$$

Wie schon im Abschnitt 8.2.12 (Teil 1) erläutert wurde, ist eine solche Gleichung nur dann für **alle** x und t erfüllbar, wenn die Faktoren vor den Wellenfunktionen einzeln verschwinden. Das führt auf die beiden Differentialgleichungen

$$\frac{\mathrm{d}^2 T_0}{\mathrm{d}x^2} = k^2 T_0 \qquad \text{und} \qquad \frac{\mathrm{d}T_0}{\mathrm{d}x} = -\frac{\alpha\omega}{2k} T_0$$

Ihre Lösungen sind aus manchen vorangehenden Diskussionen hinreichend bekannt. Sie lauten, da $T_0(x)$ mit x abfallen muss

$$T_0(x) = T_{00} e^{-kx} \qquad \text{und} \qquad T_0(x) = T_{00} e^{-\frac{\alpha\omega}{2k} x}$$

Gleichsetzen liefert

$$k = \frac{\alpha\omega}{2k} \qquad \text{und} \qquad k = \sqrt{\frac{\alpha\omega}{2}}$$

k ist im Ansatz (7.54) als positiv vorausgesetzt worden. Also gilt der positive Wert der Wurzel. Die eingangs geäußerte Vermutung bestätigt sich also. Der Wellenansatz (7.54) führt auf die Lösung

$$T(x,t) = T_{00} e^{-kx} \sin(kx - \omega t) = T_{00} e^{-\sqrt{\frac{\alpha\omega}{2}} x} \sin\left[\sqrt{\frac{\alpha\omega}{2}} x - \omega t\right] \tag{7.55}$$

Das ist zwar keine **strenge** Welle im Sinne des Abschnitts 7.3.2 (Teil 1), wohl aber eine **gedämpfte Welle**, wie sie von der Lösung der Differentialgleichung (7.15) her bekannt ist. Auch hier erfolgt also das Abklingen **exponentiell**. Zusätzlich tritt aber eine erwähnenswerte Besonderheit auf: Die Dämpfungskonstante und die Wellenzahl sind **gleich groß**. Beide wachsen proportional zu $\sqrt{\omega}$. Gleiches gilt für die Phasengeschwindigkeit

$$v = \frac{\omega}{k} = \omega \sqrt{\frac{2}{\alpha\omega}} = \sqrt{\frac{2\omega}{\alpha}}$$

Bei **rascher** wechselnden Temperaturen am Stabanfang laufen die sich ausbildenden Wellen also **schneller** und werden **stärker** gedämpft. Sie dringen weniger tief in den Stab ein. Die **Gleichheit** von Dämpfungskonstante und Wellenzahl hat zur Folge, dass solche Temperaturwellen gar nicht mehr wie "richtige" gedämpfte Wellen aussehen, wie aus Bild 7.15 hervorgeht. Aufgetragen sind wiederum "Momentaufnahmen" der Temperaturverteilung auf dem Stab, verteilt über eine volle Periode $\tau = 2\pi/\omega$ der Temperaturschwingungen in zeitlichen Abständen von $\tau/8$. Alle Kurven nähern sich infolge der starken Dämpfung relativ schnell der x-Achse, ohne dass ein oszillierendes Verhalten deutlich zum Vorschein kommt. Die gestrichelten schrägen Linien verbinden die Nulldurchgänge miteinander, um dennoch das Fortschreiten der Welle in x-Richtung erkennbar zu machen. Mit τ anstelle von ω variiert die Temperatur am Stabanfang ($x = 0$) nach (7.55) gemäß $T(0, t) = -T_{00} \sin(2\pi t/\tau)$. Nach der Strecke

$$x = \frac{1}{k} = \sqrt{\frac{2}{\alpha\omega}} = \sqrt{\frac{\tau}{\pi\alpha}} = a$$

ist, wie man aus (7.55) ablesen kann, die Wellenamplitude auf den e-ten Teil, also auf rund 37% der Anfangsamplitude T_{00} abgesunken. Diese die "Reichweite" der Welle charakterisierende Größe a nennt man auch die **Abklingtiefe**. Sie steigt also mit wachsender Periode τ.

In der Natur bilden sich Temperaturwellen dieser Art unterhalb der Erdoberfläche aus, und zwar als Folge der periodischen **täglichen** und **jährlichen** Temperaturschwankungen an der Erdoberfläche. Sicher können diese nur in grober Näherung als **harmonisch** angesehen werden. Die großen Unterschiede in den Perioden $\tau_d = 1$ Tag der täglichen und $\tau_a = 365$ Tage der jährlichen Schwankungen bedingen entsprechend starke Unterschiede in den Abklingtiefen und Phasengeschwindigkeiten der resultierenden Tages- bzw. Jahreswellen. Aus $a_a/a_d = \tau_a/\tau_d = \sqrt{365} = 19$ und $v_a/v_d = \sqrt{\omega_a/\omega_d} = \sqrt{\tau_d/\tau_a} = 1/19$ folgt, dass die Jahreswellen rund 20 mal tiefer eindringen und rund 20 mal langsamer laufen als die Tageswellen. Quantitative oder absolute Angaben hierüber erhält man nur, wenn man den Transportkoeffizienten α für das Erdmaterial kennt. Allgemeingültige Werte hierfür gibt es natürlich nicht, allenfalls Mittelwerte für begrenzte Bereiche.

Betrachtet man etwa das Eindringen von Temperaturwellen in einen (Süßwasser-) Binnensee und verwendet man die abgerundeten Materialwerte für "normales" Wasser, nämlich $\varrho = 10^3$ kg m^{-3} für die Dichte, $c = 4187$ J kg^{-1} grad^{-1} für die spezifische Wärmekapazität und $k^* = 0.6$ J m^{-1} s^{-1} grad^{-1} für die Wärmeleitfähigkeit, dann ist $\alpha = c\varrho/k^* = 6978333$ s m^{-2} = 80.8 Tag m^{-2}. Das ergibt

$$a_d = 0.06 \text{ m} \qquad \text{und} \qquad v_d = 0.4 \text{ m Tag}^{-1}$$

für die Tageswellen und

$$a_a = 1.2 \text{ m} \qquad \text{und} \qquad v_a = 0.02 \text{ m Tag}^{-1}$$

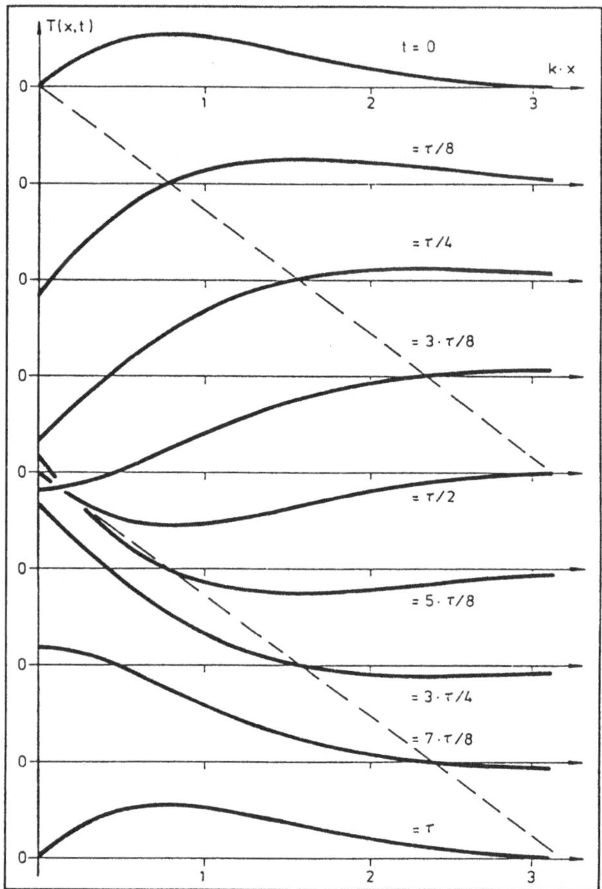

Abb. 7.15. Temperaturwellen

für die Jahreswellen. In einem Monat (30 Tage) kommen letztere also lediglich um gut 0.6 m voran. Schwanken die Temperaturen im Laufe eines Jahres symmetrisch um den Wert T_a, beispielsweise um 10°C, mit Höchsttemperaturen im Juli, Tiefsttemperaturen im Januar und Temperaturen nahe bei T_a im Oktober bzw. April, dann beschreiben die Kurven für $t = 0$, $\tau/4$, $\tau/2$ und $3\tau/4$ von Bild 7.15, wenn man den Ordinatenmaßstab um T_a verschiebt und die Abszisseneichung $kx = x/a_a = x/1.2$ berücksichtigt, das vertikale Temperaturprofil im See in der Mitte der Monate Oktober, Januar, April und Juli aufgrund der Jahreswellen. $kx = 1$ bedeutet dann $x = 1.2$ m Tiefe. Im Oktober beispielsweise ($t = 0$) steigt die Wassertemperatur zunächst von T_a aus mit wachsender Tiefe an und durchläuft bei rund $x = 1$ m ein flaches Maximum.

Als weiteres Beispiel zur Wellenlösung der Transportgleichung werde – mal zur Abwechslung – ein "elektrisches" behandelt. Wiederholt ist darauf hingewiesen worden, dass die Wellengleichung (7.4) und die Differentialgleichung (7.15) für gedämpfte Wellen auch die Ausbreitung **elektromagnetischer** Wellen beschreiben können. In der Form

$$\frac{\partial^2 E}{\partial x^2} = \varepsilon\mu\frac{\partial^2 E}{\partial t^2} + \mu\sigma\frac{\partial E}{\partial t} \tag{7.56}$$

beschreibt (7.15) das Verhalten der elektrischen Feldstärke E einer in x-Richtung laufenden elektromagnetischen Welle in einem elektrisch leitenden Material. ε ist die **Dielektrizitätskonstante**. Sie kennzeichnet den Einfluss des Materials auf die **elektrische** Feldstärke. μ ist die **Permeabilität**. Sie kennzeichnet den Einfluss des Materials auf die **magnetische** Feldstärke. σ ist die spezifische **elektrische Leitfähigkeit**. Sie verknüpft die elektrische Feldstärke mit der **elektrischen Stromdichte**. Die Lösung ist aus dem Abschnitt 7.3.4 (Teil 1) bekannt. Sie lautet in der dort auch verwendeten **komplexen Schreibweise**

$$E(x,t) = E_0(x)e^{i(kx - \omega t)} \quad \text{mit} \quad E_0(x) = E_{00}e^{-\kappa x}$$

Die Dämpfungskonstante κ hängt dabei entscheidend von σ ab. Die partiellen Ableitungen nach t ergeben

$$\frac{\partial E}{\partial t} = -i\omega E \qquad \text{und} \qquad \frac{\partial^2 E}{\partial t^2} = -i\omega\frac{\partial E}{\partial t}$$

Setzt man letztere in (7.56) ein, dann folgt

$$\frac{\partial^2 E}{\partial x^2} = -i\varepsilon\mu\omega\frac{\partial E}{\partial t} + \mu\sigma\frac{\partial E}{\partial t} = \mu\sigma\left[1 - i\frac{\varepsilon\omega}{\sigma}\right]\frac{\partial E}{\partial t} \tag{7.57}$$

Diskutiert werden soll die Frage, wie tief eine elektromagnetische Welle in ein **Material** eindringen kann, also in ein Material mit hoher elektrischer Leitfähigkeit. Die Antwort ist nicht nur von grundsätzlichem physikalischen Interesse, sondern auch von erheblicher praktischer Bedeutung etwa in allen den Fällen, in welchen empfindliche Messeinrichtungen oder elektronische Datenverarbeitungsanlagen gegen den störenden Einfluss von elektrischen und magnetischen Wechselfeldern abgeschirmt werden müssen, wie sie etwa durch Rundfunk- oder Fernsehsender und durch Wechselstrom führende Leitungen erzeugt werden können. Zu den wichtigsten Leitermetallen zählen in der praktischen Anwendung sicher die Elemente Aluminium, Kupfer und Silber. Die spezifische Leitfähigkeit von Kupfer beispielsweise beträgt rund $\sigma = 5.8 \cdot 10^7$ A V^{-1} m^{-1}. Die Dielektrizitätskonstante ε von Metallen dagegen liegt in derselben Größenordnung wie die von Isolatoren. Setzt man zur Abschätzung von Größenverhältnissen als abgerundeten realistischen Wert $\varepsilon = 5 \cdot 10^{-11}$ A V^{-1}s m^{-1} an, dann ergibt sich für eine Frequenz von $\nu = \omega/(2\pi) = 1\,\text{GHz} = 10^9\,s^{-1}$

$$\frac{\varepsilon\omega}{\sigma} = \frac{2\pi\nu\varepsilon}{\sigma} = \frac{2\pi \cdot 10^9 \cdot 5 \cdot 10^{-11}}{5.8 \cdot 10^7} = 5.4 \cdot 10^{-9}$$

also ein gegen Eins vernachlässigbar kleiner Wert. Für Leitermetalle kann also bis zu hohen Frequenzen hin die Gleichung (7.57) durch die sehr gute Näherung

$$\frac{\partial^2 E}{\partial x^2} = \mu\sigma \frac{\partial E}{\partial t}$$

also durch die Transportgleichung ersetzt werden. In Analogie zu (7.55) lautet die Lösung ($\alpha \to \mu\sigma$)

$$E(x,t) = E_{00}e^{-kx}\sin(kx - \omega t) \quad \text{mit} \quad k = \sqrt{\mu\sigma\omega/2}$$

Eine bei $x = 0$ senkrecht auf eine Metalloberfläche auftreffende elektromagnetische Welle verhält sich also innerhalb des Materials genauso wie die in Bild 7.15 dargestellten Temperaturwellen.

Wellen transportieren Energie. Strömt durch einen Querschnitt A im Zeitintervall $\mathrm{d}t$ die Energiemenge $\mathrm{d}W$, dann heißt die Größe $I = (1/A)\cdot \mathrm{d}W/\mathrm{d}t$ die **Intensität**. Die Intensität einer Welle ist stets proportional zum Quadrat ihrer Amplitude. Das soll hier nicht weiter hergeleitet, sondern nur angegeben werden. Für die obige Welle ist also

$$I(x) \sim \left[E_{00}e^{-kx}\right]^2 \quad \text{oder} \quad I(x) = I_0 e^{-2kx} = I_0 e^{-x/d}$$

Dabei ist $I_0 = I(0)$ die Intensität bei $x = 0$, also die der einfallenden Welle, und

$$d = \frac{1}{2k} = \frac{1}{\sqrt{2\mu\sigma\omega}}$$

die sogenannte **Eindringtiefe** der Welle, also diejenige Strecke, nach der I auf den e-ten Teil von I_0 abgesunken ist. In Bild 7.16 ist d für Kupfer in doppelt logarithmischer Darstellung als Funktion der Frequenz $\nu = \omega/(2\pi)$ der einfallenden Welle aufgetragen. Die Permeabilität für Kupfer beträgt $\mu = 1.26 \cdot 10^{-6}$ V A^{-1} s m^{-1}. Danach ist rund $d = 0.1$ mm bei $\nu = 10^5$ Hz $= 100$ kHz und $d = 3.5$ mm bei $\nu = 100$ Hz.

Bisher wurden im Zusammenhang mit der Wellen-Lösung nur streng harmonische Temperaturschwankungen am Stabanfang betrachtet. Dort ($x = 0$) ergibt (7.55)

$$T(0) = -T_{00}\sin\omega t$$

Den Übergang zum **allgemeinen** Fall **periodischer** Temperaturschwankungen $T(0,t)$ vermittelt wiederum das Fourier-Theorem. Gemäß (7.45) lautet die entsprechende Reihenentwicklung nach Ersetzen von x durch ωt:

$$T(0,t) = \frac{A_0}{2} + \sum_{n=1}^{\infty}\left[A_n \cos n\omega t + B_n \sin n\omega t\right]$$

Wie bereits im Abschnitt 8.2.7 (Teil 1) gezeigt wurde, kann die Linearkombination aus einer Cosinus- und einer Sinus-Funktion in eine Cosinus- oder

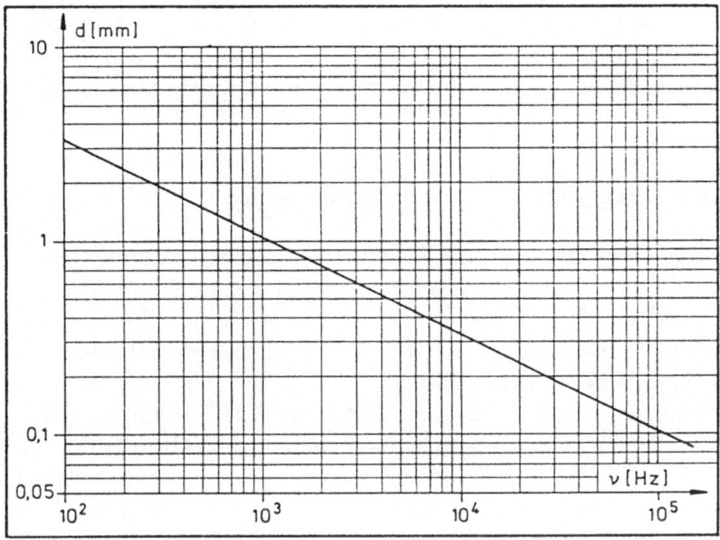

Abb. 7.16. Eindringen elektromagnetischer Wellen in Kupfer

Sinus-Funktion mit entsprechender Phasenverschiebung umgewandelt werden. Dann erhält man die für manche Zwecke übersichtliche Darstellung

$$T(0,t) = \frac{A_0}{2} + \sum_{n=1}^{\infty} C_n \sin(n\omega t + \varphi_n)$$

für eine FOURIER-Reihe. An die Stelle der beiden FOURIER-Koeffizienten A_n und B_n treten bei dieser Schreibweise der neue Koeffizient C_n und die Phasenverschiebung φ_n. Der Term $A_0/2$ ist hier nicht weiter von Interesse. Er berücksichtigt lediglich eine eventuell vorhandene konstante Grundtemperatur. Jede einzelne Fourier-Komponente erzeugt eine Temperaturwelle der Form (7.55). Ersetzt man dort ω durch $n\omega$, dann folgt also für die Komponentenwellen

$$T_n(x,t) = T_{0n} e^{-\sqrt{\frac{n\alpha\omega}{2}}x} \sin\left[\sqrt{\frac{n\alpha\omega}{2}}x - n\omega t + \varphi_n\right]$$

Die endgültige Lösung für eine bei $x = 0$ beliebig **periodisch** variierende Temperatur erhält man dann durch Addition der obigen Lösung, d.h. es ist

$$T(x,t) = \sum_{n=1}^{\infty} T_n(x,t)$$

Mit steigender Ordnung n wachsen Dämpfungskonstante und Phasengeschwindigkeit gemäß

$$k_n = \sqrt{\frac{n\alpha\omega}{2}} \qquad \text{und} \qquad v_n = \sqrt{\frac{2n\omega}{\alpha}}$$

Die "Oberwellen" ($n > 1$) werden also zunehmend stärker gedämpft als die "Grundwelle" ($n = 1$). Das hat praktisch zur Folge, dass mit wachsendem Abstand von $x = 0$ **jede** periodische Schwankung einen zunehmend harmonischen Verlauf mit der Grundperiode $\tau = 2\pi/\omega$ annimmt.

7.2.3 Eine "Transportgleichung" ohne Transportlösung

Im Bereich der Moleküle, Atome oder Atomkerne versagt bekanntlich die klassische Physik. Hier gilt die Quantenphysik, welche die klassische Physik als makroskopischen Grenzfall umschließt. Auf dieses weite und interessante Gebiet soll hier nicht näher eingegangen werden, sondern lediglich auf eine grundsätzlich wichtige Differentialgleichung.
Im Rahmen der Quantenmechanik wird das Verhalten von Teilchen, etwa der Elektronen in der Hülle eines Atoms, durch eine sogenannte **Wellenfunktion** ψ beschrieben. Aus ihr lassen sich Aussagen darüber gewinnen, mit welcher Wahrscheinlichkeit sich das betrachtete Teilchen in einem bestimmten Zustand oder an einem bestimmten Ort befindet. Diese Wellenfunktionen sind Lösungen einer Differentialgleichung, genannt **Schrödinger-Gleichung**. Sie lautet für den einfachen Fall eines Teilchens der Masse m, das sich ohne Einwirkung von Kräften in x-Richtung bewegt:

$$\frac{\partial^2\psi}{\partial x^2} = -i\frac{2m}{\hbar}\frac{\partial\psi}{\partial t} \tag{7.58}$$

Dabei ist $\hbar = h/(2\pi)$ und $h = 6.626 \cdot 10^{-34}$ W s^2 eine Naturkonstante, genannt **Plancksches Wirkungsquantum**. Von der äußeren Form oder vom Typ her ist (7.58) identisch mit der Transportgleichung (7.29). Allerdings ist hier der "Transportkoeffizient" **imaginär**. Das genügt aber bereits, um den Lösungen einen völlig anderen Charakter zu verleihen. Mit dem Produktansatz $\psi(x,t) = g(x)f(t)$ aus dem Abschnitt 7.2.2 erhält man auf dieselbe Weise, wie dort beschrieben, die beiden Differentialgleichungen

$$i\frac{1}{f(t)}\frac{\mathrm{d}f}{\mathrm{d}t} = \omega \text{ bzw. } \frac{\mathrm{d}f}{\mathrm{d}t} = -i\omega f(t)$$

$$\text{und} \quad -\frac{\hbar}{2mg(x)}\frac{\mathrm{d}^2g}{\mathrm{d}x^2} = \omega \text{ bzw. } \frac{\mathrm{d}^2g}{\mathrm{d}x^2} = -\frac{2m\omega}{\hbar}g(x)$$

Dabei ist ω die **Separationskonstante**. Außerdem wurde von der Beziehung $1/i = i/i^2 = -i$ Gebrauch gemacht. Die Lösung der ersten Gleichung ist

$$f(t) = Ae^{-i\omega t}$$

Die Lösung der zweiten Gleichung kann wiederum dem Abschnitt 8.2.7 (Teil 1) entnommen werden. Ersetzt man dort in (8.26) x durch g, t durch x, und läßt man zur Vereinfachung die Phasenverschiebung φ_0 fort, dann ist

$$g(x) = B\cos kx \qquad \text{mit} \qquad k = \sqrt{\frac{2m\omega}{\hbar}} \tag{7.59}$$

Mit $C = AB$ lautet also die Lösung von (7.58)

$$\psi(x,t) = Ce^{-i\omega t}\cos kx$$

Was sie aussagt, erkennt man deutlicher, wenn man mittels des MOIVREschen Theorems (8.30) (Teil 1)

$$\cos kx = \frac{1}{2}\left[e^{ikx} + e^{-ikx}\right]$$

setzt. Dann nämlich erhält man

$$\psi(x,t) = \frac{C}{2}e^{-i\omega t}\left[e^{ikx} + e^{-ikx}\right]$$

oder

$$\psi(x,t) = \frac{C}{2}\left[e^{i(kx-\omega t)} + e^{-i(kx+\omega t)}\right]$$

Diese Funktion stellt, wie man an den Funktionsargumenten $kx - \omega t$ und $kx + \omega t$ klar erkennt, zwei entgegengesetzt zueinander laufende periodische Wellen dar. Die erste läuft in die positive, die zweite in die negative x-Richtung. Allerdings sind diese Wellen **komplex**. Das ist hier aber nicht etwa, wie ausdrücklich betont werden muss, lediglich eine komplexe **Schreibweise**, wie sie vorangehend hin und wieder verwendet wurde, um Rechengänge zu verkürzen oder Darstellungen zu vereinfachen, sondern die Lösungsfunktion **ist** komplex. Durch eine **reelle** Funktion, etwa durch die Welle $A\sin(kx-\omega t)$, ist die Differentialgleichung (7.58) nicht zu lösen. Natürlich erhebt sich dann sofort die Frage: Was bedeutet eine komplexe Welle **physikalisch**? Die Antwort liegt im folgenden begründet: Die eingangs erwähnte Aussage über die Aufenthaltswahrscheinlichkeit für das betrachtete Teilchen steckt nicht direkt in der Wellenfunktion ψ, sondern im Quadrat ihres Betrages, also in der Größe $|\psi|^2$. Diese aber ist in jedem Fall **reell** und somit physikalisch deutbar. Mit $k = 2\pi/\lambda$ und $v = \omega/k$ ergeben sich aus (7.59) für die Wellenlänge und die Phasengeschwindigkeit dieser sogenannten "Teilchen- oder Materie-Wellen"

$$\lambda = 2\pi\sqrt{\frac{\hbar}{2m\omega}} \qquad \text{und} \qquad v = \sqrt{\frac{\hbar\omega}{2m}}$$

Prinzipielle Betrachtungen zur Quantenmechanik ergeben, dass die Separationskonstante ω eng mit der Teilchenenergie W verknüpft ist, und zwar gilt $W = \hbar\omega$. Damit ist

$$\lambda = \frac{h}{\sqrt{2mW}} \qquad \text{und} \qquad v = \sqrt{\frac{W}{2m}}$$

Bezeichnet $p = mv_0$ den Impuls des Teilchens, dann folgt wegen $W = p^2/(2m) = mv_0^2/2$

$$\lambda = \frac{h}{p} \qquad \text{und} \qquad v = \frac{v_0}{2}$$

Die erste Formel, also der Zusammenhang zwischen Teilchenimpuls und Wellenlänge, heißt **DeBroglie-Beziehung**. Das zweite Ergebnis besagt, dass die Phasengeschwindigkeit der Teilchenwelle halb so groß ist wie die Teilchengeschwindigkeit selbst.
Der **Wellencharakter** von sich bewegenden Teilchen ist eine experimentell und quantitativ gesicherte Tatsache. Teilchenstrahlen zeigen – wie etwa Lichtwellen – Beugungs- und Interferenzerscheinungen.

Sachwortverzeichnis

A

Abklingtiefe 425
Abklingzeit 171
Adhäsionskraft 286
Adiabate 272
adiabatische
- Expansion 344
- Kompressibilität 271
- Volumenänderung 271
- Zustandsänderung 346
adiabatisches Kompressionsmodul 272
aerostatischer Druck 269
Äther-Hypothese 123
Aggregatzustand 360
Aktionsprinzip 30, 31
Amplitude 164, 226
-Resonanz- 236
Amplitudenmodulation 190, 221
analytische Funktion 13
Angriffspunkt 95
aperiodischer Grenzfall 190, 230, 233
Aräometer 284
Arbeit 60
ARCHIMEDES von Syrakus (285-212 v.Chr.)
Archimedisches Prinzip 282
Atmosphäre
-, isentrope 278
-, isotherme 278
-, polytrope 280
- Standard- 280
Auftreffgeschwindigkeit 72
Auftrieb 281
Ausdehnungskoeffizient
-, linearer 326
- Volumen- 326
AVOGADRO, L. R. A. Conte di Quaregna (1776-1856)
AVOGADRO, Satz von 329
AVOGADROsche Zahl 322

B

Bahn-
- beschleunigung 20
- kurve 15
- linie 301
ballistisches Pendel 205
Barometrische Höhenformel 178, 277, 339
BERNOULLI, D. (1700-1782)
BERNOULLIsche Gleichung 304, 315
Beschleunigung
- Bahn- 20
- CORIOLIS- 46
- Fall- 19
- Momentan- 17
- Radial- 24
- Winkel- 23
- Zentrifugal- 44
- Zentripetal- 24
Bewegung
- Translations- 25, 103
Bewegungsgleichung 147
-, NEWTONsche 36, 77, 226
Bindungskraft 167
Binnendruck 367
Bogenmaß 7
BOLTZMANN, L. (1844-1908)
Boltzmannverteilung 339, 341
BOYLE, R. (1627-1691)
BOYLE-MARIOTTEsches Gesetz 178, 270
BROGLIE, L.-V. de (1892-1987)

DE-BROGLIE-Wellenlänge 140
BROWN, R. (1773-1858)
BROWNsche Bewegung 323, 329
Bruchdehnung 268
BUNSEN, R. W. (1811-1899)
BUNSENsches Gesetz 307

C
CARNOT, L. (1796-1832)
CARNOTscher Kreisprozess 324, 351
CAVENDISH, H. (1731-1810)
CELSIUS, A. (1701-1744)
cgs-System 2
CLAPEYRON, B. P. E. (1799–1864)
CLAUSIUS, R. J. E. (1822-1888)
CLAUSIUS-CLAPEYRON-Gleichung 364
CORIOLIS, C.G. de (1792-1843)
CORIOLIS-
- beschleunigung 46
- kraft 46
Cosinus 160
Cosinus Hyperbolicus 160
COULOMB, C.-A. de (1736-1806)
COULOMB-Kraft 216

D
Dämpfungs-
- konstante 190, 229
- verhältnis 230
DE-BROGLIE-Beziehung 432
DEBYE, P. (1884-1966)
DEBYE, Gesetz von 341
Debyetemperatur 341
Dehnung 263
- Bruch- 268
- Quer- 263
Dehnungs-Diagramm 268
Dekrement, logarithmisches 191, 230
Dichte 93
Dielektrizitätskonstante 427
Differentialgleichung 147
Differentialquotient 368
Differenzenquotient 386
Diffusion 147, 380
Diffusionskoeffizient 371, 402
Dopplereffekt 26
Drehimpuls 54
Drehimpuls-
- achse 118
- erhaltung 57
Dreieck-Schwingung 245
Drittes KEPLERsches Gesetz 59
Drittes NEWTONsches Gesetz 30
Druck
-, areostatischer 269
- Binnen- 367
-, hydrostatischer 269
- Kohäsions- 286
- Schwere- 275
- Strahlungs- 293
- Sublimations- 364
- Sättigungs- 361
DULONG, P. L. (1785-1838)
DULONG-PETIT, Regel von 336
Dynamometer 34

E
Eigenschwingung 257
Einheitsvektor 4
EINSTEIN, A. (1879-1955)
EINSTEINsche Diffusionsbeziehung 383
Elastizitätsmodul 263
elektrische
- Feldstärke 427
- Leitfähigkeit 427
- Stromdichte 427
elektromagnetische Welle 398
Energie
- dichte 260
-, innere 88
-, kinetische 64
-, potentielle 65
- Ruhe- 130
- stromdichte 260
Energiesatz 212
Enthalpie 369
EÖTVÖS, R. von (1848-1919)
Erstes KEPLERsches Gesetz 59

Erstes Newtonsches Gesetz 30
EULER, L. (1707-1783)
EULERsche Formel 118, 232
Expansion 294
-, adiabatische 344
-, isobare 327, 344
-, isotherme 345
Exponent
- Isentropen- 280
- Polytropen- 280
Exponentialfunktion 274

F
Fadenpendel 68, 226
Fall, freier 71, 182
Fall-
- beschleunigung 19
- geschwindigkeit 72
Feder-
- konstante 34, 167
- kraft 34, 63
- waage 34
- pendel 226
Fehlerfunktion
- Gaußsche 407, 412
Feldstärke
-, elektrische 427
-, magnetische 427
FICK, A. (1829-1901)
FICKsches Gesetz
-, 1. 370, 402
-, 2. 373, 403
Figurenachse 118
Fluid
-, ideales 301
-, reales 301
FOUCAULT, J.B.L. (1819-1868)
FOURIER, J.-B. Baron de (1768-1830)
Fourier
- Analyse 239
- Koeffizienten 243
- Komponenten 239
- Spektrum 239
- Theorem 239, 394, 428
freier Fall 71, 182
Frequenz 165, 225
Funktion
-, analytische 13
- Gauß- 407
-, hyperbolische 233
-, trigonometrische 160

G
GALILEI, G. (1564-1642)
GALILEI-Transformation 25, 125, 132
Gangpolkegel 119
GAUSS, C. F. (1777-1855)
Gaußsche Fehlerfunktion 407, 412
GAY-LUSSAC, J. L. (1778-1850)
Gay-Lussac
-, Gesetz von 327
-, Versuch von 344
Geschwindigkeit
- Fall- 72
- Momentan- 17
- Präzessions- 120
- Winkel- 23
Geschwindigkeitsverteilung
- MAXWELL-BOLZMANNsche 341
Gesetz
-, 1. FICKsches 370, 402
-, 2. FICKsches 373, 403
-, BUNSENsches 307
-, HAGEN-POISEUILLEsches 313
-, KUTTA-JOUKOWSKIsches 316
-, REYNOLDSschesÄhnlichkeits- 317
-, STOKESsches 173, 314
Gewicht, statistisches 340
Gleichgewicht
-, indifferentes 102
-, labiles 101
-, stabiles 101
-, thermisches 323
Gleichgewichtsbedingung 97
- zustand 360
Gleichung
-, BERNOULLIsche 304, 315
- Kontinuitäts- 302

Gleichverteilungssatz 333
Gleitreibung 35
Gleitreibungs-
- kraft 152
- koeffizient 36
Gradient 70
Gravitations-
- drehwaage 33
- konstante 32
- kraft 32, 37, 69, 216
- masse 33
Grenzfall, aperiodischer 230, 233
Grenzflächenspannung 291
Gütefaktor 199

H
Haftreibung 36
Haftreibungskoeffizient 36
HAGEN, G. (1797-1884)
HAGEN-POISEUILLEsches Gesetz 313
Halbwertsbreite 408
Halbwertszeit 171, 179
Hauptsatz
-, I. der Wärmelehre 343
-, II. der Wärmelehre 355
Hauptträgheits-
- achse 115
- moment 115
Hebel
-, einarmiger 99
-, zweiarmiger 99
Höhenformel, barometrische 178, 277
Hookesches Gesetz 263, 268
hydrostatischer Druck 269
Hyperbel 180
Hyperbelfunktion 160
hyperbolische Funktion 233

I
ideales Fluid 301
imaginäre Zahl 166
Imaginärteil 166
Impuls
- Dreh- 54
- Linear- 51
indifferentes Gleichgewicht 102
Inertialsystem 31
innere Energie 88
innere Reibung 311, 381
Integral
- Linien- 61
- Volumen- 94
Intensität 260
Inversionstemperatur 369
irreversibler Prozess 348
isentrope Atmosphäre 278
Isentropenexponent 280
isobar 326
isobare Expansion 344
isochor 326
isochore Zustandsänderung 345
isotherme 272
- Atmosphäre 278
- Expansion 345
- Kompressibilität 271
- Volumenänderung 270
isothermes Kompressionsmodul 271

J
JOULE, J. P. (1818-1889)
JOULE-THOMSON-Effekt 368

K
Kälte, Verdunstungs- 362
Kältepumpe 353
Kapazität 178
Kapillarität 289
Kegelschnitt 76
KELVIN, Lord (W. Thomson) (1824-1907)
Kelvinskala 364
KEPLER, J. (1571-1630)
kinetische Energie 64
KIRCHHOFF, G.R. (1824-1887)
KIRCHHOFFsche Regeln 200
Koeffizient
- Diffusions- 371, 402
- Gleitreibungs- 36
- Haftreibungs- 36
- der inneren Reibung 310

Kohäsions-
- druck 286
- kraft 286
-- van-der-Waals- 367
komplexe Zahl 166
Kompressibilität 265
-, isotherme 271
-, adiabatische 271
Kompression 294
Kompressions-
- modul 265, 386
--, adiabatisches 272
--, isothermes 272
Kondensator 178
konjugiert komplex 209
konservative Kraft 66, 71, 212
Konstante
- Dämpfungs- 229
-, Separations- 430
Kontinuitätsgleichung 302
Kontraktion, Quer- 263
Kovolumen 367
Kraft
- Adhäsions- 286
-, äußere 77
- CORIOLIS- 46
- COULOMB- 216
- Feder- 63
- Gleitreibungs- 152
- Gravitations- 32, 37, 69, 216
-, innere 77
- Kohäsions- 286
-, konservative 66, 71, 212
-, nichtkonservative 76
- Normal- 62
- Radial- 37
- Reibungs- 35, 311
- Schein- 41, 62
- Schub- 84, 261
- Stoß- 192
- Tangential- 261
- Trägheits- 41
- Wechselwirkungs- 91
- Zentral- 56
- Zentrifugal- 44
- Zentripetal- 37
Kreisel 117
Kreisfrequenz 165, 225
- Resonanz- 235
Kreisprozess 347
-, CARNOTscher 324, 351
- STIRLING- 350
Kriechfall 188
Kugelkoordinaten 11, 12
Kugel-Viskosimeter 314
KUTTA, W.M. (1867-1944)
KUTTA-JOUKOWSKIsches Gesetz 316

L

labiles Gleichgewicht 101
Laborsystem 82
laminar 301
Laminarströmung 403
Leistung 64
L'HOSPITAL, G.F.A. de (1661-1704)
DE L'HOSPITAL, Regel von 175, 188
Leitfähigkeit
-, elektrische 427
- Wärme- 373, 401
LINDE C. von (1842-1937)
LINDE-Verfahren 370
Lichtgeschwindigkeit
-, Konstanz der 125
linearer Ausdehnungskoeffizient 326
Linearimpuls 51, 78
Linie
- Bahn- 301
- Strom- 302
Linienintegral 61
LISSAJOUS, A. J. (1822-1880)
LISSAJOUS-Figuren 241, 242
logarithmisches Dekrement 191, 230
Longitudinalwelle 249
LORENTZ, H.A. (1853-1929)
LORENTZ-
- Kontraktion 126
- Transformation 126, 132

M
magnetische Feldstärke 427
MAGNUS, H. G. (1802-1870)
MAGNUS-Effekt 315
MARIOTTE, E. (1620-1684)
Maßeinheit 3
Maschenregel 200
Masse
-, molare 322
-, Schwere 31
-, Träge 31
-, reduzierte 81
- Ruhe- 129
Massenabscheidung 323
Massenmittelpunkt 79, 94
MAXWELL, J. C. (1831-1879)
MICHELSON, A.A. (1852-1931)
MICHELSON-MORLEY-Experiment 124
mittlere
- freie Weglänge 378
- Stoßzahl 378
mittleres Verschiebungsquadrat 382
mks-System 4
μ-Meson 127
Modul
- Elastizitäts- 263
- Kompressions- 265, 386
- Torsions- 264
Modulations-Periode 239
MOIVRE, A. de (1667-1754)
MOIVREsches Theorem 166, 194
molare
- Masse 322
- Schmelzwärme 364
- Sublimationswärme 364
-Verdampfungswärme 362
- Wärmekapazität 335
Molekül-
- rotation 338
- schwingung 339
Momentan-
- beschleunigung 17
- geschwindigkeit 17
MORLEY, E.W. (1838-1923)

N
NEUMANN, F.E. (1798-1895)
NEUMANN-KOPPE-Regel 336
NEWTON, I. (1642-1727)
NEWTONsche
- Bewegungsgleichung 36, 77, 226
- Gesetze 30, 136, 148
NEWTONsches Reibungsgesetz 310, 375, 404
nichtkonservative Kraft 76
Normal-
- beschleunigung 20
- komponente 20
- kraft 62
Normierungsbeziehung 243, 418
Nutationskegel 119

O
Oberflächen-
- spannung 287
- energie, spezifische 286
OHM, G.S. (1787-1854)
Orthogonalitätsbeziehung 243, 418
OTTO, N.A. (1832-1891)
OTTO-Motor 349

P
p-V-Diagramm 272
Pendel
-, ballistisches 205
-, Physikalisches 226
- Reversions- 227
- Stoß- 205
Periode 225
Permeabilität 427
PETIT, A. T. (1791-1820)
Phase 226
Phasen-
- geschwindigkeit 394
- verschiebung 164, 226, 234
Physikalisches Pendel 226
PLANCK, M. (1858-1947)
PLANCKsche Konstante 34
PLANCKsches Wirkungsquantum 430

POISSON, S. D. (1781-1840)
POISSONsche Zahl 263, 265
POISSONsches Gesetz 263, 271
Polarkoordinaten 11, 12
polytrope Atmosphäre 280
Polytropenexponent 280
Postulat, thermometrisches 323
potentielle Energie 65
, parabolische 249
Präzessionsgeschwindigkeit 120
PRANDTL, L. (1875-1959)
PRANDTLsches Staurohr 305
Proportionalitätsgrenze 268
Prozess
-, irreversibler 348
-, isochorer 327
-, reversibler 348

Q

Q-Faktor 237
Quer-
- dehnung 263
- kontraktion 263
Quotient
- Differential- 386
- Differenzen- 386

R

Radial-
- beschleunigung 24
- kraft 37
Rastpolkegel 119
Raumwinkel 8
Reaktionsprinzip 30, 32
reales Fluid 301
Realteil 166
Rechteck-Schwingung 224
reduzierte Masse 81
reelle Zahl 166
Regel von DE L'HOSPITAL 175
Reibung
- Gleit- 35
- Haft- 36
-, innere 311, 381
Reibungskraft 35
Reibungs-
- gesetz, NEWTONsches 310, 375, 405
- gesetz, STOKESsches 173
- kraft 311
- widerstand 313
Reichweite
-, endliche 181
Relativ-Vektor 81
Relativitätsprinzip 124
Resonanz 197, 235
Resonanz-
- amplitude 197, 236
- frequenz 197, 235
- güte 199, 237
- kreisfrequenz 197, 235
- kurve 197, 235
reversibler Prozess 348
Reversionspendel 227
REYNOLDS, O. (1842-1912)
REYNOLDSsche Zahl 316
REYNOLDSschesÄhnlichkeits-Gesetz 317
Rotation 103
Rotationsparaboloid 285
Ruhe-
- energie 130
- masse 129, 149

S

Sättigungsdruck 361
Satz, STEINERscher 108
Scheinkraft 41, 62
Scherung 263
Scherungswinkel 263
Schichtströmung 310
Schmelz-
- temperatur 364
- wärme, molare 364
SCHRÖDINGER, E. (1887-1961)
SCHRÖDINGER-Gleichung 430
Schub-
- kraft 84, 261
- spannung 262
Schwebung 239

Schwebungsmodus 221
Schwere Masse 31
Schweredruck 275
Schwerelinie 100
Schwerpunkt 82
Schwerpunktsystem 82
Schwing-
- fall 190
- kreis 199
Schwingung
- Dreieck- 245
- Eigen- 253
- Rechteck- 244
Schwingungs-
- amplitude 226
- dauer 165, 225
- gleichung 147
- modus 219
--, antisymmetrischer 220
--, Schwebung 221
--, symmetrischer 219
- periode 165
Separationskonstante 430
Siedetemperatur 363
Sinus 160
Sinus Hyperbolicus 160
skalare Größe 3
Skalarprodukt 60
Spannung
- Grenzflächen- 291
- Oberflächen- 287
- Schub- 262
- Tangential- 262
spezifische
- Oberflächenenergie 286
- Wärmekapazität 335, 401
stabiles Gleichgewicht 101
Standard-Atmosphäre 280
statistisches Gewicht 340
Stauchung 263
Staupunkt 304
STEINER, J. (1796-1863)
STEINERscher Satz 108, 227
STIRLING-Kreisprozess 350
STOKES, G.G. (1819-1903)
STOKESsches Gesetz 314
STOKESsches Reibungsgesetz 173
Stoß-
- kraft 192, 202
- parameter 91
- pendel 205
- zahl, mittlere 378
- zeit 379
Strahlungsdruck 293
Strömung
- Laminar- 403
- Schicht- 403
- Zirkulations- 315
Strömungswiderstand 182
Stromdichte, elektrische 427
Stromlinie 302
Sublimations-
- druck 364
- temperatur 364
- wärme, molare 364

T

Tangential-
- komponente 20
- kraft 261
- spannung 262
Tauch-
- faktor 282
- volumen 282
TAYLOR, B. (1685-1731)
TAYLOR-Entwicklung 139
Taylor-Reihe 250
Temperatur
- Inversions- 369
- Schmelz- 364
- Siede- 363
- Sublimations- 364
Temperaturskala
-, CELSIUSsche 324
-, KELVINsche 325, 364
thermisches Gleichgewicht 323
thermometrisches Postulat 323
Torsionsmodul 264

Träge Masse 31
Trägheits-
- ellipsoid 119
- kraft 41
- moment 56, 106, 227
- prinzip 30
Transformation
- GALILEI 25, 125, 132
- LORENTZ 126, 132
Translationsbewegung 25, 103
Transportgleichung 147
Transversalwelle 249
trigonometrische Funktion 160
Tripelpunkt 364
turbulent 301

V

VAN DER WAALS
- Gleichung 367
- Kohäsionskräfte 367
Vektor
- Relativ- 81
- Vierer- 131
vektorielle Größe 4
Venturi-Düse 306
Verdampfungswärme
-, molare 362
Verdunstungskälte 362
Verschiebungs-
- quadrat, mittleres 382
- vektor 15
Verteilung
- BOLTZMANN- 341
- Gauß- 382
- MAXWELL-BOLTZMANN- 341
Vierervektor 131
Viskosität 173, 310, 375, 404
Viskositätskoeffizient 404
Volumen
- Ko- 367
- Tauch- 282
Volumen-
- änderung
--, adiabatische 271
--, isotherme 270
- ausdehnungskoeffizient 326
- integral 94

W

VAN DER WAALS, J. D. (1837-1923)
Wärme-
- kapazität
--, molare 335
--, spezifische 335, 401
- kraftmaschine 348
- leitfähigkeit 373, 401
- leitung 147, 381
- pumpe 353
- strom 400
- übergangszahl 374
Wechselwirkungskraft 378
Weglänge, mittlere freie 378
Welle
-, elektromagnetische 398
-, harmonische 393
- Longitudinal- 249
- Transversal- 249
Wellenfunktion 430
Wellengleichung 147
Wellenlänge
- DE-BROGLIE- 140
Widerstand
-, OHMscher 178
-, Reibungs- 313
Widerstands-
- beiwert 182, 318
- zahl 182, 318
WIEDEMANN-FRANZsches Gesetz 375
Winkel-
- beschleunigung 23
- geschwindigkeit 23
- richtgröße 111
Wirkungs-
- grad 349
- linie 96

Z

Zähigkeit 173, 310

Zahl
-, imaginäre 166
-, komplexe 166
-, reelle 166
-, REYNOLDSsche 316
Zeitkonstante 171
Zentralkraft 56
Zentrifugal-
- beschleunigung 44
- kraft 44
Zentripetal-
- beschleunigung 24
- kraft 37
Zerfalls-
- konstante 179
- rate 179
Zerreißfestigkeit 268
Zirkulations-Strömung 315
Zustandsdiagramm 365
Zustandsänderung
-, adiabatische 346
-, isochore 345
Zweikörperproblem 60
Zweites KEPLERsches Gesetz 57
Zweites NEWTONsches Axiom 30, 136
Zylinderkoordinaten 12

C. Gerthsen

Gerthsen Physik

Herausgeber: D. Meschede

zuvor bearbeitet von H.Vogel

Der „Gerthsen“führt in die klassichen Gebiete der Physik - Mechanik und Elektrizitätslehre - ein, es gibt einen Überblick über die mikroskopischen Eigenschaften der Materie und gelangt auf dieser Grundlage bis zu den manchmal atemberaubenden Konsequenzen für unser Verständnis vom Kosmos. Durchgerechnete Übungsaufgaben und Beispiele dienen nicht nur dazu, den Stoff zu vertiefen, sie erweitern auch das Wissensspektrum und regen zu manchen Einsichten an. Ein Lehrbuch wie der Gerthsen ist kein statisches Werk, sondern reflektiert in seinen Wandlungen den Gang der Wissenschaft.

21., völlig neu bearb. Aufl. 2002. XXIV, 1288 S., mit 1251 meist zweifarb. Abb., 10 Farbtafeln, 92 Tab., 109 durchgerechneten Beispielen und 1049 Aufgaben mit vollständigen Lösungswegen. (Springer-Lehrbuch) Geb. **€ 69,95**; sFr 108,50 ISBN 3-540-42024-X

E.W. Otten

Repetitorium Experimentalphysik

für Vordiplom und Zwischenprüfung

Endlich gibt es zu mehrbändigen Lehrbüchern und Einzeltiteln ein Repetitorium für Vordiplom und Zwischenprüfung, das alle Inhalte der Experimentalphysik nochmal klar gegliedert darstellt. Zweifarbige Abbildungen, Tabellen, Anwendungsbeispiele, zahlreiche Versuche und das besondere Plus: ein herausnehmbares Kurzrepetitorium, das alle Kapitel nochmals besonders für die Prüfungssituation zusammenfaßt, helfen den Studierenden bei der Vorbereitungszeit.

1998. XIII, 795 S. 564 zweifarbige Abb., 18 Tab., zahlreiche Anwendungsbeispiele, 181 Versuche und herausnehmbares Kurzrepetitorium. (Springer-Lehrbuch) Brosch. **€ 44,95**; sFr 69,50 ISBN 3-540-62987-4

A. Wachter, H. Hoeber

Repetitorium Theoretische Physik

Zwei junge theoretische Physiker bieten den Prüfungsstoff für Vordiplom, Zwischenprüfung, Diplom und Staatsexamen in prägnanter und argumentativ stringenter Darstellung. Von der klassischen Mechanik über Elektrodynamik, Quantenmechanik und Statistische Physik/Thermodynamik werden alle Themen in einer axiomatisch-deduktiven Darstellung behandelt und durch Übungen mit Lösungen sowie Zusammenfassungen gefestigt.

1998. XX, 544 S. 80 Abb., mit 67 Anwendungen und vollständigen Lösungswegen sowie einem kommentierten Literaturverzeichnis. (Springer-Lehrbuch) Brosch. **€ 32,95**; sFr 51,- ISBN 3-540-62989-0

Springer · Kundenservice
Haberstr. 7 · 69126 Heidelberg
Tel.: (0 62 21) 345 - 217/-218
Fax: (0 62 21) 345 - 229
e-mail: orders@springer.de

Die €-Preise für Bücher sind gültig in Deutschland und enthalten 7% MwSt.
Preisänderungen und Irrtümer vorbehalten. d&p · BA Physik-Kompakt/1

M. Wüllenweber, CHESSBASE GmbH, Hamburg

Albert Physik Interaktiv

Einzelplatzlizenz

Systemanforderung : Windows 3.1, Windows 95, Windows 98, Windows NT, auch für Windows ME, Windows 2000 und Windows XP; mind. IBM 80486 oder kompatibler PC mit VGA-Grafik und Maus, ca. 15 MB, freier Festplattenspeicher

4. Aufl. 2002. CD-ROM. Handbuch XI, 103 S.
** **€ 49,95**; sFr 81,50
ISBN 3-540-14930-9

„Munterer und mit mehr Spaß und Tiefe läßt es sich kaum auf den physikalischen Grund vieler Erscheinungen des täglichen Lebens gehen." *(FAZ)*

ALBERT® ist ein Windows-Lernprogramm, das physikalische Experimente am Bildschirm simuliert und erläutert. Die Windows-Oberfläche ist selbsterklärend, so daß auch unerfahrene Benutzer leicht mit der komfortablen Windows-Oberfläche zurecht kommen, um sofort eine Simulation zu starten. Durch geschicktes Verändern von Variablen können Sie die verschiedensten Versuche durchführen. Die vielen Anzeigemöglichkeiten erlauben Ihnen die Beobachtung aller Effekte in der gleichen Simulation. Umfangreiche Hilfetexte bieten zu jedem Versuch Theorie, Anregungen und Übungen.

Die CD-ROM enthält insgesamt 43 Versuche, davon 18 Versuche zur Mechanik und Wellenlehre, 6 Programme zur Optik, 6 Versuche zur Elektrizitätslehre, 6 zur Thermodynamik und Statistik, 5 zur Quantenmechanik und 2 zur Kernphysik. Zusätzlich ist PhysCAL auf der CD-ROM enthalten, womit eigene Simulationen programmiert werden können.

Springer · Kundenservice
Haberstr. 7 · 69126 Heidelberg
Tel.: (0 62 21) 345 - 217/-218
Fax: (0 62 21) 345 - 229
e-mail: orders@springer.de

Die €-Preise für Bücher sind gültig in Deutschland und enthalten 7% MwSt.
Die mit ** gekennzeichneten Preise für elektronische Produkte sind unverbindliche Preisempfehlungen inkl. 16% MwSt.
Preisänderungen und Irrtümer vorbehalten. d&p · BA Physik Kompakt/2